高等代数中的典型问题与方法

（第二版）

李志慧　李永明　编

科学出版社

北京

内 容 简 介

本书是为正在学习高等代数的读者、正在复习高等代数准备报考研究生的读者，以及从事这方面教学工作的年轻教师编写的.

本书与北京大学数学系几何与代数教研组编写的《高等代数（第四版）》相配套，在编写上也遵循此教材的顺序. 全面、系统地总结和归纳了高等代数中问题的基本类型、每种类型的基本方法，对每种方法先概括要点，再选取典型而有一定难度的例题，逐层剖析. 对一些较难理解的问题，在适当的章节做了专题研究，进行了较深入的探讨和总结，如：线性变换的对角化、矩阵分解等问题，以消除读者长期以来对其抽象问题在理解上含糊不清的疑虑，从而更深入地领会问题.

本书大量采用全国部分高校历届硕士研究生高等代数入学试题，并参阅了 50 余种教材、文献及参考书，经过反复推敲、修改和筛选，在长期教学实践的基础上编写而成. 全书共分 9 章，45 节，126 个条目，约 320 个典型问题，涉及多项式、行列式、线性方程组、矩阵、二次型、线性空间、线性变换、λ-矩阵、欧氏空间.

图书在版编目 (CIP) 数据

高等代数中的典型问题与方法/李志慧，李永明编. —2 版. —北京：科学出版社，2016.5

ISBN 978-7-03-048101-6

Ⅰ. ①高… Ⅱ. ①李… ②李… Ⅲ. 高等代数－研究 Ⅳ. ①O15

中国版本图书馆 CIP 数据核字(2016)第 085890 号

责任编辑：王胡权 / 责任校对：邹慧卿

责任印制：张 伟 / 封面设计：陈 敬

科学出版社 出版

北京东黄城根北街 16 号

邮政编码：100717

http://www.sciencep.com

北京虎彩文化传播有限公司 印刷

科学出版社发行 各地新华书店经销

*

2008 年 9 月第 一 版 开本：720×1 000 1/16

2016 年 5 月第 二 版 印张：24 1/2

2023 年 6 月第十五次印刷 字数：492 000

定价：56.00 元

(如有印装质量问题，我社负责调换)

第二版前言

本书自 2008 年 9 月出版以来，得到各地读者的广泛肯定，一些读者向我们提出了宝贵的意见，在此深表感谢. 这次再版，对第 1 章的内容做了较大的调整；增加了 1.4 节和 5.6 节，以及若干典型例子，并增加了一些知识点及例子的评析.

本书具有以下特色.

(1) 内容清晰. 结构上逐条有序地安排知识点，然后加以准确描述，并运用典型例子加以分析.

(2) 论证严谨. 在例子的求解及证明方面推理严谨.

(3) 评析新颖. 对知识点、例子等进行评析，以剔除疑惑，或在理解层次方面给予拔高；评析的语言易于理解，站在读者思维的角度论述.

(4) 覆盖面广. 知识点的涉及面广，共探讨高等代数中约 320 个典型问题.

(5) 习题丰富. 精心配套的习题量大，且各有代表性. 通过演练可以熟练掌握高等代数的基本方法与技巧.

一些读者还问及如何更好地理解本书的书名，下面谈谈我们的理解和编写本书的初衷. 全书共分 9 章，45 节，126 个条目，约 320 个知识要点(简称要点)，实质上，这些要点就是本书中的典型问题. 而“方法”一词指的是以性质、定理等作为原理提炼出来的解决问题的办法，如本书中式(4.15)即是一个原理，由此演变出求矩阵逆的方法，即将这个矩阵与单位阵并列写到一起，然后对该阵施行能将其变为单位阵的一系列初等变换，而对单位阵同时也施行这样的变换，这时单位阵就化为该阵的逆矩阵. 因此，这种方法是有原理可循的. 实质上，在高等代数中，依据原理产生的求解问题的方法很多，例如，求解一般线性方程组的高斯消元法；计算行列式的方法；求线性变换的特征值与特征向量的方法；二次型化标准形的合同变换方法、配方法及正交变换法等，读者在学习时要仔细体会这些方法的由来. 当然，如果从课程特色的角度谈及高等代数研究问题的基本方法，则属于另一个层面上的问题，它表现在：严格的逻辑推理方法；公理化方法；矩阵方法；结构化方法(如线性空间及子空间)；等价分类方法等. 这些方法较前面提到的方法更抽象，可以说代表了这门课程的思想方法. 有些方法是数学系本科生第一次接触到的，需要通过读书和多做练习加以理解，以便在今后的研究中能熟练应用. 高等代数中这两种不同层面的方法都是需要理解和掌握的.

我们衷心感谢广大教师和读者对本书的关心，书中的疏漏或不当之处恳请不吝赐教(电子信箱：snnulzh@aliyun.com).

编　者

2015 年 9 月 3 日于陕西师范大学

第一版前言

“高等代数”课是本科数学专业的一门重要的基础课，也是理工科大学各专业的重要数学工具. 它对数学专业的许多后继课程有直接影响，关系到学生数学素质的培养. 这门课程的特点是概念多，内容比较抽象. 在长期的教学实践中，我们深刻体会到，学生学习和掌握教材的基本知识困难并不大，但要灵活运用基本概念和基础理论去分析问题和解决问题就感到困难，甚至不知如何着手. 为培养学生分析问题和解决问题的能力，目前已出版了大量相关书籍，但仍不能满足学生的要求. 分析其原因，有些书主要是解题，不去分析题中要考察的知识点，学生在学习过程中不能及时领悟和总结，从而学习后印象不深刻；有些书虽总结了知识点并附有配套的例题，但由于知识点或列举不够详细，或缺乏配套例题，学生读后仍感到不系统. 在学生掌握了教材的基本知识后，若能有一本帮助他们巩固、加深、提高、扩大所学知识的书，对高等代数中的问题与方法进行全面系统的总结和分类指导，告诉读者应该如何分析和解决问题，这对培养读者的思维能力与独立解决问题的能力，从根本上强化已学知识，将是十分必要的.

考虑到这些需要，我们将全国各高校历届硕士研究生高等代数入学试题进行了一次全面的整理，逐题分析研究，比较分类. 同时参阅了国内 50 余种教材、文献和参考书，将这些教材中的知识点和方法进行了总结和归类. 然后，将整理好的知识点和归类后的试题进行一一匹配，有的试题我们附在了相应的练习题中，用于读者自检.

全书共分 9 章，42 节，111 个小条目，中心问题是向读者回答：**高等代数的每个单元到底有哪些基本问题？每类问题各有哪些方法？每种方法又有哪些富有代表性、典型性、又有相当难度，值得向读者推荐的好例题和练习？**

基于编写本书的上述宗旨，我们在对例题进行分类讲解时，特别注意了系统地讲述解题思想与解题方法，而不是题目的堆砌或单纯的题解. 全书每段先对所解问题以“要点”的形式进行概括性的阐述，然后由浅入深地安排一套一套的例题，对具体的方法和精神实质，加以“评析”，以拔高而达到更深层次的理解.

本书是笔者在陕西师范大学数学与信息科学学院为高年级学生讲授“高等代数选讲”所写讲义的基础上编写的. 原讲义讲授了 6 届，听取了各方老师的意见，每届学生都积极纠正了讲义中的若干笔误，经过大量的修改和补充，我的学生杜康对全书定稿做了详细的校对，这在较大程度上减少了本书原稿中出现的错误.

作者十分感谢南开大学组合数学研究中心的李学良教授，作者硕士导师李尊贤教授，陕西师范大学数学与信息科学学院王国俊教授，陕西师范大学数学与信息科学学院刘新平教授，浙江理工大学理学院的樊太和教授以及荷兰 Twente 大学数学系的 Hoede 教授在各方面提供的帮助.

限于编者的水平，疏漏和不妥之处在所难免，恳请广大读者指正.

编　者

2008 年 1 月 3 日于陕西师范大学

常 用 符 号

$\mathbf{N}$	全体自然数组成的集合 $\mathbf{N}=\{0,1,2,\cdots\}$.
$\mathbf{I}$	全体整数组成的集合.
$\mathbf{Q}$	全体有理数组成的集合.
$\mathbf{R}$	全体实数组成的集合.
$\forall$	对于任意给定的.
$\exists$	至少存在一个.
P	表示一个数域.
$P[x]$	数域 P 上以 x 为未定元的一元多项式的全体.
$\partial(f(x))$	非零多项式 $f(x)$ 的次数.
$(a_{ij})_{m\times n}$	矩阵 $(a_{ij})_{m\times n}=\begin{bmatrix} a_{11} & a_{12} & \cdots & a_{1n} \\ a_{21} & a_{22} & \cdots & a_{2n} \\ \vdots & \vdots & & \vdots \\ a_{m1} & a_{m2} & \cdots & a_{mn} \end{bmatrix}$.
$\det(a_{ij})_n$	n 次方阵 $(a_{ij})_n$ 的行列式.
$\lvert \boldsymbol{A} \rvert$	矩阵 $\boldsymbol{A}$ 的行列式.
A_{ij}	矩阵 $(a_{ij})_{m\times n}$ 中元素 a_{ij} 的代数余子式.
$\boldsymbol{A}^*$	矩阵 $\boldsymbol{A}$ 的伴随矩阵.
$r(\boldsymbol{A})$	矩阵 $\boldsymbol{A}$ 的秩.
$\boldsymbol{E}_n$	n 级单位矩阵.
I	恒同变换.
V_n	n 维线性空间.
$M_{m\times n}(P)$	数域 P 上 m 行 n 列矩阵的全体.
$L(V_n)$	线性空间 V_n 上线性变换的全体.
V_λ	以 λ 为特征值的特征子空间.
$m_A(\lambda)$	方阵 $\boldsymbol{A}$ 的最小多项式.
$L(\boldsymbol{\alpha}_1,\boldsymbol{\alpha}_2,\cdots,\boldsymbol{\alpha}_r)$	向量 $\boldsymbol{\alpha}_1,\boldsymbol{\alpha}_2,\cdots,\boldsymbol{\alpha}_r$ 的生成子空间.
$(\boldsymbol{\alpha},\boldsymbol{\beta})$	向量 $\boldsymbol{\alpha},\boldsymbol{\beta}$ 的内积.
$\langle\boldsymbol{\alpha},\boldsymbol{\beta}\rangle$	向量 $\boldsymbol{\alpha},\boldsymbol{\beta}$ 的夹角.
$\lvert\boldsymbol{\alpha}\rvert$	向量 $\boldsymbol{\alpha}$ 的长度.

目　录

第 1 章　多　项　式

多项式是代数学研究的最基本的概念之一. 高等代数从研究内容上分为多项式和线性代数两大部分，而多项式这一章似乎与其余章节在逻辑上没有多大联系而自成一个体系. 但实质上，它与矩阵、二次型、线性变换、λ-矩阵及欧氏空间均有着密切的联系.

本章内容包括：多项式的概念与运算，多项式的整除，多项式的因式分解，注记.

1.1　多项式的概念与运算

一、多项式的基本概念

a. 多项式的定义

要点　形式表达式

$$f(x)=a_nx^n+a_{n-1}x^{n-1}+\cdots+a_1x+a_0 \tag{1.1}$$

称为数域 P 上以 x 为文字的一元多项式，其中 $a_0,a_1,\cdots,a_n\in P$，n 是非负整数.

b. 多项式的次数

要点　式(1.1)中，当 $a_n\neq 0$ 时，称多项式 $f(x)$ 的次数为 n，记为 $\partial(f(x))=n$，并称 a_nx^n 为 $f(x)$ 的首项，a_n 为 $f(x)$ 的首项系数，a_ix^i 为 $f(x)$ 的 i 次项，a_i 为 $f(x)$ 的 i 次项系数. 当 $a_n=\cdots=a_1=0$ 且 $a_0\neq 0$ 时，称多项式 $f(x)$ 为零次多项式，这时 $\partial(f(x))=0$；当 $a_n=\cdots=a_1=a_0=0$ 时，称 $f(x)$ 为零多项式. 零多项式是唯一不定义次数的多项式.

评析　多项式的次数是一个很直观的概念，但它在处理多项式的有关问题中却起着关键的作用. 这一点可在例 1.1.1 及例 1.2.1 等题中体会它独特的作用.

c. 多项式的相等

要点　数域 P 上以 x 为文字的两个一元多项式 $f(x)$ 与 $g(x)$ 相等是指它们对应的同次项系数均相等.

评析　证明两个多项式的相等有如下方法：①利用定义；②在它们首项系数相等的情况下，证明这两个多项式相互整除；③在它们首项系数相等的情况下，证明这两个多项式在复数域上有相同的根；④一些特殊情况下，也可考虑用反证法，如例 1.1.1.

二、多项式的运算

要点 1° 记 $P[x]=\left\{a_nx^n+a_{n-1}x^{n-1}+\cdots+a_1x+a_0 \middle| a_i\in P,\ i=0,1,\cdots,n\right\}$，则可在集合 $P[x]$ 上做与整数集合 $\mathbf{Z}$ 相类似的运算，即 $P[x]$ 中的两个多项式可以进行加、减、乘运算，并具有与整数相类似的概念与结论(如可讨论互素、不可约等概念，并有带余除法定理等结论).

2° 当 $f(x)\neq 0$，$g(x)\neq 0$ 时，它们做运算后的次数有下列性质：

(1) 当 $f(x)\pm g(x)\neq 0$ 时，$\partial(f(x)\pm g(x))\leqslant \max\{\partial(f(x)),\partial(g(x))\}$；

(2) $\partial(f(x)g(x))=\partial(f(x))+\partial(g(x))$.

例 1.1.1 (2007，大连理工大学) 设 $f(x)$，$g(x)$，$h(x)$ 均为实系数多项式，证明：若有

$$f^2(x)=xg^2(x)+xh^2(x),$$

则 $f(x)=g(x)=h(x)=0$.

证明 若 $f(x)\neq 0$，则 $\partial\left(f^2(x)\right)$ 为偶数，故 $g(x)$，$h(x)$ 不能全为零，且 $\max\{\partial(g(x)),\partial(h(x))\}\geqslant 0$. 从而 $\partial\left(g^2(x)+h^2(x)\right)$ 也是偶数，即得 $\partial\left(xg^2(x)+xh^2(x)\right)$ 为奇数，这与 $f^2(x)=xg^2(x)+xh^2(x)$ 矛盾，故 $f(x)=0$. 此时由 $f^2(x)=x\left(g^2(x)+h^2(x)\right)$，易得 $g(x)=h(x)=0$.

练习 1.1

1.1.1 当 a,b,c 取何值时，多项式 $f(x)=x-5$ 与 $g(x)=a(x-2)^2+b(x+1)+c(x^2-x+2)$ 相等.

1.2 多项式的整除

一、带余除法和综合除法

a. 带余除法

要点 设 $f(x),g(x)\in P[x],g(x)\neq 0$，则存在唯一的一对多项式 $q(x),r(x)\in P[x]$，使

$$f(x)=q(x)g(x)+r(x), \tag{1.2}$$

其中 $r(x)=0$ 或 $\partial(r(x))<\partial(g(x))$. 式(1.2)中的 $q(x)$ 为 $g(x)$ 除 $f(x)$ 的商式，$r(x)$ 为 $g(x)$ 除 $f(x)$ 的余式.

需要强调的是，等式(1.2)中的余式 $r(x)$ 必须满足 $r(x)=0$ 或 $\partial(r(x))<\partial(g(x))$，这个条件是要牢记的.

评析 带余除法是多项式理论中最重要、最基本的工具，表现在：

(1) 它把两个多项式间可除性关系进行了完全的概括，包括除尽、除不尽两种情

况. 因而在证明两个多项式具有特殊的关系(如整除、相等、互素)等问题时，一般最先考虑的是它们之间必然存在着带余除法这个等式. 然后再进一步结合已知条件分析.

(2)它是辗转相除法的理论基础，从而也是求两个多项式或多个多项式的最大公因式的理论基础.

例 1.2.1 (2013，华南理工大学)证明一个多项式 $f(x)$ 可以唯一地表示成另一个多项式 $g(x)$ 的多项式，这里 $\partial(g(x))\geqslant 1$,

$$f(x)=r_m(x)g^m(x)+r_{m-1}(x)g^{m-1}(x)+\cdots+r_1(x)g(x)+r_0(x),$$

其中 $r_i(x)\in P[x]$, 且 $r_i(x)=0$ 或 $\partial(r_i(x))<\partial(g(x))$，$i=0,1,\cdots,m$, 且这种表示法是唯一的.

证明 存在性. 由带余除法有

$$\begin{aligned}f(x)&=g(x)q_0(x)+r_0(x),\\ q_0(x)&=g(x)q_1(x)+r_1(x),\\ &\cdots\cdots\\ q_{m-2}(x)&=g(x)q_{m-1}(x)+r_{m-1}(x),\end{aligned}$$

此时 $\partial(r_{m-1}(x))<\partial(g(x))$，这时令 $q_{m-1}(x)=r_m(x)$，则有

$$f(x)=r_m(x)g^m(x)+\cdots+r_1(x)g(x)+r_0(x). \tag{1.3}$$

即存在性得证.

唯一性. 设

$$f(x)=s_k(x)g^k(x)+s_{k-1}(x)g^{k-1}(x)+\cdots+s_1(x)g(x)+s_0(x), \tag{1.4}$$

式(1.4)中 $\partial(s_i(x))<\partial(g(x))$, 或 $s_i(x)=0(i=0,1,2,\cdots,k)$. 由式(1.3)和(1.4)有

$$\left[r_m(x)g^{m-1}(x)-s_k(x)g^{k-1}(x)+\cdots+(r_1(x)-s_1(x))\right]g(x)=s_0(x)-r_0(x).$$

比较两端次数得 $s_0(x)=r_0(x)$. 所以有

$$r_m(x)g^{m-1}(x)-s_k(x)g^{k-1}(x)+\cdots+(r_1(x)-s_1(x))=0,$$

得 $s_1(x)=r_1(x)$, 如此进行下去，得

$$s_k(x)=r_k(x)\quad(k=0,1,2,\cdots,m).$$

故唯一性得证.

b. 综合除法

要点 设以 $g(x)=x-a$ 除 $f(x)=a_nx^n+a_nx^{n-1}+\cdots+a_1x+a_0$ 时，利用带余除法，所得的商 $q(x)=b_{n-1}x^{n-1}+\cdots+b_1x+b_0$ 及余式 $r(x)=c_0$，则比较 $f(x)=q(x)g(x)+r(x)$ 两端同次项的系数可得

$$b_{n-1}=a_n,\quad b_{n-2}=a_{n-1}+ab_{n-1},\quad \cdots,\quad b_0=a_1+ab_1,\quad c_0=a_0+ab_0.$$

可将以上 $n+1$ 个等式排成以下格式进行:

$$
\begin{array}{r|cccccc}
a & a_n & a_{n-1} & a_{n-2} & \cdots & a_1 & a_0 \\
 & & +ab_{n-1} & +ab_{n-2} & \cdots & +ab_1 & +ab_0 \\
\hline
 & b_{n-1} & b_{n-2} & b_{n-3} & \cdots & b_0 & c_0
\end{array}
$$

用这种方法对除式 $g(x)=x-a$ 求商式和余数，称为综合除法.

例 1.2.2　把 $f(x)=x^5$ 表示成 $x-1$ 的方幂和，即表示为

$$c_0+c_1(x-1)+c_2(x-1)^2+\cdots$$

的形式.

解　由例 1.2.1，设用 $x-1$ 除 $f(x)$ 所得的余数为 c_0，再用 $x-1$ 逐次除所得的商得到余数 $c_i(i=1,2,3,4,5)$；这一过程可通过以下的连续施行综合除法来实现. 由于

$$
\begin{array}{r|cccccl}
1 & 1 & 0 & 0 & 0 & 0 & 0 \\
 & & 1 & 1 & 1 & 1 & 1 \\
\hline
1 & 1 & 1 & 1 & 1 & 1 & 1=c_0 \\
 & & 1 & 2 & 3 & 4 & \\
\hline
1 & 1 & 2 & 3 & 4 & 5=c_1 & \\
 & & 1 & 3 & 6 & & \\
\hline
1 & 1 & 3 & 6 & 10=c_2 & & \\
 & & 1 & 4 & & & \\
\hline
 & 1 & 4 & 10=c_3 & & & \\
 & & 1 & & & & \\
\hline
 & 1 & 5=c_4 & & & &
\end{array}
$$

故

$$
\begin{aligned}
x^5&=c_0+c_1(x-1)+c_2(x-1)^2+c_3(x-1)^3+c_4(x-1)^4+c_5(x-1)^5\\
&=1+5(x-1)+10(x-1)^2+10(x-1)^3+5(x-1)^4+(x-1)^5.
\end{aligned}
$$

二、整除

a. 整除的判定

要点　设 $f(x),g(x)\in P[x]$，如果存在 $q(x)\in P[x]$，使得

$$f(x)=q(x)g(x),$$

则称 $g(x)$ 整除 $f(x)$，记为 $g(x)\mid f(x)$. 此时称 $g(x)$ 为 $f(x)$ 的因式，$f(x)$ 为 $g(x)$ 的倍式.

整除的判定除利用定义外，常用的方法还有：

1° 若 $g(x)\neq 0$，则利用带余除法. 即 $g(x)\mid f(x)$ 当且仅当 $g(x)$ 除 $f(x)$ 所得的余式为 0.

2° 验根法. 设 c 为 $g(x)$ 在复数域 **C** 上的任一根，证明 c 也必为 $f(x)$ 的根(见例 1.3.6 的评析及例 1.3.10).

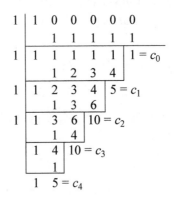

b. 整除的性质

由整除的定义易得：

1° 若 $f(x)\mid g(x)$，$g(x)\mid f(x)$ 当且仅当存在 $c\in P$，使得 $f(x)=cg(x)$，其中 $c\neq 0$.

2° 若 $f(x)\mid g(x)$，$g(x)\mid h(x)$，则 $f(x)\mid h(x)$.

3° 若 $g(x)\mid f_i(x)(i=1,2,\cdots,r)$，则

$$g(x)\,\Bigg|\,\sum_{i=1}^{r}u_i(x)f_i(x),$$

其中 $u_i(x)\in P[x](i=1,2,\cdots,r)$.

例 1.2.3 设 $f_0(x),f_1(x),\cdots,f_{n-1}(x)\in P[x]$，$a\neq 0$，$a\in P$，若

$$(x^n-a)\,\Bigg|\,\sum_{i=0}^{n-1}f_i(x^n)x^i,$$

则 $(x-a)\mid f_i(x)(i=0,1,\cdots,n-1)$.

证明 由带余除法有 $f_i(x)=q_i(x)(x-a)+r_i$，$r_i\in P$，则

$$f_i(x^n)=q_i(x^n)(x^n-a)+r_i,$$

故有

$$\sum_{i=0}^{n-1}f_i(x^n)x^i=\sum_{i=0}^{n-1}(x^n-a)q_i(x^n)x^i+\sum_{i=0}^{n-1}r_ix^i,$$

则由 $(x^n-a)\,\Bigg|\,\sum_{i=0}^{n-1}f_i(x^n)x^i$，必有 $\sum_{i=0}^{n-1}r_ix^i=0$，即 $r_i=0(i=0,1,\cdots,n-1)$. 因此

$$(x-a)\mid f_i(x)\quad (i=0,1,\cdots,n-1).$$

三、最大公因式及其求法

a. 最大公因式

要点 1° 设 $f(x),g(x)\in P[x]$，$P[x]$ 中的多项式 $d(x)$ 称为 $f(x),g(x)$ 的一个最大公因式，如果 $d(x)$ 满足：

(1) $d(x)$ 是 $f(x),g(x)$ 的公因式；

(2) $f(x),g(x)$ 的公因式全是 $d(x)$ 的因式.

2° 若 $d(x)$ 是 $f(x),g(x)$ 的最大公因式，则 $cd(x)$ 也是 $f(x)$ 与 $g(x)$ 的最大公因式，其中 $c\neq 0$. 用 $(f(x),g(x))$ 表示 $f(x)$ 与 $g(x)$ 的首一的最大公因式.

b. 最大公因式的求法

要点 1° 对 $P[x]$ 中的两个多项式，求其最大公因式一般利用如下的辗转相除法(也称欧几里得算法). 设 $f(x),g(x)\in P[x]$，$g(x)\neq 0$，且有 $q_i(x),r_i(x)\in P[x]$，使

$$
\begin{aligned}
&f(x)=q_1(x)g(x)+r_1(x), \quad \partial(r_1(x))<\partial(g(x)),\\
&g(x)=q_2(x)r_1(x)+r_2(x), \quad \partial(r_2(x))<\partial(r_1(x)),\\
&\qquad\cdots\cdots\\
&r_{m-2}(x)=q_m(x)r_{m-1}(x)+r_m(x), \quad \partial(r_m(x))<\partial(r_{m-1}(x)),\\
&r_{m-1}(x)=q_{m+1}(x)r_m(x),
\end{aligned}
\tag{1.5}
$$

其中 $\partial(r_i(x))\geqslant 0(i=1,2,\cdots,m)$，则 $r_m(x)$ 是 $f(x)$ 与 $g(x)$ 的一个最大公因式.

2° 对 $f(x),g(x)$ 及 $d(x)$，存在 $P[x]$ 中的一对多项式 $u(x),v(x)$ 使得

$$d(x)=f(x)u(x)+g(x)v(x). \tag{1.6}$$

评析 (1) 辗转相除法中的每一个等式都是由带余除法保证的，所以带余除法是辗转相除法的理论基础.

(2) 辗转相除法的整个过程中，对多项式的系数只是做了四则运算，因而如果数域 P_1 包含数域 P，即 $P_1\supseteq P$，则等式(1.6)在数域 P_1 上仍成立. 特别地，如果 $f(x),g(x)$ 是有理数域上的多项式，那么等式(1.6)在有理数域上成立，则这个等式也必在实数域或复数域上成立. 这一思想可在例 1.2.6 中有所体现.

(3) 等式(1.6)揭示了 $f(x),g(x)$ 与其最大公因式 $d(x)$ 之间存在的一个等式关系，这个等式在证明最大公因式的有关问题中起着桥梁的关键作用.

例 1.2.4 (2013，北京科技大学；2003，东南大学) 设 $f(x)=x^4+x^3-3x^2-4x-1$，$g(x)=x^3+x^2-x-1$，求 $(f(x),g(x))$，并求 $u(x),v(x)$，使得

$$u(x)f(x)+v(x)g(x)=(f(x),g(x)).$$

解 由辗转相除法可得

$$f(x)=g(x)q_1(x)+r_1(x), \quad g(x)=r_1(x)q_2(x)+r_2(x),$$

其中

$$
\begin{cases}
q_1(x)=x,\\
r_1(x)=-2x^2-3x-1,
\end{cases}
\qquad
\begin{cases}
q_2(x)=-\dfrac{1}{2}x+\dfrac{1}{4},\\
r_2(x)=-\dfrac{3}{4}x-\dfrac{3}{4},
\end{cases}
$$

从而有 $(f(x),g(x))=x+1$，以及

$$
\begin{aligned}
(f(x),g(x))&=-\frac{4}{3}r_2(x)=-\frac{4}{3}(g(x)-r_1(x)q_2(x))\\
&=-\frac{4}{3}(g(x)-(f(x)-g(x)q_1(x))q_2(x))\\
&=\frac{4}{3}q_2(x)f(x)-\frac{4}{3}(1+q_1(x)q_2(x))g(x)\\
&=\left(-\frac{2}{3}x+\frac{1}{3}\right)f(x)+\left(\frac{2}{3}x^2-\frac{1}{3}x-\frac{4}{3}\right)g(x),
\end{aligned}
$$

故$u(x)=-\frac{2}{3}x+\frac{1}{3},v(x)=\frac{2}{3}x^2-\frac{1}{3}x-\frac{4}{3}$.

例 1.2.5 证明：如果$d(x)\mid f(x)$，$d(x)\mid g(x)$，且$d(x)$为$f(x)$与$g(x)$的一个组合，则$d(x)$是$f(x)$与$g(x)$的一个最大公因式.

证明 由已知有$d(x)$是$f(x),g(x)$的一个公因式. 设$\varphi(x)$是$f(x)$与$g(x)$的任一公因式，下证$\varphi(x)\mid d(x)$.

由于$d(x)$是$f(x)$与$g(x)$的一个组合，即存在多项式$u(x),v(x)\in P[x]$，使得$d(x)=f(x)u(x)+g(x)v(x)$，而$\varphi(x)\mid f(x)$，$\varphi(x)\mid g(x)$，故$\varphi(x)\mid d(x)$.

由最大公因式的定义知，$d(x)$为$f(x)$与$g(x)$的一个最大公因式.

例 1.2.6 (2014，厦门大学)设$f(x),p(x)\in P[x]$,且$p(x)$是数域P上的不可约多项式. 若$f(x),p(x)$在复数域$\mathbf{C}$上有公共根α，则$p(x)$(选填"必"或"未必")整除$f(x)$.

解 选"必". 因为不可约多项式与任意多项式只有两种关系，要么互素，要么$p(x)$整除$f(x)$. 如果

$$(f(x),p(x))=1,\tag{1.7}$$

注意到$f(x),p(x)\in P[x]$，所以等式(1.7)在数域P上成立，但由于$P\subseteq\mathbf{C}$，这样等式(1.7)在复数域$\mathbf{C}$上也成立，这说明它们在复数域上无公共根. 但另一方面又已知$f(x),p(x)$在复数域$\mathbf{C}$上有公共根α，矛盾. 故选"必".

c. 最大公因式的性质

利用最大公因式的定义及判定两个多项式相等的方法可得如下结论：

1° 设$f(x)=q(x)g(x)+r(x)$，则$(f(x),g(x))=(g(x),r(x))$;

2° $(f(x),g(x))=(f(x)+g(x),f(x)-g(x))$;

3° $(f(x)h(x),g(x)h(x))=(f(x),g(x))h(x)$，其中$h(x)$为首一多项式；

4° $(f_1(x),g_1(x))(f_2(x),g_2(x))=(f_1(x)f_2(x),f_1(x)g_2(x),f_2(x)g_1(x),g_1(x)g_2(x))$.

四、多项式的互素

a. 互素的判定

要点 设$f(x),g(x)\in P[x]$，若$(f(x),g(x))=1$，则称$f(x)$与$g(x)$互素. 除利用定义判别两个多项式互素外，常用的方法还有：

1° $f(x)$与$g(x)$互素，当且仅当存在$u(x),v(x)\in P[x]$，使得

$$f(x)u(x)+g(x)v(x)=1;$$

2° 在复数域$\mathbf{C}$上，两个非零多项式$f(x)$与$g(x)$无公共根当且仅当$f(x)$与$g(x)$互素；

3° 证明两个多项式互素还可以考虑用反证法.

例 1.2.7　如果 $f(x), g(x)$ 不全为零，$(f(x), g(x)) = d(x)$，且 $f(x) = d(x)f_1(x)$，$g(x) = d(x)g_1(x)$，则 $(f_1(x), g_1(x)) = 1$.

证明　由 $(f(x), g(x)) = d(x)$ 可知，存在 $u(x), v(x)$，使得

$$d(x) = f(x)u(x) + g(x)v(x),$$

将 $f(x) = d(x)f_1(x)$，$g(x) = d(x)g_1(x)$ 代入上式得

$$d(x) = d(x)(f_1(x)u(x) + g_1(x)v(x)). \tag{1.8}$$

由 $d(x) \neq 0$，对式(1.8)用右消去律得

$$u(x)f_1(x) + v(x)g_1(x) = 1,$$

故 $(f_1(x), g_1(x)) = 1$.

b. 互素的性质

要点　利用互素的判定方法，易得如下结论：

1° $(f(x), g(x)) = 1$，$(h(x), g(x)) = 1$ 当且仅当 $(f(x)h(x), g(x)) = 1$;

2° $(f(x), g(x)) = 1$，则 $(f^m(x), g^m(x)) = 1$，且 $(f(x^m), g(x^m)) = 1$;

3° $(f(x), g(x)) = 1$ 当且仅当 $(f(x)g(x), f(x) + g(x)) = 1$;

4° 若 $f(x) \mid g(x)h(x)$，且 $(f(x), g(x)) = 1$，则 $f(x) \mid h(x)$;

5° 若 $f(x) \mid g(x)$，$h(x) \mid g(x)$，且 $(f(x), h(x)) = 1$，则 $f(x)h(x) \mid g(x)$.

例 1.2.8　(2001，南京大学) 设 F, F_1 是数域，$F \subseteq F_1$，$f(x), g(x) \in F[x]$.

(1) 证明：如果在 $F_1[x]$ 中有 $g(x) \mid f(x)$，则在 $F[x]$ 中也有 $g(x) \mid f(x)$.

(2) 证明：$f(x)$ 与 $g(x)$ 在 $F[x]$ 中互素当且仅当 $f(x)$ 与 $g(x)$ 在 $F_1[x]$ 中互素.

(3) 证明：设 $f(x)$ 是数域 F 上的不可约多项式，则 $f(x)$ 的根全是单根.

证明　(1) 用反证法. 假设在 $F[x]$ 中，$g(x) \nmid f(x)$，则在 $F[x]$ 中存在 $q(x), r(x)$ 使得 $f(x) = q(x)g(x) + r(x)$ 且 $\partial(r(x)) < \partial(g(x))$，因此该等式也必为 $F_1[x]$ 中的恒等式. 这说明在 $F_1[x]$ 中 $g(x) \nmid f(x)$，与已知矛盾. 故在 $F[x]$ 中必有 $g(x) \mid f(x)$.

(2) “$\Rightarrow$”若 $f(x)$ 和 $g(x)$ 在 $F[x]$ 中互素，这意味着在 $F[x]$ 中存在多项式 $u(x), v(x)$ 使得 $f(x)u(x) + g(x)v(x) = 1$. 由于该等式在 $F_1[x]$ 中也成立，故 $f(x)$ 与 $g(x)$ 在 $F_1[x]$ 中互素.

“$\Leftarrow$”假设 $f(x)$ 与 $g(x)$ 在 $F[x]$ 中不互素，则存在 $f(x)$ 与 $g(x)$ 的最大公因式 $d(x) \in F[x]$ 且 $\partial(d(x)) > 1$. 由最大公因式的求法可知，$d(x) \in F_1[x]$. 这说明 $f(x)$ 与 $g(x)$ 在 $F_1[x]$ 中不互素，这与已知矛盾.

(3) 设 $f(x)$ 是次数为 $n(n \geqslant 1)$ 的多项式，则由于 $f(x)$ 在 $F(x)$ 中是不可约多项式，故 $(f(x), f'(x)) = 1$. 由(2)可知在复数域 $\mathbf{C}$ 上也有 $(f(x), f'(x)) = 1$，这说明 n 次多项式 $f(x)$ 的根均为单根.

评析 本例中(1)的逆否命题为：如果在 $F[x]$ 中有 $g(x)\nmid f(x)$，则在 $F_1[x]$ 中也有 $g(x)\nmid f(x)$. 这说明在小的数域上 $g(x)\nmid f(x)$,则在大的数域上仍然 $g(x)\nmid f(x)$. 即整除性问题不因数域的扩大而改变.

练习 1.2

1.2.1 (2004，云南大学) 设 $f(x),g(x),h(x)$ 为实系数多项式，它们适合下列关系：

$$\begin{cases}(x^2+1)h(x)+(x-1)f(x)+(x-2)g(x)=0,\\(x^2+1)h(x)+(x+1)f(x)+(x+2)g(x)=0.\end{cases}$$

证明：$f(x),g(x)$ 都能被 x^2+1 整除.

1.2.2 (2004，兰州大学) 设 $f(x),g(x)$ 是数域 P 上的两个不全为零的多项式，令

$$I=\{u(x)f(x)+v(x)g(x)\mid u(x),v(x)\in P[x]\}.$$

证明：(1) I 关于多项式的加法和乘法封闭，并且对于任意的 $h(x)\in I$ 和任意的 $k(x)\in P[x]$，有

$$h(x)k(x)\in I;$$

(2) I 中存在次数最小的首项系数为 1 的多项式 $h(x)$，且 $h(x)=(f(x),g(x))$.

1.2.3 (2002，安徽师范大学) 设 $f_1(x),f_2(x),g_1(x),g_2(x)\in P[x]$，$a\in P$ 使得 $f_1(a)=0$，$g_2(a)\neq 0$ 且

$$f_1(x)g_1(x)+f_2(x)g_2(x)=x-a.$$

证明：$(f_1(x),f_2(x))=x-a$.

1.2.4 (2000，湖北大学，辽宁大学) 证明：$(x^m-1,x^n-1)=x^d-1$ 当且仅当 $(m,n)=d$ (或证明：$(x^d-1)\mid(x^n-1)$ 当且仅当 $d\mid n$).

1.2.5 (2004，上海交通大学) 假设 $f_1(x)$ 与 $f_2(x)$ 为次数不超过 3 的首项系数为 1 的互异多项式，且设 x^4+x^2+1 整除 $f_1(x^3)+x^4f_2(x^3)$，试求 $f_1(x)$ 与 $f_2(x)$ 的最大公因式.

1.2.6 设 $f(x),g(x)$ 为两个非零多项式. 证明：$f(x)$ 与 $g(x)$ 不互素的充要条件为存在多项式 $h(x),k(x)$ 满足

$$f(x)h(x)+g(x)k(x)=0,$$

这里 $0\leqslant\partial(h(x))<\partial(g(x))$，$0\leqslant\partial(k(x))<\partial(f(x))$.

1.2.7 设对任一多项式 $h(x)$，若 $f(x)\mid h(x)$，$g(x)\mid h(x)$ 都可得到 $f(x)g(x)\mid h(x)$，证明：

$$(f(x),g(x))=1.$$

1.2.8 (2005，华南理工大学) 如果 $(f(x),g(x))=1$，则

$$(f(x)g(x)(f(x)+g(x)),f(x)+f(x)g(x)+g(x))=1.$$

1.2.9 (2006，华南理工大学) 设 $f(x),g(x)$ 是数域 P 上的多项式. 证明：$f(x)\mid g(x)$ 当且仅当对于任意大于 1 的自然数 n，$f^n(x)\mid g^n(x)$.

1.2.10 (2000，北京师范大学) 设 $f_1(x),f_2(x)$ 是数域 P 上两个多项式，证明：$f_1(x)$ 与 $f_2(x)$ 互素的充要条件是对 P 上任意两个多项式 $r_1(x),r_2(x)$，存在 P 上的多项式 $q_1(x),q_2(x)$，使得

$$q_1(x)f_1(x)+r_1(x)=q_2(x)f_2(x)+r_2(x).$$

1.2.11 (2004，北京科技大学) 求一个三次多项式 $f(x)$，使得 $f(x)+1$ 能被 $(x-1)^2$ 整除，而 $f(x)-1$ 能被 $(x+1)^2$ 整除.

1.2.12 (2006，陕西师范大学) 设 $f_1(x)=af(x)+bg(x)$，$g_1(x)=cf(x)+dg(x)$，且 $ad-bc\neq 0$. 证明：$(f(x),g(x))=(f_1(x),g_1(x))$.

1.3 多项式的因式分解

一、不可约多项式

a. 不可约多项式的判定

要点 数域 P 上次数大于等于 1 的多项式 $p(x)$ 称为数域 P 上的不可约多项式，如果它不能表示成数域 P 上次数比 $p(x)$ 的次数低的两个多项式的乘积.

一次多项式总是不可约的.

评析 由定义可知，零多项式与零次多项式既不能说是可约的，也不能说是不可约的. 多项式的可约性与多项式所在的数域密切相关. 例如，x^2-2 在有理数域 $\mathbf{Q}$ 上不可约，而在实数域 $\mathbf{R}$ 上可约，即 $x^2-2=\left(x-\sqrt{2}\right)\left(x+\sqrt{2}\right)$；又如，$x^2+2$ 在实数域 $\mathbf{R}$ 上不可约，而在复数域 $\mathbf{C}$ 上可约，即 $x^2+2=\left(x+\sqrt{2}\mathrm{i}\right)\left(x-\sqrt{2}\mathrm{i}\right)$.

b. 不可约多项式的性质

要点 设 $p(x)$ 为数域 P 上的一个不可约多项式，利用不可约多项式的定义可得如下结论：

1° $cp(x)$ 也是 P 上的不可约多项式，其中 $c\in P$，且 $c\neq 0$；

2° 对 P 上任一多项式 $f(x)$，必有 $(p(x),f(x))=1$，或者 $p(x)\mid f(x)$；

3° 设 $f(x),g(x)$ 是数域 P 上的任意两个多项式，如果 $p(x)\mid f(x)g(x)$，则必有 $p(x)\mid f(x)$，或者 $p(x)\mid g(x)$. 由此可推出：如果 $p(x)\mid f_1(x)f_2(x)\cdots f_s(x)$，其中 $s\geqslant 2$，则 $p(x)$ 至少可以整除这些多项式中的一个.

评析 (1) 由 2° 可知，不可约多项式 $p(x)$ 与 $P[x]$ 环中的任一多项式 $f(x)$ 只有两种关系，即要么 $(p(x),f(x))=1$，要么 $p(x)\mid f(x)$. 由不可约多项式的这一性质，就产生了一类习题：即分析某一个多项式与另外一个多项式为整除或互素这两种关系中的某一种. 如例 1.3.1 至例 1.3.3.

(2) 可约多项式与 $P[x]$ 环中的任一多项式 $f(x)$ 除存在上述两种关系外，也可能与 $f(x)$ 既不互素，也不整除 $f(x)$.

例 1.3.1 (2005，陕西师范大学) 设 $p(x)$ 是次数大于零的多项式，如果对于任意多项式 $f(x),g(x)$，由 $p(x)\mid f(x)g(x)$ 可以推出 $p(x)\mid f(x)$ 或者 $p(x)\mid g(x)$，则 $p(x)$ 是不可约多项式.

证明　用反证法. 若 $p(x)$ 可约，即 $p(x)=p_1(x)p_2(x)$ 且 $0<\partial(p_i(x))<\partial(p(x))$，$i=1,2$. 令 $f(x)=p_1(x)$，$g(x)=p_2(x)$，则 $p(x)\mid f(x)g(x)$，但 $p(x)\nmid f(x)$，$p(x)\nmid g(x)$，与假设矛盾. 故 $p(x)$ 不可约.

例 1.3.2　次数 >0 且首项系数为 1 的多项式 $f(x)$ 是一个不可约多项式的方幂当且仅当对任意的多项式 $g(x)$，必有 $(f(x),g(x))=1$，或者对一个正整数 m，有 $f(x)\mid g^m(x)$.

证明　"$\Rightarrow$" 设 $f(x)=p^m(x)$，其中 $p(x)$ 是不可约多项式，则对任一多项式 $g(x)$，必有 $(g(x),p(x))=1$ 或 $p(x)\mid g(x)$.

(1) 若 $(p(x),g(x))=1$，则有 $(p^m(x),g(x))=1$，即 $(f(x),g(x))=1$;

(2) 若 $p(x)\mid g(x)$，则有 $p^m(x)\mid g^m(x)$，即 $f(x)\mid g^m(x)$.

"$\Leftarrow$" 设 $f(x)$ 不是某一多项式的方幂，则 $f(x)=p_1(x)^{\lambda_1}p_2(x)^{\lambda_2}\cdots p_n(x)^{\lambda_n}$ 为标准分解式且 λ_i 是正整数，$i=1,2,\cdots,n$，$n\geqslant 2$. 现令 $g(x)=p_1(x)$，则与已知构成矛盾.

例 1.3.3　证明：次数大于零的多项式 $f(x)$ 是某一不可约多项式的方幂 $\Leftrightarrow$ 对任意多项式 $g(x),h(x)$，由 $f(x)\mid g(x)h(x)$ 可以推出 $f(x)\mid g(x)$，或者对某一正整数 m，有

$$f(x)\mid h^m(x).$$

证明　"$\Rightarrow$" 可以设 $f(x)=p^m(x)$，若 $(p(x),h(x))=1$，则 $(p^m(x),h(x))=1$，又由于 $f(x)\mid g(x)h(x)$，所以 $f(x)\mid g(x)$. 若 $(p(x),h(x))\neq 1$，则 $p(x)\mid h(x)$，从而 $p^m(x)\mid h^m(x)$，即 $f(x)\mid h^m(x)$.

"$\Leftarrow$" 与例 1.3.2 充分性的证明相仿.

例 1.3.4　(2002，北京大学) 对于任意非负整数 n，令

$$f_n(x)=x^{n+2}-(x+1)^{2n+1},$$

证明：$\left(x^2+x+1,f_n(x)\right)=1$.

证明　由题意知

$$\begin{aligned}f_n(x)&=x^{n+2}-(x+1)(x^2+2x+1)^n\\&=x^{n+2}-(x+1)(x^2+x+1+x)^n\\&=x^{n+2}-(x+1)\Big[(x^2+x+1)^n+nx(x^2+x+1)^{n-1}+\cdots\\&\quad+nx^{n-1}(x^2+x+1)+x^n\Big]\\&=x^n(x^2+x+1)-(x+1)\Big[(x^2+x+1)^n+nx(x^2+x+1)^{n-1}+\cdots\\&\quad+nx^{n-1}(x^2+x+1)\Big]-2x^n(x+1).\end{aligned}\tag{1.9}$$

由式(1.9)可知，如果 $(x^2+x+1)\,\big|\,f_n(x)$，则必有 $(x^2+x+1)\,\big|\,2x^n(x+1)$，但 x^2+x+1 是实数域上的不可约多项式，从而 x^2+x+1 至少整除 x^n 或 $(x+1)$ 中的某一个，矛盾. 从而 $(x^2+x+1,f_n(x))=1$.

评析　本例中的 $f_n(x)$ 显然可以看成实数域上的多项式，而 x^2+x+1 正好是实数域上的不可约多项式，因此可以利用不可约多项式的性质引出矛盾. 当然，也可以在得到关系式 $(x^2+x+1)\,\big|\,2x^n(x+1)$ 时，在复数域上利用 x^2+x+1 的根必不是 $2x^n(x+1)$ 的根而引出矛盾.

二、k 重因式

a. 重因式的判定

要点　设 $f(x)\in P[x]$，且 $p(x)$ 是数域 P 上的不可约多项式，k 为非负整数. 如果 $p^k(x)\mid f(x)$ 且 $p^{k+1}(x)\nmid f(x)$，则称 $p(x)$ 是 $f(x)$ 的 k 重因式. 当 $k=1$ 时，称 $p(x)$ 是 $f(x)$ 的单因式；当 $k\geqslant 2$，称 $p(x)$ 是 $f(x)$ 的重因式.

评析　由于重因式本身一定是不可约多项式，所以 $f(x)$ 的重因式一定与 $f(x)$ 所在的数域有关.

b. $k(\geqslant 1)$ 重因式的性质

要点　设 $p(x)$ 为数域 P 上的一个不可约多项式，利用 $k(\geqslant 1)$ 重因式的定义，可得如下结论：

1° $p(x)$ 是 $f(x)$ 的 $k(\geqslant 1)$ 重因式，则它是 $f'(x)$ 的 $k-1$ 重因式. 特别地，$f(x)$ 的单因式不是 $f'(x)$ 的因式.

2° $p(x)$ 是 $f(x)$ 的 $k(\geqslant 1)$ 重因式，当且仅当它是 $f(x),f'(x),\cdots,f^{(k-1)}(x)$ 的公因式，但不是 $f^{(k)}(x)$ 的因式.

3° $p(x)$ 是 $f(x)$ 的重因式的充要条件是 $p(x)$ 是 $f(x)$ 与 $f'(x)$ 的公因式，即

$$p(x)\mid (f(x),f'(x)).$$

4° 多项式 $f(x)$ 没有重因式的充要条件是 $f(x)$ 与 $f'(x)$ 互素，即 $(f(x),f'(x))=1$.

5° 设 $f(x)$ 是数域 P 上次数大于等于 1 的多项式，则 $\dfrac{f(x)}{(f(x),f'(x))}$ 是一个没有重因式的多项式，但它与 $f(x)$ 有完全相同的不可约因式. 即设

$$f(x)=ap_1^{r_1}(x)p_2^{r_2}(x)\cdots p_s^{r_s}(x),\quad r_i\text{为正整数}\quad (i=1,2,\cdots,s),$$

则

$$\frac{f(x)}{(f(x),f'(x))}=ap_1(x)p_2(x)\cdots p_s(x). \tag{1.10}$$

评析　由 3° 可知，$f(x)$ 的重因式可以在 $(f(x),f'(x))$ 的不可约因式中去寻找. 这时由于 $\partial((f(x),f'(x)))<\partial(f(x))$，所以相比较而言，对多项式 $(f(x),f'(x))$ 分解因式要相对容易一些.

三、多项式函数

a. 多项式函数的定义

要点　设 $f(x)=a_nx^n+a_{n-1}x^{n-1}+\cdots+a_1x+a_0\in P[x]$，其中 x 是文字，数 $\alpha\in P$. 将 $f(x)$ 表示式中的 x 用 α 代替得到 P 中的数

$$a_n\alpha^n+a_{n-1}\alpha^{n-1}+\cdots+a_1\alpha+a_0,$$

称之为当 $x=\alpha$ 时 $f(x)$ 的值，记为 $f(\alpha)$，即 $f(\alpha)=a_n\alpha^n+a_{n-1}\alpha^{n-1}+\cdots+a_1\alpha+a_0$. 这样，对每个数 $\alpha\in P$，由多项式 $f(x)$ 可确定唯一的数 $f(\alpha)$ 与之对应，称 $f(x)$ 为 P 上的一个多项式函数.

评析　前面几节是用形式的观点讨论多项式 $f(x)=a_nx^n+a_{n-1}x^{n-1}+\cdots+a_1x+a_0$，其中 x 是一个文字，它给人的感觉是一个静止的符号. 在做多项式的加、减、乘等运算及研究多项式之间的整除关系，以及两个多项式的最大公因式时，得到的有关等式均是一种恒等式. 例如，当 $P[x]$ 中的多项式 $f(x)$ 与 $g(x)$ 互素时，存在 $u(x),v(x)\in P[x]$，使得

$$f(x)u(x)+g(x)v(x)=1, \tag{1.11}$$

那么这个用多项式理论得到的等式(1.11)，当在函数的观点下研究 $f(x)$ 与 $g(x)$ 时，等式(1.11)就是一个恒等式，对考察多项式函数 $f(x)$ 与 $g(x)$ 是非常有用的.

b. 余数定理

要点　设 $f(x)\in P[x]$，$\alpha\in P$，用一次多项式 $x-\alpha$ 去除 $f(x)$ 所得的余式是一个常数，这个常数等于函数值 $f(\alpha)$.

c. 多项式的根

要点　1° 设 $f(x)\in P[x]$，数 $\alpha\in P$. 如果 $f(\alpha)=0$，则称 α 为 $f(x)$ 的一个根或者零点. 如果 $x-\alpha$ 是 $f(x)$ 的 k 重因式，则称 α 为 $f(x)$ 的 k 重根；当 $k=1$ 时，称 α 为 $f(x)$ 的单根；当 $k>1$ 时，称 α 为 $f(x)$ 的重根.

2°(因式定理)　设 $f(x)\in P[x]$，$\alpha\in P$，$x-\alpha\mid f(x)$ 的充要条件是 $f(\alpha)=0$.

3°　$P[x]$ 中 $n(\geqslant 0)$ 次多项式在数域 P 中的根不可能多于 n 个(重根按重数计算).

评析　由要点2°可知，如果 α 是多项式 $f(x)$ 在数域 P 中的一个根，则 $x-\alpha$ 也必为 $f(x)$ 在数域 P 上因式分解时的一次不可约因式. 这也就是说，$f(x)$ 在数域 P 中的根必作为 $f(x)$ 在数域 P 上因式分解中对应的一个一次不可约因式. 如果 $f(x)$ 在数域 P 上因式分解时没有一次不可约因式，则 $f(x)$ 在数域 P 上就没有根.

例 1.3.5　(1997，天津大学)求多项式 $x^3+3ax+b$ 有重根的条件.

解　令 $f(x)=x^3+3ax+b$，则 $f'(x)=3x^2+3a$. 由于 $f(x)=f'(x)\left(\dfrac{1}{3}x\right)+(2ax+b)$，下面进行讨论：

(1) 若 $2ax+b=0$，即 $a=b=0$，则 $(f(x),f'(x))=\frac{1}{3}f'(x)\neq 1$，故 $f(x)$ 有重根，且 $f(x)=x^3$，明显可以看出 $x=0$ 为 $f(x)$ 的三重根.

(2) 若 $2ax+b\neq 0$，当 $a\neq 0$ 时，$f(x)$ 才可能有重根(否则，若 $a=0$，$b\neq 0$，可得 $(f(x),f'(x))=1$，从而 $f(x)$ 无重根). 若 $a\neq 0$，则有

$$f'(x)=(2ax+b)\left(\frac{3}{2a}x-\frac{3b}{4a^2}\right)+\left(3a+\frac{3b^2}{4a^2}\right),$$

要使 $f(x)$ 有重根，则必须 $3a+\frac{3b^2}{4a^2}=0$，即 $4a^3+b^2=0$. 易知此时 $x=-\frac{b}{2a}$ 为 $f(x)$ 的二重根.

由以上分析可知，当 $a=b=0$ 时，$x=0$ 为 $f(x)$ 的三重根；当 $a\neq 0$ 且 $4a^3+b^2=0$ 时，$x=-\frac{b}{2a}$ 为 $f(x)$ 的二重根.

例 1.3.6 证明：如果 $(x^2+x+1)\mid\left(f_1(x^3)+xf_2(x^3)\right)$，则 $(x-1)\mid f_i(x),\ i=1,2$.

证明 由题意知 $x^2+x+1=(x-\omega)(x-\omega^2)$，其中 $\omega=\frac{-1+\sqrt{3}\mathrm{i}}{2}$. 设 $f(x)=f_1(x^3)+xf_2(x^3)$. 由 $(x^2+x+1)\mid f(x)$，即 $(x-\omega)(x-\omega^2)\mid f(x)$，有

$$f(\omega)=f_1(1)+\omega f_2(1)=0,$$
$$f(\omega^2)=f_1(1)+\omega^2 f_2(1)=0.$$

解方程组得 $f_1(1)=f_2(1)=0$，故 $(x-1)\mid f_i(x)$，$i=1,2$.

评析 本题在证明中巧妙地应用了齐次线性方程组的知识；另外，在证明 $x-1$ 整除 $f_i(x)$ 时应用了验根法.

例 1.3.7 设 $f_k(x)(k=1,2,\cdots,n)$ 是数域 P 上的多项式，证明

$$(x^n+\cdots+x+1)\,\Big|\,\left[x^{n-1}f_1(x^{n+1})+x^{n-2}f_2(x^{n+1})+\cdots+xf_{n-1}(x^{n+1})+f_n(x^{n+1})\right]$$

的充要条件是 $(x-1)\mid f_k(x),k=1,2,\cdots,n$.

证明 由于

$$x^{n+1}-1=(x-1)(x^n+x^{n-1}+\cdots+x+1),$$

可知 $\varepsilon^1,\varepsilon^2,\cdots,\varepsilon^n$ 为 $x^n+x^{n-1}+\cdots+x+1$ 的根且是 $n+1$ 次单位根，其中

$$\varepsilon=\cos\frac{2\pi}{n+1}+\mathrm{i}\sin\frac{2\pi}{n+1},$$

则 $(\varepsilon^k)^{n-1}f_1(1)+(\varepsilon^k)^{n-2}f_2(1)+\cdots+\varepsilon^k f_{n-1}(1)+f_n(1)=0$ 当且仅当 $f_k(1)=0$ (解上述齐次线性方程组得) 当且仅当 $(x-1)\mid f_k(x)$，$k=1,2,\cdots,n$.

例 1.3.8 证明 $(x-1)\mid f(x^n)$，则 $(x^n-1)\mid f(x^n)$.

证明 由于 $(x-1)\mid f(x^n)$，故 $f(1)=0$，设 $\varepsilon^0,\varepsilon^1,\cdots,\varepsilon^{n-1}$ 为 n 次单位根，则 $f\left((\varepsilon^k)^n\right)=1$,

由因式定理可得 $(x-\varepsilon)^k \mid f(x^n)$. 又 $(x-\varepsilon^i, x-\varepsilon^j)=1$，$i\neq j$，故

$$(x-\varepsilon^0)(x-\varepsilon^1)\cdots(x-\varepsilon^{n-1}) \mid f(x^n),$$

即 $(x^n-1)\mid f(x^n)$.

d. 多项式函数的性质

要点 设 $f(x),g(x)\in P[x]$，且 $f(x),g(x)$ 的次数都不超过n. 如果对于 $n+1$ 个不同的数 $\alpha_1,\alpha_2,\cdots,\alpha_{n+1}$ 有 $f(\alpha_i)=g(\alpha_i)(i=1,2,\cdots,n+1)$，则 $f(x)=g(x)$.

评析 这个知识点表明，两个非零多项式如果作为函数相等，则它们作为多项式必相等. 另一方面，如果两个多项式相等，则它们作为函数显然是相等的. 由以上分析可知，在数域 P 上多项式的相等与多项式函数相等是一回事.

在证明这两种观点统一时，数域 P 包含无限多个元素这一性质起着关键的作用. 事实上，这时数域 P 上以 x 为文字形成的一元多项式环与数域 P 上以 x 为变量形成的一元多项式函数环同构. 但是，如果将数域 P 换成有限域 F，二者形成的环不同构，即总有 F 上许多不同的多项式形式决定的 F 上的一元多项式函数却是相同的. 正因为对数域 P 上的一元多项式来说这两种观点是统一的，才使得在讨论多项式时无论采用上述两种观点中的哪一种都不会出问题.

四、一般数域上的因式分解及根的性质

要点 数域 P 上 $n(\geqslant 1)$ 次多项式可分解为数域 P 上不可约多项式的乘积. 根只能在分解式的一次不可约多项式中出现.

例 1.3.9 (2003，中南大学)证明：数域 P 上一个 $n(>0)$ 次多项式 $f(x)$ 能被它的导数 $f'(x)$ 整除的充要条件是 $f(x)=a(x-b)^n$，其中 $a,b\in P$.

证明 “$\Leftarrow$” 由 $f(x)=a(x-b)^n$，$f'(x)=na(x-b)^{n-1}$，有 $f'(x)\mid f(x)$.

“$\Rightarrow$” 设 $f(x)$ 的标准分解式为

$$f(x)=ap_1^{r_1}(x)p_2^{r_2}(x)\cdots p_s^{r_s}(x),$$

其中 $p_i(x)(i=1,2,\cdots,s)$ 是 P 上首一的不可约多项式，a 是 $f(x)$ 的首项系数，$r_i(i=1,2,\cdots,s)$ 是正整数且 $r_1+r_2+\cdots+r_s=n$，则

$$f'(x)=p_1^{r_1-1}(x)p_2^{r_2-1}(x)\cdots p_s^{r_s-1}(x)g(x),$$

其中 $g(x)$ 不能被任何 $p_i(x)(i=1,2,\cdots,s)$ 整除.

由 $f'(x)\mid f(x)$ 有 $g(x)\mid p_1(x)p_2(x)\cdots p_s(x)$，又 $p_i(x)\nmid g(x)(i=1,2,\cdots,s)$，故 $g(x)=c\neq 0$. 设 $\partial(p_i(x))=m_i(i=1,2,\cdots,s)$，则有

$$m_1r_1+m_2r_2+\cdots+m_sr_s=\partial(f(x))=n,$$
$$m_1(r_1-1)+m_2(r_2-1)+\cdots+m_s(r_s-1)=\partial(f'(x))=n-1.$$

可得 $n-(m_1+m_2+\cdots+m_s)=n-1$，从而 $m_1+m_2+\cdots+m_s=1$，由 m_i 是正整数，这只有 $m_1=1$，$s=1$，且 $r_1=n$，于是 $f(x)=ap_1^n(x)$. 设 $p_1(x)=x-b$，则有 $f(x)=a(x-b)^n$.

五、复数域上多项式的因式分解及根的性质

a. 复系数多项式因式分解定理

要点　复系数 $n(\geqslant 1)$ 次多项式在复数域上都可唯一地分解成一次因式的乘积. 换句话说，复数域上任一次数大于 1 的多项式都是可约的.

b. 标准分解式

要点　复系数 $n(\geqslant 1)$ 次多项式 $f(x)$ 具有标准分解式

$$f(x)=a_n(x-\alpha_1)^{r_1}(x-\alpha_2)^{r_2}\cdots(x-\alpha_s)^{r_s},$$

其中 a_n 是 $f(x)$ 的首项系数，$\alpha_1,\alpha_2,\cdots,\alpha_s$ 是不同的复数，$r_1,r_2,\cdots,r_s$ 是正整数且

$$r_1+r_2+\cdots+r_s=n.$$

c. 代数基本定理

要点　每个次数 $\geqslant 1$ 的复系数多项式在复数域中至少有一根. 故由此定理可推出，n 次复系数多项式在复数域内恰有 n 个复根(重根按重数计算).

评析　以上定理虽然简短，但其结论的价值却极其重大，被誉为“代数基本定理”是毫不为过的，只要看由它推出的结论我们就会感到它的作用之大. 实质上，复系数多项式的因式分解定理就是以它作为依据的.

d. 根与系数的关系(Vieta 定理)

要点　设 $\alpha_1,\alpha_2,\cdots,\alpha_n$ 是一元 n 次多项式

$$f(x)=a_nx^n+a_{n-1}x^{n-1}+\cdots+a_1x+a_0\quad(a_n\neq 0)$$

的 n 个根，则根与多项式的系数之间的关系为

$$\begin{cases}\alpha_1+\alpha_2+\cdots+\alpha_n=-\dfrac{a_{n-1}}{a_n},\\[2mm] \alpha_1\alpha_2+\alpha_1\alpha_3+\cdots+\alpha_{n-1}\alpha_n=\dfrac{a_{n-2}}{a_n},\\[2mm] \alpha_1\alpha_2\alpha_3+\alpha_1\alpha_2\alpha_4+\cdots+\alpha_{n-2}\alpha_{n-1}\alpha_n=-\dfrac{a_{n-3}}{a_n},\\[2mm] \qquad\qquad\cdots\cdots\\[2mm] \alpha_1\alpha_2\cdots\alpha_{n-1}+\cdots+\alpha_2\alpha_3\cdots\alpha_n=(-1)^{n-1}\dfrac{a_1}{a_n},\\[2mm] \alpha_1\alpha_2\cdots\alpha_n=(-1)^n\dfrac{a_0}{a_n}.\end{cases}$$

例 1.3.10 若 $f'(x)\mid f(x)(f'(x)\neq 0)$，证明 $f(x)$ 有 n 重根，这里 $n=\partial(f(x))$.

证明 设 $f(x)$ 在复数域上可分解为

$$f(x)=a(x-\lambda_1)^{k_1}(x-\lambda_2)^{k_2}\cdots(x-\lambda_m)^{k_m},\quad m\geqslant 2,$$

则 λ_i 为 $f'(x)$ 的 k_i-1 重根，由于

$$(k_1-1)+(k_2-1)+\cdots+(k_m-1)=(k_1+k_2+\cdots+k_m)-m=n-m<n-1,$$

故 $f'(x)$ 除 $\lambda_1,\lambda_2,\cdots,\lambda_m$ 外还有其他根，这与 $f'(x)\mid f(x)$ 矛盾，故 $m=1$. 即 $f(x)$ 有 n 重根.

六、实数域上多项式的因式分解及根的性质

a. 实系数多项式因式分解定理

要点 实系数 $n(\geqslant 1)$ 次多项式在实数域上都可以唯一地分解成一次因式与二次不可约因式的乘积. 换句话说，实数域多项式 $f(x)$ 在实数域上不可约的充分必要条件是 $\partial(f(x))=1$ 或 $f(x)=ax^2+bx+c$ 且 $b^2-4ac<0$.

b. 实系数多项式根的性质

要点 如果 α 是实系数多项式 $f(x)$ 的一个非实的复数根，则它的共轭数 $\overline{\alpha}$ 也是 $f(x)$ 的根，并且 α 与 $\overline{\alpha}$ 有同一重数.

评析 这一结论是由代数基本定理推出的，它是实系数多项式因式分解定理的理论依据.

c. 标准分解式

要点 实系数 $n(\geqslant 1)$ 次多项式 $f(x)$ 具有标准分解式

$$f(x)=a_n(x-\alpha_1)^{l_1}\cdots(x-\alpha_s)^{l_s}(x^2+p_1x+q_1)^{k_1}\cdots(x^2+p_tx+q_t)^{k_t},$$

其中 a_n 是 $f(x)$ 的首项系数，$\alpha_1,\cdots,\alpha_s$ 是互异实数. $p_i,q_i(i=1,2,\cdots,t)$ 是互异的实数对，且满足 $p_i^2-4q_i<0(i=1,2,\cdots,t)$. $l_1,\cdots,l_s,k_1,\cdots,k_t$ 都是正整数，使得

$$l_1+\cdots+l_s+2k_1+\cdots+2k_t=n.$$

例 1.3.11 证明：实系数多项式在实数域上无重因式当且仅当它在复数域上无重因式.

证明 “$\Leftarrow$”显然.

“$\Rightarrow$”用反证法. 假设 $f(x)\in\mathbf{R}[x]$ 在复数域上有 k 重因式 $(x-\alpha)(k>1)$. 若 α 为实数，则 $(x-\alpha)$ 为 $f(x)$ 在 $\mathbf{R}$ 上的 k 重因式，矛盾；若 α 不是实数，则 $\overline{\alpha}$ 也是 $f(x)$ 的 k 重根，故 $(x-\alpha)(x-\overline{\alpha})$ 是 $f(x)$ 的 k 重因式，且 $(x-\alpha)(x-\overline{\alpha})=x^2-(\alpha+\overline{\alpha})+\alpha\overline{\alpha}\in\mathbf{R}[x]$，即 $f(x)$ 在 $\mathbf{R}$ 上有重因式，矛盾. 故 $f(x)$ 在复数域上无重因式.

例 1.3.12　试给出多项式 x^n-1 在复数域和实数域上的因式分解.

解　多项式 x^n-1 在复数范围内有 n 个复根，$\varepsilon^0=1$，ε，…，ε^{n-1}，其中

$$\varepsilon^k=\cos\frac{2k\pi}{n}+\mathrm{i}\sin\frac{2k\pi}{n}\quad(k=0,1,\cdots,n-1).$$

所以

$$x^n-1=\prod_{k=0}^{n-1}(x-\varepsilon^k).$$

注意若 $k+k'=n$，则

$$\begin{aligned}&\cos\frac{2k\pi}{n}+\mathrm{i}\sin\frac{2k\pi}{n}+\cos\frac{2k'\pi}{n}+\mathrm{i}\sin\frac{2k'\pi}{n}\\&=\cos\frac{2k\pi}{n}+\cos\frac{2k'\pi}{n}+\mathrm{i}\left(\sin\frac{2k\pi}{n}+\sin\frac{2k'\pi}{n}\right)\\&=2\cos\frac{2k\pi}{n},\end{aligned}$$

即 $\varepsilon^k+\varepsilon^{k'}=2\cos\dfrac{2k\pi}{n}$，当 $k+k'=n$ 时.

当 n 为奇数时，x^n-1 的 n 个单位根为

$$\varepsilon^0,\varepsilon^1,\cdots,\varepsilon^{\frac{n-1}{2}},\varepsilon^{\frac{n+1}{2}},\cdots,\varepsilon^{n-1},$$

故在 $\mathbf{R}$ 上 x^n-1 可分解为

$$x^n-1=(x-1)\left[x^2-(\varepsilon+\varepsilon^{n-1})x+1\right]\cdots\left[x^2-\left(\varepsilon^{\frac{n-1}{2}}+\varepsilon^{\frac{n+1}{2}}\right)x+1\right].$$

当 n 为偶数时，x^n-1 的 n 个单位根为

$$\varepsilon^0,\varepsilon^1,\cdots,\varepsilon^{\frac{n}{2}-1},\varepsilon^{\frac{n}{2}+1},\cdots,\varepsilon^{n-1}=\varepsilon^{\frac{n}{2}+\left(\frac{n}{2}-1\right)},$$

故在 $\mathbf{R}$ 上 x^n-1 可分解为

$$x^n-1=\left(x-\varepsilon^0\right)\left(x-\varepsilon^{\frac{n}{2}}\right)\left[x^2-(\varepsilon^1+\varepsilon^{n-1})x+1\right]\cdots\left[x^2-\left(\varepsilon^{\frac{n}{2}+1}+\varepsilon^{\frac{n}{2}-1}\right)x+1\right].$$

例 1.3.13　(2014，厦门大学) 设 $f(x)$ 是实数域 $\mathbf{R}$ 上的首一多项式且无实根，求证：存在 $g(x),h(x)$，使 $f(x)=g^2(x)+h^2(x)$ 且 $\partial\left(g(x)\right)>\partial\left(h(x)\right)$.

证明　由 $f(x)$ 是 $\mathbf{R}$ 上的首一多项式且无实根，可知 $f(c)>0$，$\forall c\in\mathbf{R}$. 又

$$f(x)=(x-\alpha_1)(x-\overline{\alpha}_1)\cdots(x-\alpha_r)(x-\overline{\alpha}_r),$$

其中 α_i 为非实的复数根，$i=1,\cdots,r$，则当 $(x-\alpha_1)\cdots(x-\alpha_r)=g(x)+\mathrm{i}h(x)$ 时，

$$(x-\overline{\alpha}_1)\cdots(x-\overline{\alpha}_r)=g(x)-\mathrm{i}h(x),$$

其中 $g(x),h(x)\in\mathbf{R}[x]$，且易验证 $\partial(g(x))>\partial(h(x))$. 从而有 $f(x)=g^2(x)+h^2(x)$.

七、有理数域上多项式的因式分解及根的性质

a. 本原多项式

要点 1° 如果一个非零的整系数多项式 $f(x)$ 的系数互素，则称 $f(x)$ 是一个本原多项式.

2° 设 $f(x)$ 是任一有理系数多项式，则存在有理数 r 及本原多项式 $h(x)$，使得 $f(x)=rh(x)$，且这种表示法除差一个正负号外是唯一的. 也即，如果 $f(x)=rh(x)=sg(x)$，其中 $h(x),g(x)$ 都是本原多项式，则必有 $r=\pm s$，$h(x)=\pm g(x)$.

评析 要点2°表明，对有理系数多项式的根及因式分解这类问题可以转化为对应的整系数多项式来研究.

b. Gauss 引理

要点 1° 两个本原多项式的乘积还是本原多项式.

2° 设 $f(x)$ 是整系数多项式，$g(x)$ 为本原多项式，如果 $f(x)=g(x)h(x)$，其中 $h(x)$ 是有理系数多项式，则 $h(x)$ 一定是整系数多项式.

评析 ①要点2°是一个很重要的结论，如例1.3.14及有理根的判定定理都用到这一结论；②利用要点2°及结合“本原多项式中的要点2°”，从理论上可将有理数域上多项式的分解问题完全转化为对应的整系数多项式能否分解为整系数多项式的乘积. 这也是为何在讨论有理数域上的分解问题、不可约多项式及根的问题时涉及的均是整系数多项式的问题.

c. Eisenstein 判别法(艾氏判别法)

要点 设 $f(x)=a_nx^n+a_{n-1}x^{n-1}+\cdots+a_1x+a_0$ 是一个整系数多项式，如果存在素数 p，使

1° $p\mid a_i(i=0,1,\cdots,n-1)$;

2° $p\nmid a_n$;

3° $p^2\nmid a_0$,

则 $f(x)$ 在有理数域上不可约.

评析 艾氏判别法的条件仅是判别一个整系数多项式不可约的充分条件. 也就是说，如果一个整系数多项式不满足艾氏判别法的条件，则它既可能是可约的，也可能是不可约的.

有些整系数多项式 $f(x)$ 不能直接用艾氏判别法来判断其是否可约，此时可以考虑利用适当的文字代换 $x=ay+b$（a,b 为整数且 $a\neq 0$），使 $f(ay+b)=g(y)$，判断 $g(y)$ 是否满足艾氏判别法的条件，从而判断原多项式 $f(x)$ 不可约(其理由见例1.3.16). 这是一个较好的方法，但未必总是奏效.

利用艾氏判别法可以证明，在有理数上存在任意次数的不可约多项式(提示：x^n+2 在有理数域上不可约).

d. 有理根的判定

设 $f(x)=a_nx^n+a_{n-1}x^{n-1}+\cdots+a_1x+a_0$ 是一个整系数多项式，而 $\frac{r}{s}$ 是它的一个有理根，其中 r,s 互素，则必有 $s\mid a_n$，$r\mid a_0$. 特别地，如果 $f(x)$ 的首项系数 $a_n=1$，则 $f(x)$ 的有理根都是整数根，而且是 a_0 的因子.

评析 由以上结果可以求整系数多项式 $f(x)$ 的有理根，即先求出常数项 a_0 与首项系数 a_n 的所有因数，再以 a_0 的因数作分母及 a_n 的因数作分子写出所有可能的既约分数 $\frac{r}{s}$，逐个检验是否有 $f\left(\frac{r}{s}\right)=0$. 若成立，则 $\frac{r}{s}$ 是 $f(x)$ 的有理根. 这一步可通过用 $x-\frac{r}{s}$ 去除 $f(x)$ 的余数是否为零来检验(可用综合除法).

例 1.3.14 设 $f(x)$ 为一整系数多项式，证明：如果 $f(0)$ 与 $f(1)$ 都是奇数，则 $f(x)$ 没有整数根.

证明 用反证法. 若 $f(x)$ 有整数根 α，则 $x-\alpha$ 整除 $f(x)$，设 $f(x)=(x-\alpha)q(x)$，则商式 $q(x)$ 也是一整系数多项式，分别令 $x=0$ 和 $x=1$ 代入上式，有

$$f(0)=-\alpha q(0),\quad f(1)=(1-\alpha)q(1),$$

由于 $f(0)$ 和 $f(1)$ 均为奇数，则由上式知 α 和 $\alpha-1$ 均为奇数，而这是不可能的. 故 $f(x)$ 不能有整数根.

例 1.3.15 (2008，北京大学) $f(x)$ 为一整系数多项式，n 不能整除 $f(0),f(1),\cdots,f(n-1)$. 证明 $f(x)$ 无整数根.

提示：当 $n=2$ 时，本题就是例 1.3.14. 故可用类似于例 1.3.14 的方法来证.

例 1.3.16 设 $f(x)$ 是有理数域上的多项式. 证明：$f(x)$ 在有理数域上不可约当且仅当对任意有理数 a 和 b，且 $a\neq 0$，多项式 $g(x)=f(ax+b)$ 在有理数域上不可约.

证明 "$\Rightarrow$" 设 $f(x)$ 在 $\mathbf{Q}$ 上不可约，但 $g(x)$ 在 $\mathbf{Q}$ 上可约，且设

$$g(x)=f(ax+b)=g_1(x)g_2(x),$$

其中 $g_1(x),g_2(x)$ 为有理数域上的多项式，且次数小于 $g(x)$ 的次数. 用 $\frac{1}{a}x-\frac{b}{a}$ 代替上式中的 x 得

$$f(x)=g_1\left(\frac{1}{a}x-\frac{b}{a}\right)\cdot g_2\left(\frac{1}{a}x-\frac{b}{a}\right).$$

这说明 $f(x)$ 在有理数域上可约，矛盾. 故 $g(x)$ 在有理数域上不可约.

"$\Leftarrow$" 设 $g(x)=f(ax+b)$ 在有理数域上不可约，但 $f(x)$ 可约，且设

$$f(x)=f_1(x)f_2(x),$$

其中 $f_1(x),f_2(x)$ 为有理域上次数小于 $f(x)$ 的多项式. 由此可得

$$f(ax+b)=f_1(ax+b)f_2(ax+b)$$

或

$$g(x)=f_1(ax+b)f_2(ax+b),$$

即 $g(x)$ 在有理数域上可约，矛盾. 故 $f(x)$ 在有理数域上不可约.

评析 利用艾氏判别法再结合本例题，可对一些形式上不能用艾氏判别法判别的整系数多项式通过转化来进一步应用艾氏判别法判定.

例 1.3.17 (1999，华东师范大学) 设 p 为素数，求证：$f(x)=x^{p-1}+x^{p-2}+\cdots+x+1$ 在 $\mathbf{Q}$ 上不可约.

证明 令 $x=y+1$，则

$$f(x)=\frac{x^p-1}{x-1}=\frac{(y+1)^p-1}{y}$$

$$=y^{p-1}+\mathrm{C}_p^1y^{p-2}+\cdots+\mathrm{C}_p^iy^{p-i-1}+\mathrm{C}_p^{p-1},\tag{1.12}$$

将式(1.12)右端记为 $g(y)$，则 $p\nmid 1$，$p\mid \mathrm{C}_p^i(0\leqslant i\leqslant p-1)$，而 $p^2\nmid \mathrm{C}_p^{p-1}$. 故由艾氏判别法知 $g(y)$ 在 $\mathbf{Q}$ 上不可约，从而 $f(x)$ 在 $\mathbf{Q}$ 上也不可约.

例 1.3.18 (2004，东南大学) 设 $a_1,a_2,\cdots,a_n$ 为互不相同的整数，

$$f(x)=(x-a_1)(x-a_2)\cdots(x-a_n)-1.$$

(1) 求证 $f(x)$ 在有理数域 $\mathbf{Q}$ 上不可约；

(2) 对于整数 $t\neq-1$，问 $f(x)=(x-a_1)(x-a_2)\cdots(x-a_n)+t$ 在有理数域 $\mathbf{Q}$ 上是否可约，为什么？

证明 (1) 用反证法. 设 $f(x)$ 可约，则 $f(x)$ 可分解成两个整系数多项式之积，即 $f(x)=g(x)h(x)$，又 $f(a_i)=-1$，且 $g(a_i),h(a_i)$ 为整数，要使 $g(a_i)h(a_i)=-1$，必有 $g(a_i)+h(a_i)=0$，$i=1,2,\cdots,n$. 而 $0<\partial(g(x))<n$，$0<\partial(h(x))<n$，故可得多项式 $g(x)+h(x)=0$，从而 $f(x)=-g(x)^2$，而这与 $f(x)$ 是首一多项式矛盾.

(2) 若 $t\neq-1$，则 $f(x)$ 在有理数域 $\mathbf{Q}$ 上可能可约，也可能不可约. 如 $a_1=4$，$a_2=2$，且令 $t=1$ 时，则 $f(x)=(x-3)^2$，即 $f(x)$ 在有理数域上可约；若 $a_1=1$，$a_2=2$，令 $t=2$，则 $f(x)=x^2-3x+4$，显然 $f(x)$ 在有理数域上不可约.

例 1.3.19 (2002，南京大学) 证明多项式 $f(x)=1+x+\dfrac{x^2}{2!}+\cdots+\dfrac{x^p}{p!}$ 在有理数域 $\mathbf{Q}$ 上不可约，其中 p 为一素数.

证明 令 $g(x)=p!f(x)$，则 $g(x)$ 为一整系数多项式，且

$$g(x)=x^p+px^{p-1}+p(p-1)x^{p-2}+\cdots+p(p-1)\cdots3x^2+p!x+p!.$$

对素数 $p,p\nmid 1$，但 p 整除 $g(x)$ 的系数中 x^p 的系数以外的其他系数，且 $p^2\nmid p!$，故 $g(x)$ 在 $\mathbf{Q}$ 上不可约，而 $f(x)$ 与 $g(x)$ 在 $\mathbf{Q}$ 上有相同的可约性，故 $f(x)$ 在 $\mathbf{Q}$ 上也不可约.

例 1.3.20　设既约分数 $x=\dfrac{q}{p}$ 是整系数多项式 $f(x)=a_0x^n+a_1x^{n-1}+\cdots+a_n$ 的根，则 $p\mid a_0$，$q\mid a_n$；若 $a_0=1$，则 $f(x)$ 的有理根必为整数；若 $|a_0|=|a_n|=1$，则 $f(x)$ 的有理根必为 1 或−1.

证明　由 $f\left(\dfrac{q}{p}\right)=0$，故有

$$a_0q^n+a_1pq^{n-1}+\cdots+a_np^n=0,$$

从而有 $p\mid a_0q^n$. 因 p 与 q 互素，故 $p\mid a_0$. 同理 $q\mid a_n$. 其余结论是明显的.

练习 1.3

1.3.1　(2002，华东师范大学) 设 $f(x)$ 为实系数多项式. 证明：如果对任意实数 c 都有 $f(c)\geqslant 0$，则存在实系数多项式 $g(x)$ 和 $h(x)$，使 $f(x)=g^2(x)+h^2(x)$.

1.3.2　设 $f(x)\in P[x]$，且对任意的 $a,b\in P$，都有 $f(a+b)=f(a)+f(b)$. 证明：$f(x)=kx,k\in P$.

1.3.3　(2006，中南大学) 设 $g(x)=x^2+x+1,f(x)=x^{3m}+x^{3n+1}+x^{3p+2}$，$m,n,p$ 都是非负整数，则 $g(x)\mid f(x)$.

1.3.4　假设 $xf_1(x^{10})+x^2f_2(x^{15})+x^3f_3(x^{20})+x^4f_4(x^{25})$ 被 $x^4+x^3+x^2+x+1$ 整除. 证明：$f_i(x)(i=1,2,3,4)$ 被 $x-1$ 整除.

1.3.5　若 $(s,n+1)=1$，则 $f(x)=x^{sn}+x^{s(n-1)}+\cdots+x^s+1$ 可被 $g(x)=x^n+x^{n-1}+\cdots+x+1$ 整除.

1.3.6　证明：对任意的非负整数 n，均有 $x^2+x+1\,\Big|\,\left(x^{n+2}+(x+1)^{2n+1}\right)$.

1.3.7　证明 $x^n+ax^{n-m}+b$ 不能有不为零的重数大于 2 的根.

1.3.8　设 $f(x)=1+x+\cdots+x^{n-1}$，证明 $f(x)\,\Big|\,\left((f(x)+x^n)^2-x^n\right)$.

1.3.9　(2004，陕西师范大学) 证明：如果 $f(x)\mid f(x^n)$，则 $f(x)$ 的根只能是零或者单位根.

1.3.10　(2000，浙江大学) 设 $f(x)$ 是数域 P 上的不可约多项式.

(1) 若 $g(x)\in P[x]$，且与 $f(x)$ 有一公共复根. 证明：$f(x)\mid g(x)$;

(2) 若 c 与 $\dfrac{1}{c}$ 都是 $f(x)$ 的根，b 是 $f(x)$ 的任一根. 证明：$\dfrac{1}{b}$ 是 $f(x)$ 的根.

1.3.11　设 $n(\geqslant 1)$ 次整系数多项式 $f(x)$ 在多于 n 个 x(整数) 处取值为 1 或 −1. 求证：$f(x)$ 在有理数上不可约.

1.3.12　(2005，浙江大学) 设整系数多项式 $f(x)$ 的次数是 $n=2m$ 或 $n=2m+1$ (m 为正整数). 证明：如果有 $k(k\geqslant 2m+1)$ 个不同的 $\alpha_1,\cdots,\alpha_k$ 使 $f(\alpha_i)(i=1,2,\cdots,k)$ 取值为 1 或 −1，则 $f(x)$ 在有理数域上不可约.

1.3.13　设整系数多项式 $f(x)$ 对无限个整数值 x 的函数值都是素数. 证明：$f(x)$ 在有理数域上不可约.

1.3.14　(1999，复旦大学；2003，东南大学) 设多项式 $f(x)=a_nx^n+a_{n-1}x^{n-1}+\cdots+a_0$ 是整系数多项式，$a_n\neq 0$，$n\geqslant 2$，p 是素数. 若 p 可以整除 $a_i(i=0,1,\cdots,n-1)$ 但 p 不能整除 a_n，p^2 也不能整除 a_0.

求证：$f(x)$ 是有理数域上的不可约多项式.

1.3.15　(2005，西北大学) 设 $f(x)$ 是一个整系数多项式. 证明：如果存在一个偶数 a 及一个奇数 b，使 $f(a)$ 与 $f(b)$ 都是奇数，则 $f(x)$ 没有整数根.

1.3.16　设有整系数多项式 $f(x)=x^n+a_1x^{n-1}+\cdots+a_{n-1}x+a_n$. 证明：若 n 为偶数，而 $a_1,a_2,\cdots,a_n$ 均为奇数，则 $f(x)$ 没有有理根.

1.3.17　(1999，浙江大学) $a_1,a_2,\cdots,a_n$ 是 n 个不相同的整数. 证明：

$$f(x)=(x-a_1)(x-a_2)\cdots(x-a_n)+1$$

在有理数域上可约的充要条件是 $f(x)$ 可表示为一整系数多项式的平方.

1.3.18　(1997，北京大学) 设 $f(x)$ 是有理数域 $\mathbf{Q}$ 上的一个 m 次多项式 $(m\geqslant 0)$，n 是大于 m 的正整数. 证明：$\sqrt[n]{2}$ 不是 $f(x)$ 的实根.

1.3.19　(2003，首都师范大学) 叙述实多项式的因式分解定理，并将多项式 $x^{10}-1$ 在实数域上分解为不可约多项式的乘积.

1.3.20　(1992，北京大学) 试就实数域和复数域两种情况求 $f(x)=x^n+x^{n-1}+\cdots+x+1$ 的标准分解式.

1.3.21　(2000，北京大学) 设 $f(x)$ 和 $p(x)$ 都是首项系数为 1 的整系数多项式，且 $p(x)$ 在有理数域 $\mathbf{Q}$ 上不可约. 如果 $p(x)$ 与 $f(x)$ 有公共复根. 证明：

(1) 在 $\mathbf{Q}[x]$ 中，$p(x)\mid f(x)$;

(2) 存在首项系数为 1 的整系数多项式 $g(x)$，使得 $f(x)=p(x)g(x)$.

1.3.22　试求以 $\sqrt{2}+\sqrt{3}$ 为根的有理系数的不可约多项式.

1.3.23　设 $f(x)$ 是一个复系数三次多项式，α 和 β 是两个虚数，$\alpha\neq\beta$，已知 $f(\overline{\alpha})=\overline{f(\alpha)}$，$f(\overline{\beta})=\overline{f(\beta)}$，证明 $f(x)$ 是实系数多项式.

1.4　注　　记

本章的主要内容可归结为三大基本定理及三大理论体系. 三大基本定理包括：带余除法，最大公因式的存在性定理和因式分解的存在唯一性定理. 三大理论体系包括：

(1) 整除理论：包括整除、最大公因式、互素及它们的性质；

(2) 因式分解理论：包括不可约多项式、重因式、因式分解(含复数域和实数域的因式分解)、有理系数的不可约多项式的判定等；

(3) 根的理论：包括多项式的根、代数基本定理、有理系数多项式的有理根的求法、根与系数的关系等.

读者在学习时，要把握住本章的理论体系和主要结论.

本章看似与其他章节不属于一个体系，但是多项式理论在其他章节中均有重要应用. 如在线性变换一章中，线性变换的特征多项式和最小多项式、线性变换的对角化问题、利用线性变换将线性空间分解为若干子空间的直和等问题的研究，都要用到多项式的理论. λ-矩阵一章可以说每一节的讨论都与多项式有关. 掌握好多项式这一章内容，对于后面各章的学习一定是有益的.

第2章 行 列 式

行列式是一种工具，研究线性方程组、矩阵、特征多项式等问题时都要用到它. 本章将重点介绍行列式的计算技巧与方法.

本章内容包括：用定义计算行列式，求行列式的若干方法，利用降级公式计算行列式，有关行列式的证明题，一个行列式的计算和推广.

2.1 用定义计算行列式

要点 n 级行列式 D 定义为

$$D=\begin{vmatrix} a_{11} & a_{12} & \cdots & a_{1n} \\ a_{21} & a_{22} & \cdots & a_{2n} \\ \vdots & \vdots & & \vdots \\ a_{n1} & a_{n2} & \cdots & a_{nn} \end{vmatrix}=\sum_{j_1j_2\cdots j_n}(-1)^{\tau(j_1j_2\cdots j_n)}a_{1j_1}a_{2j_2}\cdots a_{nj_n}, \tag{2.1}$$

其中 $j_1j_2\cdots j_n$ 为 $1,2,\cdots,n$ 的 n 级排列，$\tau(j_1j_2\cdots j_n)$ 为它的逆序数.

式(2.1)表明，n 级行列式 D 是一个数，它的展开式共有 $n!$ 项的和，其中每一项都是 D 中取自不同行不同列的 n 个元素之积 $a_{1j_1}a_{2j_2}\cdots a_{nj_n}$，且该项前的符号为

$$(-1)^{\tau(j_1j_2\cdots j_n)}.$$

由定义可知，如果所求行列式中含非零元素特别少(一般不多于 $2n$ 个)，可直接利用行列式定义求解；另外，对于一些行列式的零元素(若含有)在分布上比较有规律，如上(下)三角形行列式及含零块形式的行列式，可以考虑用定义求解.

例 2.1.1 计算下列行列式

(1) $D_1=\begin{vmatrix} 0 & 1 & 0 & \cdots & 0 \\ 0 & 0 & 2 & \cdots & 0 \\ \vdots & \vdots & \vdots & & \vdots \\ 0 & 0 & 0 & \cdots & n-1 \\ n & 0 & 0 & \cdots & 0 \end{vmatrix}$； (2) $D_2=\begin{vmatrix} x & y & 0 & \cdots & 0 & 0 \\ 0 & x & y & \cdots & 0 & 0 \\ \vdots & \vdots & \vdots & & \vdots & \vdots \\ 0 & 0 & 0 & \cdots & x & y \\ y & 0 & 0 & \cdots & 0 & x \end{vmatrix}$.

解 以下约定用 a_{ij} 表示 n 级行列式的第 i 行第 j 列的元素.

(1)此行列式刚好只有 n 个非零元素 $a_{12},a_{23},\cdots,a_{n-1,n},a_{n1}$，恰为 D_1 中的一项，故

$$D_1=(-1)^{\tau(23\cdots n1)}a_{12}a_{23}\cdots a_{n-1,n}a_{n1}=(-1)^{n-1}n!.$$

(2) 利用行列式定义可知

$$
\begin{aligned}
D_2 &= (-1)^{\tau(123\cdots n)} a_{11}a_{22}\cdots a_{nn} + (-1)^{\tau(23\cdots n1)} a_{12}a_{23}\cdots a_{n-1,n}a_{n1} \\
&= \underbrace{x\cdot x\cdot x\times\cdots\times x}_{n个} + (-1)^{n-1}\underbrace{y\cdot y\cdot y\times\cdots\times y}_{n个} \\
&= x^n + (-1)^{n-1}y^n.
\end{aligned}
$$

例 2.1.2　计算下列 5 级行列式

$$
D=\begin{vmatrix} a_{11} & a_{12} & a_{13} & a_{14} & a_{15} \\ a_{21} & a_{22} & a_{23} & a_{24} & a_{25} \\ 0 & 0 & 0 & a_{34} & a_{35} \\ 0 & 0 & 0 & a_{44} & a_{45} \\ 0 & 0 & 0 & a_{54} & a_{55} \end{vmatrix} \quad (a_{ij}\neq 0).
$$

解　由行列式定义有

$$
D=\sum_{j_1j_2j_3j_4j_5}(-1)^{\tau(j_1j_2j_3j_4j_5)}a_{1j_1}a_{2j_2}a_{3j_3}a_{4j_4}a_{5j_5}.
$$

对元素 a_{3j_3}, a_{4j_4} 和 a_{5j_5}，不论 j_3, j_4, j_5 取 $1,2,3,4,5$ 中哪 3 个不同数，对应乘积 $a_{3j_3}a_{4j_4}a_{5j_5}$ 必为零，从而行列式 D 中的每一项 $a_{1j_1}a_{2j_2}a_{3j_3}a_{4j_4}a_{5j_5}$ 均为零，故 $D=0$.

例 2.1.3　证明：如果一个 n 级行列式中等于零的元数的个数比 n^2-n 多，则此行列式等于零.

证明　根据行列式的定义，行列式的每一项都是来自不同行不同列的 n 个元素的连乘积，而 n 级行列式共有 n^2 个元素，若等于零的元素个数大于 n^2-n，则不等于零的元素个数就小于 $n^2-(n^2-n)=n$，这样 n 个元素的连乘积中至少有一个元素为零，从而导致该行列式的每一项都等于零，故此行列式的值为零.

练习 2.1

2.1.1　计算下列行列式

(1) $D_1=\begin{vmatrix} n & 1 & 0 & \cdots & 0 & 0 \\ 0 & n-1 & 2 & \cdots & 0 & 0 \\ \vdots & \vdots & \vdots & & \vdots & \vdots \\ 0 & 0 & 0 & \cdots & 2 & n-1 \\ n & 0 & 0 & \cdots & 0 & 1 \end{vmatrix}$；　(2) $D_2=\begin{vmatrix} 0 & 0 & \cdots & 0 & y & x \\ 0 & 0 & \cdots & y & x & 0 \\ \vdots & \vdots & & \vdots & \vdots & \vdots \\ y & x & \cdots & 0 & 0 & 0 \\ x & 0 & \cdots & 0 & 0 & y \end{vmatrix}$.

2.2　求行列式的若干方法

用定义计算行列式有一先决条件，即行列式中含零元素的个数要比较多. 对于一般的行列式的计算，可以说没有统一的方法，只能根据具体情况进行具体的分析和处理. 这里只总结人们常用的若干方法. 更多的方法，还有赖于人们去研究和发现.

一、三角化法

要点　利用行列式的性质将原行列式化为上(下)三角形行列式.

例 2.2.1　计算下列行列式

$$D=\begin{vmatrix}1&-1&2\\3&2&1\\0&1&4\end{vmatrix}.$$

解　利用三角化法得

$$D=\begin{vmatrix}1&-1&2\\3&2&1\\0&1&4\end{vmatrix}=\begin{vmatrix}1&-1&2\\0&5&-5\\0&1&4\end{vmatrix}=(-5)\begin{vmatrix}1&-1&2\\0&1&4\\0&1&-1\end{vmatrix}=(-5)\begin{vmatrix}1&-1&2\\0&1&4\\0&0&-5\end{vmatrix}=25.$$

二、用行列式的性质化为已知行列式

要点　若已知某个行列式的值来求另一个行列式的值，可利用行列式的定义及性质找出这两个行列式之间的关系，从而求出未知行列式.

例 2.2.2　(2012，重庆大学)设 $D=\begin{vmatrix}1&2&3&4\\3&2&4&1\\0&2&3&1\\0&2&4&3\end{vmatrix}$，$A_{ij}$ 表示元素 a_{ij} 的代数余子式，则 $2A_{14}+A_{24}+A_{34}+A_{44}=$____________.

解　利用行列式的某行乘以对应行的代数余子式求和后为该行列式的值这一性质，构造如下行列式

$$D_1=\begin{vmatrix}1&2&3&2\\3&2&4&1\\0&2&3&1\\0&2&4&1\end{vmatrix},$$

显然 $D_1=2A_{14}+A_{24}+A_{34}+A_{44}$；另一方面计算易得 $D_1=-6$. 故应填“-6”.

例 2.2.3　设 4 级矩阵 $\boldsymbol{A}=\begin{pmatrix}\boldsymbol{\alpha}\\2\boldsymbol{\gamma}_2\\3\boldsymbol{\gamma}_3\\4\boldsymbol{\gamma}_4\end{pmatrix}$，$\boldsymbol{B}=\begin{pmatrix}\boldsymbol{\beta}\\\boldsymbol{\gamma}_2\\\boldsymbol{\gamma}_3\\\boldsymbol{\gamma}_4\end{pmatrix}$，其中 $\boldsymbol{\alpha}$，$\boldsymbol{\beta}$，$\boldsymbol{\gamma}_2$，$\boldsymbol{\gamma}_3$，$\boldsymbol{\gamma}_4$ 均为 4 维行向量，且已知 $|\boldsymbol{A}|=8$，$|\boldsymbol{B}|=1$，试计算行列式 $|\boldsymbol{A}-\boldsymbol{B}|$.

解　已知矩阵 $\boldsymbol{A},\boldsymbol{B}$ 的行列式的值，则矩阵 $\boldsymbol{A}-\boldsymbol{B}$ 的行列式为

$$|\boldsymbol{A}-\boldsymbol{B}|=\left|\begin{pmatrix}\boldsymbol{\alpha}\\2\boldsymbol{\gamma}_2\\3\boldsymbol{\gamma}_3\\4\boldsymbol{\gamma}_4\end{pmatrix}-\begin{pmatrix}\boldsymbol{\beta}\\\boldsymbol{\gamma}_2\\\boldsymbol{\gamma}_3\\\boldsymbol{\gamma}_4\end{pmatrix}\right|=\begin{vmatrix}\boldsymbol{\alpha}-\boldsymbol{\beta}\\\boldsymbol{\gamma}_2\\2\boldsymbol{\gamma}_3\\3\boldsymbol{\gamma}_4\end{vmatrix}=\begin{vmatrix}\boldsymbol{\alpha}\\\boldsymbol{\gamma}_2\\2\boldsymbol{\gamma}_3\\3\boldsymbol{\gamma}_4\end{vmatrix}-\begin{vmatrix}\boldsymbol{\beta}\\\boldsymbol{\gamma}_2\\2\boldsymbol{\gamma}_3\\3\boldsymbol{\gamma}_4\end{vmatrix}=\frac{1}{4}\begin{vmatrix}\boldsymbol{\alpha}\\2\boldsymbol{\gamma}_2\\3\boldsymbol{\gamma}_3\\4\boldsymbol{\gamma}_4\end{vmatrix}-6\begin{vmatrix}\boldsymbol{\beta}\\\boldsymbol{\gamma}_2\\\boldsymbol{\gamma}_3\\\boldsymbol{\gamma}_4\end{vmatrix}$$

$$=\frac{1}{4}|\boldsymbol{A}|-6|\boldsymbol{B}|=-4.$$

例 2.2.4　设 A 为三级方阵，且 $|A|=\dfrac{1}{2}$，试求 $\left|(3A)^{-1}-2A^*\right|$.

解　对于 $\boldsymbol{A}^*$，联想 $\boldsymbol{A}\boldsymbol{A}^*=\boldsymbol{A}^*\boldsymbol{A}=|\boldsymbol{A}|\boldsymbol{E}$. 故

$$\left|(3\boldsymbol{A})^{-1}-2\boldsymbol{A}^*\right|=\left|\frac{1}{3}\boldsymbol{A}^{-1}-2|\boldsymbol{A}|\boldsymbol{A}^{-1}\right|$$

$$=\left|-\frac{2}{3}\boldsymbol{A}^{-1}\right|=\left(-\frac{2}{3}\right)^3\left|\boldsymbol{A}^{-1}\right|$$

$$=-\frac{8}{27}\times 2=-\frac{16}{27}.$$

三、滚动相消法

要点　当行列式每两行的值比较接近时，可采取让相邻行中的某一行减(或加)另一行的若干倍，这种方法称为滚动相消法. 一般利用此方法时，最好在化简后的行列式的第 1 行(列)能产生较多的零，以便再利用降级法来做.

例 2.2.5　计算行列式

$$D=\begin{vmatrix}1&2&3&\cdots&n\\2&3&4&\cdots&1\\\vdots&\vdots&\vdots&&\vdots\\n&1&2&\cdots&n-1\end{vmatrix}.$$

解　考虑到 D 的每行之和为定值 $(1+2+\cdots+n)$，故先将 D 的第 2 列，…，第 n 列依次加到第 1 列，则

$$D=\frac{n(n+1)}{2}\begin{vmatrix}1&2&3&\cdots&n\\1&3&4&\cdots&1\\\vdots&\vdots&\vdots&&\vdots\\1&1&2&\cdots&n-2\end{vmatrix},$$

化简后行列式除第 1 行外，每相邻两列对应位置元素比较接近，故用逐行相减，即第 n 行减去第 $n-1$ 行，第 $n-1$ 行减去第 $n-2$ 行，…，第 2 行减去第 1 行为

$$D=\frac{n(n+1)}{2}\begin{vmatrix}1&2&3&\cdots&n\\0&1&1&\cdots&1-n\\0&1&1&\cdots&1\\\vdots&\vdots&\vdots&&\vdots\\0&1-n&1&\cdots&1\end{vmatrix}$$

$$=\frac{n(n+1)}{2}\begin{vmatrix}1&1&\cdots&1&1-n\\1&1&\cdots&1-n&1\\\vdots&\vdots&&\vdots&\vdots\\1-n&1&\cdots&1&1\end{vmatrix}$$

$$=\frac{n(n+1)}{2}(-1)^{\frac{(n-1)(n-2)}{2}}\begin{vmatrix}1-n&1&\cdots&1\\1&1-n&\cdots&1\\\vdots&\vdots&&\vdots\\1&1&\cdots&1-n\end{vmatrix}$$

$$=\frac{n(n+1)}{2}(-1)^{\frac{(n-1)(n-2)}{2}}\cdot(-1)(-n)^{n-2}$$

$$=(-1)^{\frac{n(n-1)}{2}}\frac{n^n+n^{n-1}}{2}.$$

例 2.2.6 计算

$$D=\begin{vmatrix}1&2&3&\cdots&n\\x&1&2&\cdots&n-1\\x&x&1&\cdots&n-2\\\vdots&\vdots&\vdots&&\vdots\\x&x&x&\cdots&1\end{vmatrix}.$$

解 观察到 D 的每相邻两行的值较接近，故用第 1 行减去第 2 行，第 2 行减去第 3 行，…，第 $n-1$ 行减去第 n 行，从而有

$$D=\begin{vmatrix}1-x&1&1&\cdots&1&1\\0&1-x&1&\cdots&1&1\\0&0&1-x&\cdots&1&1\\\vdots&\vdots&\vdots&&\vdots&\vdots\\0&0&0&\cdots&1-x&1\\x&x&x&\cdots&x&1\end{vmatrix},$$

将此行列式最后一行拆分，得

$$D=\begin{vmatrix}1-x & 1 & 1 & \cdots & 1 & 1\\ 0 & 1-x & 1 & \cdots & 1 & 1\\ 0 & 0 & 1-x & \cdots & 1 & 1\\ \vdots & \vdots & \vdots & & \vdots & \vdots\\ 0 & 0 & 0 & \cdots & 1-x & 1\\ x & x & x & \cdots & x & x\end{vmatrix}+\begin{vmatrix}1-x & 1 & 1 & \cdots & 1 & 0\\ 0 & 1-x & 1 & \cdots & 1 & 0\\ 0 & 0 & 1-x & \cdots & 1 & 0\\ \vdots & \vdots & \vdots & & \vdots & \vdots\\ 0 & 0 & 0 & \cdots & 1-x & 0\\ x & x & x & \cdots & x & 1-x\end{vmatrix},$$

将以上两个行列式的第一个行列式继续用滚动相消法，得

$$D=(-1)^{n+1}x^n+(1-x)^n=(-1)^n\left[(x-1)^n-x^n\right].$$

四、拆分法

要点 把行列式的某一行(列)的各元素均写成两数和的形式，再利用行列式的性质写成两个行列式的和，使问题简化以利计算.

例 2.2.7 计算

$$D_n=\begin{vmatrix}x & b & b & \cdots & b\\ c & x & b & \cdots & b\\ c & c & x & \cdots & b\\ \vdots & \vdots & \vdots & & \vdots\\ c & c & c & \cdots & x\end{vmatrix}.$$

解 将 D_n 的第 1 列元素拆为如下形式

$$\begin{aligned}D_n&=\begin{vmatrix}(x-c)+c & b & b & \cdots & b\\ 0+c & x & b & \cdots & b\\ \vdots & \vdots & \vdots & & \vdots\\ 0+c & c & c & \cdots & x\end{vmatrix}\\ &=\begin{vmatrix}x-c & b & b & \cdots & b\\ 0 & x & b & \cdots & b\\ 0 & c & x & \cdots & b\\ \vdots & \vdots & \vdots & & \vdots\\ 0 & c & c & \cdots & x\end{vmatrix}+\begin{vmatrix}c & b & b & \cdots & b\\ c & x & b & \cdots & b\\ c & c & x & \cdots & b\\ \vdots & \vdots & \vdots & & \vdots\\ c & c & c & \cdots & x\end{vmatrix}\\ &=(x-c)D_{n-1}+c(x-b)^{n-1}.\end{aligned}\tag{2.2}$$

再将 D_n 的第 1 行拆分为如下形式

$$\begin{aligned}D_n&=\begin{vmatrix}b & b & b & \cdots & b\\ c & x & b & \cdots & b\\ c & c & x & \cdots & b\\ \vdots & \vdots & \vdots & & \vdots\\ c & c & c & \cdots & x\end{vmatrix}+\begin{vmatrix}x-b & 0 & 0 & \cdots & 0\\ c & x & b & \cdots & b\\ c & c & x & \cdots & b\\ \vdots & \vdots & \vdots & & \vdots\\ c & c & c & \cdots & x\end{vmatrix}\\ &=b(x-c)^{n-1}+(x-b)D_{n-1}.\end{aligned}\tag{2.3}$$

由式(2.2)和(2.3)有，当$c\neq b$时，得$D_n=\dfrac{c(x-b)^n-b(x-c)^n}{c-b}$；当$c=b$时，得

$$D_n=\begin{vmatrix}x&b&\cdots&b\\b&x&\cdots&b\\\vdots&\vdots&&\vdots\\b&b&\cdots&x\end{vmatrix}=\left[x+(n-1)b\right]\begin{vmatrix}1&1&\cdots&1\\0&x-b&\cdots&0\\\vdots&\vdots&&\vdots\\0&0&\cdots&x-b\end{vmatrix}$$
$$=\left[x+(n-1)b\right](x-b)^{n-1}.$$

例 2.2.8　计算

(1) $D_n=\begin{vmatrix}x_1&a&\cdots&a&a\\b&x_2&\cdots&a&a\\\vdots&\vdots&&\vdots&\vdots\\b&b&\cdots&x_{n-1}&a\\b&b&\cdots&b&x_n\end{vmatrix}$；

(2) (2013，华南理工大学) 在(1)中令$x_i=1+a_i(i=1,2,\cdots,n)$，$a=b=1$．求$D_n$．

解　(1)将D_n最后一列拆分为

$$D_n=\begin{vmatrix}x_1&a&\cdots&a&0\\b&x_2&\cdots&a&0\\\vdots&\vdots&&\vdots&\vdots\\b&b&\cdots&x_{n-1}&0\\b&b&\cdots&b&x_n-a\end{vmatrix}+\begin{vmatrix}x_1&a&\cdots&a&a\\b&x_2&\cdots&a&a\\\vdots&\vdots&&\vdots&\vdots\\b&b&\cdots&x_{n-1}&a\\b&b&\cdots&b&a\end{vmatrix}$$
$$=(x_n-a)D_{n-1}+a(x_1-b)(x_2-b)\cdots(x_{n-1}-b). \tag{2.4}$$

在行列式D_n中，将a与b互换，则D_n值不变，从而有

$$D_n=(x_n-b)D_{n-1}+b(x_1-a)(x_2-a)\cdots(x_{n-1}-a). \tag{2.5}$$

当$a\neq b$时，由等式(2.4)和(2.5)有

$$D_n=\frac{1}{a-b}\left[a\prod_{i=1}^{n}(x_i-b)-b\prod_{i=1}^{n}(x_i-a)\right];$$

当$a=b$时，对等式(2.5)中的D_{n-1}再用拆分法，观察D_n值的规律整理得

$$D_n=\prod_{i=1}^{n}(x_i-a)+a\left[(x_2-a)\cdots(x_n-a)+(x_1-a)(x_3-a)\cdots(x_n-a)+\cdots\right.$$
$$\left.+(x_1-a)(x_1-a)(x_2-a)\cdots(x_{n-1}-a)\right].$$

将(2)代入(1)，计算可得

$$D_n=\prod_{i=1}^{n}a_i+(a_2a_3\cdots a_n+a_1a_3\cdots a_n+\cdots+a_1a_2\cdots a_{n-1}).$$

例 2.2.9 计算

$$D_n=\begin{vmatrix}0 & a_2 & a_3 & \cdots & a_{n-1} & a_n\\ b_1 & 0 & a_3 & \cdots & a_{n-1} & a_n\\ \vdots & \vdots & \vdots & & \vdots & \vdots\\ b_1 & b_2 & b_3 & \cdots & 0 & a_n\\ b_1 & b_2 & b_3 & \cdots & b_{n-1} & 0\end{vmatrix}.$$

解 从最后一行起每行减前一行得

$$\begin{aligned}D_n&=\begin{vmatrix}0 & a_2 & a_3 & \cdots & a_{n-1} & a_n\\ b_1 & -a_2 & 0 & \cdots & 0 & 0\\ \vdots & \vdots & \vdots & & \vdots & \vdots\\ 0 & 0 & 0 & \cdots & -a_{n-1} & 0\\ 0 & 0 & 0 & \cdots & b_{n-1} & 0\end{vmatrix}+(-1)^{2n}(-a_n)D_{n-1}\\ &=(-1)^{n+1}a_nb_1b_2\cdots b_{n-1}+(-a_n)D_{n-1}\\ &=(-1)^{n+1}\left(a_nb_1\cdots b_{n-1}\right)+a_na_{n-1}b_1\cdots b_{n-2}+\cdots+a_na_{n-1}\cdots a_2b_1.\end{aligned}$$

评析 由例 2.2.7 至例 2.2.9 可以看出，行列式中的元素从分布上呈现出对角线部分、上三角部分、下三角部分各自的规律，这类行列式较适应于用拆分法.

五、加边法

要点 将 n 级行列式增加一行一列变为 $n+1$ 级行列式，再利用行列式的有关性质化简求出结果.

例 2.2.10 (2000，华中师范大学) 计算 n 级行列式

$$D_n=\begin{vmatrix}x+1 & x & x & \cdots & x\\ x & x+\dfrac{1}{2} & x & \cdots & x\\ \vdots & \vdots & \vdots & & \vdots\\ x & x & x & \cdots & x+\dfrac{1}{n}\end{vmatrix}.$$

解 利用加边法得

$$D_n=\begin{vmatrix}1 & x & x & \cdots & x\\ 0 & x+1 & x & \cdots & x\\ 0 & x & x+\dfrac{1}{x} & \cdots & x\\ \vdots & \vdots & \vdots & & \vdots\\ 0 & x & x & \cdots & x+\dfrac{1}{n}\end{vmatrix}=\begin{vmatrix}1 & x & x & \cdots & x\\ -1 & 1 & 0 & \cdots & 0\\ \vdots & \vdots & \vdots & & \vdots\\ -1 & 0 & 0 & \cdots & \dfrac{1}{n}\end{vmatrix}.$$

将 D_n 的第 2 列乘 1，第 3 列乘 2,…，第 $n+1$ 列乘 n 并加到第 1 列得

$$D_n=\begin{vmatrix}1+\sum_{k=1}^{n}kx & x & x & \cdots & x\\ 0 & 1 & 0 & \cdots & 0\\ 0 & 0 & \frac{1}{2} & \cdots & 0\\ \vdots & \vdots & \vdots & & \vdots\\ 0 & 0 & 0 & \cdots & \frac{1}{n}\end{vmatrix}=\left[1+\frac{n(n+1)}{2}x\right]\frac{1}{n!}.$$

六、归纳法

要点　先通过计算一些初始行列式 D_1,D_2,D_3 等，找出它们的结果与其级数之间的关系，用不完全归纳法对 D_n 的结果提出猜想，然后用数学归纳法证明其猜想成立.

例 2.2.11　计算 n 级行列式

$$D_n=\begin{vmatrix}\cos\theta & 1 & 0 & 0 & \cdots & 0 & 0\\ 1 & 2\cos\theta & 1 & 0 & \cdots & 0 & 0\\ 0 & 1 & 2\cos\theta & 1 & \cdots & 0 & 0\\ \vdots & \vdots & \vdots & \vdots & & \vdots & \vdots\\ 0 & 0 & 0 & 0 & \cdots & 1 & 2\cos\theta\end{vmatrix}.$$

解　易得

$$D_1=\cos\theta.$$

$$D_2=\begin{vmatrix}\cos\theta & 1\\ 1 & 2\cos\theta\end{vmatrix}=2\cos^2\theta-1=\cos 2\theta.$$

$$D_3=\begin{vmatrix}\cos\theta & 1 & 0\\ 1 & 2\cos\theta & 1\\ 0 & 1 & 2\cos\theta\end{vmatrix}=\cos\theta\begin{vmatrix}2\cos\theta & 1\\ 1 & 2\cos\theta\end{vmatrix}-\begin{vmatrix}1 & 0\\ 1 & 2\cos\theta\end{vmatrix}$$

$$=\cos\theta(4\cos^2\theta-1)-2\cos\theta=4\cos^3\theta-3\cos\theta=\cos 3\theta.$$

由 D_1,D_2,D_3 的结果，猜想：$D_n=\cos n\theta$，以下用数学归纳法证明这一猜想.

当 $n=1$，$n=2$ 时，已验证猜想成立.

假设 $n=k+1$，$n=k$ 时，猜想成立. 将 D_{k+1} 的最后一列展开整理可得

$$\begin{aligned}D_{k+1}&=(-1)^{2k+2}2\cos\theta\cdot D_k+(-1)^{k-1+k}\cdot1\cdot1\cdot(-1)^{k+k}D_{k-1}\\&=2\cos\theta\cdot D_k-D_{k-1}.\end{aligned}$$

由归纳假设有 $D_{k-1}=\cos(k-1)\theta$，$D_k=\cos k\theta$，故

$$\begin{aligned}D_{k+1}&=2\cos\theta\cos k\theta-\cos(k-1)\theta\\&=2\cos\theta\cos k\theta-\cos k\theta\cos\theta-\sin k\theta\sin\theta\\&=\cos k\theta\cos\theta-\sin k\theta\sin\theta\\&=\cos(k+1)\theta.\end{aligned}$$

故猜想对一切自然数 n 均成立，从而有 $D_n=\cos n\theta$.

七、利用递推降级法

要点　如果一个行列式在元素分布上比较有规律，则可以设法找出 n 级行列式 D_n 与较低级的行列式之间的关系，依次类推来计算行列式的值.

1°　如果 n 级行列式满足关系式

$$aD_n+bD_{n-1}+c=0.$$

一般通过再寻找 D_n 与 D_{n-1} 之间关系，进而形成一个以 D_n 和 D_{n-1} 为未知量的二元一次方程组，求出 D_n.

2°　若 n 级行列式 D_n 满足关系式

$$aD_n+bD_{n-1}+cD_{n-2}=0,$$

则作特征方程

$$ax^2+bx+c=0. \tag{2.6}$$

(ⅰ)若方程(2.6)的判别式 $\varDelta\neq0$，则方程(2.6)有两个不等的复根 x_1,x_2，于是

$$D_n=Ax_1^{n-1}+Bx_2^{n-1}, \tag{2.7}$$

其中 A,B 为待定系数，可在式(2.7)中令 $n=1$，$n=2$ 求 A,B.

(ⅱ)若 $\varDelta=0$，则方程(2.6)有重根 $x_1=x_2$，于是

$$D_n=(A+nB)x_1^{n-1},$$

其中 A,B 为待定系数，可在式(2.7)中令 $n=1$，$n=2$ 求出 A,B.

例 2.2.12　计算下列行列式

(1) $D_{n+1}=\begin{vmatrix}a_0&b_1&b_2&\cdots&b_{n-1}&b_n\\c_1&a_1&0&\cdots&0&0\\c_2&0&a_2&\cdots&0&0\\\vdots&\vdots&\vdots&&\vdots&\vdots\\c_n&0&0&\cdots&0&a_n\end{vmatrix}\quad(a_i\neq0,\quad i=1,2,\cdots,n)$;

(2) $D_n=\begin{vmatrix}c&a&0&\cdots&0&0\\b&c&a&\cdots&0&0\\0&b&c&\cdots&0&0\\\vdots&\vdots&\vdots&&\vdots&\vdots\\0&0&0&\cdots&c&a\\0&0&0&\cdots&b&c\end{vmatrix}$;

$$(3)\ D_n=\begin{vmatrix} x & 0 & 0 & \cdots & 0 & 0 & a_0 \\ -1 & x & 0 & \cdots & 0 & 0 & a_1 \\ 0 & -1 & x & \cdots & 0 & 0 & a_2 \\ \vdots & \vdots & \vdots & & \vdots & \vdots & \vdots \\ 0 & 0 & 0 & \cdots & -1 & x & a_{n-2} \\ 0 & 0 & 0 & \cdots & 0 & -1 & x+a_{n-1} \end{vmatrix}.$$

解　(1) 按第 $n+1$ 行展开有

$$\begin{aligned} D_{n+1}&=(-1)^{n+2}c_n\begin{vmatrix} b_1 & b_2 & \cdots & b_{n-1} & b_n \\ a_1 & 0 & \cdots & 0 & 0 \\ \vdots & \vdots & & \vdots & \vdots \\ 0 & 0 & \cdots & a_{n-1} & 0 \end{vmatrix}+a_nD_n \\ &=(-1)^{n+2}(-1)^{n+1}c_nb_na_1a_2\cdots a_{n-1}+a_nD_n \\ &=a_nD_n-\frac{b_nc_n}{a_n}a_1\cdots a_n, \end{aligned}$$

对 D_n 再应用上述过程可得

$$\begin{aligned} D_{n+1}&=a_n\left(a_{n-1}D_{n-1}-\frac{b_{n-1}c_{n-1}}{a_{n-1}}a_1\cdots a_{n-1}\right)-\frac{b_nc_n}{a_n}a_1\cdots a_n \\ &=a_na_{n-1}D_{n-1}-\frac{b_{n-1}c_{n-1}}{a_{n-1}}a_1a_2\cdots a_n-\frac{b_nc_n}{a_n}a_1a_2\cdots a_n=\cdots \\ &=a_1a_2\cdots a_n\left(a_0-\sum_{i=1}^n\frac{b_ic_i}{a_i}\right). \end{aligned}$$

(2) 按第 n 行展开得 $D_n=cD_{n-1}-baD_{n-2}$，设 α,β 是 $x^2-cx+ba=0$ 的根，则

$$\alpha=\frac{c+\sqrt{c^2-4ab}}{2},\quad \beta=\frac{c-\sqrt{c^2-4ab}}{2},$$

若 $c^2-4ab\neq 0$，则 $\alpha\neq\beta$，于是有

$$D_n=\frac{\alpha^{n-1}(D_2-\beta D_1)-\beta^{n-1}(D_2-\alpha D_1)}{\alpha-\beta},$$

易得 $D_2-\beta D_1=\alpha^2$，$D_2-\alpha D_1=\beta^2$. 所以

$$D_n=\frac{\alpha^{n+1}-\beta^{n+1}}{\alpha-\beta}=\frac{\left(c+\sqrt{c^2-4ab}\right)^{n+1}-\left(c-\sqrt{c^2-4ab}\right)^{n+1}}{2^{n+1}\sqrt{c^2-4ab}}.$$

若 $c^2=4ab$，则 $\alpha=\beta$，于是有

$$D_n=\alpha^{n-1}D_1+(n-1)\alpha^{n-2}(D_2-\alpha D_1)=\left(\frac{c}{2}\right)^n(n+1).$$

(3) 对 D_n 按第一行展开有

$$D_n=xD_{n-1}+(-1)^{n+1}\cdot a_0\begin{vmatrix}-1 & x & 0 & \cdots & 0 & 0 & a_1\\ 0 & -1 & x & \cdots & 0 & 0 & a_2\\ \vdots & \vdots & \vdots & & \vdots & \vdots & \vdots\\ 0 & 0 & 0 & \cdots & -1 & x & a_{n-1}\\ 0 & 0 & 0 & \cdots & 0 & -1 & x+a_{n-1}\end{vmatrix}$$

$$=xD_{n-1}+(-1)^{n+1}\cdot a_0\cdot(-1)^{n-1}$$

$$=xD_{n-1}+a_0.$$

利用递推式 $D_n=xD_{n-1}+a_0$，进一步有

$$\begin{aligned}D_n&=xD_{n-1}+a_0\\&=x(xD_{n-2}+a_1)+a_0=x^2D_{n-2}+a_1x+a_0=\cdots\\&=x^n+a_{n-1}x^{n-1}+\cdots+a_1x+a_0.\end{aligned}$$

评析 (1) 以上三个例子中的行列式均为“三线型”行列式. 所谓“三线型”行列式是指除某一行、某一列和对角线或次对角线上的元素不为零外，其余元素均为零的行列式. 主要求解方法为递推降级法，也可用数学归纳法或化三角形法求得.

(2) 对例 2.2.12 中 (1)，利用递推降级法首先将行列式按某一行(列)展开，这时到底按哪行(列)展开需要观察该行列式的“生长点”，即该行列式是从哪个位置开始延伸的. 而例 2.2.12 中 (3) 的生长点为行列式的第 n 行第 n 列元素，例 2.2.12 中 (2) 的生长点可以视为 1-1 位置或 n-n 位置均可. 作依行(列)展开时要避开在生长点所在的行或列展开，否则得不到递推公式.

八、利用重要公式与结论

要点 将已知行列式化为我们比较熟悉的公式，如范德蒙德公式、三角形公式(上(下)三角形行列式)，以及利用拉普拉斯定理等重要结论.

例 2.2.13 计算

$$\begin{vmatrix}1 & 0 & x_1 & 0 & \cdots & x_1^{n-1} & 0\\ 0 & 1 & 0 & y_1 & \cdots & 0 & y_1^{n-1}\\ 1 & 0 & x_2 & 0 & \cdots & x_2^{n-1} & 0\\ 0 & 1 & 0 & y_2 & \cdots & 0 & y_2^{n-1}\\ \vdots & \vdots & \vdots & \vdots & & \vdots & \vdots\\ 1 & 0 & x_n & 0 & \cdots & x_n^{n-1} & 0\\ 0 & 1 & 0 & y_n & \cdots & 0 & y_n^{n-1}\end{vmatrix}.$$

解 取第$1,3,\cdots,2n-1$行，利用拉普拉斯定理展开得

$$D=\begin{vmatrix}1 & x_1 & \cdots & x_1^{n-1}\\ 1 & x_2 & \cdots & x_2^{n-1}\\ \vdots & \vdots & & \vdots\\ 1 & x_n & \cdots & x_n^{n-1}\end{vmatrix}\cdot\begin{vmatrix}1 & y_1 & \cdots & y_1^{n-1}\\ 1 & y_2 & \cdots & y_2^{n-1}\\ \vdots & \vdots & & \vdots\\ 1 & y_n & \cdots & y_n^{n-1}\end{vmatrix}=\prod_{1\leqslant i<j\leqslant n}(x_j-x_i)(y_j-y_i).$$

九、用幂级数变换计算行列式

要点 把一类n级行列式转化为差分方程，再利用幂级数变换求解差分方程，即可求出行列式的值.

任给一个数列$\{a_n\}$，则可相应地作出一个幂级数$F(x)=\sum\limits_{n=0}^{\infty}a_nx^n$，将$F(x)$称为数列$\{a_n\}$的幂级数变换. 反过来，给定一个幂级数$F(x)=\sum\limits_{n=0}^{\infty}a_nx^n$，它的系数序列就是唯一确定的数列$\{a_n\}$，数列与幂级数之间有一一对应关系.

若$G(x)=\sum\limits_{n=0}^{\infty}b_nx^n$是数列$\{b_n\}$的幂级数变换，由幂级数的加法和乘法运算有

$$F(x)+G(x)=\sum_{n=0}^{\infty}a_nx^n+\sum_{n=0}^{\infty}b_nx^n=\sum_{n=0}^{\infty}(a_n+b_n)x^n,$$

$$F(x)G(x)=\sum_{n=0}^{\infty}a_nx^n\sum_{m=0}^{\infty}b_mx^n=\sum_{n=0}^{\infty}\sum_{m=0}^{n}(a_mb_{n-m})x^n.$$

数列之间的运算关系同幂级数变换之间的运算关系是对应的. 差分方程的结构是由数列项之间的递推关系而确定的，把行列式转化为差分方程，引入幂级数变换，通过幂级数的分析运算可求出行列式的值.

例 2.2.14 计算n级行列式

$$D_n=\begin{vmatrix}1 & 1 & 0 & 0 & 0 & 0 & \cdots & 0 & 0\\ -1 & 1 & 1 & 0 & 0 & 0 & \cdots & 0 & 0\\ 0 & -1 & 1 & 1 & 0 & 0 & \cdots & 0 & 0\\ 0 & 0 & -1 & 1 & 1 & 0 & \cdots & 0 & 0\\ \vdots & \vdots & \vdots & \vdots & \vdots & \vdots & & \vdots & \vdots\\ 0 & 0 & 0 & 0 & -1 & 1 & \cdots & 1 & 0\\ 0 & 0 & 0 & 0 & 0 & -1 & \cdots & 1 & 1\\ 0 & 0 & 0 & 0 & 0 & 0 & \cdots & -1 & 1\end{vmatrix}.$$

解 $D_1=1$，$D_2=\begin{vmatrix}1 & 1\\ -1 & 1\end{vmatrix}=2$. 当$n>2$时，将按第 1 列展开得

$$D_n = D_{n-1} + D_{n-2}.$$

此行列式序列 $D_1, D_2, D_3, \cdots$ 是斐波那契数列，开始项为 1 和 2，以后各项均为前两项之和，上式变形为

$$D_n - D_{n-1} - D_{n-2} = 0 \quad (n = 3, 4, 5, \cdots).$$

设 $F(x)$ 是 $\{D_n\}$ 的生成函数

$$F(x) = D_1 x + D_2 x^2 + D_3 x^3 + \cdots + D_n x^n + \cdots. \tag{2.8}$$

用 $(-x)$ 乘式 (2.8) 得

$$-xF(x) = -D_1 x^2 - D_2 x^3 - D_3 x^4 - \cdots - D_n x^{n+1} - \cdots.$$

用 $(-x^2)$ 乘式 (2.8) 得

$$(-x^2)F(x) = -D_1 x^3 - D_2 x^4 - D_3 x^5 - \cdots - D_n x^{n+2} - \cdots.$$

将以上三式相加得

$$\begin{aligned} &F(x)(1 - x - x^2) \\ &= D_1 x + (D_2 - D_1)x^2 + (D_3 - D_2 - D_1)x^3 + \cdots + (D_n - D_{n-1} - D_{n-2})x^n + \cdots. \end{aligned}$$

由于 $D_n - D_{n-1} - D_{n-2} = 0 (n = 3, 4, 5, \cdots)$，且 $D_1 = 1$，$D_2 = \begin{vmatrix} 1 & 1 \\ -1 & 1 \end{vmatrix} = 2$，所以

$$F(x) = \frac{x + x^2}{1 - x - x^2} = \frac{1}{1 - x - x^2} - 1.$$

方程 $1 - x - x^2 = 0$ 的两根为 $x_1 = \dfrac{-1 + \sqrt{5}}{2}$，$x_2 = \dfrac{-1 - \sqrt{5}}{2}$，且有

$$x_1 x_2 = -1, \quad x_2 - x_1 = -\sqrt{5}.$$

所以

$$\begin{aligned} F(x) &= \frac{-1}{1 - x - x^2} - 1 = \frac{1}{(x - x_1)(x - x_2)} - 1 \\ &= \frac{-1}{x_2 - x_1}\left(\frac{1}{x - x_1} - \frac{1}{x - x_2}\right) - 1 \\ &= \frac{1}{x_2 - x_1}\left(\frac{x_2}{1 + x_2 x} - \frac{x_1}{1 + x_1 x}\right) - 1 \\ &= \frac{1}{x_2 - x_1}\left[x_2 \cdot \sum_{n=0}^{\infty} (-1)^n x_2^n x^n - x_1 \cdot \sum_{n=0}^{\infty} (-1)^n x_1^n x^n\right] - 1 \\ &= \sum_{n=1}^{\infty} \frac{(-1)^n \left(x_2^{n+1} - x_1^{n+1}\right)}{x_2 - x_1} x^n. \end{aligned} \tag{2.9}$$

比较式(2.8)与(2.9)的系数得

$$D_n=\frac{(-1)^n\left(x_2^{n+1}-x_1^{n+1}\right)}{x_2-x_1}$$

$$=\frac{(-1)^n}{-\sqrt{5}}\left[\left(\frac{-1-\sqrt{5}}{2}\right)^{n+1}-\left(\frac{-1+\sqrt{5}}{2}\right)^{n+1}\right]$$

$$=\frac{1}{\sqrt{5}}\left[\left(\frac{1+\sqrt{5}}{2}\right)^{n+1}-\left(\frac{1-\sqrt{5}}{2}\right)^{n+1}\right].$$

练习 2.2

2.2.1　(2002，大连理工大学) 设 $\boldsymbol{A}$ 为三级方阵，$\boldsymbol{E}$ 为三级单位阵，且 $|\boldsymbol{E}-\boldsymbol{A}|=0$，$|2\boldsymbol{E}-\boldsymbol{A}|=0$，$|3\boldsymbol{E}-\boldsymbol{A}|=0$，则 $|4\boldsymbol{E}-\boldsymbol{A}|=$__________.

2.2.2　(1999，高数二) 设行列式

$$\begin{vmatrix} x-2 & x-1 & x-2 & x-3 \\ 2x-2 & 2x-1 & 2x-2 & 2x-3 \\ 3x-3 & 3x-2 & 4x-5 & 3x-5 \\ 4x & 4x-3 & 5x-7 & 4x-3 \end{vmatrix}$$

为 $f(x)$，则方程 $f(x)=0$ 的根的个数为__________.

A．1　　　　B．2　　　　C．3　　　　D．4

2.2.3　计算行列式

$$D=\begin{vmatrix} 1 & 2 & \cdots & n \\ 1 & x+1 & \cdots & n \\ \vdots & \vdots & & \vdots \\ 1 & 2 & \cdots & x+1 \end{vmatrix}.$$

2.2.4　(2004，大连理工大学) 计算 n 级行列式

$$D_n=\begin{vmatrix} 1 & 1 & \cdots & 1 & 2-n \\ 1 & 1 & \cdots & 2-n & 1 \\ \vdots & \vdots & & \vdots & \vdots \\ 1 & 2-n & \cdots & 1 & 1 \\ 2-n & 1 & \cdots & 1 & 1 \end{vmatrix}.$$

2.2.5　(2005，北京大学) 设数域 P 上的 n 级方阵 $\boldsymbol{A}$ 的 (i,j) 元素为 a_i-b_i，求 $|\boldsymbol{A}|$.

2.2.6　设 $\boldsymbol{A}=(a_{ij})$ 是 n 级方阵，$a_{ij}=a^{i-j}$，$a\neq 0$，$i,j=1,\cdots,n$，求 $|\boldsymbol{A}|$.

2.2.7　设 $\boldsymbol{A}=(a_{ij})$ 是三级实方阵，A_{ij} 为元素 a_{ij} 的代数余子式，若 $a_{ij}=A_{ij}$，并且 $a_{33}=-1$，求 $|\boldsymbol{A}|$.

2.2.8 (2007，大连理工大学)计算下列 $n+1$ 级行列式

(1) $D_1=\begin{vmatrix}0&1&1&\cdots&1\\1&a_1&0&\cdots&0\\1&0&a_2&\cdots&0\\\vdots&\vdots&\vdots&&\vdots\\1&0&0&\cdots&a_n\end{vmatrix}$； (2) $D_2=\begin{vmatrix}0&1&1&\cdots&1\\1&0&x&\cdots&x\\1&x&0&\cdots&x\\\vdots&\vdots&\vdots&&\vdots\\1&x&x&\cdots&0\end{vmatrix}$.

2.2.9 (2001，北京师范大学)计算行列式

$$\begin{vmatrix}1&2&3&4&\cdots&n-1&n\\2&1&2&3&\cdots&n-2&n-1\\3&2&1&2&\cdots&n-3&n-2\\\vdots&\vdots&\vdots&\vdots&&\vdots&\vdots\\n&n-1&n-2&n-3&\cdots&2&1\end{vmatrix}.$$

2.2.10 (2001，浙江大学)计算行列式

$$D_n=\begin{vmatrix}0&1&2&\cdots&n-2&n-1\\1&0&1&\cdots&n-3&n-2\\2&1&0&\cdots&n-4&n-3\\\vdots&\vdots&\vdots&&\vdots&\vdots\\n-2&n-3&n-4&\cdots&0&1\\n-1&n-2&n-3&\cdots&1&0\end{vmatrix}.$$

2.2.11 (2005，大连理工大学)计算行列式

$$D_n=\begin{vmatrix}2&1&\cdots&1&1\\1&3&\cdots&1&1\\\vdots&\vdots&&\vdots&\vdots\\1&1&\cdots&n&1\\1&1&\cdots&1&n+1\end{vmatrix}.$$

2.2.12 计算

$$D_n=\begin{vmatrix}1+2a_1&a_1+a_2&\cdots&a_1+a_n\\a_2+a_1&1+2a_2&\cdots&a_2+a_n\\\vdots&\vdots&&\vdots\\a_n+a_1&a_n+a_2&\cdots&1+2a_n\end{vmatrix}.$$

2.2.13 计算

$$D_n=\begin{vmatrix}x&a&a&\cdots&a&a\\-a&x&a&\cdots&a&a\\-a&-a&x&\cdots&a&a\\\vdots&\vdots&\vdots&&\vdots&\vdots\\-a&-a&-a&\cdots&-a&x\end{vmatrix}.$$

2.2.14　(2006，陕西师范大学) 计算

$$D_n=\begin{vmatrix} x+1 & x & x & \cdots & x \\ x & x+2 & x & \cdots & x \\ x & x & x+3 & \cdots & x \\ \vdots & \vdots & \vdots & & \vdots \\ x & x & x & \cdots & x+n \end{vmatrix}.$$

2.2.15　(2002，西安交通大学) (1) 计算并化简下述 5 级行列式

$$D_5=\begin{vmatrix} a & a & a & a & 0 \\ a & a & a & 0 & b \\ a & a & 0 & b & b \\ a & 0 & b & b & b \\ 0 & b & b & b & b \end{vmatrix};$$

(2) $|\boldsymbol{A}|$，$|\boldsymbol{B}|$ 分别为已知的 k 与 l 级行列式，计算 $\begin{vmatrix} \boldsymbol{O} & \boldsymbol{A} \\ \boldsymbol{B} & \boldsymbol{O} \end{vmatrix}$.

2.2.16　计算行列式

$$D_n=\begin{vmatrix} 0 & 1 & 0 & 0 & \cdots & 0 & 0 & 0 \\ -1 & 0 & 1 & 0 & \cdots & 0 & 0 & 0 \\ 0 & -1 & 0 & 1 & \cdots & 0 & 0 & 0 \\ \vdots & \vdots & \vdots & \vdots & & \vdots & \vdots & \vdots \\ 0 & 0 & 0 & 0 & \cdots & -1 & 0 & 1 \\ 0 & 0 & 0 & 0 & \cdots & 0 & -1 & 0 \end{vmatrix}.$$

2.2.17　计算下列行列式：

(1) $D_1=\begin{vmatrix} x & -1 & 0 & \cdots & 0 & 0 \\ 0 & x & -1 & \cdots & 0 & 0 \\ \vdots & \vdots & \vdots & & \vdots & \vdots \\ 0 & 0 & 0 & \cdots & x & -1 \\ a_n & a_{n-1} & a_{n-2} & \cdots & a_2 & a_1 \end{vmatrix}$；　(2) $D_2=\begin{vmatrix} x & 0 & 0 & \cdots & 0 & 0 & a_0 \\ -1 & x & 0 & \cdots & 0 & 0 & a_1 \\ 0 & -1 & x & \cdots & 0 & 0 & a_2 \\ \vdots & \vdots & \vdots & & \vdots & \vdots & \vdots \\ 0 & 0 & 0 & \cdots & -1 & x & a_{n-2} \\ 0 & 0 & 0 & \cdots & 0 & -1 & x+a_{n-1} \end{vmatrix}$.

2.2.18　(2006，大连理工大学) 计算行列式

$$D_5=\begin{vmatrix} 1-a & a & 0 & 0 & 0 \\ -1 & 1-a & a & 0 & 0 \\ 0 & -1 & 1-a & a & 0 \\ 0 & 0 & -1 & 1-a & a \\ 0 & 0 & 0 & -1 & 1-a \end{vmatrix}.$$

2.2.19 (2005，南京理工大学)计算行列式

$$D_n=\begin{vmatrix}\alpha+\beta & \alpha\beta & 0 & \cdots & 0 & 0\\ 1 & \alpha+\beta & \alpha\beta & \cdots & 0 & 0\\ 0 & 1 & \alpha+\beta & \cdots & 0 & 0\\ \vdots & \vdots & \vdots & & \vdots & \vdots\\ 0 & 0 & 0 & \cdots & 1 & \alpha+\beta\end{vmatrix}.$$

2.2.20 (2004，兰州大学)计算下列行列式的值

(1) $D_1=\begin{vmatrix}x & a_1 & a_2 & \cdots & a_n\\ a_1 & x & a_2 & \cdots & a_n\\ a_1 & a_2 & x & \cdots & a_n\\ \vdots & \vdots & \vdots & & \vdots\\ a_1 & a_2 & a_3 & \cdots & x\end{vmatrix}$； (2) $D_2=\begin{vmatrix}5 & 3 & 0 & \cdots & 0 & 0\\ 2 & 5 & 3 & \cdots & 0 & 0\\ 0 & 2 & 5 & \cdots & 0 & 0\\ \vdots & \vdots & \vdots & & \vdots & \vdots\\ 0 & 0 & 0 & \cdots & 2 & 5\end{vmatrix}$.

2.2.21 (2002，陕西师范大学)计算行列式

$$D=\begin{vmatrix}a & b & c & d\\ b & a & d & c\\ c & d & a & b\\ d & c & b & a\end{vmatrix}.$$

2.2.22 计算

$$D_{n+1}=\begin{vmatrix}(a_0+b_0)^n & (a_0+b_1)^n & \cdots & (a_0+b_n)^n\\ (a_1+b_0)^n & (a_1+b_1)^n & \cdots & (a_1+b_n)^n\\ \vdots & \vdots & & \vdots\\ (a_n+b_0)^n & (a_n+b_1)^n & \cdots & (a_n+b_n)^n\end{vmatrix}.$$

2.2.23 (2004，云南大学)计算行列式

$$D_{n+1}=\begin{vmatrix}a^n & (a-1)^n & \cdots & (a-n)^n\\ a^{n-1} & (a-1)^{n-1} & \cdots & (a-n)^{n-1}\\ \vdots & \vdots & & \vdots\\ a & a-1 & \cdots & a-n\\ 1 & 1 & \cdots & 1\end{vmatrix}.$$

2.2.24 (2002，南开大学)计算

$$D_{n-1}=\begin{vmatrix}1 & x_1 & x_1^2 & \cdots & x_1^n\\ 1 & x_2 & x_2^2 & \cdots & x_2^n\\ \vdots & \vdots & \vdots & & \vdots\\ 1 & x_n & x_n^2 & \cdots & x_n^n\\ 0 & -2 & -2 & \cdots & -2\end{vmatrix}.$$

2.2.25　(2004，中南大学)计算 n 级行列式

$$D_n=\begin{vmatrix} 1 & 1 & \cdots & 1 \\ x_1 & x_2 & \cdots & x_n \\ \vdots & \vdots & & \vdots \\ x_1^{n-2} & x_2^{n-2} & \cdots & x_n^{n-2} \\ x_1^n & x_2^n & \cdots & x_n^n \end{vmatrix}.$$

2.2.26　(2013，中国科学院；2015，陕西师范大学)设 $s_k=a_1^k+a_2^k+\cdots+a_n^k$，计算行列式

$$D_n=\begin{vmatrix} s_0 & s_1 & s_2 & \cdots & s_{n-1} \\ s_1 & s_2 & s_3 & \cdots & s_n \\ \vdots & \vdots & \vdots & & \vdots \\ s_{n-1} & s_n & s_{n+1} & \cdots & s_{2n-2} \end{vmatrix}.$$

2.2.27　设 $f_i(x)$ 是数域 P 上的二次多项式，其首项系数为 $a_i(i=0,1,2,\cdots,n-1)$，又设 $b_1,b_2,\cdots,b_n$ 是 P 内一组数，试计算下列 n 级行列式

$$D_n=\begin{vmatrix} f_0(b_1) & f_0(b_2) & \cdots & f_0(b_n) \\ f_1(b_1) & f_1(b_2) & \cdots & f_1(b_n) \\ \vdots & \vdots & & \vdots \\ f_{n-1}(b_1) & f_{n-1}(b_2) & \cdots & f_{n-1}(b_n) \end{vmatrix}.$$

2.3　利用降级公式计算行列式

首先，给出利用降级公式计算行列式的原理.

命题 2.1　设 $\boldsymbol{A},\boldsymbol{B},\boldsymbol{C},\boldsymbol{D}$ 都是 n 级矩阵，其中 $|\boldsymbol{A}|\neq 0$，并且 $\boldsymbol{AC}=\boldsymbol{CA}$，则

$$\begin{vmatrix} \boldsymbol{A} & \boldsymbol{B} \\ \boldsymbol{C} & \boldsymbol{D} \end{vmatrix}=|\boldsymbol{AD}-\boldsymbol{CB}|.$$

证明　利用分块矩阵的乘法有

$$\begin{pmatrix} \boldsymbol{E} & \boldsymbol{O} \\ -\boldsymbol{CA}^{-1} & \boldsymbol{E} \end{pmatrix}\begin{pmatrix} \boldsymbol{A} & \boldsymbol{B} \\ \boldsymbol{C} & \boldsymbol{D} \end{pmatrix}\begin{pmatrix} \boldsymbol{E} & -\boldsymbol{A}^{-1}\boldsymbol{B} \\ \boldsymbol{O} & \boldsymbol{E} \end{pmatrix}=\begin{pmatrix} \boldsymbol{A} & \boldsymbol{O} \\ \boldsymbol{O} & \boldsymbol{D}-\boldsymbol{CA}^{-1}\boldsymbol{B} \end{pmatrix},$$

两边取行列式，由于 $\begin{vmatrix} \boldsymbol{E} & \boldsymbol{O} \\ -\boldsymbol{CA}^{-1} & \boldsymbol{E} \end{vmatrix}=\begin{vmatrix} \boldsymbol{E} & -\boldsymbol{A}^{-1}\boldsymbol{B} \\ \boldsymbol{O} & \boldsymbol{E} \end{vmatrix}=1$，再注意 $\boldsymbol{AC}=\boldsymbol{CA}$，可知，

$$\begin{vmatrix} \boldsymbol{A} & \boldsymbol{B} \\ \boldsymbol{C} & \boldsymbol{D} \end{vmatrix}=\begin{vmatrix} \boldsymbol{A} & \boldsymbol{O} \\ \boldsymbol{O} & \boldsymbol{D}-\boldsymbol{CA}^{-1}\boldsymbol{B} \end{vmatrix}=|\boldsymbol{A}|\cdot|\boldsymbol{D}-\boldsymbol{CA}^{-1}\boldsymbol{B}|=|\boldsymbol{AD}-\boldsymbol{ACA}^{-1}\boldsymbol{B}|=|\boldsymbol{AD}-\boldsymbol{CB}|.$$

评析　命题 2.1 的结论中 $\boldsymbol{CB}$ 不能写成 $\boldsymbol{BC}$.

将命题 2.1 推广可得如下结论.

命题 2.2 设 $P=\begin{pmatrix} A & B \\ C & D \end{pmatrix}$ 是一个四分块 n 级方阵，其中 A,B,C,D 分别是 $r\times r$, $r\times(n-r)$, $(n-r)\times r$, $(n-r)\times(n-r)$ 级矩阵，则

(1) 若 A 可逆，则 $|P|=|A|\cdot|D-CA^{-1}B|$;

(2) 若 D 可逆，则 $|P|=|D|\cdot|A-BD^{-1}C|$.

命题 2.2 的证明方法与命题 2.1 类似，略.

例 2.3.1 计算

$$|P|=\begin{vmatrix} a_0 & 1 & 1 & \cdots & 1 \\ 1 & a_1 & 0 & \cdots & 0 \\ 1 & 0 & a_2 & \cdots & 0 \\ \vdots & \vdots & \vdots & & \vdots \\ 1 & 0 & 0 & \cdots & a_n \end{vmatrix},$$

其中 $\prod_{i=1}^{n} a_i \neq 0$.

解 令

$$A=(a_0),\quad B=(1,1,\cdots,1),\quad C=\begin{pmatrix} 1 \\ 1 \\ \vdots \\ 1 \end{pmatrix},\quad D=\begin{pmatrix} a_1 & 0 & \cdots & 0 \\ 0 & a_2 & \cdots & 0 \\ \vdots & \vdots & & \vdots \\ 0 & 0 & \cdots & a_n \end{pmatrix},$$

则 $|D|=\prod_{i=1}^{n} a_i$, D 可逆且

$$D^{-1}=\begin{pmatrix} a_1^{-1} & & & \\ & a_2^{-1} & & \\ & & \ddots & \\ & & & a_n^{-1} \end{pmatrix}.$$

故

$$\begin{aligned} |P| &= |D|\cdot|A-BD^{-1}C| \\ &= \prod_{i=1}^{n} a_i \left| a_0-(1,1,\cdots,1)\begin{pmatrix} a_1^{-1} & & & \\ & a_2^{-1} & & \\ & & \ddots & \\ & & & a_n^{-1} \end{pmatrix}\begin{pmatrix} 1 \\ 1 \\ \vdots \\ 1 \end{pmatrix} \right| \\ &= a_1a_2\cdots a_n\left(a_0-\sum_{i=1}^{n} a_i^{-1}\right). \end{aligned}$$

例 2.3.2 计算

$$|\boldsymbol{P}|=\begin{vmatrix} x & -1 & 0 & \cdots & 0 & 0 \\ 0 & x & -1 & \cdots & 0 & 0 \\ 0 & 0 & x & \cdots & 0 & 0 \\ \vdots & \vdots & \vdots & & \vdots & \vdots \\ 0 & 0 & 0 & \cdots & x & -1 \\ a_n & a_{n-1} & a_{n-2} & \cdots & a_2 & x+a_1 \end{vmatrix}.$$

解 令

$$\boldsymbol{A}=\begin{pmatrix} x & -1 & 0 & \cdots & 0 & 0 \\ 0 & x & -1 & \cdots & 0 & 0 \\ 0 & 0 & x & \cdots & 0 & 0 \\ \vdots & \vdots & \vdots & & \vdots & \vdots \\ 0 & 0 & 0 & \cdots & x & -1 \\ 0 & 0 & 0 & \cdots & 0 & x \end{pmatrix},\quad \boldsymbol{B}=\begin{pmatrix} 0 \\ 0 \\ 0 \\ \vdots \\ 0 \\ -1 \end{pmatrix},$$

$$\boldsymbol{C}=(a_n,a_{n-1},\cdots,a_2),\quad \boldsymbol{D}=(x+a_1),$$

则 $|\boldsymbol{A}|=x^{n-1}$，且

$$\boldsymbol{A}^{-1}=\begin{pmatrix} \frac{1}{x} & \frac{1}{x^2} & \cdots & \frac{1}{x^{n-1}} \\ 0 & \frac{1}{x} & \cdots & \frac{1}{x^{n-2}} \\ \vdots & \vdots & & \vdots \\ 0 & 0 & \cdots & \frac{1}{x} \end{pmatrix}.$$

故

$$\begin{aligned} |\boldsymbol{P}| &= |\boldsymbol{A}|\cdot|\boldsymbol{D}-\boldsymbol{C}\boldsymbol{A}^{-1}\boldsymbol{B}| \\ &= x^{n-1}\left|(a_1+x)+\left(\frac{a_n}{x^{n-1}}+\frac{a_{n-1}}{x^{n-2}}+\cdots+\frac{a_2}{x}\right)\right| \\ &= x^n+a_1x^{n-1}+a_2x^{n-2}+\cdots+a_{n-1}x+a_n. \end{aligned}$$

评析 在计算本题时，约定 $x\neq 0$. 若 $x=0$，可用第 1 列展开得 $|P|=a_n$. 另外，从例 2.3.1 和例 2.3.2 可以看出一些“三线型”行列式除前面介绍的递推降级法外，也可以用这种四分块阵来计算.

例 2.3.3 计算 $2n$ 级行列式

$$|\boldsymbol{P}|=\begin{vmatrix} a & 0 & 0 & \cdots & 0 & 0 & b \\ 0 & a & 0 & \cdots & 0 & b & 0 \\ 0 & 0 & a & \cdots & b & 0 & 0 \\ \vdots & \vdots & \vdots & & \vdots & \vdots & \vdots \\ 0 & 0 & b & \cdots & a & 0 & 0 \\ 0 & b & 0 & \cdots & 0 & a & 0 \\ b & 0 & 0 & \cdots & 0 & 0 & a \end{vmatrix}.$$

解 若 $a=0$，则用定义易得 $|\boldsymbol{P}|=(-b^2)^n$. 若 $a\neq 0$，令

$$\boldsymbol{A}=\begin{pmatrix} a & & & \\ & a & & \\ & & \ddots & \\ & & & a \end{pmatrix}=\boldsymbol{D},\quad \boldsymbol{B}=\begin{pmatrix} & & & b \\ & & b & \\ & \iddots & & \\ b & & & \end{pmatrix}=\boldsymbol{C},$$

则

$$\begin{aligned}|\boldsymbol{P}|&=\begin{vmatrix} \boldsymbol{A} & \boldsymbol{B} \\ \boldsymbol{C} & \boldsymbol{D} \end{vmatrix}=|\boldsymbol{A}|\cdot|\boldsymbol{D}-\boldsymbol{C}\boldsymbol{A}^{-1}\boldsymbol{B}|\\ &=a^n\left|\begin{pmatrix} a & & & \\ & a & & \\ & & \ddots & \\ & & & a \end{pmatrix}-\begin{pmatrix} & & & b \\ & & b & \\ & \iddots & & \\ b & & & \end{pmatrix}\begin{pmatrix} a^{-1} & & & \\ & a^{-1} & & \\ & & \ddots & \\ & & & a^{-1} \end{pmatrix}\begin{pmatrix} & & & b \\ & & b & \\ & \iddots & & \\ b & & & \end{pmatrix}\right|\\ &=a^n\begin{vmatrix} a-b^2a^{-1} & & & \\ & a-b^2a^{-1} & & \\ & & \ddots & \\ & & & a-b^2a^{-1} \end{vmatrix}=a^n(a-b^2a^{-1})^n=(a^2-b^2)^n.\end{aligned}$$

故由以上计算可知 $|\boldsymbol{P}|=(a^2-b^2)^n$.

评析 此题也可用拉普拉斯定理来求解.

例 2.3.4 计算

$$|\boldsymbol{P}|=\begin{vmatrix} 1+a_1 & 1 & 1 & \cdots & 1 \\ 1 & 1+a_2 & 1 & \cdots & 1 \\ \vdots & \vdots & \vdots & & \vdots \\ 1 & 1 & 1 & \cdots & 1+a_n \end{vmatrix},$$

其中 $\prod_{i=1}^{n}a_i\neq 0$.

解 本题可利用前面介绍的拆分法来做，以下用命题 2.2 的两个结论计算.

令 $\boldsymbol{A}=(1)$, $\boldsymbol{B}=(1,1,\cdots,1)$, $\boldsymbol{C}=\begin{pmatrix}-1\\-1\\\vdots\\-1\end{pmatrix}$, $\boldsymbol{D}=\begin{pmatrix}a_1&&&\\&a_2&&\\&&\ddots&\\&&&a_n\end{pmatrix}$, 则由

$$|\boldsymbol{P}|=\left|\begin{pmatrix}a_1&&&\\&a_2&&\\&&\ddots&\\&&&a_n\end{pmatrix}-\begin{pmatrix}-1\\-1\\\vdots\\-1\end{pmatrix}(1,1,\cdots,1)\right|$$

可知

$$\begin{aligned}|\boldsymbol{P}|&=|\boldsymbol{A}|\cdot|\boldsymbol{D}-\boldsymbol{C}\boldsymbol{A}^{-1}\boldsymbol{B}|=|\boldsymbol{D}|\cdot|\boldsymbol{A}-\boldsymbol{B}\boldsymbol{D}^{-1}\boldsymbol{C}|\\&=a_1a_2\cdots a_n\left|1-(1,1,\cdots,1)\begin{pmatrix}a_1^{-1}&&&\\&a_2^{-1}&&\\&&\ddots&\\&&&a_n^{-1}\end{pmatrix}\begin{pmatrix}-1\\-1\\\vdots\\-1\end{pmatrix}\right|\\&=a_1a_2\cdots a_n\left(1+\sum_{i=1}^{n}a_i^{-1}\right).\end{aligned}$$

例 2.3.5 计算

$$|\boldsymbol{P}|=\begin{vmatrix}1+a_1&a_2&a_3&\cdots&a_n\\a_1&1+a_2&a_3&\cdots&a_n\\\vdots&\vdots&\vdots&&\vdots\\a_1&a_2&a_3&\cdots&1+a_n\end{vmatrix}.$$

解 由于

$$|\boldsymbol{P}|=\left|\begin{pmatrix}1&&&\\&1&&\\&&\ddots&\\&&&1\end{pmatrix}-\begin{pmatrix}-1\\-1\\\vdots\\-1\end{pmatrix}(a_1,a_2,\cdots,a_n)\right|,$$

令 $\boldsymbol{A}=(1)$, $\boldsymbol{C}=\begin{pmatrix}-1\\-1\\\vdots\\-1\end{pmatrix}$, $\boldsymbol{B}=(a_1,a_2,\cdots,a_n)$, $\boldsymbol{D}=\begin{pmatrix}1&&&\\&1&&\\&&\ddots&\\&&&1\end{pmatrix}$. 与例 2.3.4 的解法类似，可得 $|\boldsymbol{P}|=1+\sum\limits_{i=1}^{n}a_i$.

例 2.3.6　设

$$|\boldsymbol{D}|=\begin{vmatrix}a_{11} & a_{12} & \cdots & a_{1n}\\ a_{21} & a_{22} & \cdots & a_{2n}\\ \vdots & \vdots & & \vdots\\ a_{n1} & a_{n2} & \cdots & a_{nn}\end{vmatrix}\neq 0,$$

求 $|\boldsymbol{P}|=\begin{vmatrix}a_{11}+x_1 & a_{12}+x_2 & \cdots & a_{1n}+x_n\\ a_{21}+x_1 & a_{22}+x_2 & \cdots & a_{2n}+x_n\\ \vdots & \vdots & & \vdots\\ a_{n1}+x_1 & a_{n2}+x_2 & \cdots & a_{nn}+x_n\end{vmatrix}$.

解　令 $\boldsymbol{A}=(1)$, $\boldsymbol{D}=(a_{ij})_{n\times n}$, $\boldsymbol{B}=(x_1,x_2,\cdots,x_n)$, $\boldsymbol{C}=(-1,-1,\cdots,-1)^{\mathrm{T}}$，则

$$|\boldsymbol{P}|=\left|\begin{pmatrix}a_{11} & a_{12} & \cdots & a_{1n}\\ a_{21} & a_{22} & \cdots & a_{2n}\\ \vdots & \vdots & & \vdots\\ a_{n1} & a_{n2} & \cdots & a_{nn}\end{pmatrix}-\begin{pmatrix}-1\\ -1\\ \vdots\\ -1\end{pmatrix}(x_1,x_2,\cdots,x_n)\right|.$$

从而

$$|\boldsymbol{P}|=|\boldsymbol{A}|\cdot|\boldsymbol{D}-\boldsymbol{C}\boldsymbol{A}^{-1}\boldsymbol{B}|,$$

故

$$\begin{aligned}|\boldsymbol{P}|&=|\boldsymbol{D}|\cdot|\boldsymbol{A}-\boldsymbol{B}\boldsymbol{D}^{-1}\boldsymbol{C}|\\ &=|\boldsymbol{D}|\cdot\left|1-(x_1,x_2,\cdots,x_n)\boldsymbol{D}^{-1}\begin{pmatrix}-1\\ -1\\ \vdots\\ -1\end{pmatrix}\right|\\ &=|\boldsymbol{D}|\cdot\left|1-(x_1,x_2,\cdots,x_n)\frac{\boldsymbol{D}^*}{|\boldsymbol{D}|}\begin{pmatrix}-1\\ -1\\ \vdots\\ -1\end{pmatrix}\right|\\ &=|\boldsymbol{D}|+\sum_{j=1}^{n}x_j\sum_{i=1}^{n}A_{ij}.\end{aligned}$$

以上给出了利用命题 2.2 来处理有关行列式的例子，计算起来比较简便. 由命题 2.2 可推出如下结论.

命题 2.3 $\begin{vmatrix} \boldsymbol{E}_m & \boldsymbol{B} \\ \boldsymbol{A} & \boldsymbol{E}_n \end{vmatrix} = |\boldsymbol{E}_n - \boldsymbol{AB}| = |\boldsymbol{E}_n - \boldsymbol{BA}|.$

命题 2.3 说明：某些 n 级行列式的计算可转化为 m 阶行列式的计算，如果对命题 2.3 应用适当，也可简化行列式的计算.

练习 2.3

2.3.1　利用降级公式计算习题 2.2.8 中(1)，习题 2.2.11，习题 2.2.12，习题 2.2.14，习题 2.2.17.

2.3.2　(2004，武汉大学)计算 n 级行列式，其中 $a_i \neq 0$，$i=1,2,\cdots,n$.

$$D_n = \begin{vmatrix} 0 & a_1+a_2 & \cdots & a_1+a_n \\ a_2+a_1 & 0 & \cdots & a_2+a_n \\ \vdots & \vdots & & \vdots \\ a_n+a_1 & a_n+a_2 & \cdots & 0 \end{vmatrix}.$$

2.3.3　(2004，上海交通大学)求下列多项式的所有根

$$f(x) = \begin{vmatrix} x-3 & -a_2 & -a_3 & \cdots & -a_n \\ -a_2 & x-2-a_2^2 & -a_2a_3 & \cdots & -a_2a_n \\ -a_3 & -a_3a_2 & x-2-a_3^2 & \cdots & -a_3a_n \\ \vdots & \vdots & \vdots & & \vdots \\ -a_n & -a_na_2 & -a_na_3 & \cdots & x-2-a_n^2 \end{vmatrix}.$$

2.3.4　(2002，华东师范大学)计算行列式

$$D_n = \begin{vmatrix} x & 4 & 4 & 4 & \cdots & 4 \\ 1 & x & 2 & 2 & \cdots & 2 \\ 1 & 2 & x & 2 & \cdots & 2 \\ 1 & 2 & 2 & x & \cdots & 2 \\ \vdots & \vdots & \vdots & \vdots & & \vdots \\ 1 & 2 & 2 & 2 & \cdots & x \end{vmatrix}.$$

2.3.5　(2004，南开大学)设 n 级行列式

$$\begin{vmatrix} a_{11} & a_{12} & \cdots & a_{1n} \\ a_{21} & a_{22} & \cdots & a_{2n} \\ \vdots & \vdots & & \vdots \\ a_{n1} & a_{n1} & \cdots & a_{nn} \end{vmatrix} = 1,$$

且满足 $a_{ij} = -a_{ji}(i,j=1,2,\cdots,n)$. 对任意的 b，求 n 级行列式

$$D_n = \begin{vmatrix} a_{11}+b & a_{12}+b & \cdots & a_{1n}+b \\ a_{21}+b & a_{22}+b & \cdots & a_{2n}+b \\ \vdots & \vdots & & \vdots \\ a_{n1}+b & a_{n2}+b & \cdots & a_{nn}+b \end{vmatrix}.$$

2.4　有关行列式的证明题

首先通过举例介绍利用构造法可以将较复杂行列式转化为较简单的行列式.

例 2.4.1　设 A 为 n 级可逆矩阵，$\boldsymbol{\alpha}$ 和 $\boldsymbol{\beta}$ 为两个 n 维列向量，则

$$\left|A+\boldsymbol{\alpha}\boldsymbol{\beta}^{\mathrm{T}}\right|=|A|(1+\boldsymbol{\beta}^{\mathrm{T}}A^{-1}\boldsymbol{\alpha}).$$

证明　由于

$$\begin{vmatrix} A & \boldsymbol{\alpha} \\ -\boldsymbol{\beta}^{\mathrm{T}} & 1 \end{vmatrix}=\begin{vmatrix} A & \boldsymbol{\alpha} \\ O & 1+\boldsymbol{\beta}^{\mathrm{T}}A^{-1}\boldsymbol{\alpha} \end{vmatrix}=|A|(1+\boldsymbol{\beta}^{\mathrm{T}}A^{-1}\boldsymbol{\alpha}),$$

所以对上式左边的行列式利用命题 2.2 的 (2) 可得

$$\begin{vmatrix} A & \boldsymbol{\alpha} \\ -\boldsymbol{\beta}^{\mathrm{T}} & 1 \end{vmatrix}=\left|A+\boldsymbol{\alpha}\boldsymbol{\beta}^{\mathrm{T}}\right|.$$

例 2.4.2　设 A 为 n 级可逆矩阵，B_1 为 $n\times 2$ 矩阵，B_2 为 $2\times n$ 矩阵，则

$$|A+B_1B_2|=|A||E_2+B_2A^{-1}B_1|.$$

证明　由于

$$\begin{vmatrix} A & B_1 \\ -B_2 & E_2 \end{vmatrix}=\begin{vmatrix} A & B_1 \\ O & E_2+B_2A^{-1}B_1 \end{vmatrix}=|A||E_2+B_2A^{-1}B_1|,$$

又

$$\begin{vmatrix} A & B_1 \\ -B_2 & E_2 \end{vmatrix}=\begin{vmatrix} A+B_1B_2 & B_1 \\ O & E_2 \end{vmatrix}=|A+B_1B_2|,$$

故等式成立.

例 2.4.3　设 A 为 n 级方阵，$\boldsymbol{\alpha},\boldsymbol{\beta}$ 为 n 维列向量，A^* 为 A 的伴随矩阵，$\boldsymbol{\beta}^{\mathrm{T}}$ 为 $\boldsymbol{\beta}$ 的转置，则

$$\left|A+\boldsymbol{\alpha}\boldsymbol{\beta}^{\mathrm{T}}\right|=|A|+\boldsymbol{\beta}^{\mathrm{T}}A^*\boldsymbol{\alpha}.$$

证明　由于

$$\begin{vmatrix} A & \boldsymbol{\alpha} \\ -\boldsymbol{\beta}^{\mathrm{T}} & 1 \end{vmatrix}=\begin{vmatrix} A+\boldsymbol{\alpha}\boldsymbol{\beta}^{\mathrm{T}} & \boldsymbol{0} \\ -\boldsymbol{\beta}^{\mathrm{T}} & 1 \end{vmatrix}=\left|A+\boldsymbol{\alpha}\boldsymbol{\beta}^{\mathrm{T}}\right|,$$

(1) A 可逆时，有

$$\begin{vmatrix} A & \boldsymbol{\alpha} \\ -\boldsymbol{\beta}^{\mathrm{T}} & 1 \end{vmatrix}=\begin{vmatrix} A & \boldsymbol{\alpha} \\ \boldsymbol{0} & 1+\boldsymbol{\beta}^{\mathrm{T}}\dfrac{A^*}{|A|}\boldsymbol{\alpha} \end{vmatrix}=|A|\left(1+\boldsymbol{\beta}^{\mathrm{T}}\frac{A^*}{|A|}\boldsymbol{\alpha}\right)=|A|+\boldsymbol{\beta}^{\mathrm{T}}A^*\boldsymbol{\alpha};$$

(2) $\boldsymbol{A}$ 不可逆时，令 $\boldsymbol{A}_1=\boldsymbol{A}+t\boldsymbol{E}$，则存在 $\delta>0$，使 $0<t<\delta$ 时，$|\boldsymbol{A}_1|\neq 0$，因而

$$\begin{vmatrix} \boldsymbol{A}_1 & \boldsymbol{\alpha} \\ -\boldsymbol{\beta}^{\mathrm{T}} & 1 \end{vmatrix}=|\boldsymbol{A}_1|+\boldsymbol{\beta}^{\mathrm{T}}\boldsymbol{A}^*\boldsymbol{\alpha}.$$

上式两边为 t 的多项式，在 $0<t<\delta$ 时成立，而两边为恒等多项式，故 $t=0$ 时等式成立，即

$$\begin{vmatrix} \boldsymbol{A} & \boldsymbol{\alpha} \\ -\boldsymbol{\beta}^{\mathrm{T}} & 1 \end{vmatrix}=|\boldsymbol{A}|+\boldsymbol{\beta}^{\mathrm{T}}\boldsymbol{A}^*\boldsymbol{\alpha}.$$

由(1)和(2)可知，$|\boldsymbol{A}+\boldsymbol{\alpha}\boldsymbol{\beta}^{\mathrm{T}}|=|\boldsymbol{A}|+\boldsymbol{\beta}^{\mathrm{T}}\boldsymbol{A}^*\boldsymbol{\alpha}$.

评析　以上三个例子可应用于求某些行列式，在应用时需要注意的是，一般出现的行列式并非 $\boldsymbol{A}+\boldsymbol{\alpha}\boldsymbol{\beta}^{\mathrm{T}}$ 或 $\boldsymbol{A}+\boldsymbol{B}_1\boldsymbol{B}_2$ 形式，在具体计算时需要将行列式变形为此种形式.

例 2.4.4　(换元公式)

$$\begin{vmatrix} a_{11}+x & a_{12}+x & \cdots & a_{1n}+x \\ a_{21}+x & a_{22}+x & \cdots & a_{2n}+x \\ \vdots & \vdots & & \vdots \\ a_{n1}+x & a_{n2}+x & \cdots & a_{nn}+x \end{vmatrix}=|a_{ij}|_n+x\sum_{i=1}^{n}\sum_{j=1}^{n}A_{ij}.$$

证明　用例 2.4.3 将左式变形可得

$$\begin{aligned} \text{左边}&=\left|\boldsymbol{A}+x\begin{pmatrix}1\\1\\ \vdots\\1\end{pmatrix}(1,1,\cdots,1)\right|=|\boldsymbol{A}|+x(1,1,\cdots,1)\boldsymbol{A}^*\begin{pmatrix}1\\1\\ \vdots\\1\end{pmatrix} \\ &=|a_{ij}|_n+x\sum_{i=1}^{n}\sum_{j=1}^{n}A_{ij}. \end{aligned}$$

练习 2.4

2.4.1　若 n 级方阵 $\boldsymbol{A}$ 与 $\boldsymbol{B}$ 只是第 j 列不同，$1\leqslant j\leqslant n$，试证：

$$2^{1-n}|\boldsymbol{A}+\boldsymbol{B}|=|\boldsymbol{A}|+|\boldsymbol{B}|.$$

2.4.2　(1998，武汉大学) 设 $n\geqslant 2$ 且 $f_1(x),f_2(x),\cdots,f_n(x)$ 是关于 x 的次数不超过 $n-2$ 的多项式，$a_1,a_2,\cdots,a_n$ 为任意数，试证明

$$\begin{vmatrix} f_1(a_1) & f_2(a_1) & \cdots & f_n(a_1) \\ f_1(a_2) & f_2(a_2) & \cdots & f_n(a_2) \\ \vdots & \vdots & & \vdots \\ f_1(a_n) & f_2(a_n) & \cdots & f_n(a_n) \end{vmatrix}=0,$$

并举例说明“次数不超过 $n-2$ ”是不可缺少的条件.

2.4.3 (中山大学)设 $\boldsymbol{x}$ 是 $n\times 1$ 矩阵，$\boldsymbol{y}$ 是 $1\times n$ 矩阵，a 为实数，证明：

$$\det(\boldsymbol{E}_n - a\boldsymbol{x}\boldsymbol{y}) = 1 - a\boldsymbol{y}\boldsymbol{x}.$$

2.4.4 (北京航空航天大学)设 n 级方阵

$$\boldsymbol{A}=\begin{pmatrix} 2 & x & 0 & \cdots & 0 & 0 \\ \frac{1}{2} & 2 & \frac{1}{2} & \cdots & 0 & 0 \\ 0 & \frac{1}{2} & 2 & \cdots & 0 & 0 \\ \vdots & \vdots & \vdots & & \vdots & \vdots \\ 0 & 0 & 0 & \cdots & 2 & \frac{1}{2} \\ 0 & 0 & 0 & \cdots & \frac{1}{2} & 2 \end{pmatrix}.$$

试证：当 $x<4$ 时，$\boldsymbol{A}$ 为非奇异矩阵.

2.4.5 试证：行列式各元素加同一个数后所得行列式的全部代数余子式之和与原行列式的全部代数余子式之和相等.

2.4.6 (2006，南开大学)

(1) 设 $\boldsymbol{A}=\begin{pmatrix} 1 & -1 & -1 & -1 \\ -1 & 1 & -1 & -1 \\ -1 & -1 & 1 & -1 \\ -1 & -1 & -1 & 1 \end{pmatrix}$，试求 $\sum\limits_{i,j=1}^{4} A_{ij}$；

(2) 证明行列式 $\begin{vmatrix} 127 & 91 & 35 & 69 \\ 77 & 133 & 251 & 17 \\ 51 & 43 & 25 & 99 \\ 13 & 155 & 87 & 71 \end{vmatrix}$ 能被 8 整除.

2.5 一个行列式的计算和推广

2003 年全国硕士研究生入学考试数学卷三第九题的解答中需要计算如下行列式的值

$$D_n=\begin{vmatrix} a_1+b & a_2 & a_3 & \cdots & a_n \\ a_1 & a_2+b & a_3 & \cdots & a_n \\ a_1 & a_2 & a_3+b & \cdots & a_n \\ \vdots & \vdots & \vdots & & \vdots \\ a_1 & a_2 & a_3 & \cdots & a_n+b \end{vmatrix}.$$

本节将给出这一行列式的若干计算方法及其推广.

一、D_n 的计算

方法 1　利用行列式的性质.

将行列式的第 j 列 $(j=2,3,\cdots,n)$ 全加到第 1 列，然后从第 1 列提取 $\sum\limits_{i=1}^{n}a_i+b$，再将第 j 列减去第 1 列的 a_j 倍，得

$$D_n=\left(\sum_{i=1}^{n}a_i+b\right)\begin{vmatrix}1 & a_2 & a_3 & \cdots & a_n\\1 & a_2+b & a_3 & \cdots & a_n\\1 & a_2 & a_3+b & \cdots & a_n\\\vdots & \vdots & \vdots & & \vdots\\1 & a_2 & a_3 & \cdots & a_n+b\end{vmatrix}$$

$$=\left(\sum_{i=1}^{n}a_i+b\right)\begin{vmatrix}1 & 0 & 0 & \cdots & 0\\1 & b & 0 & \cdots & 0\\1 & 0 & b & \cdots & 0\\\vdots & \vdots & \vdots & & \vdots\\1 & 0 & 0 & \cdots & b\end{vmatrix}=b^{n-1}\left(\sum_{i=1}^{n}a_i+b\right).$$

方法 2　仍用行列式的性质.

将行列式的第 1 行乘以-1 分别加到第 i 行 $(i=2,3,\cdots,n)$，将所得行列式的第 j 列 $(j=2,3,\cdots,n)$ 全部加到第 1 列，可得

$$D_n=\begin{vmatrix}a_1+b & a_2 & a_3 & \cdots & a_n\\-b & b & 0 & \cdots & 0\\-b & 0 & b & \cdots & 0\\\vdots & \vdots & \vdots & & \vdots\\-b & 0 & 0 & \cdots & b\end{vmatrix}=\begin{vmatrix}\sum\limits_{i=1}^{n}a_i+b & a_2 & a_3 & \cdots & a_n\\0 & b & 0 & \cdots & 0\\0 & 0 & b & \cdots & 0\\\vdots & \vdots & \vdots & & \vdots\\0 & 0 & 0 & \cdots & b\end{vmatrix}$$

$$=b^{n-1}\left(\sum_{i=1}^{n}a_i+b\right).$$

方法 3　加边法(升级法).

将所给行列式变成 $n+1$ 级行列式，然后利用行列式性质计算.

$$D_n=\begin{vmatrix}1 & 0 & 0 & 0 & \cdots & 0\\1 & a_1+b & a_2 & a_3 & \cdots & a_n\\1 & a_1 & a_2+b & a_3 & \cdots & a_n\\\vdots & \vdots & \vdots & \vdots & & \vdots\\1 & a_1 & a_2 & a_3 & \cdots & a_n+b\end{vmatrix}_{(n+1)\times(n+1)}$$

$$=\begin{vmatrix} 1 & -a_1 & -a_2 & -a_3 & \cdots & -a_n \\ 1 & b & 0 & 0 & \cdots & 0 \\ 1 & 0 & b & 0 & \cdots & 0 \\ \vdots & \vdots & \vdots & \vdots & & \vdots \\ 1 & 0 & 0 & 0 & \cdots & b \end{vmatrix}_{(n+1)\times(n+1)}$$

$$=\begin{vmatrix} 1+\frac{1}{b}\sum_{i=1}^{n}a_i & -a_1 & -a_2 & -a_3 & \cdots & -a_n \\ 0 & b & 0 & 0 & \cdots & 0 \\ 0 & 0 & b & 0 & \cdots & 0 \\ \vdots & \vdots & \vdots & \vdots & & \vdots \\ 0 & 0 & 0 & 0 & \cdots & b \end{vmatrix}_{(n+1)\times(n+1)}$$

$$=b^{n-1}\left(\sum_{i=1}^{n}a_i+b\right).$$

方法 4　利用递推公式.

行列式的第 n 列各元素写成两行之和，利用行列式性质将行列式拆成两个行列式之和，可得到递推公式，再进行计算.

$$D_n=\begin{vmatrix} a_1+b & a_2 & a_3 & \cdots & a_n \\ a_1 & a_2+b & a_3 & \cdots & a_n \\ a_1 & a_2 & a_3+b & \cdots & a_n \\ \vdots & \vdots & \vdots & & \vdots \\ a_1 & a_2 & a_3 & \cdots & a_n \end{vmatrix}+\begin{vmatrix} a_1+b & a_2 & a_3 & \cdots & 0 \\ a_1 & a_2+b & a_3 & \cdots & 0 \\ a_1 & a_2 & a_3+b & \cdots & 0 \\ \vdots & \vdots & \vdots & & \vdots \\ a_1 & a_2 & a_3 & \cdots & b \end{vmatrix},$$

利用行列式性质经简单计算得 $D_n=a_nb^{n-1}+bD_{n-1}$. 故

$$\begin{aligned} D_n&=a_nb^{n-1}+b\left(a_{n-1}b^{n-2}+bD_{n-2}\right) \\ &=a_nb^{n-1}+a_{n-1}b^{n-1}+b^2\left(a_{n-2}b^{n-3}+bD_{n-3}\right)=\cdots \\ &=a_nb^{n-1}+a_{n-1}b^{n-1}+a_{n-2}b^{n-1}+\cdots+b^{n-2}a_2b+b^{n-1}D_1 \\ &=b^{n-1}\left(\sum_{i=1}^{n}a_i+b\right). \end{aligned}$$

方法 5　数学归纳法.

由于 $D_1=a_1+b, D_2=b(a_1+a_2)+b^2, D_3=b^2(a_1+a_2+a_3)+b^3,\cdots$，故猜测

$$D_n=b^{n-1}\left(\sum_{i=1}^{n}a_i+b\right).$$

当 $n=1$ 时结论显然成立. 设 $n-1$ 时结论成立，即 $D_{n-1}=b^{n-2}\left(\sum_{i=1}^{n-1}a_i+b\right)$，由方法 4 的递推公式 $D_n=a_nb^{n-1}+bD_{n-1}$，故

$$D_n=b^{n-1}\left(\sum_{i=1}^{n-1}a_i+b\right)+a_nb^{n-1}=b^{n-1}\left(\sum_{i=1}^{n}a_i+b\right).$$

于是由归纳法原理知，对一切自然数 n，$D_n=b^{n-1}\left(\sum_{i=1}^{n}a_i+b\right)$.

方法 6 利用矩阵行列公式.

设 $\boldsymbol{A}$ 为 $n\times m$ 型矩阵，$\boldsymbol{B}$ 为 $m\times n$ 型矩阵，$\boldsymbol{E}_n$，$\boldsymbol{E}_m$ 分别表示 n 级，m 级单位矩阵，则有

$$\det(\boldsymbol{E}_n\mp\boldsymbol{AB})=\det(\boldsymbol{E}_m\mp\boldsymbol{BA}).$$

利用上式，可得

$$D_n=b^{n-1}\left(\sum_{i=1}^{n}a_i+b\right).$$

方法 7 利用方阵特征值与行列式的关系.

$$\begin{aligned}\boldsymbol{M}_n&=\begin{pmatrix}a_1+b & a_2 & a_3 & \cdots & a_n\\ a_1 & a_2+b & a_3 & \cdots & a_n\\ a_1 & a_2 & a_3+b & \cdots & a_n\\ \vdots & \vdots & \vdots & & \vdots\\ a_1 & a_2 & a_3 & \cdots & a_n+b\end{pmatrix}\\ &=b\boldsymbol{E}_n+\begin{pmatrix}a_1 & a_2 & a_3 & \cdots & a_n\\ a_1 & a_2 & a_3 & \cdots & a_n\\ a_1 & a_2 & a_3 & \cdots & a_n\\ \vdots & \vdots & \vdots & & \vdots\\ a_1 & a_2 & a_3 & \cdots & a_n\end{pmatrix}\\ &=b\boldsymbol{E}_n+\boldsymbol{A}_n.\end{aligned}$$

$b\boldsymbol{E}_n$ 的 n 个特征值为 $b,b,\cdots,b$，$\boldsymbol{A}_n$ 的 n 个特征值为 $\sum_{i=1}^{n}a_i,0,0,\cdots,0$，故 $\boldsymbol{M}_n$ 的特征值为 $b+\sum_{i=1}^{n}a_i,\underbrace{b,b,\cdots,b}_{n-1\text{个}}$，由矩阵特征值与其对应行列式的关系知 $D_n=\det\boldsymbol{M}_n=b^{n-1}\left(\sum_{i=1}^{n}a_i+b\right)$.

注 $\boldsymbol{M}_n$ 的特征值也可由特征值的定义得到.

二、问题的推广

考虑更一般的问题，求下面行列式的值

$$B_n=\begin{vmatrix}\lambda_1 & a_2 & a_3 & \cdots & a_n\\ a_1 & \lambda_2 & a_3 & \cdots & a_n\\ a_1 & a_2 & \lambda_3 & \cdots & a_n\\ \vdots & \vdots & \vdots & & \vdots\\ a_1 & a_2 & a_3 & \cdots & \lambda_n\end{vmatrix}.$$

B_n 的求法也有多种，下面仅以递推方法给出.

$$B_n=\begin{vmatrix}\lambda_1 & a_2 & a_3 & \cdots & a_n+0\\ a_1 & \lambda_2 & a_3 & \cdots & a_n+0\\ a_1 & a_2 & \lambda_3 & \cdots & a_n+0\\ \vdots & \vdots & \vdots & & \vdots\\ a_1 & a_2 & a_3 & \cdots & a_n+\lambda_n-a_n\end{vmatrix}$$

$$=a_n\begin{vmatrix}\lambda_1 & a_2 & a_3 & \cdots & 1\\ a_1 & \lambda_2 & a_3 & \cdots & 1\\ a_1 & a_2 & \lambda_3 & \cdots & 1\\ \vdots & \vdots & \vdots & & \vdots\\ a_1 & a_2 & a_3 & \cdots & 1\end{vmatrix}_{(n-1)\times(n-1)}+\begin{vmatrix}\lambda_1 & a_2 & a_3 & \cdots & 0\\ a_1 & \lambda_2 & a_3 & \cdots & 0\\ a_1 & a_2 & \lambda_3 & \cdots & 0\\ \vdots & \vdots & \vdots & & \vdots\\ a_1 & a_2 & a_3 & \cdots & \lambda_n-a_n\end{vmatrix}_{(n-1)\times(n-1)}$$

$$\begin{aligned}
&=a_n(\lambda_1-a_1)(\lambda_2-a_2)\cdots(\lambda_{n-1}-a_{n-1})+(\lambda_n-a_n)B_{n-1}\\
&=a_n(\lambda_1-a_1)(\lambda_2-a_2)\cdots(\lambda_{n-1}-a_{n-1})+(\lambda_n-a_n)\\
&\quad\cdot\left[a_{n-1}(\lambda_1-a_1)(\lambda_2-a_2)\cdots(\lambda_{n-2}-a_{n-2})+(\lambda_{n-1}-a_{n-1})B_{n-2}\right]=\cdots\\
&=a_n(\lambda_1-a_1)(\lambda_2-a_2)\cdots(\lambda_{n-1}-a_{n-1})\\
&\quad+a_{n-1}(\lambda_1-a_1)\cdots(\lambda_{n-2}-a_{n-2})(\lambda_n-a_n)+\cdots\\
&\quad+(\lambda_n-a_n)(\lambda_{n-1}-a_{n-1})\cdots(\lambda_4-a_4)(\lambda_3-a_3)[a_2(\lambda_1-a_1)+(\lambda_2-a_2)B_1\\
&=a_n(\lambda_1-a_1)(\lambda_2-a_2)\cdots(\lambda_{n-1}-a_{n-1})\\
&\quad+a_{n-1}(\lambda_1-a_1)\cdots(\lambda_{n-2}-a_{n-2})(\lambda_n-a_n)+\cdots\\
&\quad+a_2(\lambda_1-a_1)(\lambda_3-a_3)\cdots(\lambda_n-a_n)+\lambda_1(\lambda_2-a_2)(\lambda_3-a_3)\cdots(\lambda_n-a_n).
\end{aligned}$$

而 $\lambda_1=\lambda_1-a_1+a_1$，故

$$B_n=\sum_{i=1}^{n}\left[a_i\prod_{\substack{j=1\\ j\neq i}}^{n}(\lambda_j-a_j)\right]+\prod_{j=1}^{n}(\lambda_j-a_j).$$

特别地，当 $\lambda_i=a_i+b(i=1,2,\cdots,n)$ 时，$B_n=D_n$.

第 3 章　线性方程组

本章是基础性内容，以经典的代数学中求解线性方程组的问题为出发点，通过分析线性方程组结构上的特点，引出代数学的两个重要研究对象：向量空间和矩阵. 然后以线性方程组的理论问题为背景，对向量空间和矩阵理论作初步探讨，并将这些理论应用于线性方程组，给出关于线性方程组解的圆满解答.

为了方便讨论，本章就内容顺序的编排做了一些调整. 本章内容包括：线性相关性（Ⅰ)，矩阵的秩，线性方程组的解.

3.1　线性相关性（Ⅰ）

一、线性相关

a. 线性相关的证明

要点　向量组 $\boldsymbol{\alpha}_1,\boldsymbol{\alpha}_2,\cdots,\boldsymbol{\alpha}_n$ 线性相关 $\Leftrightarrow$ 存在不全为零的数 $k_1,k_2,\cdots,k_n$，使得

$$k_1\boldsymbol{\alpha}_1+k_2\boldsymbol{\alpha}_2+\cdots+k_n\boldsymbol{\alpha}_n=\mathbf{0}.$$

在判断一个向量组 $\boldsymbol{\alpha}_1,\boldsymbol{\alpha}_2,\cdots,\boldsymbol{\alpha}_n$ 是否线性相关时，往往采用如下模式：

1° 对 $\boldsymbol{\alpha}_1,\boldsymbol{\alpha}_2,\cdots,\boldsymbol{\alpha}_n$，假设存在一组数 $k_1,k_2,\cdots,k_n$ 使得 $k_1\boldsymbol{\alpha}_1+k_2\boldsymbol{\alpha}_2+\cdots+k_n\boldsymbol{\alpha}_n=\mathbf{0}$.

2° 利用已知条件，代入1°中的向量方程，将问题转化为已知向量组的关系式来确定 $k_1,k_2,\cdots,k_n$ 的取值关系，进一步判定 $\boldsymbol{\alpha}_1,\boldsymbol{\alpha}_2,\cdots,\boldsymbol{\alpha}_n$ 的线性关系.

b. 线性相关的有关结论

要点　1° $\boldsymbol{\alpha}_1,\boldsymbol{\alpha}_2,\cdots,\boldsymbol{\alpha}_n$ 线性相关 $\Leftrightarrow$ $\boldsymbol{\alpha}_1,\boldsymbol{\alpha}_2,\cdots,\boldsymbol{\alpha}_n$ 中有一向量是其余向量的线性组合.

2° 设 $\boldsymbol{\alpha}_1,\boldsymbol{\alpha}_2,\cdots,\boldsymbol{\alpha}_r$ 线性相关，其中 $\boldsymbol{\alpha}_i=(\alpha_{i1},\cdots,\alpha_{ik},\cdots,\alpha_{im})$，则 $\boldsymbol{\beta}_1,\boldsymbol{\beta}_2,\cdots,\boldsymbol{\beta}_r$ 也线性相关，其中 $\boldsymbol{\beta}_i=(\alpha_{i1},\cdots,\alpha_{ik})$，$i=1,2,\cdots,r$，$k\leqslant m$.

3° 若向量组的部分向量组是线性相关的，则此向量组必线性相关.

4° 设 $\boldsymbol{A}$ 是 n 级方阵，则

$$|\boldsymbol{A}|=0\Leftrightarrow\boldsymbol{A}$$

的 n 个行(列)构成的向量组线性相关 $\Leftrightarrow r(\boldsymbol{A})<n\Leftrightarrow\boldsymbol{Ax}=\mathbf{0}$ 有非零解.

注　需要说明的是，以上有些结论的证明要用到线性方程组的有关结论，在此我们假定读者是熟悉的.

评析　(1) 要点 4° 是将矩阵的秩、行列式、线性方程组及线性相关这四个重要的概念联系到一起，这是一个很重要的结论. 而线性相关的判定往往与解线性方程组有关. 这也是为什么矩阵、行列式及线性方程组三者看似各自独立的概念，但又有着必然的联系.

(2) 要点 4° 的逆否命题也是一个很活跃的结论.

c. 向量组的线性表出

要点　判断向量 $\boldsymbol{\beta}$ 能否由向量组 $\boldsymbol{\alpha}_1,\boldsymbol{\alpha}_2,\cdots,\boldsymbol{\alpha}_m$ 线性表出的基本方法是利用定义来判断. 按定义知，向量 $\boldsymbol{\beta}$ 可由 $\boldsymbol{\alpha}_1,\boldsymbol{\alpha}_2,\cdots,\boldsymbol{\alpha}_m$ 线性表出的充要条件是线性方程组

$$x_1\boldsymbol{\alpha}_1+x_2\boldsymbol{\alpha}_2+\cdots+x_m\boldsymbol{\alpha}_m=\boldsymbol{\beta}$$

有解，且每个解就是线性表出的系数. 如果只有唯一解，则线性表示的方式只有一种；如果有无穷多解，则线性表出的方式就有无穷多种.

例 3.1.1　判断 $\boldsymbol{\beta}$ 能否由 $\boldsymbol{\alpha}_1,\boldsymbol{\alpha}_2,\boldsymbol{\alpha}_3,\boldsymbol{\alpha}_4$ 线性表出，若可以，给出线性表示式，其中

$$\boldsymbol{\beta}=(1,2,1,1),\quad \boldsymbol{\alpha}_1=(1,1,1,1),\quad \boldsymbol{\alpha}_2=(1,1,-1,-1),\quad \boldsymbol{\alpha}_3=(1,-1,1,-1),\quad \boldsymbol{\alpha}_4=(1,-1,-1,1).$$

解　考虑以 $\boldsymbol{\alpha}_1,\boldsymbol{\alpha}_2,\boldsymbol{\alpha}_3,\boldsymbol{\alpha}_4$ 为系数的列向量，$\boldsymbol{\beta}$ 为常数的列向量的非齐次线性方程组

$$\begin{cases}x_1+x_2+x_3+x_4=1,\\ x_1+x_2-x_3-x_4=2,\\ x_1-x_2+x_3-x_4=1,\\ x_1-x_2-x_3+x_4=1.\end{cases}$$

易求得 $D=-16$，$D_1=-20$，$D_2=-4$，$D_3=4$，$D_4=4$. 由克拉默法则，得到上述方程组的唯一解为

$$x_1=\frac{D_1}{D}=\frac{5}{4},\quad x_2=\frac{D_2}{D}=\frac{1}{4},$$
$$x_3=\frac{D_3}{D}=-\frac{1}{4},\quad x_4=\frac{D_4}{D}=-\frac{1}{4}.$$

故 $\boldsymbol{\beta}=\frac{5}{4}\boldsymbol{\alpha}_1+\frac{1}{4}\boldsymbol{\alpha}_2-\frac{1}{4}\boldsymbol{\alpha}_3-\frac{1}{4}\boldsymbol{\alpha}_4$.

二、线性无关

a. 线性无关的证明

要点　判断向量组 $\boldsymbol{\alpha}_1,\boldsymbol{\alpha}_2,\cdots,\boldsymbol{\alpha}_n$ 是否线性无关，一般常用的方法与判断一组向量是否线性相关方法相类似，对

$$k_1\boldsymbol{\alpha}_1+k_2\boldsymbol{\alpha}_2+\cdots+k_n\boldsymbol{\alpha}_n=\mathbf{0}$$

利用已知条件证明 $k_1=k_2=\cdots=k_n=0$ 即可.

利用以上方法易证如下结论.

b. 线性无关的有关结论

要点 1° 若向量组 $\boldsymbol{\alpha}_1,\boldsymbol{\alpha}_2,\cdots,\boldsymbol{\alpha}_r$ 线性无关，其中 $\boldsymbol{\alpha}_i=(\alpha_{i1},\alpha_{i2},\cdots,\alpha_{im})$，$i=1,2,\cdots,m$，则向量组 $\boldsymbol{\beta}_1,\boldsymbol{\beta}_2,\cdots,\boldsymbol{\beta}_r$ 也线性无关，其中 $\boldsymbol{\beta}_i=(a_{i1},\cdots,a_{im},a_{im+1},\cdots,a_{im+k})$，$k$ 是大于等于 1 的整数.

2° 线性无关的向量组的部分向量组也线性无关.

3° 设 $\boldsymbol{A}$ 是 n 级方阵，$|\boldsymbol{A}|\neq 0\Leftrightarrow\boldsymbol{A}$ 的 n 个行(列)构成的向量组线性无关 $\Leftrightarrow r(\boldsymbol{A})=n$.

例 3.1.2 设 $\boldsymbol{\alpha}_1,\boldsymbol{\alpha}_2,\cdots,\boldsymbol{\alpha}_s$ 线性无关，并且有

$$(\boldsymbol{\beta}_1,\boldsymbol{\beta}_2,\cdots,\boldsymbol{\beta}_s)=(\boldsymbol{\alpha}_1,\boldsymbol{\alpha}_2,\cdots,\boldsymbol{\alpha}_s)\begin{pmatrix}a_{11}&a_{21}&\cdots&a_{s1}\\a_{12}&a_{22}&\cdots&a_{s2}\\\vdots&\vdots&&\vdots\\a_{1s}&a_{2s}&\cdots&a_{ss}\end{pmatrix}. \tag{3.1}$$

证明：$\boldsymbol{\beta}_1,\boldsymbol{\beta}_2,\cdots,\boldsymbol{\beta}_s$ 线性无关的充要条件为

$$\begin{vmatrix}a_{11}&a_{21}&\cdots&a_{s1}\\a_{12}&a_{22}&\cdots&a_{s2}\\\vdots&\vdots&&\vdots\\a_{1s}&a_{2s}&\cdots&a_{ss}\end{vmatrix}\neq 0.$$

证明 设存在 s 个常数 $x_1,x_2,\cdots,x_s$ 满足

$$x_1\boldsymbol{\beta}_1+x_2\boldsymbol{\beta}_2+\cdots+x_s\boldsymbol{\beta}_s=\mathbf{0}.$$

把式(3.1)代入上式得

$$x_1(a_{11}\boldsymbol{\alpha}_1+\cdots+a_{1s}\boldsymbol{\alpha}_s)+x_2(a_{21}\boldsymbol{\alpha}_1+\cdots+a_{2s}\boldsymbol{\alpha}_s)+\cdots+x_s(a_{s1}\boldsymbol{\alpha}_1+\cdots+a_{ss}\boldsymbol{\alpha}_s)=\mathbf{0},$$

即

$$\begin{aligned}&(a_{11}x_1+a_{21}x_2+\cdots+a_{s1}x_s)\boldsymbol{\alpha}_1+(a_{12}x_1+a_{22}x_2+\cdots+a_{s2}x_s)\boldsymbol{\alpha}_2+\cdots\\&+(a_{1s}x_1+a_{2s}x_2+\cdots+a_{ss}x_s)\boldsymbol{\alpha}_s=\mathbf{0}.\end{aligned}$$

由于 $\boldsymbol{\alpha}_1,\boldsymbol{\alpha}_2,\cdots,\boldsymbol{\alpha}_s$ 线性无关，故

$$\begin{cases}a_{11}x_1+a_{21}x_2+\cdots+a_{s1}x_s=0,\\a_{12}x_1+a_{22}x_2+\cdots+a_{s2}x_s=0,\\\qquad\cdots\cdots\\a_{1s}x_1+a_{2s}x_2+\cdots+a_{ss}x_s=0,\end{cases} \tag{3.2}$$

令

$$\boldsymbol{A}^{\mathrm{T}}=\begin{pmatrix}a_{11}&a_{21}&\cdots&a_{s1}\\a_{12}&a_{22}&\cdots&a_{s2}\\\vdots&\vdots&&\vdots\\a_{1s}&a_{2s}&\cdots&a_{ss}\end{pmatrix}.$$

“$\Leftarrow$”由于$\left|\boldsymbol{A}^{\mathrm{T}}\right| \neq 0$，所以方程组(3.2)只有零解，即$x_1 = x_2 = \cdots = x_s = 0$，因此$\boldsymbol{\beta}_1, \boldsymbol{\beta}_2, \cdots, \boldsymbol{\beta}_s$线性无关.

“$\Rightarrow$”设$\boldsymbol{\beta}_1, \boldsymbol{\beta}_2, \cdots, \boldsymbol{\beta}_s$线性无关，则齐次线性方程组(3.2)只有零解，而式(3.2)只有零解当且仅当$\left|\boldsymbol{A}^{\mathrm{T}}\right| \neq 0$，故$\left|\boldsymbol{A}^{\mathrm{T}}\right| \neq 0$.

评析　本例的结论还可引为：向量组$\boldsymbol{\beta}_1, \boldsymbol{\beta}_2, \cdots, \boldsymbol{\beta}_s$的秩等于矩阵$\boldsymbol{A} = (a_{ij})_{s\times s}$的秩. 进一步，当令$\boldsymbol{A} = (\boldsymbol{\gamma}_1, \boldsymbol{\gamma}_2, \cdots, \boldsymbol{\gamma}_s)$时，则$\boldsymbol{\beta}_{i_1}, \boldsymbol{\beta}_{i_2}, \cdots, \boldsymbol{\beta}_{i_r}$为$\boldsymbol{\beta}_1, \boldsymbol{\beta}_2, \cdots, \boldsymbol{\beta}_r$的极大线性无关组当且仅当$\boldsymbol{\gamma}_{i_1}, \boldsymbol{\gamma}_{i_2}, \cdots, \boldsymbol{\gamma}_{i_r}$为$\boldsymbol{\gamma}_1, \boldsymbol{\gamma}_2, \cdots, \boldsymbol{\gamma}_s$的极大线性无关组，其中$\boldsymbol{\gamma}_i$表示矩阵$\boldsymbol{A}$的第$i$列. 证明时要抓住$\boldsymbol{\beta}_j = (\boldsymbol{\alpha}_1, \boldsymbol{\alpha}_2, \cdots, \boldsymbol{\alpha}_s)\boldsymbol{\gamma}_j$这一重要的等式来作变形.

另外，由本例还可知，当矩阵$\boldsymbol{A}$可逆时，可由$\boldsymbol{\alpha}_1, \boldsymbol{\alpha}_2, \cdots, \boldsymbol{\alpha}_n$构造另一线性无关组. 特别地，如$(\boldsymbol{\beta}_1, \boldsymbol{\beta}_2, \cdots, \boldsymbol{\beta}_n) = (\boldsymbol{\alpha}_1, \boldsymbol{\alpha}_2, \cdots, \boldsymbol{\alpha}_n)\boldsymbol{A}$，如令$\boldsymbol{A}$为循环行列式或范德蒙德行列式，即在保证$|\boldsymbol{A}| \neq 0$的条件下可得$\boldsymbol{\beta}_1, \boldsymbol{\beta}_2, \cdots, \boldsymbol{\beta}_n$线性无关.

例 3.1.3　(2001，华东师范大学；2006，清华大学) 设向量组$\boldsymbol{\alpha}_1, \boldsymbol{\alpha}_2, \cdots, \boldsymbol{\alpha}_s (s \geqslant 2)$线性无关，且$\boldsymbol{\beta}_1 = \boldsymbol{\alpha}_1 + \boldsymbol{\alpha}_2, \boldsymbol{\beta}_2 = \boldsymbol{\alpha}_2 + \boldsymbol{\alpha}_3, \cdots, \boldsymbol{\beta}_{s-1} = \boldsymbol{\alpha}_{s-1} + \boldsymbol{\alpha}_s, \boldsymbol{\beta}_s = \boldsymbol{\alpha}_s + \boldsymbol{\alpha}_1$，讨论向量组$\boldsymbol{\beta}_1, \boldsymbol{\beta}_2, \cdots, \boldsymbol{\beta}_s$的线性相关性.

证明　设$k_1\boldsymbol{\beta}_1 + k_2\boldsymbol{\beta}_2 + \cdots + k_s\boldsymbol{\beta}_s = \boldsymbol{0}$，即

$$k_1(\boldsymbol{\alpha}_1 + \boldsymbol{\alpha}_2) + k_2(\boldsymbol{\alpha}_2 + \boldsymbol{\alpha}_3) + \cdots + k_s(\boldsymbol{\alpha}_s + \boldsymbol{\alpha}_1) = \boldsymbol{0},$$

亦即

$$(k_1 + k_s)\boldsymbol{\alpha}_1 + (k_1 + k_2)\boldsymbol{\alpha}_2 + \cdots + (k_{s-1} + k_s)\boldsymbol{\alpha}_s = \boldsymbol{0}.$$

由题设$\boldsymbol{\alpha}_1, \boldsymbol{\alpha}_2, \cdots, \boldsymbol{\alpha}_s$线性无关，可知必有

$$\begin{cases} k_1 + k_s = 0, \\ k_1 + k_2 = 0, \\ \quad\cdots\cdots \\ k_{s-1} + k_s = 0. \end{cases} \tag{3.3}$$

方程组(3.3)的系数行列式为

$$D = \begin{vmatrix} 1 & 0 & 0 & \dots & 0 & 1 \\ 1 & 1 & 0 & \dots & 0 & 0 \\ 0 & 1 & 1 & \dots & 0 & 0 \\ \vdots & \vdots & \vdots & & \vdots & \vdots \\ 0 & 0 & 0 & \dots & 1 & 1 \end{vmatrix} = 1 + (-1)^{1+s} = \begin{cases} 2, & s\text{为奇数}, \\ 0, & s\text{为偶数}. \end{cases}$$

可见，当s为奇数时，$D = 2 \neq 0$，即方程组(3.3)中未知量$k_1, k_2, \cdots, k_s$必全为零，所以向量组$\boldsymbol{\beta}_1, \boldsymbol{\beta}_2, \cdots, \boldsymbol{\beta}_s$线性无关；当$s$为偶数时，$D = 0$，即存在不全为零的$k_1, k_2, \cdots, k_s$使式(3.3)成立，所以向量组$\boldsymbol{\beta}_1, \boldsymbol{\beta}_2, \cdots, \boldsymbol{\beta}_s$线性相关.

评析 本题也可利用例 3.1.2 的结论来证明.

例 3.1.4 设 $\boldsymbol{\alpha}_1,\boldsymbol{\alpha}_2,\boldsymbol{\alpha}_3$ 线性无关，试问：常数 m,k 满足什么条件时，向量组 $k\boldsymbol{\alpha}_2-\boldsymbol{\alpha}_1,m\boldsymbol{\alpha}_3-\boldsymbol{\alpha}_2,\boldsymbol{\alpha}_1-\boldsymbol{\alpha}_3$ 线性无关？线性相关？

解 设

$$x_1(k\boldsymbol{\alpha}_2-\boldsymbol{\alpha}_1)+x_2(m\boldsymbol{\alpha}_3-\boldsymbol{\alpha}_2)+x_3(\boldsymbol{\alpha}_1-\boldsymbol{\alpha}_3)=\mathbf{0},$$

即

$$(x_3-x_1)\boldsymbol{\alpha}_1+(kx_1-x_2)\boldsymbol{\alpha}_2+(mx_2-m_3)\boldsymbol{\alpha}_3=\mathbf{0}.$$

因 $\boldsymbol{\alpha}_1,\boldsymbol{\alpha}_2,\boldsymbol{\alpha}_3$ 线性无关，故

$$\begin{cases} x_3-x_1=0, \\ kx_1-x_2=0, \\ mx_2-x_3=0, \end{cases}$$

其系数行列式 $D=km-1$.

(1) 当 $km-1\neq 0$，即 $km\neq 1$ 时，以上方程组只有零解 $x_1=x_2=x_3=0$，故 $k\boldsymbol{\alpha}_2-\boldsymbol{\alpha}_1$, $m\boldsymbol{\alpha}_3-\boldsymbol{\alpha}_2,\boldsymbol{\alpha}_1-\boldsymbol{\alpha}_3$ 线性无关.

(2) 当 $km-1=0$，即 $km=1$ 时，以上方程有非零解. 所以 $k\boldsymbol{\alpha}_2-\boldsymbol{\alpha}_1,m\boldsymbol{\alpha}_3-\boldsymbol{\alpha}_2,\boldsymbol{\alpha}_1-\boldsymbol{\alpha}_3$ 线性相关.

例 3.1.5 设 $\boldsymbol{\alpha}_1,\cdots,\boldsymbol{\alpha}_r$ 线性无关，若 $\boldsymbol{\alpha}_1,\cdots,\boldsymbol{\alpha}_r,\boldsymbol{\alpha}_{r+1}$ 线性相关，则 $\boldsymbol{\alpha}_{r+1}$ 可用 $\boldsymbol{\alpha}_1,\cdots,\boldsymbol{\alpha}_r$ 线性表示.

证明 由于 $\boldsymbol{\alpha}_1,\cdots,\boldsymbol{\alpha}_r,\boldsymbol{\alpha}_{r+1}$ 线性相关，故存在一组不全为零的数 $k_1,\cdots,k_{r+1}$，使得

$$k_1\boldsymbol{\alpha}_1+\cdots+k_r\boldsymbol{\alpha}_r+k_{r+1}\boldsymbol{\alpha}_{r+1}=\mathbf{0}, \tag{3.4}$$

则式(3.4)中 $k_{r+1}\neq 0$；否则，若 $k_{r+1}=0$，则必有 $k_1,\cdots,k_r$ 不全为零，由式(3.4)有 $\boldsymbol{\alpha}_1,\cdots,\boldsymbol{\alpha}_r$ 线性相关，矛盾. 故 $k_{r+1}\neq 0$，从而

$$\boldsymbol{\alpha}_{r+1}=-\frac{k_1}{k_{r+1}}\boldsymbol{\alpha}_1-\cdots-\frac{k_r}{k_{r+1}}\boldsymbol{\alpha}_r,$$

命题得证.

评析 例 3.1.5 的逆命题为：设 $\boldsymbol{\alpha}_1,\cdots,\boldsymbol{\alpha}_r$ 线性无关，若 $\boldsymbol{\alpha}_{r+1}$ 不能用 $\boldsymbol{\alpha}_1,\cdots,\boldsymbol{\alpha}_r$ 线性表示，则 $\boldsymbol{\alpha}_1,\cdots,\boldsymbol{\alpha}_r,\boldsymbol{\alpha}_{r+1}$ 线性无关. 这个结论给出了求极大线性无关组的方法.

c. 极大线性无关组的求法（Ⅰ）

要点 设 $\boldsymbol{\alpha}_1,\cdots,\boldsymbol{\alpha}_n$ 是不全为零向量的一组向量.

(1) 不妨设 $\boldsymbol{\alpha}_i$ 是向量组 $\boldsymbol{\alpha}_1,\cdots,\boldsymbol{\alpha}_n$ 中从左到右第一个不为零的向量，则 $\{\boldsymbol{\alpha}_i\}$ 线性无关，$1\leqslant i\leqslant n$.

(2) 考察 $\boldsymbol{\alpha}_i,\boldsymbol{\alpha}_{i+1}$ (如果 $\boldsymbol{\alpha}_{i+1}$ 存在)，若 $\boldsymbol{\alpha}_{i+1}$ 可用 $\boldsymbol{\alpha}_i$ 线性表示，则保留原线性无关组 $\{\boldsymbol{\alpha}_i\}$ 不动；若 $\boldsymbol{\alpha}_{i+1}$ 不能用 $\boldsymbol{\alpha}_i$ 线性表示，则建立新的线性无关组 $\{\boldsymbol{\alpha}_i,\boldsymbol{\alpha}_{i+1}\}$.

(3) 对以上线性无关组，按照步骤(2)添加 $\boldsymbol{\alpha}_{i+2}$ (如果 $\boldsymbol{\alpha}_{i+2}$ 存在) 作类似讨论，依次类推直至讨论到向量 $\boldsymbol{\alpha}_n$.

(4) 最终得到的线性无关组必为向量组 $\boldsymbol{\alpha}_1,\cdots,\boldsymbol{\alpha}_n$ 的极大线性无关组.

注　关于求极大线性无关组还可以利用矩阵的初等变换，见 4.4 节.

d. 极大线性无关组的判定方法

要点　一个向量组的极大线性无关组所含向量的个数是唯一确定的值，称为这个向量组的秩. 除利用定义可以判断一个向量组的极大线性无关组外，当确定了一个向量组的秩后，还有以下两种判定方法：

1° 设 $\boldsymbol{\alpha}_1,\boldsymbol{\alpha}_2,\cdots,\boldsymbol{\alpha}_s$ 的秩为 r，则 $\boldsymbol{\alpha}_1,\boldsymbol{\alpha}_2,\cdots,\boldsymbol{\alpha}_s$ 中任意 r 个线性无关的向量都构成它的一个极大线性无关组.

2° 设 $\boldsymbol{\alpha}_1,\boldsymbol{\alpha}_2,\cdots,\boldsymbol{\alpha}_s$ 的秩为 r，$\boldsymbol{\alpha}_{i1},\boldsymbol{\alpha}_{i2},\cdots,\boldsymbol{\alpha}_{ir}$ 是 $\boldsymbol{\alpha}_1,\boldsymbol{\alpha}_2,\cdots,\boldsymbol{\alpha}_s$ 中的 r 个向量，若 $\boldsymbol{\alpha}_1,\boldsymbol{\alpha}_2,\cdots,\boldsymbol{\alpha}_s$ 中每个向量均可被它们线性表示，则 $\boldsymbol{\alpha}_{i1},\boldsymbol{\alpha}_{i2},\cdots,\boldsymbol{\alpha}_{ir}$ 为 $\boldsymbol{\alpha}_1,\boldsymbol{\alpha}_2,\cdots,\boldsymbol{\alpha}_s$ 的一个极大线性无关组.

例 3.1.6　设 $\boldsymbol{\alpha}_1,\boldsymbol{\alpha}_2,\cdots,\boldsymbol{\alpha}_n$ 是一组向量，已知单位向量 $\boldsymbol{\varepsilon}_1,\boldsymbol{\varepsilon}_2,\cdots,\boldsymbol{\varepsilon}_n$ 可被它们线性表示，证明 $\boldsymbol{\alpha}_1,\boldsymbol{\alpha}_2,\cdots,\boldsymbol{\alpha}_n$ 线性无关.

证明　考虑向量组 $\boldsymbol{\alpha}_1,\boldsymbol{\alpha}_2,\cdots,\boldsymbol{\alpha}_n$ (Ⅰ)与向量组 $\boldsymbol{\varepsilon}_1,\boldsymbol{\varepsilon}_2,\cdots,\boldsymbol{\varepsilon}_n,\boldsymbol{\alpha}_1,\boldsymbol{\alpha}_2,\cdots,\boldsymbol{\alpha}_n$ (Ⅱ). 由已知条件易知这两个向量组等价，从而向量组(Ⅰ)与(Ⅱ)有相同的秩. 对向量组(Ⅱ)，易知 $\boldsymbol{\varepsilon}_1,\boldsymbol{\varepsilon}_2,\cdots,\boldsymbol{\varepsilon}_n$ 是它的极大线性无关组，从而(Ⅱ)的秩为 n，故(Ⅰ)的秩也为 n. 故由极大线性无关组的判定方法1°，则 $\{\boldsymbol{\alpha}_1,\boldsymbol{\alpha}_2,\cdots,\boldsymbol{\alpha}_n\}$ 是其本身的极大线性无关组，即 $\boldsymbol{\alpha}_1,\cdots,\boldsymbol{\alpha}_n$ 线性无关.

评析　例 3.1.6 中构造向量组 $\{\boldsymbol{\varepsilon}_1,\cdots,\boldsymbol{\varepsilon}_n,\boldsymbol{\alpha}_1,\cdots,\boldsymbol{\alpha}_n\}$ 这一技巧值得借鉴，通过这个向量组不仅获知向量组(Ⅰ)与(Ⅱ)等价，而且得到了向量组(Ⅰ)的秩的信息.

三、综合性问题

a. 线性相关性(Ⅱ)

要点　除利用定义可判断一组向量是否线性相关、线性无关外，有时还可利用有关命题来判定.

命题 3.1　如果向量组 $\boldsymbol{\alpha}_1,\boldsymbol{\alpha}_2,\cdots,\boldsymbol{\alpha}_m$ 可由向量组 $\boldsymbol{\beta}_1,\boldsymbol{\beta}_2,\cdots,\boldsymbol{\beta}_s$ 线性表示，且 $m>s$，则向量组 $\boldsymbol{\alpha}_1,\boldsymbol{\alpha}_2,\cdots,\boldsymbol{\alpha}_m$ 线性相关.

对命题中的向量组 $\boldsymbol{\alpha}_1,\boldsymbol{\alpha}_2,\cdots,\boldsymbol{\alpha}_m$，可采取一般常用方法证明其线性相关.

根据这一命题，欲证由另一组向量线性表出的向量组线性相关，只需比较这两组向量的个数的多少.

例 3.1.7　设 $\boldsymbol{\beta}_1 = 2\boldsymbol{\alpha}_1 - \boldsymbol{\alpha}_2, \boldsymbol{\beta}_2 = \boldsymbol{\alpha}_1 + \boldsymbol{\alpha}_2, \boldsymbol{\beta}_3 = -\boldsymbol{\alpha}_1 + 3\boldsymbol{\alpha}_2$. 试证 $\boldsymbol{\beta}_1, \boldsymbol{\beta}_2, \boldsymbol{\beta}_3$ 线性相关.

证明　显然向量组 $\boldsymbol{\beta}_1, \boldsymbol{\beta}_2, \boldsymbol{\beta}_3$ 可由 $\boldsymbol{\alpha}_1, \boldsymbol{\alpha}_2$ 线性表出，且前组所含向量的个数 3 大于后组所含向量的个数 2. 故 $\boldsymbol{\beta}_1, \boldsymbol{\beta}_2, \boldsymbol{\beta}_3$ 线性相关.

例 3.1.8　试证：任意 m 个 n 维向量组 $\boldsymbol{\alpha}_1, \boldsymbol{\alpha}_2, \cdots, \boldsymbol{\alpha}_m$，当 $m > n$ 时，是线性相关的.

证明　因为任意 n 维向量 $\boldsymbol{\alpha} = (\alpha_1, \alpha_2, \cdots, \alpha_n)$ 可由 n 维基本向量组 $\boldsymbol{\varepsilon}_1, \boldsymbol{\varepsilon}_2, \cdots, \boldsymbol{\varepsilon}_n$ 线性表示，即

$$\boldsymbol{\alpha} = \alpha_1 \boldsymbol{\varepsilon}_1 + \alpha_{22} \boldsymbol{\varepsilon}_2 + \cdots + \alpha_n \boldsymbol{\varepsilon}_n,$$

故任意 m 个 n 维向量组 $\boldsymbol{\alpha}_1, \boldsymbol{\alpha}_2, \cdots, \boldsymbol{\alpha}_m$ 可由向量组 $\boldsymbol{\varepsilon}_1, \boldsymbol{\varepsilon}_2, \cdots, \boldsymbol{\varepsilon}_n$ 线性表示，且 $m > n$，故 $\boldsymbol{\alpha}_1, \boldsymbol{\alpha}_2, \cdots, \boldsymbol{\alpha}_m$ 线性相关.

评析　例 3.1.8 表明，当所考察向量组中向量的维数(分量的个数)已知后，可考察这组向量所含向量的个数与其向量的维数(s)的大小，如 $m > s$，可直接判定该向量组线性相关.

有时，从表面上看，两组向量所含向量的个数不符合命题 3.1 的条件(即这时 $m \leqslant s$). 但实质上，线性表出的向量组是线性相关的(如果是的话)，这时从线性表出的向量组中取出极大线性无关组，从而满足被表出的向量组所含向量的个数 m 大于线性表出向量组中所含向量的个数 s.

例 3.1.9　设 $\boldsymbol{\alpha}_1$ 是一个任意 4 维向量，$\boldsymbol{\alpha}_2 = (2,1,0,0)$，$\boldsymbol{\alpha}_3 = (4,1,4,0)$，$\boldsymbol{\alpha}_4 = (1,0,2,0)$，若向量组 $\boldsymbol{\beta}_1, \boldsymbol{\beta}_2, \boldsymbol{\beta}_3, \boldsymbol{\beta}_4$ 可由向量组 $\boldsymbol{\alpha}_1, \boldsymbol{\alpha}_2, \boldsymbol{\alpha}_3, \boldsymbol{\alpha}_4$ 线性表示，试证明向量组 $\boldsymbol{\beta}_1, \boldsymbol{\beta}_2, \boldsymbol{\beta}_3, \boldsymbol{\beta}_4$ 线性相关.

证明　显然 $\boldsymbol{\alpha}_3 = \boldsymbol{\alpha}_2 + 2\boldsymbol{\alpha}_4$，故 $\boldsymbol{\alpha}_2, \boldsymbol{\alpha}_3, \boldsymbol{\alpha}_4$ 线性相关，于是 $\boldsymbol{\alpha}_1, \boldsymbol{\alpha}_2, \boldsymbol{\alpha}_3, \boldsymbol{\alpha}_4$ 也线性相关，故 $\boldsymbol{\alpha}_1, \boldsymbol{\alpha}_2, \boldsymbol{\alpha}_3, \boldsymbol{\alpha}_4$ 的一个极大线性无关组所含向量个数小于或等于 3，而 $\boldsymbol{\beta}_1, \boldsymbol{\beta}_2, \boldsymbol{\beta}_3, \boldsymbol{\beta}_4$ 均可由 $\boldsymbol{\alpha}_1, \boldsymbol{\alpha}_2, \boldsymbol{\alpha}_3, \boldsymbol{\alpha}_4$ 的极大线性无关组表示，前组所含向量的个数(4)大于后组所含向量的个数($\leqslant 3$)，故 $\boldsymbol{\beta}_1, \boldsymbol{\beta}_2, \boldsymbol{\beta}_3, \boldsymbol{\beta}_4$ 线性相关.

b. 极大线性无关组的求法(Ⅱ)

要点　以所给向量组为行(或列)向量作成矩阵 $\boldsymbol{A}$，如果 $\boldsymbol{A}$ 的某个 r 级子式 D_r 是 $\boldsymbol{A}$ 的最高级不等于零的子式，则 D_r 所在的 r 个行(或列)向量在 $\boldsymbol{A}$ 中相应加长后，即是矩阵 $\boldsymbol{A}$ 的行(或列)向量组的一个极大线性无关组.

例 3.1.10　求向量组

$$\boldsymbol{\alpha}_1 = (1,0,0,1,4), \quad \boldsymbol{\alpha}_2 = (0,1,0,2,5), \quad \boldsymbol{\alpha}_3 = (0,0,1,3,6),$$
$$\boldsymbol{\alpha}_4 = (1,2,3,14,32), \quad \boldsymbol{\alpha}_5 = (4,5,6,32,77)$$

的一个极大线性无关组.

解　以 $\boldsymbol{\alpha}_i\ (1 \leqslant i \leqslant 5)$ 为矩阵 $\boldsymbol{A}$ 的行向量，则

$$A=\begin{pmatrix}1&0&0&1&4\\0&1&0&2&5\\0&0&1&3&6\\1&2&3&14&32\\4&5&6&32&77\end{pmatrix}.$$

不难看出，A 中有不为零的三级子式，例如，A 中左上角的三级子式 $D_3=1\neq 0$，但它的 4 个加边子式

$$\begin{vmatrix}1&0&0&1\\0&1&0&2\\0&0&1&3\\1&2&3&14\end{vmatrix},\quad\begin{vmatrix}1&0&0&1\\0&1&0&2\\0&0&1&3\\4&5&6&32\end{vmatrix},\quad\begin{vmatrix}1&0&0&4\\0&1&0&5\\0&0&1&6\\1&2&3&32\end{vmatrix},\quad\begin{vmatrix}1&0&0&4\\0&1&0&5\\0&0&1&6\\4&5&6&77\end{vmatrix}$$

均为零. 故 D_3 为 A 的一个不为零的最高级子式，D_3 所在的行向量 $\boldsymbol{\alpha}_1,\boldsymbol{\alpha}_2,\boldsymbol{\alpha}_3$ 为所给向量组的一个极大线性无关组.

练习 3.1

3.1.1　(2003，华东师范大学) 以下命题错误的是(　　).

A．包含零向量的向量组必线性相关

B．如果向量组 $\boldsymbol{\alpha}_1,\cdots,\boldsymbol{\alpha}_r$ 线性无关，而 $\boldsymbol{\alpha}_1,\cdots,\boldsymbol{\alpha}_r,\boldsymbol{\beta}$ 线性相关，则 $\boldsymbol{\beta}$ 可表为 $\boldsymbol{\alpha}_1,\cdots,\boldsymbol{\alpha}_r$ 的线性组合

C．如果向量组 $\boldsymbol{\alpha}_1,\cdots,\boldsymbol{\alpha}_r,\boldsymbol{\alpha}_{r+1}$ 线性无关，则 $\boldsymbol{\alpha}_1,\cdots,\boldsymbol{\alpha}_r$ 也线性无关

D．如果向量组 $\boldsymbol{\alpha}_1,\cdots,\boldsymbol{\alpha}_r$ 线性无关，则每个 $\boldsymbol{\alpha}_i$ 可表为其余向量的线性组合

3.1.2　(2005，华东师范大学) 以下各向量组中线性无关的向量组为(　　).

A．$(2,-3,4,1)$,　$(5,2,7,1)$,　$(-1,-3,5,5)$　　B．$(12,0,2)$,　$(1,1,1)$,　$(3,2,1)$,　$(4,78,16)$

C．$(2,3,1,4)$,　$(0,0,0,0)$,　$(3,1,2,4)$　　D．$(1,2,-3,1)$,　$(3,6,-9,3)$,　$(3,0,7,7)$

3.1.3　(2005，大连理工大学) 设 n 维向量组 $\boldsymbol{\alpha}_i=\left(1,t_i,t_i^2,\cdots,t_i^{n-1}\right)(i=1,2,\cdots,n)$，则 $\boldsymbol{\alpha}_1,\boldsymbol{\alpha}_2,\cdots,\boldsymbol{\alpha}_n$ 线性无关的充要条件为__________(用 t_i 的关系说明).

3.1.4　(2005，大连理工大学) 设向量组 $\boldsymbol{\alpha}_1,\boldsymbol{\alpha}_2,\cdots,\boldsymbol{\alpha}_r$ 线性无关，且

$$\begin{cases}\boldsymbol{\beta}_1=\boldsymbol{\alpha}_2+\boldsymbol{\alpha}_3+\cdots+\boldsymbol{\alpha}_r,\\ \boldsymbol{\beta}_2=\boldsymbol{\alpha}_1+\boldsymbol{\alpha}_3+\cdots+\boldsymbol{\alpha}_r,\\ \qquad\cdots\cdots\\ \boldsymbol{\beta}_r=\boldsymbol{\alpha}_1+\boldsymbol{\alpha}_2+\cdots+\boldsymbol{\alpha}_{r-1},\\ \boldsymbol{\beta}_{r+1}=\boldsymbol{\alpha}_1+\boldsymbol{\alpha}_2+\cdots+\boldsymbol{\alpha}_{r-1}+\boldsymbol{\alpha}_r,\end{cases}$$

则 $\boldsymbol{\beta}_1,\boldsymbol{\beta}_2,\cdots,\boldsymbol{\beta}_{r+1}$ 线性__________.

3.1.5　设 $b\neq 0$，讨论向量组

$$\boldsymbol{a}_1=(1,a_{11},a_{12},\cdots,a_{1n}),\quad \boldsymbol{a}_2=(b,1,a_{22},\cdots,a_{2n}),$$
$$\boldsymbol{a}_3=(b^2,b,1,\cdots,a_{3n}),\quad\cdots,\quad \boldsymbol{a}_{n+1}=(b^n,b^{n-1},b^{n-2},\cdots,1)$$

的线性相关性.

3.1.6 设有两组 n 维向量组：$\boldsymbol{\alpha}_1,\boldsymbol{\alpha}_2,\cdots,\boldsymbol{\alpha}_s$ 秩为 r_1，$\boldsymbol{\beta}_1,\boldsymbol{\beta}_2,\cdots,\boldsymbol{\beta}_t$ 秩为 r_2．证明：向量组 $\{\boldsymbol{\alpha}_i+\boldsymbol{\beta}_j,i=1,2,\cdots,s;j=1,2,\cdots,t\}$ 的秩 $\leqslant\min\{r_1+r_2,n\}$.

3.1.7 设 $\boldsymbol{\alpha}_1,\boldsymbol{\alpha}_2,\cdots,\boldsymbol{\alpha}_n$ 是一组线性无关的向量组，试判断向量组 $\boldsymbol{\beta}_1,\boldsymbol{\beta}_2,\cdots,\boldsymbol{\beta}_n$ 的线性相关性，其中 $\boldsymbol{\beta}_i=(n+1-i)\boldsymbol{\alpha}_i+i\boldsymbol{\alpha}_{i+1}(i=1,2,\cdots,n-1)$，$\boldsymbol{\beta}_n=\boldsymbol{\alpha}_n+n\boldsymbol{\alpha}_1$.

3.1.8 (2005，南开大学)设 V 是数域 P 上 n 维线性空间($n\geqslant1$). 证明：必存在 V 中一个无穷的向量序列 $\{\boldsymbol{\alpha}_i\}_{i=1}^{\infty}$ 使得 $\{\boldsymbol{\alpha}_i\}_{i=1}^{\infty}$ 中任何 n 个向量都是 V 的一组基.

3.1.9 证明：(1)若 $\boldsymbol{\alpha}_1,\boldsymbol{\alpha}_2,\cdots,\boldsymbol{\alpha}_m$ 线性无关，$\boldsymbol{\alpha}_1,\boldsymbol{\alpha}_2,\cdots,\boldsymbol{\alpha}_m,\boldsymbol{\beta}$ 线性相关，则 $\boldsymbol{\beta}$ 可由 $\boldsymbol{\alpha}_1,\boldsymbol{\alpha}_2,\cdots,\boldsymbol{\alpha}_m$ 线性表示；

(2)若 $\boldsymbol{\alpha}_1,\boldsymbol{\alpha}_2,\cdots,\boldsymbol{\alpha}_m$ 线性无关，且 $\boldsymbol{\beta}$ 不能由 $\boldsymbol{\alpha}_1,\boldsymbol{\alpha}_2,\cdots,\boldsymbol{\alpha}_m$ 线性表出，则 $\boldsymbol{\alpha}_1,\boldsymbol{\alpha}_2,\cdots,\boldsymbol{\alpha}_m,\boldsymbol{\beta}$ 线性无关.

3.1.10 已知 m 个向量 $\boldsymbol{\alpha}_1,\boldsymbol{\alpha}_2,\cdots,\boldsymbol{\alpha}_m$ 线性相关，但其中任意 $m-1$ 个都线性无关，证明：

(1) $k_1\boldsymbol{\alpha}_1+k_2\boldsymbol{\alpha}_2+\cdots+k_m\boldsymbol{\alpha}_m=\mathbf{0}$，则这些 $k_1,k_2,\cdots,k_m$ 或者全为零，或者全不为零；

(2)若在两个等式

$$a_1\boldsymbol{\alpha}_1+a_2\boldsymbol{\alpha}_2+\cdots+a_m\boldsymbol{\alpha}_m=\mathbf{0},$$

$$b_1\boldsymbol{\alpha}_1+b_2\boldsymbol{\alpha}_2+\cdots+b_m\boldsymbol{\alpha}_m=\mathbf{0}$$

中，$b_1\neq0$，则 $\dfrac{a_1}{b_1}=\dfrac{a_2}{b_2}=\cdots=\dfrac{a_m}{b_m}$.

3.1.11 (2004，江苏大学)(1)证明：$\boldsymbol{\alpha}_1,\boldsymbol{\alpha}_2,\cdots,\boldsymbol{\alpha}_s$ ($\boldsymbol{\alpha}_i\neq\mathbf{0},i=0,1,\cdots,s$)线性相关 $\Leftrightarrow$ 至少有一个 $\boldsymbol{\alpha}_i(i\leqslant s)$ 可被 $\boldsymbol{\alpha}_1,\boldsymbol{\alpha}_2,\cdots,\boldsymbol{\alpha}_{i-1}$ 线性表出；

(2)证明：一个向量组的任何一个线性无关组都可以扩充为该向量组的一个极大线性无关组.

3.2 矩阵的秩

a. 利用矩阵秩的定义

要点 因为 $r(\boldsymbol{A})=\boldsymbol{A}$ 的行秩 $=\boldsymbol{A}$ 的列秩，而向量组的秩就是向量组的极大线性无关组所含向量的个数. 故求矩阵 $\boldsymbol{A}$ 的秩可转化为求 $\boldsymbol{A}$ 的行向量组或列向量组的极大无关组所含向量的个数.

例 3.2.1 求下列矩阵 $\boldsymbol{A}$ 的秩

$$\boldsymbol{A}=\begin{pmatrix}6&-1&5&7&4\\1&5&6&-4&11\\2&3&5&-1&8\\-4&6&2&-10&8\end{pmatrix}.$$

解 设 $\boldsymbol{A}$ 的 5 个列向量依次为 $\boldsymbol{\alpha}_1,\boldsymbol{\alpha}_2,\boldsymbol{\alpha}_3,\boldsymbol{\alpha}_4,\boldsymbol{\alpha}_5$，因 $\boldsymbol{\alpha}_1,\boldsymbol{\alpha}_2$ 对应分量不成比例，故它们线性无关，而 $\boldsymbol{A}$ 中任意 1 个列向量均可由 $\boldsymbol{\alpha}_1,\boldsymbol{\alpha}_2$ 线性表示，事实上，

$$\boldsymbol{\alpha}_3=\boldsymbol{\alpha}_1+\boldsymbol{\alpha}_2,\quad \boldsymbol{\alpha}_4=\boldsymbol{\alpha}_1-\boldsymbol{\alpha}_2,\quad \boldsymbol{\alpha}_5=\boldsymbol{\alpha}_1+2\boldsymbol{\alpha}_2,$$

故 $\boldsymbol{\alpha}_1,\boldsymbol{\alpha}_2$ 是 $\boldsymbol{A}$ 的列向量组的一个极大线性无关组，所以 $r(\boldsymbol{A})=2$.

b. 计算子式法

因为矩阵的秩就是矩阵中不等于零的子式的最高级数，根据这一定义，要求矩阵 $\boldsymbol{A}$ 的秩，需计算矩阵的各级子式，从级数最高的子式开始，一直找到不等于零的子式中级数最大的一个子式，则这个子式的级数就是矩阵 $\boldsymbol{A}$ 的秩. 但这样做，计算量很大，常用如下方法求之.

要点　从低级子式算起，设矩阵 $\boldsymbol{A}$ 中有一个 r 级子式 D_r 不等于零，但所有包含 D_r 的 $r+1$ 级子式(如果有的话，称为 D_r 的加边子式)都等于零，则 $\boldsymbol{A}$ 的秩等于 D_r 的级数，即 $r(\boldsymbol{A})=r$；若有 D_r 的某一个加边子式 Δ_{r+1} 不等于零，则需考察 Δ_{r+1} 的加边子式，…，如此继续下去，总可以算出 $\boldsymbol{A}$ 的某一个子式不等于零，而它的所有加边子式全为零.

例 3.2.2　设矩阵 $\boldsymbol{A}_{mn}$ 的秩是 r，试问下列结论是否成立？

(1) $\boldsymbol{A}$ 的任何级数不超过 r 的子式都不等于零；

(2) $\boldsymbol{A}$ 的任何级数大于 r 的子式都等于零.

解　(1) 根据矩阵秩的定义，此时 $\boldsymbol{A}$ 中有一个不为零的 r 级子式 D_r 存在，即 D_r 按一行(列)展开，可知 $\boldsymbol{A}$ 中必有不为零的 $1,2,\cdots,r-1$ 级子式存在，但未必 $\boldsymbol{A}$ 中一切的 $1,2,\cdots,r-1$ 级子式都不为零. 例如，

$$\boldsymbol{A}=\begin{pmatrix}1&0&0&0&0\\0&1&0&0&0\\0&0&1&0&0\\0&0&0&0&0\end{pmatrix}.$$

易知 $r(\boldsymbol{A})=3$，但 $\boldsymbol{A}$ 中等于零的 $1,2,3$ 级子式都有.

(2) 是. 否则，$r(\boldsymbol{A})>r$.

例 3.2.3　已知

$$\boldsymbol{A}=\begin{pmatrix}1&-1&2&1&0\\2&-2&4&-2&0\\3&0&6&-1&1\\2&1&4&2&1\end{pmatrix},$$

(1) 计算 A 的全部 4 级子式；(2) 求 $r(\boldsymbol{A})$.

解　(1) 因为 $\boldsymbol{A}$ 只有 4 行，所以 $\boldsymbol{A}$ 的每个 4 级子式都取遍 $\boldsymbol{A}$ 的 4 行；又因为 $\boldsymbol{A}$ 有 5 列，所以每次取出 4 列按原来的顺序组成 4 级子式共有 $\mathrm{C}_5^4=\mathrm{C}_5^1=5$ 个，它们是

$$\begin{vmatrix}1&-1&2&1\\2&-2&4&-2\\3&0&6&-1\\2&1&4&2\end{vmatrix}=0,\quad \begin{vmatrix}1&-1&2&0\\2&-2&4&0\\3&0&6&1\\2&1&4&1\end{vmatrix}=0,$$

$$\begin{vmatrix}1&-1&1&0\\2&-2&-2&0\\3&0&-1&1\\2&1&2&1\end{vmatrix}=0,\quad \begin{vmatrix}1&2&1&0\\2&4&-2&0\\3&6&-1&1\\2&4&2&1\end{vmatrix}=0,$$

$$\begin{vmatrix}-1&2&1&0\\-2&4&-2&0\\0&6&-1&1\\1&4&2&1\end{vmatrix}=0.$$

(2) 由 (1) 知 $\boldsymbol{A}$ 的所有 4 级子式全都等于零，再考虑 $\boldsymbol{A}$ 的三级子式，有一个三级子式 (右上角的一个)

$$\begin{vmatrix}2&1&0\\4&-2&0\\6&-1&1\end{vmatrix}=-8\neq 0,$$

所以秩 $(\boldsymbol{A})=3$

上述解法是从级数较高的子式 (4 级) 算起，找到不等于零的最高级子式. 需要计算 5 个 4 级行列式和一个三级行列式，也可从低级子式算起，计算加边子式，则只需计算一个三级行列式和两个加边 4 级行列式即可.

c. 利用初等变换

见 4.4 节.

d. 综合法

要点　综合使用初等变换法和计算子式法求矩阵秩的方法称为综合法. 先对矩阵 $\boldsymbol{A}$ 施行初等变换，将其化为比较简单的形式 $\boldsymbol{B}$ (不必为阶梯形)，然后用计算 $\boldsymbol{B}$ 的子式的方法求出 $r(\boldsymbol{B})=r(\boldsymbol{A})$.

例 3.2.4　求下列矩阵的秩

$$\boldsymbol{A}=\begin{pmatrix}14&12&6&8&2\\6&104&21&9&17\\7&6&3&4&1\\35&30&15&20&6\end{pmatrix}.$$

解　$A \xrightarrow[r_4-5r_3]{r_1-2r_3} \begin{pmatrix} 0 & 0 & 0 & 0 & 0 \\ 6 & 104 & 21 & 9 & 17 \\ 7 & 6 & 3 & 4 & 1 \\ 0 & 0 & 0 & 0 & 1 \end{pmatrix} = B$. 显然 B 的所有 4 级子式均为零，B 中有一个三级子式(右下角)不为零，故 $r(B)=3=r(A)$.

练习 3.2

3.2.1　(2006，清华大学) 设 A 为 n 级实矩阵. 证明：$r(A+\mathrm{i}E_n)=r(A-\mathrm{i}E_n)$ (i 为虚数单位).

3.3　线性方程组的解

一、线性方程组的几种表示形式

a. 一般表示式

$$\begin{cases} a_{11}x_1 + a_{12}x_2 + \cdots + a_{1n}x_n = b_1, \\ a_{21}x_1 + a_{22}x_2 + \cdots + a_{2n}x_n = b_2, \\ \cdots\cdots \\ a_{m1}x_1 + a_{m2}x_2 + \cdots + a_{mn}x_n = b_m. \end{cases} \tag{3.5}$$

b. 向量表示式

由式(3.5)有

$$\begin{pmatrix} b_1 \\ b_2 \\ \vdots \\ b_m \end{pmatrix} \xlongequal{\text{等量代换}} \begin{pmatrix} \sum\limits_{i=1}^{n} a_{1i}x_i \\ \sum\limits_{i=1}^{n} a_{2i}x_i \\ \vdots \\ \sum\limits_{i=1}^{n} a_{mi}x_i \end{pmatrix}$$

$$\xlongequal{\text{由向量加法及数乘定义}} \begin{pmatrix} a_{11} \\ a_{21} \\ \vdots \\ a_{m1} \end{pmatrix} x_1 + \begin{pmatrix} a_{12} \\ a_{22} \\ \vdots \\ a_{m2} \end{pmatrix} x_2 + \cdots + \begin{pmatrix} a_{1n} \\ a_{2n} \\ \vdots \\ a_{mn} \end{pmatrix} x_n$$

$$= \boldsymbol{\alpha}_1 x_1 + \boldsymbol{\alpha}_2 x_2 + \cdots + \boldsymbol{\alpha}_n x_n,$$

即有

$$\boldsymbol{\alpha}_1 x_1 + \boldsymbol{\alpha}_2 x_2 + \cdots + \boldsymbol{\alpha}_n x_n = \boldsymbol{\beta}, \tag{3.6}$$

其中$\boldsymbol{\alpha}_i = (a_{1i}, a_{2i}, \cdots, a_{mi})^{\mathrm{T}}$，$\boldsymbol{\beta} = (b_1, b_2, \cdots, b_m)^{\mathrm{T}}$，$i = 1, 2, \cdots, n$.

式(3.6)称为方程组(3.5)的向量表示形式.

c. 矩阵表示式

由式(3.5)有

$$\begin{pmatrix} b_1 \\ b_2 \\ \vdots \\ b_m \end{pmatrix} \xlongequal{\text{等量代换}} \begin{pmatrix} \sum_{i=1}^{n} a_{1i} x_i \\ \sum_{i=1}^{n} a_{2i} x_i \\ \vdots \\ \sum_{i=1}^{n} a_{mi} x_i \end{pmatrix} \xlongequal{\text{由矩阵乘法定义}} \begin{pmatrix} a_{11} & a_{12} & \cdots & a_{1n} \\ a_{21} & a_{22} & \cdots & a_{2n} \\ \vdots & \vdots & & \vdots \\ a_{m1} & a_{m2} & \cdots & a_{mn} \end{pmatrix} \begin{pmatrix} x_1 \\ x_2 \\ \vdots \\ x_n \end{pmatrix} = \boldsymbol{A}\boldsymbol{x},$$

即有

$$\boldsymbol{A}\boldsymbol{x} = \boldsymbol{\beta}, \tag{3.7}$$

其中$\boldsymbol{A} = (a_{ij})_{m \times n}$，式(3.7)称为线性方程组(3.5)的矩阵表示式.

评析 在处理线性方程组的有关问题时，有时会用它的向量表示式，有时会用它的矩阵表示式，要学会灵活应用.

二、线性方程组有解的判定及解的个数

a. Gauss 消元法

要点 对线性方程组(3.5)的增广矩阵$\overline{\boldsymbol{A}}$利用三种行初等变换，以及调换两列位置的列初等变换，即这四种初等变换总可以将$\overline{\boldsymbol{A}}$化为如下形式

$$\overline{\boldsymbol{A}} = (\boldsymbol{A}, \boldsymbol{\beta}) \to \begin{pmatrix} c_{11} & c_{12} & \cdots & c_{1r} & \cdots & c_{1n} & d_1 \\ 0 & c_{22} & \cdots & c_{2r} & \cdots & c_{2n} & d_2 \\ \vdots & \vdots & & \vdots & & \vdots & \vdots \\ 0 & 0 & \cdots & c_{rr} & \cdots & c_{rn} & d_r \\ 0 & 0 & \cdots & 0 & \cdots & 0 & d_{r+1} \\ 0 & 0 & \cdots & 0 & \cdots & 0 & 0 \\ \vdots & \vdots & & \vdots & & \vdots & \vdots \\ 0 & 0 & \cdots & 0 & \cdots & 0 & 0 \end{pmatrix}, \tag{3.8}$$

其中$c_{ii} = 0$，$i = 1, 2, \cdots, r$. 对式(3.8)作如下讨论：

1° 当$d_{r+1} \neq 0$时，原方程组(3.5)无解；

2° 当$d_{r+1}=0$，或根本不出现$d_{r+1}=0$时，分两种情况：

(1)当$r=n$时，原方程组有唯一解；

(2)当$r<n$时，原方程组有无穷解.

b. 利用增广矩阵的秩

要点　对线性方程组(3.5)，当$r(\boldsymbol{A})\neq r(\overline{\boldsymbol{A}})$时，方程组无解；当$r(\boldsymbol{A})=r(\overline{\boldsymbol{A}})=r$时，分两种情况：

1° 当$r=n$时，原方程组(3.5)有唯一解；

2° 当$r<n$时，原方程组(3.5)有无穷组解.

例 3.3.1　齐次线性方程组$\boldsymbol{Ax}=\boldsymbol{0}$与$\boldsymbol{Bx}=\boldsymbol{0}$同解的充要条件为(　　).

A. $r(\boldsymbol{A})=r(\boldsymbol{B})$　　B. $\boldsymbol{A},\boldsymbol{B}$为相似矩阵

C. $\boldsymbol{A},\boldsymbol{B}$的行向量组等价　　D. $\boldsymbol{A},\boldsymbol{B}$的列向量组等价

解　解齐次线性方程组时，可归结为系数矩阵的行向量之间的关系. 例如，若行向量组线性相关，导致对应的若干方程中必有多余的方程. 当然对两个方程$\boldsymbol{Ax}=\boldsymbol{0}$和$\boldsymbol{Bx}=\boldsymbol{0}$，若$\boldsymbol{A},\boldsymbol{B}$的行向量组等价，则对应的两个方程组必为同解的方程，故选C.

例 3.3.2　设有齐次线性方程组$\boldsymbol{Ax}=\boldsymbol{0}$和$\boldsymbol{Bx}=\boldsymbol{0}$，其中$\boldsymbol{A},\boldsymbol{B}\in M_{m\times n}(P)$，现有 4 个命题：

① 若$\boldsymbol{Ax}=\boldsymbol{0}$的解均是$\boldsymbol{Bx}=\boldsymbol{0}$的解，则$r(\boldsymbol{A})\geqslant r(\boldsymbol{B})$；

② 若$r(\boldsymbol{A})\geqslant r(\boldsymbol{B})$，则$\boldsymbol{Ax}=\boldsymbol{0}$的解均是$\boldsymbol{Bx}=\boldsymbol{0}$的解；

③ 若$\boldsymbol{Ax}=\boldsymbol{0}$和$\boldsymbol{Bx}=\boldsymbol{0}$同解，则$r(\boldsymbol{A})=r(\boldsymbol{B})$；

④ 若$r(\boldsymbol{A})=r(\boldsymbol{B})$，则$\boldsymbol{Ax}=\boldsymbol{0}$和$\boldsymbol{Bx}=\boldsymbol{0}$同解.

以上命题正确的是(　　).

A. ①②　　B. ①③　　C. ②④　　D. ③④

解　若$\boldsymbol{Ax}=\boldsymbol{0}$和$\boldsymbol{Bx}=\boldsymbol{0}$同解，则$n-r(\boldsymbol{A})=n-r(\boldsymbol{B})$，即$r(\boldsymbol{A})=r(\boldsymbol{B})$，命题③成立，可排除A，C；但反之若$r(\boldsymbol{A})=r(\boldsymbol{B})$，则不能推出$\boldsymbol{Ax}=\boldsymbol{0}$和$\boldsymbol{Bx}=\boldsymbol{0}$同解，如

$$\boldsymbol{A}=\begin{pmatrix}1&0\\0&0\end{pmatrix},\quad \boldsymbol{B}=\begin{pmatrix}0&0\\0&1\end{pmatrix},$$

则$r(\boldsymbol{A})=r(\boldsymbol{B})$，但$\boldsymbol{Ax}=\boldsymbol{0}$和$\boldsymbol{Bx}=\boldsymbol{0}$不同解. 故命题④不成立，排除D，正确选项为B.

例 3.3.3　(1998，高数三)齐次线性方程组

$$\begin{cases}\lambda x_1+x_2+\lambda^2x_3=0,\\ x_1+\lambda x_2+x_3=0,\\ x_1+\lambda x_2+\lambda x_3=0\end{cases}$$

的系数矩阵为$\boldsymbol{A}$，若存在三级矩阵$\boldsymbol{B}\neq\boldsymbol{O}$，使$\boldsymbol{AB}=\boldsymbol{O}$，则(　　).

A. $\lambda=-2$且$|\boldsymbol{B}|=0$　　B. $\lambda=-2$且$|\boldsymbol{B}|\neq0$

C. $\lambda=1$且$|\boldsymbol{B}|=0$　　D. $\lambda=1$且$|\boldsymbol{B}|\neq0$

解　若$|\boldsymbol{B}|\neq 0$，由$\boldsymbol{AB}=\boldsymbol{O}$，用$\boldsymbol{B}^{-1}$右乘两边，可得$\boldsymbol{A}=\boldsymbol{O}$，这与$\boldsymbol{A}\neq\boldsymbol{O}$矛盾，从而否定了 B，D 两个选项.

当$\lambda=-2$时，$|\boldsymbol{A}|=\begin{vmatrix}-2 & 1 & 4\\ 1 & -2 & 1\\ 1 & -2 & -2\end{vmatrix}\neq 0$，由$\boldsymbol{AB}=\boldsymbol{O}$，左乘$\boldsymbol{A}^{-1}$可得$\boldsymbol{B}=\boldsymbol{O}$，矛盾. 从而否定 A，故选 C.

例 3.3.4　(2005，南京理工大学) 已知方程组$\boldsymbol{Ax}=\boldsymbol{0}$的解全是$\boldsymbol{\beta}^{\mathrm{T}}\boldsymbol{x}=\boldsymbol{0}$的解，其中$\boldsymbol{A}$为一个$s\times n$矩阵，$\boldsymbol{\beta}$为一个$n\times 1$矩阵，证明$\boldsymbol{\beta}^{\mathrm{T}}$可由$\boldsymbol{A}$的行向量线性表示.

证明　由已知得方程组$\boldsymbol{Ax}=\boldsymbol{0}$与$\begin{pmatrix}\boldsymbol{A}\\ \boldsymbol{\beta}^{\mathrm{T}}\end{pmatrix}\boldsymbol{x}=\boldsymbol{0}$同解，故$r(\boldsymbol{A})=r\begin{pmatrix}\boldsymbol{A}\\ \boldsymbol{\beta}^{\mathrm{T}}\end{pmatrix}$，这说明矩阵$\boldsymbol{A}$的行向量组的极大线性无关组一定是$\begin{pmatrix}\boldsymbol{A}\\ \boldsymbol{\beta}^{\mathrm{T}}\end{pmatrix}$的行向量组的极大线性无关组，故$\boldsymbol{\beta}^{\mathrm{T}}$可由$\boldsymbol{A}$的行向量线性表示.

三、线性方程组解的结构

a. 齐次线性方程组解的结构

要点　设矩阵$\boldsymbol{A}$的秩$r(\boldsymbol{A})=r$，则当$r=n$时，$\boldsymbol{Ax}=\boldsymbol{0}$只有零解；当$r<n$时，$\boldsymbol{Ax}=\boldsymbol{0}$有非零解，设$\boldsymbol{x}_1,\boldsymbol{x}_2,\cdots,\boldsymbol{x}_{n-r}$是$\boldsymbol{Ax}=\boldsymbol{0}$的基础解系，则$\boldsymbol{Ax}=\boldsymbol{0}$的通解为$k_1\boldsymbol{x}_1+k_2\boldsymbol{x}_2+\cdots+k_{n-r}\boldsymbol{x}_{n-r}$，其中$k_1,k_2,\cdots,k_{n-r}$为数域$P$上任意数.

b. 一般线性方程组解的结构

要点　对线性方程组(3.5)，当$r(\boldsymbol{A})=r(\overline{\boldsymbol{A}})=r<n$时，$\boldsymbol{Ax}=\boldsymbol{\beta}$的通解为$\boldsymbol{x}_0+k_1\boldsymbol{x}_1+k_2\boldsymbol{x}_2+\cdots+k_{n-r}\boldsymbol{x}_{n-r}$，其中$\boldsymbol{x}_0$是$\boldsymbol{Ax}=\boldsymbol{\beta}$的一个特解，$\boldsymbol{x}_1,\boldsymbol{x}_2,\cdots,\boldsymbol{x}_{n-r}$是它的导出组$\boldsymbol{Ax}=\boldsymbol{0}$的一个基础解系，$k_1,k_2,\cdots,k_{n-r}$为任意数.

例 3.3.5　设非齐次线性方程组$\boldsymbol{Ax}=\boldsymbol{\beta}$的系数矩阵的秩为$r$，$\boldsymbol{\eta}_1,\boldsymbol{\eta}_2,\cdots,\boldsymbol{\eta}_{n-r+1}$是它的$n-r+1$个线性无关的解，试证它的任一解可表为

$$\boldsymbol{x}=k_1\boldsymbol{\eta}_1+k_2\boldsymbol{\eta}_2+\cdots+k_{n-r+1}\boldsymbol{\eta}_{n-r+1},$$

其中$k_1+k_2+\cdots+k_{n-r+1}=1$.

证明　由线性方程组解的性质可知

$$\boldsymbol{\eta}_1-\boldsymbol{\eta}_{n-r+1},\quad \boldsymbol{\eta}_2-\boldsymbol{\eta}_{n-r+1},\quad \cdots,\quad \boldsymbol{\eta}_{n-r}-\boldsymbol{\eta}_{n-r+1}$$

是$\boldsymbol{Ax}=\boldsymbol{0}$的解. 因为$r(\boldsymbol{A})=r$，所以$\boldsymbol{Ax}=\boldsymbol{0}$的基础解系所含向量的个数为$n-r$. 以下证明向量组$\boldsymbol{\eta}_1-\boldsymbol{\eta}_{n-r+1},\boldsymbol{\eta}_2-\boldsymbol{\eta}_{n-r+1},\cdots,\boldsymbol{\eta}_{n-r}-\boldsymbol{\eta}_{n-r+1}$是线性无关的.

设$k_1(\boldsymbol{\eta}_1-\boldsymbol{\eta}_{n-r+1})+k_2(\boldsymbol{\eta}_2-\boldsymbol{\eta}_{n-r+1})+\cdots+k_{n-r}(\boldsymbol{\eta}_{n-r}-\boldsymbol{\eta}_{n-r+1})=\boldsymbol{0}$，则

$$k_1\boldsymbol{\eta}_1+k_2\boldsymbol{\eta}_2+\cdots+k_{n-r}\boldsymbol{\eta}_{n-r}-(k_1+k_2+\cdots+k_{n-r})\boldsymbol{\eta}_{n-r+1}=\mathbf{0}.$$

由于$\boldsymbol{\eta}_1,\boldsymbol{\eta}_2,\cdots,\boldsymbol{\eta}_{n-r+1}$线性无关，从而

$$k_1=k_2=\cdots=-k_{n-r}=-(k_1+k_2+\cdots+k_{n-r})=0,$$

故$\boldsymbol{\eta}_1-\boldsymbol{\eta}_{n-r+1},\boldsymbol{\eta}_2-\boldsymbol{\eta}_{n-r+1},\cdots,\boldsymbol{\eta}_{n-r}-\boldsymbol{\eta}_{n-r+1}$线性无关. 因此，向量组$\boldsymbol{\eta}_1-\boldsymbol{\eta}_{n-r+1},\cdots,\boldsymbol{\eta}_{n-r}-\boldsymbol{\eta}_{n-r+1}$可作为$\boldsymbol{Ax}=\mathbf{0}$的一个基础解系. 再由$\boldsymbol{Ax}=\boldsymbol{\beta}$的解的结构定理可知，其通解为

$$\begin{aligned}\boldsymbol{x}&=k_1(\boldsymbol{\eta}_1-\boldsymbol{\eta}_{n-r+1})+k_2(\boldsymbol{\eta}_2-\boldsymbol{\eta}_{n-r+1})+\cdots+k_{n-r}(\boldsymbol{\eta}_{n-r}-\boldsymbol{\eta}_{n-r+1})+\boldsymbol{\eta}_{n-r+1}\\&=k_1\boldsymbol{\eta}_1+k_2\boldsymbol{\eta}_2+\cdots+k_{n-r}\boldsymbol{\eta}_{n-r}+(1-k_1-k_2-\cdots-k_{n-r})\boldsymbol{\eta}_{n-r+1}.\end{aligned}$$

令$k_{n-r+1}=1-k_1-k_2-\cdots-k_{n-r}$，则结论得证.

例 3.3.6　(1998，天津大学) 设$\boldsymbol{\alpha}_1,\boldsymbol{\alpha}_2$是非齐次线性方程组$\boldsymbol{Ax}=\boldsymbol{\beta}$的两个特解，又$\boldsymbol{\eta}_1,\boldsymbol{\eta}_2$是对应的齐次线性方程组$\boldsymbol{Ax}=\mathbf{0}$的一个基础解系，$k_1,k_2$为任意常数，则$\boldsymbol{Ax}=\boldsymbol{\beta}$的全部解为(　　).

A. $\dfrac{\boldsymbol{\alpha}_1-\boldsymbol{\alpha}_2}{2}+k_1\boldsymbol{\eta}_2+k_2(\boldsymbol{\eta}_1-\boldsymbol{\eta}_2)$　　B. $\dfrac{\boldsymbol{\alpha}_1+\boldsymbol{\alpha}_2}{2}+k_1\boldsymbol{\eta}_2+k_2(\boldsymbol{\alpha}_1-\boldsymbol{\alpha}_2)$

C. $\dfrac{\boldsymbol{\alpha}_1+\boldsymbol{\alpha}_2}{2}+k_1\boldsymbol{\eta}_2+k_2(\boldsymbol{\eta}_1+\boldsymbol{\eta}_2)$　　D. $\dfrac{\boldsymbol{\alpha}_1-\boldsymbol{\alpha}_2}{2}+k_1\boldsymbol{\eta}_2+k_2(\boldsymbol{\alpha}_1-\boldsymbol{\alpha}_2)$

解　由于非齐次线性方程组解的一般形式为$\boldsymbol{\alpha}+k\boldsymbol{\eta}$，其中$\boldsymbol{\alpha}$为非齐次线性方程组的一个特解，$\boldsymbol{\eta}$则为对应齐次线性方程组的解，而齐次线性方程组的解可表示成$l_1\boldsymbol{\eta}_1+\cdots+l_r\boldsymbol{\eta}_r$形式，其中$\boldsymbol{\eta}_1,\cdots,\boldsymbol{\eta}_r$为其基础解系，所以$\dfrac{1}{2}(\boldsymbol{\alpha}_1-\boldsymbol{\alpha}_2)$显然不是$\boldsymbol{Ax}=\boldsymbol{\beta}$的特解，故排除 A 和 D. 又由于$\boldsymbol{\alpha}_1-\boldsymbol{\alpha}_2$与$\boldsymbol{\eta}_2$不一定线性无关，故不一定为$\boldsymbol{Ax}=\mathbf{0}$的基础解系，从而选 C.

c. 综合性问题(实例)

例 3.3.7　(2002，陕西师范大学) 设$\boldsymbol{\alpha}_1,\boldsymbol{\alpha}_2,\cdots,\boldsymbol{\alpha}_s\,(s>1)$是齐次线性方程组$\boldsymbol{Ax}=\mathbf{0}$的基础解系，证明

$$\begin{aligned}\boldsymbol{\beta}_1&=\boldsymbol{\alpha}_2+\boldsymbol{\alpha}_3+\cdots+\boldsymbol{\alpha}_s,\\\boldsymbol{\beta}_2&=\boldsymbol{\alpha}_1+\boldsymbol{\alpha}_3+\cdots+\boldsymbol{\alpha}_s,\\&\cdots\cdots\\\boldsymbol{\beta}_s&=\boldsymbol{\alpha}_1+\boldsymbol{\alpha}_2+\cdots+\boldsymbol{\alpha}_{s-1}\end{aligned}$$

也是$\boldsymbol{Ax}=\mathbf{0}$的基础解系.

证明　显然$\boldsymbol{\beta}_1,\boldsymbol{\beta}_2,\cdots,\boldsymbol{\beta}_s$是$\boldsymbol{Ax}=\mathbf{0}$的解. 下证$\boldsymbol{\beta}_1,\boldsymbol{\beta}_2,\cdots,\boldsymbol{\beta}_s$与$\boldsymbol{\alpha}_1,\boldsymbol{\alpha}_2,\cdots,\boldsymbol{\alpha}_s$等价. $\boldsymbol{\beta}_i$可由$\boldsymbol{\alpha}_1,\boldsymbol{\alpha}_2,\cdots,\boldsymbol{\alpha}_s\,(s>1)$线性表示，$i=1,2,\cdots,s$. 又$\boldsymbol{\alpha}_1+\boldsymbol{\alpha}_2+\cdots+\boldsymbol{\alpha}_s=\dfrac{1}{s-1}(\boldsymbol{\beta}_1+\cdots+\boldsymbol{\beta}_s)$，从而可导出

$$\boldsymbol{\alpha}_i=\frac{1}{s-1}(\boldsymbol{\beta}_1+\cdots+\boldsymbol{\beta}_s)-\boldsymbol{\beta}_i,\quad i=1,2,\cdots,s.$$

这说明 $\boldsymbol{\alpha}_i$ 可用 $\boldsymbol{\beta}_1,\boldsymbol{\beta}_2,\cdots,\boldsymbol{\beta}_s$ 线性表示，故两向量组等价. 由于与基础解系等价的解向量组仍是基础解系，故 $\boldsymbol{\beta}_1,\boldsymbol{\beta}_2,\cdots,\boldsymbol{\beta}_s$ 为 $\boldsymbol{Ax}=\boldsymbol{0}$ 的基础解系.

例 3.3.8 (2004，东南大学)已知齐次线性方程组

$$\begin{cases}(a_1+b)x_1+a_2x_2+a_3x_3+\cdots+a_nx_n=0,\\ a_1x_1+(a_2+b)x_2+a_3x_3+\cdots+a_nx_n=0,\\ a_1x_1+a_2x_2+(a_3+b)x_3+\cdots+a_nx_n=0,\\ \cdots\cdots\\ a_1x_1+a_2x_2+a_3x_3+\cdots+(a_n+b)x_n=0,\end{cases}$$

其中 $\sum_{i=1}^{n}a_i\neq 0$. 试讨论 $a_1,a_2,\cdots,a_n$ 和 b 满足何种关系时，

(1)方程组仅有零解；

(2)方程组有非零解. 在有非零解时，求此方程组的一个基础解系.

解 方程的个数与未知量的个数相同，问题转化为系数矩阵行列式是否为零，而系数矩阵的行列式的计算具有明显的特征：所有列对应元素相加后相等. 故可先将所有列对应元素相加，然后提取公因式，再将第 1 行的–1 倍加到其余各行，即可计算出行列式的值. 方程组的系数矩阵的行列式

$$|\boldsymbol{A}|=\begin{vmatrix}a_1+b & a_2 & a_3 & \cdots & a_n\\ a_1 & a_2+b & a_3 & \cdots & a_n\\ a_1 & a_2 & a_3+b & \cdots & a_n\\ \vdots & \vdots & \vdots & & \vdots\\ a_1 & a_2 & a_3 & \cdots & a_n+b\end{vmatrix}=b^{n-1}\left(b+\sum_{i=1}^{n}a_i\right).$$

(1)当 $b\neq 0$ 且 $b+\sum_{i=1}^{n}a_i\neq 0$ 时，$r(\boldsymbol{A})=n$，方程组仅有零解.

(2)当 $b\neq 0$ 且 $b=-\sum_{i=1}^{n}a_i$ 时，原方程组的系数矩阵可化为

$$\begin{pmatrix}a_1-\sum_{i=1}^{n}a_i & a_2 & a_3 & \cdots & a_n\\ a_1 & a_2-\sum_{i=1}^{n}a_i & a_3 & \cdots & a_n\\ a_1 & a_2 & a_3-\sum_{i=1}^{n}a_i & \cdots & a_n\\ \vdots & \vdots & \vdots & & \vdots\\ a_1 & a_2 & a_3 & \cdots & a_n-\sum_{i=1}^{n}a_i\end{pmatrix}.$$

将第 1 行的 -1 倍加到其余各行，再从第 2 行到第 n 行同乘以 $-\dfrac{1}{\sum\limits_{i=1}^{n} a_i}$ 倍，得

$$\begin{pmatrix} a_1-\sum\limits_{i=1}^{n} a_i & a_2 & a_3 & \cdots & a_n \\ -1 & 1 & 0 & \cdots & 0 \\ -1 & 0 & 1 & \cdots & 0 \\ \vdots & \vdots & \vdots & & \vdots \\ -1 & 0 & 0 & \cdots & 1 \end{pmatrix}.$$

将第 n 行 $-a_n$ 倍到第 2 行的 $-a_2$ 倍加到第 1 行，再将第 1 行移到最后一行，得

$$\begin{pmatrix} -1 & 1 & 0 & \cdots & 0 \\ -1 & 0 & 1 & \cdots & 0 \\ \vdots & \vdots & \vdots & & \vdots \\ -1 & 0 & 0 & \cdots & 1 \\ 0 & 0 & 0 & \cdots & 0 \end{pmatrix}.$$

由此得原方程组的同解方程组为

$$x_2 = x_1,\quad x_3 = x_1,\quad \cdots,\quad x_n = x_1.$$

原方程组的一个基础解系为

$$\boldsymbol{\alpha} = (1,1,\cdots,1)^{\mathrm{T}}.$$

当 $b=0$ 时，原方程组的同解方程组为

$$a_1x_1 + a_2x_2 + \cdots + a_nx_n = 0.$$

由 $\sum\limits_{i=1}^{n} a_i \neq 0$ 可知 $a_i\,(i=1,2,\cdots,n)$ 不全为零. 不妨设 $a_1 \neq 0$，得原方程组的一个基础解系为

$$\boldsymbol{\alpha}_1 = \left(-\frac{a_2}{a_1},1,0,\cdots,0\right)^{\mathrm{T}},\quad \boldsymbol{\alpha}_2 = \left(-\frac{a_3}{a_1},0,1,\cdots,0\right)^{\mathrm{T}},\quad \cdots,\quad \boldsymbol{\alpha}_n = \left(-\frac{a_n}{a_1},0,0,\cdots,1\right)^{\mathrm{T}}.$$

评析　本题的难点在 $b=-\sum\limits_{i=1}^{n} a_i$ 时的讨论. 事实上也可这样分析：此时系数矩阵的秩为 $n-1$（存在 $n-1$ 级子式不为零），且显然 $\boldsymbol{\alpha}=(1,1,\cdots,1)^{\mathrm{T}}$ 为方程组的一个非零解，即可作为基础解系.

例 3.3.9　(2001，南京大学)线性方程组

$$\begin{cases}3x+ay+8z=2a+4,\\2x+3y+5z=2a-1,\\x+2y+3z=a.\end{cases}$$

当 a 为何值时方程组有

(1)唯一解，并求其解；

(2)无穷多解，此时请用对应的齐次线性方程组的基础解系表示所得到的一般解.

解　方程组系数矩阵的行列式为

$$\begin{vmatrix}3&a&8\\2&3&5\\1&2&3\end{vmatrix}=5-a.$$

(1)当 $5-a\neq 0$，即 $a\neq 5$ 时，此方程组有唯一解，且其解为

$$\begin{cases}x_1=a-4,\\x_2=-1,\\x_3=2.\end{cases}$$

(2)由于 $a=5$ 时，方程组有无穷多解，其导出组的基础解系为 $\boldsymbol{\eta}_1=(-1,-1,1)^{\mathrm{T}}$，且非齐次方程组的特解为 $\boldsymbol{\gamma}_0=(2,0,1)^{\mathrm{T}}$. 故这个非齐次方程组的一般解为

$$\boldsymbol{\eta}=\boldsymbol{\gamma}_0+k\boldsymbol{\eta}_1,\quad k\text{ 为任意数}.$$

评析　(1)由例 3.3.8 和例 3.3.9 可以看出，这类题属于系数含参数且含 n 个未知量 n 个方程的不定方程组，一般要求解的问题是：讨论参数取值与方程组有无解之间的关系. 这类题的出发点是首先求出系数行列式为零时参数的取值，然后根据这些取值对参数划分范围，依次讨论该方程组有无解.

(2)历年考研题也经常涉及这类问题. 如近年重庆大学 2012，华南理工 2013，西安交通大学 2009 等均有考察，这里不一一列举.

例 3.3.10　(2006，中国科学院)在齐次线性方程组

$$\begin{cases}a_{11}x_1+a_{12}x_2+\cdots+a_{1n}x_n=0,\\a_{21}x_1+a_{22}x_2+\cdots+a_{2n}x_n=0,\\\qquad\cdots\cdots\\a_{n-1,1}x_1+a_{n-1,2}x_2+\cdots+a_{n-1,n}x_n=0\end{cases}$$

中，证

$$x_1=\begin{vmatrix}a_{12}&a_{13}&\cdots&a_{1n}\\a_{22}&a_{23}&\cdots&a_{2n}\\\vdots&\vdots&&\vdots\\a_{n-1,2}&a_{n-1,3}&\cdots&a_{n-1,n}\end{vmatrix},\quad x_2=-\begin{vmatrix}a_{11}&a_{13}&\cdots&a_{1n}\\a_{21}&a_{23}&\cdots&a_{2n}\\\vdots&\vdots&&\vdots\\a_{n-1,1}&a_{n-1,3}&\cdots&a_{n-1,n}\end{vmatrix},\quad\cdots,$$

$$x_n=(-1)^{n-1}\begin{vmatrix} a_{11} & a_{12} & \cdots & a_{1,n-1} \\ a_{21} & a_{22} & \cdots & a_{2,n-1} \\ \vdots & \vdots & & \vdots \\ a_{n-1,1} & a_{n-1,2} & \cdots & a_{n-1,n-1} \end{vmatrix}$$

是方程组的解且若这个解不为零，则方程组的任意解可由它乘以某数得到.

证明 令方程组 $\boldsymbol{Ax}=\mathbf{0}$，其中

$$\boldsymbol{A}=\begin{pmatrix} a_{11} & a_{12} & \cdots & a_{1n} \\ a_{11} & a_{12} & \cdots & a_{1n} \\ a_{21} & a_{22} & \cdots & a_{2n} \\ \vdots & \vdots & & \vdots \\ a_{n-1,1} & a_{n-1,2} & \cdots & a_{n-1,n} \end{pmatrix},$$

显然 $x_1=A_{11},x_2=A_{12},\cdots,x_n=A_{1n}$ 是 $\boldsymbol{A}$ 中第 1 行元素的代数余子式，因为 $|\boldsymbol{A}|=0$，故有 $a_{11}A_{11}+a_{12}A_{12}+\cdots+a_{1n}A_{1n}=0$. 另外 $a_{i1}A_{11}+a_{i2}A_{12}+\cdots+a_{in}A_{1n}=0$，$i=2,3,\cdots,n-1$，故 $x_1,x_2,\cdots,x_n$ 是原方程组的解. 若这个解不为零，则至少有一个 $x_i\neq 0$，即方程组的系数矩阵的秩是 $n-1$，故它的基础解系含一个解，从而有非零解，$(x_1,x_2,\cdots,x_n)^{\mathrm{T}}$ 是它的一个基础解系. 于是该方程组的任意解是 $(kx_1,kx_2,\cdots,kx_n)^{\mathrm{T}}$，$k$ 是任意数.

例 3.3.11 证明：矩阵方程 $\boldsymbol{A}_{m\times n}\times\boldsymbol{X}_{n\times s}=\boldsymbol{B}_{m\times s}$ 有解的充要条件为 $r(\boldsymbol{A})=r(\boldsymbol{A},\boldsymbol{B})$，其中 $0\leqslant r(\boldsymbol{A})\leqslant\min(m,n)$. 在有解时，当 $r(\boldsymbol{A})=n$ 时有唯一解，当 $r(\boldsymbol{A})<n$ 时有无穷多解.

证明 "$\Leftarrow$"设 $r(\boldsymbol{A})=r(\boldsymbol{A},\boldsymbol{B})=r$，则 $\boldsymbol{A}$ 的列向量组的极大线性无关组即为矩阵 $(\boldsymbol{A},\boldsymbol{B})$ 的列向量组的极大线性无关组. 故 $\boldsymbol{B}$ 的列向量组 $\boldsymbol{\beta}_1,\boldsymbol{\beta}_2,\cdots,\boldsymbol{\beta}_s$ 可由 $\boldsymbol{A}$ 的列向量线性表示，即

$$\boldsymbol{\beta}_i=\boldsymbol{A}_{m\times n}\begin{pmatrix} c_{1i} \\ c_{2i} \\ \vdots \\ c_{ni} \end{pmatrix},$$

令

$$\boldsymbol{C}=\begin{pmatrix} c_{11} & c_{12} & \cdots & c_{1s} \\ c_{21} & c_{22} & \cdots & c_{2s} \\ \vdots & \vdots & & \vdots \\ c_{n1} & c_{n2} & \cdots & c_{ns} \end{pmatrix},$$

则 $\boldsymbol{AC}=\boldsymbol{B}$，即 $\boldsymbol{C}$ 为 $\boldsymbol{AX}=\boldsymbol{B}$ 的解.

"$\Rightarrow$"若 $\boldsymbol{AX}=\boldsymbol{B}$ 有解 $\boldsymbol{C}$，即 $\boldsymbol{AC}=\boldsymbol{B}$，则有 $\boldsymbol{B}$ 的列向量是 $\boldsymbol{A}$ 的列向量组的线性组合，因此 $\boldsymbol{A}$ 的列向量组与 $(\boldsymbol{A},\boldsymbol{B})$ 的列向量组等价，故 $r(\boldsymbol{A})=r(\boldsymbol{A},\boldsymbol{B})$.

在有解时，$\boldsymbol{AX}=\boldsymbol{B}$ 有唯一解当且仅当 $\boldsymbol{AX}_i=\boldsymbol{\beta}_i$ 有唯一解当且仅当 $r=n$，所以当 $r=n$ 时，$\boldsymbol{AX}=\boldsymbol{B}$ 有唯一解. 同理，可得当 $r<n$ 时，$\boldsymbol{AX}=\boldsymbol{B}$ 有无穷多个解.

评析　当矩阵方程 $\boldsymbol{AX}=\boldsymbol{B}$ 有无穷多个解时，称 $\boldsymbol{A}_{m\times n}\boldsymbol{X}_{n\times s}=\boldsymbol{O}_{m\times s}$ 为 $\boldsymbol{A}_{m\times n}\boldsymbol{X}_{n\times s}=\boldsymbol{B}_{m\times s}$ 的导出方程组. 以线性方程组 $\boldsymbol{A}_{m\times n}\boldsymbol{X}_{n\times 1}=\boldsymbol{O}_{m\times 1}$ 的基础解系为列作成的矩阵 $\boldsymbol{G}_{n\times(n-r)}$ 称为导出方程 $\boldsymbol{A}_{m\times n}\boldsymbol{X}_{n\times s}=\boldsymbol{O}_{m\times s}$ 的解的**基础矩阵**，显然 $r(\boldsymbol{G})=n-r$.

例 3.3.12　矩阵 $\boldsymbol{D}_{n\times s}$ 是导出方程 $\boldsymbol{A}_{m\times n}\boldsymbol{X}_{n\times s}=\boldsymbol{O}_{m\times s}$ 的解的充要条件是存在矩阵 $\boldsymbol{F}_{(n-r)\times s}$ 使 $\boldsymbol{D}_{n\times s}=\boldsymbol{GF}$，其中 $\boldsymbol{G}$ 为 $\boldsymbol{A}_{m\times n}\boldsymbol{X}_{n\times s}=\boldsymbol{O}_{m\times s}$ 的基础矩阵.

证明　“$\Rightarrow$”若存在 $\boldsymbol{D}_{n\times s}$ 使得 $\boldsymbol{A}_{m\times n}\boldsymbol{X}_{n\times s}=\boldsymbol{O}_{m\times s}$，则 $\boldsymbol{D}$ 的列向量组是 $\boldsymbol{A}_{m\times n}\boldsymbol{X}_{n\times 1}=\boldsymbol{O}_{m\times 1}$ 的解，因而 $\boldsymbol{D}$ 的列向量 $\boldsymbol{D}_i$ 可由 $\boldsymbol{A}_{m\times n}\boldsymbol{X}_{n\times 1}=\boldsymbol{O}_{m\times 1}$ 的基础解系 $\boldsymbol{\xi}_1,\boldsymbol{\xi}_2,\cdots,\boldsymbol{\xi}_{n-r}$ 线性表示，即

$$\begin{cases}\boldsymbol{D}_1=f_{11}\boldsymbol{\xi}_1+f_{21}\boldsymbol{\xi}_2+\cdots+f_{n-r,1}\boldsymbol{\xi}_{n-r},\\ \boldsymbol{D}_2=f_{12}\boldsymbol{\xi}_1+f_{22}\boldsymbol{\xi}_2+\cdots+f_{n-r,2}\boldsymbol{\xi}_{n-r},\\ \qquad\qquad\cdots\cdots\\ \boldsymbol{D}_s=f_{1s}\boldsymbol{\xi}_1+f_{2s}\boldsymbol{\xi}_2+\cdots+f_{n-r,s}\boldsymbol{\xi}_{n-r},\end{cases}$$

即

$$\boldsymbol{D}=(\boldsymbol{D}_1,\boldsymbol{D}_2,\cdots,\boldsymbol{D}_s)=(\boldsymbol{\xi}_1,\boldsymbol{\xi}_2,\cdots,\boldsymbol{\xi}_{n-r})\begin{pmatrix}f_{11}&f_{12}&\cdots&f_{1s}\\ f_{21}&f_{22}&\cdots&f_{2s}\\ \vdots&\vdots&&\vdots\\ f_{n-r,1}&f_{n-r,2}&\cdots&f_{n-r,s}\end{pmatrix}=\boldsymbol{GF}.$$

“$\Leftarrow$”若矩阵 $\boldsymbol{F}_{(n-r)\times s}$ 满足 $\boldsymbol{GF}=\boldsymbol{D}$，则 $\boldsymbol{D}$ 的列向量是 $\boldsymbol{G}$ 的列向量的线性组合，因而是齐次线性方程组 $\boldsymbol{A}_{m\times n}\boldsymbol{X}_{n\times 1}=\boldsymbol{0}$ 的解，故 $\boldsymbol{A}_{m\times n}\boldsymbol{X}_{n\times s}=\boldsymbol{O}_{m\times s}$.

例 3.3.13　设矩阵 $\boldsymbol{C}_{n\times s}$ 为方程 $\boldsymbol{A}_{m\times n}\boldsymbol{X}_{n\times s}=\boldsymbol{B}_{m\times s}$ 的解，这里 $r(\boldsymbol{A})=r(\boldsymbol{A},\boldsymbol{B})=r$，则矩阵 $\boldsymbol{M}_{n\times s}$ 为 $\boldsymbol{A}_{m\times n}\boldsymbol{X}_{n\times s}=\boldsymbol{B}_{m\times s}$ 的解的充要条件是存在矩阵 $\boldsymbol{F}_{(n-r)\times s}$ 使得

$$\boldsymbol{M}_{n\times s}=\boldsymbol{C}_{n\times s}+\boldsymbol{G}_{n\times(n-r)}\boldsymbol{F}_{(n-r)\times s},$$

这里 $\boldsymbol{G}$ 为导出方程 $\boldsymbol{A}_{m\times n}\boldsymbol{X}_{n\times s}=\boldsymbol{O}_{m\times s}$ 的解的基础矩阵.

证明　“$\Rightarrow$”由 $\boldsymbol{A}_{m\times n}\boldsymbol{C}_{n\times s}=\boldsymbol{B}_{m\times s}$，$\boldsymbol{A}_{m\times n}\boldsymbol{M}_{n\times s}=\boldsymbol{B}_{m\times s}$，有 $\boldsymbol{A}_{m\times n}(\boldsymbol{M}_{n\times s}-\boldsymbol{C}_{n\times s})=\boldsymbol{O}_{m\times s}$，即 $\boldsymbol{M}-\boldsymbol{C}$ 为导出方程 $\boldsymbol{A}_{m\times n}\boldsymbol{X}_{n\times s}=\boldsymbol{O}_{m\times s}$ 的解. 由例 3.3.12 可知，存在矩阵 $\boldsymbol{F}_{(n-r)\times s}$ 使得

$$\boldsymbol{M}_{n\times s}-\boldsymbol{C}_{n\times s}=\boldsymbol{G}_{n\times(n-r)}\boldsymbol{F}_{(n-r)\times s},$$

即 $\boldsymbol{M}_{n\times s}=\boldsymbol{C}_{n\times s}+\boldsymbol{G}_{n\times(n-r)}\boldsymbol{F}_{(n-r)\times s}$.

“$\Leftarrow$”直接代入验算即可.

评析　由例 3.3.12 可以看出，齐次线性方程组 $\boldsymbol{A}_{m\times n}\boldsymbol{X}_{n\times 1}=\boldsymbol{0}$ 的任意解 $\boldsymbol{\eta}=k_1\boldsymbol{\eta}_1+\cdots+k_{n-r}\boldsymbol{\eta}_{n-r}$，其中 $\boldsymbol{\eta}_1,\cdots,\boldsymbol{\eta}_{n-r}$ 为 $\boldsymbol{A}_{m\times n}\boldsymbol{X}_{n\times 1}=\boldsymbol{0}$ 的基础解系，而矩阵方程 $\boldsymbol{A}_{m\times n}\boldsymbol{X}_{n\times s}=\boldsymbol{O}_{m\times s}$ 的任意解 $\boldsymbol{D}_{n\times s}=\boldsymbol{GF}$，其中 $\boldsymbol{G}$ 为 $\boldsymbol{A}_{m\times n}\boldsymbol{D}_{n\times s}=\boldsymbol{O}_{m\times s}$ 的基础矩阵. 可以看出，前者为线性组合形式，

而后者为矩阵乘积形式. 对于一般线性方程组 $\boldsymbol{A}_{m\times n}\boldsymbol{X}_{n\times 1}=\boldsymbol{\beta}_{m\times 1}$ 与矩阵方程 $\boldsymbol{A}_{m\times n}\boldsymbol{X}_{n\times s}=\boldsymbol{B}_{m\times s}$ 也有类似结论.

练习 3.3

3.3.1　(2006，陕西师范大学) 求齐次线性方程组的基础解系及其通解

$$\begin{cases}3x_1+2x_2+5x_3+2x_4+7x_5=0,\\6x_1+4x_2+7x_3+4x_4+5x_5=0,\\3x_1+2x_2-x_3+2x_4-11x_5=0,\\6x_1+4x_2+x_3+4x_4-13x_5=0.\end{cases}$$

3.3.2　(2005，中南大学) 求下列齐次线性方程组的可解性

$$\begin{cases}x_1+x_2+\cdots+x_n=0,\\2x_1+2^2x_2+\cdots+2^nx_n=0,\\\qquad\cdots\cdots\\nx_1+n^2x_2+\cdots+n^nx_n=0.\end{cases}$$

3.3.3　(2005，南开大学) 设齐次线性方程组

$$\begin{cases}x_2+ax_3+bx_4=0,\\-x_1+cx_3+dx_4=0,\\ax_1+cx_3-ex_4=0,\\bx_1+dx_2-ex_3=0\end{cases}$$

的一般解以 x_3,x_4 为自由未知量.

(1) 求 a,b,c,d,e 满足的条件；

(2) 求齐次线性方程组的基础解系.

3.3.4　(2004，大连理工大学) 设 $\boldsymbol{A}$ 是秩为 r 的 $m\times n$ 矩阵，证明存在秩为 $n-r$ 的 n 级方阵 $\boldsymbol{B}$，使得 $\boldsymbol{AB}=\boldsymbol{O}$.

3.3.5　设 $\boldsymbol{A}=(a_{ij})_{n\times n}$ 的秩为 n，求齐次线性方程组 $\boldsymbol{Bx}=\boldsymbol{0}$ 的一个基础解系，其中 $\boldsymbol{B}=(a_{ij})_{r\times n}$，$r<n$.

3.3.6　(2002，浙江大学) 设 $\boldsymbol{A}$ 是 $m\times n$ 矩阵，$\boldsymbol{A}$ 的秩为 m，$\boldsymbol{B}$ 是秩为 $n-m$ 的 $n\times(n-m)$ 矩阵，且 $\boldsymbol{AB}=\boldsymbol{O}$，若 n 维向量 $\boldsymbol{\eta}$ 是齐次线性方程组 $\boldsymbol{Ax}=\boldsymbol{0}$ 的解. 求证：存在唯一的 $n-m$ 维列向量 $\boldsymbol{\xi}$，使得 $\boldsymbol{\eta}=\boldsymbol{B\xi}$.

3.3.7　(2003，浙江大学) 令 $\boldsymbol{\alpha}_1,\boldsymbol{\alpha}_2,\cdots,\boldsymbol{\alpha}_s$ 是 $\mathbf{R}^n$ 中 s 个线性无关的列向量. 证明：存在一个含 n 个未知量的齐次线性方程组，使得 $\{\boldsymbol{\alpha}_1,\boldsymbol{\alpha}_2,\cdots,\boldsymbol{\alpha}_s\}$ 是它的一个基础解系.

3.3.8　(2005，中国科学院) 设数域 P 上的四元齐次方程组(Ⅰ)为

$$\begin{cases}x_1+x_3=0,\\x_2-x_4=0,\end{cases}$$

又知某齐次线性方程组(Ⅱ)的通解为 $k_1(0,1,1,0)^{\mathrm T}+k_2(-1,2,2,1)^{\mathrm T}$，$k_i\in P$，$i=1,2$.

(1) 求线性方程组(Ⅰ)的基础解系；

(2) 线性方程组(Ⅰ)和(Ⅱ)是否有公共的非零解？若有，则求出所有的公共非零解；若没有，则说明理由.

3.3.9　(2001，北京大学) 设 ω 是复数域 $\mathbf{C}$ 上的本原 n 次单位根(即 $\omega^n=1$，而当 $0<t<n$ 时 $\omega^n \neq 1$)，s,b 都是正整数，且 $s<n$，令

$$\boldsymbol{A}=\begin{vmatrix} 1 & \omega^{b} & \omega^{2b} & \cdots & \omega^{(n-1)b} \\ 1 & \omega^{b+1} & \omega^{2(b+1)} & \cdots & \omega^{(n-1)(b+1)} \\ \vdots & \vdots & \vdots & & \vdots \\ 1 & \omega^{b+s-1} & \omega^{2(b+s-1)} & \cdots & \omega^{(n-1)(b+s-1)} \end{vmatrix},$$

任取 $\boldsymbol{\beta}\in \mathbf{C}^s$，判断线性方程组 $\boldsymbol{A}\boldsymbol{x}=\boldsymbol{\beta}$ 有无解？有多少解？写出理由.

3.3.10　(1998，北京大学) 讨论 a,b 满足什么条件时，数域 P 上的下述线性方程组有唯一解，有无穷多个解，无解？当有解时，写出方程组的全部解.

$$\begin{cases} ax_1+3x_2+3x_3=3, \\ x_1+4x_2+x_3=1, \\ 2x_1+2x_2+bx_3=2. \end{cases}$$

3.3.11　试证方程组

$$\begin{cases} x_1+2x_3+4x_4=2c, \\ 2x_1+2x_2+4x_3+8x_4=2a+b, \\ -x_1-2x_2+x_3+2x_4=-a-b+c, \\ 2x_1+7x_3+14x_4=2a+b+2c-d \end{cases}$$

有解的充要条件是 $a+b=c+d$.

3.3.12　(2005，华南理工大学) 问 λ 取何值时，以下方程组有唯一解，无穷解，无解？并在有解时写出解的结构.

$$\begin{cases} \lambda x_1+x_2+x_3=1, \\ x_1+\lambda x_2+x_3=\lambda, \\ 2x_1+(1+\lambda)x_2+(1+\lambda)x_3=\lambda+\lambda^2. \end{cases}$$

3.3.13　(2004，中南大学) 证明以下方程组有解的充要条件为 $\sum_{i=1}^{5}a_i=0$，并在有解的情况下求出它的一切解.

$$\begin{cases} x_1-x_2=a_1, \\ x_2-x_3=a_2, \\ x_3-x_4=a_3, \\ x_4-x_5=a_4, \\ x_5-x_1=a_5. \end{cases}$$

3.3.14　(2005，上海交通大学) 下面的 n 元线性方程组何时无解，有唯一解，有无穷解？并在有解时求其解.

$$\begin{pmatrix} a & 1 & 1 & \cdots & 1 \\ 1 & a & 1 & \cdots & 1 \\ 1 & 1 & a & \cdots & 1 \\ \vdots & \vdots & \vdots & & \vdots \\ 1 & 1 & 1 & \cdots & a \end{pmatrix}\begin{pmatrix} x_1 \\ x_2 \\ x_3 \\ \vdots \\ x_n \end{pmatrix} = \begin{pmatrix} a_1 \\ a_2 \\ a_3 \\ \vdots \\ a_n \end{pmatrix}.$$

3.3.15　(2005，华中科技大学)解线性方程组

$$\begin{cases} x_1 + ax_2 + a^2x_3 = a^3, \\ x_1 + bx_2 + b^2x_3 = b^3, \\ x_1 + cx_2 + c^2x_3 = c^3, \end{cases}$$

其中 a,b,c 两两互不相同.

3.3.16　设方程组

$$\begin{cases} x_1 + a_1x_2 + a_1^2x_3 = a_1^3, \\ x_1 + a_2x_2 + a_2^2x_3 = a_2^3, \\ x_1 + a_3x_2 + a_3^2x_3 = a_3^3, \\ x_1 + a_4x_2 + a_4^2x_3 = a_4^3. \end{cases}$$

(1) 证明：若 a_1,a_2,a_3,a_4 两两不等，则此方程组无解，

(2) 设 $a_1 = a_3 = k, a_2 = a_4 = -k(k \neq 0)$，且已知 $\boldsymbol{\beta}_1,\boldsymbol{\beta}_2$ 是该方程组的两个解，其中 $\boldsymbol{\beta}_1 = (-1,1,1)^{\mathrm{T}}$，$\boldsymbol{\beta}_2 = (1,1,-1)^{\mathrm{T}}$，试写出此方程组的通解.

3.3.17　(2002，南京大学)设线性方程组

$$\begin{cases} a_1^{n-1}x_1 + a_1^{n-2}x_2 + \cdots + a_1x_{n-1} + x_n = -a_1^n, \\ a_2^{n-1}x_1 + a_2^{n-2}x_2 + \cdots + a_2x_{n-1} + x_n = -a_2^n, \\ \qquad\cdots\cdots \\ a_n^{n-1}x_1 + a_n^{n-2}x_2 + \cdots + a_nx_{n-1} + x_n = -a_n^n, \end{cases}$$

其中 $a_1,a_2,\cdots,a_n$ 为互不相等的数.

(1) 证明：上述方程组有唯一解；

(2) 求出它的唯一解.

3.3.18　(2007，大连理工大学)设方程组为

$$\begin{pmatrix} a_{11} & a_{12} & \cdots & a_{1n} \\ a_{21} & a_{22} & \cdots & a_{2n} \\ \vdots & \vdots & & \vdots \\ a_{n1} & a_{n2} & \cdots & a_{nn} \end{pmatrix}\begin{pmatrix} x_1 \\ x_2 \\ \vdots \\ x_n \end{pmatrix} = \begin{pmatrix} b_1 \\ b_2 \\ \vdots \\ b_n \end{pmatrix},$$

如果

$$r\left(\begin{pmatrix} a_{11} & a_{12} & \cdots & a_{1n} \\ a_{21} & a_{22} & \cdots & a_{2n} \\ \vdots & \vdots & & \vdots \\ a_{n1} & a_{n2} & \cdots & a_{nn} \end{pmatrix}\right) = r\left(\begin{pmatrix} a_{11} & a_{12} & \cdots & a_{1n} & b_1 \\ a_{21} & a_{22} & \cdots & a_{2n} & b_2 \\ \vdots & \vdots & & \vdots & \vdots \\ a_{n1} & a_{n2} & \cdots & a_{nn} & b_n \\ b_1 & b_2 & \cdots & b_n & 0 \end{pmatrix}\right),$$

则方程组有解.

3.3.19 (2006，大连理工大学) 设三元非齐次线性方程组的系数矩阵的秩为 1，已知 $\boldsymbol{\eta}_1,\boldsymbol{\eta}_2,\boldsymbol{\eta}_3$ 是它的三个解向量，且 $\boldsymbol{\eta}_1+\boldsymbol{\eta}_2=(1,2,3)^{\mathrm{T}}$，$\boldsymbol{\eta}_2+\boldsymbol{\eta}_3=(0,-1,1)^{\mathrm{T}}$，$\boldsymbol{\eta}_3+\boldsymbol{\eta}_1=(1,0,-1)^{\mathrm{T}}$，求该方程组的通解.

3.3.20 (1999，西北工业大学) 设

$$\boldsymbol{A}=\begin{pmatrix}1&1\\a&1\\a+1&a\end{pmatrix},\quad \boldsymbol{B}=\begin{pmatrix}0&b\\b&0\\a&a\end{pmatrix}$$

且 $a\neq b$，讨论 a 与 b 取何值时，矩阵方程 $\boldsymbol{AX}=\boldsymbol{B}$ 有解？在有解时求其解.

3.3.21 (2003，厦门大学) 设 $\boldsymbol{A}$ 是数域 P 上的 $m\times n$ 矩阵，$\boldsymbol{b}$ 是 P 上的 m 维非零列向量，$\boldsymbol{\eta}$ 是线性方程组 $\boldsymbol{Ax}=\boldsymbol{b}$ 的一个解，$\boldsymbol{\zeta}_1,\boldsymbol{\zeta}_2,\cdots,\boldsymbol{\zeta}_s$ 是对应的齐次方程组 $\boldsymbol{Ax}=\boldsymbol{0}$ 的一个基础解系，求证：$\boldsymbol{\eta},\boldsymbol{\eta}+\boldsymbol{\zeta}_1,\boldsymbol{\eta}+\boldsymbol{\zeta}_2,\cdots,\boldsymbol{\eta}+\boldsymbol{\zeta}_s$ 是 $\boldsymbol{Ax}=\boldsymbol{b}$ 全体解集合的一个极大线性无关组.

3.3.22 (2005，陕西师范大学) 设 $\boldsymbol{\eta}_0$ 是线性方程组的一个解，$\boldsymbol{\eta}_1,\boldsymbol{\eta}_2,\cdots,\boldsymbol{\eta}_t$ 是它的导出组的一个基础解系. 令

$$\boldsymbol{\gamma}_1=\boldsymbol{\eta}_0,\quad \boldsymbol{\gamma}_2=\boldsymbol{\eta}_1+\boldsymbol{\eta}_0,\quad \cdots,\quad \boldsymbol{\gamma}_{t+1}=\boldsymbol{\eta}_t+\boldsymbol{\eta}_0.$$

证明：线性方程组的任一解 $\boldsymbol{\gamma}$ 都可表成

$$\boldsymbol{\gamma}=k_1\boldsymbol{\gamma}_1+k_2\boldsymbol{\gamma}_2+\cdots+k_{t+1}\boldsymbol{\gamma}_{t+1}\quad 且\quad \sum_{i=1}^{t+1}k_i=1.$$

3.3.23 (1999，西北工业大学；2001，浙江大学) 设 $\boldsymbol{A}$ 为 m 级实矩阵.

(1) 求证：秩 $(\boldsymbol{A}^{\mathrm{T}}\boldsymbol{A})=$ 秩 $(\boldsymbol{A}^{\mathrm{T}})$；

(2) 设 $\boldsymbol{x}=(x_1,x_2,\cdots,x_n)^{\mathrm{T}}$，$\boldsymbol{b}$ 为 $m\times1$ 矩阵. 求证：线性方程组 $\boldsymbol{A}^{\mathrm{T}}\boldsymbol{Ax}=\boldsymbol{A}^{\mathrm{T}}\boldsymbol{b}$ 有解.

3.3.24 (2002，西安交通大学) 设 $\boldsymbol{A}$ 为 $m\times n$ 矩阵，$\boldsymbol{b}$ 为 m 维列向量，证明：线性方程组 $\boldsymbol{Ax}=\boldsymbol{b}$ 的相容方程组 (即方程组有解) 的充要条件是对于线性方程组 $\boldsymbol{A}^{\mathrm{T}}\boldsymbol{x}=\boldsymbol{0}$ 的任一解 $\boldsymbol{x}$ 都有 $\boldsymbol{x}^{\mathrm{T}}\boldsymbol{b}=0$.

3.3.25 (1997，北京大学) 设 $\boldsymbol{A},\boldsymbol{B}$ 是数域 P 上的 n 级方阵，$\boldsymbol{x}$ 是未知量 $x_1,x_2,\cdots,x_n$ 所成的 $n\times1$ 矩阵，已知齐次线性方程组 $\boldsymbol{Ax}=\boldsymbol{0}$ 和 $\boldsymbol{Bx}=\boldsymbol{0}$ 分别有 l,m 个线性无关的解向量，这里 $l\geqslant0$，$m\geqslant0$.

(1) 证明：$(\boldsymbol{AB})\boldsymbol{x}=\boldsymbol{0}$ 至少有 $\max(l,m)$ 个线性无关的解向量；

(2) 如果 $l+m>n$，证明：$(\boldsymbol{A}+\boldsymbol{B})\boldsymbol{x}=\boldsymbol{0}$ 必有非零解.

3.3.26 (2003，华东师范大学) 设 $f(x),g(x)$ 为数域 P 上互素多项式，$\boldsymbol{C}$ 为数域 P 上的 n 级方阵，$\boldsymbol{A}=f(\boldsymbol{C})$，$\boldsymbol{B}=g(\boldsymbol{C})$. 证明：方程组 $\boldsymbol{ABx}=\boldsymbol{0}$ 的每一个解 $\boldsymbol{x}$ 均可唯一地表为 $\boldsymbol{x}=\boldsymbol{y}+\boldsymbol{z}$ 的形式，其中 $\boldsymbol{y},\boldsymbol{z}$ 分别为 $\boldsymbol{By}=\boldsymbol{0}$ 与 $\boldsymbol{Az}=\boldsymbol{0}$ 的解.

3.3.27 (2004，南开大学) 设 $\boldsymbol{A},\boldsymbol{B}$ 分别为数域 P 上的 $m\times s$ 矩阵和 $s\times n$ 矩阵，令 $\boldsymbol{AB}=\boldsymbol{C}$. 证明：如 $r(\boldsymbol{A})=r$，则数域 P 上存在一个秩为 $\min\{s-r,n\}$ 的 $s\times n$ 矩阵 $\boldsymbol{D}$，满足对于数域 P 上的任何 n 级方阵 $\boldsymbol{Q}$，$\boldsymbol{A}(\boldsymbol{DQ}+\boldsymbol{B})=\boldsymbol{C}$.

3.3.28 (中国科技大学) 设有 $n+1$ 个人，以及供他们读的 n 种小册子，假设每人都读了一些小册子 (至少一本)！试证：这 $n+1$ 人中必可找到甲、乙两组人，甲组人读过的小册子与乙组人读过的小册子种类相同 (即将甲组人中每人读过的小册子合在一起，其种类与乙组人每人读过的小册子合在一起的种类相同).

3.3.29 (中国科学院) 试证：象棋盘上的马，从任一位置出发，只能经过偶数步才能跳回原处 (马跳法是沿相邻方格组成矩形的对角线).

第 4 章 矩　　阵

矩阵理论是高等代数的主要内容之一，它是处理线性方程组、二次型及线性变换等问题的重要工具.

本章内容包括：矩阵的基本运算，矩阵的逆，矩阵的分块，初等矩阵，若干不等式.

4.1 矩阵的基本运算

一、矩阵的加法和数乘

a. 矩阵的加法

设 $\boldsymbol{A},\boldsymbol{B},\boldsymbol{C}\in M_{m\times n}(P)$，则关于矩阵的加法满足如下运算规律：

$$(\boldsymbol{A}+\boldsymbol{B})+\boldsymbol{C}=\boldsymbol{A}+(\boldsymbol{B}+\boldsymbol{C}); \tag{4.1}$$

$$\boldsymbol{A}+\boldsymbol{B}=\boldsymbol{B}+\boldsymbol{A}; \tag{4.2}$$

$$\boldsymbol{A}+\boldsymbol{O}=\boldsymbol{O}+\boldsymbol{A}=\boldsymbol{A}，\text{其中 } \boldsymbol{O} \text{ 表示零矩阵}; \tag{4.3}$$

$$\boldsymbol{A}+(-\boldsymbol{A})=(-\boldsymbol{A})+\boldsymbol{A}=\boldsymbol{O}. \tag{4.4}$$

关于矩阵的和求秩后有如下结论：

$$r(\boldsymbol{A}+\boldsymbol{B})\leqslant r(\boldsymbol{A})+r(\boldsymbol{B}).$$

但矩阵的和求行列式后无定性结论. 即一般 $|\boldsymbol{A}+\boldsymbol{B}|\neq|\boldsymbol{A}|+|\boldsymbol{B}|$.

b. 矩阵的数乘

设 $\boldsymbol{A},\boldsymbol{B}\in M_{m\times n}(P)$，$k,l\in P$，则

$$k(\boldsymbol{A}+\boldsymbol{B})=k\boldsymbol{A}+k\boldsymbol{B}; \tag{4.5}$$

$$(k+l)\boldsymbol{A}=k\cdot\boldsymbol{A}+l\cdot\boldsymbol{A}; \tag{4.6}$$

$$(k\cdot l)\boldsymbol{A}=k\cdot(l\cdot\boldsymbol{A}); \tag{4.7}$$

$$1\cdot\boldsymbol{A}=\boldsymbol{A}. \tag{4.8}$$

评析　由式(4.1)—(4.4)可知，数域 P 上 $m\times n$ 矩阵的全体即 $M_{m\times n}(P)$ 关于矩阵的加法运算形成一个 Abel 群，由式(4.1)—(4.8)可知 $M_{m\times n}(P)$ 关于矩阵的加法和数乘运算构成一个线性空间.

易验证 $r(kA)=r(A)$，其中 $k\neq 0$；当 A 为 n 级方阵时，$|kA|=k^n|A|$.

例 4.1.1 设 A 是秩为 1 的 n 级方阵，则

(1) $A=\begin{pmatrix}a_1\\a_2\\\vdots\\a_n\end{pmatrix}(b_1,b_2,\cdots,b_n)$;

(2) $A^2=kA$;

(3) $A^m=k^{m-1}A$，m 为正整数.

解 (1) 由于 $r(A)=1$，故 A 的任意两行成比例，可设

$$A=\begin{pmatrix}b_1&b_2&\cdots&b_n\\k_2b_1&k_2b_2&\cdots&k_2b_n\\\vdots&\vdots&&\vdots\\k_nb_1&k_nb_2&\cdots&k_nb_n\end{pmatrix}=\begin{pmatrix}1\\k_2\\\vdots\\k_n\end{pmatrix}(b_1,b_2,\cdots,b_n).$$

令 $(1,k_2,\cdots,k_n)=(a_1,a_2,\cdots,a_n)$ 得证.

(2) $A^2=\begin{pmatrix}1\\k_2\\\vdots\\k_n\end{pmatrix}(b_1,b_2,\cdots,b_n)\begin{pmatrix}1\\k_2\\\vdots\\k_n\end{pmatrix}(b_1,b_2,\cdots,b_n)=k\begin{pmatrix}1\\k_2\\\vdots\\k_n\end{pmatrix}(b_1,b_2,\cdots,b_n)=kA$,

其中 $k=b_1+\sum_{i=2}^{n}k_ib_i$.

(3) 由 (2) 知 $A^3=kA^2=k(kA)=k^2A,\cdots,A^m=k^{m-1}A$.

评析 实质上，本题结论 (1) 给出了秩为 1 的矩阵的分解，对于秩为 $r(>1)$ 的矩阵也有类似的分解，见本书 9.5 节矩阵的分解中的满秩分解.

二、矩阵的乘法

a. 矩阵的乘法运算

要点 设矩阵 $A=(a_{ij})_{m\times s}$，$B=(b_{ij})_{s\times n}$，A 与 B 的积定义为矩阵 $C=(c_{ij})_{m\times n}$，即

$$AB=(\text{第 } i \text{ 行})\begin{pmatrix}\cdots&\cdots&\cdots&\cdots\\a_{i1}&a_{i2}&\cdots&a_{is}\\\cdots&\cdots&\cdots&\cdots\end{pmatrix}\underset{(\text{第 } j \text{ 列})}{\begin{pmatrix}\cdots&b_{1j}&\cdots\\\cdots&b_{2j}&\cdots\\\cdots&\cdots&\cdots\\\cdots&b_{sj}&\cdots\end{pmatrix}}=\underset{(\text{第 } j \text{ 列})}{\begin{pmatrix}\cdots&\cdots&\cdots\\\cdots&c_{ij}&\cdots\\\cdots&\cdots&\cdots\end{pmatrix}}(\text{第 } i \text{ 行}),$$

其中 $c_{ij}=a_{i1}b_{1j}+a_{i2}b_{2j}+\cdots+a_{is}b_{sj}\,(i,j=1,2,\cdots,n)$.

评析　不是任何两个矩阵都能进行乘法运算，只有当左矩阵 $\boldsymbol{A}$ 的列数等于右矩阵 $\boldsymbol{B}$ 的行数，$\boldsymbol{A}$ 与 $\boldsymbol{B}$ 才能相乘，这时 $\boldsymbol{AB}$ 才有意义. 由矩阵乘法定义易验证，矩阵的乘法满足结合律，但不满足交换律.

b. 矩阵乘积的行(列)向量

要点　设 $\boldsymbol{AB}=\boldsymbol{C}$，由矩阵乘法的定义易验证甚或可得如下规律：

1° 矩阵 $\boldsymbol{C}$ 的行向量是矩阵 $\boldsymbol{B}$ 的行向量的线性组合；$\boldsymbol{C}$ 的列向量是矩阵 $\boldsymbol{A}$ 的列向量的线性组合.

2° 矩阵 $\boldsymbol{C}$ 的第 i 行是由矩阵 $\boldsymbol{A}$ 的第 i 行乘以矩阵 $\boldsymbol{B}$ 得到的，$\boldsymbol{C}$ 的第 i 列是矩阵 $\boldsymbol{A}$ 乘以矩阵 $\boldsymbol{B}$ 的第 i 列得到的.

例 4.1.2　证明：$r(\boldsymbol{AB})\leqslant \min\{r(\boldsymbol{A}),r(\boldsymbol{B})\}$.

证明　设 $\boldsymbol{AB}=\boldsymbol{C}$，则可知矩阵 $\boldsymbol{C}$ 的行向量是矩阵 $\boldsymbol{B}$ 的行向量的线性组合，这说明 $r(\boldsymbol{C})\leqslant r(\boldsymbol{B})$；另一方面，由 $\boldsymbol{AB}=\boldsymbol{C}$ 可知矩阵 $\boldsymbol{C}$ 的列向量是矩阵 $\boldsymbol{A}$ 的列向量的线性组合，这说明 $r(\boldsymbol{C})\leqslant r(\boldsymbol{B})$，从而有 $r(\boldsymbol{AB})\leqslant \min\{r(\boldsymbol{A}),r(\boldsymbol{B})\}$.

例 4.1.3　设 $\boldsymbol{A}$ 是 n 级方阵，证明：存在一个 n 级非零矩阵 $\boldsymbol{B}$ 使 $\boldsymbol{AB}=\boldsymbol{O}$ 的充要条件是 $|\boldsymbol{A}|=0$.

证明　"⇒" 如果存在 n 级非零矩阵 $\boldsymbol{B}$ 使得 $\boldsymbol{AB}=\boldsymbol{O}$，则令 $\boldsymbol{B}_i$ 是 $\boldsymbol{B}$ 的第 i 列，有 $\boldsymbol{AB}_i=\boldsymbol{0}$（右式中的 $\boldsymbol{0}$ 表示 n 级零方阵的第 i 列），$i=1,2,\cdots,n$. 由 $\boldsymbol{B}\neq\boldsymbol{O}$ 可知，至少存在一个 $\boldsymbol{B}_j\neq\boldsymbol{0}$ 使得 $\boldsymbol{AB}_j=\boldsymbol{0}$，$1\leqslant j\leqslant n$. 这说明方程 $\boldsymbol{Ax}=\boldsymbol{0}$ 有非零解，故 $|\boldsymbol{A}|=0$.

"⇐"设 $\boldsymbol{A}_i$ 表示方阵 $\boldsymbol{A}$ 的第 i 列，由 $|\boldsymbol{A}|=0$ 可知 $\boldsymbol{A}$ 的列向量 $\boldsymbol{A}_1,\boldsymbol{A}_2,\cdots,\boldsymbol{A}_n$ 线性相关，故存在一组不全为零的数 $b_1,b_2,\cdots,b_n$ 使得

$$b_1\boldsymbol{A}_1+b_2\boldsymbol{A}_2+\cdots+b_n\boldsymbol{A}_n=\boldsymbol{0}.$$

令

$$\boldsymbol{B}=\begin{pmatrix} b_1 & 0 & \cdots & 0 \\ b_2 & 0 & \cdots & 0 \\ \vdots & \vdots & & \vdots \\ b_n & 0 & \cdots & 0 \end{pmatrix},$$

易验证 $\boldsymbol{AB}=\boldsymbol{O}$，其中 $\boldsymbol{B}$ 是 n 级非零方阵.

三、矩阵的转置

a. 矩阵的转置运算

设 $\boldsymbol{A},\boldsymbol{B}\in M_{m\times n}(P)$，则有

1°　$(\boldsymbol{A}+\boldsymbol{B})^{\mathrm{T}}=\boldsymbol{A}^{\mathrm{T}}+\boldsymbol{B}^{\mathrm{T}}$；

2°　$(\boldsymbol{A}^{\mathrm{T}})^{\mathrm{T}}=\boldsymbol{A}$；

3° $r(\boldsymbol{A}^{\mathrm{T}})=r(\boldsymbol{A})$;

4° $|\boldsymbol{A}^{\mathrm{T}}|=|\boldsymbol{A}|$，当 $\boldsymbol{A}$ 为 n 级方阵时.

b. (反)对称矩阵(Ⅰ)

要点 对 n 级方阵 $\boldsymbol{A}$，若 $\boldsymbol{A}^{\mathrm{T}}=\boldsymbol{A}$，则称 $\boldsymbol{A}$ 为对称矩阵；若 $\boldsymbol{A}^{\mathrm{T}}=-\boldsymbol{A}$，则称 $\boldsymbol{A}$ 为反对称矩阵.

例 4.1.4 证明：如果 $\boldsymbol{A}$ 是实对称矩阵且 $\boldsymbol{A}^2=\boldsymbol{O}$，则 $\boldsymbol{A}=\boldsymbol{O}$.

证明 设 $A=(a_{ij})_{n\times n}$，则由

$$\begin{aligned}\boldsymbol{O}=\boldsymbol{A}^2&=\boldsymbol{A}\cdot\boldsymbol{A}^{\mathrm{T}}\\&=\begin{pmatrix}a_{11}&a_{12}&\cdots&a_{1n}\\a_{21}&a_{22}&\cdots&a_{2n}\\\vdots&\vdots&&\vdots\\a_{n1}&a_{n2}&\cdots&a_{nn}\end{pmatrix}\begin{pmatrix}a_{11}&a_{21}&\cdots&a_{n1}\\a_{12}&a_{22}&\cdots&a_{n2}\\\vdots&\vdots&&\vdots\\a_{1n}&a_{2n}&\cdots&a_{nn}\end{pmatrix}\\&=\begin{pmatrix}\sum\limits_{j=1}^{n}a_{1j}^2&*&\cdots&*\\ *&\sum\limits_{j=1}^{n}a_{2j}^2&\cdots&*\\\vdots&\vdots&&\vdots\\ *&*&\cdots&\sum\limits_{j=1}^{n}a_{nj}^2\end{pmatrix},\end{aligned}$$

有 $\sum\limits_{j=1}^{n}a_{ij}^2=0$，$i=1,2,\cdots,n$. 由于 a_{ij} 为实数，这说明 $a_{ij}=0$，由 i,j 的任意性，有 $\boldsymbol{A}=\boldsymbol{O}$.

例 4.1.5 证明：奇数级反对称矩阵的行列式为零.

证明 设 A 为 n 级反对称矩阵，则 $\boldsymbol{A}^{\mathrm{T}}=-\boldsymbol{A}$，$|\boldsymbol{A}|=|\boldsymbol{A}^{\mathrm{T}}|=|-\boldsymbol{A}|=(-1)^n|\boldsymbol{A}|=-|\boldsymbol{A}|$. 从而有 $2|\boldsymbol{A}|=0$，即 $|\boldsymbol{A}|=0$.

四、矩阵的伴随

a. 伴随矩阵的运算规律

要点 1° $\boldsymbol{A}^*\boldsymbol{A}=\boldsymbol{A}\boldsymbol{A}^*=|\boldsymbol{A}|\boldsymbol{E}_n$;

2° $(k\boldsymbol{A})^*=k^{n-1}\boldsymbol{A}^*$;

3° $(\boldsymbol{A}^{\mathrm{T}})^*=(\boldsymbol{A}^*)^{\mathrm{T}}$;

4° 若 $\boldsymbol{A}$ 可逆，则 $\boldsymbol{A}^*=|\boldsymbol{A}|\cdot\boldsymbol{A}^{-1}$.

评析　要点3°的证明一定要分别按照伴随矩阵及转置的定义来仔细确定左式和右式的 i 行 j 列元素 $(1\leqslant i,j\leqslant n)$.

例 4.1.6　证明：若 $\boldsymbol{A}$ 可逆，则 $(\boldsymbol{A}^{-1})^*=(\boldsymbol{A}^*)^{-1}$.

证明　若 $\boldsymbol{A}$ 可逆，则由 $\boldsymbol{A}\boldsymbol{A}^*=|\boldsymbol{A}|\boldsymbol{E}$ 有

$$\frac{\boldsymbol{A}}{|\boldsymbol{A}|}\boldsymbol{A}^*=\boldsymbol{E}. \tag{4.9}$$

式(4.9)说明 $(\boldsymbol{A}^*)^{-1}=\dfrac{\boldsymbol{A}}{|\boldsymbol{A}|}$；另一方面，将式(4.9)中的 $\boldsymbol{A}$ 用 $\boldsymbol{A}^{-1}$ 代替有

$$\frac{\boldsymbol{A}^{-1}}{|\boldsymbol{A}^{-1}|}(\boldsymbol{A}^{-1})^*=\boldsymbol{E},$$

即

$$(\boldsymbol{A}^{-1})^*=\frac{\boldsymbol{A}}{|\boldsymbol{A}|}. \tag{4.10}$$

由式(4.9)和(4.10)有 $(\boldsymbol{A}^{-1})^*=(\boldsymbol{A}^*)^{-1}$.

b. 伴随矩阵的秩

要点　$r(\boldsymbol{A}^*)=\begin{cases}n, & r(\boldsymbol{A})=n,\\ 1, & r(\boldsymbol{A})=n-1,\\ 0, & r(\boldsymbol{A})<n-1.\end{cases}$

评析　(1)这个结论说明，只要一个矩阵本质上是某个矩阵的伴随矩阵，那么它的秩只能是上述三个值中某一个.

(2)有关伴随矩阵的其他结论，如行列式，伴随及转置等，也往往分为以上三种情况讨论.

例 4.1.7　(2004，武汉大学)设 $\boldsymbol{A}$ 为 n 级方阵. 证明：$|\boldsymbol{A}^*|=|\boldsymbol{A}|^{n-1}$.

证明　若 $r(\boldsymbol{A})=n$，则由 $\boldsymbol{A}\boldsymbol{A}^*=|\boldsymbol{A}|\cdot\boldsymbol{E}$ 有 $\boldsymbol{A}^*=|\boldsymbol{A}|\cdot\boldsymbol{A}^{-1}$. 从而

$$|\boldsymbol{A}^*|=\left||\boldsymbol{A}|\cdot\boldsymbol{A}^{-1}\right|=|\boldsymbol{A}|^n\cdot|\boldsymbol{A}^{-1}|=|\boldsymbol{A}|^{n-1}.$$

若 $r(\boldsymbol{A})\leqslant n-1$，则有 $r(\boldsymbol{A}^*)\leqslant 1$. 从而 $\boldsymbol{A}$ 与 $\boldsymbol{A}^*$ 均为退化矩阵，故 $|\boldsymbol{A}^*|=0=|\boldsymbol{A}|^{n-1}$，即 $|\boldsymbol{A}^*|=|\boldsymbol{A}|^{n-1}$. 综上可知，$|\boldsymbol{A}^*|=|\boldsymbol{A}|^{n-1}$.

例 4.1.8　设 $\boldsymbol{A}$ 为 n 级方阵. 证明：$(\boldsymbol{A}^*)^*=|\boldsymbol{A}|^{n-2}\boldsymbol{A}$.

证明　由例 4.1.7 有 $|\boldsymbol{A}^*|=|\boldsymbol{A}|^{n-1}$.

若 $r(\boldsymbol{A})=n$，则由 $\boldsymbol{A}\boldsymbol{A}^*=|\boldsymbol{A}|\boldsymbol{E}$ 可得

$$\boldsymbol{A}^*=|\boldsymbol{A}|\boldsymbol{A}^{-1}. \tag{4.11}$$

在式(4.11)中用 A^* 换 A 得

$$(A^*)^* = \left|A^*\right|(A^*)^{-1} = \left|A\right|^{n-1}\left(\frac{A}{|A|}\right) = \left|A\right|^{n-2} A.$$

若 $r(A) \leqslant n-1$，则 $r(A^*) \leqslant 1$，由伴随矩阵的定义可知 $(A^*)^* = O$. 又 $\left|A\right|^{n-2} A = 0$，$A = O$，这时 $(A^*)^* = O = \left|A\right|^{n-2} A$.

综上可知，$(A^*)^* = \left|A\right|^{n-2} A$.

c. 乘积的伴随(实例)

例 4.1.9 设 A, B 为 n 级方阵. 证明：$(AB)^* = B^* A^*$.

证明 当 $r(A) = r(B) = n$ 时，有

$$(AB)^* = \left|AB\right|(AB)^{-1} = B\left|B^{-1}\right|\left|A\right|A^{-1} = B^* A^*.$$

当 $r(A) < n-1$ 时，显然有 $(AB)^* = O = B^* A^*$，即 $(AB)^* = B^* A^*$. 故不妨设 $r(A) = n-1$，则存在初等矩阵 $P_1, \cdots, P_s, Q_1, \cdots, Q_t$，使得

$$A = P_1 \cdots P_s A_1 Q_1 \cdots Q_t,$$

这里 $A_1 = \operatorname{diag}(E_{n-1}, 0)$. 直接验算可知，若 P 是任意初等矩阵，C 是任意方阵，则 $(PC)^* = C^* P^*$，$(A_1 C)^* = C^* A_1^*$. 于是

$$\begin{aligned}(AB)^* &= [P_1(P_2 \cdots P_s A_1 Q_1 \cdots Q_t B)]^* = (P_2 \cdots P_s A_1 Q_1 \cdots Q_t B)^* P_1^* = \cdots \\ &= (A_1 Q_1 \cdots Q_t B)^* P_s^* \cdots P_1^* = (Q_1 \cdots Q_t B)^* A_1^* P_s^* \cdots P_1^* = \cdots \\ &= B^* Q_t^* \cdots Q_1^* A_1^* P_s^* \cdots P_1^*.\end{aligned}$$

但是

$$\begin{aligned}Q_t^* \cdots Q_1^* A_1^* P_s^* \cdots P_1^* &= (Q_1 \cdots Q_t)^* A_1^* P_s^* \cdots P_1^* = (A_1 Q_1 \cdots Q_t)^* P_s^* \cdots P_1^* \\ &= (P_s A_1 Q_1 \cdots Q_t)^* P_{s-1}^* \cdots P_1^* = \cdots \\ &= (P_1 \cdots P_s A_1 Q_1 \cdots Q_t)^* = A^*,\end{aligned}$$

于是，$(AB)^* = B^* A^*$.

例 4.1.10 设 A, B 为 n 级方阵. 证明：若 A 与 B 相似，则 A^* 与 B^* 相似.

证明 由 A, B 相似，设存在可逆阵 P 满足

$$B = P^{-1} A P, \tag{4.12}$$

由式(4.12)及例 4.1.9 有 $B^* = P^* A^* (P^{-1})^* = P^* A^* (P^*)^{-1}$，又 P 是可逆阵，故 P^* 亦可逆，从而 A^* 与 B^* 相似.

例 4.1.11 设 A 为 n 级方阵. 证明：若 A 是对合矩阵(即 $A^2 = E_n$)，则 A^* 也是对合矩阵.

证明 由 $(A^*)^2 = \left(\left|A\right|A^{-1}\right)^2 = \left|A\right|^2 (A^{-1})^2 = E_n$，故 A^* 也是对合矩阵.

练习 4.1

4.1.1　设 $A=\begin{pmatrix}-1&1&1&-1\\1&-1&-1&1\\1&-1&-1&1\\-1&1&1&-1\end{pmatrix}$，计算 A^6.

4.1.2　(1995，华中师范大学) 设 $A=\begin{pmatrix}1&\alpha&\beta\\0&1&\alpha\\0&0&1\end{pmatrix}$，试求 A^2，A^3，进而求 A^n.

4.1.3　(2006，中国科学院) 设 α 是实数，

$$A=\begin{pmatrix}\alpha&1&0&\cdots&0&0\\0&\alpha&1&\cdots&0&0\\0&0&\alpha&\cdots&0&0\\\vdots&\vdots&\vdots&&\vdots&\vdots\\0&0&0&\cdots&\alpha&1\\0&0&0&\cdots&0&\alpha\end{pmatrix}\in\mathbf{R}^{100\times100},$$

求 A^{50} 的第 1 行元素之和.

4.1.4　(2003，北京师范大学) 设

$$J_n(\lambda)=\begin{pmatrix}\lambda&1&0&\cdots&0&0\\0&\lambda&1&\cdots&0&0\\0&0&\lambda&\cdots&0&0\\\vdots&\vdots&\vdots&&\vdots&\vdots\\0&0&0&\cdots&\lambda&1\\0&0&0&\cdots&0&\lambda\end{pmatrix}$$

是数域 P 上的一个 n 级 Jordan 块，试写出与 $J_n(\lambda)$ 可交换的 P 上的 n 级方阵.

4.1.5　矩阵 A 称为对称的，如果 $A^{\mathrm{T}}=A$. 证明：如果 A 是实对称矩阵且 $A^2=O$，那么 $A=O$.

4.1.6　(安徽大学) 设 A,B 为实对称阵，C 为实反对称阵，且 $A^2+B^2=C^2$. 证明：

$$A=B=C=O.$$

4.1.7　(2003，武汉大学) 设 A 是 $m\times n$ 矩阵，B 是 $n\times m$ 矩阵($m\leqslant n$)，若 $AB=E_m$. 证明：B 的列向量组线性无关.

4.1.8　(2006，清华大学) 设 A 为 $m\times n$ 矩阵，B 为 $n\times m$ 矩阵. 证明：存在 $m\times n$ 矩阵 C 使

$$A=ABC \text{ 当且仅当 } r(A)=r(AB).$$

4.1.9　设 M 是 n 级方阵组成的集合，$\forall A,B\in M$，都有 $AB\in M$ 和 $(AB)^3=BA$，证明：

(1) $\forall A,B\in M$，有 $(A+B)^k=A^k+\mathrm{C}_k^1A^{k-1}B+\cdots+\mathrm{C}_k^{k-1}AB^{k-1}+B^k(k\geqslant2,k\in\mathbf{N})$;

(2) $\forall A\in M$，有 $|A|=0$ 或 $|A|=1$ 或 $|A|=-1$.

4.2 矩 阵 的 逆

一、矩阵逆的性质

要点 设 $\boldsymbol{A},\boldsymbol{B}$ 均为 n 级可逆矩阵，则

1° $(\boldsymbol{AB})^{-1}=\boldsymbol{B}^{-1}\boldsymbol{A}^{-1}$；

2° $(k\boldsymbol{A})^{-1}=\dfrac{1}{k}\boldsymbol{A}^{-1}$，其中 $k\neq 0$;

3° $(\boldsymbol{A}^{*})^{-1}=(\boldsymbol{A}^{-1})^{*}$；

4° $(\boldsymbol{A}^{\mathrm{T}})^{-1}=(\boldsymbol{A}^{-1})^{\mathrm{T}}$；

5° 上(下)三角形矩阵的逆仍为上(下)三角形矩阵；

6° 可逆矩阵不改变矩阵的秩，即设 $\boldsymbol{C}\in M_{l\times n}(P)$，$\boldsymbol{D}\in M_{l\times n}(P)$，则 $r(\boldsymbol{CA})=r(\boldsymbol{C})$，$r(\boldsymbol{DA})=r(\boldsymbol{D})$;

7° 可逆矩阵的行列式不等于零.

例 4.2.1 (厦门大学)如果 n 级可逆矩阵 $\boldsymbol{A}$ 的每行元素和均为 a，试证明：$\boldsymbol{A}^{-1}$ 的行元素的和总为 a^{-1}.

证明 由已知有

$$\boldsymbol{A}\begin{pmatrix}1\\1\\\vdots\\1\end{pmatrix}=\begin{pmatrix}a\\a\\\vdots\\a\end{pmatrix},\quad 其中\ a\neq 0. \tag{4.13}$$

用 $\boldsymbol{A}^{-1}$ 左乘式(4.13)两端得

$$a\boldsymbol{A}^{-1}\begin{pmatrix}1\\1\\\vdots\\1\end{pmatrix}=\begin{pmatrix}1\\1\\\vdots\\1\end{pmatrix},\quad 即\ \boldsymbol{A}^{-1}\begin{pmatrix}1\\1\\\vdots\\1\end{pmatrix}=\begin{pmatrix}a^{-1}\\a^{-1}\\\vdots\\a^{-1}\end{pmatrix}.$$

此即，$\boldsymbol{A}^{-1}$ 的行元素和为 a^{-1}.

二、矩阵逆的求法(Ⅰ)

a. 利用定义

要点 设 $\boldsymbol{A}$ 为 n 级可逆矩阵，由可逆矩阵的定义及伴随矩阵的性质易知：若存在 n 级方阵 $\boldsymbol{B}$ 满足 $\boldsymbol{AB}=\boldsymbol{E}$，则 $\boldsymbol{B}$ 为 $\boldsymbol{A}$ 的可逆矩阵且 $\boldsymbol{B}=\dfrac{\boldsymbol{A}^{*}}{|\boldsymbol{A}|}$.

若 $\boldsymbol{A}$ 为具体数字方阵，可直接设出矩阵 $\boldsymbol{B}$，代入 $\boldsymbol{AB}=\boldsymbol{E}$，化为线性方程组可求出可逆矩阵 $\boldsymbol{B}$；若对方阵 $\boldsymbol{A}$ 给出的已知条件为有关矩阵的关系式时，可对等式变形凑成 $\boldsymbol{AB}=\boldsymbol{E}$ 形式，则 $\boldsymbol{B}$ 为 $\boldsymbol{A}$ 的可逆阵.

例 4.2.2　设 n 阶矩阵 $\boldsymbol{A}$ 和 $\boldsymbol{B}$ 满足 $\boldsymbol{A}+\boldsymbol{B}=\boldsymbol{AB}$. 证明：

(1) $\boldsymbol{A}-\boldsymbol{E}$ 为可逆矩阵；(2) $\boldsymbol{AB}=\boldsymbol{BA}$；(3) $(\boldsymbol{AB})^n=\boldsymbol{A}^n\boldsymbol{B}^n$.

证明　(1) 要证明 $\boldsymbol{A}-\boldsymbol{E}$ 可逆，先设法分解出因子 $\boldsymbol{A}-\boldsymbol{E}$，由 $\boldsymbol{A}+\boldsymbol{B}=\boldsymbol{AB}$ 有 $\boldsymbol{AB}-\boldsymbol{A}-\boldsymbol{B}+\boldsymbol{E}=\boldsymbol{E}$，故 $(\boldsymbol{A}-\boldsymbol{E})(\boldsymbol{B}-\boldsymbol{E})=\boldsymbol{E}$.

(2) 由 (1) 可知 $(\boldsymbol{B}-\boldsymbol{E})$ 为 $\boldsymbol{A}-\boldsymbol{E}$ 的逆矩阵，故 $(\boldsymbol{B}-\boldsymbol{E})(\boldsymbol{A}-\boldsymbol{E})=\boldsymbol{E}$，则 $(\boldsymbol{A}-\boldsymbol{E})(\boldsymbol{B}-\boldsymbol{E})=(\boldsymbol{B}-\boldsymbol{E})(\boldsymbol{A}-\boldsymbol{E})$，则 $\boldsymbol{AB}=\boldsymbol{BA}$.

(3) 对 n 用归纳法.

例 4.2.3　设方阵 $\boldsymbol{A}$ 满足关系式 $\boldsymbol{A}^3+\boldsymbol{A}^2-\boldsymbol{A}-\boldsymbol{E}=\boldsymbol{O}$，且 $|\boldsymbol{A}+\boldsymbol{E}|\neq 0$，证明 $\boldsymbol{A}$ 可逆，并求 $\boldsymbol{A}^{-1}$.

证明　由 $\boldsymbol{A}^2(\boldsymbol{A}+\boldsymbol{E})=\boldsymbol{A}+\boldsymbol{E}$，有 $\boldsymbol{A}^2=\boldsymbol{E}$，故 $\boldsymbol{A}^{-1}=\boldsymbol{A}$.

例 4.2.4　已知矩阵 $\boldsymbol{A}$ 满足关系式 $\boldsymbol{A}^2+2\boldsymbol{A}-3\boldsymbol{E}=\boldsymbol{O}$，求 $(\boldsymbol{A}+4\boldsymbol{E})^{-1}$.

解　由 $\boldsymbol{A}^2+4\boldsymbol{A}-2\boldsymbol{A}-3\boldsymbol{E}=\boldsymbol{O}$ 得 $\boldsymbol{A}^2+4\boldsymbol{A}-2\boldsymbol{A}-8\boldsymbol{E}+5\boldsymbol{E}=\boldsymbol{O}$. 于是 $(\boldsymbol{A}+4\boldsymbol{E})(\boldsymbol{A}-2\boldsymbol{E})=-5\boldsymbol{E}$，故 $(\boldsymbol{A}+4\boldsymbol{E})^{-1}=-\dfrac{1}{5}(\boldsymbol{A}-2\boldsymbol{E})$.

b. 公式法

要点　设 $\boldsymbol{A}$ 为 n 级可逆方阵，则 $\boldsymbol{A}^{-1}=\dfrac{\boldsymbol{A}^*}{|\boldsymbol{A}|}$.

三、矩阵不可逆的证明方法

要点　证明 n 级方阵 $\boldsymbol{A}$ 不可逆常用方法有：

1°　直接计算得出 $\boldsymbol{A}$ 的行列式为零；

2°　用反证法；

3°　证明方程 $\boldsymbol{Ax}=\boldsymbol{0}$ 有非零解.

例 4.2.5　设方阵 $\boldsymbol{A}$，$\boldsymbol{A}^k=\boldsymbol{O}$，其中 k 是正整数. 试证：$\boldsymbol{A}$ 的可逆阵不存在.

证明　由 $\boldsymbol{A}^k=\boldsymbol{O}$，两边取行列式得

$$|\boldsymbol{A}|^k=0.$$

故 $|\boldsymbol{A}|=0$，即 $\boldsymbol{A}$ 不可逆.

例 4.2.6　若 $\boldsymbol{A}^2=\boldsymbol{B}^2=\boldsymbol{E}$，且 $|\boldsymbol{A}|+|\boldsymbol{B}|=0$. 试证明：$\boldsymbol{A}+\boldsymbol{B}$ 是不可逆矩阵.

证明　只要证明 $|\boldsymbol{A}+\boldsymbol{B}|=0$. 由于

$$|\boldsymbol{A}(\boldsymbol{A}+\boldsymbol{B})|=|\boldsymbol{A}^2+\boldsymbol{AB}|=|\boldsymbol{E}+\boldsymbol{AB}|=|\boldsymbol{B}^2+\boldsymbol{AB}|=|\boldsymbol{A}+\boldsymbol{B}||\boldsymbol{B}|,$$

于是 $(|A|-|B|)|A+B|=0$，而 $|A|+|B|=0$，又 $|A|^2=|B|^2=1$，所以 $|A|-|B|\neq 0$，这样由 $(|A|-|B|)|A+B|=0$ 可知 $|A+B|=0$，故 $A+B$ 是不可逆矩阵.

四、矩阵多项式的逆(Ⅱ)

例 4.2.7 设 A 为一个 n 级方阵，$f(x),g(x)\in P[x]$，且 $f(A)=0$，则

(1) $g(A)$ 可逆的充分条件为 $(f(x),g(x))=1$;

(2) 此时有 $u(x),v(x)\in P[x]$ 使得

$$u(x)f(x)+v(x)g(x)=1,$$

且 $(g(A))^{-1}=v(A)$.

证明 (1) 设 $f(x)$ 与 $g(x)$ 互素，故 $f(x)$ 与 $g(x)$ 在 $\mathbf{C}$ 上无公共根. 因 $f(A)=O$，故 $f(A)$ 的特征值均为 0，但 $f(\lambda_i)$ 为 $f(A)$ 之特征值，故 $f(\lambda_i)=0(i=1,2,\cdots,n)$. 由于 $g(\lambda_i)\neq 0$，即 $g(A)$ 无零特征值，从而 $g(A)$ 可逆.

(2) 当 $(f(x),g(x))=1$ 时，必有 $u(x),v(x)\in \mathbf{C}[x]$，使得

$$u(x)f(x)+v(x)g(x)=1.$$

从而 $v(A)g(A)=E$，即 $g(A)^{-1}=v(A)$.

评析 本例给出了一类矩阵多项式 $g(A)$ 的逆矩阵的求法，但 $g(x)$ 必须满足题中条件. 另外，当 $f(x)$ 的次数不大于 n 时，例 4.2.7 中(1)的条件为充要条件.

例 4.2.8 设矩阵

$$A=\begin{pmatrix}4 & 6 & 0\\ -3 & -5 & 0\\ -3 & -6 & 1\end{pmatrix},$$

$g(A)=A^3-4A^2+A+6E$，求 $g(A)$ 的逆矩阵.

解 由于矩阵 A 的特征多项式 $f(x)=(x-1)^2(x+2)$ 与 $g(x)=(x+1)(x-2)(x-3)$ 是互素的，由例 4.2.7 可知 $g(A)$ 可逆. 又

$$(-x^2+x+7)f(x)+(x^2+3x+1)g(x)=20,$$

故 $g(A)^{-1}=\dfrac{1}{20}(A^2+3A+E)$.

例 4.2.9 (1998，西北工业大学)已知 n 阶方阵 A 满足 $A^2=A$，试证明 $A+E$ 可逆，并求 $(A+E)^{-1}$.

证明 令 $f(x)=x^2-x$，$g(x)=x+1$，由于 $(f(x),g(x))=1$ 且 $f(A)=O$，故 $g(A)=A+E$ 可逆，又因 $1\cdot f(x)+(2-x)g(x)=2$，故 $g(A)(2E-A)=2E$，从而

$$g(A)^{-1}=E-\frac{1}{2}A.$$

练习 4.2

4.2.1　(2004，兰州大学) 若 A,B 均为 n 级方阵，B 可逆，且满足 $A^2+AB+B^2=O$，证明 $A+B$ 可逆，并求其逆.

4.2.2　证明：$(A+B)^{-1}=A^{-1}-A^{-1}(A^{-1}+B^{-1})^{-1}A^{-1}$.

4.2.3　设矩阵 A，B，$A+B$ 都可逆. 证明：$(A^{-1}+B^{-1})^{-1}=A(A+B)^{-1}B=B(A+B)^{-1}A$.

4.2.4　设 A 是 n 级方阵，$A+E$ 可逆，且 $f(A)=(E-A)(E+A)^{-1}$. 试证明：

(1) $(E+f(A))(E+A)=2E_n$;

(2) $f(f(A))=A$.

4.2.5　证明：如果 $A^k=O$，那么 $(E-A)^{-1}=E+A+A^2+\cdots+A^{k-1}$.

4.2.6　(2002，西安交通大学) 设矩阵 A,B 满足：$AB=A+2B$，其中 $A=\begin{pmatrix}4&2&3\\1&1&0\\-1&2&3\end{pmatrix}$，求矩阵 B.

4.2.7　(1998，西北工业大学) 已知 n 级方阵 A 满足 $A^2=A$，证明 $A+E$ 可逆，并求 $(A+E)^{-1}$.

4.2.8　(2004，上海交通大学) 设 n 级方阵 A 满足 $A^3-6A^2+11A-6E=O$. 试确定使得 $kE+A$ 可逆的数 k 的范围.

4.2.9　(2004，武汉大学) 已知 $A^3=2E$，$B=A^2-2A+2E$，证明 B 可逆并求出其逆.

4.2.10　(2004，华东师范大学) 若 n 级方阵 A 满足：$A^2+2A+3E=O$.

(1) 证明：对任意实数 a，$A+aE$ 可逆；

(2) 求 $A+4E$ 的逆矩阵.

4.3　矩阵的分块

一、分块阵的乘法及其应用

a.　分块阵的乘法规则

要点　矩阵分块乘法要能够进行，分块方法必须满足下列两个条件：

1°　左矩阵的列块数等于右矩阵的行块数；

2°　左矩阵的每个列块所含的列数等于右矩阵对应行块所含的行数.

两矩阵 A,B 的分块如果满足上述可相乘条件，计算 AB 就可分块相乘，即把 A,B 分块后的子块当成一个"数"，按通常的矩阵乘法法则相乘，这种计算 AB 的方法称为矩阵的分块相乘法.

满足可相乘条件的矩阵分块的方法有很多，究竟选择什么样的分块方法较合适？这要根据分块后能方便运算来确定，一般原则是：尽量分出一些单位矩阵(或数量矩阵)和零矩阵作为子块，以简化计算.

例 4.3.1　计算 $\boldsymbol{AB}$，其中

$$\boldsymbol{A}=\begin{pmatrix}4&-5&7&0&0\\-1&2&6&0&0\\-3&1&8&0&0\\0&0&0&5&0\\0&0&0&0&5\end{pmatrix},\quad \boldsymbol{B}=\begin{pmatrix}3&0&0&0&0\\0&3&0&0&0\\0&0&3&0&0\\0&0&0&-1&3\\0&0&0&9&4\end{pmatrix}.$$

解　记

$$\boldsymbol{A}_1=\begin{pmatrix}4&-5&7\\-1&2&6\\-3&1&8\end{pmatrix},\quad \boldsymbol{B}_1=\begin{pmatrix}-1&3\\9&4\end{pmatrix},$$

则

$$\boldsymbol{AB}=\begin{pmatrix}\boldsymbol{A}_1&\boldsymbol{O}\\\boldsymbol{O}&5\boldsymbol{E}_2\end{pmatrix}\begin{pmatrix}3\boldsymbol{E}_3&\boldsymbol{O}\\\boldsymbol{O}&\boldsymbol{B}_1\end{pmatrix}=\begin{pmatrix}3\boldsymbol{A}_1&\boldsymbol{O}\\\boldsymbol{O}&5\boldsymbol{B}_1\end{pmatrix}$$
$$=\begin{pmatrix}12&-15&21&0&0\\-3&6&18&0&0\\-9&3&24&0&0\\0&0&0&-5&15\\0&0&0&45&20\end{pmatrix}.$$

b. 一些常用的分块方法

设 $\boldsymbol{A}\in M_{m\times n}(P)$.

1° **列向量分法**　即 $\boldsymbol{A}=(\boldsymbol{\alpha}_1,\boldsymbol{\alpha}_2,\cdots,\boldsymbol{\alpha}_n)$，其中 $\boldsymbol{\alpha}_i$ 为 $\boldsymbol{A}$ 的第 i 列.

2° **行向量分法**　即 $\boldsymbol{A}=\begin{pmatrix}\boldsymbol{\beta}_1\\\vdots\\\boldsymbol{\beta}_m\end{pmatrix}$，其中 $\boldsymbol{\beta}_j$ 为 $\boldsymbol{A}$ 的第 i 行.

3° **分两块**　即 $\boldsymbol{A}=(\boldsymbol{A}_1,\boldsymbol{A}_2)$，其中 $\boldsymbol{A}_1,\boldsymbol{A}_2$ 分别为 $\boldsymbol{A}$ 的若干列组成，或 $\boldsymbol{A}=\begin{pmatrix}\boldsymbol{B}_1\\\boldsymbol{B}_2\end{pmatrix}$，其中 $\boldsymbol{B}_1,\boldsymbol{B}_2$ 分别为 $\boldsymbol{A}$ 的若干行作成.

4° **分四块**　即 $\boldsymbol{A}=\begin{pmatrix}\boldsymbol{C}_1&\boldsymbol{C}_2\\\boldsymbol{C}_3&\boldsymbol{C}_4\end{pmatrix}$.

二、分块阵的广义初等变换

a. 分块阵的广义初等变换

1° 交换分块阵的两行(列)；

2° 用一个可逆阵乘分块阵的某一行(列)；

3° 用某一矩阵乘分块阵的某一行(列)加到另一行(列)上去.

评析 对矩阵 $\boldsymbol{A}$ 作若干广义初等变换，其秩不变；对矩阵 $\boldsymbol{A}$ 只作第 3° 种广义初等变换，其行列式值不变.

b. 广义初等阵

广义初等阵分三类:

1° $\begin{pmatrix} \boldsymbol{O} & \boldsymbol{E}_m \\ \boldsymbol{E}_n & \boldsymbol{O} \end{pmatrix}$;

2° $\begin{pmatrix} \boldsymbol{D} & \boldsymbol{O} \\ \boldsymbol{O} & \boldsymbol{E} \end{pmatrix}$, $\begin{pmatrix} \boldsymbol{E} & \boldsymbol{O} \\ \boldsymbol{O} & \boldsymbol{G} \end{pmatrix}$, 其中 $\boldsymbol{D},\boldsymbol{G}$ 均为可逆阵.

3° $\begin{pmatrix} \boldsymbol{E} & \boldsymbol{O} \\ \boldsymbol{M} & \boldsymbol{E} \end{pmatrix}$, $\begin{pmatrix} \boldsymbol{E} & \boldsymbol{H} \\ \boldsymbol{O} & \boldsymbol{E} \end{pmatrix}$.

三、关于分块阵的逆(Ⅲ)

a. 公式法

要点 设

$$\boldsymbol{A}=\begin{pmatrix} \boldsymbol{A}_1 & & & \\ & \boldsymbol{A}_2 & & \\ & & \ddots & \\ & & & \boldsymbol{A}_r \end{pmatrix},\quad \boldsymbol{B}=\begin{pmatrix} & & & \boldsymbol{B}_1 \\ & & \boldsymbol{B}_2 & \\ & \iddots & & \\ \boldsymbol{B}_r & & & \end{pmatrix},$$

其中 $\boldsymbol{A}_i$ 与 $\boldsymbol{B}_i\,(i=1,2,\cdots,r)$ 均可逆，则

$$\boldsymbol{A}^{-1}=\begin{pmatrix} \boldsymbol{A}_1^{-1} & & & \\ & \boldsymbol{A}_2^{-1} & & \\ & & \ddots & \\ & & & \boldsymbol{A}_r^{-1} \end{pmatrix},\quad \boldsymbol{B}^{-1}=\begin{pmatrix} & & & \boldsymbol{B}_r^{-1} \\ & & \boldsymbol{B}_{r-1}^{-1} & \\ & \iddots & & \\ \boldsymbol{B}_1^{-1} & & & \end{pmatrix}.$$

b. 利用矩阵方程求逆(实例)

例 4.3.2 设 $\boldsymbol{A},\boldsymbol{B}$ 均为 n 级可逆方阵. 证明 $2n$ 级方阵 $\boldsymbol{D}=\begin{pmatrix} \boldsymbol{A} & \boldsymbol{O} \\ \boldsymbol{C} & \boldsymbol{B} \end{pmatrix}$ 可逆，并求 $\boldsymbol{D}^{-1}$.

证明 由 $\boldsymbol{A},\boldsymbol{B}$ 可逆，$|\boldsymbol{A}|\neq 0$，$|\boldsymbol{B}|\neq 0$，从而 $|\boldsymbol{D}|=|\boldsymbol{A}||\boldsymbol{B}|\neq 0$，故 $\boldsymbol{D}$ 可逆. 设

$$\boldsymbol{D}^{-1}=\begin{pmatrix} \boldsymbol{X}_{11} & \boldsymbol{X}_{12} \\ \boldsymbol{X}_{21} & \boldsymbol{X}_{22} \end{pmatrix},$$

则有

$$DD^{-1}=\begin{pmatrix} A & O \\ C & B \end{pmatrix}\begin{pmatrix} X_{11} & X_{12} \\ X_{21} & X_{22} \end{pmatrix}=\begin{pmatrix} AX_{11} & AX_{12} \\ AX_{11}+BX_{21} & CX_{12}+BX_{22} \end{pmatrix}=\begin{pmatrix} E_n & O \\ O & E_n \end{pmatrix}.$$

根据矩阵相乘的定义，有

$$\begin{cases} AX_{11}=E_n, \\ AX_{12}=O, \\ CX_{11}+BX_{21}=O, \\ CX_{12}+BX_{22}=E_n. \end{cases}$$

从而得 $X_{11}=A^{-1}$，$X_{12}=O$，$X_{21}=-B^{-1}CA^{-1}$，$X_{22}=B^{-1}$. 故

$$D^{-1}=\begin{pmatrix} A^{-1} & O \\ -B^{-1}CA^{-1} & B^{-1} \end{pmatrix}.$$

评析 用同样方法，可得如下结论：设 A,B 均可逆，则

1° 设 $D=\begin{pmatrix} A & C \\ O & B \end{pmatrix}$，有 $D^{-1}=\begin{pmatrix} A^{-1} & -A^{-1}CB^{-1} \\ O & B^{-1} \end{pmatrix}$；

2° 设 $D=\begin{pmatrix} C & A \\ B & O \end{pmatrix}$，有 $D^{-1}=\begin{pmatrix} O & B^{-1} \\ A^{-1} & -A^{-1}CB^{-1} \end{pmatrix}$.

练习 4.3

4.3.1 A,B 分别为 $n\times m$ 和 $m\times n$ 矩阵，证明

$$\begin{vmatrix} E_m & B \\ A & E_n \end{vmatrix}=|E_m-BA|=|E_n-AB|.$$

4.3.2 设 A 是 $s\times n$ 矩阵，证明：$r(E_n-A^{\mathrm{T}}A)+s=r(E_s-AA^{\mathrm{T}})+n.$

4.3.3 (1998，西北工业大学) 设 A,B,C 均为 n 级方阵，且 A 和 B 均可逆，试证明

$$M=\begin{pmatrix} A & A \\ C-B & C \end{pmatrix}$$

可逆，并求 M^{-1}.

4.3.4 (1995，清华大学) 设 A,B 是 n 级方阵，若 $A+B$ 与 $A-B$ 可逆，试证明

$$\begin{pmatrix} A & B \\ B & A \end{pmatrix}$$

可逆，并求出其逆矩阵.

4.3.5 (1999，华中师范大学) 设 P 是数域，$A\in M_{n\times m}(P)$，$B\in M_{n\times s}(P)$，$C\in M_{m\times t}(P)$，$D\in M_{s\times t}(P)$，并且 $r(B)=s$，$AC+BD=O$. 证明：$r\begin{pmatrix} C \\ D \end{pmatrix}=t$ 的充要条件是 $r(C)=t$.

4.3.6 (1999，武汉大学)已知分块矩阵 $\boldsymbol{M}=\begin{pmatrix}\boldsymbol{A} & \boldsymbol{B}\\ \boldsymbol{C} & \boldsymbol{O}\end{pmatrix}$ 可逆，其中 $\boldsymbol{B}$ 为 $p\times p$ 块，$\boldsymbol{C}$ 为 $q\times q$ 块，求证：$\boldsymbol{B}$ 与 $\boldsymbol{C}$ 都可逆，并求 $\boldsymbol{M}^{-1}$.

4.4 初 等 矩 阵

一、初等矩阵及其性质

a. 初等变换

分别称以下3类变换为矩阵的第1，2，3类行(或列)初等变换：

1° **倍法变换** 以一个非零常数乘矩阵中某一行(或列)；

2° **消法变换** 将矩阵中某一行(或列)的数量倍加到另一行(或列)；

3° **换位变换** 对调矩阵任意两行(或列)的位置.

b. 初等矩阵

要点 对单位阵施行一次初等变换而得到的矩阵称为初等矩阵，初等阵有如下三种形式：

1°
$$\boldsymbol{P}(i,j)=\begin{pmatrix}1&&&&&&&&\\&\ddots&&&&&&&\\&&1&&&&&&\\&&&0&\cdots&1&&&\\&&&&1&&&&\\&&&\vdots&\ddots&\vdots&&&\\&&&&&1&&&\\&&&1&\cdots&0&&&\\&&&&&&1&&\\&&&&&&&\ddots&\\&&&&&&&&1\end{pmatrix}\begin{matrix}\\\\\\ i\text{行}\\\\\\\\ j\text{行}\\\\\\\\\end{matrix}$$

表示互换单位阵 $\boldsymbol{E}_n$ 的 i 行(列)与 j 行(列)的位置.

2°
$$\boldsymbol{P}(i(c))=\begin{pmatrix}1&&&&\\&\ddots&&&\\&&c&&\\&&&\ddots&\\&&&&1\end{pmatrix}i\text{行},$$

其中 $c\neq 0$，表示用 c 乘以 $\boldsymbol{E}_n$ 的第 i 行(列).

3°

$$
\boldsymbol{P}(i,j(k))=\begin{pmatrix}1 &&&&&& \\ &\ddots&&&&& \\ &&1&\cdots&k&& \\ &&&\ddots&\vdots&& \\ &&&&1&& \\ &&&&&\ddots& \\ &&&&&&1\end{pmatrix}\begin{matrix} \\ \\ i\text{行} \\ \\ j\text{行} \\ \\ \\ \end{matrix}
$$

表示 $\boldsymbol{E}_n$ 的 j 行的 k 倍加到 i 行，或 $\boldsymbol{E}_n$ 的 i 列的 k 倍加到 j 列.

c. 初等矩阵的性质

1° 关于初等矩阵的逆，满足

$$
\boldsymbol{P}(i,j)^{-1}=\boldsymbol{P}(i,j);
$$

$$
\boldsymbol{P}(i(c))^{-1}=\boldsymbol{P}\left(i\left(\frac{1}{c}\right)\right),\quad c\neq 0;
$$

$$
\boldsymbol{P}(i,j(k))^{-1}=\boldsymbol{P}(i,j(-k)).
$$

2° 关于初等矩阵的转置运算，满足

$$
\boldsymbol{P}(i,j)^{\mathrm{T}}=\boldsymbol{P}(i,j);\quad \boldsymbol{P}(i(c))^{\mathrm{T}}=\boldsymbol{P}(i(c));\quad \boldsymbol{P}(i,j(k))^{\mathrm{T}}=\boldsymbol{P}(j,i(k)).
$$

二、初等变换的应用

a. 初等矩阵与初等变换

要点　对于一个 $s\times n$ 矩阵 $\boldsymbol{A}$ 作一次初等行变换就相当于在 $\boldsymbol{A}$ 的左边乘上相应的 $s\times s$ 初等矩阵；对 $\boldsymbol{A}$ 作一次初等列变换就相当于在 $\boldsymbol{A}$ 的右边乘上相应的 $n\times n$ 初等矩阵.

评析　本要点中结论的意义在于当我们用初等变换来化简矩阵 $\boldsymbol{A}$ 以后，会产生一个与 $\boldsymbol{A}$ 有关的等式，或者说它可以将 $\boldsymbol{A}$ 分解为一些初等矩阵，以及它的等价标准形 $\begin{pmatrix}\boldsymbol{E}_r & \boldsymbol{O}\\ \boldsymbol{O} & \boldsymbol{O}\end{pmatrix}(r=r(\boldsymbol{A}))$ 的乘积. 而这些等式无疑会为我们研究矩阵 $\boldsymbol{A}$ 的性质、量化关系，以及与 $\boldsymbol{A}$ 有关的问题带来方便. 实质上，这是一个非常重要而实用的结论.

例 4.4.1　(2007，陕西师范大学) 矩阵的列向量组是线性无关的，就称该矩阵为列满秩的.

(1) 设 $\boldsymbol{A}$ 是 $m\times n$ 矩阵，则 $\boldsymbol{A}$ 是列满秩的充分必要条件是存在 m 级可逆方阵 $\boldsymbol{Q}$ 使

$$
\boldsymbol{A}=\boldsymbol{Q}\begin{pmatrix}\boldsymbol{E}_n\\ \boldsymbol{O}\end{pmatrix}.
$$

(2) 已知

$$A=\begin{pmatrix}1 & 1 & -1\\ 2 & 1 & 0\\ 1 & -1 & 0\\ 4 & 1 & -1\\ 5 & 3 & -1\end{pmatrix},$$

求满足(1)中条件的可逆方阵 $\boldsymbol{Q}$.

证明　(1)"⇒"设 $\boldsymbol{A}$ 是列满秩的，则 $r(\boldsymbol{A})=n$. 从而 $\boldsymbol{A}$ 的 m 个行向量中有 n 行为极大线性无关组. 调换 $\boldsymbol{A}$ 的行总可以使得前 n 行为 $\boldsymbol{A}$ 的极大线性无关组，故存在可逆矩阵 $\boldsymbol{Q}_1$ 使得

$$\boldsymbol{Q}_1\boldsymbol{A}=\begin{pmatrix}\boldsymbol{A}_1\\ \boldsymbol{A}_2\end{pmatrix},$$

其中 $\boldsymbol{A}_1$ 为 n 级方阵. 由于 $\boldsymbol{A}_2$ 中的行向量是 $\boldsymbol{A}_1$ 中的行向量的线性组合，故存在 $\boldsymbol{Q}_2$ 使得

$$\boldsymbol{Q}_2\boldsymbol{Q}_1\boldsymbol{A}=\begin{pmatrix}\boldsymbol{A}_1\\ \boldsymbol{O}\end{pmatrix},$$

求 $\boldsymbol{A}_1$，存在可逆方阵 $\boldsymbol{B}$，使得 $\boldsymbol{B}\boldsymbol{A}_1=\boldsymbol{E}_n$，令 $\boldsymbol{Q}_3=\begin{pmatrix}\boldsymbol{B} & \boldsymbol{O}\\ \boldsymbol{O} & \boldsymbol{E}_{m-n}\end{pmatrix}$，$\boldsymbol{Q}^{-1}=\boldsymbol{Q}_3\boldsymbol{Q}_2\boldsymbol{Q}_1$，则

$$\boldsymbol{Q}^{-1}\boldsymbol{A}=\boldsymbol{Q}_3\boldsymbol{Q}_2\boldsymbol{Q}_1\boldsymbol{A}=\begin{pmatrix}\boldsymbol{B} & \boldsymbol{O}\\ \boldsymbol{O} & \boldsymbol{E}_{n-m}\end{pmatrix}\begin{pmatrix}\boldsymbol{A}_1\\ \boldsymbol{O}\end{pmatrix}=\begin{pmatrix}\boldsymbol{E}_n\\ \boldsymbol{O}\end{pmatrix},$$

即 $\boldsymbol{A}=\boldsymbol{Q}\begin{pmatrix}\boldsymbol{E}_n\\ \boldsymbol{O}\end{pmatrix}$.

"⇐"若 $\boldsymbol{A}=\boldsymbol{Q}\begin{pmatrix}\boldsymbol{E}_n\\ \boldsymbol{O}\end{pmatrix}$，则由可逆阵 $\boldsymbol{Q}$ 不改变矩阵 $\begin{pmatrix}\boldsymbol{E}_n\\ \boldsymbol{O}\end{pmatrix}$ 的秩，故 $r(\boldsymbol{A})=n$，即 $\boldsymbol{A}$ 是列满秩的.

(2) 易得 $\boldsymbol{Q}=\begin{pmatrix}1 & 1 & -1 & 0 & 0\\ 2 & 1 & 0 & 0 & 0\\ 1 & -1 & 0 & 0 & 0\\ 4 & 1 & -1 & 1 & 0\\ 5 & 3 & -1 & 0 & 1\end{pmatrix}$.

例 4.4.2　(2014，厦门大学) 将二级矩阵 $\begin{pmatrix}a & 0\\ 0 & a^{-1}\end{pmatrix}$ 表示成若干个形如 $\begin{pmatrix}1 & 0\\ b & 0\end{pmatrix}$ 或 $\begin{pmatrix}1 & b\\ 0 & 1\end{pmatrix}$ 的初等矩阵的乘积____________.

解　对$\begin{pmatrix} a & 0 \\ 0 & a^{-1} \end{pmatrix}$作如下初等变换

$$\begin{pmatrix} a & 0 \\ 0 & a^{-1} \end{pmatrix} \xrightarrow{2+1\times\left(\frac{1-a}{a}\right)} \begin{pmatrix} a & 0 \\ 1-a & a^{-1} \end{pmatrix} \xrightarrow{1+2\times 1} \begin{pmatrix} 1 & a^{-1} \\ 1-a & a^{-1} \end{pmatrix}$$

$$\xrightarrow{2+1\times a} \begin{pmatrix} 1 & a^{-1} \\ 1 & a^{-1}+1 \end{pmatrix} \xrightarrow{2+1\times(-1)} \begin{pmatrix} 1 & a^{-1} \\ 0 & 1 \end{pmatrix} \xrightarrow{1+2\times(-a^{-1})} \begin{pmatrix} 1 & 0 \\ 0 & 1 \end{pmatrix},$$

利用初等矩阵与初等变换的要点有

$$\begin{pmatrix} a & 0 \\ 0 & a^{-1} \end{pmatrix} = \begin{pmatrix} 1 & 0 \\ \dfrac{a-1}{a} & 1 \end{pmatrix} \begin{pmatrix} 1 & -1 \\ 0 & 1 \end{pmatrix} \begin{pmatrix} 1 & 0 \\ -a & 1 \end{pmatrix} \begin{pmatrix} 1 & 0 \\ 1 & 1 \end{pmatrix} \begin{pmatrix} 1 & a^{-1} \\ 0 & 1 \end{pmatrix}.$$

b. 初等变换的应用

初等变换的应用表现在以下四个方面.

1° 求矩阵的秩.

例 4.4.3　讨论 n 级方阵 $\boldsymbol{A}$ 的秩，其中

$$\boldsymbol{A} = \begin{pmatrix} a & b & \cdots & b \\ b & a & \cdots & b \\ \vdots & \vdots & & \vdots \\ b & b & \cdots & a \end{pmatrix} \quad (n \geqslant 2).$$

解　对矩阵 $\boldsymbol{A}$ 作初等变换化为阶梯矩阵

$$\boldsymbol{A} = \begin{pmatrix} a & b & \cdots & b \\ b & a & \cdots & b \\ \vdots & \vdots & & \vdots \\ b & b & \cdots & a \end{pmatrix} \xrightarrow[\substack{\cdots \\ c_1+c_n(1)}]{\substack{c_1+c_2(1) \\ c_1+c_3(1)}} \begin{pmatrix} a+(n-1)b & b & \cdots & b \\ a+(n-1)b & a & \cdots & b \\ \vdots & \vdots & & \vdots \\ a+(n-1)b & b & \cdots & a \end{pmatrix}$$

$$\xrightarrow[\substack{\cdots \\ r_n+r_1(-1)}]{\substack{r_2+r_1(-1) \\ r_3+r_1(-1)}} \begin{pmatrix} a+(n-1)b & b & \cdots & b \\ 0 & a-b & \cdots & 0 \\ \vdots & \vdots & & \vdots \\ 0 & 0 & \cdots & a-b \end{pmatrix}.$$

当 $a \neq b$，且 $a \neq -(n-1)b$ 时，则 $r(\boldsymbol{A}) = n$;

当 $a \neq b$，且 $a = -(n-1)b$ 时，则 $r(\boldsymbol{A}) = n-1$;

当 $a = b$，且 $a \neq -(n-1)b$ 时，则 $r(\boldsymbol{A}) = 1$;

当 $a = b$，且 $a = -(n-1)b$ 时，则 $r(\boldsymbol{A}) = 0$.

评析　在求矩阵秩的过程中，初等变换既可以用行变换也可以用列变换，即六种初等变换形式都可以.

由于初等变换不改变矩阵的秩，所以可通过初等变换将一个矩阵化为阶梯形矩阵.在阶梯形矩阵中，根据矩阵秩的性质，这个矩阵中不为零的行或列的数目就是原矩阵的秩，如矩阵 $\boldsymbol{A}$ 经初等变换成 $\boldsymbol{B}$，则 $\boldsymbol{A}$ 与 $\boldsymbol{B}$ 有相同的秩(这里 $\boldsymbol{B}$ 为阶梯形).

2° 判断向量组的线性相关性.

其步骤如下.

已知向量组 T_B 为 $\{\boldsymbol{\beta}_1,\cdots,\boldsymbol{\beta}_m\}$，不妨设 $\boldsymbol{\beta}_i(i=1,2,\cdots,m)$ 为行向量.

(1) 构造矩阵 $\boldsymbol{A}=(\boldsymbol{\beta}_1^{\mathrm{T}},\cdots,\boldsymbol{\beta}_m^{\mathrm{T}})$;

(2) 利用初等变换求矩阵 $\boldsymbol{A}$ 的秩，且有 $r(T_B)=r(\boldsymbol{A})$;

(3) 若 $r(T_B)=m$，则 T_B 线性无关；若 $r(T_B)<m$，则 T_B 线性相关.

例 4.4.4　讨论向量组 $\boldsymbol{\alpha}=(2,1,-1,-1)$，$\boldsymbol{\alpha}_2=(0,3,-2,0)$，$\boldsymbol{\alpha}_3=(2,4,-3,-1)$ 的线性相关性.

解　由已知构造矩阵 $\boldsymbol{A}$，即

$$\boldsymbol{A}=\begin{pmatrix}\boldsymbol{\alpha}_1\\\boldsymbol{\alpha}_2\\\boldsymbol{\alpha}_3\end{pmatrix}=\begin{pmatrix}2&1&-1&-1\\0&3&-2&0\\2&4&-3&-1\end{pmatrix}\xrightarrow{r_3+r_1(-1)}\begin{pmatrix}2&1&-1&-1\\0&3&-2&0\\0&3&-2&0\end{pmatrix}$$

$$\xrightarrow{r_3+r_2(-1)}\begin{pmatrix}2&1&-1&-1\\0&3&-2&0\\0&0&0&0\end{pmatrix}.$$

可得 $r(\boldsymbol{A})=2<3$，故 $\boldsymbol{\alpha}_1,\boldsymbol{\alpha}_2,\boldsymbol{\alpha}_3$ 线性相关.

评析　用初等变换法来求向量组的秩时，也就是用初等变换求它对应矩阵 $\boldsymbol{A}$ 的秩的过程，所以在此可以用六种初等变换.

3° 利用矩阵的初等变换求极大线性无关组.

已知向量组 T_B 为 $\{\boldsymbol{\beta}_1,\cdots,\boldsymbol{\beta}_m\}$，令矩阵 $\boldsymbol{A}=(\boldsymbol{\beta}_1,\cdots,\boldsymbol{\beta}_m)^{\mathrm{T}}$. 对矩阵 $\boldsymbol{A}$ 经过有限次初等列变换变成矩阵 $\boldsymbol{B}$ (这里不要使用两列之间的交换，目的是易于确定原向量组的极大线性无关组)，则 $\boldsymbol{A}$ 的 $j_1,j_2,\cdots,j_t$ 列与 $\boldsymbol{B}$ 的 $j_1,j_2,\cdots,j_t$ 列的线性相关性相同；若 $\boldsymbol{B}$ 的 $j_1,j_2,\cdots,j_t$ 列是 $\boldsymbol{B}$ 的列向量组的一个极大线性无关组，则 $\boldsymbol{A}$ 的 $j_1,j_2,\cdots,j_t$ 列就是 $\boldsymbol{A}$ 的列向量组的一个极大线性无关组.

4° 利用矩阵初等行(列)变换可以求矩阵的逆.

三、利用初等变换求矩阵的逆(Ⅳ)

要点　设 $\boldsymbol{A}$ 是 n 级可逆方阵，则

$$\boldsymbol{A}=\boldsymbol{P}_1\boldsymbol{P}_2\cdots\boldsymbol{P}_t, \tag{4.14}$$

其中 $\boldsymbol{P}_i$ 是初等矩阵，由等式(4.14)可得

$$\begin{aligned} &Q_t Q_{t-1} \cdots Q_1 E_n = A^{-1}, \\ &Q_t Q_{t-1} \cdots Q_1 A = E, \end{aligned} \tag{4.15}$$

其中 $Q_i = P_i^{-1}$，$1 \leqslant i \leqslant t$.

评析　式(4.15)表明，对矩阵 A 和单位阵 E_n 作同样的初等行变换，当 A 化为单位阵时，与此同时，单位阵 E_n 将化为 A^{-1}. 这就是我们熟知的利用初等行变换求逆矩阵的原理所在. 对式(4.14)还可以通过类似的变形得出求矩阵逆的列初等变换方法.

四、矩阵的等价

要点　设 $A,B \in M_{m\times n}(P)$，若 B 是由 A 经过初等变换而得到的，称矩阵 A 与 B 等价.

设 $A \in M_{m\times n}(P)$，且 $r(A) = r$，则利用初等矩阵与初等变换之间关系可以证明：存在可逆阵 $B,C \in M_{m\times n}(P)$ 使得

$$BAC = \begin{pmatrix} E_r & O \\ O & O \end{pmatrix}. \tag{4.16}$$

式(4.16)右端的矩阵称为矩阵 A 的等价标准型.

例 4.4.5　试问：数域 P 上 n 级方阵的全体在等价意义下可分为几类?

解　数域 P 上 n 级方阵的秩有 $n+1$ 中情况，故在等价意义下 n 级方阵的全体可分为 $n+1$ 类.

练习 4.4

4.4.1　(2006，南开大学) (1) 设 $A = \begin{pmatrix} 2 & 1 & 1 \\ 3 & 1 & 2 \\ 1 & -1 & 0 \end{pmatrix}$，$B = \begin{pmatrix} 1 & 0 & 0 \\ 0 & 1 & 2 \\ 3 & 1 & 2 \end{pmatrix}$. 试求 A^{-1}，BA^{-1}.

(2) 试将矩阵 $\begin{pmatrix} 2 & 3 \\ 3 & 5 \end{pmatrix}$ 写成若干个形如 $\begin{pmatrix} 1 & 0 \\ x & 1 \end{pmatrix}$ 与 $\begin{pmatrix} 1 & y \\ 0 & 1 \end{pmatrix}$ 的矩阵的乘积.

4.4.2　(1) 把矩阵 $\begin{pmatrix} a & 0 \\ 0 & a^{-1} \end{pmatrix}$ 写成若干个形如 $\begin{pmatrix} 1 & 0 \\ x & 1 \end{pmatrix}$ 与 $\begin{pmatrix} 1 & y \\ 0 & 1 \end{pmatrix}$ 的矩阵的乘积；

(2) 设 $A = \begin{pmatrix} a & b \\ c & d \end{pmatrix}$ 为一复数矩阵，$|A| = 1$. 证明：A 可以表示成形式为(1)中的矩阵的乘积.

4.4.3　(2004，江苏大学) 设 A 是一个 n 级方阵，且 $r(A) = r$. 证明：存在一个 n 级方阵 P，使 PAP^{-1} 的后 $n-r$ 行全为零.

4.4.4　(2004，浙江大学) 设 $A,B \in M_{m\times n}(P)$，$r(A)+r(B) \leqslant n$. 证明：存在 n 级可逆阵 M 使得

$$AMB = O.$$

4.4.5　(1999，浙江大学) 矩阵 $A_{m\times n}$ 是行满秩矩阵 $(r(A) = m)$. 证明：

(1) 存在可逆阵 Q，使得 $A = (E_m, O)Q$，其中 E_m 为 m 级单位阵；

(2) 存在矩阵 $B_{n\times m}$，使得 $AB = E_m$.

4.4.6 设 $\boldsymbol{A},\boldsymbol{B}$ 是 $m\times n$ 矩阵，$\boldsymbol{P},\boldsymbol{Q}$ 为 m 级方阵且 $\boldsymbol{A}=\boldsymbol{PB}$，$\boldsymbol{B}=\boldsymbol{QA}$. 证明：$\boldsymbol{A},\boldsymbol{B}$ 可以相互经过一系列行变换而得(即 $\boldsymbol{A}$ 可经一系列行变换得到 $\boldsymbol{B}$，$\boldsymbol{B}$ 也可经一系列行变换得到 $\boldsymbol{A}$).

4.5 若干不等式

一、Steinitz 替换定理及其应用

a. Steinitz 替换定理

设向量组 $\boldsymbol{\alpha}_1,\boldsymbol{\alpha}_2,\cdots,\boldsymbol{\alpha}_r$（Ⅰ）线性无关，并且可由 $\boldsymbol{\beta}_1,\cdots,\boldsymbol{\beta}_s$（Ⅱ）线性表示，则

(1) $r\leqslant s$;

(2) 适当地选取 r 个 $\boldsymbol{\beta}_i$，用 $\boldsymbol{\alpha}_1,\boldsymbol{\alpha}_2,\cdots,\boldsymbol{\alpha}_r$ 替换得(可设) $\boldsymbol{\alpha}_1,\boldsymbol{\alpha}_2,\cdots,\boldsymbol{\alpha}_r,\ \boldsymbol{\beta}_{r+1},\cdots,\boldsymbol{\beta}_s$ (III) 与向量组(Ⅱ)等价.

b. 若干应用

例 4.5.1 证明：如果向量组(Ⅰ)可以由向量组(Ⅱ)线性表示，则(Ⅰ)的秩不超过(Ⅱ)的秩.

证明 设向量组(Ⅰ)和(Ⅱ)分别为

$$\boldsymbol{\alpha}_1,\boldsymbol{\alpha}_2,\cdots,\boldsymbol{\alpha}_r\ (\text{Ⅰ})\text{和}\ \boldsymbol{\beta}_1,\cdots,\boldsymbol{\beta}_s\ (\text{Ⅱ}),$$

且它们的秩分别为 r_1,r_2，进一步设 $\boldsymbol{\alpha}_{i1},\boldsymbol{\alpha}_{i2},\cdots,\boldsymbol{\alpha}_{ir}$ 和 $\boldsymbol{\beta}_{j1},\boldsymbol{\beta}_{j2},\cdots,\boldsymbol{\beta}_{jr}$ 分别为向量组(Ⅰ)和(Ⅱ)的极大线性无关组，则由向量组(Ⅰ)可由向量组(Ⅱ)线性表示，易证 $\boldsymbol{\alpha}_{i1},\boldsymbol{\alpha}_{i2},\cdots,\boldsymbol{\alpha}_{ir}$ 可由向量组 $\boldsymbol{\beta}_{j1},\boldsymbol{\beta}_{j2},\cdots,\boldsymbol{\beta}_{jr}$ 线性表示. 由 Steinitz 替换定理有 $r_1\leqslant r_2$，故命题得证.

例 4.5.2 设向量组(Ⅰ)：$\boldsymbol{\alpha}_1,\boldsymbol{\alpha}_2,\cdots,\boldsymbol{\alpha}_r$；(Ⅱ)：$\boldsymbol{\beta}_1,\cdots,\boldsymbol{\beta}_t$；(III) $\boldsymbol{\alpha}_1,\boldsymbol{\alpha}_2,\cdots\boldsymbol{\alpha}_r,\boldsymbol{\beta}_1,\boldsymbol{\beta}_2,\cdots,\boldsymbol{\beta}_t$. 它们的秩分别为 r_1,r_2,r，则

$$\max\{r_1,r_2\}\leqslant r\leqslant r_1+r_2.$$

证明 设 $\boldsymbol{\alpha}_{i_1},\boldsymbol{\alpha}_{i_2},\cdots,\boldsymbol{\alpha}_{i_{r_1}}$；$\boldsymbol{\beta}_{j_1},\boldsymbol{\beta}_{j_2},\cdots,\boldsymbol{\beta}_{j_{r_2}}$；$\boldsymbol{\gamma}_{k_1},\boldsymbol{\gamma}_{k_2},\cdots,\boldsymbol{\gamma}_{k_r}$ 分别为向量组(Ⅰ)，(Ⅱ)，(III) 的极大线性无关组. 由于 $\boldsymbol{\alpha}_{i_1},\boldsymbol{\alpha}_{i_2},\cdots,\boldsymbol{\alpha}_{i_{r_1}}$ 可由(Ⅰ)线性表示，从而可由(III)线性表示，所以可由(III)的一个极大线性无关组 $\boldsymbol{\gamma}_{k_1},\boldsymbol{\gamma}_{k_2},\cdots,\boldsymbol{\gamma}_{k_r}$ 线性表示. 由 $\boldsymbol{\alpha}_{i_1},\boldsymbol{\alpha}_{i_2},\cdots,\boldsymbol{\alpha}_{i_{r_1}}$ 线性无关，从而 $r_1\leqslant r$. 同理 $r_2\leqslant r$. 故左边不等式成立，又 $\boldsymbol{\gamma}_{k_1},\boldsymbol{\gamma}_{k_2},\cdots,\boldsymbol{\gamma}_{k_r}$ 可由 $\boldsymbol{\alpha}_{i_1},\boldsymbol{\alpha}_{i_2},\cdots,\boldsymbol{\alpha}_{i_{r_1}}$，$\boldsymbol{\beta}_{j_1},\boldsymbol{\beta}_{j_2},\cdots,\boldsymbol{\beta}_{j_{r_2}}$ 线性表示，故右边不等式成立.

例 4.5.3 设 $\boldsymbol{A}\in M_{m\times n}(P)$，$\boldsymbol{B}\in M_{n\times l}(P)$，且 $\boldsymbol{AB}=\boldsymbol{O}$，证明：$r(\boldsymbol{A})+r(\boldsymbol{B})\leqslant n$.

证明 设 $\boldsymbol{B}=(\boldsymbol{B}_1,\boldsymbol{B}_2,\cdots,\boldsymbol{B}_l)$，则由 $\boldsymbol{AB}=\boldsymbol{O}$ 可知 $\boldsymbol{B}_i$ 为方程 $\boldsymbol{Ax}=\boldsymbol{0}$ 的解 $(i=1,2,\cdots,l)$. 设 $\boldsymbol{\eta}_1,\boldsymbol{\eta}_2,\cdots,\boldsymbol{\eta}_{n-r(A)}$ 为方程 $\boldsymbol{Ax}=\boldsymbol{0}$ 的基础解系，由齐次线性方程解的性质可知，向量组

$\boldsymbol{B}_1,\boldsymbol{B}_2,\cdots,\boldsymbol{B}_l$ 可由向量组 $\boldsymbol{\eta}_1,\cdots,\boldsymbol{\eta}_{n-r(A)}$ 线性表示，故由 Steinitz 替换定理有 $r(\boldsymbol{B})\leqslant n-r(\boldsymbol{A})$，即 $r(\boldsymbol{A})+r(\boldsymbol{B})\leqslant n$.

例 4.5.4　设 $\boldsymbol{A}$ 与 $\boldsymbol{B}$ 是行数相同的矩阵，则

$$r(\boldsymbol{A},\boldsymbol{B})\leqslant r(\boldsymbol{A})+r(\boldsymbol{B}).$$

提示：考察 $\begin{pmatrix}\boldsymbol{A} & \boldsymbol{O}\\ \boldsymbol{O} & \boldsymbol{B}\end{pmatrix}$ 与 $(\boldsymbol{A},\boldsymbol{B})$ 的秩.

二、利用整齐与局部的思想(实例)

例 4.5.5　(2006，陕西师范大学)若 $\boldsymbol{AB}=\boldsymbol{C}$，则

$$r(\boldsymbol{A})+r(\boldsymbol{B})-n\leqslant r(\boldsymbol{C})\leqslant \min\{r(\boldsymbol{A}),r(\boldsymbol{B})\},$$

其中 n 为矩阵 A 的列数.

特别地，若 $\boldsymbol{A}$ 为 n 级可逆方阵，则 $r(\boldsymbol{B})=r(\boldsymbol{C})$；若 $\boldsymbol{AB}=\boldsymbol{O}$，则 $r(\boldsymbol{A})+r(\boldsymbol{B})\leqslant n$.

证明　设 $r(\boldsymbol{A})=r$，则存在可逆阵 $\boldsymbol{P},\boldsymbol{Q}$，使得 $\boldsymbol{A}=\boldsymbol{P}\boldsymbol{A}_1\boldsymbol{Q}$，其中 $\boldsymbol{A}_1=\begin{pmatrix}\boldsymbol{E}_r & \boldsymbol{O}\\ \boldsymbol{O} & \boldsymbol{O}\end{pmatrix}$，即 $\boldsymbol{AB}=\boldsymbol{P}\boldsymbol{A}_1\boldsymbol{Q}\boldsymbol{B}$. 设

$$\boldsymbol{QB}=\begin{pmatrix}b_{11} & \cdots & b_{1m}\\ \vdots & & \vdots\\ b_{n1} & \cdots & b_{nm}\end{pmatrix},$$

于是 $r(\boldsymbol{AB})=r(\boldsymbol{A}_1\boldsymbol{QB})$，而

$$\boldsymbol{A}_1\boldsymbol{QB}=\begin{pmatrix}\boldsymbol{E}_r & \boldsymbol{O}\\ \boldsymbol{O} & \boldsymbol{O}\end{pmatrix}\begin{pmatrix}b_{11} & \cdots & b_{1m}\\ \vdots & & \vdots\\ b_{n1} & \cdots & b_{nm}\end{pmatrix}=\begin{pmatrix}b_{11} & \cdots & b_{1m}\\ \vdots & & \vdots\\ b_{r1} & \cdots & b_{rm}\\ 0 & \cdots & 0\\ \vdots & & \vdots\\ 0 & \cdots & 0\end{pmatrix},$$

故

$$r(\boldsymbol{A}_1\boldsymbol{QB})\geqslant r(\boldsymbol{B})+r-n,\quad 即\ r(\boldsymbol{AB})\geqslant r(\boldsymbol{B})+r(\boldsymbol{A})-n. \tag{4.17}$$

对于后一不等式可参考例 4.1.2.

评析　式(4.17)中的不等式是利用了整齐的个数一定大于等于它的局部的个数这一思想. 具体地，令 $\boldsymbol{\beta}_i=(b_{i1},b_{i2},\cdots,b_{in})$，$1\leqslant i\leqslant n$，则对向量组 $\boldsymbol{\beta}_1,\boldsymbol{\beta}_2,\cdots,\boldsymbol{\beta}_n$ 和它的部分向量组 $\boldsymbol{\beta}_1,\boldsymbol{\beta}_2,\cdots,\boldsymbol{\beta}_r$，一定有

$$n-r(\{\boldsymbol{\beta}_1,\boldsymbol{\beta}_2,\cdots,\boldsymbol{\beta}_n\})\geqslant r-r(\{\boldsymbol{\beta}_1,\boldsymbol{\beta}_2,\cdots,\boldsymbol{\beta}_r\}). \tag{4.18}$$

不等式(4.18)中蕴涵了左式作为整齐向量组的个数一定大于等于它局部含的个数，即

右式. 另外此结论也可用向量组的语言叙述如下：设向量组$\boldsymbol{\alpha}_1,\boldsymbol{\alpha}_2,\cdots,\boldsymbol{\alpha}_s$的秩为 r，在其中任取 m 个向量$\boldsymbol{\alpha}_{i_1},\boldsymbol{\alpha}_{i_2},\cdots,\boldsymbol{\alpha}_{i_m}$，则此向量组的秩$\geqslant r+m-s$.

例 4.5.6 （2001，南京大学）设$A\in M_{m\times n}(P)$，则A的秩等于$r\Leftrightarrow$存在秩为r的$m\times r$矩阵M和$r\times n$矩阵N，使得$A=MN$.

证明 “$\Leftarrow$”若$r(M)=r(N)=r$，则存在可逆矩阵P,Q使得

$$PM=\begin{pmatrix}B_r\\O\end{pmatrix},\quad B_r\text{ 为 } r \text{ 级非奇异矩阵},$$

$$QN^{\mathrm{T}}=\begin{pmatrix}C_r\\O\end{pmatrix},\quad C_r\text{ 为 } r \text{ 级非奇异矩阵}.$$

于是

$$PAQ^{\mathrm{T}}=PMNQ^{\mathrm{T}}=PM(QN^{\mathrm{T}})^{\mathrm{T}}=\begin{pmatrix}B_r\\O\end{pmatrix}(C_r^{\mathrm{T}},O)=\begin{pmatrix}B_rC_r^{\mathrm{T}}&O\\O&O\end{pmatrix},$$

由于$\left|B_rC_r^{\mathrm{T}}\right|\neq 0$，故$r(PAQ)^{\mathrm{T}}=r(A)=r$.

“$\Rightarrow$”若$r(A)=r$，则存在初等矩阵P,Q使得$PAQ=\begin{pmatrix}E_r&O\\O&O\end{pmatrix}$. 故

$$A=P^{-1}\begin{pmatrix}E_r\\O\end{pmatrix}(E_r,O)Q^{-1}=MN,$$

其中$M=P^{-1}\begin{pmatrix}E_r\\O\end{pmatrix}$，$N=(E,O)Q^{-1}$.

例 4.5.7 若G为列满秩矩阵，H为行满秩矩阵，则存在矩阵A使得

$$r(GA)=r(AH)=r(A).$$

证明 对$s\times n$矩阵G和$m\times k$矩阵H，设A为$n\times m$矩阵，则当$s=n$时，$r(GA)=r(A)$，当$s>n$时，由于G为列满秩矩阵，$GA=\begin{pmatrix}G_1\\G_2\end{pmatrix}A$，不妨设$G_2$为$n\times n$可逆阵，因为必要时可以调换$G$的行，这时乘积矩阵$GA$的行也随之改变，但$GA$的秩不因调换而改变. 由于$r(G_2A)=r(A)$，故$r(GA)\geqslant r(G_2A)=r(A)$. 另一方面$r(A)\geqslant r(GA)$. 从而有$r(A)=r(GA)$. 同理可证，$r(AH)=r(A)$.

例 4.5.8 （1999，复旦大学）$r(ABC)\geqslant r(AB)+r(BC)-r(B)$.

证明 设A,B,C分别为$m\times n,n\times s,s\times t$矩阵. 设$r(B)=r$，则存在$n\times r$矩阵 M 和$r\times s$矩阵N使得$B=MN$，且$r(M)=r(N)=r$，

$$\begin{aligned}r(ABC)&=r(AMNC)\geqslant r(AM)+r(NC)-(NC)\text{的行数}\\&=r(AMN)+r(MNC)-r(B)=r(AB)+r(BC)-r(B),\end{aligned}$$

故命题得证.

练习 4.5

4.5.1　(2006，陕西师范大学) 设 $\boldsymbol{A},\boldsymbol{B}$ 均为 $s\times n$ 矩阵. 证明

$$r(\boldsymbol{A}+\boldsymbol{B})\leqslant r(\boldsymbol{A})+r(\boldsymbol{B}).$$

4.5.2　设 $\boldsymbol{A},\boldsymbol{B}$ 均为 n 级方阵，设 $\boldsymbol{A}+\boldsymbol{B}=\boldsymbol{AB}$. 证明：$r(\boldsymbol{A})=r(\boldsymbol{B})$.

4.5.3　(2005，陕西师范大学) 设 $\boldsymbol{A},\boldsymbol{B}$ 均为 n 级方阵. 证明

$$r(\boldsymbol{A})+r(\boldsymbol{B})-n\leqslant \min\{r(\boldsymbol{A}),r(\boldsymbol{B})\}.$$

4.5.4　(2004，华东师范大学) 设 $\boldsymbol{A},\boldsymbol{B},\boldsymbol{C},\boldsymbol{D}$ 均为 n 级方阵，$\boldsymbol{G}=\begin{pmatrix}\boldsymbol{A} & \boldsymbol{B}\\ \boldsymbol{C} & \boldsymbol{D}\end{pmatrix}$，如果 $\boldsymbol{AC}=\boldsymbol{CA}$，$|\boldsymbol{A}|\neq 0$.

(1) 证明：$|\boldsymbol{G}|=|\boldsymbol{AD}-\boldsymbol{CB}|$;

(2) 当 $(\boldsymbol{AD}-\boldsymbol{CB})=\boldsymbol{O}$ 时，证明：$n\leqslant r(\boldsymbol{G})<2n$.

4.5.5　(2003，厦门大学) 设 $\boldsymbol{A},\boldsymbol{B},\boldsymbol{C}$ 均为 n 级方阵，求证：

$$r\begin{pmatrix}\boldsymbol{A} & \boldsymbol{O}\\ \boldsymbol{B} & \boldsymbol{C}\end{pmatrix}\geqslant r(\boldsymbol{A})+r(\boldsymbol{C}).$$

4.5.6　(2003，中南大学) 设 $\boldsymbol{A},\boldsymbol{B}$ 均为 n 级方阵，证明：如果 $\boldsymbol{AB}=\boldsymbol{O}$，则 $r(\boldsymbol{A})+r(\boldsymbol{B})\leqslant n$.

4.5.7　设 $\boldsymbol{A}$ 为 n 级方阵，$m,k\geqslant 0$，求证：$r(\boldsymbol{A}^m)+r(\boldsymbol{A}^{m+2k})\geqslant 2r(\boldsymbol{A}^{m+k})$.

4.5.8　(2000，复旦大学) 设 $\boldsymbol{A}$ 是一个 n 级方阵，且 $r(\boldsymbol{A})=r(\boldsymbol{A}^2)$. 证明：$r(\boldsymbol{A}^3)=r(\boldsymbol{A})$.

4.5.9　(2005，大连理工大学) 设 $\boldsymbol{A}$ 为 n 级方阵，且 $r(\boldsymbol{A})=r(\boldsymbol{A}^2)$. 证明：对任意自然数 k，有

$$r(\boldsymbol{A}^k)=r(\boldsymbol{A}).$$

4.5.10　设 $\boldsymbol{A}$ 为 n 级方阵，$r(\boldsymbol{A})<n$ 且 $\boldsymbol{A}=\boldsymbol{B}_1\boldsymbol{B}_2\cdots\boldsymbol{B}_k$，其中 $\boldsymbol{B}_k$ 都是幂等阵 ($\boldsymbol{B}_i^2=\boldsymbol{B}_i$，$i=1,2,\cdots,k$). 证明：$r(\boldsymbol{E}_n-\boldsymbol{A})\leqslant k(n-r(\boldsymbol{A}))$.

4.5.11　(2005，上海交通大学) 假设 n 级方阵 $\boldsymbol{A},\boldsymbol{B},\boldsymbol{C},\boldsymbol{D}$ 关于矩阵乘法可以相互交换，如果 $\boldsymbol{AC}+\boldsymbol{BD}=\boldsymbol{E}_n$. 证明：$r(\boldsymbol{AB})=r(\boldsymbol{A})+r(\boldsymbol{B})-n$.

4.5.12　(2007，北京大学) 矩阵 $\boldsymbol{A},\boldsymbol{B}$ 可交换，证明

$$r(\boldsymbol{A}+\boldsymbol{B})\leqslant r(\boldsymbol{A})+r(\boldsymbol{B})-r(\boldsymbol{AB}).$$

第5章 二 次 型

二次型即二次齐次多项式. 二次型理论起源于化二次曲面和二次曲线的方程为标准形式的问题. 将一个 n 元二次型化为标准形也是本章的核心问题.

本章内容包括：二次型与矩阵，标准形和规范形，正定二次型，其他各类二次型.

5.1 二次型与矩阵

一、二次型的概念及其表示

a. n 元二次型

含有 n 个未定元 $x_1,x_2,\cdots,x_n$ 的二次齐次多项式

$$f(x_1,x_2,\cdots,x_n)=a_{11}x_1^2+2a_{12}x_1x_2+\cdots+2a_{1n}x_1x_n \\ +a_{22}x_2^2+\cdots+2a_{2n}x_2x_n+\cdots+a_{nn}x_n^2 \tag{5.1}$$

称为数域 P 上的 n 元二次型，其中 $a_{ij}\in P$，$1\leqslant i\leqslant j\leqslant n$.

b. 三种表示

1° 多项式表示(即定义中的式(5.1)).

2° 和符号形式.

在式(5.1)中约定 $2a_{ij}=b_{ij}+b_{ji}$，且 $b_{ij}=b_{ji}$，其中 $1\leqslant i\leqslant n$，$1\leqslant j\leqslant n$ 则

$$f(x_1,x_2,\cdots,x_n)=\sum_{i=1}^{n}\sum_{j=1}^{n}b_{ij}x_ix_j=\sum_{i,j=1}^{n}b_{ij}x_ix_j. \tag{5.2}$$

3° 矩阵形式.

在式(5.1)中令 $a_{ij}=a_{ji}$，$1\leqslant i\leqslant j\leqslant n$，则

$$\begin{aligned}f(x_1,x_2,\cdots,x_n)&=a_{11}x_1^2+a_{12}x_1x_2+\cdots+a_{1n}x_1x_n+a_{21}x_2x_1+a_{22}x_2^2+\cdots\\&\quad+a_{2n}x_2x_n+a_{n1}x_nx_1+a_{n2}x_nx_2+\cdots+a_{nn}x_n^2\\&=x_1(a_{11},a_{12},\cdots,a_{1n})(x_1,x_2,\cdots,x_n)^{\mathrm T}\\&\quad+x_2(a_{21},a_{22},\cdots,a_{2n})(x_1,x_2,\cdots,x_n)^{\mathrm T}+\cdots\\&\quad+x_n(a_{n1},a_{n2},\cdots,a_{nn})(x_1,x_2,\cdots,x_n)^{\mathrm T}\end{aligned}$$

$$
= (x_1, x_2, \cdots, x_n)\begin{pmatrix} a_{11} & a_{12} & \cdots & a_{1n} \\ a_{21} & a_{22} & \cdots & a_{2n} \\ \vdots & \vdots & & \vdots \\ a_{n1} & a_{n2} & \cdots & a_{nn} \end{pmatrix}(x_1, x_2, \cdots, x_n)^{\mathrm{T}}
$$

$$
= \boldsymbol{x}^{\mathrm{T}}\boldsymbol{A}\boldsymbol{x}, \tag{5.3}
$$

即 $f(x_1,x_2,\cdots,x_n)=\boldsymbol{x}^{\mathrm{T}}\boldsymbol{A}\boldsymbol{x}$，其中 $\boldsymbol{x}=(x_1,x_2,\cdots,x_n)^{\mathrm{T}}$，$\boldsymbol{A}=(a_{ij})_{n\times n}$. 显然 $\boldsymbol{A}=\boldsymbol{A}^{\mathrm{T}}$.

评析 二次型的以上三种表示式一定要牢牢记住，以便在不同情况下灵活运用.

例 5.1.1 设 $\boldsymbol{A}$ 是 n 级对称矩阵，且对任一 n 维向量 $\boldsymbol{x}$，有 $\boldsymbol{x}^{\mathrm{T}}\boldsymbol{A}\boldsymbol{x}=0$，则 $\boldsymbol{A}=\boldsymbol{O}$.

证明 由 $\boldsymbol{A}^{\mathrm{T}}=\boldsymbol{A}$ 及 $\boldsymbol{x}^{\mathrm{T}}\boldsymbol{A}\boldsymbol{x}=0$，取 $\boldsymbol{x}=\boldsymbol{\varepsilon}_i(i=1,2,\cdots,n)$，由 $\boldsymbol{\varepsilon}_i^{\mathrm{T}}\boldsymbol{A}\boldsymbol{\varepsilon}_i=0$ 可得 $a_{ii}=0$；取 $\boldsymbol{x}=\boldsymbol{\varepsilon}_i+\boldsymbol{\varepsilon}_j(i\neq j)$ 可得 $a_{ij}=0$. 故 $\boldsymbol{A}=\boldsymbol{O}$.

评析 利用例 5.1.1 可以证明二次型的矩阵是唯一的.

例 5.1.2 设 $\boldsymbol{A}$ 是 n 级实对称矩阵. 证明：存在一正实数 c，使得对任一实 n 维向量 $\boldsymbol{x}$ 都有 $\left|\boldsymbol{x}^{\mathrm{T}}\boldsymbol{A}\boldsymbol{x}\right|\leqslant c\boldsymbol{x}^{\mathrm{T}}\boldsymbol{x}$.

证明 $\left|\boldsymbol{x}^{\mathrm{T}}\boldsymbol{A}\boldsymbol{x}\right|=\left|\sum\limits_{i,j=1}^{n}a_{ij}x_ix_j\right|\leqslant\sum\limits_{i,j=1}^{n}\left|a_{ij}\right|\left|x_i\right|\left|x_j\right|$. 记 $a=\max\limits_{1\leqslant i,j\leqslant n}\left|a_{ij}\right|$，并利用 $\left|x_i\right|\left|x_j\right|\leqslant\dfrac{x_i^2+x_j^2}{2}$，得

$$
\begin{aligned}
\left|\boldsymbol{x}^{\mathrm{T}}\boldsymbol{A}\boldsymbol{x}\right| &\leqslant \sum_{i,j=1}^{n}\left|a_{ij}\right|\left|x_i\right|\left|x_j\right| \leqslant \sum_{i=1}^{n}\sum_{j=1}^{n}a\left|x_i\right|\left|x_j\right| \\
&\leqslant a\sum_{i=1}^{n}\sum_{j=1}^{n}\frac{x_i^2+x_j^2}{2}=\frac{a}{2}\left(n\sum_{i=1}^{n}x_i^2+n\sum_{i=1}^{n}x_j^2\right) \\
&= an\sum_{i=1}^{n}x_i^2=c\boldsymbol{x}^{\mathrm{T}}\boldsymbol{x},
\end{aligned}
$$

其中 $c=an$.

二、二次型与对称矩阵(Ⅰ)

a. 一一对应

要点 在映射法则 $f(x_1,x_2,\cdots,x_n)=\boldsymbol{x}^{\mathrm{T}}\boldsymbol{A}\boldsymbol{x}$ 下，其中 $\boldsymbol{A}$ 为对称矩阵，数域 P 上以 $x_1,x_2,\cdots,x_n$ 为未定元的 n 元二次型的集合和数域 P 上 n 级对称矩阵的集合形成一一对应.

评析 这种一一对应关系提供了解决本章二次型问题的基本方法和基调. 即二次型的问题可以用对称矩阵的有关理论来处理，相应地，二次型的结论也一定隐含着其对称矩阵的某一结论.

b. 矩阵的合同

要点 数域 P 上的 n 级方阵 $\boldsymbol{A}$ 和 $\boldsymbol{B}$ 称为合同的，如果存在数域 P 上 n 级可逆方阵 $\boldsymbol{C}$ 使得 $\boldsymbol{B}=\boldsymbol{C}^{\mathrm{T}}\boldsymbol{A}\boldsymbol{C}$.

评析　合同关系是一个等价关系，由合同关系又一次可以将数域 P 上的 n 级方阵的全体进行分类. 当限制到实数域上的全体 n 级对称方阵时，按合同分类得到的等价类就更加明朗，因为这时分类的计数及规范形都是有定量表示的；对复数域上的全体 n 级矩阵也如此.

c. 非退化线性替换

要点　令 $\boldsymbol{x}=(x_1,x_2,\cdots,x_n)^{\mathrm{T}}$，$\boldsymbol{y}=(y_1,y_2,\cdots,y_n)^{\mathrm{T}}$，称 $\boldsymbol{x}=\boldsymbol{C}\boldsymbol{y}$ 为由 $x_1,x_2,\cdots,x_n$ 到 $y_1,y_2,\cdots,y_n$ 的非退化线性替换，其中 $\boldsymbol{C}$ 是可逆矩阵. 对二次型作非退化线性替换后，原二次型的矩阵与新二次型矩阵合同，故非退化线性替换不改变二次型的秩.

练习 5.1

5.1.1　设

$$f_n(x_1,x_2,\cdots,x_n)=\frac{x_1^2+x_2^2+\cdots+x_n^2}{n}-\left(\frac{x_1+x_2+\cdots+x_n}{n}\right)^2.$$

试求 $f_n(x_1,x_2,\cdots,x_n)$ 的矩阵 $\boldsymbol{A}_n$.

5.1.2　(1992，中国人民大学；2003，浙江大学)证明

$$f(x_1,x_2,\cdots,x_n)=\begin{vmatrix}0 & x_1 & x_2 & \cdots & x_n\\ -x_1 & a_{11} & a_{12} & \cdots & a_{1n}\\ -x_2 & a_{21} & a_{22} & \cdots & a_{2n}\\ \vdots & \vdots & \vdots & & \vdots\\ -x_n & a_{n1} & a_{n2} & \cdots & a_{nn}\end{vmatrix}$$

是一个二次型，并求其矩阵.

5.1.3　(2004，中南大学)设实二次型 $f=\sum\limits_{i=1}^{n}(a_{i1}x_1+a_{i2}x_2+\cdots+a_{in}x_n)^2$，证明 f 的秩等于矩阵 $\boldsymbol{A}$ 的秩，其中

$$\boldsymbol{A}=\begin{pmatrix}a_{11} & a_{12} & \cdots & a_{1n}\\ a_{21} & a_{22} & \cdots & a_{2n}\\ \vdots & \vdots & & \vdots\\ a_{n1} & a_{n2} & \cdots & a_{nn}\end{pmatrix}.$$

5.2　标准形和规范形

一、标准形

a. 求法

要点　只含平方项的二次型 $f(x_1,x_2,\cdots,x_n)=d_1x_1^2+d_2x_2^2+\cdots+d_nx_n^2$ 称为数域 P 上的一个标准二次型，其中 $d_i\in P$. 二次型的标准形的求法依据如下结论.

首先指出，以下两个命题等价：

1° 数域 P 上任一二次型都可经一个非退化线性替换化为标准形；

2° 数域 P 上任一 n 级对称阵都合同于一个对角阵.

评析 关于这两个命题，只要证明其中之一，另一个就会自动成立. 由命题1°的证明过程可给出将二次型化标准形的“配方法”；由命题2°的结论可得出化二次型为标准形之“合同变换法”. 另外，需要说明的是，也可用正交替换化二次型为标准形，此方法将于第 9 章详细讨论.

例 5.2.1 用非退化线性替换化二次型

$$f(x_1,x_2,x_3)=\sum_{i,j=1}^{3}|i-j|x_ix_j$$

为标准形.

解 因为 $f(x_1,x_2,x_3)=\sum_{i,j=1}^{3}|i-j|x_ix_j=2x_1x_2+4x_1x_3+2x_2x_3$，先作非退化线性替换

$$\begin{cases}x_1=y_1-y_2,\\x_2=y_1+y_2,\\x_3=y_3,\end{cases}$$

即

$$\boldsymbol{y}=\boldsymbol{C}_1^{-1}\boldsymbol{x},\quad \boldsymbol{C}_1=\begin{pmatrix}1&-1&0\\1&1&0\\0&0&1\end{pmatrix},$$

得

$$\begin{aligned}f&=2y_1^2-2y_2^2+6y_1y_3-2y_2y_3\\&=2\left(y_1^2+3y_1y_3+\left(\frac{3}{2}y_3\right)^2\right)-\frac{9}{2}y_3^2-y_2^2-2y_2y_3\\&=2\left(y_1+\frac{3}{2}y_3\right)^2-(y_2^2+2y_2y_3+y_3^2)+y_3^2-\frac{9}{2}y_3^2\\&=2\left(y_1+\frac{3}{2}y_3\right)^2-(y_2+y_3)^2-\frac{7}{2}y_3^2.\end{aligned}$$

令

$$\begin{cases}z_1=y_1+\dfrac{3}{2}y_3,\\z_2=y_2+y_3,\\z_3=y_3,\end{cases}$$

即

$$z = C_2 y,\quad C_2 = \begin{pmatrix} 1 & 0 & 3/2 \\ 0 & 1 & 1 \\ 0 & 0 & 1 \end{pmatrix},$$

得原二次型的标准形为

$$f = 2z_1^2 - z_2^2 - \frac{7}{2}z_3^2.$$

所作的非退化线性替换为

$$x = C_1 y = C_1 C_2^{-1} z = \begin{pmatrix} 1 & -1 & 0 \\ 1 & 1 & 0 \\ 0 & 0 & 1 \end{pmatrix}\begin{pmatrix} 1 & 0 & -3/2 \\ 0 & 1 & -1 \\ 0 & 0 & 1 \end{pmatrix} z = \begin{pmatrix} 1 & 1 & -1/2 \\ 1 & 1 & -5/2 \\ 0 & 0 & 1 \end{pmatrix} z.$$

例 5.2.2　化二次型

$$f(x_1, x_2, x_3) = 2x_1^2 + 4x_1x_2 - 4x_1x_3 + 5x_2^2 - 8x_2x_3 + 5x_3^2$$

为标准形，写出线性替换.

解　先写出二次型 f 对应的矩阵 A，对 A 作合同变换，即先对 A 的行作一次初等变换，再同样对列作一次相应的初等变换，这样对偶地作，最终将 A 化为对角阵，对 E 只作行变换.

$$(A, E) = \begin{pmatrix} 2 & 2 & -2 & 1 & 0 & 0 \\ 2 & 5 & -4 & 0 & 1 & 0 \\ -2 & -4 & 5 & 0 & 0 & 1 \end{pmatrix} \to \begin{pmatrix} 2 & 2 & -2 & 1 & 0 & 0 \\ 0 & 3 & -2 & -1 & 1 & 0 \\ -2 & -4 & 5 & 0 & 0 & 1 \end{pmatrix}$$

$$\to \begin{pmatrix} 2 & 0 & -2 & 1 & 0 & 0 \\ 0 & 3 & -2 & -1 & 1 & 0 \\ -2 & -2 & 5 & 0 & 0 & 1 \end{pmatrix} \to \begin{pmatrix} 2 & 0 & -2 & 1 & 0 & 0 \\ 0 & 3 & -2 & -1 & 1 & 0 \\ 0 & -2 & 3 & 1 & 0 & 1 \end{pmatrix}$$

$$\to \begin{pmatrix} 2 & 0 & 0 & 1 & 0 & 0 \\ 0 & 3 & -2 & -1 & 1 & 0 \\ 0 & -2 & 3 & 1 & 0 & 1 \end{pmatrix} \to \begin{pmatrix} 2 & 0 & 0 & 1 & 0 & 0 \\ 0 & 3 & -2 & -1 & 1 & 0 \\ 0 & 0 & 5/3 & 1/3 & 2/3 & 1 \end{pmatrix}$$

$$\to \begin{pmatrix} 2 & 0 & 0 & 1 & 0 & 0 \\ 0 & 3 & 0 & -1 & 1 & 0 \\ 0 & 0 & 5/3 & 1/3 & 2/3 & 1 \end{pmatrix}.$$

令

$$\begin{pmatrix}x_1\\x_2\\x_3\end{pmatrix}=\begin{pmatrix}1&0&0\\-1&1&0\\1/3&2/3&1\end{pmatrix}^{\mathrm{T}}\begin{pmatrix}y_1\\y_2\\y_3\end{pmatrix}=\begin{pmatrix}1&-1&1/3\\0&1&2/3\\0&0&1\end{pmatrix}\begin{pmatrix}y_1\\y_2\\y_3\end{pmatrix},$$

使得

$$f(x_1,x_2,x_3)=2y_1^2+3y_2^2+\frac{5}{3}y_3^2.$$

b. 标准形的应用

要点 设二次型 $f(\boldsymbol{x}^{\mathrm{T}})$ 在非退化线性替换 $\boldsymbol{x}=\boldsymbol{C}\boldsymbol{y}$ 下变成标准形，即

$$f(\boldsymbol{x}^{\mathrm{T}})=\boldsymbol{x}^{\mathrm{T}}\boldsymbol{A}\boldsymbol{x}\xlongequal{\boldsymbol{x}=\boldsymbol{C}\boldsymbol{y}}d_1y_1^2+d_2y_2^2+\cdots+d_3y_r^2,\tag{5.4}$$

其中 $r=r(\boldsymbol{A})$. 式(5.4)说明 $f(\boldsymbol{x}^{\mathrm{T}})$ 在 $\boldsymbol{x}=\boldsymbol{C}\boldsymbol{y}$ 下一定恒等于标准形 $d_1y_1^2+d_2y_2^2+\cdots+d_3y_r^2$.

利用非退化线性变换的上述性质，可以解决有关二次型的取值问题. 具体地说，要对一个二次型 $f(x_1,x_2,\cdots,x_n)$ 寻找一个点 $(x_1,x_2,\cdots,x_n)=(c_1,c_2,\cdots,c_n)$，使得 $f(c_1,c_2,\cdots,c_n)$ 满足某种要求. 我们可以根据已知条件将二次型用非退化线性替换化为标准形，由于此标准形与原二次型为同类的(即关于取值在 $\boldsymbol{x}=\boldsymbol{C}\boldsymbol{y}$ 条件下二者是一个恒等关系)，故可以将标准形通过原二次型的条件确定以后，从标准型中先取值，然后由非退化线性替换求出 $(x_1,x_2,\cdots,x_n)$ 的取值.

例 5.2.3 (2015，陕西师范大学)设 $\boldsymbol{A}$ 为一个 n 级实对称矩阵，且 $|\boldsymbol{A}|<0$，证明：必存在实 n 维向量 $\boldsymbol{x}\neq\boldsymbol{0}$ 使 $\boldsymbol{x}^{\mathrm{T}}\boldsymbol{A}\boldsymbol{x}<0$.

证明 由 $|\boldsymbol{A}|<0$ 可知二次型 $\boldsymbol{x}^{\mathrm{T}}\boldsymbol{A}\boldsymbol{x}$ 的秩为 n，且负惯性指数 $n-p>0$，即存在可逆阵 $\boldsymbol{C}$ 使得

$$\boldsymbol{C}^{\mathrm{T}}\boldsymbol{A}\boldsymbol{C}=\begin{pmatrix}1&&&&&\\&\ddots&&&&\\&&1&&&\\&&&-1&&\\&&&&\ddots&\\&&&&&-1\end{pmatrix}\begin{matrix}\left.\vphantom{\begin{matrix}1\\ \ddots\\1\end{matrix}}\right\}p\\ \left.\vphantom{\begin{matrix}-1\\ \ddots\\-1\end{matrix}}\right\}n-p\end{matrix}.$$

令 $\boldsymbol{x}=\boldsymbol{C}\boldsymbol{y}$，取 $\boldsymbol{y}_0=(0,\cdots,0,1)^{\mathrm{T}}$，即这时 $\boldsymbol{x}_0=\boldsymbol{C}\boldsymbol{y}_0=(c_1,c_2,\cdots,c_n)^{\mathrm{T}}\neq\boldsymbol{0}$，则

$$f(\boldsymbol{x}_0^{\mathrm{T}})=\boldsymbol{x}_0^{\mathrm{T}}\boldsymbol{A}\boldsymbol{x}_0=\boldsymbol{y}_0^{\mathrm{T}}\begin{pmatrix}1&&&&&\\&\ddots&&&&\\&&1&&&\\&&&-1&&\\&&&&\ddots&\\&&&&&-1\end{pmatrix}\boldsymbol{y}_0=-1<0.$$

例 5.2.4　(2000，武汉大学)设 $f(x_1,x_2,\cdots,x_n)=\boldsymbol{x}^{\mathrm{T}}\boldsymbol{A}\boldsymbol{x}$ 是一实二次型，若有实 n 维向量 $\boldsymbol{x}_1,\boldsymbol{x}_2$ 使

$$\boldsymbol{x}_1^{\mathrm{T}}\boldsymbol{A}\boldsymbol{x}_1>0,\quad \boldsymbol{x}_2^{\mathrm{T}}\boldsymbol{A}\boldsymbol{x}_2<0.$$

证明：必存在实 n 维向量 $\boldsymbol{x}_0\neq\boldsymbol{0}$，使 $\boldsymbol{x}_0^{\mathrm{T}}\boldsymbol{A}\boldsymbol{x}_0=0$.

证明　设二次型 $f(x_1,x_2,\cdots,x_n)$ 的秩为 r，正惯性指数为 p，则由题设可知 $r>0$，$r-p>0$，则 $f(x_1,x_2,\cdots,x_n)$ 的规范形为

$$f(x_1,x_2,\cdots,x_n)=y_1^2+\cdots+y_p^2-y_{p+1}^2-\cdots-y_r^2.$$

记 $\boldsymbol{C}$ 为相应的非退化矩阵，$\boldsymbol{x}_0=\boldsymbol{C}\boldsymbol{y}_0$，且取 $\boldsymbol{y}_0$ 使得 $y_p=y_{p+1}=1$，$y_t=0$ (当 $t=1,2,\cdots,p-1,p+2,\cdots,r$)，易得 $f(\boldsymbol{x}_0^{\mathrm{T}})=\boldsymbol{x}_0^{\mathrm{T}}\boldsymbol{A}\boldsymbol{x}_0=0$.

c. 标准形的不唯一性

要点　任意二次型都可经非退化线性替换化为标准形，但其标准形不唯一，与所作的非退化线性替换有关.

二、规范形及其唯一性

a. 复数域上的规范形

要点　复二次型 $g(y_1,\cdots,y_n)=a_{11}y_1^2+\cdots+a_{nn}y_n^2$ 称为复数域上的规范形，其中 $a_{ii}=1$ 或 $0\,(i=1,2,\cdots,n)$. 任何复二次型 f 都可经复数域上的非退化线性替换化为规范形

$$f(x_1,x_2,\cdots,x_n)=\boldsymbol{x}^{\mathrm{T}}\boldsymbol{A}\boldsymbol{x}=y_1^2+\cdots+y_r^2,$$

其中 $r=r(\boldsymbol{A})$，且规范形是唯一的.

用矩阵的语言叙述上述结论：任何复对称阵 $\boldsymbol{A}$ 都合同于对角阵 $\begin{pmatrix}\boldsymbol{E}_r&\boldsymbol{O}\\\boldsymbol{O}&\boldsymbol{O}\end{pmatrix}$，其中 $r=r(\boldsymbol{A})$. 由此易得：两个复对称矩阵合同的充要条件是它们的秩相等.

b. 实数域上的规范形

要点　实二次型 $g(y_1,\cdots,y_n)=a_{11}y_1^2+\cdots+a_{nn}y_n^2$ 称为实数域上的规范形，其中

$a_{ij}=1,-1$ 或 $0(i=1,2,\cdots,n)$. 任何实二次型可经非退化线性替换化为规范形，且规范形是唯一的，即惯性定理.

也可用标准形陈述惯性定理：任何实二次型都可经实数域上的非退化线性替换化为标准形，其中标准形中正平方项数的个数、负平方项的个数永远是不变的，并且若

$$f(x_1,x_2,\cdots,x_n)=b_1y_1^2+\cdots+b_py_p^2-c_1y_{p+1}^2-\cdots-c_qy_{p+q}^2,$$

其中 $b_i>0$，$c_j>0(i=1,2,\cdots,p;j=1,2,\cdots,q)$，称 p 为正惯性指数，q 为负惯性指数，$p-q$ 为符号差，且 $r(\boldsymbol{A})=p+q$.

例5.2.5　设 $f(x_1,x_2,\cdots,x_n)=l_1^2+l_2^2+\cdots+l_p^2-l_{p+1}^2-\cdots-l_{p+q}^2$，其中 $l_i(i=1,2,\cdots,p+q)$ 是 $x_1,x_2,\cdots,x_n$ 的一次齐次式. 证明：$f(x_1,x_2,\cdots,x_n)$ 的正惯性指数 $\leqslant p$，负惯性指数 $\leqslant q$.

证明　设 $l_i=b_{i1}x_1+b_{i2}x_2+\cdots+b_{in}x_n(i=1,2,\cdots,p+1)$，$f(x_1,x_2,\cdots,x_n)$ 的正惯性指数为 s，秩为 r，故存在非退化线性替换

$$y_i=c_{i1}x_1+c_{i2}x_2+\cdots+c_{in}x_n\quad(i=1,2,\cdots,n),$$

使

$$\begin{aligned}f(x_1,x_2,\cdots,x_n)&=l_1^2+l_2^2+\cdots+l_p^2-l_{p+1}^2-\cdots-l_{p+q}^2\\&=y_1^2+\cdots+y_s^2-y_{s+1}^2-\cdots-y_r^2.\end{aligned}\tag{5.5}$$

下证 $s\leqslant p$. 用反证法. 假设 $s>p$，考虑下面的齐次线性方程组

$$\begin{cases}b_{11}x_1+\cdots+b_{1n}x_n=0,\\ \qquad\cdots\cdots\\ b_{p1}x_1+\cdots+b_{pn}x_n=0,\\ c_{s+1,1}x_1+\cdots+c_{s+1,n}x_n=0,\\ \qquad\cdots\cdots\\ c_{n1}x_1+\cdots+c_{nn}x_n=0,\end{cases}$$

此方程组含方程的个数为 $p+n-s$ 个，小于未知量的个数 n，故有非零解，设某非零解为 $\boldsymbol{x}_0=(a_1,a_2,\cdots,a_n)^{\mathrm{T}}$. 代入式(5.5)得

$$f(a_1,a_2,\cdots,a_n)=-l_{p+1}^2-\cdots-l_{p-q}^2=y_1^2+\cdots+y_s^2$$

成立. 必有 $l_{p+1}=\cdots=l_{p-q}=0$，$y_1=\cdots=y_s=0$，即非零向量 $\boldsymbol{x}_0$ 对应的 $\boldsymbol{y}_0=\boldsymbol{C}\boldsymbol{x}_0$ 为零向量，其中 $\boldsymbol{C}=(c_{ij})_{n\times n}$ 与 $\boldsymbol{C}$ 为可逆矩阵矛盾，故 $s\leqslant p$. 同理可证负惯定指数 $\leqslant q$.

三、(反)对称矩阵(Ⅱ)

a. 对称矩阵

要点　由于数域 P 上任意对称矩阵必合同于一个对角阵，故可得如下结论:

1° 秩等于 r 的对称矩阵可以表示成 r 个秩为 1 的对称矩阵之和；

2° 秩为 r 的复对称阵必合同于 $\mathrm{diag}(d_1,d_2,\cdots,d_r,0,\cdots,0)$，其中 $d_i=1$. 秩为 r 的实对称阵必合同于 $\mathrm{diag}(d_1,d_2,\cdots,d_r,0,\cdots,0)$，其中 $d_i=1,-1$，且 1 和 −1 的个数是唯一确定的.

b. 反对称矩阵

要点 利用合同变换法，可以归纳证明如下结论：

数域 P 上的反对称阵，必合同于如下形式的矩阵

$$\begin{pmatrix} 0 & 1 & & & & & & & & \\ -1 & 0 & & & & & & & & \\ & & 0 & 1 & & & & & & \\ & & -1 & 0 & & & & & & \\ & & & & \ddots & & & & & \\ & & & & & 0 & 1 & & & \\ & & & & & -1 & 0 & & & \\ & & & & & & & 0 & & \\ & & & & & & & & \ddots & \\ & & & & & & & & & 0 \end{pmatrix}.$$

练习 5.2

5.2.1 (2004，云南大学) 设 $f(x_1,x_2,x_3,x_4)=2x_1x_2+2x_1x_3+4x_1x_4+2x_2x_3$，试分别在实数域和复数域上把它化成规范形，并写出所作的线性替换.

5.2.2 (2005，南开大学) 设 $f(x_1,x_2,\cdots,x_n)=\boldsymbol{x}^{\mathrm{T}}\boldsymbol{A}\boldsymbol{x}$ 和 $g(y_1,y_2,\cdots,y_n)=\boldsymbol{y}^{\mathrm{T}}\boldsymbol{B}\boldsymbol{y}$ 均为实数域上的 n 元二次型，且存在实数域上的 n 级方阵 $\boldsymbol{C}$ 和 $\boldsymbol{D}$，使得 $\boldsymbol{A}=\boldsymbol{D}^{\mathrm{T}}\boldsymbol{B}\boldsymbol{D}$，$\boldsymbol{B}=\boldsymbol{C}^{\mathrm{T}}\boldsymbol{A}\boldsymbol{C}$. 证明：$f(x_1,x_2,\cdots,x_n)$ 和 $g(y_1,y_2,\cdots,y_n)$ 具有相同的规范形.

5.2.3 若二次型 $f(x_1,x_2,\cdots,x_n)$ 的矩阵 $\boldsymbol{A}$ 的行列式 $\det(\boldsymbol{A})\neq 0$，且当 $x_{k+1}=x_{k+2}=\cdots=x_n=0$ 时，$f\equiv 0(2k\leqslant n)$. 试证：f 的符号差 t 满足 $|t|\leqslant n-2k$.

5.2.4 (2003，上海交通大学) n 级实对称矩阵 $\boldsymbol{A}$ 的秩为 $r(r\leqslant n)$，当且仅当 $\boldsymbol{A}$ 可以写成 $\boldsymbol{A}=\boldsymbol{CBC}^{\mathrm{T}}$，其中 $\boldsymbol{B}$ 为 r 级可逆矩阵，$\boldsymbol{C}$ 为 $n\times r$ 的列满秩矩阵.

5.2.5 设 $\boldsymbol{A}_1,\boldsymbol{A}_2,\cdots,\boldsymbol{A}_m$ 是 n 级实对称方阵且 $\sum_{i=1}^{m}\boldsymbol{A}_i^2=\boldsymbol{O}$，试证明：$\boldsymbol{A}_i=\boldsymbol{O}$，$i=1,2,\cdots,m$.

5.2.6 设 $\boldsymbol{A}$ 是 n 级反对称矩阵，证明：$\boldsymbol{A}$ 合同于矩阵

$$\begin{pmatrix} 0 & 1 & & & & & & & & \\ -1 & 0 & & & & & & & & \\ & & 0 & 1 & & & & & & \\ & & -1 & 0 & & & & & & \\ & & & & \ddots & & & & & \\ & & & & & 0 & 1 & & & \\ & & & & & -1 & 0 & & & \\ & & & & & & & 0 & & \\ & & & & & & & & \ddots & \\ & & & & & & & & & 0 \end{pmatrix}.$$

5.2.7　(西安交通大学)设 $\boldsymbol{A}$ 是 n 级反对称矩阵，证明：

(1)当 n 为奇数时，$|\boldsymbol{A}|=0$；当 n 为偶数时，$|\boldsymbol{A}|$ 是某一实数的完全平方.

(2)$\boldsymbol{A}$ 的秩为偶数.

5.3　正定二次型

一、正定二次型的判定

要点　正定二次型的判定方法分为两大类，一类是利用非退化线性替换不改变二次型的正定性这一思想，一类是利用二次型的矩阵转化为矩阵问题来判定.

即设实二次型 $f(x_1,x_2,\cdots,x_n)=\boldsymbol{x}^{\mathrm{T}}\boldsymbol{A}\boldsymbol{x}$，其中 $\boldsymbol{A}^{\mathrm{T}}=\boldsymbol{A}$，则以下条件等价：

1° f 是正定二次型；

2° f 的标准形是正定二次型；

3° $\boldsymbol{A}$ 合同于单位矩阵；

4° 存在可逆阵 $\boldsymbol{Q}$，使得 $\boldsymbol{A}=\boldsymbol{Q}^{\mathrm{T}}\boldsymbol{Q}$；

5° 存在上三角矩阵 $\boldsymbol{\Pi}$，使得 $\boldsymbol{A}=\boldsymbol{\Pi}^{\mathrm{T}}\boldsymbol{\Pi}$，其中 $\boldsymbol{\Pi}$ 是可逆阵；

6° $\boldsymbol{A}$ 的每个特征值都是正数(见第 9 章详细讨论)；

7° 存在正交阵 $\boldsymbol{Q}$ 使得 $\boldsymbol{Q}^{\mathrm{T}}\boldsymbol{A}\boldsymbol{Q}=\mathrm{diag}(\lambda_1,\lambda_2,\cdots,\lambda_n)$，其中 λ_i 为 $\boldsymbol{A}$ 的特征值且

$$\lambda_i>0,\ i=1,2,\cdots,n;$$

8° $\boldsymbol{A}$ 的每个顺序主子式的值为正数；

9° $\boldsymbol{A}$ 的每个主子式都为正数.

评析　利用以上判定方法，易证：若 $\boldsymbol{A}$ 和 $\boldsymbol{B}$ 是正定阵，$c>0$，则 $\boldsymbol{A}+\boldsymbol{B}$，$c\boldsymbol{A},\boldsymbol{A}^{-1}$，$\boldsymbol{A}^k$ 及 $\boldsymbol{A}^*$ 也是正定阵，其中 k 为正整数.

例 5.3.1　证明：(1) 如果 $\sum_{i,j=1}^{n} a_{ij}x_i x_j (a_{ij}=a_{ji})$ 是正定二次型，则

$$f(y_1,y_2,\cdots,y_n)=\begin{vmatrix} a_{11} & a_{12} & \cdots & a_{1n} & y_1 \\ a_{21} & a_{22} & \cdots & a_{2n} & y_2 \\ \vdots & \vdots & & \vdots & \vdots \\ a_{n1} & a_{n2} & \cdots & a_{nn} & y_n \\ y_1 & y_2 & \cdots & y_n & 0 \end{vmatrix}$$

是负定二次型；

(2) 如果 $\boldsymbol{A}$ 是正定矩阵，则 $|\boldsymbol{A}| \leqslant a_{nn}P_{n-1}$，这里 P_{n-1} 是 $\boldsymbol{A}$ 的 $n-1$ 级的顺序主子式；

(3) 如果 $\boldsymbol{A}$ 是正定矩阵，则 $|\boldsymbol{A}| \leqslant a_{11}a_{22}\cdots a_{nn}$；

(4) 如果 $\boldsymbol{C}=(c_{ij})$ 是 n 级实可逆矩阵，则 $|\boldsymbol{C}|^2 \leqslant \prod_{i=1}^{n}(c_{1i}^2+\cdots+c_{ni}^2)$.

证明　(1) 作变换 $\boldsymbol{y}=\boldsymbol{A}\boldsymbol{z}$，即

$$\begin{pmatrix} y_1 \\ y_2 \\ \vdots \\ y_n \end{pmatrix}=\begin{pmatrix} a_{11} & a_{12} & \cdots & a_{1n} \\ a_{21} & a_{22} & \cdots & a_{2n} \\ \vdots & \vdots & & \vdots \\ a_{n1} & a_{n2} & \cdots & a_{nn} \end{pmatrix}\begin{pmatrix} z_1 \\ z_2 \\ \vdots \\ z_n \end{pmatrix},$$

则

$$f(y_1,y_2,\cdots,y_n)=\begin{vmatrix} a_{11} & \cdots & a_{1n} & \sum_{i=1}^{n} a_{1i}z_i \\ \vdots & & \vdots & \vdots \\ a_{n1} & \cdots & a_{nn} & \sum_{i=1}^{n} a_{ni}z_i \\ y_1 & \cdots & y_n & 0 \end{vmatrix},$$

将此行列式的第 i 列乘 $-z_i$ 加到第 $n+1$ 列，则有

$$f(y_1,y_2,\cdots,y_n)=\begin{vmatrix} a_{11} & \cdots & a_{1n} & 0 \\ \vdots & & \vdots & \vdots \\ a_{n1} & \cdots & a_{nn} & 0 \\ y_1 & \cdots & y_n & -\sum_{i=1}^{n} y_i z_i \end{vmatrix}.$$

按 $n+1$ 列展开得

$$\begin{aligned} f(y_1,y_2,\cdots,y_n) &= -|\boldsymbol{A}|(y_1z_1+\cdots+y_nz_n) \\ &= -|\boldsymbol{A}|\boldsymbol{y}^{\mathrm{T}}\boldsymbol{z} \xlongequal{\boldsymbol{y}=\boldsymbol{A}\boldsymbol{z}} -|\boldsymbol{A}|\boldsymbol{z}^{\mathrm{T}}\boldsymbol{A}^{\mathrm{T}}\boldsymbol{z} \\ &= -|\boldsymbol{A}|\boldsymbol{z}^{\mathrm{T}}\boldsymbol{A}\boldsymbol{z}. \end{aligned}$$

(2) 由于 $\boldsymbol{A}$ 为正定矩阵，故其顺序主子式 $P_{n-1}>0$，由(1)知

$$f_{n-1}(y_1,y_2,\cdots,y_{n-1})=\begin{vmatrix} a_{11} & a_{12} & \cdots & a_{1,n-1} & y_1 \\ \vdots & \vdots & & \vdots & \vdots \\ a_{n-1,1} & a_{n-1,2} & \cdots & a_{n-1,n-1} & y_{n-1} \\ y_1 & y_2 & \cdots & y_{n-1} & 0 \end{vmatrix}$$

是负定二次型，又因为

$$\begin{aligned} |\boldsymbol{A}| &= \begin{vmatrix} a_{11} & a_{12} & \cdots & a_{1,n-1} & a_{1n} \\ \vdots & \vdots & & \vdots & \vdots \\ a_{n-1,1} & a_{n-1,2} & \cdots & a_{n-1,n-1} & a_{n-1,n} \\ a_{n1} & a_{n2} & \cdots & a_{n,n-1} & a_{nn} \end{vmatrix} \\ &= \begin{vmatrix} a_{11} & a_{12} & \cdots & a_{1,n-1} & 0 \\ \vdots & \vdots & & \vdots & \vdots \\ a_{n-1,1} & a_{n-1,2} & \cdots & a_{n-1,n-1} & 0 \\ a_{n1} & a_{n2} & \cdots & a_{n,n-1} & a_{nn} \end{vmatrix} + \begin{vmatrix} a_{11} & a_{12} & \cdots & a_{1,n-1} & a_{1n} \\ \vdots & \vdots & & \vdots & \vdots \\ a_{n-1,1} & a_{n-1,2} & \cdots & a_{n-1,n-1} & a_{n-1,n} \\ a_{n1} & a_{n2} & \cdots & a_{n,n-1} & 0 \end{vmatrix} \\ &= f_{n-1}(a_{1n},a_{2n},\cdots,a_{n-1,n})+a_{nn}P_{n-1}, \end{aligned}$$

$f_{n-1}(y_1,y_2,\cdots,y_{n-1})$ 是负定的，故当 a_{in} 中至少有一个不为 0 时，这里 $i=1,2,\cdots,n-1$，有

$$f_{n-1}(a_{1n},a_{2n},\cdots,a_{n-1,n})<0,$$

故 $|\boldsymbol{A}|<a_{nn}P_{n-1}$. 当 $a_{in}=0$ 时，$i=1,2,\cdots,n-1$，则有 $|\boldsymbol{A}|=a_{nn}P_{n-1}$，综合以上两种情况有

$$|\boldsymbol{A}|\leqslant a_{nn}P_{n-1}.$$

(3) 由(2)有 $|\boldsymbol{A}|\leqslant a_{nn}P_{n-1}\leqslant a_{nn}a_{n-1,n-1}P_{n-2}\leqslant\cdots\leqslant a_{nn}a_{n-1,n-1}\cdots a_{22}a_{11}$.

(4) 作变换 $\boldsymbol{x}=\boldsymbol{C}\boldsymbol{y}$，则 $\boldsymbol{x}^{\mathrm{T}}\boldsymbol{x}=\boldsymbol{y}^{\mathrm{T}}\boldsymbol{C}^{\mathrm{T}}\boldsymbol{C}\boldsymbol{y}$ 为正定二次型，故 $\boldsymbol{C}^{\mathrm{T}}\boldsymbol{C}$ 是正定矩阵，

$$\begin{aligned} \boldsymbol{C}^{\mathrm{T}}\boldsymbol{C} &= \begin{pmatrix} c_{11} & c_{21} & \cdots & c_{n1} \\ c_{12} & c_{22} & \cdots & c_{n2} \\ \vdots & \vdots & & \vdots \\ c_{1n} & c_{2n} & \cdots & c_{nn} \end{pmatrix} \begin{pmatrix} c_{11} & c_{12} & \cdots & c_{1n} \\ c_{21} & c_{22} & \cdots & c_{2n} \\ \vdots & \vdots & & \vdots \\ c_{n1} & c_{n2} & \cdots & c_{nn} \end{pmatrix} \\ &= \begin{pmatrix} \sum c_{i1}^2 & * & \cdots & * \\ * & \sum c_{i2}^2 & \cdots & * \\ \vdots & \vdots & & \vdots \\ * & * & \cdots & \sum c_{in}^2 \end{pmatrix}, \end{aligned}$$

由(3)知，$|\boldsymbol{C}|^2=|\boldsymbol{C}^{\mathrm{T}}\boldsymbol{C}|\leqslant\prod\limits_{i=1}^{n}\sum\limits_{j=1}^{n}c_{ji}^2$.

评析　注意学习本题中使用的几个转化的思想. 如(1)中二次型 $f(y_1,\cdots,y_n)$ 是以

行列式形式给出，虽然可以将此行列式按第 $n+1$ 列展开，随后再对 n 个行列式的每个均按第 n 行展开可求得 $f(y_1,\cdots,y_n)=\boldsymbol{y}^{\mathrm{T}}(-\boldsymbol{A}^*)\boldsymbol{y}$ 来证明该二次型为负定二次型，但比较麻烦. 本题(1)中用了变换 $\boldsymbol{y}=\boldsymbol{A}\boldsymbol{z}$ 代入行列式，使其计算变得容易；(2)中巧妙地 $|\boldsymbol{A}|$ 转化为两个行列式之和，可利用(1)的结论；(4)中计算 $|\boldsymbol{C}|^2$ 转化为计算 $|\boldsymbol{C}^{\mathrm{T}}\boldsymbol{C}|$，而 $\boldsymbol{C}^{\mathrm{T}}\boldsymbol{C}$ 为正定阵，从而可以巧妙地利用结论(3).

例 5.3.2　求使二次型 $f(x)=\sum\limits_{i=1}^{n}(x_i+a_ix_{i+1})^2$（约定 $x_{n+1}=x_1$）正定的条件.

解　$f(x)$ 已经表为平方和，半正定已不成问题，以下只要考虑 $f(x)=0$ 的条件. 若 $f(x)=0$，则 $\boldsymbol{x}=(x_1,x_2,\cdots,x_n)^{\mathrm{T}}$ 满足方程组

$$x_i+a_ix_{i+1}=0 \quad (i=1,2,\cdots,n),$$

这是一个齐次线性方程组，其系数矩阵为

$$\boldsymbol{B}=\begin{pmatrix}1 & a_1 & & \\ & 1 & \ddots & \\ & & \ddots & a_{n-1} \\ a_n & & & 1\end{pmatrix}.$$

易算出 $|\boldsymbol{B}|=1+(-1)^n a_1a_2\cdots a_n$. 因仅当 $|\boldsymbol{B}|\neq 0$ 时方程组 $\boldsymbol{Bx}=\boldsymbol{0}$ 只有零解，故 $f(x)$ 是正定的，当且仅当 $|\boldsymbol{B}|\neq 0$，即当且仅当 $a_1a_2\cdots a_n\neq(-1)^{n-1}$.

二、正定矩阵的判定

要点　设 $\boldsymbol{A}$ 是实对称阵，则以下条件互相等价：

1° $\boldsymbol{A}$ 正定；

2° 存在正定矩阵 $\boldsymbol{B}$，使得 $\boldsymbol{A}=\boldsymbol{B}^2$；

3° 存在正定矩阵 $\boldsymbol{B}$ 与 $k\geqslant 1$，使得 $\boldsymbol{A}=\boldsymbol{B}^k$；

4° $\boldsymbol{A}$ 的所有特征值为正；

5° $\boldsymbol{A}$ 的顺序主子式为正；

6° $\boldsymbol{A}$ 的所有主子式为正；

7° 由 $\boldsymbol{A}$ 建立的二次型 $\boldsymbol{x}^{\mathrm{T}}\boldsymbol{A}\boldsymbol{x}$ 正定；

8° 存在可逆矩阵 $\boldsymbol{B}$，使得 $\boldsymbol{A}=\boldsymbol{B}^{\mathrm{T}}\boldsymbol{B}$.

注　在这里对 1° ⇒ 3° 进行简单的证明，由 9.4 节可知，存在正交矩阵 $\boldsymbol{Q}$ 使得

$$\boldsymbol{Q}^{\mathrm{T}}\boldsymbol{A}\boldsymbol{Q}=\begin{pmatrix}\lambda_1 & & & \\ & \lambda_2 & & \\ & & \ddots & \\ & & & \lambda_n\end{pmatrix},$$

这里 λ_i 为 $\boldsymbol{A}$ 的特征值. 因为 $\boldsymbol{A}$ 是正定的，从而 $\lambda_i > 0(i=1,2,\cdots,n)$. 这样就有

$$\boldsymbol{A}=\boldsymbol{Q}\begin{pmatrix}\lambda_1 & & & \\ & \lambda_2 & & \\ & & \ddots & \\ & & & \lambda_n\end{pmatrix}\boldsymbol{Q}^{\mathrm{T}}=\left(\boldsymbol{Q}\begin{pmatrix}\sqrt[k]{\lambda_1} & & & \\ & \sqrt[k]{\lambda_2} & & \\ & & \ddots & \\ & & & \sqrt[k]{\lambda_n}\end{pmatrix}\boldsymbol{Q}^{\mathrm{T}}\right)^k.$$

令 $\boldsymbol{B}=\boldsymbol{Q}\begin{pmatrix}\sqrt[k]{\lambda_1} & & & \\ & \sqrt[k]{\lambda_2} & & \\ & & \ddots & \\ & & & \sqrt[k]{\lambda_n}\end{pmatrix}\boldsymbol{Q}^{\mathrm{T}}$，得证.

练习 5.3

5.3.1 (2005，中南大学) 设二次型

$$f(x_1,x_2,x_3)=x_1^2+4x_2^2+4x_3^2+2tx_1x_2-2x_1x_3+4x_2x_3.$$

问：t 取何值时，该二次型为正定二次型.

5.3.2 (2005，武汉大学) 已知实二次型

$$f=x_1^2+x_2^2+x_3^2+9x_4^2+2a(x_1x_2+x_2x_3+x_3x_1).$$

问：a 取何值时，f 是正定的，半正定的，以及不定的二次型.

5.3.3 (清华大学) 设

$$f=a\sum_{i=1}^n x_i^2+b\sum_{i=1}^n x_ix_{n-i+1},\quad a,b\in\mathbf{R},$$

问 a,b 满足什么条件时，二次型 f 正定.

5.3.4 (1995，华东师范大学) 判断二次型 $f=\sum\limits_{i=1}^n x_i^2+\sum\limits_{1\leqslant i<j\leqslant n}x_ix_j$ 的正定性.

5.3.5 (2003，东南大学) 设 n 元实二次型

$$f(x_1,x_2,\cdots,x_n)=(x_1+a_2x_2)^2+(x_2+a_2x_3)^2+\cdots+(x_{n-1}+a_{n-1}x_n)^2+(x_n+a_nx_1)^2,$$

其中 $a_i\in\mathbf{R}$，$i=1,2,\cdots,n$. 试问，当 a_i 满足什么条件时，二次型 $f(x_1,x_2,\cdots,x_n)$ 为正定二次型.

5.3.6 设 $\boldsymbol{A}=(a_{ij})_{n\times n}$ 为 n 级正定矩阵，$b_1,b_2,\cdots,b_n$ 为 n 个非零实数，则 $\boldsymbol{B}=(a_{ij}b_ib_j)_{n\times n}$ 也是正定矩阵.

5.3.7 (1993，华中师范大学) 设 $\boldsymbol{A}$ 是 m 级正定矩阵，$\boldsymbol{B}$ 为 $m\times n$ 实矩阵. 证明：$\boldsymbol{B}^{\mathrm{T}}\boldsymbol{A}\boldsymbol{B}$ 正定当且仅当 $r(\boldsymbol{B})=n$.

5.3.8 设 $\boldsymbol{B}$ 是 n 级正定矩阵，$\boldsymbol{C}$ 是 $n\times m$ 的列满秩矩阵 $(m<n)$. 令 $\boldsymbol{A}=\begin{pmatrix}\boldsymbol{B} & \boldsymbol{C}\\ \boldsymbol{C}^{\mathrm{T}} & \boldsymbol{O}\end{pmatrix}$. 证明：$f(x_1,x_2,\cdots,x_{n+m})=\boldsymbol{x}^{\mathrm{T}}\boldsymbol{A}\boldsymbol{x}$ 的正、负惯性系数分别为 n,m.

5.3.9 (北京大学)设 A 是 n 级实对称阵. 证明：$r(A)=n$ 的充要条件是存在一个 n 级实矩阵 B，使得 $AB+B^{\mathrm{T}}A$ 正定.

5.3.10 (2005，北京大学)设 $A=\begin{pmatrix} B & C \\ C^{\mathrm{T}} & D \end{pmatrix}$ 是正定矩阵，试证明：B,D 及 $D-C^{\mathrm{T}}B^{-1}C$ 均为正定矩阵，其中 B 为 n 级矩阵，D 为 m 级矩阵，C 为 $n\times m$ 矩阵.

5.3.11 (2002，西北大学)设二次型 $f(x_1,x_2,\cdots,x_n)=x^{\mathrm{T}}Ax$，其中 A 为 n 级实对称矩阵. 证明：

(1) $f(x_1,x_2,\cdots,x_n)$ 是正定二次型当且仅当 A 合同于单位矩阵；

(2) 如果 A 是一个正定矩阵，则 A 的伴随矩阵 A^* 也是正定矩阵.

5.3.12 (大连理工大学)设正定分块矩阵 $A=\begin{pmatrix} A_{11} & A_{12} \\ A_{21} & A_{22} \end{pmatrix}$ 的逆矩阵 $B=\begin{pmatrix} B_{11} & B_{12} \\ B_{21} & B_{22} \end{pmatrix}$，$A_{ii},B_{ii}$ 为 m_i 级方阵 $(i=1,2)$. 证明：$A_{11}^{-1}=B_{11}-B_{12}B_{22}^{-1}B_{21}$.

5.3.13 (武汉大学)设 $A=(a_{ij})_{n\times n}$ 是 n 级正定矩阵. 试证明：

(1) 对任意 $i\neq j(i,j\leqslant n)$ 有 $|a_{ij}|<(a_{ii}a_{jj})^{\frac{1}{2}}$；

(2) A 的绝对值最大的元素必在其主对角线上.

5.3.14 (2004，北京科技大学)若 A 是 n 级方阵，且对任意的非零向量 α，都有 $\alpha^{\mathrm{T}}A\alpha>0$. 证明：存在正定矩阵 B 及反对称矩阵 C，使得 $A=B+C$，并且对任意向量 α，都有 $\alpha^{\mathrm{T}}A\alpha=\alpha^{\mathrm{T}}B\alpha$，$\alpha^{\mathrm{T}}C\alpha=0$.

5.3.15 (2000，浙江大学)(1) 设 $f(x^{\mathrm{T}})=x^{\mathrm{T}}Ax$ 是半正定二次型，试证

$$(x^{\mathrm{T}}Ax)^2\leqslant(x^{\mathrm{T}}Ax)(y^{\mathrm{T}}Ay).$$

(2) 若 $f(x^{\mathrm{T}})$ 是正定二次型，试证

$$(x^{\mathrm{T}}y)^2\leqslant(x^{\mathrm{T}}Ax)(y^{\mathrm{T}}A^{-1}y).$$

5.3.16 (2003，中国科学院)若 Q 为 n 级对称正定阵，x 为 n 维非零列向量，试证

$$0<x^{\mathrm{T}}(Q+xx^{\mathrm{T}})^{-1}x<1.$$

5.3.17 (2004，华中科技大学)设 A 是 n 级正定矩阵，试证：A 可以写成 n 个半正定矩阵之和.

5.3.18 (2004，云南大学)设 A 是 n 级实对称阵. 证明：A 半正定的充要条件是 $\forall u>0$，uE_n+A 正定.

5.3.19 设 A 是实对称矩阵，B 是半正定矩阵且 $|A+\mathrm{i}B|=0$. 证明方程 $(A+\mathrm{i}B)x=\mathbf{0}$ 有非零实数解.

5.3.20 (中山大学)设 A 是 n 级实矩阵，且 A 的元素 a_{ij} 全满足 $|a_{ij}|<k(i,j=1,2,\cdots,n)$，其中 k 为常数，试证明如下 Hadamard(阿达马)不等式

$$\det(A)\leqslant k^n n^{\frac{n}{2}}.$$

5.3.21 (1) 试利用二次型知识证明 cauchy(柯西)不等式

$$\left(\sum_{i=1}^{n}a_ib_i\right)^2\leqslant\sum_{i=1}^{n}a_i^2\sum_{j=1}^{n}b_j^2,$$

其中 a_i,b_j 为实数，$i,j=1,2,\cdots,n$.

(2) 试证明 $\det(\boldsymbol{A}_n)\geqslant 0$，其中 $\boldsymbol{A}_n=\boldsymbol{A}\boldsymbol{A}^{\mathrm{T}}$，$\boldsymbol{A}=(a_{ij})_{m\times m}$，

$$\boldsymbol{A}_n=\begin{pmatrix}\sum\limits_{i=1}^{n}a_{i1}^2 & \sum\limits_{i=1}^{n}a_{i1}a_{i2} & \cdots & \sum\limits_{i=1}^{n}a_{i1}a_{n1}\\ \sum\limits_{i=1}^{n}a_{i2}a_{i1} & \sum\limits_{i=1}^{n}a_{i2}^2 & \cdots & \sum\limits_{i=1}^{n}a_{i2}a_{in}\\ \vdots & \vdots & & \vdots\\ \sum\limits_{i=1}^{n}a_{in}a_{i1} & \sum\limits_{i=1}^{n}a_{in}a_{i2} & \cdots & \sum\limits_{i=1}^{n}a_{in}^2\end{pmatrix}.$$

5.3.22　(1999，天津大学) 设实二次型 $f(x_1,x_2,\cdots,x_n)=\boldsymbol{x}^{\mathrm{T}}\boldsymbol{A}\boldsymbol{x}$，且 $|\boldsymbol{A}|<0$. 证明存在非零向量 $\boldsymbol{x}_0=(x_1,x_2,\cdots,x_n)^{\mathrm{T}}$，使得 $\boldsymbol{x}_0^{\mathrm{T}}\boldsymbol{A}\boldsymbol{x}_0<0$.

5.3.23　(2004，复旦大学) 设 $\boldsymbol{A}$ 是一个实对称阵，$f(\boldsymbol{x}^{\mathrm{T}})=\boldsymbol{x}^{\mathrm{T}}\boldsymbol{A}\boldsymbol{x}$ 是它对应的二次型，其正惯性指数和负惯性指数都不等于零. 求证：存在非零向量 $\boldsymbol{x}$，使得 $f(\boldsymbol{x}^{\mathrm{T}})=0$.

5.3.24　设 $f(\boldsymbol{x}^{\mathrm{T}})=\boldsymbol{x}^{\mathrm{T}}\boldsymbol{A}\boldsymbol{x}$ 是不定二次型，存在 $\boldsymbol{\alpha},\boldsymbol{\beta}$ 使 $f(\boldsymbol{\alpha}^{\mathrm{T}})>0$，$f(\boldsymbol{\beta}^{\mathrm{T}})<0$. 试证明：存在与 $\boldsymbol{\alpha},\boldsymbol{\beta}$ 线性相关的向量 $\boldsymbol{\mu}$，$\boldsymbol{v}$ 使 $f(\boldsymbol{\mu}^{\mathrm{T}})=f(\boldsymbol{v}^{\mathrm{T}})=0$，且 $\boldsymbol{\mu}$ 与 $\boldsymbol{v}$ 线性无关.

5.3.25　(2005，中国科学院) (1) 考虑如下形式的矩阵

$$\boldsymbol{P}=\begin{pmatrix}a_1^2 & a_1a_2 & \cdots & a_1a_n\\ a_2a_1 & a_2^2 & \cdots & a_2a_n\\ a_na_1 & a_na_2 & \cdots & a_n^2\end{pmatrix},$$

其中 $a_i(i=1,2,\cdots,n)$ 都为实数. 证明：矩阵 $\boldsymbol{P}$ 非负定.

(2) 证明：非零实二次型 $f(x_1,x_2,\cdots,x_n)$ 可以写成 $f(x_1,x_2,\cdots,x_n)=(u_1x_1+\cdots+u_nx_n)(v_1x_1+\cdots+v_nx_n)$ 的充要条件是它的秩为 1，或者它的秩为 2 且符号差为 0.

5.4　其他各类二次型

一、负定二次型

要点　如果实二次型 $f(x_1,x_2,\cdots,x_n)$ 是负定二次型当且仅当 $-f(x_1,x_2,\cdots,x_n)$ 是正定二次型.

例 5.4.1　(1997，西北工业大学) 已知二次型

$$f(x_1,x_2,x_3)=-2x_1^2-2x_2^2-x_3^2-2\lambda x_1x_2-2x_1x_3+2x_2x_3.$$

(1) λ 取何值时，二次型是负定的；

(2) 取 $\lambda=0$，试用正交变换化二次型为标准形.

解　(1) 要使 f 为负定二次型，则需 $-f$ 为正定二次型. 由于

$$-f(x_1,x_2,x_3)=2x_1^2+2x_2^2+x_3^2+2\lambda x_1x_2+2x_1x_3-2x_2x_3,$$

令

$$\boldsymbol{A}=\begin{pmatrix}2&\lambda&1\\\lambda&2&-1\\1&-1&1\end{pmatrix},$$

则由 $\boldsymbol{A}$ 的三个顺序主子式为

$$D_1=|2|>0,$$

$$D_2=\begin{vmatrix}2&\lambda\\\lambda&2\end{vmatrix}=4-\lambda^2>0,$$

$$D_3=\begin{vmatrix}2&\lambda&1\\\lambda&2&-1\\1&-1&1\end{vmatrix}=-\lambda(\lambda+2)>0.$$

解上面三个不等式得 $-2<\lambda<0$. 故当 $-2<\lambda<0$ 时，f 为负定二次型.

(2) 当 $\lambda=0$ 时，

$$f(x_1,x_2,x_3)=(x_1,x_2,x_3)\begin{pmatrix}-2&0&-1\\0&-2&1\\-1&1&-1\end{pmatrix}\begin{pmatrix}x_1\\x_2\\x_3\end{pmatrix}.$$

$$|x\boldsymbol{E}-\boldsymbol{A}|=\begin{vmatrix}x+2&0&1\\0&x+2&-1\\1&-1&x+1\end{vmatrix}=x(x+2)(x+3)=0,$$

得 $x_1=0$，$x_2=-2$，$x_3=-3$.

属于 $x_1=0$ 的特征向量为 $\boldsymbol{\alpha}_1=(1,-1,-2)$，属于 $x_2=-2$ 的特征向量为 $\boldsymbol{\alpha}_2=(1,1,0)$，属于 $x_3=-3$ 的特征向量为 $\boldsymbol{\alpha}_3=(1,-1,1)$.

将向量组 $\boldsymbol{\alpha}_1,\boldsymbol{\alpha}_2,\boldsymbol{\alpha}_3$ 用 Schmidt（施密特）正交化法得

$$\boldsymbol{\gamma}_1=\frac{1}{\sqrt{6}}(1,-1,-2),$$

$$\boldsymbol{\gamma}_2=\frac{1}{\sqrt{2}}(1,1,0),$$

$$\boldsymbol{\gamma}_3=\frac{1}{\sqrt{3}}(1,-1,1).$$

从而存在可逆阵

$$C=\begin{pmatrix}\frac{1}{\sqrt{6}} & \frac{1}{\sqrt{2}} & \frac{1}{\sqrt{3}}\\ -\frac{1}{\sqrt{6}} & \frac{1}{\sqrt{2}} & -\frac{1}{\sqrt{3}}\\ -\frac{2}{\sqrt{6}} & 0 & \frac{1}{\sqrt{3}}\end{pmatrix}.$$

所以

$$f(x_1,x_2,x_3)=\boldsymbol{x}^{\mathrm{T}}\boldsymbol{A}\boldsymbol{x}\xlongequal{x=Cy}\boldsymbol{y}^{\mathrm{T}}\boldsymbol{C}^{\mathrm{T}}\boldsymbol{A}\boldsymbol{C}\boldsymbol{y}=\boldsymbol{y}^{\mathrm{T}}\begin{pmatrix}0 & & \\ & -2 & \\ & & -3\end{pmatrix}\boldsymbol{y}=-2y_2^2-3y_3^2.$$

二、半正(负)定二次型

要点　如果实二次型 $f(x_1,x_2,\cdots,x_n)$ 是半正定二次型当且仅当 $-f(x_1,x_2,\cdots,x_n)$ 是半负定二次型.

关于半正定二次型有如下判定方法.

设 $f(x_1,x_2,\cdots,x_n)=\boldsymbol{x}^{\mathrm{T}}\boldsymbol{A}\boldsymbol{x}$，其中 $\boldsymbol{A}^{\mathrm{T}}=\boldsymbol{A}$，则以下条件等价：

1° 实二次型是半正定的；

2° f 的正惯性指数与秩相等；

3° $\boldsymbol{A}$ 合同对角阵 $\mathrm{diag}(d_1,d_2,\cdots,d_n)$，其中 $d_i\geqslant 0(i=1,2,\cdots,n)$；

4° 有实矩阵 $\boldsymbol{C}$，使得 $\boldsymbol{A}=\boldsymbol{C}^{\mathrm{T}}\boldsymbol{C}$；

5° $\boldsymbol{A}$ 的所有特征值不小于 0；

6° $\boldsymbol{A}$ 的所有主子式不小于 0.

例 5.4.2　(2011，重庆大学)设 $\boldsymbol{A}$ 是半正定矩阵，证明：存在唯一的半正定矩阵 $\boldsymbol{B}$ 使得 $\boldsymbol{A}=\boldsymbol{B}^2$.

证明　由 $\boldsymbol{A}$ 是半正定矩阵，故存在正交矩阵 $\boldsymbol{Q}$ 使得

$$\boldsymbol{Q}^{\mathrm{T}}\boldsymbol{A}\boldsymbol{Q}=\begin{pmatrix}\lambda_1 & & & \\ & \lambda_2 & & \\ & & \ddots & \\ & & & \lambda_n\end{pmatrix},$$

这里 λ_i 为 $\boldsymbol{A}$ 的特征值. 因为 $\boldsymbol{A}$ 是正定的，从而 $\lambda_i\geqslant 0(i=1,2,\cdots,n)$. 这样就有

$$A=Q\begin{pmatrix}\lambda_1&&&\\&\lambda_2&&\\&&\ddots&\\&&&\lambda_n\end{pmatrix}Q^{\mathrm T}=\left(Q\begin{pmatrix}\sqrt[2]{\lambda_1}&&&\\&\sqrt[2]{\lambda_2}&&\\&&\ddots&\\&&&\sqrt[2]{\lambda_n}\end{pmatrix}Q^{\mathrm T}\right)^2.$$

令

$$B=Q\begin{pmatrix}\sqrt[2]{\lambda_1}&&&\\&\sqrt[2]{\lambda_2}&&\\&&\ddots&\\&&&\sqrt[2]{\lambda_n}\end{pmatrix}Q^{\mathrm T},$$

则有 $A=B^2$，易验证 B 为半正定阵.

5.5 不等式与二次型(实例)

例 5.5.1 若 A 是正定阵，则 $0<|A|\leqslant a_{11}a_{22}\cdots a_{nn}$，其中 a_{ii} 为 A 的主对角线上的元素，$i=1,2,\cdots,n$.

证明 存在可逆阵的上三角矩阵 L 使得 $A=L^{\mathrm T}L$，即

$$A=\begin{pmatrix}l_{11}&l_{12}&\cdots&l_{1n}\\0&l_{22}&\cdots&l_{2n}\\\vdots&\vdots&&\vdots\\0&0&\cdots&l_{nn}\end{pmatrix}^{\mathrm T}\begin{pmatrix}l_{11}&l_{12}&\cdots&l_{1n}\\0&l_{22}&\cdots&l_{2n}\\\vdots&\vdots&&\vdots\\0&0&\cdots&l_{nn}\end{pmatrix}$$

$$=\begin{pmatrix}l_{11}^2&*&\cdots&*\\ *&l_{22}^2+l_{12}^2&\cdots&*\\\vdots&\vdots&&\vdots\\ *&*&\cdots&l_{1n}^2+\cdots+l_{nn}^2\end{pmatrix}.$$

于是 $|A|=(l_{11}l_{22}\cdots l_{nn})^2\leqslant l_{11}^2(l_{12}^2+l_{22}^2)\cdots(l_{1n}^2+\cdots+l_{nn}^2)=a_{11}a_{22}\cdots a_{nn}$.

例 5.5.2 (1) 试利用二次型知识证明 Schwarz(施瓦茨)不等式

$$\left(\int_a^b f(t)g(t)\mathrm dt\right)^2\leqslant\int_a^b f^2(t)\mathrm dt\int_a^b g^2(t)\mathrm dt,$$

其中，$f(t),g(t)$ 均为 $[a,b]$ 上的可积函数.

(2) 设 $f_i(x)$ 是 $[a,b]$ 上的可积函数 $(i=1,2,\cdots,n)$，试证明：$\det(A_n)\geqslant 0$，其中

$$A_n=\begin{pmatrix}\int_a^b f_1^2(x)\mathrm{d}x & \int_a^b f_1(x)f_2(x)\mathrm{d}x & \cdots & \int_a^b f_1(x)f_n(x)\mathrm{d}x\\ \int_a^b f_2(x)f_1(x)\mathrm{d}x & \int_a^b f_2^2(x)\mathrm{d}x & \cdots & \int_a^b f_2(x)f_n(x)\mathrm{d}x\\ \vdots & \vdots & & \vdots\\ \int_a^b f_n(x)f_1(x)\mathrm{d}x & \int_a^b f_n(x)f_2(x)\mathrm{d}x & \cdots & \int_a^b f_n^2(x)\mathrm{d}x\end{pmatrix}.$$

提示：(1)考虑二元二次型 $F(x_1,x_2)=\int_a^b(f(t)x_1+g(t)x_2)^2\mathrm{d}t$ 为半正定二次型；

(2)考虑 n 元二次型

$$F(x_1,x_2,\cdots,x_n)-\int_a^b(x_1f_1(t)+x_2f_2(t)+\cdots+x_nf_n(t))^2\mathrm{d}t$$

为半正定二次型.

例 5.5.3　设 $A\in M_{n\times n}(\mathbf{R})$ 是半正定的，则 $|A+E|\geqslant 1$，当且仅当 $A=O$ 时等号成立；$|A+2E|\geqslant 2^n$，当且仅当 $A=O$ 时等号成立.

证明　设 A 的特征值为 $\lambda_1,\lambda_2,\cdots,\lambda_n$，则 $\lambda_i\geqslant 0(1\leqslant i\leqslant n)$，$A+E$ 特征值为 λ_1+1，$\lambda_2+1,\cdots,\lambda_n+1$. 于是

$$|A+E|=\prod_{i=1}^n(\lambda_i+1)\geqslant 1.$$

若 $|A+E|=1$，则 $\lambda_i=0(1\leqslant i\leqslant n)$，这推出 $A=O$. 类似地，可证明后一结论.

评析　关于正定阵的行列式问题，通常利用正定(半正定)矩阵的特征值的性质.

5.6　注　　记

在要结束本章内容之前，需要说明一点的是，二次型远不是一个平凡的论题，它几乎联系到我们讨论的所有内容：多项式，行列式，矩阵，向量空间，特征值与特征向量，对角化，内积与正交性等，考虑到内容的逻辑顺序，将在第 9 章继续讨论二次型的有关问题.

第6章 线性空间

线性空间是线性代数中最基本的概念之一，它的定义是在对二维、三维几何空间及 n 维向量空间的高度抽象基础上通过公理化的方法引入的. 准确理解各基本概念及利用概念进行严格的逻辑推理，是学好本章的关键.

本章内容包括：线性空间的定义，基与维数 · 变换公式，子空间及其运算，不等式.

6.1 线性空间的定义

一、用定义证明线性空间

要点 数域 P 上的线性空间 V 是指：在非空集合 V 上可定义一个加法运算和另一个数乘运算. V 对于加法运算作成一个 Abel 群，对于数乘满足结合律和两个分配律(考虑 V 上的加法).

例 6.1.1 全体正实数 $\mathbf{R}^+$ 构成实数域 $\mathbf{R}$ 上的线性空间，其中 $\mathbf{R}^+$ 上的加法为普通的实数乘法，即 $a\oplus b=ab$，数乘定义为 $k\cdot a=a^k$.

证明 利用定义，略.

例 6.1.2 (2004，西安交通大学) 设 G 为实数域 $\mathbf{R}$ 上的 n 级可逆方阵的全体构成的集合，若定义 G 中的加法"$\oplus$"为：对任意 $\boldsymbol{A},\boldsymbol{B}\in G$，有 $\boldsymbol{A}\oplus\boldsymbol{B}=\boldsymbol{AB}$；又定义 G 关于 $\mathbf{R}$ 上的乘法"$\circ$"为：对任意 $r\in\mathbf{R}$，$\boldsymbol{A}\in G$，$r\circ\boldsymbol{A}=\boldsymbol{A}^r$. 试问 G 对于上述定义的加法与数量乘法是否构成 $\mathbf{R}$ 上的线性空间？为什么？

解 由于 $\boldsymbol{A}\oplus\boldsymbol{B}=\boldsymbol{AB},\boldsymbol{B}\oplus\boldsymbol{A}=\boldsymbol{BA}$，而矩阵的乘法不满足交换律，故 $\boldsymbol{A}\oplus\boldsymbol{B}\neq\boldsymbol{B}\oplus\boldsymbol{A}$. 从而根据线性空间的定义，$G$ 关于这样的加法与数乘不能构成 $\mathbf{R}$ 上的线性空间.

二、几个常用的线性空间

1° $P^{m\times n}$ 是数域 P 上的线性空间；

2° $P[x]_n$ 是数域 P 上的线性空间；

3° $P[x]$ 是数域 P 上的线性空间；

4° 设 V 是数域 P 上的线性空间，$\boldsymbol{\alpha}_1,\boldsymbol{\alpha}_2,\cdots,\boldsymbol{\alpha}_s\in V$，则 $L(\boldsymbol{\alpha}_1,\boldsymbol{\alpha}_2,\cdots,\boldsymbol{\alpha}_s)=\{k_1\boldsymbol{\alpha}_1+k_2\boldsymbol{\alpha}_2+\cdots+k_s\boldsymbol{\alpha}_s\mid k_i\in P\}$ 是数域 P 上的线性空间；

5° 闭区间 $[a,b]$ 上的实连续函数的全体 $C[a,b]$ 是实数域 $\mathbf{R}$ 上的线性空间.

评析 (1)对线性空间 $P^{m\times n}$，当 $n=1$ 时，即是我们熟悉的 m 维列向量的全体形成的向量空间.

三、向量组的线性相关性

要点 线性空间是一种最简单的代数系统，它具有其他代数系统不具备的特殊性质，那就是它有线性相关与线性无关的概念. n 维向量空间中的有关概念和结论可平移到线性空间中，其证明方法也类似.

例 6.1.3 证明：在实函数空间中，$1,\cos^2 t,\cos 2t$ 是线性相关的.

证明 实函数空间中的线性运算是：加法是函数的加法，数量乘法是数与函数的乘法.

因为 $\cos 2t=2\cos^2 t-1$，故 $1,\cos^2 t,\cos 2t$ 是线性相关的.

例 6.1.4 如果 $f_1(x),f_2(x),f_3(x)$ 是线性空间 $P[x]$ 中三个互素的多项式，但其中任意两个都不互素，则它们线性无关.

证明 因为 $f_1(x),f_2(x),f_3(x)$ 互素，所以存在多项式 $\mu_1(x),\mu_2(x),\mu_3(x)$，使得

$$\mu_1(x)f_1(x)+\mu_2(x)f_2(x)+\mu_3(x)f_3(x)=1. \tag{6.1}$$

假定 $f_1(x),f_2(x),f_3(x)$ 线性相关，则存在不全为零的数 a_1,a_2,a_3，使得

$$a_1f_1(x)+a_2f_2(x)+a_3f_3(x)=0,$$

不妨设 $a_3\neq 0$，则有

$$f_3(x)=-\frac{a_1}{a_3}f_1(x)-\frac{a_2}{a_3}f_2(x), \tag{6.2}$$

将式(6.2)代入式(6.1)得

$$\left(\mu_1(x)-\frac{a_1}{a_3}\mu_3(x)\right)f_1(x)+\left(\mu_2(x)-\frac{a_2}{a_3}\mu_2(x)\right)f_2(x)=1,$$

因此 $f_1(x)$ 与 $f_2(x)$ 互素，与已知矛盾.

故 $f_1(x),f_2(x),f_3(x)$ 线性无关.

练习 6.1

6.1.1 试判断全体正实数 $\mathbf{R}^+$ 是否构成实数域上的线性空间，其中加法和数量乘法定义为

$$a\oplus b=ab,$$
$$k\circ a=a^k.$$

6.1.2 试判断全体实数的二元数列是否构成实数域上的线性空间，其中加法和数量乘法定义为

$$(a_1,b_1)\oplus(a_2,b_2)=(a_1+a_2+b_1b_2,b_1+b_2),$$

$$k\circ(a_1,b_1)=\left(ka_1+\frac{k(k-1)}{2}b_1^2,kb_1\right).$$

6.1.3 设 $\boldsymbol{A}$ 为 n 级实对称矩阵，试给出满足 $\boldsymbol{x}^{\mathrm{T}}\boldsymbol{A}\boldsymbol{x}=0$ 的向量 $\boldsymbol{x}$ 关于向量加法和数量乘法构成实数域上的线性空间的充要条件.

6.1.4 在实函数空间中，判断 $f_i(x)=\cos ix(i=0,1,2,3,4)$ 的线性相关性.

6.1.5 (2007，北京大学)把实数域 $\mathbf{R}$ 看成有理数域 $\mathbf{Q}$ 上的线性空间，$b=p^3q^2r$，这里的 p,q,r 是互不相同的素数. 判断向量组 $1,\sqrt{b},\sqrt{b^2},\cdots,\sqrt{b^{n-1}}$ 是否线性相关，并说明理由.

6.2 基与维数·变换公式

一、基与维数的求法

要点 设 V 是数域 P 上的线性空间，若存在一组线性无关的向量 $\boldsymbol{\alpha}_1,\boldsymbol{\alpha}_2,\cdots,\boldsymbol{\alpha}_n\in V$，$\forall\boldsymbol{\beta}\in V$，$\boldsymbol{\beta}$ 都可由 $\boldsymbol{\alpha}_1,\boldsymbol{\alpha}_2,\cdots,\boldsymbol{\alpha}_n$ 线性表示，则 $\boldsymbol{\alpha}_1,\boldsymbol{\alpha}_2,\cdots,\boldsymbol{\alpha}_n$ 为 V 的一组基，n 称作线性空间 V 的维数，记作 $\dim V=n$.

评析 基与维数是线性空间中最具核心的概念，它是基于线性相关和线性无关概念的基础上产生的. 它使我们有可能把线性空间中无限多个向量研究归结为一组基的研究，从而将与矩阵建立起紧密的联系，从中将进一步导出基变换公式.

另外，需要说明的是：基与极大线性无关组在定义的方式上很类似，不同点在于二者对象不同，一个是考虑线性空间的线性无关组，而另一个是考虑一组向量中的线性无关组.

例 6.2.1 设 V_1,V_2 是数域 P 上的线性空间，$\forall(\boldsymbol{\alpha}_1,\boldsymbol{\alpha}_2),(\boldsymbol{\beta}_1,\boldsymbol{\beta}_2)\in V_1\times V_2$，$\forall k\in P$，规定

$$(\boldsymbol{\alpha}_1,\boldsymbol{\alpha}_2)+(\boldsymbol{\beta}_1,\boldsymbol{\beta}_2)=(\boldsymbol{\alpha}_1+\boldsymbol{\beta}_1,\boldsymbol{\alpha}_2+\boldsymbol{\beta}_2),\tag{6.3}$$

$$k(\boldsymbol{\alpha}_1,\boldsymbol{\alpha}_2)=(k\boldsymbol{\alpha}_1,k\boldsymbol{\alpha}_2).\tag{6.4}$$

(1) 证明：$V_1\times V_2$ 关于以上运算构成数域 P 上的线性空间；

(2) $\dim V_1=m$，$\dim V_2=n$，求 $\dim(V_1\times V_2)$.

证明 (1) 由式(6.3)知 $V_1\times V_2$ 关于加法封闭，容易验证加法满足交换律与结合律. 设 $\mathbf{0}_1,\mathbf{0}_2$ 分别为 V_1,V_2 中零元素，则 $(\mathbf{0}_1,\mathbf{0}_2)$ 是 $V_1\times V_2$ 的零元. $\forall(\boldsymbol{\alpha}_1,\boldsymbol{\alpha}_2)\in V_1\times V_2$，$\exists(-\boldsymbol{\alpha}_1,-\boldsymbol{\alpha}_2)\in V_1\times V_2$ 使得

$$(\boldsymbol{\alpha}_1,\boldsymbol{\alpha}_2)+(-\boldsymbol{\alpha}_1,-\boldsymbol{\alpha}_2)=(\mathbf{0}_1,\mathbf{0}_2).$$

其次由式(6.4)可知数量乘法封闭，且

$$k[(\boldsymbol{\alpha}_1,\boldsymbol{\alpha}_2)+(\boldsymbol{\beta}_1,\boldsymbol{\beta}_2)]=k(\boldsymbol{\alpha}_1,\boldsymbol{\alpha}_2)+k(\boldsymbol{\beta}_1,\boldsymbol{\beta}_2),$$

$$(k+l)(\boldsymbol{\alpha}_1,\boldsymbol{\alpha}_2)=k(\boldsymbol{\alpha}_1,\boldsymbol{\alpha}_2)+l(\boldsymbol{\alpha}_1,\boldsymbol{\alpha}_2),$$

$$1\cdot(\boldsymbol{\alpha}_1,\boldsymbol{\alpha}_2)=(\boldsymbol{\alpha}_1,\boldsymbol{\alpha}_2)$$

均成立，故 $V_1 \times V_2$ 是 P 上的线性空间.

(2) 设 $\boldsymbol{\alpha}_1,\cdots,\boldsymbol{\alpha}_m$ 为 V_1 的一组基，$\boldsymbol{\beta}_1,\cdots,\boldsymbol{\beta}_n$ 为 V_2 的一组基. 令

$$\boldsymbol{\gamma}_1=(\boldsymbol{\alpha}_1,\mathbf{0}_2),\quad \boldsymbol{\gamma}_2=(\boldsymbol{\alpha}_2,\mathbf{0}_2),\quad \cdots,\quad \boldsymbol{\gamma}_m=(\boldsymbol{\alpha}_m,\mathbf{0}_2).$$

$$\boldsymbol{\delta}_1=(\mathbf{0}_1,\boldsymbol{\beta}_1),\quad \boldsymbol{\delta}_2=(\mathbf{0}_1,\boldsymbol{\beta}_2),\quad \cdots,\quad \boldsymbol{\delta}_n=(\mathbf{0}_1,\boldsymbol{\beta}_n).$$

先证 $m+n$ 个向量 $\boldsymbol{\gamma}_1,\cdots,\boldsymbol{\gamma}_m,\boldsymbol{\delta}_1,\cdots,\boldsymbol{\delta}_n$ 线性无关，令

$$l_1\boldsymbol{\gamma}_1+\cdots+l_m\boldsymbol{\gamma}_m+k_1\boldsymbol{\delta}_1+\cdots+k_n\boldsymbol{\delta}_n=\mathbf{0},$$

则有

$$(l_1\boldsymbol{\alpha}_1+\cdots+l_m\boldsymbol{\alpha}_m,k_1\boldsymbol{\beta}_1+\cdots+k_n\boldsymbol{\beta}_n)=(\mathbf{0}_1,\mathbf{0}_2).$$

从而

$$l_1=\cdots=l_m=k_1=\cdots=k_n=0,$$

故 $\boldsymbol{\gamma}_1,\cdots,\boldsymbol{\gamma}_m,\boldsymbol{\delta}_1,\cdots,\boldsymbol{\delta}_n$ 线性无关.

$\forall\boldsymbol{\gamma}\in V_1\times V_2$，则 $\boldsymbol{\gamma}=(\boldsymbol{\alpha},\boldsymbol{\beta})$，其中 $\boldsymbol{\alpha}\in V_1$，$\boldsymbol{\beta}\in V_2$，则

$$\boldsymbol{\alpha}=s_1\boldsymbol{\alpha}_1+\cdots+s_m\boldsymbol{\alpha}_m,\quad \boldsymbol{\beta}=t_1\boldsymbol{\beta}_1+\cdots+t_n\boldsymbol{\beta}_n,$$

从而 $\boldsymbol{\gamma}=(\boldsymbol{\alpha},\mathbf{0})+(\mathbf{0},\boldsymbol{\beta})=s_1\boldsymbol{\gamma}_1+\cdots+s_m\boldsymbol{\gamma}_m+t_1\boldsymbol{\delta}_1+\cdots+t_n\boldsymbol{\delta}_n$，即 $\boldsymbol{\gamma}$ 可由 $\boldsymbol{\gamma}_1,\cdots,\boldsymbol{\gamma}_m,\boldsymbol{\delta}_1,\cdots,\boldsymbol{\delta}_n$ 线性表示，它们为 $V_1\times V_2$ 的一组基，从而 $\dim(V_1\times V_2)=m+n$.

例 6.2.2 (2001，华中师范大学) 考虑实数域 $\mathbf{R}$ 上 n 维线性空间 $V=\mathbf{R}[x]_n$，对任意取定的 n 个不同的实数 $a_1,a_2,\cdots,a_n$，根据拉格朗日插值公式得到 n 个多项式

$$P_i(x)=\frac{(x-a_1)\cdots(x-a_{i-1})(x-a_{i+1})\cdots(x-a_n)}{(a_i-a_1)\cdots(a_i-a_{i-1})(a_i-a_{i+1})\cdots(a_i-a_n)}\quad (i=1,2,\cdots,n).$$

证明：$p_1(x),p_2(x),\cdots,p_n(x)$ 为 $\mathbf{R}[x]_n$ 空间的一组基.

证明　易验证

$$p_i(a_j)=\begin{cases}1, & j=i,\\ 0, & j\neq i.\end{cases}$$

下证 $p_1(x),p_2(x),\cdots,p_n(x)$ 是线性无关的. 假设

$$c_1p_1(x)+c_2p_2(x)+\cdots+c_np_n(x)=0,$$

用 a_i 代入，即得

$$\sum_{i=1}^{n}c_kp_k(a_i)=c_ip_i(a_i)=c_i=0\quad (i=1,2,\cdots,n).$$

又因 V 是 n 维的，故 $p_1(x),p_2(x),\cdots,p_n(x)$ 是 $\mathbf{R}[x]_n$ 的一组基.

二、基变换公式

要点　设 $\boldsymbol{\alpha}_1,\boldsymbol{\alpha}_2,\cdots,\boldsymbol{\alpha}_n$ 和 $\boldsymbol{\beta}_1,\boldsymbol{\beta}_2,\cdots,\boldsymbol{\beta}_n$ 是线性空间 V 的两组基，且

$$(\boldsymbol{\beta}_1,\boldsymbol{\beta}_2,\cdots,\boldsymbol{\beta}_n)=(\boldsymbol{\alpha}_1,\boldsymbol{\alpha}_2,\cdots,\boldsymbol{\alpha}_n)\boldsymbol{T}, \tag{6.5}$$

则称 $\boldsymbol{T}$ 为由基 $\boldsymbol{\alpha}_1,\boldsymbol{\alpha}_2,\cdots,\boldsymbol{\alpha}_n$ 到基 $\boldsymbol{\beta}_1,\boldsymbol{\beta}_2,\cdots,\boldsymbol{\beta}_n$ 的过渡矩阵，它是可逆的，等式(6.5)称为基变换公式.

例 6.2.3　(1993，高数二)已知 $\mathbf{R}^3$ 的两组基

$$\boldsymbol{\alpha}_1=(1,1,1)^{\mathrm{T}},\quad \boldsymbol{\alpha}_2=(1,0,-1)^{\mathrm{T}},\quad \boldsymbol{\alpha}_3=(1,0,1)^{\mathrm{T}};$$

$$\boldsymbol{\beta}_1=(1,2,1)^{\mathrm{T}},\quad \boldsymbol{\beta}_2=(2,3,4)^{\mathrm{T}},\quad \boldsymbol{\beta}_3=(3,4,3)^{\mathrm{T}}.$$

求由 $\boldsymbol{\alpha}_1,\boldsymbol{\alpha}_2,\boldsymbol{\alpha}_3$ 到 $\boldsymbol{\beta}_1,\boldsymbol{\beta}_2,\boldsymbol{\beta}_3$ 的过渡矩阵.

解　设此过渡矩阵为 $\boldsymbol{T}$，则

$$(\boldsymbol{\beta}_1,\boldsymbol{\beta}_2,\boldsymbol{\beta}_3)=(\boldsymbol{\alpha}_1,\boldsymbol{\alpha}_2,\boldsymbol{\alpha}_3)\boldsymbol{T},$$

即

$$\begin{pmatrix}1&2&3\\2&3&4\\1&4&3\end{pmatrix}=\begin{pmatrix}1&1&1\\1&0&0\\1&-1&1\end{pmatrix}\boldsymbol{T},$$

故

$$\boldsymbol{T}=\begin{pmatrix}1&1&1\\1&0&0\\1&-1&1\end{pmatrix}^{-1}\begin{pmatrix}1&2&3\\2&3&4\\1&4&3\end{pmatrix}=\begin{pmatrix}2&3&4\\0&-1&0\\-1&0&-1\end{pmatrix}.$$

三、同一向量在不同基下的坐标(“3 推 1”公式 I)

要点　设 $\boldsymbol{\alpha}_1,\boldsymbol{\alpha}_2,\cdots,\boldsymbol{\alpha}_n$ 和 $\boldsymbol{\beta}_1,\boldsymbol{\beta}_2,\cdots,\boldsymbol{\beta}_n$ 为 V 的两组基，$\boldsymbol{\alpha}\in V$，则以下结论成立：

$$\left.\begin{array}{l}(\boldsymbol{\beta}_1,\boldsymbol{\beta}_2,\cdots,\boldsymbol{\beta}_n)=(\boldsymbol{\alpha}_1,\boldsymbol{\alpha}_2,\cdots,\boldsymbol{\alpha}_n)\boldsymbol{T},\\ \boldsymbol{\alpha}=(\boldsymbol{\alpha}_1,\boldsymbol{\alpha}_2,\cdots,\boldsymbol{\alpha}_n)\boldsymbol{X},\\ \boldsymbol{\alpha}=(\boldsymbol{\beta}_1,\boldsymbol{\beta}_2,\cdots,\boldsymbol{\beta}_n)\boldsymbol{Y}\end{array}\right\}\Rightarrow \boldsymbol{X}=\boldsymbol{T}\boldsymbol{Y}. \tag{6.6}$$

评析　将式(6.6)形式的结论称为“3 推 1 公式”，即由三个等式推出一个新的等式. 它给出了同一向量在不同基下坐标之间的关系，这是我们在教材中遇到的第一个“3 推 1 公式”. 实质上，在高等代数中，类似的公式有 5 个，读者要牢牢记住这些公式，并能灵活运用.

例 6.2.4　(2000，武汉大学) $\boldsymbol{\alpha}_1,\boldsymbol{\alpha}_2,\cdots,\boldsymbol{\alpha}_n$ 和 $\boldsymbol{\beta}_1,\boldsymbol{\beta}_2,\cdots,\boldsymbol{\beta}_n$ 为空间 $\mathbf{R}^n$ 的两组基，且

$$(\boldsymbol{\alpha}_1,\boldsymbol{\alpha}_2,\cdots,\boldsymbol{\alpha}_n)=(\boldsymbol{\beta}_1,\boldsymbol{\beta}_2,\cdots,\boldsymbol{\beta}_n)\boldsymbol{A},\quad \boldsymbol{\alpha}\in V$$

在基 $\boldsymbol{\alpha}_1,\boldsymbol{\alpha}_2,\cdots,\boldsymbol{\alpha}_n$ 和 $\boldsymbol{\beta}_1,\boldsymbol{\beta}_2,\cdots,\boldsymbol{\beta}_n$ 下的坐标分别为 $\boldsymbol{X},\boldsymbol{Y}$，且 $\boldsymbol{X}^{\mathrm{T}}=\boldsymbol{Y}^{\mathrm{T}}\boldsymbol{B}$，则(　　)

A．$\boldsymbol{B}=\boldsymbol{A}^{\mathrm{T}}$　　B．$\boldsymbol{B}=\boldsymbol{A}^*$　　C．$\boldsymbol{B}=(\boldsymbol{A}^{\mathrm{T}})^{-1}$　　D．$\boldsymbol{B}=\boldsymbol{A}$

解 由坐标变换公式易知 $\boldsymbol{Y}=\boldsymbol{AX}$，从而有 $\boldsymbol{X}=\boldsymbol{A}^{-1}\boldsymbol{Y}$，又由已知条件 $\boldsymbol{X}^{\mathrm{T}}=\boldsymbol{Y}^{\mathrm{T}}\boldsymbol{B}$，故 $\boldsymbol{X}=\boldsymbol{B}^{\mathrm{T}}\boldsymbol{Y}$. 于是 $\boldsymbol{B}^{\mathrm{T}}\boldsymbol{Y}=\boldsymbol{A}^{-1}\boldsymbol{Y}$，故 $\boldsymbol{B}=(\boldsymbol{A}^{\mathrm{T}})^{-1}$. 选 C.

四、坐标的求法

要点 坐标的求法一般常用的方法有如下两种：一种是利用定义；另一种是利用坐标变换公式.

例 6.2.5 (高数一) 设三维向量空间的一组基底为 $\boldsymbol{\alpha}_1=(1,1,0)$，$\boldsymbol{\alpha}_2=(1,0,1)$，$\boldsymbol{\alpha}_3=(0,1,1)$，则向量 $\boldsymbol{\beta}=(2,0,0)$ 在此基下的坐标是____________.

解 设 $\boldsymbol{\beta}=x_1\boldsymbol{\alpha}_1+x_2\boldsymbol{\alpha}_2+x_3\boldsymbol{\alpha}_3$，则

$$\begin{cases} x_1+x_2=2, \\ x_1+x_3=0, \\ x_2+x_3=0. \end{cases}$$

可解得：$x_1=1$，$x_2=1$，$x_3=-1$. 故 $\boldsymbol{\beta}$ 在基 $\boldsymbol{\alpha}_1,\boldsymbol{\alpha}_2,\boldsymbol{\alpha}_3$ 下的坐标为 $(1,1,-1)$.

例 6.2.6 (中国科技大学) 若 $\boldsymbol{\alpha}_1,\boldsymbol{\alpha}_2,\cdots,\boldsymbol{\alpha}_n$ 是 n 维线性空间 V 的一组基，证明：向量组 $\boldsymbol{\alpha}_1,\boldsymbol{\alpha}_1+\boldsymbol{\alpha}_2,\cdots,\boldsymbol{\alpha}_1+\boldsymbol{\alpha}_2+\cdots+\boldsymbol{\alpha}_n$ 仍是 V 的一组基. 又若 $\boldsymbol{\alpha}$ 关于前一组基的坐标为 $(n,n-1,\cdots,2,1)$，求 $\boldsymbol{\alpha}$ 关于后一组基的坐标.

解 令 $\boldsymbol{\beta}_1=\boldsymbol{\alpha}_1$，$\boldsymbol{\beta}_2=\boldsymbol{\alpha}_1+\boldsymbol{\alpha}_2$，$\cdots$，$\boldsymbol{\beta}_n=\boldsymbol{\alpha}_1+\boldsymbol{\alpha}_2+\cdots+\boldsymbol{\alpha}_n$，则

$$(\boldsymbol{\beta}_1,\boldsymbol{\beta}_2,\cdots,\boldsymbol{\beta}_n)=(\boldsymbol{\alpha}_1,\boldsymbol{\alpha}_2,\cdots,\boldsymbol{\alpha}_n)\begin{pmatrix} 1 & 1 & \cdots & 1 \\ 0 & 1 & \cdots & 1 \\ \vdots & \vdots & & \vdots \\ 0 & 0 & \cdots & 1 \end{pmatrix}.$$

令

$$\boldsymbol{A}=\begin{pmatrix} 1 & 1 & \cdots & 1 \\ 0 & 1 & \cdots & 1 \\ \vdots & \vdots & & \vdots \\ 0 & 0 & \cdots & 1 \end{pmatrix},$$

则 $|\boldsymbol{A}|=1\neq 0$，故 $r(\boldsymbol{A})=n$. 从而 $\boldsymbol{\beta}_1,\boldsymbol{\beta}_2,\cdots,\boldsymbol{\beta}_n$ 的秩为 n，即 $\boldsymbol{\beta}_1,\boldsymbol{\beta}_2,\cdots,\boldsymbol{\beta}_n$ 线性无关，从而它是 V 的一组基.

设 $\boldsymbol{\alpha}=(\boldsymbol{\beta}_1,\boldsymbol{\beta}_2,\cdots,\boldsymbol{\beta}_n)\boldsymbol{Y}$，则由坐标变换公式有

$$\boldsymbol{Y}=\boldsymbol{A}^{-1}\begin{pmatrix} n \\ n-1 \\ \vdots \\ 1 \end{pmatrix}=\begin{pmatrix} 1 & -1 & 0 & \cdots & 0 \\ 0 & 1 & -1 & \cdots & 0 \\ \vdots & \vdots & \vdots & & \vdots \\ 0 & 0 & 0 & \cdots & 1 \end{pmatrix}\begin{pmatrix} n \\ n-1 \\ \vdots \\ 1 \end{pmatrix}=\begin{pmatrix} 1 \\ 1 \\ \vdots \\ 1 \end{pmatrix},$$

即 $\boldsymbol{\alpha}$ 在后一组基下的坐标为 $(1,1,\cdots,1)$.

练习 6.2

6.2.1 (1995,浙江大学)设 $\boldsymbol{A}$ 为 n 级实对称幂等矩阵(即 $\boldsymbol{A}^{\mathrm{T}}=\boldsymbol{A}=\boldsymbol{A}^2$),$r(\boldsymbol{A})=r$,$\boldsymbol{x}=(x_1,x_2,\cdots,x_n)$ 为 n 元实向量(记为 $\boldsymbol{x}\in\mathbf{R}^n$).

(1)求证:$V=\left\{\boldsymbol{x}\in\mathbf{R}^n \mid \boldsymbol{x}\boldsymbol{A}\boldsymbol{x}^{\mathrm{T}}=0\right\}$ 为线性空间;

(2)求 V 的维数及一组基.

6.2.2 证明:$1,x-1,x^2-1,x^3-1,\cdots,x^{n-1}-1$ 为 $P[x]_n$ 的一组基.

6.2.3 (1)证明:在 $P[x]_n$ 中多项式

$$f_i=(x-a_1)\cdots(x-a_{i-1})(x-a_{i+1})\cdots(x-a_n)$$

是一组基,其中 $a_1,a_2,\cdots,a_n$ 是互不相同的数;

(2)在(1)中,取 $a_1,a_2,\cdots,a_n$ 是全体 n 次单位根,求由基 $1,x,\cdots,x^{n-1}$ 到 $f_1,f_2,\cdots,f_n$ 的过渡矩阵.

6.2.4 (2003,上海交通大学)以 $P^{2\times2}$ 表示数域 P 上的二级矩阵的集合,假设 a_1,a_2,a_3,a_4 为两两互异的数而且它们的和不等于零,试证明

$$\left\{\boldsymbol{A}_i=\begin{pmatrix}1 & a_i\\ a_i^2 & a_i^4\end{pmatrix}\middle|\, a_i\in P\right\},\quad i=1,2,3,4$$

是 P 上线性空间 $P^{2\times2}$ 的一组基.

6.2.5 (2004,上海交通大学)设 $\boldsymbol{A}=\begin{pmatrix}1&0&1\\0&1&1\\0&2&2\end{pmatrix}$,$W=\left\{\boldsymbol{x}\in P^{3\times3}\ \middle|\ \boldsymbol{A}\boldsymbol{x}=\boldsymbol{x}\boldsymbol{A}\right\}$,求 W 的维数,并写出它的一组基.

6.3 子空间及其运算

研究线性空间的基本方法有两种:一是进行空间分解,研究各种子空间;二是从总体上提升一步研究商空间.它们是研究各种代数系统共同的方法.本书主要从子空间角度来研究线性空间.

一、子空间的判定

要点 设 W 是线性空间 V 的非空子集,若 W 关于 V 的加法和数乘也作成一个线性空间,称 W 为 V 的一个子空间.子空间的判定一般用如下结论:

W 为 V 的子空间,当且仅当 $\forall\boldsymbol{\alpha},\boldsymbol{\beta}\in W$,$\forall k\in P$,有 $\boldsymbol{\alpha}+\boldsymbol{\beta}\in W$,$k\boldsymbol{\alpha}\in W$.

例 6.3.1 (1996,天津大学)已知矩阵 $\boldsymbol{A}=\begin{pmatrix}1&2&1&1\\2&4&2&2\\3&6&3&3\end{pmatrix}$,$S$ 是由使四元线性方程组 $\boldsymbol{A}\boldsymbol{x}=\boldsymbol{\beta}$ 有解的全部向量 $\boldsymbol{\beta}$ 构成的线性空间,则 $\dim S=(\quad)$.

A. 1　　B. 2　　C. 3　　D. 4

解　方程组 $\boldsymbol{A}\boldsymbol{x}=\boldsymbol{\beta}$ 有解的充要条件为 $r(\boldsymbol{A})=r(\boldsymbol{A},\boldsymbol{\beta})$，若 S 是由使得 $\boldsymbol{A}\boldsymbol{x}=\boldsymbol{\beta}$ 有解的这样的 $\boldsymbol{\beta}$ 构成，说明 $\boldsymbol{\beta}$ 可由 $\boldsymbol{A}$ 的列向量线性表示，故 S 为 $\boldsymbol{A}$ 的列向量生成的线性空间，而 $\boldsymbol{A}$ 的列向量组的秩为 1，故 $\dim S=1$，从而应选 A.

例 6.3.2　(2004，复旦大学)设 $\boldsymbol{A}$ 是一个 $m\times n$ 实矩阵，$\boldsymbol{\alpha}$ 是一个 n 维向量. 假定任何一个满足 $\boldsymbol{A}\boldsymbol{b}=\boldsymbol{0}$ 的列向量 $\boldsymbol{b}$ 都满足 $\boldsymbol{\alpha}\boldsymbol{b}=\boldsymbol{0}$. 求证：$\boldsymbol{\alpha}$ 属于 $\boldsymbol{A}$ 的行空间.

解　若任何一个满足 $\boldsymbol{A}\boldsymbol{b}=\boldsymbol{0}$ 的列向量 $\boldsymbol{b}$ 都满足 $\boldsymbol{\alpha}\boldsymbol{b}=\boldsymbol{0}$，则 $\begin{pmatrix}\boldsymbol{A}\\ \boldsymbol{\alpha}\end{pmatrix}\boldsymbol{x}=\boldsymbol{0}$ 与 $\boldsymbol{A}\boldsymbol{x}=\boldsymbol{0}$ 两方程组有相同的解，故 $r\begin{pmatrix}\boldsymbol{A}\\ \boldsymbol{\alpha}\end{pmatrix}=r(\boldsymbol{A})$，这说明 $\boldsymbol{\alpha}$ 可以用矩阵 $\boldsymbol{A}$ 的行向量线性表示，即 $\boldsymbol{\alpha}$ 属于 $\boldsymbol{A}$ 的行空间.

例 6.3.3　判断下列问题中的向量集合，能否构成相应向量空间的子空间($\mathbf{R}^n$ 表示 n 维向量空间).

(1) $\mathbf{R}^n$ 中坐标是整数的所有向量；

(2) $\mathbf{R}^n$ 中坐标满足方程 $x_1+x_2+\cdots+x_n=0$ 的所有向量；

(3) $\mathbf{R}^n$ 中坐标满足方程 $x_1+x_2+\cdots+x_n=1$ 的所有向量；

(4) 第一、二个坐标相等的所有 n 维向量；

(5) 平面上终点位于第一象限的所有向量.

解　(1) 不能构成 $\mathbf{R}^n$ 的子空间. 因为数乘不封闭.

(2) 能. 设 $M_1=\{(x_1,\cdots,x_n)\,|\,x_1+\cdots+x_n=0\}$，它是 $\mathbf{R}^n$ 的子空间. 首先 $\boldsymbol{0}\in M_1$，非空. 其次易验证 M_1 对加法、数乘运算封闭.

(3) 不能. 令 $M_2=\{(x_1,\cdots,x_n)\,|\,x_1+\cdots+x_n=1\}$，由于 $\boldsymbol{0}\notin M_2$，故 M_2 不能构成 $\mathbf{R}^n$ 的子空间.

(4) 能. 令 $M_3=\{(x_1,x_2,\cdots,x_n)\,|\,x_i\in\mathbf{R}\}$，易证 M_3 对加法、数乘封闭，故 M_3 为 $\mathbf{R}^n$ 的子空间.

(5) 不能. 令 $M_4=\{(x,y)\,|\,x>0,y>0\}$. 由于 $\boldsymbol{0}\notin M_4$，故 M_4 不是 $\mathbf{R}^2$ 的子空间.

例 6.3.4　数域 P 上线性空间 P^n 的任一子空间 V_1 至少是数域 P 上一个 n 元线性方程组的解空间.

证明　设 V_1 的最小生成元组为 $\boldsymbol{\alpha}_1,\boldsymbol{\alpha}_2,\cdots,\boldsymbol{\alpha}_r$，则 $L(\boldsymbol{\alpha}_1,\cdots,\boldsymbol{\alpha}_r)=V_1$，$\dim V_1=r$. 齐次线性方程组

$$\begin{pmatrix}\boldsymbol{\alpha}_1^{\mathrm{T}}\\ \vdots\\ \boldsymbol{\alpha}_r^{\mathrm{T}}\end{pmatrix}\begin{pmatrix}x_1\\ \vdots\\ x_n\end{pmatrix}=\begin{pmatrix}0\\ \vdots\\ 0\end{pmatrix}$$

的基础解系为 $\boldsymbol{\beta}_1,\boldsymbol{\beta}_2,\cdots,\boldsymbol{\beta}_{n-r}$，则

$$\begin{pmatrix} \boldsymbol{\beta}_1^{\mathrm{T}} \\ \vdots \\ \boldsymbol{\beta}_{n-r}^{\mathrm{T}} \end{pmatrix}\begin{pmatrix} x_1 \\ \vdots \\ x_n \end{pmatrix}=\begin{pmatrix} 0 \\ \vdots \\ 0 \end{pmatrix}$$

的解空间为 $L(\boldsymbol{\alpha}_1,\cdots,\boldsymbol{\alpha}_r)$.

例 6.3.5 (2004，西安交通大学)设 $\boldsymbol{A}\in\mathbf{R}^{n\times n}$（$\mathbf{R}$ 表示实数域），记

$$S(\boldsymbol{A})=\{\boldsymbol{X}\mid \boldsymbol{AX}=\boldsymbol{XA},\boldsymbol{X}\in\mathbf{R}^{n\times n}\}.$$

(1) 证明：$S(\boldsymbol{A})$ 为 $\mathbf{R}^{n\times n}$ 的子空间；

(2) 若取 $\boldsymbol{A}$ 为对角阵 $\begin{pmatrix} 1 & & & \\ & 2 & & \\ & & \ddots & \\ & & & n \end{pmatrix}$ 时，求 $S(\boldsymbol{A})$ 的基与维数.

证明 (1) $\forall \boldsymbol{X},\boldsymbol{Y}\in S(\boldsymbol{A})$，即 $\boldsymbol{AX}=\boldsymbol{XA}$，$\boldsymbol{AY}=\boldsymbol{YA}$，则 $(\boldsymbol{X}+\boldsymbol{Y})\boldsymbol{A}=\boldsymbol{XA}+\boldsymbol{YA}=\boldsymbol{AX}+\boldsymbol{AY}=\boldsymbol{A}(\boldsymbol{X}+\boldsymbol{Y})$，故 $\boldsymbol{X}+\boldsymbol{Y}\in S(\boldsymbol{A})$.

$\forall k\in\mathbf{R}$，则 $(k\boldsymbol{X})\boldsymbol{A}=k(\boldsymbol{XA})=k(\boldsymbol{AX})=\boldsymbol{A}(k\boldsymbol{X})$，从而 $k\boldsymbol{X}\in S(\boldsymbol{A})$，故 $S(\boldsymbol{A})$ 为 $\mathbf{R}^{n\times n}$ 的子空间.

(2) 当 $\boldsymbol{A}=\begin{pmatrix} 1 & & & \\ & 2 & & \\ & & \ddots & \\ & & & n \end{pmatrix}$ 时，设 $\boldsymbol{X}\in S(\boldsymbol{A})$ 且

$$\boldsymbol{X}=\begin{pmatrix} x_{11} & x_{12} & \cdots & x_{1n} \\ x_{21} & x_{22} & \cdots & x_{2n} \\ \vdots & \vdots & & \vdots \\ x_{n1} & x_{n2} & \cdots & x_{nn} \end{pmatrix},$$

其中 $x_{ij}\in\mathbf{R}$，$1\leqslant i,j\leqslant n$，则由 $\boldsymbol{AX}=\boldsymbol{XA}$ 有

$$\begin{pmatrix} x_{11} & 2x_{12} & \cdots & nx_{1n} \\ x_{21} & 2x_{22} & \cdots & nx_{2n} \\ \vdots & \vdots & & \vdots \\ x_{n1} & 2x_{n2} & \cdots & nx_{nn} \end{pmatrix}=\begin{pmatrix} x_{11} & x_{12} & \cdots & x_{1n} \\ 2x_{21} & 2x_{22} & \cdots & 2x_{2n} \\ \vdots & \vdots & & \vdots \\ nx_{n1} & nx_{n2} & \cdots & nx_{nn} \end{pmatrix}.$$

利用矩阵的相等易得 $x_{ij}=0$ 当 $i\neq j$ 时，故 $S(\boldsymbol{A})$ 中的元素形式为

$$\boldsymbol{X}=\begin{pmatrix} x_{11} & & & \\ & x_{22} & & \\ & & \ddots & \\ & & & x_{nn} \end{pmatrix},$$

即为对角阵，这时 $S(\boldsymbol{A})$ 的一组基为 $\boldsymbol{E}_{11},\boldsymbol{E}_{22},\cdots,\boldsymbol{E}_{nn}$，其中 $\boldsymbol{E}_{ij}$ 表示这个矩阵的第 i 行第 j 列为 1，而其余元素为 0 的矩阵，故 $S(\boldsymbol{A})$ 的维数为 n.

例 6.3.6　$C(\boldsymbol{A})$ 表示 $\boldsymbol{A}$ 的列向量生成的子空间，证明：$C(\boldsymbol{A})\subseteq C(\boldsymbol{B})\Leftrightarrow$ 存在矩阵 $\boldsymbol{G}$ 使 $\boldsymbol{A}=\boldsymbol{BG}$.

证明　$C(\boldsymbol{A})\subseteq C(\boldsymbol{B})$，说明 $\boldsymbol{A}$ 的列向量 $\boldsymbol{A}_i$ 可由 $\boldsymbol{B}$ 的列向量 $\boldsymbol{B}_1,\cdots,\boldsymbol{B}_l$ 线性表示，即

$$\boldsymbol{A}_i=g_{i1}\boldsymbol{B}_1+\cdots+g_{il}\boldsymbol{B}_l.$$

令 $\boldsymbol{G}=(g_{ij})_{r\times l}$，则

$$(\boldsymbol{B}_1,\boldsymbol{B}_2,\cdots,\boldsymbol{B}_l)\begin{pmatrix} g_{11} & \cdots & g_{r1} \\ \vdots & & \vdots \\ g_{1l} & \cdots & g_{rl} \end{pmatrix}=(\boldsymbol{A}_1,\boldsymbol{A}_2,\cdots,\boldsymbol{A}_r),$$

即 $\boldsymbol{A}=\boldsymbol{BG}$.

上述每步均可互推，故命题得证.

例 6.3.7　令 $N(\boldsymbol{A}^{\mathrm{T}})=\left\{\boldsymbol{\alpha}\mid \boldsymbol{A}^{\mathrm{T}}\boldsymbol{\alpha}=\boldsymbol{0},\ \boldsymbol{\alpha}\text{ 为 } n \text{ 维向量}\right\}$. 求证：$N(\boldsymbol{A}^{\mathrm{T}})\supseteq N(\boldsymbol{B}^{\mathrm{T}})$ 当且仅当存在矩阵 $\boldsymbol{C}$ 使得 $\boldsymbol{A}=\boldsymbol{BC}$.

证明　$N(\boldsymbol{A}^{\mathrm{T}})\supseteq N(\boldsymbol{B}^{\mathrm{T}})$

$\Leftrightarrow \boldsymbol{B}^{\mathrm{T}}\boldsymbol{x}=\boldsymbol{0}$ 可推出 $\boldsymbol{A}^{\mathrm{T}}\boldsymbol{x}=\boldsymbol{0}$

$\Leftrightarrow \boldsymbol{B}^{\mathrm{T}}\boldsymbol{x}=\boldsymbol{0}$ 可推出 $\boldsymbol{\alpha}_i^{\mathrm{T}}\boldsymbol{x}=\boldsymbol{0}$，$\boldsymbol{\alpha}_i^{\mathrm{T}}$ 为 $\boldsymbol{A}^{\mathrm{T}}$ 的行向量

$\Leftrightarrow \boldsymbol{\alpha}_i^{\mathrm{T}}$ 可由 $\boldsymbol{B}^{\mathrm{T}}$ 的行向量线性表示

$\Leftrightarrow \boldsymbol{\alpha}_i^{\mathrm{T}}$ 可由 $\boldsymbol{B}$ 的列向量线性表示，即 $\boldsymbol{A}$ 的列向量可由 $\boldsymbol{B}$ 的列向量线性表示

$\Leftrightarrow$ 存在矩阵 $\boldsymbol{C}$ 使得 $\boldsymbol{BC}=\boldsymbol{A}$.

二、子空间的运算

a. 子空间的交

要点　设 V_1,V_2 是线性空间 V 的子空间，则 $V_1\cap V_2$ 也为 V 的子空间. 交空间的基与维数有如下结论：

设 $V_1=L(\boldsymbol{\alpha}_1,\boldsymbol{\alpha}_2,\cdots,\boldsymbol{\alpha}_k)$，$V_2=L(\boldsymbol{\beta}_1,\boldsymbol{\beta}_2,\cdots,\boldsymbol{\beta}_l)$，且 $\dim V_1=k,\dim V_2=l$，令 $\boldsymbol{\gamma}\in V_1\cap V_2$，则

$$\boldsymbol{\gamma}=\sum_{i=1}^{k}x_i\boldsymbol{\alpha}_i=\sum_{j=1}^{l}y_j\boldsymbol{\beta}_j, \tag{6.7}$$

解方程组(6.7)，求它的一个基础解系为

$$(x_{i_1},x_{i_2},\cdots,x_{i_k},y_i,y_{i_2},\cdots,y_{i_l})^{\mathrm{T}}\quad (i=1,2,\cdots,d),$$

则

$$\left\{\boldsymbol{\gamma}\middle|_i\boldsymbol{\gamma}_i=\sum_{i=1}^{k}x_{i_j}\boldsymbol{\alpha}_i=\sum_{j=1}^{l}y_{i_j}\boldsymbol{\beta}_j,\ i=1,2,\cdots,d\right\}$$

是$V_1\cap V_2$的一组基. $V_1\cap V_2$的维数$d=k+l-r$，这里r为向量组$\boldsymbol{\alpha}_1,\boldsymbol{\alpha}_2,\cdots,\boldsymbol{\alpha}_k,\boldsymbol{\beta}_1,\boldsymbol{\beta}_2,\cdots,\boldsymbol{\beta}_l$的极大线性无关组所含向量的个数.

b. 子空间的和

要点 设V_1,V_2是线性空间V的两个子空间，称

$$W=\{\boldsymbol{\alpha}_1+\boldsymbol{\alpha}_2\mid\boldsymbol{\alpha}_1\in V_1,\boldsymbol{\alpha}_2\in V_2\}$$

为V_1与V_2的和空间，记为$W=V_1+V_2$.

若$V_1=L(\boldsymbol{\alpha}_1,\cdots,\boldsymbol{\alpha}_k)$，$V_2=L(\boldsymbol{\beta}_1,\cdots,\boldsymbol{\beta}_l)$，且$\dim V_1=k$，$\dim V_2=l$，则

$$V_1+V_2=L(\boldsymbol{\alpha}_1,\cdots,\boldsymbol{\alpha}_k,\boldsymbol{\beta}_1,\cdots,\boldsymbol{\beta}_l).$$

$$\dim(V_1+V_2)=r(\{\boldsymbol{\alpha}_1,\cdots,\boldsymbol{\alpha}_k,\boldsymbol{\beta}_1,\cdots,\boldsymbol{\beta}_l\}).$$

例 6.3.8 设V是复数域上n维线性空间，V_1和V_2各为V的r_1维和r_2维子空间，试求V_1+V_2之维数的一切可能值.

解 取V_1的一组基$\boldsymbol{\alpha}_1,\cdots,\boldsymbol{\alpha}_{r_1}$，$V_2$的一组基$\boldsymbol{\beta}_1,\cdots,\boldsymbol{\beta}_{r_2}$，则

$$V_1=L(\boldsymbol{\alpha}_1,\cdots,\boldsymbol{\alpha}_{r_1}),\ V_2=L(\boldsymbol{\beta}_1,\cdots,\boldsymbol{\beta}_{r_2}).$$

$$V_1+V_2=L(\boldsymbol{\alpha}_1,\cdots,\boldsymbol{\alpha}_{r_1},\boldsymbol{\beta}_1,\cdots,\boldsymbol{\beta}_{r_2}),$$

故

$$\dim(V_1+V_2)=r(\boldsymbol{\alpha}_1,\cdots,\boldsymbol{\alpha}_{r_1},\boldsymbol{\beta}_1,\cdots,\boldsymbol{\beta}_{r_2}),$$

从而有

$$\max\{r_1,r_2\}\leqslant\dim(V_1+V_2)\leqslant\min\{r_1+r_2,n\}.$$

c. 维数公式

要点 设W_1,W_2是线性空间V的两个子空间，则

$$\dim(W_1+W_2)=\dim W_1+\dim W_2-\dim(W_1\cap W_2).$$

例 6.3.9 （2000，华中师范大学）已知

$$\boldsymbol{\alpha}_1=(1,2,1,-2),\quad \boldsymbol{\alpha}_2=(2,3,1,0),\quad \boldsymbol{\alpha}_3=(1,2,2,-3),$$

$$\boldsymbol{\beta}_1=(1,1,1,1),\quad \boldsymbol{\beta}_2=(1,0,1,-1),\quad \boldsymbol{\beta}_3=(1,3,0,-4).$$

求(1) $W_1 = L(\boldsymbol{\alpha}_1,\boldsymbol{\alpha}_2,\boldsymbol{\alpha}_3)$ 的基与维数；

(2) $W_2 = L(\boldsymbol{\beta}_1,\boldsymbol{\beta}_2,\boldsymbol{\beta}_3)$ 的基与维数；

(3) $W_1 + W_2$ 及 $W_1 \cap W_2$ 的基与维数.

解 (1) 由

$$\begin{pmatrix} 1 & 2 & 1 \\ 2 & 3 & 2 \\ 1 & 1 & 2 \\ -2 & 0 & -3 \end{pmatrix} \to \begin{pmatrix} 1 & 2 & 1 \\ 0 & -1 & 0 \\ 0 & -1 & 1 \\ 0 & 4 & -1 \end{pmatrix}$$

易求出 $r(\{\boldsymbol{\alpha}_1,\boldsymbol{\alpha}_2,\boldsymbol{\alpha}_3\}) = 3$，故 $\dim W_1 = r(\{\boldsymbol{\alpha}_1,\boldsymbol{\alpha}_2,\boldsymbol{\alpha}_3\}) = 3$，且 $\boldsymbol{\alpha}_1,\boldsymbol{\alpha}_2,\boldsymbol{\alpha}_3$ 为 W_1 的一组基.

(2)类似可得 $\dim W_2 = 3$，且 $\boldsymbol{\beta}_1,\boldsymbol{\beta}_2,\boldsymbol{\beta}_3$ 为 W_2 的一组基.

(3)
$$\begin{pmatrix} 1 & 1 & 1 & 1 & 2 & 1 \\ 1 & 0 & 3 & 2 & 3 & 2 \\ 1 & 1 & 0 & 1 & 1 & 2 \\ 1 & -1 & -4 & -2 & 0 & -3 \end{pmatrix} \to \begin{pmatrix} 1 & 1 & 1 & 1 & 2 & 1 \\ 0 & -1 & 2 & 1 & 1 & 1 \\ 0 & 0 & -1 & 0 & -1 & 1 \\ 0 & -2 & -5 & -3 & -2 & -4 \end{pmatrix}$$

$$\to \begin{pmatrix} 1 & 1 & 1 & 1 & 2 & 1 \\ 0 & -1 & 2 & 1 & 1 & 1 \\ 0 & 0 & -1 & 0 & -1 & 1 \\ 0 & 0 & -9 & -5 & -4 & -6 \end{pmatrix} \to \begin{pmatrix} 1 & 1 & 1 & 1 & 2 & 1 \\ 0 & -1 & 2 & 1 & 1 & 1 \\ 0 & 0 & -1 & 0 & -1 & 1 \\ 0 & 0 & 0 & -5 & 5 & -15 \end{pmatrix}$$

$$\to \begin{pmatrix} 1 & 0 & 0 & 1 & 2 & 1 \\ 0 & -1 & 0 & 1 & 1 & 1 \\ 0 & 0 & -1 & 0 & -1 & 1 \\ 0 & 0 & 0 & -5 & 5 & -15 \end{pmatrix}.$$

可以看出 $r(\{\boldsymbol{\beta}_1,\boldsymbol{\beta}_2,\boldsymbol{\beta}_3,\boldsymbol{\alpha}_1,\boldsymbol{\alpha}_2,\boldsymbol{\alpha}_3\}) = 4$，故 $\dim(W_1 + W_2) = r(\{\boldsymbol{\beta}_1,\boldsymbol{\beta}_2,\boldsymbol{\beta}_3,\boldsymbol{\alpha}_1,\boldsymbol{\alpha}_2,\boldsymbol{\alpha}_3\}) = 4$，且易看出 $\boldsymbol{\beta}_1,\boldsymbol{\beta}_2,\boldsymbol{\beta}_3,\boldsymbol{\alpha}_1$ 为 $W_1 + W_2$ 的一组基.

解方程组

$$x_1\boldsymbol{\beta}_1 + x_2\boldsymbol{\beta}_2 + x_3\boldsymbol{\beta}_3 + y_1\boldsymbol{\alpha}_1 + y_2\boldsymbol{\alpha}_2 + y_3\boldsymbol{\alpha}_3 = \mathbf{0}, \tag{6.8}$$

式(6.8)等价于方程组

$$\begin{cases} x_1 + 2y_1 + 5y_3 = 0, \\ x_2 - y_1 + y_2 - 3y_3 = 0, \\ x_3 + y_2 - y_3 = 0, \\ 5y_1 + 13y_2 + 15y_3 = 0. \end{cases}$$

得基础解系为

$$\boldsymbol{\gamma}_1=(26,-18,-5,-13,5,0)^{\mathrm{T}},$$
$$\boldsymbol{\gamma}_2=(1,0,1,-3,0,1)^{\mathrm{T}}.$$

再令

$$\boldsymbol{\zeta}_1=(\boldsymbol{\alpha}_1,\boldsymbol{\alpha}_2,\boldsymbol{\alpha}_3)\begin{pmatrix}-13\\5\\0\end{pmatrix}=-13\boldsymbol{\alpha}_1+5\boldsymbol{\alpha}_2=(-3,-11,-8,26),$$

$$\boldsymbol{\zeta}_2=(\boldsymbol{\alpha}_1,\boldsymbol{\alpha}_2,\boldsymbol{\alpha}_3)\begin{pmatrix}-3\\0\\1\end{pmatrix}=-3\boldsymbol{\alpha}_1+\boldsymbol{\alpha}_3=(-2,-4,-1,3),$$

则$W_1\cap W_2=L(\boldsymbol{\zeta}_1,\boldsymbol{\zeta}_2)$，$\dim W_1\cap W_2=2$，且$\boldsymbol{\zeta}_1,\boldsymbol{\zeta}_2$为$W_1\cap W_2$的一组基.

三、直和的证明

要点 关于直和，以下条件等价：

1° $W=V_1\oplus V_2$当且仅当$W=V_1+V_2$，且对任意$\boldsymbol{\alpha}\in W$，有$\boldsymbol{\alpha}=\boldsymbol{\alpha}_1+\boldsymbol{\alpha}_2$，$\boldsymbol{\alpha}_i\in V_i$，$i=1,2$，这种表示法唯一.

2° $W=V_1\oplus V_2$当且仅当$W=V_1+V_2$，且零向量的表示法是唯一的.

3° $W=V_1\oplus V_2$当且仅当$W=V_1+V_2$，且$V_1\cap V_2=\{\boldsymbol{0}\}$.

4° $W=V_1\oplus V_2$当且仅当$W=V_1+V_2$，且$\dim W=\dim V_1+\dim V_2$.

例 6.3.10 设$\boldsymbol{A}$是数域P上幂等阵，即$\boldsymbol{A}^2=\boldsymbol{A}$. 齐次线性方程组$\boldsymbol{Ax}=\boldsymbol{0}$的解空间为$W_1$，$(\boldsymbol{A}-\boldsymbol{E})\boldsymbol{x}=\boldsymbol{0}$的解空间为$W_2$，则有$P^n=W_1\oplus W_2$.

证明 易证$W_1\cap W_2=\{\boldsymbol{0}\}$. $\dim W_1+\dim W_2=(n-r(\boldsymbol{A}))+(n-r(\boldsymbol{A}-\boldsymbol{E}))$，而由$\boldsymbol{A}^2=\boldsymbol{A}$可知$r(\boldsymbol{A})+r(\boldsymbol{A}-\boldsymbol{E})=n$，从而$\dim W_1+\dim W_2=n$，即$\dim(W_1+W_2)=n$，故

$$P^n=W_1\oplus W_2.$$

四、子空间的性质

a. 子空间的不完全覆盖性(实例)

例 6.3.11 设$V_1,V_2,\cdots,V_s$是线性空间V的真子空间，则必存在$\boldsymbol{\alpha}\in V$，使得

$$\boldsymbol{\alpha}\notin V_i,\quad i=1,2,\cdots,s.$$

证明 对s用归纳法. 当$s=2$时，由上题知，结论成立.

假定对$s-1$个非平凡的子空间，结论成立. 即V中存在向量$\boldsymbol{\alpha}\notin V_i$，$i=1,2,\cdots,s-1$.

对第s个子空间V_s，若$\boldsymbol{\alpha}\notin V_s$，则结论已证. 若$\boldsymbol{\alpha}\in V_s$，则由$V_s$为非平凡子空间，故存在$\boldsymbol{\beta}\notin V_s$. 对任意数$k$，向量$k\boldsymbol{\alpha}+\boldsymbol{\beta}\notin V_s$（如果$k\boldsymbol{\alpha}+\boldsymbol{\beta}\in V_s$，则$\boldsymbol{\beta}=(k\boldsymbol{\alpha}+\boldsymbol{\beta})-k\boldsymbol{\alpha}\in V_s$，

与 $\boldsymbol{\beta}\notin V_s$ 矛盾）且对不同的数 k_1,k_2，向量 $k_1\boldsymbol{\alpha}+\boldsymbol{\beta},k_2\boldsymbol{\alpha}+\boldsymbol{\beta}$ 不属于同一 $V_i(1\leqslant i\leqslant s-1)$. 如果 $k_1\boldsymbol{\alpha}+\boldsymbol{\beta},k_2\boldsymbol{\alpha}+\boldsymbol{\beta}$ 属于同一个 V_i，则

$$k_1\boldsymbol{\alpha}+\boldsymbol{\beta}-(k_2\boldsymbol{\alpha}+\boldsymbol{\beta})=(k_1-k_2)\boldsymbol{\alpha}\in V_i,$$

得 $\boldsymbol{\alpha}\in V_i$，这与 $\boldsymbol{\alpha}\notin V_i(1\leqslant i\leqslant s-1)$ 矛盾.

取 s 个点不相同的数 $k_1,k_2,\cdots,k_s$，则 s 个向量

$$k_1\boldsymbol{\alpha}+\boldsymbol{\beta},\quad k_2\boldsymbol{\alpha}+\boldsymbol{\beta},\quad \cdots,\quad k_s\boldsymbol{\alpha}+\boldsymbol{\beta}$$

中至少有一个不属于任何 $V_1,V_2,\cdots,V_{s-1}$. 这样的向量即满足要求.

例 6.3.12　求证：在有限维线性空间 V 的真子空间 $V_1,V_2,\cdots,V_r$ 之外，存在 V 的基底.

证明　设 $\dim V=n$，$\boldsymbol{\varepsilon}_1\notin V_i(i=1,2,\cdots,r)$. 令 $L(\boldsymbol{\varepsilon}_1)=W_1$，同样 $\boldsymbol{\varepsilon}_2\notin V_i,\boldsymbol{\varepsilon}_2\notin W_1,\boldsymbol{\varepsilon}_1\neq\mathbf{0}$，$\boldsymbol{\varepsilon}_2\neq\mathbf{0}$，且 $\boldsymbol{\varepsilon}_1,\boldsymbol{\varepsilon}_2$ 线性无关. 否则，若 $\boldsymbol{\varepsilon}_1,\boldsymbol{\varepsilon}_2$ 线性相关，则有 $\boldsymbol{\varepsilon}_2\in W_1$，与 $\boldsymbol{\varepsilon}_2\notin W_1$ 矛盾. 令 $L(\boldsymbol{\varepsilon}_1,\boldsymbol{\varepsilon}_2)=W_2$，则存在 $\boldsymbol{\varepsilon}_3\notin V_i$ 及 $\boldsymbol{\varepsilon}_3\notin W_2$，且 $\boldsymbol{\varepsilon}_1,\boldsymbol{\varepsilon}_2,\boldsymbol{\varepsilon}_3$ 线性无关. 继续下去，$\boldsymbol{\varepsilon}_1,\boldsymbol{\varepsilon}_2,\cdots,\boldsymbol{\varepsilon}_n$ 线性无关. 从而是 V 的一组基，且 $\boldsymbol{\varepsilon}_1,\boldsymbol{\varepsilon}_2,\cdots,\boldsymbol{\varepsilon}_n$ 均不在 $V_1,V_2,\cdots,V_r$ 中.

评析　由于真子空间的维数小于原空间的维数，所以无论多少真子空间，其并构成的集合仅仅是原空间的一个子集而无法覆盖原空间. 例如，在 $\mathbf{R}^3$ 空间中，除去 s 个过原点的平面 $\mathbf{R}^2$ 之外，存在 $\mathbf{R}^3$ 的基.

例 6.3.13　设 V 为数域 P 上的 $n(n>1)$ 维线性空间. 证明：V 的 r 维子空间有无穷多个，其中 $1\leqslant r<n$.

证明　设 $\boldsymbol{\alpha}_1,\boldsymbol{\alpha}_2,\cdots,\boldsymbol{\alpha}_n$ 为 V 的一组基，则易证

$$\boldsymbol{\alpha}_1,\boldsymbol{\alpha}_2,\cdots,\boldsymbol{\alpha}_{r-1},\boldsymbol{\beta}_{rk}=k\boldsymbol{\alpha}_r+k\boldsymbol{\alpha}_n\quad(k\in P)$$

线性无关. 这样 $L(\boldsymbol{\alpha}_1,\boldsymbol{\alpha}_2,\cdots,\boldsymbol{\alpha}_{r-1},\boldsymbol{\beta}_{rk})$ 为 V 的 r 维子空间. 设 $s,t\in P$ 且 $s\neq t$，易证向量组 $\boldsymbol{\alpha}_1,\boldsymbol{\alpha}_2,\cdots,\boldsymbol{\alpha}_{r-1},\boldsymbol{\beta}_{rs}$ 与向量组 $\boldsymbol{\alpha}_1,\boldsymbol{\alpha}_2,\cdots,\boldsymbol{\alpha}_{r-1},\boldsymbol{\beta}_{rt}$ 不等价，从而 $L(\boldsymbol{\alpha}_1,\boldsymbol{\alpha}_2,\cdots,\boldsymbol{\alpha}_{r-1},\boldsymbol{\beta}_s)$ 与 $L(\boldsymbol{\alpha}_1,\boldsymbol{\alpha}_2,\cdots,\boldsymbol{\alpha}_{r-1},\boldsymbol{\beta}_t)$ 不相等.

b. 子空间补的不唯一性（实例）

例 6.3.14　（1997，西北工业大学）设 V_1,V_2 为 n 维线性空间 V 的两个 m 维子空间 $(0<m<n)$. 求证：存在子空间 W，使 $V=V_1\oplus W=V_2\oplus W$.

证明　对 $n-m$ 作数学归纳法.

当 $n-m=1$ 时，$n=m+1$，V_1,V_2 为 V 的真子空间，存在 $\boldsymbol{\varepsilon}\in V$ 且 $\boldsymbol{\varepsilon}\notin V_i$，$i=1,2$，则令 $W=L(\boldsymbol{\varepsilon})$. 显然 $V=L(\boldsymbol{\varepsilon}_1,\cdots,\boldsymbol{\varepsilon}_{n-1},\boldsymbol{\varepsilon})$，其中 $V_1=L(\boldsymbol{\varepsilon}_1,\cdots,\boldsymbol{\varepsilon}_{n-1})$，则 $V=V_1\oplus W$，同理可证 $V=V_2\oplus W$.

假设命题对 $n-m=k$ 时成立，现证 $n-m=k+1$ 时结论成立. 令 $V_1=L(\boldsymbol{\alpha}_1,\cdots,\boldsymbol{\alpha}_m)$，$V_2=L(\boldsymbol{\beta}_1,\cdots,\boldsymbol{\beta}_m)$，则存在 $\boldsymbol{\varepsilon}\notin V_i$，$i=1,2$. 令 $V_1'=L(\boldsymbol{\alpha}_1,\cdots,\boldsymbol{\alpha}_m,\boldsymbol{\varepsilon})$，$V_2'=L(\boldsymbol{\beta}_1,\cdots,\boldsymbol{\beta}_m,\boldsymbol{\varepsilon})$，则有

$$\dim V_1'=\dim V_2'=m+1.$$

由于

$$n-(m+1)=(n-m)-1=k+1-1=k,$$

由归纳假定存在子空间W'使得$V=V_1'\oplus W'$，$V=V_2'\oplus W'$. 但$V_1'=V_1\oplus L(\boldsymbol{\varepsilon})$，$V_2'=V_2\oplus L(\boldsymbol{\varepsilon})$. 故

$$V=V_1\oplus(L(\boldsymbol{\varepsilon})\oplus W')=V_2\oplus(L(\boldsymbol{\varepsilon})\oplus W'),$$

取$W=L(\boldsymbol{\varepsilon})\oplus W'$，即得.

评析 由此例可以看出，对子空间 W，其补子空间是不唯一的，如V_1，V_2. 实质上，最直观的例子为在实平面$\mathbf{R}^2$中，令$V_1=\{(a,0)\mid a\in\mathbf{R}\}$，即$x$轴上以原点为起点的所有向量，则令

$$V_2=\{(0,b)\mid b\in\mathbf{R}\},\quad V_3=\{(c,c)\mid c\in\mathbf{R}\},$$

易知$\mathbf{R}^2=V_1\oplus V_3=V_1\oplus V_2$，故$V_1$的补子空间不唯一.

练习 6.3

6.3.1 （2003，重庆大学）设$\boldsymbol{A}$为n级实对称阵.

(1)若$r(\boldsymbol{A})<n$，则存在非负整数s和可逆阵$\boldsymbol{P}$，使得

$$\boldsymbol{P}^{\mathrm{T}}\boldsymbol{A}\boldsymbol{P}=\begin{pmatrix}\boldsymbol{E}_s & \boldsymbol{O} & \boldsymbol{O}\\ \boldsymbol{O} & -\boldsymbol{E}_{r(A)-s} & \boldsymbol{O}\\ \boldsymbol{O} & \boldsymbol{O} & \boldsymbol{O}\end{pmatrix};$$

(2)记$W=\left\{\boldsymbol{x}\in\mathbf{R}^n\,\middle|\,\boldsymbol{x}^{\mathrm{T}}\boldsymbol{A}\boldsymbol{x}=0\right\}$，给出$W$为$\mathbf{R}^n$的子空间的充要条件，并证明你的结论.

6.3.2 设$\boldsymbol{A}$为n级实矩阵，$W=\left\{\boldsymbol{y}\,\middle|\,\boldsymbol{X}^{\mathrm{T}}\boldsymbol{A}\boldsymbol{y}=0,\forall\boldsymbol{x}\in\mathbf{R}^n\right\}$，则$W$为$\mathbf{R}^n$的子空间且$\dim W+r(\boldsymbol{A})=n$.

6.3.3 （1991，华中师范大学）设$S(\boldsymbol{A})=\{\boldsymbol{B}\mid\boldsymbol{B}\in P^{n\times n}\text{ 且 }\boldsymbol{A}\boldsymbol{B}=\boldsymbol{O}\}$，证明：

(1) $S(\boldsymbol{A})$是$P^{n\times n}$的子空间；

(2)设$r(\boldsymbol{A})=r$，求$S(\boldsymbol{A})$的维数，并写出它的一组基.

6.3.4 （2004，江苏大学）设$W=\{f(x)\mid f(1)=0,f(x)\in\mathbf{R}[x]_n\}$.

(1)试证W是$\mathbf{R}[x]_n$的子空间；

(2)求出W的一组基及维数.

6.3.5 （1996，北京大学）设线性空间V中的向量组$\boldsymbol{\alpha}_1,\boldsymbol{\alpha}_2,\boldsymbol{\alpha}_3,\boldsymbol{\alpha}_4$线性无关.

(1)试问向量组$\boldsymbol{\alpha}_1+\boldsymbol{\alpha}_2,\boldsymbol{\alpha}_2+\boldsymbol{\alpha}_3,\boldsymbol{\alpha}_3+\boldsymbol{\alpha}_4,\boldsymbol{\alpha}_4+\boldsymbol{\alpha}_1$是否线性相关，说明理由；

(2)求$W=L(\boldsymbol{\alpha}_1+\boldsymbol{\alpha}_2,\boldsymbol{\alpha}_2+\boldsymbol{\alpha}_3,\boldsymbol{\alpha}_3+\boldsymbol{\alpha}_4,\boldsymbol{\alpha}_4+\boldsymbol{\alpha}_1)$的一组基及维数.

6.3.6 （2015，陕西师范大学）设$\boldsymbol{\varepsilon}_1,\boldsymbol{\varepsilon}_2,\cdots,\boldsymbol{\varepsilon}_n$是数域$P$上的$n$维线性空间$V$的一组基，$W$是$V$的非平凡子空间，$\boldsymbol{\alpha}_1,\boldsymbol{\alpha}_2,\cdots,\boldsymbol{\alpha}_r$是$W$的一组基. 证明：在$\boldsymbol{\varepsilon}_1,\boldsymbol{\varepsilon}_2,\cdots,\boldsymbol{\varepsilon}_n$中可以找到$n-r$个向量$\boldsymbol{\varepsilon}_{i_1},\boldsymbol{\varepsilon}_{i_2},\cdots,\boldsymbol{\varepsilon}_{i_{n-r}}$，使$\boldsymbol{\alpha}_1,\boldsymbol{\alpha}_2,\cdots,\boldsymbol{\alpha}_r,\boldsymbol{\varepsilon}_{i_1},\boldsymbol{\varepsilon}_{i2},\cdots,\boldsymbol{\varepsilon}_{i_{n-r}}$为$V$的一组基.

6.3.7 （2003，浙江大学）设V是数域P上n维线性空间，$\boldsymbol{\alpha}_1,\boldsymbol{\alpha}_2,\boldsymbol{\alpha}_3,\boldsymbol{\alpha}_4\in V$，$W=L(\boldsymbol{\alpha}_1,\boldsymbol{\alpha}_2,\boldsymbol{\alpha}_3,\boldsymbol{\alpha}_4)$，

又有 $\boldsymbol{\beta}_1,\boldsymbol{\beta}_2\in W$ 且 $\boldsymbol{\beta}_1,\boldsymbol{\beta}_2$ 线性无关. 求证：可用 $\boldsymbol{\beta}_1,\boldsymbol{\beta}_2$ 替换 $\boldsymbol{\alpha}_1,\boldsymbol{\alpha}_2,\boldsymbol{\alpha}_3,\boldsymbol{\alpha}_4$ 中的两个向量 $\boldsymbol{\alpha}_{i_1},\boldsymbol{\alpha}_{i_2}$，使得剩下的两个向量 $\boldsymbol{\alpha}_{i_3},\boldsymbol{\alpha}_{i_4}$ 与 $\boldsymbol{\beta}_1,\boldsymbol{\beta}_2$ 仍然生成子空间 W，即 $W=L(\boldsymbol{\beta}_1,\boldsymbol{\beta}_2,\boldsymbol{\alpha}_{i_1},\boldsymbol{\alpha}_{i_2})$.

6.3.8　(1999，天津大学) 设 V 是实函数空间，V_1 与 V_2 均为 V 的子空间，其中 $V_1=L(1,x,\sin^2 x)$，$V_2=L(\cos 2x,\cos^2 x)$.

(1) 求 V_1 的一组基及维数；

(2) 求 V_2 的一组基及维数；

(3) 求 V_1+V_2 的一组基及维数；

(4) 求 $V_1\cap V_2$ 的一组基及维数.

6.3.9　(中山大学) V_1,V_2 是 n 维线性空间 V 的两个子空间. 若

$$\dim(V_1+V_2)=\dim(V_1\cap V_2)+1,$$

试证明：$V_1\subset V_2$ 或 $V_2\subset V_1$.

6.3.10　(东北师范大学) 设 V_1 和 V_2 均为线性空间 V 的子空间. 试证：若 $V_1\cup V_2$ 仍为 V 的子空间，则或者 $V_1\subseteq V_2$ 或者 $V_2\subseteq V_1$.

6.3.11　(1994，华中师范大学) 设 $\boldsymbol{A},\boldsymbol{B}$ 分别为 $n\times m$ 和 $m\times n$ 矩阵，$\boldsymbol{B}$ 的列向量为 $\boldsymbol{\alpha}_1,\boldsymbol{\alpha}_2,\cdots,\boldsymbol{\alpha}_n$，且 $\boldsymbol{\beta}_1,\boldsymbol{\beta}_2,\cdots,\boldsymbol{\beta}_r$ 为 $\boldsymbol{Ax}=\boldsymbol{0}$ 的一个基础解系，$\boldsymbol{\gamma}_1,\boldsymbol{\gamma}_2,\cdots,\boldsymbol{\gamma}_t$ 为 $\boldsymbol{ABx}=\boldsymbol{0}$ 的一个基础解系，令

$$\boldsymbol{C}=(\boldsymbol{\beta}_1,\boldsymbol{\beta}_2,\cdots,\boldsymbol{\beta}_r),\quad \boldsymbol{D}=(\boldsymbol{\gamma}_1,\boldsymbol{\gamma}_2,\cdots,\boldsymbol{\gamma}_t).$$

设 $\boldsymbol{BD}$ 的列向量为 $(\boldsymbol{\zeta}_1,\boldsymbol{\zeta}_2,\cdots,\boldsymbol{\zeta}_t)$. 证明

$$L(\boldsymbol{\alpha}_1,\boldsymbol{\alpha}_2,\cdots,\boldsymbol{\alpha}_n)\cap L(\boldsymbol{\beta}_1,\boldsymbol{\beta}_2,\cdots,\boldsymbol{\beta}_r)=L(\boldsymbol{\zeta}_1,\boldsymbol{\zeta}_2,\cdots,\boldsymbol{\zeta}_t).$$

6.3.12　设 $\boldsymbol{A},\boldsymbol{B}$ 分别为 $n\times m$ 和 $m\times n$ 矩阵，n 维行向量 $\boldsymbol{x}$ 满足 $\boldsymbol{xAB}=\boldsymbol{0}$，令

$$V=\{\boldsymbol{y}\mid \boldsymbol{y}=\boldsymbol{xA},\ \boldsymbol{xAB}=\boldsymbol{0}\}.$$

求证：$\dim V=r(\boldsymbol{A})-r(\boldsymbol{AB})$.

6.3.13　(1999，北京大学；2003，东南大学) 设 V 是数域 P 上一个 n 维线性空间，$\boldsymbol{\alpha}_1,\boldsymbol{\alpha}_2,\cdots,\boldsymbol{\alpha}_n$ 是 V 的一组基，V_1 表示 $\boldsymbol{\alpha}_1+\boldsymbol{\alpha}_2+\cdots+\boldsymbol{\alpha}_n$ 生成的线性子空间，令 $V_2=\left\{\sum\limits_{i=1}^{n}k_i\alpha_i\ \middle|\ \sum\limits_{i=1}^{n}k_i=0,i=1,2,\cdots,n-1\right\}$.

(1) 证明：V_2 是 V 的子空间；

(2) 证明：$V=V_1\oplus V_2$.

6.3.14　(2007，大连理工大学) V_1,V_2 分别是 $x_1+x_2+\cdots+x_n=0$ 和 $x_i-x_{i+1}=0$，$i=1,2,\cdots,n-1$ 的解空间. 证明

$$P^n=V_1\oplus V_2.$$

6.3.15　(2005，北京大学) $V=M_n(P)$ 为数域 P 上 n 级方阵组成的线性空间，V_1 为数域 P 上 n 级对称方阵的集合，V_2 为数域 P 上 n 级反对称阵的集合. 试证：V_1 和 V_2 均为 V 的子空间，且

$$V=V_1\oplus V_2.$$

6.3.16　(1993，华中师范大学) 设 W,W_1,W_2 均为线性空间 V 的子空间，且 $W_1\subseteq W$，$V=W_1\oplus W_2$. 证明：$\dim W=\dim W_1+\dim(W_2\cap W)$.

6.3.17 (2001，华中师范大学)设 P 是数域，$m<n$，$\boldsymbol{A}\in P^{m\times n}$，$\boldsymbol{B}\in P^{(n-m)\times n}$，$V_1$ 和 V_2 分别是齐次线性方程组 $\boldsymbol{Ax}=\boldsymbol{0}$ 和 $\boldsymbol{Bx}=\boldsymbol{0}$ 的解空间. 证明：$P^n=V_1\oplus V_2$ 的充分必要条件是 $\begin{pmatrix}\boldsymbol{A}\\ \boldsymbol{B}\end{pmatrix}\boldsymbol{x}=\boldsymbol{0}$ 只有零解.

6.3.18 (1997，北京大学)设 $\boldsymbol{A},\boldsymbol{B}$ 是数域 P 上 n 级方阵，$\boldsymbol{x}$ 是未知量 $x_1,x_2,\cdots,x_n$ 所构成的 $n\times 1$ 矩阵，已知齐次线性方程组 $\boldsymbol{Ax}=\boldsymbol{0}$ 和 $\boldsymbol{Bx}=\boldsymbol{0}$ 分别有 l,m 个线性无关的解向量，这里 $l\geqslant 0$，$m\geqslant 0$.

(1) 证明：$(\boldsymbol{AB})\boldsymbol{x}=\boldsymbol{0}$ 至少有 $\max(l,m)$ 个线性无关的解向量；

(2) 如果 $\boldsymbol{Ax}=\boldsymbol{0}$ 和 $\boldsymbol{Bx}=\boldsymbol{0}$ 无公共非零解向量，且 $l+m=n$. 证明：P^n 中任一向量 $\boldsymbol{\alpha}$ 可唯一表示成 $\boldsymbol{\alpha}=\boldsymbol{\beta}+\boldsymbol{\gamma}$, 这里 $\boldsymbol{\beta},\boldsymbol{\gamma}$ 分别是 $\boldsymbol{Ax}=\boldsymbol{0}$ 和 $\boldsymbol{Bx}=\boldsymbol{0}$ 的解向量.

6.3.19 (2005，华中科技大学；2006，华南理工大学)设 $\boldsymbol{M}\in P^{n\times n}$, 其中 P 为数域. $f(x)\in P[x]$, $g(x)\in P[x]$，且 $(f(x),g(x))=1$，$\boldsymbol{A}=f(\boldsymbol{M})$，$\boldsymbol{B}=g(\boldsymbol{M})$. W,W_1,W_2 分别是齐次线性方程组 $\boldsymbol{ABx}=\boldsymbol{0}$, $\boldsymbol{Ax}=\boldsymbol{0}$，$\boldsymbol{Bx}=\boldsymbol{0}$ 的解空间. 试证：$W=W_1\oplus W_2$.

6.3.20 设 V_1,V_2 是线性空间 V 的两个非平凡子空间，证明：在 V 中存在 $\boldsymbol{\alpha}$，使 $\boldsymbol{\alpha}\notin V_1$，$\boldsymbol{\alpha}\notin V_2$ 同时成立.

6.3.21 设 $V_1,V_2,\cdots,V_s$ 是线性空间 V 的真子空间，证明：在 V 中存在 $\boldsymbol{\alpha}$，使得 $\boldsymbol{\alpha}\notin V_i$，$i=1,2,\cdots,s$ 同时成立.

6.3.22 试证：在有限维线性空间 V 的真子空间 $V_1,V_2,\cdots,V_r$ 之外，存在 V 的一组基.

6.3.23 设 V_1 是 n 维线性空间 V 的真子空间. 证明：至少存在两个 V 的不同的子空间 W_1 和 W_2, 使得 $V=V_1\oplus W_1=V_1\oplus W_2$.

6.3.24 设 V 为有限维线性空间，V_1 为非零子空间，如果存在唯一的子空间 V_2 使 $V=V_1\oplus V_2$，则 $V_1=V$，试证明.

6.3.25 设 V_1 是 n 维线性空间 V 的真子空间. 证明：存在 V 的一个子空间序列 $\{W_i\}_{i=1}^{\infty}$, 使得

$$V=V_1\oplus W_i,\quad i=1,2,\cdots.$$

6.3.26 (2000，北京师范大学)设 $W_1,W_2,\cdots,W_s$ 是数域 P 上 n 维线性空间 V 的子空间，且 $W_i\neq V$, $i=1,2,\cdots,s$. 证明：

(1) W_i 是 V 的若干个 $n-1$ 维子空间的交 $(i=1,2,\cdots,s)$;

(2) $W_1\cup W_2\cup\cdots\cup W_s\neq V$.

6.3.27 (2002，北京大学)设 V 是数域 P 上 n 维线性空间，$V_1,V_2,\cdots,V_s$ 是 V 的 s 个真子空间. 证明：

(1) 存在 $\boldsymbol{\alpha}\in V$, 使得 $\boldsymbol{\alpha}\notin V_1\cup V_2\cup\cdots\cup V_s$;

(2) 存在 V 中的一组基 $\boldsymbol{\varepsilon}_1,\boldsymbol{\varepsilon}_2,\cdots,\boldsymbol{\varepsilon}_n$, 使得

$$\{\boldsymbol{\varepsilon}_1,\boldsymbol{\varepsilon}_2,\cdots,\boldsymbol{\varepsilon}_n\}\cap(V_1\cup V_2\cup\cdots\cup V_s)=\varnothing.$$

6.4 不 等 式

要点 对维数公式，适当去掉一个子空间的维数，可以得有关不等式.

例 6.4.1 设 $\boldsymbol{A},\boldsymbol{B}$ 均为 n 级方阵，$\boldsymbol{AB}=\boldsymbol{BA}$，证明

$$r(\boldsymbol{A}+\boldsymbol{B}) \leqslant r(\boldsymbol{A})+r(\boldsymbol{B})-r(\boldsymbol{AB}).$$

证明 设 $\boldsymbol{A}=(\boldsymbol{\alpha}_1,\boldsymbol{\alpha}_2,\cdots,\boldsymbol{\alpha}_n)=(a_{ij})_{n\times n}$，其中 $\boldsymbol{\alpha}_1,\boldsymbol{\alpha}_2,\cdots,\boldsymbol{\alpha}_n$ 为 $\boldsymbol{A}$ 的列向量；设 $\boldsymbol{B}=(\boldsymbol{\beta}_1,\boldsymbol{\beta}_2,\cdots,\boldsymbol{\beta}_n)=(b_{ij})_{n\times n}$，其中 $\boldsymbol{\beta}_1,\boldsymbol{\beta}_2,\cdots,\boldsymbol{\beta}_n$ 为 $\boldsymbol{B}$ 的列向量，则

$$\boldsymbol{A}+\boldsymbol{B}=(\boldsymbol{\alpha}_1+\boldsymbol{\beta}_1,\cdots,\boldsymbol{\alpha}_n+\boldsymbol{\beta}_n),$$

$$\begin{aligned}\boldsymbol{AB}&=(\boldsymbol{\alpha}_1,\cdots,\boldsymbol{\alpha}_n)\begin{pmatrix} b_{11} & \cdots & b_{1n} \\ \vdots & & \vdots \\ b_{n1} & \cdots & b_{nn}\end{pmatrix}\\&=(b_{11}\boldsymbol{\alpha}_1+\cdots+b_{n1}\boldsymbol{\alpha}_n,\cdots,b_{1n}\boldsymbol{\alpha}_1+\cdots+b_{nn}\boldsymbol{\alpha}_n).\end{aligned} \tag{6.9}$$

令 $W_1=L(\boldsymbol{\alpha}_1,\cdots,\boldsymbol{\alpha}_n)$，$W_2=L(\boldsymbol{\beta}_1,\boldsymbol{\beta}_2,\cdots,\boldsymbol{\beta}_n)$，$W_3=L(\boldsymbol{\alpha}_1+\boldsymbol{\beta}_1,\cdots,\boldsymbol{\alpha}_n+\boldsymbol{\beta}_n)$，$W_4=L(\boldsymbol{\delta}_1,\cdots,\boldsymbol{\delta}_n)$，其中 $\boldsymbol{\delta}_k=b_{1k}\boldsymbol{\alpha}_1+\cdots+b_{nk}\boldsymbol{\alpha}_k(k=1,2,\cdots,n)$，则 $r(\boldsymbol{A})=\dim W_1$，$r(\boldsymbol{B})=\dim W_2$，$r(\boldsymbol{A}+\boldsymbol{B})=\dim W_3$，$r(\boldsymbol{AB})=\dim W_4$．但

$$W_3=L(\boldsymbol{\alpha}_1+\boldsymbol{\beta}_1,\cdots,\boldsymbol{\alpha}_n+\boldsymbol{\beta}_n)\subseteq L(\boldsymbol{\alpha}_1,\cdots,\boldsymbol{\alpha}_n)+L(\boldsymbol{\beta}_1,\cdots,\boldsymbol{\beta}_n)=W_1+W_2,$$

于是

$$\dim W_3 \leqslant \dim(W_1+W_2)=\dim W_1+\dim W_2-\dim(W_1\cap W_2),$$

$$r(\boldsymbol{A}+\boldsymbol{B}) \leqslant r(\boldsymbol{A})+r(\boldsymbol{B})-\dim(W_1\cap W_2). \tag{6.10}$$

由式(6.9)知

$$W_4=L(\boldsymbol{\delta}_1,\cdots,\boldsymbol{\delta}_n)\subseteq L(\boldsymbol{\alpha}_1,\cdots,\boldsymbol{\alpha}_n)=W_1. \tag{6.11}$$

又 $\boldsymbol{AB}=\boldsymbol{BA}$，故

$$\begin{aligned}\boldsymbol{AB}&=(\boldsymbol{\beta}_1,\cdots,\boldsymbol{\beta}_n)\begin{pmatrix} a_{11} & \cdots & a_{1n} \\ \vdots & & \vdots \\ a_{n1} & \cdots & a_{nn}\end{pmatrix}\\&=(a_{11}\boldsymbol{\beta}_1+\cdots+a_{n1}\boldsymbol{\beta}_n,\cdots,a_{1n}\boldsymbol{\beta}_1+\cdots+a_{nn}\boldsymbol{\beta}_n).\end{aligned}$$

从而

$$W_4=L(\boldsymbol{\delta}_1,\cdots,\boldsymbol{\delta}_n)\subseteq L(\boldsymbol{\beta}_1,\cdots,\boldsymbol{\beta}_n)=W_2. \tag{6.12}$$

由式(6.11)和(6.12)可得

$$W_4\subseteq W_1\cap W_2,$$

$$r(\boldsymbol{AB})=\dim W_4 \leqslant \dim W_1\cap W_2. \tag{6.13}$$

将式(6.13)代入式(6.12)可得

$$r(\boldsymbol{A}+\boldsymbol{B}) \leqslant r(\boldsymbol{A})+r(\boldsymbol{B})-r(\boldsymbol{AB}).$$

练习 6.4

6.4.1 $\boldsymbol{A},\boldsymbol{B}$ 均为 n 级矩阵，证明

$$r(\boldsymbol{A})+r(\boldsymbol{B})-n\leqslant r(\boldsymbol{AB}).$$

6.4.2 $\boldsymbol{A},\boldsymbol{B},\boldsymbol{C}$ 为 n 级矩阵，证明

$$r(\boldsymbol{AB})+r(\boldsymbol{BC})-r(\boldsymbol{B})\leqslant r(\boldsymbol{ABC}).$$

6.4.3 (2003，中国科学院)给定 $\mathbf{R}$ 上线性空间 V 的子空间 W_1,W_2. 证明

$$\dim(W_1\cap W_2)\geqslant \dim W_1+\dim W_2-\dim V.$$

6.4.4 设 n 级方阵 $\boldsymbol{A},\boldsymbol{B},\boldsymbol{C},\boldsymbol{D}$ 关于矩阵乘法两两可以交换，如果 $\boldsymbol{AC}+\boldsymbol{BD}=\boldsymbol{E}_n$，试证明

$$r(\boldsymbol{AB})=r(\boldsymbol{A})+r(\boldsymbol{B})-n.$$

第 7 章　线 性 变 换

线性变换是线性空间到自身的一种特殊映射，通过它可进一步研究线性空间内在的一些性质. 另外，数域 P 上 n 维线性空间 V 上的线性变换也是数域 P 上 n 级方阵的抽象化，将 n 级方阵提升为一般的线性变换是理论上的一大进步.

本章内容包括：线性变换及其运算，线性变换与矩阵，矩阵(线性变换)的特征值与特征向量，线性变换(矩阵)的对角化问题(Ⅰ)，不变子空间，线性空间的分解.

7.1　线性变换及其运算

一、线性变换的判定及其性质

a. 线性变换的判定

要点　数域 P 上线性空间 V 的一个变换 σ 称为线性变换，如果

$$\sigma(\boldsymbol{\alpha}+\boldsymbol{\beta})=\sigma(\boldsymbol{\alpha})+\sigma(\boldsymbol{\beta}),\quad \forall \boldsymbol{\alpha},\boldsymbol{\beta}\in V,$$

$$\alpha(k\boldsymbol{\alpha})=k\sigma(\boldsymbol{\alpha}),\quad k\in P.$$

如果线性变换 σ 作为映射是单(满)射，则 σ 称为单(满)的线性变换，如果线性变换作为映射是双射，则 σ 称为可逆线性变换，且其逆变换也是线性变换，记为 σ^{-1}.

b. 线性变换的性质

要点　利用线性变换的定义易证如下结论：

1° 设 $\sigma,\tau\in L(V)$，则 $\sigma+\tau,\sigma\tau,k\sigma$ 仍是线性变换，$k\in P$.

2° 设 $\boldsymbol{\varepsilon}_1,\boldsymbol{\varepsilon}_2,\cdots,\boldsymbol{\varepsilon}_n$ 是线性空间 V 的一组基，$\boldsymbol{\alpha}_1,\boldsymbol{\alpha}_2,\cdots,\boldsymbol{\alpha}_n$ 是 V 中任意 n 个向量. 存在唯一的线性变换 σ 使 $\sigma(\boldsymbol{\varepsilon}_i)=\boldsymbol{\alpha}_i$，$i=1,2,\cdots,n$.

3° 设 σ 是有限维线性空间上的线性变换，则 σ 由基向量的象唯一决定.

4° 线性变换把线性相关的向量一定变成线性相关的向量.

例 7.1.1　(2002，陕西师范大学)设 $\boldsymbol{\varepsilon}_1,\boldsymbol{\varepsilon}_2,\cdots,\boldsymbol{\varepsilon}_n$ 是 n 维线性空间 V 的一组基，σ 是 V 上的线性变换. 证明：σ 可逆当且仅当 $\sigma(\boldsymbol{\varepsilon}_1),\sigma(\boldsymbol{\varepsilon}_2),\cdots,\sigma(\boldsymbol{\varepsilon}_n)$ 也是 V 的基.

证明　"$\Rightarrow$"若 σ 可逆，下证 $\sigma(\boldsymbol{\varepsilon}_1),\cdots,\sigma(\boldsymbol{\varepsilon}_n)$ 是 V 的基. 由于 V 是 n 维的，故只要证 $\sigma(\boldsymbol{\varepsilon}_1),\cdots,\sigma(\boldsymbol{\varepsilon}_n)$ 是线性无关的. 设

$$k_1\sigma(\boldsymbol{\varepsilon}_1)+k_2\sigma(\boldsymbol{\varepsilon}_2)+\cdots+k_n\sigma(\boldsymbol{\varepsilon}_n)=\mathbf{0},$$

则用σ^{-1}作用等式两端有

$$\sigma^{-1}(k_1\sigma(\boldsymbol{\varepsilon}_1)+k_2\sigma(\boldsymbol{\varepsilon}_2)+\cdots+k_n\sigma(\boldsymbol{\varepsilon}_n))=\sigma^{-1}(\mathbf{0})=\mathbf{0},$$

即

$$k_1\boldsymbol{\varepsilon}_1+k_2\boldsymbol{\varepsilon}_2+\cdots+k_n\boldsymbol{\varepsilon}_n=\mathbf{0},$$

而$\boldsymbol{\varepsilon}_1,\boldsymbol{\varepsilon}_2,\cdots,\boldsymbol{\varepsilon}_n$线性无关，故$k_1=k_2=\cdots=k_n=0$.

"$\Leftarrow$"若$\sigma(\boldsymbol{\varepsilon}_1),\sigma(\boldsymbol{\varepsilon}_2),\cdots,\sigma(\boldsymbol{\varepsilon}_n)$是$V$的一组基，则由线性变换的性质$2^\circ$知，一定存在$V$上的一个线性变换$\tau$满足$\tau(\sigma(\boldsymbol{\varepsilon}_i))=\boldsymbol{\varepsilon}_i$，$i=1,2,\cdots,n$，即$(\tau\sigma)(\boldsymbol{\varepsilon}_i)=\boldsymbol{\varepsilon}_i$，而由于$\boldsymbol{\varepsilon}_1,\boldsymbol{\varepsilon}_2,\cdots,\boldsymbol{\varepsilon}_n$是$V$的基，易证对任意$\boldsymbol{\alpha}\in V$有$(\tau\sigma)(\boldsymbol{\alpha})=\boldsymbol{\alpha}$，故$\tau\sigma=I_V$，从而$\tau$为满射. 下证$\tau$为单射. 假设$\tau(\boldsymbol{\alpha})=\tau(\boldsymbol{\beta})$，且

$$\boldsymbol{\alpha}=k_1\sigma(\boldsymbol{\varepsilon}_1)+\cdots+k_n\sigma(\boldsymbol{\varepsilon}_n),\quad \boldsymbol{\beta}=l_1\sigma(\boldsymbol{\varepsilon}_1)+\cdots+l_n\sigma(\boldsymbol{\varepsilon}_n),$$

则根据τ的映射法则有

$$\tau(\boldsymbol{\alpha})=k_1\boldsymbol{\varepsilon}_1+\cdots+k_n\boldsymbol{\varepsilon}_n,\quad \tau(\boldsymbol{\beta})=l_1\boldsymbol{\varepsilon}_1+\cdots+l_n\boldsymbol{\varepsilon}_n.$$

由$\tau(\boldsymbol{\alpha})=\tau(\boldsymbol{\beta})$，故$k_i=l_i(i=1,2,\cdots,n)$，从而$\boldsymbol{\alpha}=\boldsymbol{\beta}$，于是$\tau$是双射，可知$\sigma$为可逆的.

例 7.1.2 (2004，西安交通大学)设V与V'为同一数域P上的两个线性空间，T是$V\to V'$的线性变换，若存在$V'\to V$的映射$\bar{T}$，满足：$\bar{T}T=I_V$.

(1)证明：T是一一的(即单射)，$\bar{T}$是映上的(即满射)；

(2)试问T是否为可逆映射，为什么？

证明 (1)若$T(\boldsymbol{\alpha})=T(\boldsymbol{\beta})$，其中$\boldsymbol{\alpha},\boldsymbol{\beta}\in V$，则$\bar{T}(T(\boldsymbol{\alpha}))=\bar{T}(T(\boldsymbol{\beta}))$，从而$\bar{T}T=I_V$，故$I_V(\boldsymbol{\alpha})=I_V(\boldsymbol{\beta})$，即$\boldsymbol{\alpha}=\boldsymbol{\beta}$，故$T$为$V\to V'$的单射. 由于$\bar{T}T=I_V$，则对$\boldsymbol{\alpha}\in V$有$\bar{T}(T(\boldsymbol{\alpha}))=I_V(\boldsymbol{\alpha})=\boldsymbol{\alpha}$，这时$T(\boldsymbol{\alpha})\in V'$，这说明对$\boldsymbol{\alpha}\in V$，存在向量$T(\boldsymbol{\alpha})\in V'$使得$\bar{T}(T(\boldsymbol{\alpha}))=\boldsymbol{\alpha}$，由于$\boldsymbol{\alpha}$有任意性，故$\bar{T}$为满射.

(2)T不一定为可逆映射. 如令

$$T:\mathbf{R}^2\to\mathbf{R}^3,\quad (a,b)\mapsto(a,b,0),$$
$$\bar{T}:\mathbf{R}^3\to\mathbf{R}^2,\quad (a,b,c)\mapsto(a,b),$$

则易证$\bar{T}T=I_{\mathbf{R}^2}$，但显然$T$不为满射，故$T$也不是可逆映射.

例 7.1.3 (1999，复旦大学)设$\dim V=n$，$\dim U=m$，σ是V到U的线性映射，若$n>m$，则σ( ).

A．必不是单映射　B．必是满映射　C．必是单映射　D．必不是满映射

解 由于σ是映射，这意味着线性空间V中每一个向量在U中有唯一的向量与之对应. 但由于$n>m$，表明线性空间V中必有若干向量在σ作用下的象是相同的，故应选A.

二、线性变换的多项式

a. 线性变换的多项式的定义及性质

要点　设 $f(x)=a_m x^m+\cdots+a_1 x+a_0$，若 σ 是 V 的线性变换，则

$$f(\sigma)=a_m\sigma^m+\cdots+a_1\sigma+a_0 I_V$$

也是线性变换，并称 $f(\sigma)$ 为线性变换 σ 的多项式. 线性变换 σ 的两个多项式的和、积仍为 σ 的多项式，数域 P 中的数与 σ 的多项式做数乘运算仍是 σ 的多项式.

b. 线性变换的多项式的逆

要点　设 σ 为线性空间 V 上线性变换，$f(x),g(x)\in P[x]$，且 $f(\sigma)=0$，则

1° $g(\sigma)$ 可逆的充分必要条件为 $(f(x),g(x))=1$;

2° 此时有 $u(x),v(x)\in P[x]$ 使得

$$u(x)f(x)+v(x)g(x)=1,\quad 且\ (g(\sigma))^{-1}=v(\sigma).$$

注　证明与例 4.2.7 类似，且有关线性变换多项式求逆的计算与矩阵多项式的求逆方法相类似.

练习 7.1

7.1.1　设 σ,τ 是线性变换，如果 $\sigma\tau-\tau\sigma=I$，证明

$$\sigma^k\tau-\tau\sigma^k=k\sigma^{k-1},\quad k\in\mathbf{Z}^+,\quad k>1.$$

7.1.2　(2004，北京科技大学) 如果 σ,τ 都是线性空间 V 上的幂等变换 $(\sigma^2=\sigma,\tau^2=\tau)$. 证明：

(1) $\sigma\tau=\tau\sigma$，则 $\sigma+\tau-\sigma\tau$ 也是幂等变换；

(2) 如果 $\sigma+\tau$ 是幂等变换，则 $\sigma\tau=0$.

7.1.3　(同济大学) 设线性空间 V 是其子空间 $W_1,W_2,\cdots,W_s$ 的直和，即

$$V=W_1\oplus W_2\oplus\cdots\oplus W_s,$$

V 到 W_k 的投影是指映射 $\sigma:V_1\to W_k$，由 $\sigma(v)=w_k$ 定义 $(1\leqslant k\leqslant s)$，其中

$$v=w_1+w_2+\cdots+w_s,\quad w_i\in W_i\quad (i=1,2,\cdots,s).$$

证明：(1) σ 是线性变换；(2) $\sigma^2=\sigma$.

7.1.4　如果 $\sigma_1,\sigma_2,\cdots,\sigma_s$ 是线性空间 V 的 s 个两两不同的线性变换，那么在 V 中存在向量 $\boldsymbol{\alpha}$，使得 $\sigma_1(\boldsymbol{\alpha}),\sigma_2(\boldsymbol{\alpha}),\cdots,\sigma_s(\boldsymbol{\alpha})$ 也两两不同.

7.1.5　设 $\boldsymbol{\alpha}_1$ 是线性空间 V 中线性变换 σ 的特征向量，即 $(\sigma-\lambda I)\boldsymbol{\alpha}_1=\mathbf{0}$，而向量组 $\boldsymbol{\alpha}_1,\boldsymbol{\alpha}_2,\cdots,\boldsymbol{\alpha}_n$ 满足

$$(\sigma-\lambda I)\boldsymbol{\alpha}_{i+1}=\boldsymbol{\alpha}_i\quad (i=1,2,\cdots,n-1).$$

证明：$\boldsymbol{\alpha}_1,\boldsymbol{\alpha}_2,\cdots,\boldsymbol{\alpha}_n$ 线性无关.

7.1.6 （武汉大学）V 是数域 P 上的线性空间，f_1, f_2 都是 V 到线性空间 P 的线性映射，定义 V 到 P 的映射 $\psi: x \mapsto f_1(x)f_2(x)$，证明：$\psi$ 是零线性映射时必有 f_1 或者 f_2 是零线性映射.

7.1.7 （2004，浙江大学）在数域 P 上 n 级方阵组成的线性空间中，取定方阵 $\boldsymbol{A}, \boldsymbol{B}, \boldsymbol{C}, \boldsymbol{D}$. 试证：

(1) $\sigma(\boldsymbol{x}) = \boldsymbol{AxB} + \boldsymbol{Cx} + \boldsymbol{xD}(\boldsymbol{x} \in V)$ 是 V 的线性变换；

(2) 当 $\boldsymbol{C} = \boldsymbol{D} = \boldsymbol{O}$ 时，由 (1) 定义的 σ 可逆的充要条件是 $|\boldsymbol{AB}| \neq 0$.

7.1.8 （北京师范大学）设 $P[x]$ 表示数域 P 上一元多项式的全体.

$$\sigma: P[x] \mapsto P[x]$$

是 $P[x]$ 自身的映射，$\forall f, g \in P[x]$ 及 $\forall \alpha, \beta \in P$，满足下列条件：

(1) $\sigma(\alpha f + \beta g) = \alpha\sigma(f) + \beta\sigma(g)$；

(2) $\sigma(fg) = \sigma(f)g + f\sigma(g)$；

(3) $\sigma(x) = 1$.

证明：$\sigma(f) = f'$（f' 表示 f 的导数）.

7.1.9 （1993，华中师范大学）设 σ 是 n 维线性空间 V 的线性变换，

$$\sigma^3 = 2I, \quad \tau = \sigma^2 - 2\sigma + 2I,$$

其中 I 为恒等变换. 证明：σ, τ 都是可逆变换.

7.1.10 设 σ 是数域 P 上 n 维线性空间 V 的一个线性变换. 不用 Hamilton-Caylay（哈密顿-凯莱）定理，证明：

(1) $P[x]$ 中一定有次数不超过 n^2 的多项式 $f(x)$，使 $f(\sigma) = 0$；

(2) 如果 $f(\sigma) = g(\sigma) = 0$，那么 $d(\sigma) = 0$，其中 $d(x) = (f(x), g(x))$；

(3) σ 可逆的充分必要条件是，有一常数项不为零的多项式 $f(x)$ 使 $f(\sigma) = 0$.

7.2 线性变换与矩阵

一、线性变换的矩阵

要点 设 $\sigma \in L(V_n)$，向量组 $\sigma(\boldsymbol{\alpha}_1), \sigma(\boldsymbol{\alpha}_2), \cdots, \sigma(\boldsymbol{\alpha}_n)$ 中每一个向量可以用基 $\boldsymbol{\alpha}_1, \boldsymbol{\alpha}_2, \cdots, \boldsymbol{\alpha}_n$ 线性表示，设 $\sigma(\boldsymbol{\alpha}_i) = (\boldsymbol{\alpha}_1, \boldsymbol{\alpha}_2, \cdots, \boldsymbol{\alpha}_n)A_i (i = 1, 2, \cdots, n)$，则有

$$(\sigma(\boldsymbol{\alpha}_1), \sigma(\boldsymbol{\alpha}_2), \cdots, \sigma(\boldsymbol{\alpha}_n)) = (\boldsymbol{\alpha}_1, \boldsymbol{\alpha}_2, \cdots, \boldsymbol{\alpha}_n)(A_1, A_2, \cdots, A_n),$$

上式可简写为

$$\sigma(\boldsymbol{\alpha}_1, \boldsymbol{\alpha}_2, \cdots, \boldsymbol{\alpha}_n) = (\boldsymbol{\alpha}_1, \boldsymbol{\alpha}_2, \cdots, \boldsymbol{\alpha}_n)\boldsymbol{A},$$

称 $\boldsymbol{A}$ 为线性变换 σ 在基 $\boldsymbol{\alpha}_1, \boldsymbol{\alpha}_2, \cdots, \boldsymbol{\alpha}_n$ 下的矩阵，其中 $\boldsymbol{A} = (A_1, A_2, \cdots, A_n)$.

例 7.2.1 （1997，华中师范大学）设 $\boldsymbol{\alpha}_1, \boldsymbol{\alpha}_2, \boldsymbol{\alpha}_3$ 为线性空间 V 的一组基，σ 是 V 的线性变换，且

$$\sigma(\boldsymbol{\alpha}_1) = \boldsymbol{\alpha}_1, \quad \sigma(\boldsymbol{\alpha}_2) = \boldsymbol{\alpha}_1 + \boldsymbol{\alpha}_2, \quad \sigma(\boldsymbol{\alpha}_3) = \boldsymbol{\alpha}_1 + \boldsymbol{\alpha}_2 + \boldsymbol{\alpha}_3.$$

(1) 证明：σ 是可逆线性变换；

(2) 求 $2\sigma-\sigma^{-1}$ 在基 $\boldsymbol{\alpha}_1,\boldsymbol{\alpha}_2,\boldsymbol{\alpha}_3$ 下的矩阵.

证明　(1) 由假设知

$$\sigma(\boldsymbol{\alpha}_1,\boldsymbol{\alpha}_2,\boldsymbol{\alpha}_3)=(\boldsymbol{\alpha}_1,\boldsymbol{\alpha}_2,\boldsymbol{\alpha}_3)\begin{pmatrix}1&1&1\\0&1&1\\0&0&1\end{pmatrix}=(\boldsymbol{\alpha}_1,\boldsymbol{\alpha}_2,\boldsymbol{\alpha}_3)\boldsymbol{A},$$

其中 $\boldsymbol{A}=\begin{pmatrix}1&1&1\\0&1&1\\0&0&1\end{pmatrix}$. 由于 $|\boldsymbol{A}|=1$，故 $\boldsymbol{A}$ 可逆，从而 σ 是可逆线性变换.

(2) 由 $\boldsymbol{A}$ 可求得

$$\boldsymbol{A}^{-1}=\begin{pmatrix}1&-1&0\\0&1&-1\\0&0&1\end{pmatrix},$$

设 $2\sigma-\sigma^{-1}$ 在基 $\boldsymbol{\alpha}_1,\boldsymbol{\alpha}_2,\boldsymbol{\alpha}_3$ 下的矩阵为 $\boldsymbol{B}$，则

$$\boldsymbol{B}=2\boldsymbol{A}-\boldsymbol{A}^{-1}=\begin{pmatrix}1&3&2\\0&1&3\\0&0&1\end{pmatrix}.$$

二、一一对应关系

a. 一一对应

要点　在线性空间 V_n 上取一组基 $\boldsymbol{\alpha}_1,\boldsymbol{\alpha}_2,\cdots,\boldsymbol{\alpha}_n$，作如下映射 η，

$$\eta:L(V_n)\to M_n(P),$$
$$\sigma\mapsto A,$$

其中 $\sigma\in L(V_n)$，$\boldsymbol{A}$ 为线性变换 σ 在基 $\boldsymbol{\alpha}_1,\boldsymbol{\alpha}_2,\cdots,\boldsymbol{\alpha}_n$ 下的矩阵，可证 η 是一个双射. 且对 $\tau\in L(V_n)$，$k\in P$，假设 $\boldsymbol{B}$ 为 τ 在 $\boldsymbol{\alpha}_1,\boldsymbol{\alpha}_2,\cdots,\boldsymbol{\alpha}_n$ 下的矩阵，则

(1) $\eta(\sigma+\tau)=\boldsymbol{A}+\boldsymbol{B}$;

(2) $\eta(\sigma\tau)=\boldsymbol{AB}$;

(3) $\eta(k\sigma)=k\boldsymbol{A}$;

(4) 如果 σ 是可逆变换，$\eta(\sigma^{-1})=\boldsymbol{A}^{-1}$;

(5) $\eta(kI)=k\boldsymbol{E}$，即数乘变换与数量矩阵相对应.

评析　η 是一个双射表明，在线性空间 V_n 中取一组基之后，线性变换与矩阵是相互唯一决定的，故线性变换的问题可用对应的矩阵来讨论；反之，有关矩阵的问题也

可用对应线性变换来讨论.

b. 线性变换问题转化为矩阵问题(实例)

例 7.2.2 设 V 是数域 P 上 n 维线性空间. 证明：V 的与全体线性变换可交换的线性变换是数乘变换.

证明 **方法 1** 设 σ 是 V 的与全体线性变换可交换的线性变换，且设 $\boldsymbol{\alpha}_1,\boldsymbol{\alpha}_2,\cdots,\boldsymbol{\alpha}_n$ 是线性空间 V 的一组基，以及 σ 在此基下的矩阵为 $\boldsymbol{A}$，则对任意 n 级方阵 $\boldsymbol{B}$，存在 $\tau\in L(V)$，使得 τ 在 $\boldsymbol{\alpha}_1,\boldsymbol{\alpha}_2,\cdots,\boldsymbol{\alpha}_n$ 下的矩阵为 $\boldsymbol{B}$. 由于 $\sigma\tau=\tau\sigma$，则有 $\boldsymbol{AB}=\boldsymbol{BA}$，由 $\boldsymbol{B}$ 的任意性可知，$\boldsymbol{A}$ 为数量矩阵，进而 $\sigma=kI$，即 σ 为数乘变换.

方法 2 用定义直接证明. 设 σ 与任意线性变换可交换，且 $\boldsymbol{\alpha}_1,\boldsymbol{\alpha}_2,\cdots,\boldsymbol{\alpha}_n$ 是 V 的一组基，则

$$(\sigma(\boldsymbol{\alpha}_1),\sigma(\boldsymbol{\alpha}_2),\cdots,\sigma(\boldsymbol{\alpha}_n))=(\boldsymbol{\alpha}_1,\boldsymbol{\alpha}_2,\cdots,\boldsymbol{\alpha}_n)(k_{ij})_{n\times n}.$$

令 $\tau(\boldsymbol{\alpha}_i)=\boldsymbol{\alpha}_i$，$\tau(\boldsymbol{\alpha}_j)=\boldsymbol{\alpha}_j(i\neq j)$，则由 $\sigma\tau(\boldsymbol{\alpha}_i)=\tau\sigma(\boldsymbol{\alpha}_i)$，有

$$\sigma\tau(\boldsymbol{\alpha}_i)=\sigma(\boldsymbol{\alpha}_i)=k_{i1}\boldsymbol{\alpha}_1+\cdots+k_{ii}\boldsymbol{\alpha}_i+\cdots+k_{in}\boldsymbol{\alpha}_n,$$

$$\begin{aligned}\tau\sigma(\boldsymbol{\alpha}_i)&=\tau(k_{i1}\boldsymbol{\alpha}_1+\cdots+k_{ii}\boldsymbol{\alpha}_i+\cdots+k_{in}\boldsymbol{\alpha}_n)\\&=2k_{i1}\boldsymbol{\alpha}_1+\cdots+k_{ii}\boldsymbol{\alpha}_i+\cdots+2k_{in}\boldsymbol{\alpha}_n.\end{aligned}$$

以上两式相减有 $k_{ij}=0(j\neq i)$，故

$$\sigma(\boldsymbol{\alpha}_1)=k_{11}\boldsymbol{\alpha}_1,\quad \sigma(\boldsymbol{\alpha}_2)=k_{22}\boldsymbol{\alpha}_2,\quad \cdots,\quad \sigma(\boldsymbol{\alpha}_n)=k_{nn}\boldsymbol{\alpha}_n.$$

下证 $k_{ii}=k_{jj}(i\neq j)$. 令 $\tau(\boldsymbol{\alpha}_i)=\boldsymbol{\alpha}_j$，$\tau(\boldsymbol{\alpha}_j)=\boldsymbol{\alpha}_i$，则

$$\sigma\tau(\boldsymbol{\alpha}_i)=\sigma(\boldsymbol{\alpha}_j)=k_{jj}\boldsymbol{\alpha}_j,$$

故 $k_{jj}\boldsymbol{\alpha}_i=k_{ii}\boldsymbol{\alpha}_j$，于是 $k_{ii}=k_{jj}$. 从而

$$\sigma(\boldsymbol{\alpha}_i)=k\boldsymbol{\alpha}_i\quad(i=1,2,\cdots,n)$$

这时 $k=k_{11}=k_{22}=\cdots=k_{nn}$. 故 σ 为数乘变换.

例 7.2.3 设 σ 是数域 P 上 n 维线性空间 V 的一个线性变换. 证明：如果 σ 在任意一组基下的矩阵都相同，则 σ 是数乘变换.

证明 设 σ 在 V 的一组基 $\boldsymbol{\alpha}_1,\boldsymbol{\alpha}_2,\cdots,\boldsymbol{\alpha}_n$ 下的矩阵为 $\boldsymbol{A}$，则对任意可逆阵 $\boldsymbol{B}$，令

$$(\boldsymbol{\eta}_1,\boldsymbol{\eta}_2,\cdots,\boldsymbol{\eta}_n)=(\boldsymbol{\alpha}_1,\boldsymbol{\alpha}_2,\cdots,\boldsymbol{\alpha}_n)\boldsymbol{B},$$

易证 $\boldsymbol{\eta}_1,\boldsymbol{\eta}_2,\cdots,\boldsymbol{\eta}_n$ 为 V 的一组基，则由已知 σ 在此基下的矩阵为 $\boldsymbol{A}$. 但另一方面，σ 在此基下的矩阵为 $\boldsymbol{B}^{-1}\boldsymbol{AB}$，从而 $\boldsymbol{A}=\boldsymbol{B}^{-1}\boldsymbol{AB}$，这说明 $\boldsymbol{A}$ 与任意可逆阵可交换，从而 $\boldsymbol{A}=k\boldsymbol{E}$，这样 $\sigma=kI$.

c. 矩阵问题转化为线性变换问题(实例)

例 7.2.4 设 $\boldsymbol{A}$ 是一个 $n\times n$ 矩阵，$\boldsymbol{A}^2=\boldsymbol{A}$，证明 $\boldsymbol{A}$ 相似于一个对角矩阵

$$\begin{pmatrix}1&&&&&&\\&1&&&&&\\&&\ddots&&&&\\&&&1&&&\\&&&&0&&\\&&&&&\ddots&\\&&&&&&0\end{pmatrix}. \tag{7.1}$$

证明　取一 n 维线性空间 V 及 V 的一组基 $\boldsymbol{\alpha}_1,\boldsymbol{\alpha}_2,\cdots,\boldsymbol{\alpha}_n$，定义线性变换 σ 如下：

$$\sigma(\boldsymbol{\alpha}_1,\boldsymbol{\alpha}_2,\cdots,\boldsymbol{\alpha}_n)=(\boldsymbol{\alpha}_1,\boldsymbol{\alpha}_2,\cdots,\boldsymbol{\alpha}_n)\boldsymbol{A}.$$

下证 σ 在一组适当的基下的矩阵为式(7.1). 由 $\boldsymbol{A}^2=\boldsymbol{A}$ 可知 $\sigma^2=\sigma$. 下证

$$\sigma(V)\cap\ker(\sigma)=\{\boldsymbol{0}\}.$$

设 $\boldsymbol{\alpha}\in\sigma(V)\cap\ker(\sigma)$，则存在 $\boldsymbol{\beta}\in V$ 使得 $\boldsymbol{\alpha}=\sigma(\boldsymbol{\beta})$ 且 $\sigma(\boldsymbol{\alpha})=\boldsymbol{0}$，即 $\boldsymbol{0}=\sigma(\boldsymbol{\alpha})=\sigma^2(\boldsymbol{\beta})$，又由于 $\sigma^2=\sigma$，可知 $\sigma^2(\boldsymbol{\beta})=\sigma(\boldsymbol{\beta})=\boldsymbol{\alpha}$，即 $\boldsymbol{\alpha}=\boldsymbol{0}$. 由于

$$\dim(\sigma(V))+\dim(\ker(\sigma))=\dim V=n,$$

故 $V=\sigma(V)\oplus\ker(\sigma)$. 取 $\sigma(V)$ 的一组基 $\boldsymbol{\eta}_1,\boldsymbol{\eta}_2,\cdots,\boldsymbol{\eta}_r$，由于 $\sigma(\boldsymbol{\eta}_1)=\boldsymbol{\eta}_1,\cdots,\sigma(\boldsymbol{\eta}_r)=\boldsymbol{\eta}_r$，在 $\ker(\sigma)$ 中取一组基 $\boldsymbol{\eta}_{r+1},\cdots,\boldsymbol{\eta}_n$，则 $\boldsymbol{\eta}_1,\cdots,\boldsymbol{\eta}_r,\boldsymbol{\eta}_{r+1},\cdots,\boldsymbol{\eta}_n$ 为 V 的一组基，且 σ 在此基下的矩阵为式(7.1). 而 $\boldsymbol{A}$ 与式(7.1)的矩阵均为线性变换 σ 在不同基下的矩阵，故 A 与(7.1)式的矩阵相似.

评析　由例 7.2.2，例 7.2.3 及例 7.2.4 知，矩阵问题与线性变换问题互为对偶问题，我们可以在两者之间相互转化，从而得到新的结论或起到简化问题的作用，读者应深刻体会用矩阵和线性变换解决问题的优劣势所在.

三、矩阵的相似

a. 矩阵相似的判定

要点　设 $\boldsymbol{A},\boldsymbol{B}\in M_n(P)$，若存在可逆阵 $\boldsymbol{X}\in M_n(P)$，满足 $\boldsymbol{B}=\boldsymbol{X}^{-1}\boldsymbol{A}\boldsymbol{X}$，则称 $\boldsymbol{A}$ 与 $\boldsymbol{B}$ 相似，记作 $\boldsymbol{A}\sim\boldsymbol{B}$.

注　第 8 章将给出两个 n 级方阵相似的若干判定方法.

b. 矩阵相似的性质

要点　矩阵的相似关系，满足反身性($\boldsymbol{A}\sim\boldsymbol{A}$)，对称性(若 $\boldsymbol{A}\sim\boldsymbol{B}$，则 $\boldsymbol{B}\sim\boldsymbol{A}$)，传递性(若 $\boldsymbol{A}\sim\boldsymbol{B}$，$\boldsymbol{B}\sim\boldsymbol{C}$，则 $\boldsymbol{A}\sim\boldsymbol{C}$). 因而是等价关系，所以可将 $M_{n\times n}(P)$ 中矩阵按相似关系分成若干个互不相交的相似类，每一类有其标准形矩阵——Jordan(若尔当)标准形(可以作为该类的代表矩阵).

评析　至此，关于两个矩阵之间的关系我们已学习了三种，即矩阵的等价，矩阵的合同，矩阵的相似. 这三者均是等价关系，可以将 $M_{n\times n}(P)$ 中矩阵按照不同的等价关

系分别进行分类，由于各自定义方式不同，产生等价类截然不同. 可以看出，$M_{n\times n}(P)$ 中矩阵按矩阵的等价可以分为 $n+1$ 个等价类，而按相似关系可以分为无穷个类. 另外，$M_{n\times n}(\mathbf{R})$ 中的所有对称矩阵按合同关系可分为 $\frac{1}{2}(n+1)(n+2)$ 个等价类.

例 7.2.5 证明：复数域上任一 n 级矩阵 $\boldsymbol{A}$ 必与一个上三角矩阵相似，并由此证明 Hamilton-Cayley 定理.

证明 对 n 用归纳法. 存在 $\boldsymbol{\alpha}_1\neq\mathbf{0}$ 使得 $\boldsymbol{A}\boldsymbol{\alpha}_1=\lambda\boldsymbol{\alpha}_1$，将 $\boldsymbol{\alpha}_1$ 扩充为 $\mathbf{C}^n$ 的基 $\boldsymbol{\alpha}_1,\boldsymbol{\alpha}_2,\cdots,\boldsymbol{\alpha}_n$，令 $\boldsymbol{P}_1=(\boldsymbol{\alpha}_1,\boldsymbol{\alpha}_2,\cdots,\boldsymbol{\alpha}_n)$.

$$\boldsymbol{A}\boldsymbol{P}_1=(\boldsymbol{\alpha}_1,\boldsymbol{\alpha}_2,\cdots,\boldsymbol{\alpha}_n)\begin{pmatrix}\lambda_1 & a'_{12} & \cdots & a'_{1n}\\ 0 & & & \\ \vdots & & \boldsymbol{A}_1 & \\ 0 & & & \end{pmatrix}.$$

$\boldsymbol{A}_1$ 是 $n-1$ 阶矩阵，由归纳假定存在非奇异 $n-1$ 级矩阵 $\boldsymbol{Q}$，使 $\boldsymbol{Q}^{-1}\boldsymbol{A}_1\boldsymbol{Q}$ 为上三角阵，令 $\boldsymbol{P}_2=\begin{pmatrix}1 & \mathbf{0}\\ \mathbf{0} & \boldsymbol{Q}\end{pmatrix}$，$\boldsymbol{P}=\boldsymbol{P}_1\boldsymbol{P}_2$，则 $\boldsymbol{P}^{-1}\boldsymbol{A}\boldsymbol{P}$ 为上三角阵.

由于 $|\lambda\boldsymbol{E}-\boldsymbol{A}|=f(\lambda)=(\lambda-\lambda_1)(\lambda-\lambda_2)\cdots(\lambda-\lambda_n)$，故

$$\begin{aligned}f(\boldsymbol{P}^{-1}\boldsymbol{A}\boldsymbol{P})&=(\boldsymbol{P}^{-1}\boldsymbol{A}\boldsymbol{P}-\lambda_1\boldsymbol{E})(\boldsymbol{P}^{-1}\boldsymbol{A}\boldsymbol{P}-\lambda_2\boldsymbol{E})\cdots(\boldsymbol{P}^{-1}\boldsymbol{A}\boldsymbol{P}-\lambda_n\boldsymbol{E})\\&=\begin{pmatrix}0 & & & \\ & \lambda_2-\lambda_1 & & * \\ & & \ddots & \\ & & & \lambda_n-\lambda_1\end{pmatrix}\cdots\begin{pmatrix}\lambda_1-\lambda_n & & & & \\ & \lambda_2-\lambda_n & & * & \\ & & \ddots & & \\ & & & \lambda_{n-1}-\lambda_n & \\ & & & & 0\end{pmatrix}\\&=\boldsymbol{O},\end{aligned}$$

即 $f(\boldsymbol{A})=\boldsymbol{O}$.

四、向量与其象向量的坐标（“3 推 1”公式Ⅱ）

要点 设线性变换 σ 在基 $\boldsymbol{\alpha}_1,\boldsymbol{\alpha}_2,\cdots,\boldsymbol{\alpha}_n$ 之下的矩阵是 $\boldsymbol{A}$，而向量 $\boldsymbol{\alpha}$ 及 $\sigma(\boldsymbol{\alpha})$ 在此基下的坐标分别为 $\boldsymbol{x}=(x_1,\cdots,x_n)^{\mathrm{T}}$ 及 $\boldsymbol{y}=(y_1,y_2,\cdots,y_n)^{\mathrm{T}}$，则以下结论成立：

$$\left.\begin{aligned}&\sigma(\boldsymbol{\alpha}_1,\boldsymbol{\alpha}_2,\cdots,\boldsymbol{\alpha}_n)=(\boldsymbol{\alpha}_1,\boldsymbol{\alpha}_2,\cdots,\boldsymbol{\alpha}_n)\boldsymbol{A},\\&\boldsymbol{\alpha}=(\boldsymbol{\alpha}_1,\boldsymbol{\alpha}_2,\cdots,\boldsymbol{\alpha}_n)\boldsymbol{x},\\&\sigma(\boldsymbol{\alpha})=(\boldsymbol{\alpha}_1,\boldsymbol{\alpha}_2,\cdots,\boldsymbol{\alpha}_n)\boldsymbol{y}\end{aligned}\right\}\Rightarrow \boldsymbol{y}=\boldsymbol{A}\boldsymbol{x}. \tag{7.2}$$

评析 (7.2)式是第二个“3 推 1 公式”，它给出了向量 $\boldsymbol{\alpha}$ 与其象向量 $\sigma(\boldsymbol{\alpha})$ 在同一基 $\boldsymbol{\alpha}_1,\boldsymbol{\alpha}_2,\cdots,\boldsymbol{\alpha}_n$ 下坐标之间的关系.

五、同一线性变换在不同基下的矩阵（“3 推 1”公式Ⅲ）

要点　设 $\boldsymbol{\alpha}_1,\boldsymbol{\alpha}_2,\cdots,\boldsymbol{\alpha}_n$ 及 $\boldsymbol{\beta}_1,\boldsymbol{\beta}_2,\cdots,\boldsymbol{\beta}_n$ 为 n 维线性空间 V 的两组基，线性变换 σ 在此二基下的矩阵分别为 $\boldsymbol{A}$ 与 $\boldsymbol{B}$，且基 $\{\boldsymbol{\alpha}_i \mid i=1,2,\cdots,n\}$ 到基 $\{\boldsymbol{\beta}_i \mid i=1,2,\cdots,n\}$ 的过渡矩阵是 $\boldsymbol{C}$，则有如下结论成立：

$$\left.\begin{array}{l}(\boldsymbol{\beta}_1,\boldsymbol{\beta}_2,\cdots,\boldsymbol{\beta}_n)=(\boldsymbol{\alpha}_1,\boldsymbol{\alpha}_2,\cdots,\boldsymbol{\alpha}_n)\boldsymbol{C},\\ \sigma(\boldsymbol{\alpha}_1,\boldsymbol{\alpha}_2,\cdots,\boldsymbol{\alpha}_n)=(\boldsymbol{\alpha}_1,\boldsymbol{\alpha}_2,\cdots,\boldsymbol{\alpha}_n)\boldsymbol{A},\\ \sigma(\boldsymbol{\beta}_1,\boldsymbol{\beta}_2,\cdots,\boldsymbol{\beta}_n)=(\boldsymbol{\beta}_1,\boldsymbol{\beta}_2,\cdots,\boldsymbol{\beta}_n)\boldsymbol{B}\end{array}\right\}\Rightarrow \boldsymbol{B}=\boldsymbol{C}^{-1}\boldsymbol{A}\boldsymbol{C}.$$

评析　(7.3)式是第三个“3 推 1 公式”，它给出了同一线性变换 σ 在两个不同基 $\boldsymbol{\alpha}_1,\boldsymbol{\alpha}_2$，$\cdots,\boldsymbol{\alpha}_n$ 和 $\boldsymbol{\beta}_1,\boldsymbol{\beta}_2,\cdots,\boldsymbol{\beta}_n$ 下的矩阵之间的关系.

例 7.2.6　(北京科技大学) 设 $\mathbf{R}^2$ 中线性变换 T_1 对基底 $\boldsymbol{\alpha}_1=(1,2)$，$\boldsymbol{\alpha}_2=(2,1)$ 的矩阵为 $\begin{pmatrix}1&2\\2&3\end{pmatrix}$，线性变换 T_2 对基底 $\boldsymbol{\beta}_1=(1,1)$，$\boldsymbol{\beta}_2=(1,2)$ 的矩阵为 $\begin{pmatrix}3&3\\2&4\end{pmatrix}$.

(1) 求 T_1+T_2 对基底 $\boldsymbol{\beta}_1,\boldsymbol{\beta}_2$ 的矩阵；

(2) 求 T_1T_2 对基底 $\boldsymbol{\alpha}_1,\boldsymbol{\alpha}_2$ 的矩阵；

(3) 设 $\boldsymbol{\zeta}=(3,3)$，求 $T_1(\boldsymbol{\zeta})$ 在基底 $\boldsymbol{\alpha}_1,\boldsymbol{\alpha}_2$ 下的坐标；

(4) 求 $T_2(\boldsymbol{\zeta})$ 在基 $\boldsymbol{\beta}_1,\boldsymbol{\beta}_2$ 下的坐标.

解　(1) 由假设知

$$T_1(\boldsymbol{\alpha}_1,\boldsymbol{\alpha}_2)=(\boldsymbol{\alpha}_1,\boldsymbol{\alpha}_2)\boldsymbol{A},\tag{7.3}$$

$$T_2(\boldsymbol{\beta}_1,\boldsymbol{\beta}_2)=(\boldsymbol{\beta}_1,\boldsymbol{\beta}_2)\boldsymbol{B},\tag{7.4}$$

其中 $\boldsymbol{A}=\begin{pmatrix}1&2\\2&3\end{pmatrix}$，$\boldsymbol{B}=\begin{pmatrix}3&3\\2&4\end{pmatrix}$. 令 $(\boldsymbol{\beta}_1,\boldsymbol{\beta}_2)=(\boldsymbol{\alpha}_1,\boldsymbol{\alpha}_2)\boldsymbol{T}$，则由 $\begin{pmatrix}1&1\\1&2\end{pmatrix}=\begin{pmatrix}1&2\\2&1\end{pmatrix}\boldsymbol{T}$，可求得

$$\boldsymbol{T}=\begin{pmatrix}1&2\\1&1\end{pmatrix}^{-1}\begin{pmatrix}1&1\\1&2\end{pmatrix}=\begin{pmatrix}\dfrac{1}{3}&1\\ \dfrac{1}{3}&0\end{pmatrix}.$$

故

$$T_1(\boldsymbol{\beta}_1,\boldsymbol{\beta}_2)=(\boldsymbol{\beta}_1,\boldsymbol{\beta}_2)\boldsymbol{T}^{-1}\boldsymbol{A}\boldsymbol{T}=(\boldsymbol{\beta}_1,\boldsymbol{\beta}_2)\begin{pmatrix}5&6\\-\dfrac{2}{3}&-1\end{pmatrix}.\tag{7.5}$$

由等式(7.3)，(7.4)，(7.5)有

$$(T_1+T_2)(\boldsymbol{\beta}_1,\boldsymbol{\beta}_2)=(\boldsymbol{\beta}_1,\boldsymbol{\beta}_2)\left(\begin{pmatrix}5&6\\-\dfrac{2}{3}&-1\end{pmatrix}+\begin{pmatrix}3&3\\2&4\end{pmatrix}\right)=(\boldsymbol{\beta}_1,\boldsymbol{\beta}_2)\begin{pmatrix}8&9\\ \dfrac{4}{3}&3\end{pmatrix},$$

即 T_1+T_2 在基 $\boldsymbol{\beta}_1,\boldsymbol{\beta}_2$ 下的矩阵为 $\begin{pmatrix}8 & 9\\ \frac{4}{3} & 3\end{pmatrix}$.

(2)类似地，

$$T_2(\boldsymbol{\alpha}_1,\boldsymbol{\alpha}_2)=(\boldsymbol{\alpha}_1,\boldsymbol{\alpha}_2)(\boldsymbol{TBT}^{-1})=(\boldsymbol{\alpha}_1,\boldsymbol{\alpha}_2)\begin{pmatrix}5 & 4\\ 1 & 2\end{pmatrix},$$

$$T_1T_2(\boldsymbol{\alpha}_1,\boldsymbol{\alpha}_2)=(\boldsymbol{\alpha}_1,\boldsymbol{\alpha}_2)\boldsymbol{A}\begin{pmatrix}5 & 5\\ 1 & 2\end{pmatrix}=(\boldsymbol{\alpha}_1,\boldsymbol{\alpha}_2)\begin{pmatrix}7 & 8\\ 13 & 14\end{pmatrix},$$

即 T_1T_2 在基 $\boldsymbol{\alpha}_1,\boldsymbol{\alpha}_2$ 下的矩阵为

$$\begin{pmatrix}7 & 8\\ 13 & 14\end{pmatrix}.$$

(3) 设 $\boldsymbol{\zeta}=x_1\boldsymbol{\alpha}_1+x_2\boldsymbol{\alpha}_2=(\boldsymbol{\alpha}_1,\boldsymbol{\alpha}_2)\begin{pmatrix}x_1\\ x_2\end{pmatrix}$，则

$$\begin{pmatrix}x_1\\ x_2\end{pmatrix}=\begin{pmatrix}1 & 2\\ 2 & 1\end{pmatrix}^{-1}\begin{pmatrix}3\\ 3\end{pmatrix}=\begin{pmatrix}1\\ 1\end{pmatrix},$$

故

$$\begin{aligned}T_1(\boldsymbol{\zeta})&=T_1\left((\boldsymbol{\alpha}_1,\boldsymbol{\alpha}_2)\begin{pmatrix}1\\ 1\end{pmatrix}\right)=(\boldsymbol{\alpha}_1,\boldsymbol{\alpha}_2)\boldsymbol{A}\begin{pmatrix}1\\ 1\end{pmatrix}\\ &=(\boldsymbol{\alpha}_1,\boldsymbol{\alpha}_2)\left(\begin{pmatrix}1 & 2\\ 2 & 3\end{pmatrix}\begin{pmatrix}1\\ 1\end{pmatrix}\right)=(\boldsymbol{\alpha}_1,\boldsymbol{\alpha}_2)\begin{pmatrix}3\\ 5\end{pmatrix},\end{aligned}$$

即 $T_1(\boldsymbol{\zeta})$ 在基 $\boldsymbol{\alpha}_1,\boldsymbol{\alpha}_2$ 下的坐标为 $(3,5)^{\mathrm{T}}$.

(4) 由于 $\boldsymbol{\zeta}=(\boldsymbol{\alpha}_1,\boldsymbol{\alpha}_2)\begin{pmatrix}1\\ 1\end{pmatrix}=(\boldsymbol{\beta}_1,\boldsymbol{\beta}_2)\left(T^{-1}\begin{pmatrix}1\\ 1\end{pmatrix}\right)=(\boldsymbol{\beta}_1,\boldsymbol{\beta}_2)\begin{pmatrix}3\\ 0\end{pmatrix}$，故

$$T_2(\boldsymbol{\zeta})=T_2\left((\boldsymbol{\beta}_1,\boldsymbol{\beta}_2)\begin{pmatrix}3\\ 0\end{pmatrix}\right)=(\boldsymbol{\beta}_1,\boldsymbol{\beta}_2)\left(\boldsymbol{B}\begin{pmatrix}3\\ 0\end{pmatrix}\right)=(\boldsymbol{\beta}_1,\boldsymbol{\beta}_2)\left(\begin{pmatrix}3 & 3\\ 2 & 4\end{pmatrix}\begin{pmatrix}3\\ 0\end{pmatrix}\right)=(\boldsymbol{\beta}_1,\boldsymbol{\beta}_2)\begin{pmatrix}9\\ 6\end{pmatrix},$$

从而 $T_2(\boldsymbol{\zeta})$ 在基 $\boldsymbol{\beta}_1,\boldsymbol{\beta}_2$ 下的坐标为 $(9,6)^{\mathrm{T}}$.

练习 7.2

7.2.1　(2003，北京师范大学) 已知

$$\begin{aligned}&\varepsilon_1=\mathrm{e}^{ax}\cos bx,\quad \varepsilon_2=\mathrm{e}^{ax}\sin bx,\\ &\varepsilon_3=x\mathrm{e}^{ax}\cos bx,\quad \varepsilon_4=x\mathrm{e}^{ax}\sin bx,\\ &\varepsilon_5=\frac{1}{2}x^2\mathrm{e}^{ax}\cos bx,\quad \varepsilon_6=\frac{1}{2}x^2\mathrm{e}^{ax}\sin bx\end{aligned}$$

是六个实函数，它们生成的空间记作 V，说明微分变换 σ 是 V 上的线性变换，并求 σ 在基 $\boldsymbol{\varepsilon}_i(i=1,2,\cdots,6)$ 下的矩阵.

7.2.2 (2000，南开大学；2003，中南大学) 设 $\mathbf{R}^2$ 是实数域 $\mathbf{R}$ 上的二维向量.

$$\sigma: \mathbf{R}^2 \mapsto \mathbf{R}^2,\quad (x_1,x_2)\mapsto(-x_2,x_1)$$

是线性变换.

(1) 求 σ 在基 $\boldsymbol{\varepsilon}_1=(1,2)$，$\boldsymbol{\varepsilon}_2=(1,-1)$ 下的矩阵；

(2) 证明对于每个实数 c，线性变换 $\sigma-cI$ 是可逆变换，其中 I 为 $\mathbf{R}^2$ 上的恒等变换；

(3) 设 σ 在 $\mathbf{R}^2$ 的某组基下的矩阵为

$$\begin{pmatrix} a_{11} & a_{12} \\ a_{21} & a_{22} \end{pmatrix}.$$

证明：$a_{12}a_{21}\neq 0$.

7.2.3 (1997，华中师范大学) 设 $\boldsymbol{\varepsilon}_1,\boldsymbol{\varepsilon}_2,\boldsymbol{\varepsilon}_3$ 为线性空间 V 的一组基，σ 是 V 的线性变换，且

$$\sigma(\boldsymbol{\varepsilon}_1)=\boldsymbol{\varepsilon}_1,\quad \sigma(\boldsymbol{\varepsilon}_2)=\boldsymbol{\varepsilon}_1+\boldsymbol{\varepsilon}_2,\quad \sigma(\boldsymbol{\varepsilon}_3)=\boldsymbol{\varepsilon}_1+\boldsymbol{\varepsilon}_2+\boldsymbol{\varepsilon}_3.$$

(1) 证明 σ 是 V 的可逆线性变换；

(2) 求 $\tau=2\sigma-\sigma^{-1}$ 在基 $\boldsymbol{\varepsilon}_1,\boldsymbol{\varepsilon}_2,\boldsymbol{\varepsilon}_3$ 下的矩阵.

7.2.4 (北京科技大学) 设 $\mathbf{R}^2$ 中的线性变换 σ 在基底 $\boldsymbol{\varepsilon}_1=(1,2)^{\mathrm{T}}$，$\boldsymbol{\varepsilon}_2=(2,1)^{\mathrm{T}}$ 下的矩阵为 $\begin{pmatrix} 1 & 2 \\ 2 & 3 \end{pmatrix}$，线性变换 τ 在基底 $\boldsymbol{\eta}_1=(1,1)^{\mathrm{T}}$，$\boldsymbol{\eta}_2=(1,2)^{\mathrm{T}}$ 下的矩阵为 $\begin{pmatrix} 3 & 3 \\ 2 & 4 \end{pmatrix}$.

(1) 求 $\sigma+\tau$ 在基底 $\boldsymbol{\beta}_1,\boldsymbol{\beta}_2$ 下的矩阵；

(2) 求 $\sigma\tau$ 在基底 $\boldsymbol{\alpha}_1,\boldsymbol{\alpha}_2$ 下的矩阵；

(3) 设 $\boldsymbol{\zeta}=(3,3)^{\mathrm{T}}$，求 $\sigma(\boldsymbol{\zeta})$ 在 $\boldsymbol{\varepsilon}_1,\boldsymbol{\varepsilon}_2$ 下的坐标；

(4) 求 $\tau(\boldsymbol{\zeta})$ 在 $\boldsymbol{\eta}_1,\boldsymbol{\eta}_2$ 下的坐标.

7.2.5 (2005，南开大学) 设 P 为数域，已知 P^4 上两组向量组

$$\begin{cases} \boldsymbol{\alpha}_1=(1,0,1,1), \\ \boldsymbol{\alpha}_2=(0,-1,1,2), \\ \boldsymbol{\alpha}_3=(1,-1,3,3), \\ \boldsymbol{\alpha}_4=(2,-2,5,6), \end{cases} \qquad \begin{cases} \boldsymbol{\beta}_1=(1,1,1,1), \\ \boldsymbol{\beta}_2=(1,1,0,2), \\ \boldsymbol{\beta}_3=(1,0,0,3), \\ \boldsymbol{\beta}_4=(3,2,1,6). \end{cases}$$

试问是否存在 P^4 上的线性变换 σ，满足：$\sigma(\boldsymbol{\alpha}_i)=\boldsymbol{\beta}_i(i=1,2,3,4)$.

7.2.6 (2004，南开大学) 在实 n 维线性空间 $\mathbf{R}^n$ 中是否存在线性变换 σ 满足

$$\sigma^2+I=\boldsymbol{O},$$

其中 I 为恒等变换，并证明你的结论.

7.2.7 (2001，南开大学) 设 V 是数域 P 上的 n 维线性空间，σ 是 V 上的线性变换，且 $r(\sigma)=r$. 证明：存在 V 的一组基 $\boldsymbol{\varepsilon}_1,\boldsymbol{\varepsilon}_2,\cdots,\boldsymbol{\varepsilon}_n$ 及可逆线性变换 τ，满足：

$$(\tau\sigma)(k_1\boldsymbol{\varepsilon}_1+k_2\boldsymbol{\varepsilon}_2+\cdots+k_n\boldsymbol{\varepsilon}_n)=k_1\boldsymbol{\varepsilon}_1+k_2\boldsymbol{\varepsilon}_2+\cdots+k_r\boldsymbol{\varepsilon}_r.$$

7.2.8 (2005，浙江大学)设σ_1,σ_2为线性空间V的两个线性变换，若有V的可逆线性变换τ，使得$\sigma_2=\tau^{-1}\sigma_1\tau$，则称$\sigma_1$与$\sigma_2$相似. 证明：$\sigma_1$与$\sigma_2$相似的充要条件是，存在可逆线性变换$\tau$，使$\forall\boldsymbol{\alpha}\in V$，若$\sigma_1(\boldsymbol{\alpha})=\boldsymbol{\beta}$，则$\sigma_2(I(\boldsymbol{\alpha}))=\tau(\boldsymbol{\beta})$.

7.2.9 (2007，大连理工大学) $\boldsymbol{A},\boldsymbol{B}$均为$n$级方阵，且$\boldsymbol{A}$与$\boldsymbol{B}$有相同的$n$个互异的特征根. 证明：存在$n$级方阵$\boldsymbol{P},\boldsymbol{Q}$，使$\boldsymbol{A}=\boldsymbol{QP}$，$\boldsymbol{B}=\boldsymbol{PQ}$且$\boldsymbol{P},\boldsymbol{Q}$中至少有一个可逆.

7.2.10 设σ,τ均为n维线性空间V的线性变换，若

$$\dim\sigma(V)+\dim\tau(V)<n,$$

则σ与τ有公共的特征向量与特征值.

7.3 矩阵(线性变换)的特征值与特征向量

由线性变换的特征值、特征向量的概念不难推出，求线性变换的特征值与特征向量可以转化为求对应矩阵的特征值与特征向量. 线性变换的特征值实质上就是其对应矩阵的特征值，线性变换的特征向量实质上就是以对应矩阵的特征向量为坐标与对应的基进行组合. 因此，本节主要讨论矩阵的特征值和特征向量的求法.

一、矩阵的特征值与特征向量求法

a. 利用定义

要点 设$\boldsymbol{A}$是数域P上的n级方阵，若存在$\lambda_0\in P$及$\boldsymbol{\alpha}\in P^n$，$\boldsymbol{\alpha}\neq\boldsymbol{0}$使

$$A\boldsymbol{\alpha}=\lambda_0\boldsymbol{\alpha}\quad\text{或}\quad(\lambda_0\boldsymbol{E}-A)\boldsymbol{\alpha}=\boldsymbol{0},$$

则称λ_0是$\boldsymbol{A}$的特征值，$\boldsymbol{\alpha}$称为$\boldsymbol{A}$属于特征值λ_0的特征向量.

由定义不难得以下结论：

1° 设λ是$\boldsymbol{A}$的特征值，当$\boldsymbol{A}$可逆时，则$\lambda\neq0$，且$\frac{1}{\lambda}$是$\boldsymbol{A}^{-1}$的特征值.

2° 设λ是$\boldsymbol{A}$的特征值，当$\boldsymbol{A}$可逆时，则$\frac{1}{\lambda}|\boldsymbol{A}|$是$\boldsymbol{A}$的伴随矩阵的特征值，且当$\boldsymbol{A\alpha}=\lambda\boldsymbol{\alpha}$时，有$\boldsymbol{A}^*\boldsymbol{\alpha}=\frac{|\boldsymbol{A}|}{\lambda}\boldsymbol{\alpha}$.

例 7.3.1 已知三阶矩阵$\boldsymbol{A}$的特征值为$1,-1,0$，对应特征向量为$\boldsymbol{p}_1,\boldsymbol{p}_2,\boldsymbol{p}_3$，设$\boldsymbol{B}=\boldsymbol{A}^2-2\boldsymbol{A}+3\boldsymbol{E}$，求$\boldsymbol{B}^{-1}$的特征值与特征向量.

解 首先，要求$\boldsymbol{B}^{-1}$的特征值必须证明$\boldsymbol{B}$可逆. 设λ是$\boldsymbol{A}$的任一特征值，$\boldsymbol{A\alpha}=\lambda\boldsymbol{\alpha}(\boldsymbol{\alpha}\neq\boldsymbol{0})$，则

$$\boldsymbol{B\alpha}=(A^2-2A+3E)\boldsymbol{\alpha}=(\lambda^2-2\lambda+3)\boldsymbol{\alpha},$$

故$\lambda^2-2\lambda+3$是$\boldsymbol{B}$的特征值，具体为

$$1^2-2+3=2,\quad (-1)^2+2+3=6,\quad 0^2-2\cdot 0+3=3,$$

故 $\boldsymbol{B}$ 可逆. 由上述证明及题目所给条件得 $\boldsymbol{B}\boldsymbol{p}_1=2\boldsymbol{p}_1$，$\boldsymbol{B}\boldsymbol{p}_2=6\boldsymbol{p}_2$，$\boldsymbol{B}\boldsymbol{p}_3=3\boldsymbol{p}_3$. 于是，

$$\boldsymbol{B}^{-1}\boldsymbol{p}_1=\frac{1}{2}\boldsymbol{p}_1,\quad \boldsymbol{B}^{-1}\boldsymbol{p}_2=\frac{1}{6}\boldsymbol{p}_2,\quad \boldsymbol{B}^{-1}\boldsymbol{p}_3=\frac{1}{3}\boldsymbol{p}_3,$$

即 $\boldsymbol{B}^{-1}$ 的特征值为 $\frac{1}{2},\frac{1}{6},\frac{1}{3}$，对应的特征向量分别为 $\boldsymbol{p}_1,\boldsymbol{p}_2,\boldsymbol{p}_3$.

b. 利用特征多项式

要点　1° 由 $\boldsymbol{A\alpha}=\lambda_0\boldsymbol{\alpha}$，这里 $\boldsymbol{\alpha}$ 为 $\boldsymbol{A}$ 的属于 λ_0 的特征向量，且 $\boldsymbol{\alpha}\neq\boldsymbol{0}\Leftrightarrow\boldsymbol{\alpha}$ 为齐次线性方程组 $(\lambda_0\boldsymbol{E}-\boldsymbol{A})\boldsymbol{x}=\boldsymbol{0}$ 的非零解 $\Leftrightarrow|\lambda_0\boldsymbol{E}-\boldsymbol{A}|=0$. 称多项式 $f(\lambda)=|\lambda_0\boldsymbol{E}-\boldsymbol{A}|$ 为 $\boldsymbol{A}$ 的特征多项式.

由此可知，当 $\boldsymbol{A}\in P^{n\times n}$ 时，$\boldsymbol{A}$ 在数域 P 上最多有 n 个特征值，也可能没有一个特征值. 但在复数域 $\mathbf{C}$ 中一定有 n 个特征值(重根按重数计算).

2° 求矩阵特征值与特征向量的具体步骤：

(1) 解特征方程 $|\lambda\boldsymbol{E}-\boldsymbol{A}|=0$，得矩阵 $\boldsymbol{A}$ 的全部特征值 $\lambda_i(i=1,2,\cdots,n)$，其中可能有重根；

(2) 对于每个不同的特征值 λ_i，解齐次线性方程组 $(\lambda_i\boldsymbol{E}-\boldsymbol{A})\boldsymbol{x}=\boldsymbol{0}$，如果系数矩阵的秩 $r(\lambda_i\boldsymbol{E}-\boldsymbol{A})=r_i$，求出齐次线性方程组的基础解系 $\boldsymbol{\zeta}_{i_1},\boldsymbol{\zeta}_{i_2},\cdots,\boldsymbol{\zeta}_{i_{n-r_i}}$，则矩阵 $\boldsymbol{A}$ 的属于 λ_i 的全部特征向量为 $\lambda_{i_1}\boldsymbol{\zeta}_{i_1}+\cdots+\lambda_{i_{n-r_i}}\boldsymbol{\zeta}_{i_{n-r_i}}$.

例 7.3.2　求下列矩阵的特征值与特征向量

$$\boldsymbol{A}=\begin{pmatrix}3&2&-1\\-2&-2&2\\3&6&-1\end{pmatrix}.$$

解　这是一个常规的特征值与特征向量的求法，首先取 $\mathbf{R}^3$ 的一组基

$$\boldsymbol{\varepsilon}_1=(1,0,0),\quad \boldsymbol{\varepsilon}_2=(0,1,0),\quad \boldsymbol{\varepsilon}_3=(0,0,1).$$

求 $f(\lambda)=|\lambda\boldsymbol{E}-\boldsymbol{A}|=(\lambda-2)^2(\lambda+4)$，得出 $\boldsymbol{A}$ 的特征值为 $\lambda_1=\lambda_2=2$，$\lambda_3=-4$. 对于 $\lambda=2$，解 $(2\boldsymbol{E}-\boldsymbol{A})\boldsymbol{x}=\boldsymbol{0}$ 得出基础解系

$$\boldsymbol{\alpha}_1=\begin{pmatrix}-2\\1\\0\end{pmatrix},\quad \boldsymbol{\alpha}_2=\begin{pmatrix}1\\0\\1\end{pmatrix}.$$

从而得到 $\boldsymbol{A}$ 属于特征值 2 的线性无关的特征向量 $\boldsymbol{\zeta}_1=-2\boldsymbol{\varepsilon}_1+\boldsymbol{\varepsilon}_2$，$\boldsymbol{\zeta}_2=\boldsymbol{\varepsilon}_1+\boldsymbol{\varepsilon}_2$. $\boldsymbol{A}$ 属于特征值 2 的全部特征向量为

$$k_1\boldsymbol{\zeta}_1+k_2\boldsymbol{\zeta}_2=(-2k_1+k_2)\boldsymbol{\varepsilon}_1+k_1\boldsymbol{\varepsilon}_2+k_2\boldsymbol{\varepsilon}_3,$$

k_1,k_2 为不全为零的实数. 同理可求出 $\boldsymbol{A}$ 属于特征值−4 的线性无关的特征向量 $\boldsymbol{\zeta}_3=\boldsymbol{\varepsilon}_1-2\boldsymbol{\varepsilon}_2+3\boldsymbol{\varepsilon}_3$，故属于−4 的全部特征向量为

$$k_3\boldsymbol{\zeta}_3 \quad (k_3\in\mathbf{R},\ k_3\neq 0).$$

c. 利用降级公式(实例)

例 7.3.3 设 $\boldsymbol{A},\boldsymbol{B}$ 分别是 $m\times n$ 和 $n\times m$ 矩阵，$\boldsymbol{AB}$ 与 $\boldsymbol{BA}$ 的特征多项式分别为 $f_{\boldsymbol{AB}}(\lambda)$，$f_{\boldsymbol{BA}}(\lambda)$，当 $m\geqslant n$ 时有 $f_{\boldsymbol{AB}}(\lambda)=\lambda^{m-n}f_{\boldsymbol{BA}}(\lambda)$.

证明 设 $r(\boldsymbol{A})=r$，则有 m 阶可逆阵 $\boldsymbol{P}$ 及 n 阶可逆阵 $\boldsymbol{Q}$，使 $\boldsymbol{PAQ}=\begin{pmatrix}\boldsymbol{E}_r & \boldsymbol{O}\\ \boldsymbol{O} & \boldsymbol{O}\end{pmatrix}$，令 $\boldsymbol{Q}^{-1}\boldsymbol{BP}^{-1}=\begin{pmatrix}\boldsymbol{B}_1 & \boldsymbol{B}_2\\ \boldsymbol{B}_3 & \boldsymbol{B}_4\end{pmatrix}$，其中 $\boldsymbol{B}_1$ 为 r 阶方阵，则

$$\boldsymbol{PABP}^{-1}=\begin{pmatrix}\boldsymbol{B}_1 & \boldsymbol{B}_2\\ \boldsymbol{O} & \boldsymbol{O}\end{pmatrix},\quad \boldsymbol{Q}^{-1}\boldsymbol{BAQ}=\begin{pmatrix}\boldsymbol{B}_1 & \boldsymbol{O}\\ \boldsymbol{B}_3 & \boldsymbol{O}\end{pmatrix}.$$

于是有

$$|\lambda\boldsymbol{E}_m-\boldsymbol{AB}|=\begin{vmatrix}\lambda\boldsymbol{E}_r-\boldsymbol{B}_1 & -\boldsymbol{B}_2\\ \boldsymbol{O} & \lambda\boldsymbol{E}_{m-r}\end{vmatrix}=\lambda^{m-r}|\lambda\boldsymbol{E}_r-\boldsymbol{B}_1|,$$

$$|\lambda\boldsymbol{E}_n-\boldsymbol{BA}|=\begin{vmatrix}\lambda\boldsymbol{E}_r-\boldsymbol{B}_1 & \boldsymbol{O}\\ -\boldsymbol{B}_3 & \lambda\boldsymbol{E}_{n-r}\end{vmatrix}=\lambda^{n-r}|\lambda\boldsymbol{E}_r-\boldsymbol{B}_1|.$$

比较两式得

$$|\lambda\boldsymbol{E}_m-\boldsymbol{AB}|=\lambda^{m-n}|\lambda\boldsymbol{E}_n-\boldsymbol{BA}|,$$

即 $f_{\boldsymbol{AB}}(\lambda)=\lambda^{m-n}f_{\boldsymbol{BA}}(\lambda)$.

例 7.3.4 设 a_i,b_i 满足 $\sum\limits_{i=1}^{n}a_ib_i=0$，$i=1,2,\cdots,n$. 求矩阵

$$\boldsymbol{A}=\begin{pmatrix}a_1^2+b_1^2 & a_1a_2+b_1b_2 & \cdots & a_1a_n+b_1b_n\\ a_2a_1+b_2b_1 & a_2^2+b_2^2 & \cdots & a_2a_n+b_2b_n\\ \vdots & \vdots & & \vdots\\ a_na_1+b_nb_1 & a_na_2+b_nb_2 & \cdots & a_n^2+b_n^2\end{pmatrix}$$

的特征值.

解 观察矩阵 $\boldsymbol{A}$ 可以写成

$$\boldsymbol{A}=\begin{pmatrix}a_1 & b_1\\ a_2 & b_2\\ \vdots & \vdots\\ a_n & b_n\end{pmatrix}\begin{pmatrix}a_1 & a_2 & \cdots & a_n\\ b_1 & b_2 & \cdots & b_n\end{pmatrix}$$

的形式，因此由降级公式知

$$|\lambda\boldsymbol{E}_n-\boldsymbol{A}|=\lambda^{n-2}\left|\lambda\boldsymbol{E}_2-\begin{pmatrix}a_1&a_2&\cdots&a_n\\b_1&b_2&\cdots&b_n\end{pmatrix}\begin{pmatrix}a_1&b_1\\a_2&b_2\\\vdots&\vdots\\a_n&b_n\end{pmatrix}\right|$$

$$=\lambda^{n-2}\begin{vmatrix}\lambda-\sum_{i=1}^{n}a_i^2&-\sum_{i=1}^{n}a_ib_i\\-\sum_{i=1}^{n}a_ib_i&\lambda-\sum_{i=1}^{n}b_i^2\end{vmatrix}$$

$$=\lambda^{n-2}\left(\lambda-\sum_{i=1}^{n}a_i^2\right)\left(\lambda-\sum_{i=1}^{n}b_i^2\right),$$

从而$\boldsymbol{A}$的特征值为0（$n-2$重）及$\sum_{i=1}^{n}a_i^2,\sum_{i=1}^{n}b_i^2$. 故

$$|\boldsymbol{A}|=\begin{cases}a_1^2+b_1^2,&n=1,\\(a_1b_2-a_2b_1)^2,&n=2,\\0,&n>2.\end{cases}$$

d. 利用矩阵的相似关系求特征值

要点　相似矩阵具有相同的特征值，且它们的特征向量之间也有一种内在关系.

例 7.3.5　(2003，数学三) 设$\boldsymbol{A}=\begin{pmatrix}3&2&2\\2&3&2\\2&2&3\end{pmatrix}$，$\boldsymbol{P}=\begin{pmatrix}0&1&0\\1&0&1\\0&0&1\end{pmatrix}$，$\boldsymbol{B}=\boldsymbol{P}^{-1}\boldsymbol{A}^*\boldsymbol{P}$，求$\boldsymbol{B}+2\boldsymbol{E}$的特征值与特征向量.

解　仔细观察矩阵$\boldsymbol{A}$，可以发现

$$\boldsymbol{A}=\begin{pmatrix}2&2&2\\2&2&2\\2&2&2\end{pmatrix}+\boldsymbol{E}_3=\boldsymbol{C}+\boldsymbol{E},$$

其中$\boldsymbol{C}=\begin{pmatrix}2&2&2\\2&2&2\\2&2&2\end{pmatrix}$的特征值为$0,0,6$.

又$\boldsymbol{C}$对应特征值为6的线性无关的特征向量为$\boldsymbol{\alpha}_1=(1,1,1)$，对应于特征值为0的线性无关的特征向量为$\boldsymbol{\alpha}_2=(1,-1,0)$，$\boldsymbol{\alpha}_3=(1,0,-1)$. 于是$\boldsymbol{A}$的特征值为$7,1,1$，对应的线性无关的特征向量是$\boldsymbol{\alpha}_1,\boldsymbol{\alpha}_2,\boldsymbol{\alpha}_3$，$|\boldsymbol{A}|=7$，$\boldsymbol{A}^*$的特征值为$\dfrac{|\boldsymbol{A}|}{\lambda}$，即$\dfrac{7}{7}=1$，$\dfrac{7}{1}=7$，$\dfrac{7}{1}=7$，所以

$B+2E$ 的特征值为 $1+2=3$，$7+2=9$，$7+2=9$，对应特征向量分别为 $P^{-1}\alpha_1$，$P^{-1}\alpha_2$，$P^{-1}\alpha_3$.

例 7.3.6 若矩阵 A 与 B 都可对角化，则 A 与 B 相似的充分必要条件是 A 与 B 有相同的特征多项式.

证明 "⇒" 显然.

"⇐" 由 $|\lambda E-A|=|\lambda E-B|$ 知 A 与 B 有相同的特征值，再由 A 与 B 均可对角化，即知 A 与 B 都可与由特征值构成的对角矩阵相似，由相似关系具有传递性，可知 A 与 B 相似.

例 7.3.7 已知矩阵 $A=\begin{pmatrix}1&-1&-1\\-1&1&a\\-1&a&1\end{pmatrix}$ 与 $B=\begin{pmatrix}2&&\\&b&\\&&2\end{pmatrix}$ 相似，试求 a,b 的值.

解 由例 7.3.6 可知，只要由 $|\lambda E-A|=|\lambda E-B|$ 可得

$$|\lambda E-A|=\lambda^3-3\lambda^2-(a^2-1)\lambda+(a-1)^2,$$
$$|\lambda E-B|=\lambda^3-(4+b)\lambda^2+(4+4b)\lambda-4b,$$

显然，两个特征多项式中关于 λ 的同次幂的系数应该对应相等，即有

$$-3=-(4+b),$$
$$-(a^2-1)=4+4b,$$
$$(a-1)^2=-4b.$$

解之得 $a=-1$，$b=-1$.

评析 我们知道矩阵 A 与 B 相似，有下列性质：

（i）$|A|=|B|$；

（ii）$\mathrm{tr}(A)=\mathrm{tr}(B)$.

但此题如利用（i），（ii）来解会得到答案 $b=-1$，$a=-1$ 或 $a=3$. 对 a 多出了一个解. 造成上述错误的主要原因在于条件（i），（ii）只是两矩阵相似的必要条件，而非充分条件. 如矩阵 $A=\begin{pmatrix}1&0\\0&1\end{pmatrix}$ 与 $B=\begin{pmatrix}1&1\\0&1\end{pmatrix}$ 有相同的迹，且有相同的特征多项式，但 A 与 B 并不相似. 故 $b=-1$，$a=3$ 只是保证了 A 与 B 有相同的迹和相同的特征多项式，并不能保证 A 与 B 相似，故本题要用例 7.3.6 的结论来做. 当然，我们也可用（i），（ii）两个条件来确定 a,b，但必须根据原题意要回代检验 A 与 B 是否相似，在本题中我们将会舍去 $a=3$ 的情况，因为 $a=3$ 时并不能保证 A 与对角阵 B 相似.

二、矩阵特征值的和与积

要点 设 $\lambda_1,\lambda_2,\cdots,\lambda_n$ 是 n 级方阵 A 在复数域 $\mathbf{C}$ 上的 n 个特征值，则

$$\lambda_1+\lambda_2+\cdots+\lambda_n=\mathrm{tr}(A)=a_{11}+a_{22}+\cdots+a_{nn}$$

（a_{ii} 为 A 的主对角线上元素，$i=1,2,\cdots,n$），$\lambda_1\lambda_2\cdots\lambda_n=|A|$.

例 7.3.8　(华南理工大学)若 $\lambda_1,\lambda_2,\cdots,\lambda_n$ 为 n 级方阵 $\boldsymbol{A}$ 的 n 个特征值，证明：$\boldsymbol{A}$ 为可逆阵当且仅当它的特征根全不为 0.

证明　$|\boldsymbol{A}|=\lambda_1\lambda_2\cdots\lambda_n$，$\boldsymbol{A}$ 为可逆阵 $\Leftrightarrow |\boldsymbol{A}|\neq 0 \Leftrightarrow \lambda_1\lambda_2\cdots\lambda_n\neq 0\Leftrightarrow \lambda_i\neq 0(i=1,2,\cdots,n)$.

三、代数重数与几何重数

要点　设 $\boldsymbol{A}\in M_{n\times n}(\mathbf{C})$，若 $|\lambda\boldsymbol{E}-\boldsymbol{A}|=(\lambda-\lambda_1)^{r_1}(\lambda-\lambda_2)^{r_2}\cdots(\lambda-\lambda_s)^{r_s}$，其中 $\lambda_1,\lambda_2,\cdots,\lambda_s$ 互不相同，且 $\lambda_i\in\mathbf{C}$，$r_i>0(i=1,2,\cdots,r)$，$r_1+r_2+\cdots+r_s=n$，则称 r_i 为特征值 λ_i 的代数重数 $(i=1,2,\cdots,s)$.

$(\lambda_i\boldsymbol{E}-\boldsymbol{A})\boldsymbol{x}=\boldsymbol{0}$ 的基础解系所含向量的个数称为特征值 λ_i 的几何重数 $(i=1,2,\cdots,s)$，易知 λ_i 的几何重数 $=n-r(\lambda_i\boldsymbol{E}_n-\boldsymbol{A})$.

例 7.3.9　证明：n 级方阵 $\boldsymbol{A}$ 的几何重数小于等于代数重数.

证明　设 $|\lambda\boldsymbol{E}-\boldsymbol{A}|=(\lambda-\lambda_1)^{r_1}(\lambda-\lambda_2)^{r_2}\cdots(\lambda-\lambda_s)^{r_s}$，其中 $\lambda_1,\lambda_2,\cdots,\lambda_s$ 互不相同，且 $\lambda_i\in\mathbf{C}$，$r_i>0(i=1,2,\cdots,s)$，$r_1+r_2+\cdots+r_s=n$，且设 $(\lambda_i\boldsymbol{E}_n-\boldsymbol{A})\boldsymbol{x}=\boldsymbol{0}$ 的基础解系为 $\boldsymbol{\eta}_{i_1}$，$\boldsymbol{\eta}_{i_2},\cdots,\boldsymbol{\eta}_{i_{k_i}}$，其中 $k_i=n-r(\lambda_i\boldsymbol{E}_n-\boldsymbol{A})$，则由基的扩充定理，将 $\boldsymbol{\eta}_{i_1},\boldsymbol{\eta}_{i_2},\cdots,\boldsymbol{\eta}_{i_{k_i}}$ 扩充为 $\mathbf{R}^n$ 的一组基，设为 $\boldsymbol{\eta}_{i_1},\boldsymbol{\eta}_{i_2},\cdots,\boldsymbol{\eta}_{i_{k_i}},\boldsymbol{\zeta}_1,\cdots,\boldsymbol{\zeta}_{n-k_i}$，则可得

$$\begin{aligned}&\boldsymbol{A}(\boldsymbol{\eta}_{i_1},\boldsymbol{\eta}_{i_2},\cdots,\boldsymbol{\eta}_{i_{k_i}},\boldsymbol{\zeta}_1,\cdots,\boldsymbol{\zeta}_{n-k_i})\\&=(\boldsymbol{\eta}_{i_1},\boldsymbol{\eta}_{i_2},\cdots,\boldsymbol{\eta}_{i_{k_i}},\boldsymbol{\zeta}_1,\cdots,\boldsymbol{\zeta}_{n-k_i})\begin{pmatrix}\lambda_i & & & \boldsymbol{B}_1\\ & \ddots & & \\ & & \lambda_i & \\ & \boldsymbol{O} & & \boldsymbol{B}_2\end{pmatrix}.\end{aligned}\tag{7.6}$$

令

$$\boldsymbol{B}=\begin{pmatrix}\lambda_i & & & \boldsymbol{B}_1\\ & \ddots & & \\ & & \lambda_i & \\ & \boldsymbol{O} & & \boldsymbol{B}_2\end{pmatrix},$$

由式(7.6)可以看出，矩阵 $\boldsymbol{A}$ 与 $\boldsymbol{B}$ 相似，从而有相同的特征多项式，即

$$|\lambda\boldsymbol{E}_n-\boldsymbol{B}|=|\lambda\boldsymbol{E}_n-\boldsymbol{A}|=(\lambda-\lambda_1)^{r_1}\cdots(\lambda-\lambda_i)^{r_i}\cdots(\lambda-\lambda_s)^{r_s},\tag{7.7}$$

而

$$|\lambda\boldsymbol{E}_n-\boldsymbol{B}|=(\lambda-\lambda_i)^{k_i}|\lambda\boldsymbol{E}-\boldsymbol{B}_2|=(\lambda-\lambda_i)^{k_i}g(\lambda),\tag{7.8}$$

其中 $g(\lambda)=|\lambda\boldsymbol{E}_{n-k_i}-\boldsymbol{B}_2|$.

由式(7.7)可知，λ_i 为 $|\lambda\boldsymbol{E}_n-\boldsymbol{A}|$ 的 r_i 重根，另一方面，由式(7.8)可知 λ_i 至少为 $|\lambda\boldsymbol{E}_n-\boldsymbol{A}|$ 的 k_i 重根，故 $k_i\leqslant r_i$.

四、扰动法(实例)

要点　对任何一个 n 级方阵 $\boldsymbol{A}$, $\boldsymbol{A}+t\boldsymbol{E}$ 中的 t 除至多有限个数以外(即当$-t$ 为 $\boldsymbol{A}$ 的特征值时)总是可逆的. 所以一个关系式如果对于可逆矩阵成立，且把可逆方阵化为 $\boldsymbol{A}+t\boldsymbol{E}$ 时等式两边是 t 的多项式，则可以令 t 趋于 0 而得到对于不可逆方阵 $\boldsymbol{A}$ 的关系式也成立，这种方法即扰动法.

例 7.3.10　设 $\boldsymbol{A}$，$\boldsymbol{B}$ 均为 n 级方阵，则 $\boldsymbol{AB}$ 与 $\boldsymbol{BA}$ 有相同的特征多项式.

证明　(1)若 $\boldsymbol{A},\boldsymbol{B}$ 中有一个非奇异(可逆),不妨设 $\boldsymbol{A}$ 非奇异,则 $\boldsymbol{BA}=\boldsymbol{A}^{-1}\boldsymbol{ABA}$，即 $\boldsymbol{BA}$ 与 $\boldsymbol{AB}$ 相似，从而 $|\lambda\boldsymbol{E}_n-\boldsymbol{AB}|=|\lambda\boldsymbol{E}_n-\boldsymbol{BA}|$.

(2)若 $\boldsymbol{A},\boldsymbol{B}$ 均奇异，则 $|\lambda\boldsymbol{E}_n-\boldsymbol{A}|=0$ 只有有限个根，故存在 t 使得 $|\boldsymbol{A}-t\boldsymbol{E}_n|\neq 0$，则由(1)知 $\boldsymbol{B}(\boldsymbol{A}-t\boldsymbol{E})$ 与 $(\boldsymbol{A}-t\boldsymbol{E})\boldsymbol{B}$ 有相同的特征多项式，即

$$|\lambda\boldsymbol{E}_n-\boldsymbol{BA}+t\boldsymbol{B}_0|=|\lambda\boldsymbol{E}_n-\boldsymbol{AB}-t\boldsymbol{B}|. \tag{7.9}$$

将式(7.9)看成 t 的多项式，则有无限个 t 使之成立，因而它必是恒等式，式(7.9)在 $t=0$ 时仍成立，即 $|\lambda\boldsymbol{E}-\boldsymbol{AB}|=|\lambda\boldsymbol{E}-\boldsymbol{BA}|$.

评析　本例是例 7.3.3 的特殊情况.

例 7.3.11　设 $\boldsymbol{A},\boldsymbol{B}$ 均为 n 级方阵，证明：$(\boldsymbol{AB})^*=\boldsymbol{B}^*\boldsymbol{A}^*$.

证明　(1)若 $\boldsymbol{A},\boldsymbol{B}$ 均可逆，则有

$$(\boldsymbol{AB})^*=|\boldsymbol{AB}|(\boldsymbol{AB})^{-1}=\left(|\boldsymbol{B}|\boldsymbol{B}^{-1}\right)\left(|\boldsymbol{A}|\boldsymbol{A}^{-1}\right)=\boldsymbol{B}^*\boldsymbol{A}^*.$$

(2)若 $\boldsymbol{B}$ 可逆，而 $\boldsymbol{A}$ 不可逆，则存在有限个 t 值使得 $|t\boldsymbol{E}_n+\boldsymbol{A}|=0$，故使得 $t\boldsymbol{E}_n+\boldsymbol{A}$ 可逆的 t 有无限个，则对使得 $t\boldsymbol{E}_n+\boldsymbol{A}$ 非退化的 t，由(1)有

$$((t\boldsymbol{E}_n+\boldsymbol{A})B)^*=\boldsymbol{B}^*(t\boldsymbol{E}_n+\boldsymbol{A})^*. \tag{7.10}$$

设式(7.10)两边的矩阵(i,j)位置的元素分别为 $f_{ij}(t)$ 和 $g_{ij}(t)$，则它们都是关于 t 的多项式，而多项式 $f_{ij}(t)-g_{ij}(t)$ 有无限多个零点，所以它们只能是零多项式. 从而 $f_{ij}(0)-g_{ij}(0)=0$，$1\leqslant i,j\leqslant n$. 于是 $(\boldsymbol{AB})^*=\boldsymbol{B}^*\boldsymbol{A}^*$.

(3)若 $\boldsymbol{B}$ 不可逆时，对 $\boldsymbol{B}$ 采用(2)的方法也可得到 $(\boldsymbol{AB})^*=\boldsymbol{B}^*\boldsymbol{A}^*$.

评析　扰动法生动地体现了由一般到特殊，再到一般的证明思路. 关键在于将问题适当地特殊化，验证特殊情形下问题的正确性.

练习 7.3

7.3.1　(2000，华中师范大学)设 $\boldsymbol{A}$ 是数域 P 上的二级方阵 $\begin{pmatrix}-2 & 1\\ 0 & -2\end{pmatrix}$，且 $f(x)=x^2+3x+2$，定义 $\sigma:\boldsymbol{X}\mapsto f(\boldsymbol{A})X$，其中 $\boldsymbol{X}\in P^{2\times 3}$.

(1) 证明σ是数域 P 上的线性空间 $P^{2\times 3}$ 的线性变换；

(2) 求σ在 $\boldsymbol{E}_{11},\boldsymbol{E}_{12},\boldsymbol{E}_{13},\boldsymbol{E}_{21},\boldsymbol{E}_{22},\boldsymbol{E}_{23}$ 下的矩阵；

(3) 求σ的特征值和属于特征值的线性无关的特征向量.

7.3.2 (2004，南开大学) 设 $\boldsymbol{M}=\begin{pmatrix} a & b \\ c & d \end{pmatrix}$ 为数域 P 上的二级方阵，定义 $P^{2\times 2}$ 上的变换σ如下：$\sigma(\boldsymbol{X})=\boldsymbol{MX}-\boldsymbol{XM}$，$\boldsymbol{X}\in P^{2\times 2}$.

(1) 证明σ是线性变换；

(2) 求σ在基 $\boldsymbol{E}_{11},\boldsymbol{E}_{12},\boldsymbol{E}_{21},\boldsymbol{E}_{22}$ 下的矩阵；

(3) 证明σ必须以 0 为其特征值，并求出 0 作为σ的特征值的重数.

7.3.3 (1993，北京大学) 设

$$V=\left\{\begin{pmatrix} a & 0 & b \\ 0 & c & 0 \\ d & 0 & e \end{pmatrix} \middle| a,b,c,d,e\in P\right\}.$$

(1) 证明 V 对矩阵加法和数量法构成数域 P 上的一个线性空间；

(2) 令 $\boldsymbol{A}=\begin{pmatrix} 0 & 0 & 1 \\ 0 & 1 & 0 \\ 1 & 0 & 0 \end{pmatrix}$，$\sigma$用下式定义：

$$\sigma(\boldsymbol{x})=\boldsymbol{Ax},\quad \forall \boldsymbol{x}\in V.$$

证明σ是 V 的线性变换；

(3) 写出 V 的一组基，并求出σ在这组基下的矩阵；

(4) 求出σ的特征值及相应的全部特征向量；

(5) 求出σ的一组基，使σ在这组基下的矩阵为对角形.

7.3.4 (清华大学) 求 $\begin{pmatrix} \boldsymbol{O} & \boldsymbol{H}_n \\ \boldsymbol{H}_n & \boldsymbol{O} \end{pmatrix}$ 的全部特征值及 $2n$ 个线性无关的特征向量，其中 $\boldsymbol{H}_n$ 是每个元素均为 1 的 n 级方阵.

7.3.5 (中国科学院) 已知 $\boldsymbol{A}$ 矩阵经过 $\boldsymbol{P}$ 矩阵可变成其相似矩阵 $\boldsymbol{C}$，且 $\boldsymbol{C}$ 为对角阵. 证明：$\boldsymbol{P}$ 矩阵是由 $\boldsymbol{A}$ 的特征向量组成的.

7.3.6 若 n 级方阵 $\boldsymbol{A}=(a_{ij})_{n\times n}$ 的每行元素之和均为常数 c. 求证：

(1) c 为 $\boldsymbol{A}$ 的一个特征值；

(2) 对任意自然数 m, $\boldsymbol{A}^m$ 的每行元素之和均为 c^m.

7.3.7 (2006，南开大学) 设σ是数域 P 上 $n(n\geqslant 3)$ 维线性空间 V 上的线性变换，σ的特征多项式为

$$f(\lambda)=\lambda^n+a_{n-1}\lambda^{n-1}+a_{n-2}\lambda^{n-2}+\cdots+a_1\lambda+a_0.$$

试证明：$a_{n-2}=\dfrac{1}{2}\left[\operatorname{tr}(\sigma)^2-\operatorname{tr}(\sigma^2)\right]$.

7.3.8　(中国科技大学)设 n 级矩阵 $\boldsymbol{A}=(a_{ij})$ 的特征值为 $\lambda_1,\lambda_2,\cdots,\lambda_n$. 证明

$$\sum_{i=1}^{n}\lambda_i^2=\sum_{i,k=1}^{n}a_{ik}a_{ki}.$$

7.3.9　(2000，浙江大学；2004，中国科学院)设 V 是 n 维向量空间，$\sigma\tau$ 是 V 的线性变换，且 σ 有 n 个互异的特征值. 证明：$\sigma\tau=\tau\sigma$ 的充要条件是，τ 是 $I,\sigma,\sigma^2,\cdots,\sigma^{n-1}$ 的线性组合.

7.3.10　(北京航空航天大学)设 $|\boldsymbol{A}|=0$. 试证：对所有充分小的 $|\varepsilon|>0$，恒有：$|\boldsymbol{A}+\varepsilon\boldsymbol{E}|\neq 0$.

7.3.11　(华中师范大学)设 λ_0 为 n 级方阵 $\boldsymbol{A}=(a_{ij})$ 的一个特征值. 求证：对某一正整数 $k(1\leqslant k\leqslant n)$ 有 $|\lambda_0-a_{kk}|\leqslant\sum\limits_{j\neq k}|a_{kj}|$.

7.3.12　$\boldsymbol{A},\boldsymbol{B}$ 均为数域 P 上 n 级方阵，证明 $(\boldsymbol{AB})^*=\boldsymbol{B}^*\boldsymbol{A}^*$.

7.3.13　$\boldsymbol{A},\boldsymbol{B}$ 均为数域 P 上 n 级方阵，试证 $\boldsymbol{AB}$ 与 $\boldsymbol{BA}$ 具有相同的特征多项式.

7.3.14　设 $\boldsymbol{A}=(a_{ij})$ 是数域 P 上的 n 级方阵. 证明：

(1) 如果 $|a_{ij}|>\sum\limits_{j\neq i}|a_{ij}|(i=1,2,\cdots,n)$，则 $\boldsymbol{A}$ 为可逆阵，即 $|\boldsymbol{A}|\neq 0$.

(2) 如果 $a_{ij}>\sum\limits_{j=i}|a_{ij}|(i=1,2,\cdots,n)$，则 $|\boldsymbol{A}|>0$.

7.4　线性变换(矩阵)的对角化问题(Ⅰ)

在学习了线性变换的有关理论后，我们知道，对有限维线性空间，当确定了一组基之后，数域 P 上的 n 维线性空间 V 上的线性变换的集合与数域 P 上 n 阶矩阵的集合可形成一一对应关系. 这就是说，对数域 P 上的一个线性变换，当选定一组基之后，这个线性变换可用一个矩阵来表示. 进一步，我们知道对有的线性变换，存在一组基使得线性变换在此基下的矩阵为对角矩阵，这也就是说这样的线性变换可用一个简单的矩阵来表示. 这必然对研究这类变换带来方便.

我们知道，如果 $\boldsymbol{\varepsilon}_1,\boldsymbol{\varepsilon}_2,\cdots,\boldsymbol{\varepsilon}_n$ 是数域 P 上 n 维线性空间 V 的一组基，A 是 V 中的一个线性变换，那么就有唯一的矩阵 $\boldsymbol{A}$ 使得 $A(\boldsymbol{\varepsilon}_1,\boldsymbol{\varepsilon}_2,\cdots,\boldsymbol{\varepsilon}_n)=(\boldsymbol{\varepsilon}_1,\boldsymbol{\varepsilon}_2,\cdots,\boldsymbol{\varepsilon}_n)\boldsymbol{A}$，其中矩阵 $\boldsymbol{A}$ 称为 A 在基 $(\boldsymbol{\varepsilon}_1,\boldsymbol{\varepsilon}_2,\cdots,\boldsymbol{\varepsilon}_n)$ 下的矩阵(注意 A 表示线性变换，$\boldsymbol{A}$ 表示矩阵).

定义 7.1　设 V 是数域 P 上的 n 维线性空间，$A\in L(V)$，如果在 V 中存在一组基 $\boldsymbol{\varepsilon}_1,\boldsymbol{\varepsilon}_2,\cdots,\boldsymbol{\varepsilon}_n$ 使得 A 在此基下的矩阵为对角阵，则称 A 是可对角化的.

下面来考虑究竟哪些线性变换可对角化.

一、利用特征向量判定

要点　设 V 是数域 P 上的 n 维线性空间，$A\in L(V)$，A 可以对角化的充分必要条件是：A 在 V 上有 n 个线性无关的特征向量(这时也称 $\mathcal{A}$ 的特征向量系是完备的).

例 7.4.1　设 V 是数域 P 上的三维线性空间，$A\in L(V)$，A 在 V 的一组基 $\boldsymbol{\alpha}_1,\boldsymbol{\alpha}_2,\boldsymbol{\alpha}_3$ 下

的矩阵是 $\boldsymbol{A}=\begin{pmatrix}2&-2&2\\-2&-1&4\\2&4&-1\end{pmatrix}$，证明 A 可对角化.

证明　由于 $\det(\lambda\boldsymbol{E}-\boldsymbol{A})=(\lambda-3)^2(\lambda+6)$，所以 A 的特征值 3（二重）与−6.

对于特征值 3，解齐次线性方程组 $(3\boldsymbol{E}-\boldsymbol{A})\boldsymbol{x}=\boldsymbol{0}$ 得到一个基础解系

$$\begin{pmatrix}-2\\1\\0\end{pmatrix},\quad\begin{pmatrix}2\\0\\1\end{pmatrix}.$$

从而 A 的属于 3 的极大线性无关的特征向量组是

$$\boldsymbol{\xi}_1=-2\boldsymbol{\alpha}_1+\boldsymbol{\alpha}_2,\quad \boldsymbol{\xi}_2=2\boldsymbol{\alpha}_1+\boldsymbol{\alpha}_3.$$

对于特征值−6，类似地，可得到 A 的属于−6 的极大线性无关特征向量组是

$$\boldsymbol{\xi}_3=\boldsymbol{\alpha}_1+2\boldsymbol{\alpha}_2-2\boldsymbol{\alpha}_3.$$

由于 $\boldsymbol{\xi}_1,\boldsymbol{\xi}_2,\boldsymbol{\xi}_3$ 线性无关，因此 A 可对角化，即 A 在基 $\boldsymbol{\xi}_1,\boldsymbol{\xi}_2,\boldsymbol{\xi}_3$ 下的矩阵为

$$\boldsymbol{B}=\mathrm{diag}(3,3,-6).$$

对于一些特殊的线性变换，如果从理论上证明它的特征向量系是完备的，则由要点可知这些线性变换一定可对角化.

二、利用特征值判定

要点　设 V 是数域 P 上的 n 维线性空间，$A\in L(V)$，则 A 可对角化的充分必要条件是：

(1) A 的全部特征值 $\lambda_1,\lambda_2,\cdots,\lambda_m$ 在数域 P 中；

(2) 对每个特征值 λ_i，λ_i 的代数重数与几何重数相等，$i=1,2,\cdots,m$.

例 7.4.2　设 V 是三维线性空间，$A\in L(V)$，在基 $\boldsymbol{\alpha}_1,\boldsymbol{\alpha}_2,\boldsymbol{\alpha}_3$ 下的矩阵为

$$\boldsymbol{A}=\begin{pmatrix}5&-6&-6\\-1&4&2\\3&-6&-4\end{pmatrix},$$

判断 A 是否可对角化？

解　因为 $\det(\lambda\boldsymbol{E}-\boldsymbol{A})=(\lambda-2)^2(\lambda-1)$，所以 $\boldsymbol{A}$ 的特征值 $\lambda_1=2$（二重）与 $\lambda_2=1$ 均在数域 P 中.

下面计算 V_{λ_1} 与 V_{λ_2} 的维数.

$\dim V_{\lambda_1}$ 是齐次线性方程组 $(2\boldsymbol{E}-\boldsymbol{A})\boldsymbol{x}=\boldsymbol{0}$ 的解空间的维数，$\dim V_{\lambda_1}=3-r(2\boldsymbol{E}-\boldsymbol{A})$，而

$$2\boldsymbol{E}-\boldsymbol{A}=\begin{pmatrix}-3 & 6 & 6\\ 1 & -2 & -2\\ -3 & 6 & 6\end{pmatrix},$$

易知 $r(2\boldsymbol{E}-\boldsymbol{A})=1$，因而 $\dim V_{\lambda_1}=3-1=2$.

$\dim V_{\lambda_2}$ 是齐次线性方程组 $(\boldsymbol{E}-\boldsymbol{A})\boldsymbol{x}=\boldsymbol{0}$ 的解空间的维数，$\dim V_{\lambda_2}=3-r(\boldsymbol{E}-\boldsymbol{A})$，而

$$\boldsymbol{E}-\boldsymbol{A}=\begin{pmatrix}-4 & 6 & 6\\ 1 & -3 & -2\\ -3 & 6 & 5\end{pmatrix},$$

故 $r(\boldsymbol{E}-\boldsymbol{A})=2$，从而 $\dim V_{\lambda_2}=3-2=1$，即对每个特征值 λ_i，λ_i 的代数重数与几何重数相等，$i=1,2$. 所以 A 可对角化.

例 7.4.3 (2002，北京大学) (1) 设

$$\boldsymbol{A}=\begin{pmatrix}0 & 1 & 0\\ 0 & 0 & 1\\ -2 & 3 & -1\end{pmatrix},$$

(i) 若把 $\boldsymbol{A}$ 看成有理数域上的矩阵，判断 $\boldsymbol{A}$ 是否可对角化，写出理由；

(ii) 若把 $\boldsymbol{A}$ 看成复数域上的矩阵，判断 $\boldsymbol{A}$ 是否可对角化，写出理由.

(2) 设 $\boldsymbol{A}$ 是有理数域上的 n 级对称矩阵，并且在有理数域上 $\boldsymbol{A}$ 合同于单位矩阵 $\boldsymbol{E}_n$，用 $\boldsymbol{\delta}$ 表示元素全为 1 的列向量，b 是有理数，证明：在有理数域上

$$\begin{pmatrix}\boldsymbol{A} & b\boldsymbol{\delta}\\ b\boldsymbol{\delta}^{\mathrm{T}} & b\end{pmatrix} \quad 与 \quad \begin{pmatrix}\boldsymbol{E}_n & \boldsymbol{0}\\ \boldsymbol{0} & b-b^2\boldsymbol{\delta}^{\mathrm{T}}\boldsymbol{A}^{-1}\boldsymbol{\delta}\end{pmatrix}$$

合同.

证明 (1) (i) 由于

$$f(\lambda)=|\lambda\boldsymbol{E}-\boldsymbol{A}|=\begin{vmatrix}\lambda & -1 & 0\\ 0 & \lambda & -1\\ 2 & -3 & \lambda+1\end{vmatrix}=\lambda^3+\lambda^2-3\lambda+2,$$

所以根据整系数多项式有理根的判定可知，$f(\lambda)$ 在有理数域上无根，故矩阵 $\boldsymbol{A}$ 在有理数域上无特征值，从而 $\boldsymbol{A}$ 在有理数域上不可对角化.

(ii) 由于 $(f(\lambda),f'(\lambda))=1$，故 $f(\lambda)$ 在复数域上无重根，即 $\boldsymbol{A}$ 在复数域上有三个互不相同的特征值，故 $\boldsymbol{A}$ 在复数域上可对角化.

(2) 设 $\boldsymbol{C}$ 为可逆矩阵且 $\boldsymbol{C}^{\mathrm{T}}\boldsymbol{A}\boldsymbol{C}=\boldsymbol{E}_n$，令

$$\boldsymbol{G}=\begin{pmatrix}\boldsymbol{C} & -\boldsymbol{A}^{-1}(b\boldsymbol{\delta})\\ \boldsymbol{0} & 1\end{pmatrix},$$

则

$$G^{\mathrm{T}}=\begin{pmatrix} C^{\mathrm{T}} & 0 \\ -b\delta^{\mathrm{T}}A^{-1} & 1 \end{pmatrix},$$

$$\begin{aligned} G^{\mathrm{T}}\begin{pmatrix} A & b\delta \\ b\delta^{\mathrm{T}} & b \end{pmatrix}G &= \begin{pmatrix} C^{\mathrm{T}} & 0 \\ -b\delta^{\mathrm{T}}A^{-1} & 1 \end{pmatrix}\begin{pmatrix} A & b\delta \\ b\delta^{\mathrm{T}} & b \end{pmatrix}\begin{pmatrix} C & -A^{-1}(b\delta) \\ 0 & 1 \end{pmatrix} \\ &= \begin{pmatrix} C^{\mathrm{T}}AC & 0 \\ 0 & b-b^2\delta^{\mathrm{T}}A^{-1}\delta \end{pmatrix}. \end{aligned}$$

评析　综上可知，判断一线性变换是否可对角化，一般有两条思路：一是通过特征向量，判断其是否完备；二是通过特征值，判断其代数重数与几何重数是否相等.

练习 7.4

7.4.1　(2003，中山大学) 试问 a,a_1,a_2,b,b_1,c 为何值时，矩阵 A 可对角化，其中

$$A=\begin{pmatrix} 1 & 0 & 0 & 0 \\ a & 1 & 0 & 0 \\ a_1 & b & 2 & 0 \\ a_2 & b_1 & c & 2 \end{pmatrix}.$$

7.4.2　(2003，南开大学) 设 V 是数域 P 上的三维线性空间，线性变换 $\sigma:V\mapsto V$ 在基 $\varepsilon_1,\varepsilon_2,\varepsilon_3$ 下的矩阵为

$$A=\begin{pmatrix} 2 & -1 & 2 \\ 5 & -3 & 3 \\ -1 & 0 & -2 \end{pmatrix}.$$

(1) 求线性变换 σ 在基 $\varepsilon_1,\varepsilon_1+\varepsilon_2,\varepsilon_1+\varepsilon_3$ 下的矩阵；

(2) 求线性变换 σ 的特征值和特征向量；

(3) 线性变换 σ 可否在 V 的某组基下的矩阵化为对角形，为什么？

7.4.3　(1994，北京大学) 设 σ 是数域 P 上三维向量空间 V 的一个线性变换，σ 在 V 的一组基 $\varepsilon_1,\varepsilon_2,\varepsilon_3$ 下的矩阵为

$$A=\begin{pmatrix} 15 & -32 & 16 \\ 6 & -13 & 6 \\ -2 & 4 & -3 \end{pmatrix}.$$

(1) 求出 V 的一组基，使 σ 在此基下的矩阵为对角阵；

(2) 求三级可逆阵 T，使 $T^{-1}AT$ 成为对角阵.

7.4.4　(1991，北京大学) 设 V 是数域 P 上全体二级方阵所构成的线性空间，取定一个矩阵 $A\in V$，定义 V 上的变换 σ 如下：

$$\sigma(x)=Ax\quad(\forall x\in V).$$

(1) 证明：σ是 V 上的一个线性变换；

(2) 取 V 的一组基

$$\boldsymbol{\varepsilon}_1=\begin{pmatrix}1&0\\0&0\end{pmatrix},\quad \boldsymbol{\varepsilon}_2=\begin{pmatrix}0&0\\1&0\end{pmatrix},\quad \boldsymbol{\varepsilon}_3=\begin{pmatrix}0&1\\0&0\end{pmatrix},\quad \boldsymbol{\varepsilon}_4=\begin{pmatrix}0&0\\0&1\end{pmatrix},$$

求σ在此基下的矩阵；

(3) 试证明：可找到 V 的一组基，使σ在此基下的矩阵为对角阵的充要条件是 $\boldsymbol{A}$ 可对角化.

7.4.5 (2000，南开大学) 设 n 级矩阵

$$\boldsymbol{A}=\begin{pmatrix}0&0&\cdots&0&1\\0&0&\cdots&1&0\\\vdots&\vdots&&\vdots&\vdots\\0&1&\cdots&0&0\\1&0&\cdots&0&0\end{pmatrix},$$

求 n 级可逆矩阵 $\boldsymbol{T}$ 使得矩阵 $\boldsymbol{B}=\boldsymbol{T}^{-1}\boldsymbol{A}\boldsymbol{T}$ 是对角阵，并求矩阵 $\boldsymbol{B}$.

7.4.6 (清华大学) 设 $\boldsymbol{A}=\boldsymbol{\alpha}\boldsymbol{\alpha}^{\mathrm{T}}$，其中 $\boldsymbol{\alpha}=(a_1,a_2,\cdots,a_n)^{\mathrm{T}}$ 且 a_i 为非零实数 $(i=1,2,\cdots,n)$.

(1) 证明：$\boldsymbol{A}^k=l\boldsymbol{A}$，并求数 l(k 为正整数)；

(2) 求 n 级可逆阵 $\boldsymbol{T}$，使 $\boldsymbol{T}^{-1}\boldsymbol{A}\boldsymbol{T}$ 为对角阵，并写出此对角阵.

7.4.7 设 $a_0,a_1,\cdots,a_{n-1}$ 是 n 个实数，$\boldsymbol{A}$ 是 n 级方阵

$$\boldsymbol{A}=\begin{pmatrix}0&1&0&\cdots&0&0\\0&0&1&\cdots&0&0\\0&0&0&\cdots&0&0\\\vdots&\vdots&\vdots&&\vdots&\vdots\\0&0&0&\cdots&0&1\\-a_0&-a_1&-a_2&\cdots&-a_{n-2}&-a_{n-1}\end{pmatrix}.$$

(1) 若λ是 $\boldsymbol{A}$ 的特征值，试证 $(1,\lambda,\lambda^2,\cdots,\lambda^{n-1})^{\mathrm{T}}$ 是对应λ的特征向量；

(2) 若 $\boldsymbol{A}$ 的特征向量两两互异，且为已知，求可逆阵 $\boldsymbol{P}$，使 $\boldsymbol{P}^{-1}\boldsymbol{A}\boldsymbol{P}$ 为对角阵.

7.4.8 证明：n 级矩阵 $\boldsymbol{A}$ 可对角化的充要条件为任给 n 维列向量 $\boldsymbol{x}$，若 $(\lambda_0\boldsymbol{E}-\boldsymbol{A})^2\boldsymbol{x}=\boldsymbol{0}$，必有 $(\lambda_0\boldsymbol{E}-\boldsymbol{A})\boldsymbol{x}=\boldsymbol{0}$，这里 $\boldsymbol{E}$ 为 n 阶单位矩阵，$\lambda_0\in\mathbf{C}$.

7.4.9 设 $\boldsymbol{A}$ 为数域 P 上 n 级方阵，且 $\boldsymbol{A}$ 有 k 个不同的特征值 $\lambda_1,\lambda_2,\cdots,\lambda_k(1\leqslant k\leqslant n)$. 证明：$\boldsymbol{A}$ 可对角化的充要条件是存在 k 个 n 级方阵 $\boldsymbol{A}_1,\boldsymbol{A}_2,\cdots,\boldsymbol{A}_k$，满足：

(1) $\boldsymbol{A}_i\boldsymbol{A}_j=\boldsymbol{A}_j\boldsymbol{A}_i=\begin{cases}\boldsymbol{A}_i, & i=j,\\ \boldsymbol{O}, & i\neq j;\end{cases}$

(2) $\sum\limits_{i=1}^{k}\boldsymbol{A}_i=\boldsymbol{E}_n$;

(3) $\boldsymbol{A}=\sum\limits_{i=1}^{k}\lambda_i\boldsymbol{A}_i$.

7.5　不变子空间

一、不变子空间的判定

要点　设V是数域P上线性空间，$\sigma \in L(V)$，$W \leqslant V$. 若对任意$\boldsymbol{\alpha} \in W$有$\sigma(\boldsymbol{\alpha}) \in W$，则$W$是$\sigma$的不变子空间. 也简称$\sigma$-子空间.

σ的不变子空间最重要的有下面三个：特征子空间，值域，核.

例 7.5.1　(1999，武汉大学) 设φ是有限维线性空间V的可逆线性变换，W是V中φ-不变子空间，证明：W在线性变换φ^{-1}下也不变.

证明　当$W=V$或$W=\{\mathbf{0}\}$时，结论显然成立.

设$n=\dim V$，$m=\dim W$，且$0<m<n$. 取W的一组基$\boldsymbol{\alpha}_1,\boldsymbol{\alpha}_2,\cdots,\boldsymbol{\alpha}_m$，由于$W$是$\varphi$的不变子空间，且$\varphi$可逆，所以$\varphi(\boldsymbol{\alpha}_i)=\boldsymbol{\beta}_i \in W(i=1,2,\cdots,m)$.

下证$\boldsymbol{\beta}_1,\boldsymbol{\beta}_2,\cdots,\boldsymbol{\beta}_m$也是$W$的一组基，令

$$x_1\boldsymbol{\beta}_1+x_2\boldsymbol{\beta}_2+\cdots+x_m\boldsymbol{\beta}_m=\mathbf{0},$$

则由于φ^{-1}是V的线性变换，且

$$\begin{aligned}\mathbf{0}=\varphi^{-1}(\mathbf{0})&=x_1\varphi^{-1}(\boldsymbol{\beta}_1)+x_2\varphi^{-1}(\boldsymbol{\beta}_2)+\cdots+x_m\varphi^{-1}(\boldsymbol{\beta}_m)\\&=x_1\boldsymbol{\alpha}_1+x_2\boldsymbol{\alpha}_2+\cdots+x_m\boldsymbol{\alpha}_m,\end{aligned}$$

而$\boldsymbol{\alpha}_1,\boldsymbol{\alpha}_2,\cdots,\boldsymbol{\alpha}_m$线性无关，故$x_1=\cdots=x_m=0$. 此即$\boldsymbol{\beta}_1,\boldsymbol{\beta}_2,\cdots,\boldsymbol{\beta}_m$为$W$的一组基.

$\forall \boldsymbol{\alpha} \in W$，则$\boldsymbol{\alpha}=l_1\boldsymbol{\beta}_1+l_2\boldsymbol{\beta}_2+\cdots+l_m\boldsymbol{\beta}_m$.

$$\begin{aligned}\varphi^{-1}(\boldsymbol{\alpha})&=l_1\varphi^{-1}(\boldsymbol{\beta}_1)+l_2\varphi^{-1}(\boldsymbol{\beta}_2)+\cdots+l_m\varphi^{-1}(\boldsymbol{\beta}_m)\\&=l_1\boldsymbol{\alpha}_1+l_2\boldsymbol{\alpha}_2+\cdots+l_m\boldsymbol{\alpha}_m \in W,\end{aligned}$$

故W是φ^{-1}的不变子空间.

例 7.5.2　(2005，陕西师范大学) 设V为一线性空间，$L(V)$表示V上的线性变换形成的集合. 设$V=W\oplus N$，$\sigma \in L(V)$，$\forall \boldsymbol{\alpha}=\boldsymbol{x}+\boldsymbol{y}\in V$，$\boldsymbol{x}\in W$，$\boldsymbol{y}\in N$，$\sigma(\boldsymbol{\alpha})=\boldsymbol{x}$，$\tau \in L(V)$，则$\sigma\tau=\tau\sigma$当且仅当$W$和$N$在$\tau$之下不变.

证明　"$\Rightarrow$"若$\sigma\tau=\tau\sigma$，下证W和N在τ之下不变. 设$\boldsymbol{\beta}\in W$，则$\boldsymbol{\beta}=\boldsymbol{\beta}+\mathbf{0}$，$\sigma(\boldsymbol{\beta})=\boldsymbol{\beta}$. 设$\tau(\boldsymbol{\beta})=\boldsymbol{\alpha}_1+\boldsymbol{\alpha}_2$，其中$\boldsymbol{\alpha}_1\in W$，$\boldsymbol{\alpha}_2\in N$，则由$\sigma\tau(\boldsymbol{\beta})=\tau\sigma(\boldsymbol{\beta})$可知$\boldsymbol{\alpha}_1=\tau(\boldsymbol{\beta})$，故$\tau(\boldsymbol{\beta})=\boldsymbol{\alpha}_1\in W$. 从而$W$在$\tau$之下不变. 设$\boldsymbol{\gamma}\in N$，则$\boldsymbol{\gamma}=\mathbf{0}+\boldsymbol{\gamma}$. 设$\tau(\boldsymbol{\gamma})=\boldsymbol{\beta}_1+\boldsymbol{\beta}_2$，其中$\boldsymbol{\beta}_1\in W$，$\boldsymbol{\beta}_2\in N$，则由$\sigma\tau(\boldsymbol{\gamma})=\tau\sigma(\boldsymbol{\gamma})$就有$\boldsymbol{\beta}_1=\mathbf{0}$，从而$\tau(\boldsymbol{\gamma})=\boldsymbol{\beta}_2\in N$. 故$N$在$\tau$之下不变.

"$\Leftarrow$"$\forall \boldsymbol{\alpha}=\boldsymbol{\alpha}_1+\boldsymbol{\alpha}_2$，$\boldsymbol{\alpha}_1\in W$，$\boldsymbol{\alpha}_2\in N$，则$\sigma\tau(\boldsymbol{\alpha})=\sigma(\tau(\boldsymbol{\alpha}))=\sigma(\tau(\boldsymbol{\alpha}_1+\boldsymbol{\alpha}_2))=\sigma(\tau(\boldsymbol{\alpha}_1)+\tau(\boldsymbol{\alpha}_2))$，由$\tau(\boldsymbol{\alpha}_1)\in W$，$\tau(\boldsymbol{\alpha}_2)\in N$，故$\sigma(\tau(\boldsymbol{\alpha}_1)+\tau(\boldsymbol{\alpha}_2))=\tau(\boldsymbol{\alpha}_1)$，即$\sigma\tau(\boldsymbol{\alpha})=\tau(\boldsymbol{\alpha}_1)$；另一方面，由于$\tau\sigma(\boldsymbol{\alpha})=\tau(\sigma(\boldsymbol{\alpha}_1+\boldsymbol{\alpha}_2))=\tau(\boldsymbol{\alpha}_1)$，故$\sigma\tau=\tau\sigma$.

例 7.5.3　设$U=\{\boldsymbol{u}_1,\boldsymbol{u}_2,\boldsymbol{u}_3,\boldsymbol{u}_4\}$是$V$的基底，$\sigma\in L(V)$，$\sigma$在$U$下的矩阵是$\boldsymbol{A}$，其中

$$\boldsymbol{A}=\begin{pmatrix}1&-1&-1&2\\0&1&0&0\\2&3&1&-1\\1&-2&-2&-1\end{pmatrix}.$$

求包含$\boldsymbol{u}_1$的最小的σ的不变子空间.

解　包含$\boldsymbol{u}_1$的最小的σ的不变子空间应是$L(\boldsymbol{u}_1,\sigma(\boldsymbol{u}_1),\sigma^2(\boldsymbol{u}_1),\cdots)$，而由于$V$是 4 维线性空间，故$L(\boldsymbol{u}_1,\sigma(\boldsymbol{u}_1),\sigma^2(\boldsymbol{u}_1),\cdots)$的维数不超过 4，故只要找出$L(\boldsymbol{u}_1,\sigma(\boldsymbol{u}_1),\sigma^2(\boldsymbol{u}_1),\cdots)$的生成元的极大线性无关组即可. 由于

$$\sigma(\boldsymbol{u}_1,\boldsymbol{u}_2,\boldsymbol{u}_3,\boldsymbol{u}_4)=(\boldsymbol{u}_1,\boldsymbol{u}_2,\boldsymbol{u}_3,\boldsymbol{u}_4)\boldsymbol{A},$$

故可知

$$\begin{aligned}\sigma(\boldsymbol{u}_1)&=\boldsymbol{u}_1+2\boldsymbol{u}_3+\boldsymbol{u}_4,\\ \sigma^2(\boldsymbol{u}_1)&=\sigma(\sigma(\boldsymbol{u}_1))=\sigma(\boldsymbol{u}_1+2\boldsymbol{u}_3+\boldsymbol{u}_4)\\ &=\sigma(\boldsymbol{u}_1)+2\sigma(\boldsymbol{u}_3)+\sigma(\boldsymbol{u}_4)\\ &=\boldsymbol{u}_1+3\boldsymbol{u}_3-4\boldsymbol{u}_4.\end{aligned}$$

同理可得$\sigma^3(\boldsymbol{u}_1)=-10\boldsymbol{u}_1+9\boldsymbol{u}_3-4\boldsymbol{u}_4$，故有

$$(\boldsymbol{u}_1,\sigma(\boldsymbol{u}_1),\sigma^2(\boldsymbol{u}_1),\sigma^3(\boldsymbol{u}_1))=(\boldsymbol{u}_1,\boldsymbol{u}_2,\boldsymbol{u}_3,\boldsymbol{u}_4)\boldsymbol{B},$$

其中

$$\boldsymbol{B}=\begin{pmatrix}1&1&1&-10\\0&0&0&0\\0&2&3&9\\0&1&-4&-1\end{pmatrix}.$$

易知$r(\boldsymbol{B})=3$，且$\boldsymbol{B}$的前 3 列线性无关，于是$\boldsymbol{u}_1,\sigma(\boldsymbol{u}_1),\sigma^2(\boldsymbol{u}_1)$是$L(\boldsymbol{u}_1,\sigma(\boldsymbol{u}_1),\ \sigma^2(\boldsymbol{u}_1),\cdots)$的一组基. 从而包含$\boldsymbol{u}_1$的最小的$\sigma$的不变子空间为$L(\boldsymbol{u}_1,\sigma(\boldsymbol{u}_1),\sigma^2(\boldsymbol{u}_1))$.

二、特征子空间

a. 特征子空间

要点　设V是数域P上的线性空间，$\sigma\in L(V)$，λ为σ在数域P上的一个特征值，$V_\lambda=\{\boldsymbol{\alpha}\mid\sigma(\boldsymbol{\alpha})=\lambda\boldsymbol{\alpha},\boldsymbol{\alpha}\in V\}$为线性变换$\sigma$的属于特征值$\lambda$的特征子空间，$V_\lambda$是$\sigma$的不变子空间.

例 7.5.4　对线性空间$\mathbf{C}^n$，$\boldsymbol{A}$为$\mathbf{C}$上n级方阵，$\boldsymbol{\alpha}\in\mathbf{C}^n,\boldsymbol{\alpha},\boldsymbol{A\alpha},\cdots,\boldsymbol{A}^{n-1}\boldsymbol{\alpha}$线性无关，$\lambda_0$是$\boldsymbol{A}$的一个特征值，则特征子空间$V_{\lambda_0}$是一维的.

证明　由于$\boldsymbol{\alpha}, \boldsymbol{A\alpha}, \cdots, \boldsymbol{A}^{n-1}\boldsymbol{\alpha}$线性无关，故它们是$\mathbf{C}^n$的一组基. 从而$\boldsymbol{A}^n\boldsymbol{\alpha}$可由上面的基线性表示，则有

$$\boldsymbol{A}^n\boldsymbol{\alpha} = k_1\boldsymbol{\alpha} + k_2\boldsymbol{A\alpha} + \cdots + k_n\boldsymbol{A}^{n-1}\boldsymbol{\alpha},$$

$$\boldsymbol{A}(\boldsymbol{\alpha}, \boldsymbol{A\alpha}, \cdots, \boldsymbol{A}^{n-1}\boldsymbol{\alpha}) = (\boldsymbol{\alpha}, \boldsymbol{A\alpha}, \cdots, \boldsymbol{A}^{n-1}\boldsymbol{\alpha})\begin{pmatrix} \boldsymbol{0} & k_1 \\ \boldsymbol{E}_{n-1} & \boldsymbol{k} \end{pmatrix},$$

其中$\boldsymbol{k} = (k_2, \cdots, k_n)^{\mathrm{T}}$. 令$\boldsymbol{P} = (\boldsymbol{\alpha}, \boldsymbol{A\alpha}, \cdots, \boldsymbol{A}^{n-1}\boldsymbol{\alpha})$，则有

$$\boldsymbol{P}^{-1}\boldsymbol{AP} = \begin{pmatrix} \boldsymbol{0} & k_1 \\ \boldsymbol{E}_{n-1} & \boldsymbol{k} \end{pmatrix} = \boldsymbol{T}.$$

又$|\lambda_0\boldsymbol{E} - \boldsymbol{A}| = |\lambda_0\boldsymbol{E} - \boldsymbol{T}| = 0$，而$(\lambda_0\boldsymbol{E} - \boldsymbol{T})$有$n-1$级子式不为零，$r(\lambda_0\boldsymbol{E} - \boldsymbol{T}) = n-1$. 这说明$(\lambda_0\boldsymbol{E} - \boldsymbol{T})\boldsymbol{x} = \boldsymbol{0}$的解空间是一维的，即$V_{\lambda_0}$是一维的.

例 7.5.5　设$\sigma, \tau \in L(V)$且$\sigma\tau = \tau\sigma$，V_λ是σ的特征子空间，则V_λ是τ的不变子空间.

证明　$\forall \boldsymbol{\alpha} \in V_\lambda$，则有

$$\sigma(\tau(\boldsymbol{\alpha})) = \tau(\sigma(\boldsymbol{\alpha})) = \tau(\lambda\boldsymbol{\alpha}) = \lambda(\tau(\boldsymbol{\alpha})),$$

故$\tau(\boldsymbol{\alpha}) \in V_\lambda$，即$V_\lambda$为$\tau$的不变子空间.

b. 广义特征子空间

要点　设线性变换σ的特征多项式为$f(\lambda)$，它可分解为一次因式的乘积

$$f(\lambda) = (\lambda - \lambda_1)^{r_1}(\lambda - \lambda_2)^{r_2} \cdots (\lambda - \lambda_s)^{r_s},$$

则V可分解为不变子空间的直和

$$V = V_1 \oplus V_2 \oplus \cdots \oplus V_s,$$

其中$V_i = \{\boldsymbol{\alpha} \mid (\sigma - \lambda_i\boldsymbol{E})^{r_i}\boldsymbol{\alpha} = \boldsymbol{0}, \boldsymbol{\alpha} \in V\}$. 称$V_i$为$\sigma$的属于特征值$\lambda_i$的广义特征子空间.

显然λ_i的特征子空间包含于它的广义特征子空间. 特别地，可对角化线性变换的任一特征值的特征子空间等于其广义特征子空间.

例 7.5.6　(1999，复旦大学) 设φ是n维线性空间上的线性变换，$\lambda_1, \cdots, \lambda_s$是$\varphi$的全部不同特征值，$V_i$是$\lambda_i$的特征子空间$(i = 1, 2, \cdots, s)$，则

$$\dim V_1 + \cdots + \dim V_s(\quad)n \quad (\text{填} \geqslant, \leqslant \text{或}=).$$

解　设φ的特征多项式的分解式为$f(\lambda) = (\lambda - \lambda_1)^{r_1}(\lambda - \lambda_2)^{r_2} \cdots (\lambda - \lambda_s)^{r_s}$，则$V = \ker(\varphi - \lambda_1\boldsymbol{E})^{r_1} \oplus \cdots \oplus \ker(\varphi - \lambda_s\boldsymbol{E})^{r_s}$，而$V_i = \ker(\varphi - \lambda_i\boldsymbol{E}) \subseteq \ker(\varphi - \lambda_i\boldsymbol{E})^{r_i}$，故本题括号中应选“$\leqslant$”.

三、值域

a. 值域

要点　设V是数域P上n维线性空间，$\sigma \in L(V)$，称集合$\{\sigma(\boldsymbol{\alpha}) \mid \boldsymbol{\alpha} \in V\}$为$\sigma$的值

域，记为 $\sigma(V)$. $\sigma(V)$ 是 σ 的不变子空间.

b. 值域的基与维数的求法

要点 若 $\boldsymbol{\varepsilon}_1,\boldsymbol{\varepsilon}_2,\cdots,\boldsymbol{\varepsilon}_n$ 为 V 为一组基，且

$$\sigma(\boldsymbol{\varepsilon}_1,\boldsymbol{\varepsilon}_2,\cdots,\boldsymbol{\varepsilon}_n)=(\boldsymbol{\varepsilon}_1,\boldsymbol{\varepsilon}_2,\cdots,\boldsymbol{\varepsilon}_n)\boldsymbol{A}.$$

则有

(1) $\dim\sigma(V)=r(\boldsymbol{A})$;

(2) 令 $\boldsymbol{A}=(\boldsymbol{A}_1,\boldsymbol{A}_2,\cdots,\boldsymbol{A}_n)$，$\boldsymbol{A}_i$ 为 $\boldsymbol{A}$ 的列向量，若 $r(\boldsymbol{A})=r$，且 $\boldsymbol{A}_{i_1},\boldsymbol{A}_{i_2},\cdots,\boldsymbol{A}_{i_r}$ 为 $\boldsymbol{A}$ 的列向量的极大线性无关组，则 $\sigma(V)=L(\boldsymbol{\delta}_{i_1},\boldsymbol{\delta}_{i_2},\cdots,\boldsymbol{\delta}_{i_r})$，$\boldsymbol{\delta}_{i_1},\boldsymbol{\delta}_{i_2},\cdots,\boldsymbol{\delta}_{i_r}$ 为 $\sigma(V)$ 的一组基，其中 $\boldsymbol{\delta}_{i_j}=(\boldsymbol{\varepsilon}_1,\boldsymbol{\varepsilon}_2,\cdots,\boldsymbol{\varepsilon}_n)\boldsymbol{A}_{i_j}$，$j=1,2,\cdots,r$.

四、核

a. 核的定义

要点 设 V 是数域 P 上线性空间，$\sigma\in L(V)$. 称集合

$$\{\boldsymbol{\alpha}\mid\sigma(\boldsymbol{\alpha})=\mathbf{0},\quad\boldsymbol{\alpha}\in V\}$$

为 σ 的核，记为 $\sigma^{-1}(0)$ 或 $\ker(\sigma)$，$\ker(\sigma)$ 为 σ 的不变子空间.

b. 核的基与维数

要点 若 $\boldsymbol{\varepsilon}_1,\boldsymbol{\varepsilon}_2,\cdots,\boldsymbol{\varepsilon}_n$ 为 V 的一组基，σ 在基 $\boldsymbol{\varepsilon}_1,\boldsymbol{\varepsilon}_2,\cdots,\boldsymbol{\varepsilon}_n$ 下的矩阵为 $\boldsymbol{A}$，则

1° $\dim(\ker(\sigma))=n-r(\boldsymbol{A})$.

2° 若 $r(\boldsymbol{A})=r$, 且 $\boldsymbol{A}\boldsymbol{x}=\mathbf{0}$ 的基础解系为 $\boldsymbol{x}_1,\cdots,\boldsymbol{x}_{n-r}$，则 $\ker(\sigma)=L(\boldsymbol{\alpha}_1,\boldsymbol{\alpha}_2,\cdots,\boldsymbol{\alpha}_{n-r})$，$\boldsymbol{\alpha}_1,\boldsymbol{\alpha}_2,\cdots,\boldsymbol{\alpha}_{n-r}$ 为 $\ker(\sigma)$ 的一组基，其中 $\boldsymbol{\alpha}_i=(\boldsymbol{\varepsilon}_1,\boldsymbol{\varepsilon}_2,\cdots,\boldsymbol{\varepsilon}_n)\boldsymbol{x}_i\,(i=1,2,\cdots,n-r)$.

例 7.5.7 (1999，复旦大学) 写出数域 P 上 4 维列向量空间由下面矩阵 $\boldsymbol{A}$ 决定的线性变换 φ 的一个二维不变子空间的基____________，

$$\boldsymbol{A}=\begin{pmatrix}1&1&3&4\\-1&0&0&1\\0&0&5&1\\0&0&3&0\end{pmatrix}.$$

又 φ 的核空间的维数为____________.

解 由题设可知 $\varphi(\boldsymbol{\alpha})=\boldsymbol{A}\boldsymbol{\alpha}$，$\boldsymbol{\alpha}\in P^4$. 设 $\boldsymbol{\varepsilon}_1=(1,0,0,0)^{\mathrm{T}}$，$\boldsymbol{\varepsilon}_2=(0,1,0,0)^{\mathrm{T}}$，$\boldsymbol{\varepsilon}_3=(0,0,1,0)^{\mathrm{T}}$，$\boldsymbol{\varepsilon}_4=(0,0,0,1)^{\mathrm{T}}$ 为 P^4 的一组基，则

$$\varphi(\boldsymbol{\varepsilon}_1,\boldsymbol{\varepsilon}_2,\boldsymbol{\varepsilon}_3,\boldsymbol{\varepsilon}_4)=(\boldsymbol{\varepsilon}_1,\boldsymbol{\varepsilon}_2,\boldsymbol{\varepsilon}_3,\boldsymbol{\varepsilon}_4)\begin{pmatrix}1&1&3&4\\-1&0&0&1\\0&0&5&1\\0&0&3&0\end{pmatrix}.$$

故 $\varphi(\boldsymbol{\varepsilon}_1)=\boldsymbol{\varepsilon}_1-\boldsymbol{\varepsilon}_2\in L(\boldsymbol{\varepsilon}_1,\boldsymbol{\varepsilon}_2)$，$\varphi(\boldsymbol{\varepsilon}_2)=\boldsymbol{\varepsilon}_1\in L(\boldsymbol{\varepsilon}_1,\boldsymbol{\varepsilon}_2)$，从而 $L(\boldsymbol{\varepsilon}_1,\boldsymbol{\varepsilon}_2)$ 为 φ 的一个二维不变子空间. φ 的核空间中的向量的坐标是方程 $\boldsymbol{Ax}=\boldsymbol{0}$ 的解，而由于 $r(\boldsymbol{A})=4$，故 $\boldsymbol{Ax}=\boldsymbol{0}$ 只有零解，从而 φ 的核空间的维数为 0.

例 7.5.8　(2002，北京大学) 设正整数 $n\geqslant 2$，用 $M_n(P)$ 表示数域 P 上全体 $n\times n$ 矩阵关于矩阵加法和数乘所构成的 P 上的线性空间. 在 $M_n(P)$ 中定义变换 σ 如下：

$$\sigma(a_{ij})=(a'_{ij}),\quad \forall \boldsymbol{A}=(a_{ij})\in M_n(P),$$

其中

$$a'_{ij}=\begin{cases}a_{ij}, & i\neq j,\\ i\cdot\mathrm{tr}(\boldsymbol{A}), & i=j.\end{cases}$$

(1) 证明 σ 是 $M_n(P)$ 上的线性变换；

(2) 求出 $\ker(\sigma)$ 的维数与一组基；

(3) 求出 σ 的全部特征子空间.

证明　(1) 设 $\boldsymbol{A}=(a_{ij})$，$\boldsymbol{B}=(b_{ij})$，则有 $\mathrm{tr}(\boldsymbol{A})=\sum_{i=1}^{n}a_{ii}$，$\mathrm{tr}(\boldsymbol{B})=\sum_{i=1}^{n}b_{ii}$，设 $\boldsymbol{A}+\boldsymbol{B}=\boldsymbol{C}=(c_{ij})$，则有 $c_{ij}=a_{ij}+b_{ij}$，$1\leqslant i$，$j\leqslant n$.

当 $i\neq j$ 时，$c'_{ij}=c_{ij}=a_{ij}+b_{ij}=a'_{ij}+b'_{ij}$；

当 $i=j$ 时，$c'_{ij}=i\cdot\mathrm{tr}(\boldsymbol{C})=i\cdot\mathrm{tr}(\boldsymbol{A}+\boldsymbol{B})=i\cdot\mathrm{tr}(\boldsymbol{A})+i\cdot\mathrm{tr}(\boldsymbol{B})=a'_{ij}+b'_{ij}$.

这说明 $\sigma(\boldsymbol{A}+\boldsymbol{B})=\sigma(c_{ij})=\sigma(c'_{ij})=(a'_{ij}+b'_{ij})=\sigma(\boldsymbol{A})+\sigma(\boldsymbol{B})$，即 $\sigma(\boldsymbol{A}+\boldsymbol{B})=\sigma(\boldsymbol{A})+\sigma(\boldsymbol{B})$. 同理可证，$\sigma(k\boldsymbol{A})=k\sigma(\boldsymbol{A})$，$k\in P$，故 σ 为 $M_n(P)$ 上的线性变换.

(2) 由于线性空间 $M_n(P)$ 上的一组基为 $\boldsymbol{E}_{11},\boldsymbol{E}_{12},\cdots,\boldsymbol{E}_{nn}$，其中 $\boldsymbol{E}_{ij}$ 表示第 i 行第 j 列元素为 1 而其余元素为 0 的 n 级方阵. 线性变换 σ 的值域 $\mathrm{Im}(\sigma)=L(\sigma(\boldsymbol{E}_{11}),\sigma(\boldsymbol{E}_{12}),\cdots,\sigma(\boldsymbol{E}_{nn}))$.

由 σ 的定义易知：当 $i=j$ 时，

$$\sigma(\boldsymbol{E}_{ij})=\begin{pmatrix}1&&&\\&2&&\\&&\ddots&\\&&&n\end{pmatrix}.$$

当 $i\neq j$ 时，$\sigma(\boldsymbol{E}_{ij})=\boldsymbol{E}_{ij}$，故 $\dim(\mathrm{Im}\,\sigma)=n^2-(n-1)=n^2-n+1$，由于 $\dim(\mathrm{Im}\,\sigma)+\dim(\ker(\sigma))=n^2$，故 $\dim(\ker(\sigma))=n^2-(n^2-n+1)=n-1$.

令

$$C_1=\begin{pmatrix}1&&&&&\\&-1&&&&\\&&0&&&\\&&&0&&\\&&&&\ddots&\\&&&&&0\end{pmatrix},\ C_2=\begin{pmatrix}1&&&&&\\&0&&&&\\&&-1&&&\\&&&0&&\\&&&&\ddots&\\&&&&&0\end{pmatrix},\ \cdots,$$

$$C_{n-1}=\begin{pmatrix}1&&&&&\\&0&&&&\\&&0&&&\\&&&\ddots&&\\&&&&0&\\&&&&&-1\end{pmatrix}.$$

易验证 $C_1,C_2,\cdots,C_{n-1}$ 均在 $\ker\sigma$ 中，且 $C_1,C_2,\cdots,C_{n-1}$ 线性无关，故 $C_1, C_2,\cdots,C_{n-1}$ 为 $\ker\sigma$ 的一组基.

(3) 当 $i\neq j$ 时，$\sigma(E_{ij})=E_{ij}$，故 1 为 σ 的特征值，且 $V_1=\{A\mid\sigma(A)=A,\ A\in M_n(P)\}$，易知 $E_{ij}\in V_1$，$i\neq j$，故 $\dim V_1=n^2-n$.

由 (2) 有 $\sigma(C_i)=0$，$i=1,2,\cdots,n-1$，这说明 0 为 σ 的特征值，且 $V_0=\{A\mid\sigma(A)=0,\ A\in M_n(P)\}$，易证 $\dim V_0=n-1$.

当 $i=j$ 时，$\sigma(E_{ij})=E_{11}+2E_{22}+\cdots+nE_{nn}$，$1\leqslant i\leqslant n$，由 σ 为线性变换，则

$$\sigma(E_{11}+2E_{22}+\cdots+nE_{nn})=\frac{n(n+1)}{2}(E_{11}+2E_{22}+\cdots+nE_{nn}),$$

从而 $\dfrac{n(n+1)}{2}$ 为 σ 的特征值，且 $E_{11}+2E_{22}+\cdots+nE_{nn}$ 为 σ 的特征向量.

这样，1，0，$\dfrac{n(n+1)}{2}$ 为 σ 的 3 个不同的特征值，且由于

$$\{E_{ij}\mid i\neq j\}\cup\{C_1,\cdots,C_{n-1}\}\cup\{E_{11}+2E_{22}+\cdots+nE_{nn}\}\quad(1\leqslant i,j\leqslant n)$$

是 n^2 个向量的线性无关的向量组，故 σ 的全部特征子空间为 V_1,V_0 和 $V_{\frac{n(n+1)}{2}}$.

c. 值域与核的关系

要点 设 σ 是 n 维线性空间 V 的线性变换，则 $\sigma(V)$ 的一组基的原象及 $\ker(\sigma)$ 的一组基合起来就是 V 的一组基，且

$$\sigma\text{ 的秩}+\sigma\text{ 的零度}=n.$$

评析　σ 的秩 $=\dim(\sigma(V))$，σ 的零度 $=\dim(\ker(\sigma))$．另外，需要注意的是，虽然子空间 $\sigma(V)$ 与 $\ker\sigma$ 的维数之和为 n，但是 $\sigma(V)+\ker\sigma$ 并不一定是整个空间.

例 7.5.9　(1999，复旦大学) 设 φ 是 n 维线性空间 V 上的线性变换，V 是否必是 $\ker(\varphi)$ 和 $\mathrm{Im}\,\varphi$ 的直和？(　　)

解　V 是两个子空间的直和指 $V=V_1+V_2$，且 $\dim V_1+\dim V_2=\dim V$．在本题中，$\dim(\ker(\varphi))+\dim(\mathrm{Im}(\varphi))=\dim V$，但 V 不一定等于 $\mathrm{Im}(\varphi)+\ker(\varphi)$．例如，在线性空间 $P[x]_n$ 中，令 $\mathcal{D}:P[x]_n\to P[x]_n, f(x)\mapsto f'(x)$，易知 $P[x]_n\neq\ker\mathcal{D}+\mathrm{Im}\,\mathcal{D}$，故应填(否).

d. 逆映射的判定

要点　设 σ 是有限维线性空间上的线性变换，则以下条件等价：

1°　σ 是单的线性变换；

2°　σ 是满的线性变换；

3°　σ 是可逆线性变换.

练习 7.5

7.5.1　(1995，浙江大学) 证明：n 维线性空间 V 上线性变换 σ 是数乘变换，当且仅当 V 的每个一维子空间均为 σ 的不变子空间.

7.5.2　(2001，华中师范大学) 设 V 是数域 P 上的线性空间，σ 是 V 上的线性变换，σ 在 V 的一组基 $\boldsymbol{\varepsilon}_1,\boldsymbol{\varepsilon}_2,\cdots,\boldsymbol{\varepsilon}_n$ 下的矩阵为 $\begin{pmatrix}\boldsymbol{A}_{r\times r} & \boldsymbol{B}\\ \boldsymbol{O} & \boldsymbol{B}\end{pmatrix}_{n\times n}$．记 $V_1=L(\boldsymbol{\varepsilon}_1,\boldsymbol{\varepsilon}_2,\cdots,\boldsymbol{\varepsilon}_r)$, $V_2=L(\boldsymbol{\varepsilon}_{r+1},\boldsymbol{\varepsilon}_{r+2},\cdots,\boldsymbol{\varepsilon}_n)$.

(1) 证明：V_1 是 σ 的不变子空间；

(2) 写出 V_2 是 σ 的不变子空间的充要条件，并证明你的结论.

7.5.3　(2003，大连理工大学) 设 V 是复数域上 n 维线性空间，而线性变换 σ 在 V 的一组基 $\boldsymbol{\varepsilon}_1,\boldsymbol{\varepsilon}_2,\cdots,\boldsymbol{\varepsilon}_n$ 下的矩阵是

$$\begin{pmatrix}\lambda & 0 & 0 & \cdots & 0 & 0\\ 1 & \lambda & 0 & \cdots & 0 & 0\\ 0 & 1 & \lambda & \cdots & 0 & 0\\ \vdots & \vdots & \vdots & & \vdots & \vdots\\ 0 & 0 & 0 & \cdots & 1 & \lambda\end{pmatrix}.$$

证明：(1) V 中包含 $\boldsymbol{\varepsilon}_1$ 的 σ-子空间只有 V 自身；

(2) V 中任一非零 σ-子空间都包含 $\boldsymbol{\varepsilon}_n$；

(3) 试问 V 中共有多少个 σ-子空间.

7.5.4　(1996，天津大学) 设 $\boldsymbol{\varepsilon}_1,\boldsymbol{\varepsilon}_2,\cdots,\boldsymbol{\varepsilon}_n$ 是数域 P 上 n 维线性空间 V 的一组基. 对 V 中任一向量 $\boldsymbol{\alpha}=x_1\boldsymbol{\varepsilon}_1+x_2\boldsymbol{\varepsilon}_2+\cdots+x_n\boldsymbol{\varepsilon}_n$，定义 V 的线性变换 $\sigma:\boldsymbol{\alpha}\mapsto\sigma(\boldsymbol{\alpha})$，其中

$$\sigma(\boldsymbol{\alpha})=x_1\boldsymbol{\varepsilon}_1+x_2\boldsymbol{\varepsilon}_2+\cdots+x_r\boldsymbol{\varepsilon}_r\quad(r<n),$$

则称 σ 为 V 到子空间 $W=L(\boldsymbol{\varepsilon}_1,\boldsymbol{\varepsilon}_2,\cdots,\boldsymbol{\varepsilon}_r)$ 的投影变换.

(1)证明：W是σ-子空间，并求$\sigma|_W$；

(2)证明：V的某一线性变换σ是V到其某个子空间W的投影变换的充要条件是$\sigma^2=\sigma$.

7.5.5 (1997，北京大学)设σ是实数域$\mathbf{R}$上的三维线性空间V的一个线性变换，对V的一组基$\boldsymbol{\varepsilon}_1,\boldsymbol{\varepsilon}_2,\boldsymbol{\varepsilon}_3$，有

$$\sigma(\boldsymbol{\varepsilon}_1)=3\boldsymbol{\varepsilon}_1+6\boldsymbol{\varepsilon}_2+6\boldsymbol{\varepsilon}_3,\quad \sigma(\boldsymbol{\varepsilon}_2)=4\boldsymbol{\varepsilon}_1+3\boldsymbol{\varepsilon}_2+4\boldsymbol{\varepsilon}_3,\quad \sigma(\boldsymbol{\varepsilon}_3)=5\boldsymbol{\varepsilon}_1-4\boldsymbol{\varepsilon}_2-6\boldsymbol{\varepsilon}_3.$$

(1)求σ的全部特征值及其特征向量；

(2)设$\tau=\sigma^3-5\sigma$，求τ的一个非平凡的不变子空间.

7.5.6 (1998，北京大学)用$\boldsymbol{H}_n$表示元素全为1的n级矩阵，$n\geqslant 2$，设$f(x)=a+bx$是有理数域上的一元多项式，令$\boldsymbol{A}=f(\boldsymbol{H}_n)$.

(1)求$\boldsymbol{H}_n$的全部特征值及特征向量；

(2)求$\boldsymbol{A}$的所有特征子空间；

(3)$\boldsymbol{A}$是否可对角化？如果可对角化，求出有理数域上一个可逆矩阵$\boldsymbol{P}$，使得$\boldsymbol{P}^{-1}\boldsymbol{A}\boldsymbol{P}$为对角阵，并写出这个对角阵.

7.5.7 (2004，南开大学)设V为n维复线性空间，M是V上一线性变换组成的非空集合，已知M中的元素没有非平凡的公共不变子空间，又线性变换τ满足

$$\sigma\tau=\tau\sigma,\quad \forall\sigma\in M.$$

证明：必存在复数λ使$\tau=\lambda I$，其中I为恒等变换.

7.5.8 (2003，上海交通大学)设$\boldsymbol{A},\boldsymbol{B}$都是$n$级实方阵，并设$\lambda$为$\boldsymbol{BA}$的非零特征值. 以$V_\lambda^{\boldsymbol{BA}}$表示$\boldsymbol{BA}$关于$\lambda$的特征子空间. 证明：

(1) λ也是$\boldsymbol{AB}$的特征值；

(2) $\dim(V_\lambda^{\boldsymbol{AB}})=\dim(V_\lambda^{\boldsymbol{BA}})$.

7.5.9 (1993，华中师范大学)设σ是线性空间V的线性变换，σ的特征多项式

$$f(\lambda)=(\lambda-\lambda_1)^{r_1}(\lambda-\lambda_2)^{r_2}\cdots(\lambda-\lambda_s)^{r_s},$$

其中$\lambda_i\neq\lambda_j(i\neq j)$，$1\leqslant s\leqslant n$，$\sum\limits_{i=1}^{s}r_i=n$.

设

$$\ker(\sigma-\lambda_i I)^{r_i}=\{\alpha\in V\mid(\sigma-\lambda_i I)^{r_i}\alpha=0\}\quad(I\text{是恒等变换}).$$

证明：

(1) $\ker(\sigma-\lambda_i I)^{r_i}\cap\ker(\sigma-\lambda_j I)^{r_j}=\{0\}(i\neq j)$；

(2)利用(1)说明不同特征值的特征向量是线性无关的.

7.5.10 (浙江大学)线性空间V上的线性变换σ的互不相同的特征值$\lambda_1,\lambda_2,\cdots,\lambda_k$分别对应的特征向量为$\boldsymbol{\alpha}_1,\boldsymbol{\alpha}_2,\cdots,\boldsymbol{\alpha}_k$. 若$\boldsymbol{\alpha}_1+\boldsymbol{\alpha}_2+\cdots+\boldsymbol{\alpha}_k\in W$，且$W$是$\sigma$的不变子空间. 证明：$\dim W\geqslant k$.

7.5.11 (2006，华南理工大学)设$V=M_n(F)$表示数域上的n级方阵的向量空间，对于$\boldsymbol{A}\in V$，定义$\sigma(\boldsymbol{A})=\boldsymbol{A}^{\mathrm{T}}$.

(1) 证明：σ 是 V 上的一个线性变换；

(2) 求 σ 的全部特征子空间；

(3) 证明 σ 可以对角化.

7.5.12 (1990，北京大学) 设 V 是全体实 2×2 矩阵构成的实线性空间，定义 V 的变换 σ:

$$\sigma(\boldsymbol{x})=\boldsymbol{A}\boldsymbol{x}\quad(\forall \boldsymbol{x}\in V),\quad 其中 \boldsymbol{A}=\begin{pmatrix} a & b \\ c & d \end{pmatrix}\in V.$$

(1) 证明：σ 是 V 上的线性变换；

(2) 证明：变换 σ 可逆当且仅当矩阵 $\boldsymbol{A}$ 可逆；

(3) 当 $\boldsymbol{A}=\begin{pmatrix} 1 & 2 \\ -2 & -4 \end{pmatrix}$ 时，求 σ 的核 $\ker(\sigma)$ 及值域 $\sigma(V)$，以及它们的一组基.

7.5.13 (华南理工大学) 全体二级实矩阵按矩阵加法和数量乘法构成实数域 $\mathbf{R}$ 上的线性空间 V，定义 V 的线性变换 σ：

$$\sigma(\boldsymbol{x})=\boldsymbol{x}\boldsymbol{M}-\boldsymbol{M}\boldsymbol{x},\quad \forall \boldsymbol{x}\in V,\quad 其中 \boldsymbol{M}=\begin{pmatrix} 1 & 2 \\ 0 & 3 \end{pmatrix}.$$

试求 σ 的核的维数及一组基.

7.5.14 (1994，华中师范大学) 设 P^n 表示数域 P 上 n 维行向量，定义 P^n 上的变换 σ：

$$\sigma(x_1,x_2,\cdots,x_n)=(0,x_1,\cdots,x_{n-1}),\quad \forall (x_1,x_2,\cdots,x_n)\in P^n.$$

(1) 证明：σ 是 P^n 的一个线性变换；

(2) 求 σ 的核的维数及一组基.

7.5.15 (上海交通大学) 设 V 是全体次数不超过 n 的实系数多项式组成的实数域上的线性空间. 定义 V 上的线性变换 σ：

$$\sigma(f(x))=xf'(x)-f(x),\quad \forall f(x)\in V.$$

(1) 求 σ 的核 $\ker(\sigma)$ 及值域 $\sigma(V)$；

(2) 证明：$V=\ker(\sigma)\oplus\sigma(V)$.

7.5.16 设 $\sigma_1,\sigma_2,\cdots,\sigma_k$ 是 n 维线性空间 V 上的 k 个非零线性变换，证明：V 中存在一组基 $\boldsymbol{\varepsilon}_1,\boldsymbol{\varepsilon}_2,\cdots,\boldsymbol{\varepsilon}_n$，使 $\sigma_i(\boldsymbol{\varepsilon}_j)\neq\mathbf{0}(i=1,2,\cdots,k;\ j=1,2,\cdots,n)$.

7.5.17 (四川大学) 设 σ，τ 是数域 P 上 n 维线空间 V 的线性变换. 证明：

(1) $\forall \boldsymbol{\alpha}\in V$，存在正整数 k，使 $W=L(\boldsymbol{\alpha},\sigma(\boldsymbol{\alpha}),\cdots,\sigma^{k-1}(\boldsymbol{\alpha}))$ 是 σ 的不变子空间，并求 $\sigma|W$ 在 W 的某组基下的矩阵；

(2) $\max\{\sigma$ 的零度. τ 的零度$\}\leqslant\sigma\tau$ 的零度 $\leqslant\sigma$ 的零度 $+\tau$ 的零度.

7.5.18 (湖南师范大学) 设 V 是数域 P 上的 n 维线性空间，σ 是 V 上的线性变换. 试证下面三个条件等价：

(1) σ 是一一变换；

(2) σ 是映上的；

(3) $\sigma(\boldsymbol{\alpha})=0$ 当且仅当 $\boldsymbol{\alpha}=\mathbf{0}(\forall\boldsymbol{\alpha}\in V)$.

7.5.19 (1994，华中师范大学) 设σ是 n 维线性空间 V 上的线性变换. 证明 $\sigma(V)\subseteq\ker(\sigma)$ 的充要条件是 $\sigma^2=0$.

7.5.20 设 σ_1,σ_2 是数域 P 上 n 维线性空间 V 的两个线性变换. 证明：

(1) $\sigma_2(V)\subseteq\sigma_1(V)$ 的充要条件是存在线性变换τ，使 $\sigma_2=\sigma_1\tau$;

(2) $\ker(\sigma_2)\subseteq\ker(\sigma_1)$ 的充要条件是存在线性变换φ，使 $\sigma_1=\varphi\sigma_2$.

7.5.21 设σ，τ均为数域 P 上 n 维线性空间 V 的幂等变换. 证明：

(1) $\sigma(V)=\tau(V)$ 的充要条件是 $\sigma\tau=\tau$，$\tau\sigma=\sigma$;

(2) $\ker(\sigma)=\ker(\tau)$ 的充要条件 $\sigma\tau=\sigma$，$\tau\sigma=\tau$.

7.5.22 (1992，中国人民大学) 设σ是数域 P 上 n 维线性空间 V 的幂等变换. 证明：

(1) $\ker(\sigma)=\{\varphi-\sigma(\varphi)\mid\varphi\in V\}$;

(2) 若τ是 V 的一个线性变换，则 $\ker(\sigma)$ 与 $\sigma(V)$ 均为τ的不变子空间的充要条件是 $\sigma\tau=\tau\sigma$.

7.5.23 (华中科技大学) 设 $\boldsymbol{A}$ 为数域 P 上的 n 级幂等阵，且

$$\boldsymbol{A}=\boldsymbol{A}_1+\boldsymbol{A}_2+\cdots+\boldsymbol{A}_k,\quad r(\boldsymbol{A})=\sum_{i=1}^{k}r(\boldsymbol{A}_i)\quad(1\leqslant k\leqslant n).$$

证明：$\boldsymbol{A}_i\boldsymbol{A}_j=\begin{cases}\boldsymbol{A}_i, & i=j,\\ \boldsymbol{O}, & i\neq j.\end{cases}$

7.5.24 设 V_1，V_2 为 n 维线性空间 V 的两个真子空间，且 $\dim(V_1)+\dim(V_2)=n$. 证明：

(1) (中山大学，华中师范大学) 存在 V 上的线性变换σ，使得

$$\sigma(V)=V_1,\quad \sigma^{-1}(\mathbf{0})=V_2.$$

(2) 若 $V=V_1\oplus V_2$，则存在 V 上的幂等变换τ，使得

$$\tau(V)=V_1,\quad \ker(\tau)=V_2.$$

7.5.25 (1996，北京大学) 设 V 是数域 P 上 n 维线性空间，且 $V=U+W$，$\forall\boldsymbol{\alpha}\in V$，设 $\boldsymbol{\alpha}=\boldsymbol{\alpha}_1+\boldsymbol{\alpha}_2$，其中 $\boldsymbol{\alpha}_1\in U$，$\boldsymbol{\alpha}_2\in W$，定义 $\sigma(\boldsymbol{\alpha})=\boldsymbol{\alpha}_1$，证明：

(1) σ是 V 上的线性变换且 $\sigma^2=\sigma$;

(2) $\ker\sigma=W$，$\sigma(V)=U$;

(3) V 中存在一组基，使得σ在这组基下的矩阵为 $\begin{pmatrix}\boldsymbol{E}_r & \boldsymbol{O}\\ \boldsymbol{O} & \boldsymbol{O}\end{pmatrix}_{n\times n}$，并指出 r 的具体意义.

7.6 线性空间的分解

一、多项式理论与线性空间分解初步

要点 多项式的基本理论在线性代数中发挥着重要的作用. 设 V 是数域 P 上的有限维线性空间，$\sigma\in L(V)$，$f(x)\in P[x]$. 令

$$W=\ker(f(\sigma))=\{\boldsymbol{\alpha}\in V\mid f(\sigma)(\boldsymbol{\alpha})=\mathbf{0}\},$$

则 W 是σ的不变子空间. 利用这一结果，对 $P[x]$内的多项式可以构造出σ的各种不变子空间.

通过以下实例，给出有关这种不变子空间之间的关系.

例 7.6.1　若 $g(x)\mid f(x)$，则 $\ker(g(\sigma))\subseteq\ker(f(\sigma))$.

证明　由 $f(x)=q(x)g(x)$，于是对任意的 $\boldsymbol{\alpha}\in\ker(g(\sigma))$，有

$$f(\sigma)\boldsymbol{\alpha}=q(\sigma)g(\sigma)\boldsymbol{\alpha}=\mathbf{0},$$

故 $\boldsymbol{\alpha}\in\ker(f(\sigma))$，即 $\ker(g(\sigma))\subseteq\ker(f(\sigma))$.

例 7.6.2　若 $(f(x),g(x))=d(x)$，则 $\ker(d(\sigma))=\ker(f(\sigma))\cap\ker(g(\sigma))$.

证明　由例 7.6.1 知 $d(x)\mid f(x)$ 有 $\ker(d(\sigma))\subseteq\ker(f(\sigma))$，又由 $d(x)\mid g(x)$ 有

$$\ker(d(\sigma))\subseteq\ker(g(\sigma)).$$

于是 $\ker(d(\sigma))\subseteq\ker(f(\sigma))\cap\ker(g(\sigma))$.

另一方面，由于存在 $u(x),v(x)\in P[x]$ 使

$$u(x)f(x)+v(x)g(x)=d(x),$$

于是 $d(\sigma)=u(\sigma)f(\sigma)+v(\sigma)g(\sigma)$. 对任意 $\boldsymbol{\alpha}\in\ker(f(\sigma))\cap\ker(g(\sigma))$，有 $f(\sigma)\boldsymbol{\alpha}=g(\sigma)\boldsymbol{\alpha}=\mathbf{0}$. 于是

$$d(\sigma)\boldsymbol{\alpha}=u(\sigma)f(\sigma)\boldsymbol{\alpha}+v(\sigma)g(\sigma)\boldsymbol{\alpha}=\mathbf{0}.$$

这表明 $\boldsymbol{\alpha}\in\ker(d(\sigma))$.

综合上述两方面可知原结论正确.

例 7.6.3　若 $f(x)=g(x)h(x)$，且 $(g(x),h(x))=1$，则

$$\ker(f(\sigma))=\ker(g(\sigma))\oplus\ker(h(\sigma)).$$

证明　(1) 由 $g(x)\mid f(x)$，$h(x)\mid f(x)$ 可知 $\ker(g(\sigma))\subseteq\ker(f(\sigma))$，$\ker(h(\sigma))\subseteq\ker(f(\sigma))$，即 $\ker(g(\sigma))$，$\ker(h(\sigma))$ 均为 $\ker(f(\sigma))$ 的子空间.

(2) 由例 7.6.2 知 $\ker(g(\sigma))+\ker(h(\sigma))$ 为直和，因为 $\ker(d(\sigma))=\ker(I)=\{0\}$，这里 $d(x)=1$.

(3) 存在 $u(x),v(x)\in P[x]$ 使

$$u(x)g(x)+v(x)h(x)=1.$$

于是 $u(\sigma)g(\sigma)+v(\sigma)h(\sigma)=I$，对任意 $\alpha\in\ker f(\sigma)$，有

$$\alpha=I(\alpha)=v(\sigma)h(\sigma)\alpha+u(\sigma)g(\sigma)\alpha,$$

又

$$g(\sigma)(v(\sigma)h(\sigma)\alpha)=v(\sigma)(g(\sigma)h(\sigma))\alpha=v(\sigma)f(\sigma)\alpha=0,$$
$$h(\sigma)(u(\sigma)g(\sigma)\alpha)=u(\sigma_1)(g(\sigma)h(\sigma)\alpha)=u(\sigma)f(\sigma)\alpha=0,$$

这表明 $v(\sigma)h(\sigma)\alpha\in\ker(g(\sigma))$，$u(\sigma)g(\sigma)\alpha\in\ker(h(\sigma))$. 于是 $\ker(f(\sigma))=\ker(g(\sigma))+\ker(h(\sigma))$. 综合以上三方面结果可知

$$\ker(f(\sigma))=\ker(g(\sigma))\oplus\ker(h(\sigma)).$$

例 7.6.4 若 $f(x)\in P[x]$ 是σ的零化多项式，且 $f(x)=g(x)h(x)$，这里 $(g(x),h(x))=1$，则有

$$V=\ker(f(\sigma))=\ker(g(\sigma))\oplus\ker(h(\sigma)).$$

提示：由 $f(\sigma)=0$ 可知 $\ker(f(\sigma))=V$.

例 7.6.5 如果 $f(x)\in P[x]$ 是σ的一个零化多项式，且

$$f(x)=f_1(x)f_2(x)\cdots f_k(x),\quad (f_i(x),f_j(x))=1\quad (i\neq j),$$

则 $V=\ker(f_1(\sigma))\oplus\ker(f_2(\sigma))\oplus\cdots\oplus\ker(f_k(\sigma))$，即 V 分解为σ的 k 个不变子空间的直和.

提示：利用例 7.6.4 及数学归纳法.

评析 由于σ的特征多项式是σ的零化多项式，如果能把它们在 $P[x]$ 内分解为两互素多项式的乘积，那就可将 V 分解为σ的不变子空间的直和. 如果遵循这个途径进一步地探讨，将可得到σ的 Jordan 标准形的存在性的另一种证明方法(有别于教材中的证法).

二、线性空间的分解

要点 设数域 P 上线性空间 V 的线性变换σ的特征多项式为

$$f(x)=p_1(x)^{r_1}p_2(x)^{r_2}\cdots p_s(x)^{r_s}\quad (s\geqslant 2),$$

其中 $p_i(x)$ 为 P 上首一不可约多项式，互异，i 为正整数 $(1\leqslant i\leqslant s)$，则

$$W_i=\ker p_i(\sigma)^{r_i}=\{\boldsymbol{\alpha}\mid p_i(\sigma)^{r_i}\boldsymbol{\alpha}=\mathbf{0},\ \ \boldsymbol{\alpha}\in V\}$$

是σ的不变子空间，且

$$V=W_1\oplus W_2\oplus\cdots\oplus W_s. \tag{7.11}$$

式(7.11)称为线性空间 V 关于σ的空间准素分解.

若特征多项式 $f(x)$ 在 P 上可分解为一次因式方幂之积，

$$f(x)=(x-\lambda_1)^{r_1}(x-\lambda_2)^{r_2}\cdots(x-\lambda_s)^{r_s},$$

其中 $\lambda_1,\lambda_2,\cdots,\lambda_s\in P$，互异，$r_i\geqslant 1(1\leqslant i\leqslant s)$，则

$$V=W_1\oplus W_2\oplus\cdots\oplus W_s,$$

其中 $W_i=\ker(\sigma-\lambda_i I)^{r_i}=\{\boldsymbol{\alpha}\mid(\lambda_i I-\sigma)^k\boldsymbol{\alpha}=\mathbf{0}$ 对某正整数 k 成立，$\boldsymbol{\alpha}\in V\}$，称为属于 λ_i 的根子空间，是σ的不变子空间，其中向量称为属于 λ_i 的根向量.

练习 7.6

7.6.1 (2000，南开大学)设 $\mathbf{R}^2$ 是实数域 $\mathbf{R}$ 上的二维向量空间，线性变换 $\sigma:\mathbf{R}^2\mapsto\mathbf{R}^2$ 在基 $\boldsymbol{\varepsilon}_1=(1,0)^{\mathrm{T}},\boldsymbol{\varepsilon}_2=(0,1)^{\mathrm{T}}$ 下的矩阵是

$$\begin{pmatrix} 2 & 1 \\ 0 & 2 \end{pmatrix}.$$

证明：

(1) 设 $W_1 = L(\boldsymbol{\varepsilon}_1)$，则 W_1 是 σ 的不变子空间；

(2) 对于 σ 的任一不变子空间 W_2，$\mathbf{R}^2$ 不能表示成 W_1 与 W_2 的直和.

7.6.2 (2004，西北工业大学) 设 V 是数域 P 上线性空间，σ 是 V 的线性变换.

$$f(x), g(x) \in P[x], \quad \text{且 } h(x) = f(x)g(x),$$

证明：

(1) $\ker f(\sigma) + \ker g(\sigma) \subseteq \ker h(\sigma)$；

(2) (2001，北京大学) 若 $(f(x), g(x)) = 1$，则 $\ker h(\sigma) = \ker f(\sigma) \oplus \ker g(\sigma)$.

7.6.3 (2004，东南大学) 设 σ 是数域 P 上线性空间 V 上的线性变换，$f(x), g(x) \in P[x]$，且有 $(f(x), g(x)) = 1$，$f(x)g(x) = 0$. 证明

$$V = \ker f(\sigma) \oplus \ker g(\sigma).$$

7.6.4 (2005，北京大学) 设 σ 是 $\mathbf{R}$ 上 n 维线性空间 V 上的一个线性变换，用 I 表示 V 上的恒等变换. 证明：$\sigma^3 = I$ 当且仅当

$$r(I - \sigma) + r(I + \sigma + \sigma^2) = n.$$

7.6.5 设 σ 是有限维线性空间 V 的线性变换，W 是 V 的子空间，$\sigma(W)$ 表示由 W 中向量的象组成的子空间，证明

$$\dim(\sigma(W)) + \dim(\ker(\sigma) \cap W) = \dim(W).$$

7.6.6 设 V_1 是数域 P 上 n 维线性空间 V 的 r 维子空间 $(1 \leqslant r \leqslant n)$，$\sigma$ 是 V 上的线性变换，V_2 表示 V_1 全体元素的原象集，且有 $\dim(\ker(\sigma)) = p$，$\dim(V_2) = q$. 证明：$r \leqslant q \leqslant r + p$.

7.6.7 设 V 是数域 P 上 n 维线性空间，σ 是 V 上的线性变换，记 $\sigma(V)$ 的一组基为 $\boldsymbol{\alpha}_1, \boldsymbol{\alpha}_2, \cdots, \boldsymbol{\alpha}_s$，其原象分别为 $\boldsymbol{\beta}_1, \boldsymbol{\beta}_2, \cdots, \boldsymbol{\beta}_s$，试判断以下结论是否成立，若成立，给予证明，否则，举一反例.

(1) $V = \sigma(V) \oplus \ker(\sigma)$；

(2) $V = L(\boldsymbol{\beta}_1, \boldsymbol{\beta}_2, \cdots, \boldsymbol{\beta}_s) \oplus \ker(\sigma)$.

7.6.8 设 σ 是数域 P 上 n 维线性空间 V 上的线性变换. 证明：

(1) (1993，中国人民大学) $V = \sigma(V) \oplus \ker(\sigma)$ 的充要条件是 $r(\sigma) = r(\sigma^2)$；

(2) 若存在正整数 k，$\sigma^k = \sigma$，则 $V = \sigma(V) \oplus \ker(\sigma)$.

7.6.9 (厦门大学) 设 V 为数域 P 上的 n 维线性空间，$\sigma_1, \sigma_2, \cdots, \sigma_s$ 是 V 上的线性变换，且满足

$$\sigma_i \sigma_j = \begin{cases} \sigma_i, & i = j, \\ 0, & i \neq j. \end{cases}$$

证明：$V = \sigma_1(V) \oplus \sigma_2(V) \oplus \cdots \oplus \sigma_s(V) \oplus \bigcap\limits_{k=1}^{s} \ker(\sigma_k)$.

第 8 章　λ-矩阵

为了解决矩阵在相似意义下的标准形问题，需要讨论λ-矩阵，所谓λ-矩阵是指数域 P 上多项式环 $P[\lambda]$ 上的矩阵，它是数字矩阵的推广，且数字矩阵的许多概念和性质可以推广到λ-矩阵中来.

本章内容包括：λ-矩阵的有关概念及结论，矩阵相似的条件，矩阵的 Jordan 标准形，Jordan 标准形的相似过渡阵的求法，最小多项式，矩阵的对角化问题(II)，矩阵方幂的若干求法.

8.1　λ-矩阵的有关概念及结论

一、λ-矩阵的相关概念

a. λ-矩阵的秩

要点　如果在λ-矩阵 $\boldsymbol{A}(\lambda)$ 中，有一个 $r(r\geqslant 1)$ 级子式不为零，而所有的 $r+1$ 级子式全为零，则称 $\boldsymbol{A}(\lambda)$ 的秩为 r，记为 $r(\boldsymbol{A}(\lambda))=r$. 若 $\boldsymbol{A}(\lambda)=\boldsymbol{O}$，则规定 $r(\boldsymbol{A}(\lambda))=0$.

b. λ-矩阵的逆

要点　设 $\boldsymbol{A}(\lambda)$ 是 n 级方阵，若存在 n 级方阵 $\boldsymbol{B}(\lambda)$ 使

$$\boldsymbol{A}(\lambda)\boldsymbol{B}(\lambda)=\boldsymbol{B}(\lambda)\boldsymbol{A}(\lambda)=\boldsymbol{E}_n,$$

则称 $\boldsymbol{A}(\lambda)$ 是可逆的，并称 $\boldsymbol{B}(\lambda)$ 为 $\boldsymbol{A}(\lambda)$ 的逆.

易证 $\boldsymbol{A}(\lambda)$ 可逆当且仅当 $|\boldsymbol{A}(\lambda)|=c\neq 0$，其中 $c\in P$.

评析　$|\boldsymbol{A}(\lambda)|\neq 0$ 只是 $\boldsymbol{A}(\lambda)$ 为可逆阵的必要条件，不是充分条件. 如设 $\boldsymbol{A}$ 是 n 级数字方阵，则显然 $|\lambda\boldsymbol{E}-\boldsymbol{A}|\neq 0$，但 $\lambda\boldsymbol{E}-\boldsymbol{A}$ 不是可逆阵.

例 8.1.1　若 n 级λ-矩阵 $\boldsymbol{A}(\lambda)$ 可逆，证明：$\boldsymbol{A}^{-1}(\lambda)=\dfrac{1}{|\boldsymbol{A}(\lambda)|}\boldsymbol{A}^*(\lambda)$.

证明　由于 $\boldsymbol{A}(\lambda)\boldsymbol{A}^*(\lambda)=|\boldsymbol{A}(\lambda)|\boldsymbol{E}_n$，又 $\boldsymbol{A}(\lambda)$ 可逆，故 $|\boldsymbol{A}(\lambda)|\neq 0$，从而有

$$\boldsymbol{A}(\lambda)\frac{1}{|\boldsymbol{A}(\lambda)|}\boldsymbol{A}^*(\lambda)=\boldsymbol{E}_n,$$

故

$$\boldsymbol{A}^{-1}(\lambda)=\frac{1}{|\boldsymbol{A}(\lambda)|}\boldsymbol{A}^*(\lambda).$$

c. λ-矩阵的初等变换与初等矩阵

要点　1° λ-矩阵的初等变换有以下 3 种：

(1)交换两行(或列)；

(2)用非零的常数乘矩阵的某一行(或列)；

(3)用矩阵某一行(或列)的 $\varphi(\lambda)$ 倍加到另一行(或列)上去.

2° 初等λ-矩阵有以下 3 种：

(1) $\boldsymbol{P}(i, j)$;

(2) $\boldsymbol{P}(i(c))$，$c \neq 0$;

(3) $\boldsymbol{P}(i, j(\varphi(\lambda)))$，$\varphi(\lambda) \in P[\lambda]$.

3° 用初等λ-矩阵左乘(或右乘)某矩阵相当于对这个矩阵作一次相应的行(或列)初等变换.

评析　注意区别数字矩阵与λ-矩阵各自的第三种初等变换.

d. λ-矩阵的等价

要点　若 $\boldsymbol{A}(\lambda)$ 经过若干次初等变换化为 $\boldsymbol{B}(\lambda)$，则称 $\boldsymbol{A}(\lambda)$ 与 $\boldsymbol{B}(\lambda)$ 等价. 若 $\boldsymbol{A}(\lambda)$ 与 $\boldsymbol{B}(\lambda)$ 等价，则存在可逆阵 $\boldsymbol{P}(\lambda)$ 和 $\boldsymbol{Q}(\lambda)$ 使得 $\boldsymbol{B}(\lambda)=\boldsymbol{P}(\lambda)\boldsymbol{A}(\lambda)\boldsymbol{Q}(\lambda)$.

二、不变因子，行列式因子与初等因子

a. Smith(史密斯)标准形

要点　设 $\boldsymbol{A}(\lambda)$ 是一个 $m\times n$ 矩阵，且 $r(\boldsymbol{A}(\lambda))=r$，则 $\boldsymbol{A}(\lambda)$ 可经过若干次初等变换变成

$$\begin{pmatrix} d_1(\lambda) & & & & & & \\ & d_2(\lambda) & & & & & \\ & & \ddots & & & & \\ & & & d_r(\lambda) & & & \\ & & & & 0 & & \\ & & & & & \ddots & \\ & & & & & & 0 \end{pmatrix} \tag{8.1}$$

形状，其中 $d_i(\lambda)(i=1,2,\cdots,r)$ 为首一多项式且 $d_i(\lambda)\mid d_{i+1}(\lambda)$，$i=1,2,\cdots,r-1$. 式(8.1)称为 $\boldsymbol{A}(\lambda)$ 的 Smith 标准形，且标准形是唯一的.

b. 不变因子及其求法

要点　式(8.1)中的 $d_1(\lambda),d_2(\lambda),\cdots,d_r(\lambda)$ 称为 $\boldsymbol{A}(\lambda)$ 的不变因子.

c. 行列式因子及其求法

要点　设 $\boldsymbol{A}(\lambda)$ 的秩为 r，对于正整数 k，$1\leqslant k\leqslant r$，$\boldsymbol{A}(\lambda)$ 中全部 k 级子式的首一最大公因式，称为 $\boldsymbol{A}(\lambda)$ 的 k 级行列式因子，记为 $D_k(\lambda)$.

$\boldsymbol{A}(\lambda)$ 的行列式因子与不变因子的关系为

$$\begin{cases} D_1(\lambda)=d_1(\lambda), \\ D_2(\lambda)=d_1(\lambda)d_2(\lambda), \\ \qquad\cdots\cdots \\ D_r(\lambda)=d_1(\lambda)d_2(\lambda)\cdots d_r(\lambda), \end{cases}$$

且二者相互唯一确定.

例 8.1.2　求 $\boldsymbol{A}(\lambda)$ 的各级行列式因子及其不变因子，其中

$$\boldsymbol{A}(\lambda)=\begin{pmatrix} 2\lambda & 1 & 0 \\ 0 & -\lambda(\lambda+2) & -3 \\ 0 & 0 & \lambda^2-1 \end{pmatrix}.$$

解　由于

$$\begin{vmatrix} 2\lambda & 1 & 0 \\ 0 & -\lambda(\lambda+2) & -3 \\ 0 & 0 & \lambda^2-1 \end{vmatrix}=-2\lambda^2(\lambda+2)(\lambda^2-1),$$

所以 $D_3(\lambda)=\lambda^2(\lambda+2)(\lambda^2-1)$，又其中有一个二级子式

$$\begin{vmatrix} 1 & 0 \\ -\lambda(\lambda+2) & -3 \end{vmatrix}=-3,$$

故由行列式因子的定义可知 $D_2(\lambda)=1$，从而 $D_1(\lambda)=1$. 故

$$d_1(\lambda)=d_2(\lambda)=1,\quad d_3(\lambda)=D_3(\lambda)=\lambda^2(\lambda+2)(\lambda^2-1).$$

d. 初等因子的求法

要点　将矩阵 $\lambda\boldsymbol{E}_n-\boldsymbol{A}$ 的每个次数大于零的不变因子分解为互不相同的一次因式的方幂的乘积，所有这些一次因式的方幂(相同的必须按出现的次数计算)，称为 $\boldsymbol{A}$ 的初等因子.

求 $\boldsymbol{A}$ 的初等因子首先必须求出 $\lambda\boldsymbol{E}_n-\boldsymbol{A}$ 的不变因子. 而不变因子可通过将 $\lambda\boldsymbol{E}_n-\boldsymbol{A}$ 化为 Smith 标准形求出，或只要将 $\lambda\boldsymbol{E}_n-\boldsymbol{A}$ 用λ-矩阵的初等变换化为对角阵求出，或通过求出 $\lambda\boldsymbol{E}_n-\boldsymbol{A}$ 的所有各级行列式因子，进而计算不变因子以求出及初等因子.

评析　(1) 不变因子和行列式因子这两个概念是对一般的λ-矩阵均可引入的，但初等因子只对特殊的λ-矩阵 $\lambda\boldsymbol{E}_n-\boldsymbol{A}$ (即 n 级数字方阵的特征矩阵)引入.

(2) 本章谈到初等因子，若当有 Jordan 标准形等问题时，默认是在复数域上讨论的.

练习 8.1

8.1.1 判断题.

(1) 已知矩阵 $\boldsymbol{A}(\lambda)$ 是一个 n 级方阵，则 $\boldsymbol{A}(\lambda)$ 的秩为 n. ( )

(2) 设 $\boldsymbol{A}$ 是一个 n 级数字方阵，则 $\lambda\boldsymbol{E}-\boldsymbol{A}$ 可逆. ( )

(3) 设 $\boldsymbol{A}$ 是一个 n 级数字方阵，则 $\lambda\boldsymbol{E}-\boldsymbol{A}$ 的秩为 n. ( )

(4) 两个同级的 λ-矩阵有相同的秩，则它们一定等价. ( )

(5) 两个同级的数字矩阵有相同的秩，则它们一定等价. ( )

(6) 已知矩阵 $\boldsymbol{A}(\lambda)$ 是一个 n 级方阵，则 $\boldsymbol{A}(\lambda)$ 一定有 n 个不变因子. ( )

(7) 若 $\boldsymbol{A}(\lambda)=\begin{pmatrix}1 & & \\ & \lambda & \\ & & \lambda^2\end{pmatrix}$，则 $\boldsymbol{A}(\lambda)$ 的不变因子为 λ,λ^2. ( )

(8) n 级数字方阵的所有不变因子的乘积等于这个矩阵的特征多项式. ( )

(9) n 级数字方阵的所有初等因子的乘积等于这个矩阵的特征多项式. ( )

(10) 已知 n 级数字矩阵 $\boldsymbol{A}$ 的特征多项式，则可以求出 $\boldsymbol{A}$ 的初等因子组. ( )

(11) 如果两个同级的数字矩阵 $\boldsymbol{A},\boldsymbol{B}$ 相似，则 $\operatorname{tr}(\boldsymbol{A})=\operatorname{tr}(\boldsymbol{B})$. ( )

(12) 如果两个同级的数字矩阵 $\boldsymbol{A},\boldsymbol{B}$ 有相同的行列式因子，则它们等价. ( )

(13) 如果两个同级的数字矩阵 $\boldsymbol{A},\boldsymbol{B}$ 等价，则它们有相同的初等因子组. ( )

(14) 如果两个 λ-矩阵有相同的不变因子，则它们有相同的秩. ( )

(15) 两个 λ-矩阵等价，则它们有相同的秩. ( )

8.1.2 (1999，华中师范大学) 设

$$(f_i(x),g_j(x))=1\quad (i,j=1,2),$$
$$d_1(x)=(f_1(x),f_2(x)),\quad d_2(x)=(g_1(x),g_2(x)),$$
$$m(x)=\frac{f_1(x)f_2(x)g_1(x)g_2(x)}{d_1(x)d_2(x)}.$$

证明：(1) $(f_1(x)g_1(x),f_2(x)g_2(x))=d_1(x)d_2(x)$;

(2) 矩阵

$$\boldsymbol{A}(x)=\begin{pmatrix}f_1(x)g_1(x) & 0\\ 0 & f_2(x)g_2(x)\end{pmatrix}$$

可以经过初等变换化为

$$\boldsymbol{B}(x)=\begin{pmatrix}d_1(x)d_2(x) & 0\\ 0 & m(x)\end{pmatrix}.$$

8.2 矩阵相似的条件

一、矩阵相似与λ-矩阵等价之间的关系

要点 n 级方阵 $\boldsymbol{A}$ 与 $\boldsymbol{B}$ 相似当且仅当 $\lambda\boldsymbol{E}_n-\boldsymbol{A}$ 与 $\lambda\boldsymbol{E}_n-\boldsymbol{B}$ 等价.

关于两个 $m\times n$ 的λ-矩阵等价的充要条件是它们具有相同的不变因子或具有相同的各级行列式因子.

二、矩阵相似的充要条件

要点 设 $\boldsymbol{A},\boldsymbol{B}$ 是两个 n 级数字方阵，则

1° $\boldsymbol{A}$ 与 $\boldsymbol{B}$ 相似 $\Leftrightarrow \lambda\boldsymbol{E}_n-\boldsymbol{A}$ 与 $\lambda\boldsymbol{E}_n-\boldsymbol{B}$ 等价；

2° $\boldsymbol{A}$ 与 $\boldsymbol{B}$ 相似 $\Leftrightarrow \lambda\boldsymbol{E}_n-\boldsymbol{A}$ 与 $\lambda\boldsymbol{E}_n-\boldsymbol{B}$ 有相同的不变因子；

3° $\boldsymbol{A}$ 与 $\boldsymbol{B}$ 相似 $\Leftrightarrow \lambda\boldsymbol{E}_n-\boldsymbol{A}$ 与 $\lambda\boldsymbol{E}_n-\boldsymbol{B}$ 有相同的各级行列式因子；

4° $\boldsymbol{A}$ 与 $\boldsymbol{B}$ 相似 $\Leftrightarrow \boldsymbol{A}$与$\boldsymbol{B}$ 有相同的初等因子.

例 8.2.1 判定下列 $\boldsymbol{A}(\lambda)$ 与 $\boldsymbol{B}(\lambda)$ 是否等价.

(1) $\boldsymbol{A}(\lambda)=\begin{pmatrix}\lambda & 1\\ 0 & \lambda\end{pmatrix}$, $\boldsymbol{B}(\lambda)=\begin{pmatrix}1 & -\lambda\\ 1 & \lambda\end{pmatrix}$;

(2) $\boldsymbol{A}(\lambda)=\begin{pmatrix}\lambda(\lambda+1) & 0 & 0\\ 0 & \lambda & 0\\ 0 & 0 & (\lambda+1)^2\end{pmatrix}$, $\boldsymbol{B}(\lambda)=\begin{pmatrix}0 & 0 & \lambda+1\\ 0 & 2\lambda & 0\\ \lambda(\lambda+1)^2 & 0 & 0\end{pmatrix}$.

解 (1) 易得 $\boldsymbol{A}(\lambda)$ 的行列式因子为 $D_1(\lambda)=1$，$D_2(\lambda)=\lambda^2$；$\boldsymbol{B}(\lambda)$ 的行列式因子为 $\widetilde{D}_1(\lambda)=1$，$\widetilde{D}_2(\lambda)=\lambda$. 它们的行列式因子不同，从而 $\boldsymbol{A}(\lambda)$与$\boldsymbol{B}(\lambda)$ 不等价.

(2) 由于 $r(\boldsymbol{A}(\lambda))=3$，则 $\boldsymbol{A}(\lambda)$ 的不变因子为 $\lambda(\lambda+1)^2$，$\lambda(\lambda+1)$, 1; 由于 $r(\boldsymbol{B}(\lambda))=3$，则 $\boldsymbol{B}(\lambda)$ 的不变因子为 $\lambda(\lambda+1)^2$，$\lambda(\lambda+1)$，1. 由 $\boldsymbol{A}(\lambda)$ 与 $\boldsymbol{B}(\lambda)$ 的秩相同且有相同的不变因子，故它们等价.

例 8.2.2 (2015，陕西师范大学) 下列矩阵哪些相似？哪些不相似？

$$\boldsymbol{A}=\begin{pmatrix}-1 & 1 & 0\\ -4 & 3 & 0\\ 1 & 0 & 2\end{pmatrix},\quad \boldsymbol{B}=\begin{pmatrix}3 & 0 & 8\\ 3 & -1 & 6\\ -2 & 0 & -5\end{pmatrix},\quad \boldsymbol{C}=\begin{pmatrix}2 & 0 & 0\\ 0 & 1 & 1\\ 1 & 0 & 1\end{pmatrix}.$$

解 由于

$$\lambda\boldsymbol{E}-\boldsymbol{A}=\begin{pmatrix}\lambda+1 & -1 & 0\\ 4 & \lambda-3 & 0\\ -1 & 0 & \lambda-2\end{pmatrix}\xrightarrow[c_1+(\lambda+1)c_2]{r_2+(\lambda-3)r_1}\begin{pmatrix}0 & -1 & 0\\ (\lambda-1)^2 & 0 & 0\\ -1 & 0 & \lambda-2\end{pmatrix}$$

$$\xrightarrow[c_1\leftrightarrow c_2]{\substack{r_2\leftrightarrow r_3\\ r_1\times(-1)}}\begin{pmatrix}1&0&0\\0&-1&\lambda-2\\0&(\lambda-1)^2&0\end{pmatrix}\xrightarrow[c_3+(\lambda-2)c_2]{\substack{r_2\times(-1)\\ r_3+(\lambda-1)^2r_2}}\begin{pmatrix}1&0&0\\0&1&0\\0&0&(\lambda-2)(\lambda-1)^2\end{pmatrix},$$

所以 A 的不变因子为1，1，$(\lambda-2)(\lambda-1)^2$，同理可求得 B 的不变因子为 $1,\lambda+1,(\lambda+1)^2$；$C$ 的不变因子为1，1，$(\lambda-2)(\lambda-1)^2$. 故 A 与 C 相似，而 A 与 B，B 与 C 都不相似.

练习 8.2

8.2.1 (2001，复旦大学)试判断下面两个方阵是否相似，并说明理由.

$$A=\begin{pmatrix}1&0&0&0\\0&-1&0&0\\0&0&0&0\\0&0&1&0\end{pmatrix},\quad B=\begin{pmatrix}-1&0&0&0\\-1&1&1&-1\\-1&0&0&0\\-1&0&1&0\end{pmatrix}.$$

8.2.2 (北京师范大学)设 a,b,c 是实数，

$$A=\begin{pmatrix}b&c&a\\c&a&b\\a&b&c\end{pmatrix},\quad B=\begin{pmatrix}c&a&b\\a&b&c\\b&c&a\end{pmatrix},\quad C=\begin{pmatrix}a&b&c\\b&c&a\\c&a&b\end{pmatrix}.$$

(1) 证明 A,B,C 彼此相似；

(2) 如果 $BC=CB$，试证 A 至少有两个特征根为 0.

8.2.3 (中国科学院)试证任何满足 $A^2+E=O$ 的二级方阵 A 相似于 $\begin{pmatrix}0&1\\-1&0\end{pmatrix}$.

8.2.4 (2007，北京大学) n 维线性空间 V 上的线性变换 σ 的最小多项式与特征多项式相同. 求证：存在 $\alpha\in V$，使得 $\alpha,\sigma(\alpha),\cdots,\sigma^{(n-1)}(\alpha)$ 是 V 的一组基.

8.2.5 (北京师范大学)设 $i_1,i_2,\cdots,i_n$ 是 $1,2,\cdots,n$ 的一个排列，对于任一 n 级方阵 A，令 $\sigma(A)$ 表示依次以 A 的第 $i_1,i_2,\cdots,i_n$ 列作为第 $1,2,\cdots,n$ 列所得矩阵.

(1) 证明：对任意 n 级方阵 A,B，都有 $\sigma(AB)=\sigma(A)B$；

(2) 对任意 n 级方阵 A，$\sigma(A)$ 与 A 是否相似？

8.3 矩阵的 Jordan 标准形

一、Jordan 标准形及其求法

a. Jordan 标准形的存在唯一性

要点 设 $A\in M_{n\times n}(\mathbf{C})$，则存在可逆阵 $T\in M_{n\times n}(\mathbf{C})$，使

$$T^{-1}AT=\begin{pmatrix} J_1 & & \\ & \ddots & \\ & & J_s \end{pmatrix},$$

其中 $J_k=\begin{pmatrix} \lambda_k & & & \\ 1 & \lambda_k & & \\ & \ddots & \ddots & \\ & & 1 & \lambda_k \end{pmatrix}$，$k=1,2,\cdots,s$，$J_k$ 为 n_k 级方阵，满足 $n_1+n_2+\cdots+n_k=n$.

评析　矩阵的相似关系是一个等价关系，我们将复数域 $\mathbf{C}$ 上全体 n 级方阵按相似关系进行分类，凡是相互之间存在相似关系的矩阵属于同一类，不同的相似类之间没有公共元素(即交是空集).

在每个相似类中，存在唯一的形式最简单的矩阵，即 Jordan 形矩阵，它是这个类的代表(即标准形)，这个类中所有矩阵都与这个 Jordan 矩阵相似.

例 8.3.1　设 A 是一个 n_1 级方阵，它的初等因子为 $(\lambda-\lambda_1)^{n_1}$. 证明：$A$ 与 n_1 级方阵 J_1 相似，其中

$$J_1=\begin{pmatrix} \lambda_1 & & & \\ 1 & \lambda_1 & & \\ & \ddots & \ddots & \\ & & 1 & \lambda_1 \end{pmatrix}.$$

证明　易知 $\lambda E_{n_1}-J_1$ 的行列式因子为 $\underbrace{1,1,\cdots,1}_{n_1-1},(\lambda-\lambda_1)^{n_1}$，所以 J_1 的初等因子为 $(\lambda-\lambda_1)^{n_1}$，从而 A 与 J_1 相似.

例 8.3.2　设 A 为幂零阵，则 $A\pm E$ 非退化.

证明　由于幂零阵 A 的特征值全是 0，设 J 为 A 的 Jordan 标准形，则存在可逆阵 P 使得 $P^{-1}AP=J$，其中 J 的主对角线上元素全为 0，故 $\left|P^{-1}(A\pm E)P\right|=\left|J\pm E\right|\neq 0$，从而 $A\pm E$ 是可逆阵.

b. Jordan 标准形的求法

要点　求 n 级方阵 A 的 Jordan 标准形可按以下步骤：

1°　写出 A 的特征矩阵 λE_n-A 的所有初等因子；

2°　对每个初等因子，写出对应的 Jordan 块；

3°　将所有的 Jordan 块作为准对角阵的子块拼成一个准对角形矩阵，这个准对角阵即是 A 的 Jordan 标准形.

例 8.3.3　求矩阵

$$A=\begin{pmatrix}3&-4&0&2\\4&-5&-2&4\\0&0&3&-2\\0&0&2&-1\end{pmatrix}$$

的 Jordan 标准形 J，并求出 P，使 $P^{-1}AP=J$.

解　可求得

$$J=\begin{pmatrix}1&&&\\1&1&&\\&&-1&\\&&1&-1\end{pmatrix}.$$

设 $P^{-1}AP=J$，令 $P=(\alpha_1,\alpha_2,\alpha_3,\alpha_4)$，则

$$A(\alpha_1,\alpha_2,\alpha_3,\alpha_4)=(\alpha_1,\alpha_2,\alpha_3,\alpha_4)\begin{pmatrix}1&&&\\1&1&&\\&&-1&\\&&1&-1\end{pmatrix}.$$

由 $A\alpha_2=1\cdot\alpha_2$，$A\alpha_4=(-1)\alpha_4$ 可知，α_2,α_4 分别是矩阵 A 的以 $1,-1$ 为特征值的特征向量，解方程组 $(A-E)x=0$ 和 $(A+E)x=0$，分别可得

$$\alpha_2^{\mathrm T}=(1,1,1,1),\quad \alpha_4^{\mathrm T}=(1,1,0,0),$$

又由 $A\alpha_1=\alpha_1+\alpha_2$ 可知 $(A-E)\alpha_1=\alpha_2$，即 α_1 为 $(A-E)x=\alpha_2$ 的解，得

$$\alpha_1^{\mathrm T}=\left(\frac{3}{2},1,\frac{3}{2},1\right).$$

由 $A\alpha_3=-\alpha_3+\alpha_4$ 知 $(A+E)\alpha_3=\alpha_4$，即 α_3 为 $(A+E)x=\alpha_4$ 的解，得 $\alpha_3^{\mathrm T}=\left(\frac{5}{4},1,0,0\right)$，则

$$P=\begin{pmatrix}\frac{3}{2}&1&\frac{5}{4}&1\\1&1&1&1\\\frac{3}{2}&1&0&0\\1&1&0&0\end{pmatrix}.$$

例 8.3.4　设 $A\in M_n(\mathbf{C})$，$\Delta_A(\lambda)=(\lambda-\lambda_1)^{r_1}\cdots(\lambda-\lambda_s)^{r_s}(\lambda_i\neq\lambda_j)$，则 A 的属于特征值 λ_i 的特征子空间 V_{λ_i} 的维数 t_i（即 λ_i 的几何重数）等于 A 的初等因子中以 λ_i 为根的初等因子的个数. λ_i 的代数重数 r_i 等于 A 的初等因子中以 λ_i 为根的初等因子的次数的和.

证明　设 $\boldsymbol{A}$ 的 Jordan 标准形是 $\boldsymbol{J}$，则存在可逆阵 $\boldsymbol{P}$ 使得

$$\boldsymbol{P}^{-1}\boldsymbol{A}\boldsymbol{P}=\boldsymbol{J}=\begin{pmatrix}\boldsymbol{J}_1 & & & \\ & \boldsymbol{J}_2 & & \\ & & \ddots & \\ & & & \boldsymbol{J}_m\end{pmatrix},$$

$\boldsymbol{J}_i$ 的级数为 c_i，$c_1+c_2+\cdots+c_m=n$.

可设有相同特征值的 Jordan 块相邻靠在一起，不妨设以 λ_1 为特征值的 Jordan 块有 s 个：$\boldsymbol{J}_1,\boldsymbol{J}_2,\cdots,\boldsymbol{J}_s$.

$$\begin{aligned}\boldsymbol{P}^{-1}(\lambda_1\boldsymbol{E}-\boldsymbol{A})\boldsymbol{P}&=\lambda_1\boldsymbol{E}-\boldsymbol{J}\\ &=\begin{pmatrix}\lambda_1\boldsymbol{E}_1-\boldsymbol{J}_1 & & & & & \\ & \ddots & & & & \\ & & \lambda_1\boldsymbol{E}_s-\boldsymbol{J}_s & & & \\ & & & \lambda_1\boldsymbol{E}_{s+1}-\boldsymbol{J}_{s+1} & & \\ & & & & \ddots & \\ & & & & & \lambda_1\boldsymbol{E}_m-\boldsymbol{J}_m\end{pmatrix}\\ &=\begin{pmatrix}\boldsymbol{B} & \\ & \boldsymbol{C}\end{pmatrix},\end{aligned}$$

其中

$$\boldsymbol{B}=\begin{pmatrix}\lambda_1\boldsymbol{E}_1-\boldsymbol{J}_1 & & \\ & \ddots & \\ & & \lambda_1\boldsymbol{E}_s-\boldsymbol{J}_s\end{pmatrix},\quad \boldsymbol{C}=\begin{pmatrix}\lambda_1\boldsymbol{E}_{s+1}-\boldsymbol{J}_{s+1} & & \\ & \ddots & \\ & & \lambda_1\boldsymbol{E}_m-\boldsymbol{J}_m\end{pmatrix}.$$

设 $\boldsymbol{B}$ 的级数为 k，则 $r(\boldsymbol{B})=k-s$，$r(\boldsymbol{C})=n-k$，而 $r(\lambda_1\boldsymbol{E}-\boldsymbol{A})=r(\lambda_1\boldsymbol{E}-\boldsymbol{J})=r(\boldsymbol{B})+r(\boldsymbol{C})=n-s$. 故 $\dim(V_{\lambda_1})=n-r(\lambda_1\boldsymbol{E}-\boldsymbol{A})=s$.

故以 λ_1 为根的初等因子，只有 $\boldsymbol{J}_1,\cdots,\boldsymbol{J}_s$ 对应的初等因子，λ_1 的几何重数是 s，λ_1 的代数重数是 k. 同理，λ_i 的几何重数是 $\boldsymbol{A}$ 的以 λ_i 为根的初等因子的个数，λ_i 的代数重数是以 λ_i 为根的初等因子的次数的和.

评析　(1) 由例 8.3.4 可以看出 λ_i 的几何重数也是 $\boldsymbol{A}$ 的 Jordan 标准形中以 λ_i 为特征值的 Jordan 块的个数，λ_i 的代数重数是 $\boldsymbol{A}$ 的 Jordan 标准形中以 λ_i 为特征值的 Jordan 块的级数之和. 故一般来说，λ_i 的几何重数 $\leqslant\lambda_i$ 的代数重数.

(2) 易看出特征根为 λ_1 的 Jordan 块的个数 = 特征根为 λ_1 的特征子空间的维数 = $(\boldsymbol{J}-\lambda_1\boldsymbol{E}_n)$ 的零度.

二、Jordan 块的性质及其应用

a. Jordan 块的性质

要点　Jordan 块具有以下特性：

(1) 设 m 阶 Jordan 块

$$\boldsymbol{J}_m(\lambda)=\begin{pmatrix}\lambda & 0 & 0 & \cdots & 0 & 0\\ 1 & \lambda & 0 & \cdots & 0 & 0\\ 0 & 1 & \lambda & \cdots & 0 & 0\\ \vdots & \vdots & \vdots & & \vdots & \vdots\\ 0 & 0 & 0 & \cdots & 1 & \lambda\end{pmatrix},$$

则

$$\boldsymbol{J}_m(\lambda)^k=\begin{pmatrix}\lambda^k & 0 & \cdots & 0 & 0\\ \mathrm{C}_k^1\lambda^{k-1} & \lambda^k & \cdots & 0 & 0\\ \mathrm{C}_k^2\lambda^{k-2} & \mathrm{C}_k^1\lambda^{k-1} & \cdots & 0 & 0\\ \vdots & \vdots & & \vdots & \vdots\\ \mathrm{C}_k^{m-1}\lambda^{k-m+1} & \mathrm{C}_k^{m-2}\lambda^{k-m+2} & \cdots & \mathrm{C}_k^1\lambda^{k-1} & \lambda^k\end{pmatrix}.$$

(2) 设 m 级 Jordan 块

$$\boldsymbol{J}_m(\lambda)=\begin{pmatrix}\lambda & 0 & \cdots & 0 & 0\\ 1 & \lambda & \cdots & 0 & 0\\ \vdots & \vdots & & \vdots & \vdots\\ 0 & 0 & \cdots & \lambda & 0\\ 0 & 0 & \cdots & 1 & \lambda\end{pmatrix},$$

则存在 m 级矩阵

$$\boldsymbol{Q}_m=\begin{pmatrix} & & & 1\\ & & 1 & \\ & \iddots & & \\ 1 & & & \end{pmatrix},$$

使得

$$\boldsymbol{Q}_m^{-1}\boldsymbol{J}_m(\lambda)\boldsymbol{Q}_m=\begin{pmatrix}\lambda & 1 & \cdots & 0 & 0\\ 0 & \lambda & \cdots & 0 & 0\\ \vdots & \vdots & & \vdots & \vdots\\ 0 & 0 & \cdots & \lambda & 1\\ 0 & 0 & \cdots & 0 & \lambda\end{pmatrix},$$

且 $\boldsymbol{Q}_m^{-1}=\boldsymbol{Q}_m^{\mathrm{T}}=\boldsymbol{Q}_m$.

(3) 设 m 级幂零 Jordan 块

$$J=\begin{pmatrix}0&0&\cdots&0&0\\1&0&\cdots&0&0\\\vdots&\vdots&&\vdots&\vdots\\0&0&\cdots&0&0\\0&0&\cdots&1&0\end{pmatrix},$$

则对于自然数 k，有 $J^k=O\Leftrightarrow k\geqslant m$.

(4) m 级 Jordan 块能分解为一个幂零 Jordan 块与一个纯对角阵之和，即

$$J_m(\lambda_i)=\begin{pmatrix}\lambda_i&0&\cdots&0&0\\1&\lambda_i&\cdots&0&0\\\vdots&\vdots&&\vdots&\vdots\\0&0&\cdots&\lambda_i&0\\0&0&\cdots&1&\lambda_i\end{pmatrix}$$

$$=\begin{pmatrix}\lambda_i&0&\cdots&0&0\\0&\lambda_i&\cdots&0&0\\\vdots&\vdots&&\vdots&\vdots\\0&0&\cdots&\lambda_i&0\\0&0&\cdots&0&\lambda_i\end{pmatrix}+\begin{pmatrix}0&0&\cdots&0&0\\1&0&\cdots&0&0\\\vdots&\vdots&&\vdots&\vdots\\0&0&\cdots&0&0\\0&0&\cdots&1&0\end{pmatrix}.$$

(5) m 级 Jordan 块能分解为两个对称阵之积，且其中之一是非退化的，即

$$J_m(\lambda_i)=\begin{pmatrix}\lambda_i&0&\cdots&0&0\\1&\lambda_i&\cdots&0&0\\\vdots&\vdots&&\vdots&\vdots\\0&0&\cdots&\lambda_i&0\\0&0&\cdots&1&\lambda_i\end{pmatrix}$$

$$=\begin{pmatrix}0&0&\cdots&0&1\\\vdots&\vdots&&\vdots&\vdots\\0&1&\cdots&0&0\\1&0&\cdots&0&0\end{pmatrix}\begin{pmatrix}0&0&\cdots&1&\lambda_i\\0&0&\cdots&\lambda_i&0\\\vdots&\vdots&&\vdots&\vdots\\1&\lambda_i&\cdots&0&0\\\lambda_i&0&\cdots&0&0\end{pmatrix}$$

$$=\begin{pmatrix}0&0&\cdots&0&\lambda_i\\0&0&\cdots&\lambda_i&1\\\vdots&\vdots&&\vdots&\vdots\\0&\lambda_i&\cdots&0&0\\\lambda_i&1&\cdots&0&0\end{pmatrix}\begin{pmatrix}0&0&\cdots&0&1\\\vdots&\vdots&&\vdots&\vdots\\0&1&\cdots&0&0\\1&0&\cdots&0&0\end{pmatrix}.$$

(6) m 级 Jordan 块

$$J_m(1)=\begin{pmatrix}1&0&\cdots&0&0\\1&1&\cdots&0&0\\\vdots&\vdots&&\vdots&\vdots\\0&0&\cdots&1&0\\0&0&\cdots&1&1\end{pmatrix},$$

则 $\boldsymbol{J}_m^k$ 与 $\boldsymbol{J}_m$ 相似，其中 k 为任意正整数.

(7) 对 m 级 Jordan 块

$$\boldsymbol{J}_m(\lambda_i)=\begin{pmatrix}\lambda_i&0&\cdots&0&0\\1&\lambda_i&\cdots&0&0\\\vdots&\vdots&&\vdots&\vdots\\0&0&\cdots&\lambda_i&0\\0&0&\cdots&1&\lambda_i\end{pmatrix},$$

则 $\boldsymbol{J}_m(\lambda_i)$ 的特征子空间是一维的.

(8) 与 m 级幂零 Jordan 块

$$\boldsymbol{J}_m(0)=\begin{pmatrix}0&0&\cdots&0&0\\1&0&\cdots&0&0\\\vdots&\vdots&&\vdots&\vdots\\0&0&\cdots&0&0\\0&0&\cdots&1&0\end{pmatrix}$$

相乘可交换的矩阵为

$$\boldsymbol{B}=\begin{pmatrix}b_1&0&\cdots&0&0\\b_2&b_1&\cdots&0&0\\\vdots&\vdots&&\vdots&\vdots\\b_{m-1}&b_{m-2}&\cdots&b_1&0\\b_m&b_{m-1}&\cdots&b_2&b_1\end{pmatrix}.$$

b. Jordan 块的应用(实例)

例 8.3.5　设 $\boldsymbol{A}$ 为幂零阵，且 $r(\boldsymbol{A})=r$，则 $k\geqslant r$ 时有 $\boldsymbol{A}^k=\boldsymbol{O}$.

证明　$\boldsymbol{A}$ 的特征值为 0，$\boldsymbol{A}$ 的 Jordan 标准阵 $\boldsymbol{J}$ 的 Jordan 块 $\boldsymbol{J}_i$ 是幂零 Jordan 块，如果

$$J_i=\begin{pmatrix}0&&&\\1&0&&\\&\ddots&\ddots&\\&&1&0\end{pmatrix}$$

是 r_i 级的，则 $J_i^{r_i}=O$. 又 $r(A)=r$，故 $r(J)=r$. 由 $(J_i)\leqslant r$，这样 $J_i^k=O$. 由于 A^k 与 J^k 相似，但 $J^k=O$，从而 $A^k=O$ (k 的最小数是 A 的最高次初等因子的方幂).

例 8.3.6　设 A 是 n 级方阵，且 0 是 A 的 k 重特征值，说明：$r(A^k)=n-k$.

证明　将 A 的 Jordan 标准形 J 的子块对角线上是 0 的放在一起，记为 B_0，则有

$$P^{-1}AP=J=\begin{pmatrix}B&\\&B_0\end{pmatrix},$$

B_0 是 k 级的，故 $B_0^k=O$，而 B 为 $n-k$ 级方阵.

$$P^{-1}A^kP=(P^{-1}AP)^k=J^k=\begin{pmatrix}B^k&\\&O\end{pmatrix},$$

而 $\left|B^k\right|=\left|B\right|^k\neq 0$，故 $r(A^k)=r(J^k)=n-k$.

例 8.3.7　设 A 是数域 P 上的 n 级方阵，$m_A(\lambda)$ 能分解成数域 P 上一次因式之积，则 $A=M+N$，其中 M 是幂零阵，N 相似于对角阵，且 $MN=NM$.

证明　$m_A(\lambda)$ 能分解成 P 上一次因式之积，证明 A 的 Jordan 标准阵 $J\in M_{n\times n}(P)$ 为如下形式

$$J=\begin{pmatrix}J_1&&&\\&J_2&&\\&&\ddots&\\&&&J_s\end{pmatrix},$$

令

$$J_i=\begin{pmatrix}0&&&\\1&0&&\\&\ddots&\ddots&\\&&1&0\end{pmatrix}+\begin{pmatrix}\lambda_i&&&\\&\lambda_i&&\\&&\ddots&\\&&&\lambda_i\end{pmatrix}=B_i+C_i.$$

这里 B_i 是幂零 Jordan 块，C_i 是对角阵，其中 $\lambda_i\in P$. 设 J_i 的级为 r_i，$k=\max(r_1,r_2,\cdots,r_s)$，由 $A=P^{-1}JP=P^{-1}(B+C)P=P^{-1}BP+P^{-1}CP$，这里

$$B=\begin{pmatrix}B_1&&&\\&B_2&&\\&&\ddots&\\&&&B_s\end{pmatrix},\quad C=\begin{pmatrix}C_1&&&\\&C_2&&\\&&\ddots&\\&&&C_s\end{pmatrix}.$$

令 $\boldsymbol{P}^{-1}\boldsymbol{B}\boldsymbol{P}=\boldsymbol{M}$，$\boldsymbol{P}^{-1}\boldsymbol{C}\boldsymbol{P}=\boldsymbol{N}$，则 $\boldsymbol{M}^k=\boldsymbol{P}^{-1}\boldsymbol{B}^k\boldsymbol{P}=\boldsymbol{P}^{-1}\boldsymbol{O}\boldsymbol{P}=\boldsymbol{O}$，$\boldsymbol{N}$ 相似于对角阵 $\boldsymbol{C}$. 又 $\boldsymbol{M}\boldsymbol{N}=\boldsymbol{P}^{-1}\boldsymbol{B}\boldsymbol{P}\boldsymbol{P}^{-1}\boldsymbol{C}\boldsymbol{P}=\boldsymbol{P}^{-1}\boldsymbol{B}\boldsymbol{C}\boldsymbol{P}=\boldsymbol{P}^{-1}\boldsymbol{C}\boldsymbol{B}\boldsymbol{P}=\boldsymbol{P}^{-1}\boldsymbol{C}\boldsymbol{P}\boldsymbol{P}^{-1}\boldsymbol{B}\boldsymbol{P}=\boldsymbol{N}\boldsymbol{M}$，故命题得证.

例 8.3.8 $\boldsymbol{A}^{\mathrm{T}}$ 为 $\boldsymbol{A}$ 的转置方阵，求 $\boldsymbol{M}$ 使 $\boldsymbol{M}^{-1}\boldsymbol{A}^{\mathrm{T}}\boldsymbol{M}=\boldsymbol{A}$.

解 设 $\boldsymbol{A}$ 的 Jordan 标准形为

$$\boldsymbol{J}=\begin{pmatrix}\boldsymbol{J}_1 & & \\ & \ddots & \\ & & \boldsymbol{J}_s\end{pmatrix},$$

则 $\boldsymbol{A}=\boldsymbol{P}^{-1}\boldsymbol{J}\boldsymbol{P}$. 令

$$\boldsymbol{Q}_i=\begin{pmatrix} & & & 1\\ & & 1 & \\ & \iddots & & \\ 1 & & & \end{pmatrix},$$

$\boldsymbol{Q}_i$ 与 $\boldsymbol{J}_i$ 级数相同. 令

$$\boldsymbol{Q}=\begin{pmatrix}\boldsymbol{Q}_1 & & \\ & \ddots & \\ & & \boldsymbol{Q}_s\end{pmatrix},$$

则有 $\boldsymbol{J}^{\mathrm{T}}=\boldsymbol{Q}\boldsymbol{J}\boldsymbol{Q}$，且 $\boldsymbol{A}=\boldsymbol{P}^{-1}\boldsymbol{J}\boldsymbol{P}=\boldsymbol{P}^{-1}\boldsymbol{Q}\boldsymbol{J}^{\mathrm{T}}\boldsymbol{Q}\boldsymbol{P}=\boldsymbol{P}^{-1}\boldsymbol{Q}(\boldsymbol{P}^{-1})^{\mathrm{T}}\boldsymbol{A}^{\mathrm{T}}\boldsymbol{P}^{\mathrm{T}}\boldsymbol{Q}\boldsymbol{P}=\boldsymbol{M}^{-1}\boldsymbol{A}^{\mathrm{T}}\boldsymbol{M}$，故 $\boldsymbol{M}=\boldsymbol{P}^{\mathrm{T}}\boldsymbol{Q}\boldsymbol{P}$，$\boldsymbol{M}^{\mathrm{T}}=\boldsymbol{P}^{\mathrm{T}}\boldsymbol{Q}\boldsymbol{P}=\boldsymbol{M}$.

例 8.3.9 设方阵 $\boldsymbol{A}$ 的特征多项式 $\Delta_A(\lambda)=(\lambda-1)^n$，则对于任意自然 k，$\boldsymbol{A}^k$ 与 $\boldsymbol{A}$ 相似.

证明 设 $\boldsymbol{A}$ 的 Jordan 标准形为

$$\boldsymbol{J}=\begin{pmatrix}\boldsymbol{J}_1 & & & \\ & \boldsymbol{J}_2 & & \\ & & \ddots & \\ & & & \boldsymbol{J}_s\end{pmatrix},\quad 其中\ \boldsymbol{J}_i=\begin{pmatrix}1 & & & \\ 1 & 1 & & \\ & \ddots & \ddots & \\ & & 1 & 1\end{pmatrix},$$

级数为 r_i. 由于 $\boldsymbol{J}_i^k$ 与 $\boldsymbol{J}_i$ 相似，又 $\boldsymbol{J}_i^k$ 与 $\boldsymbol{J}_i$ 相似当且仅当 $\boldsymbol{J}^k$ 与 $\boldsymbol{J}$ 相似，当且仅当 $\boldsymbol{A}^k$ 与 $\boldsymbol{A}$ 相似，这里 $i=1,2,\cdots,s$.

例 8.3.10 证明：复数域上任意 n 级方阵 $\boldsymbol{A}$ 均酉相似于对称阵.

证明 由于复数域上任意 n 级方阵 $\boldsymbol{A}$ 与一个 Jordan 标准形相似，而每个 Jordan 块又与一个对称阵酉相似，故 n 级方阵 $\boldsymbol{A}$ 与一个对称阵酉相似.

评析 (1) 每个 Jordan 块又与一个对称阵酉相似，这点推导较为复杂(此处略去).

(2) 由于任一矩阵都有唯一的 Jordan 标准形，而 Jordan 标准形是由 Jordan 块组成的准对角阵，因此矩阵的很多性质可由 Jordan 块的特殊性质演化而得.

练习 8.3

8.3.1　求矩阵 $\boldsymbol{A}$ 的 Jordan 标准形，其中

$$\boldsymbol{A}=\begin{pmatrix}1&2&3&4\\0&1&2&3\\0&0&1&2\\0&0&0&1\end{pmatrix}.$$

8.3.2　(武汉大学) 设复数域上 6 级矩阵

$$\boldsymbol{A}=\begin{pmatrix}a&-b&&&&\\b&a&1&&&\\&&a&-b&&\\&&b&a&1&\\&&&&a&-b\\&&&&b&a\end{pmatrix},$$

其中 $a,b\in\mathbf{R}$，且 $b\neq 0$. 试求 $\boldsymbol{A}$ 的不变因子、初等因子及 Jordan 标准形.

8.3.3　(1) (华中科技大学) 设 n 级方阵

$$\boldsymbol{A}=\begin{pmatrix}0&0&0&\cdots&0&1\\1&0&0&\cdots&0&0\\0&1&0&\cdots&0&0\\\vdots&\vdots&\vdots&&\vdots&\vdots\\0&0&0&\cdots&0&0\\0&0&0&\cdots&1&0\end{pmatrix},$$

试求 $\boldsymbol{A}$ 的不变因子、初等因子及 Jordan 标准形；

(2) (中国科学院) 求 n 级方阵 $\boldsymbol{B}$ 的全体特征值，其中

$$\boldsymbol{B}=\begin{pmatrix}1&2&3&\cdots&n\\n&1&2&\cdots&n-1\\n-1&n&1&\cdots&n-2\\\vdots&\vdots&\vdots&&\vdots\\2&3&4&\cdots&1\end{pmatrix}.$$

8.3.4　(1999，华中师范大学) 设 σ 是数域 P 上线性空间 V 的线性变换，$f(\lambda)$，$m(\lambda)$ 分别是 σ 的特征多项式和最小多项式，并且

$$f(\lambda)=(\lambda+1)^3(\lambda-2)^2(\lambda+3),\quad m(\lambda)=(\lambda+1)^2(\lambda-2)(\lambda+3).$$

(1) 求 σ 的所有不变因子；

(2) 写出 σ 的 Jordan 标准形.

8.3.5　写出以 $f(\lambda)=(\lambda-2)^4(\lambda+1)^2(\lambda-3)$ 为特征多项式的互不相似的 Jordan 标准形.

8.3.6　(2004，华中师范大学) 设 $\boldsymbol{\alpha}=(a_1,a_2,\cdots,a_n)$，$\boldsymbol{\beta}=(b_1,b_2,\cdots,b_n)$ 是两个非零的复向量，且 $\sum_{i=1}^{n}a_ib_i=0$，令 $\boldsymbol{A}=\boldsymbol{\alpha}^{\mathrm{T}}\boldsymbol{\beta}$. 试求 $\boldsymbol{A}$ 的全部不变因子及 Jordan 标准形.

8.3.7　设 φ 为线性空间 $\mathbf{R}^{n\times n}$ 的线性变换，且 $\varphi(\boldsymbol{A})=\boldsymbol{A}^{\mathrm{T}}$.

(1) 求 φ 的特征值，特征向量以及 Jordan 标准形；

(2) 证明：φ 能分解为 n^2 个秩为 1 的幂等变换 φ_i 的代数和，且当 $i\neq j$ 时，$\varphi_i\varphi_j=0$.

8.3.8　(2006，中国科学院) $\boldsymbol{A}\in\mathbf{R}^{2006\times 2006}$ 是给定的幂零阵(即，存在正整 p 使 $\boldsymbol{A}^p=\boldsymbol{O}$，但 $\boldsymbol{A}^{p-1}\neq\boldsymbol{O}$)，试分析线性方程组 $\boldsymbol{Ax}=\boldsymbol{0}(\boldsymbol{x}\in\mathbf{R}^{2006})$ 非零线性无关解个数的最大值和最小值.

8.3.9　(吉林大学) 设 $\boldsymbol{A}$ 为 n 级方阵且 $r(\boldsymbol{A}^k)=r(\boldsymbol{A}^{k+1})$，其中 k 为正整数. 证明：如果 $\boldsymbol{A}$ 有零特征值，则零特征值的次数不超过 k.

8.3.10　(2003，浙江大学) 设 $\boldsymbol{A}$ 为 n 级复方阵，若存在正整数 m，使得 $\boldsymbol{A}^m=\boldsymbol{O}$，则称 $\boldsymbol{A}$ 为幂零阵. 证明：

(1) $\boldsymbol{A}$ 为幂零阵的充要条件是 $\boldsymbol{A}$ 的特征值全为零；

(2) 设 $\boldsymbol{A}$ 既不可逆也非幂零阵，则存在 n 级可逆阵 $\boldsymbol{P}$，使 $\boldsymbol{P}^{-1}\boldsymbol{AP}=\begin{pmatrix}\boldsymbol{B}&\boldsymbol{O}\\\boldsymbol{O}&\boldsymbol{C}\end{pmatrix}$，其中 $\boldsymbol{B}$ 为幂零阵，$\boldsymbol{C}$ 为可逆阵.

8.3.11　(2003，南开大学) (1) 设 σ 是数域 P 上 n 维线性空间 V 的线性变换. 证明：如果 $\sigma^n=0$，$\sigma^{n-1}\neq 0$，则 V 中存在一组基，使 σ 在这组基下的矩阵为

$$\boldsymbol{A}=\begin{pmatrix}0&0&0&\cdots&0&0\\1&0&0&\cdots&0&0\\0&1&0&\cdots&0&0\\\vdots&\vdots&\vdots&&\vdots&\vdots\\0&0&0&\cdots&0&0\\0&0&0&\cdots&1&0\end{pmatrix};$$

(2) 证明：如果数域 P 上两个 n 级方阵 $\boldsymbol{M},\boldsymbol{N}$ 满足 $\boldsymbol{M}^{n-1}\neq\boldsymbol{O}\neq\boldsymbol{N}^{n-1}$，$\boldsymbol{M}^n=\boldsymbol{N}^n=\boldsymbol{O}$，则 $\boldsymbol{M}$ 和 $\boldsymbol{N}$ 相似.

8.3.12　(北京师范大学) 设 $\boldsymbol{A}$ 是复数域上 n 级方阵.

(1) 证明：$\boldsymbol{A}$ 相似于一个下三角阵；

(2) 叙述并证明 Hamilton-cayley 定理.

8.3.13　(1933，华中师范大学) 已知 $\boldsymbol{A}$ 为数域 P 上三级方阵. λ_0 是 $\boldsymbol{A}$ 的特征多项式的三重根. 证明：当 $r(\boldsymbol{A}-\lambda_0\boldsymbol{E})=1$ 时，$\boldsymbol{A}-\lambda_0\boldsymbol{E}$ 的非零列向量是 $\boldsymbol{A}$ 属于 λ_0 的一个特征向量.

8.3.14　(2002，华中师范大学) 设 $\boldsymbol{A}$ 是数域 P 上的一个 n 级非零非单位方阵，$r(\boldsymbol{A})=r$ 且 $\boldsymbol{A}^2=\boldsymbol{A}$. 证明：对任意正整数 $s(1\leqslant s\leqslant n-r)$，存在矩阵 $\boldsymbol{B}$，使得 $\boldsymbol{AB}=\boldsymbol{BA}=\boldsymbol{O}$，且有

$$(\boldsymbol{A}+\boldsymbol{B})^{s+1}=(\boldsymbol{A}+\boldsymbol{B})^s\neq(\boldsymbol{A}+\boldsymbol{B})^{s-1}.$$

8.3.15　设

$$\varphi(\boldsymbol{\alpha}_1,\boldsymbol{\alpha}_2,\cdots,\boldsymbol{\alpha}_n)=(\boldsymbol{\alpha}_1,\boldsymbol{\alpha}_2,\cdots,\boldsymbol{\alpha}_n)\begin{pmatrix}\boldsymbol{J}_1&&&\\&\boldsymbol{J}_2&&\\&&\ddots&\\&&&\boldsymbol{J}_s\end{pmatrix}.$$

$\boldsymbol{J}_i$ 对应着基中向量 $\boldsymbol{\alpha}_{i1},\boldsymbol{\alpha}_{i2},\cdots,\boldsymbol{\alpha}_{ir_i}$，$r_i$ 为 $\boldsymbol{J}_i$ 的级数，$r_1+r_2+\cdots+r_s=n$. 令 $V_i=L(\boldsymbol{\alpha}_{i1},\boldsymbol{\alpha}_{i2},\cdots,\boldsymbol{\alpha}_{ir_i})$，则

(1) V_i 是 φ 的不变子空间，且有 $V=V_1\oplus V_2\oplus\cdots\oplus V_s$；

(2) 如令

$$\boldsymbol{J}_i=\begin{pmatrix}\lambda_i & & & \\ 1 & \lambda_i & & \\ & \ddots & \ddots & \\ & & 1 & \lambda_i\end{pmatrix},$$

则 V_i 是 $(\varphi-\lambda_i\boldsymbol{E})$ 的循环不变子空间.

8.4　Jordan 标准形的相似过渡阵的求法

由 Jordan 标准形的存在唯一性可知，给定 n 级方阵 $\boldsymbol{A}$，一定存在可逆阵 $\boldsymbol{T}$ 使得 $\boldsymbol{T}^{-1}\boldsymbol{A}\boldsymbol{T}=\boldsymbol{J}$，这里 $\boldsymbol{T}$ 为 Jordan 相似阵. 这样易知 $\boldsymbol{A}=\boldsymbol{T}\boldsymbol{J}\boldsymbol{T}^{-1}$，由于 $\boldsymbol{J}$ 是一个形式比较简单的矩阵，此式说明，这对我们考察原矩阵 $\boldsymbol{A}$ 的性质及运算会带来很大方便. 而将 $\boldsymbol{A}$ 表示为 $\boldsymbol{A}=\boldsymbol{T}\boldsymbol{J}\boldsymbol{T}^{-1}$ 时，需计算出 Jordan 标准形 $\boldsymbol{J}$ 和 Jordan 相似阵 $\boldsymbol{T}$，$\boldsymbol{J}$ 的求法我们已经熟知，而 $\boldsymbol{T}$ 的求法一般是利用解线性方程组的方法. 但是，对于 $\boldsymbol{T}$ 的求解，如果这种方法使用不当，往往不能求出 Jordan 相似阵. 为了更清楚地说明这一问题，先分析如下例子.

例 8.4.1　已知矩阵 $\boldsymbol{A}=\begin{pmatrix}-1 & -2 & 6\\ -1 & 0 & 3\\ -1 & -1 & 4\end{pmatrix}$，求 $\boldsymbol{A}$ 的 Jordan 相似阵 $\boldsymbol{T}$，使 $\boldsymbol{T}^{-1}\boldsymbol{A}\boldsymbol{T}=\boldsymbol{J}$.

解　第一步，首先写出矩阵 $\boldsymbol{A}$ 的特征矩阵，求出它的初等因子为 $(\lambda-1)$，$(\lambda-1)^2$. 故 $\boldsymbol{A}$ 的 Jordan 标准形为

$$\boldsymbol{J}=\begin{pmatrix}1 & 0 & 0\\ 0 & 1 & 0\\ 0 & 1 & 1\end{pmatrix}.$$

第二步，求 Jordan 相似阵 $\boldsymbol{T}$，使 $\boldsymbol{T}^{-1}\boldsymbol{A}\boldsymbol{T}=\boldsymbol{J}$，即 $\boldsymbol{A}\boldsymbol{T}=\boldsymbol{T}\boldsymbol{J}$. 设 $\boldsymbol{T}=(\boldsymbol{\alpha}_1,\boldsymbol{\alpha}_2,\boldsymbol{\alpha}_3)$，所以

$$\boldsymbol{A}(\boldsymbol{\alpha}_1,\boldsymbol{\alpha}_2,\boldsymbol{\alpha}_3)=(\boldsymbol{\alpha}_1,\boldsymbol{\alpha}_2,\boldsymbol{\alpha}_3)\begin{pmatrix}1 & 0 & 0\\ 0 & 1 & 0\\ 0 & 1 & 1\end{pmatrix},$$

故

$$\boldsymbol{A}\boldsymbol{\alpha}_1=\boldsymbol{\alpha}_1,\quad \boldsymbol{A}\boldsymbol{\alpha}_2=\boldsymbol{\alpha}_2+\boldsymbol{\alpha}_3,\quad \boldsymbol{A}\boldsymbol{\alpha}_3=\boldsymbol{\alpha}_3. \tag{8.2}$$

由 $\boldsymbol{A}\boldsymbol{\alpha}_1=\boldsymbol{\alpha}_1$ 及 $\boldsymbol{A}\boldsymbol{\alpha}_3=\boldsymbol{\alpha}_3$ 可得 $\boldsymbol{\alpha}_1,\boldsymbol{\alpha}_3$ 均是齐次线性方程组

$$(\boldsymbol{A}-\boldsymbol{E})\boldsymbol{x}=\boldsymbol{0} \tag{8.3}$$

的解. 这里

$$\boldsymbol{A}-\boldsymbol{E}=\begin{pmatrix}-2 & -2 & 6\\ -1 & -1 & 3\\ -1 & -1 & 3\end{pmatrix}.$$

不难得到此方程的基础解系为

$$\boldsymbol{\eta}_1=\begin{pmatrix}-1\\ 1\\ 0\end{pmatrix},\quad \boldsymbol{\eta}_2=\begin{pmatrix}3\\ 0\\ 1\end{pmatrix}.$$

若令$\boldsymbol{\alpha}_1=\boldsymbol{\eta}_1=(-1,1,0)^{\mathrm{T}}$，$\boldsymbol{\alpha}_3=\boldsymbol{\eta}_2=(3,0,1)^{\mathrm{T}}$. 将$\boldsymbol{\alpha}_3$代入式(8.2)中的第二个等式，则有$\boldsymbol{A}\boldsymbol{\alpha}_2=\boldsymbol{\alpha}_2+\boldsymbol{\alpha}_3$，即$(\boldsymbol{A}-\boldsymbol{E})\boldsymbol{\alpha}_2=\boldsymbol{\alpha}_3$，这说明$\boldsymbol{\alpha}_2$为方程

$$(\boldsymbol{A}-\boldsymbol{E})\boldsymbol{x}=(3,0,1)^{\mathrm{T}}$$

的解. 将方程$(\boldsymbol{A}-\boldsymbol{E})\boldsymbol{x}=(3,0,1)^{\mathrm{T}}$的系数矩阵$\boldsymbol{A}-\boldsymbol{E}$记为 $\boldsymbol{B}$，增广矩阵记为$\overline{\boldsymbol{B}}$，则易知系数矩阵$\boldsymbol{B}$的秩与增广矩阵$\overline{\boldsymbol{B}}$的秩不相等，故此种情况无解. 这说明 Jordan 相似阵$\boldsymbol{T}$不能求出.

对齐次线性方程组(8.3)，若选取它的基础解系为

$$\boldsymbol{\eta}_1=\begin{pmatrix}2\\ 1\\ 1\end{pmatrix},\quad \boldsymbol{\eta}_2=\begin{pmatrix}3\\ 0\\ 1\end{pmatrix},$$

则按上述做法，便可以求出 Jordan 相似阵$\boldsymbol{T}$，$\boldsymbol{T}$可取如下矩阵

$$\boldsymbol{T}=\begin{pmatrix}3 & -1 & 2\\ 0 & 0 & 1\\ 1 & 0 & 1\end{pmatrix}.$$

通过以上解法，可以看出在求 Jordan 相似阵时，如果对齐次线性方程组(8.3)中的基础解系选取不当，会导致不能求出 Jordan 相似阵$\boldsymbol{T}$. 那么对于一般的n级方阵$\boldsymbol{A}$，如何能准确而快速地求出 Jordan 相似阵，以下将给出求解此问题的方法.

由$\boldsymbol{A}=\boldsymbol{T}\boldsymbol{J}\boldsymbol{T}^{-1}$，以下设

$$\boldsymbol{J}=\begin{pmatrix}\boldsymbol{J}(\lambda_1) & & & \\ & \boldsymbol{J}(\lambda_2) & & \\ & & \ddots & \\ & & & \boldsymbol{J}(\lambda_s)\end{pmatrix},$$

其中

$$J(\lambda_i)=\begin{pmatrix}\lambda_i & & & & \\ 1 & \lambda_i & & & \\ & & \ddots & & \\ & \ddots & & & \\ & & & 1 & \lambda_i\end{pmatrix}.$$

设 $\boldsymbol{J}(\lambda_i)$ 的秩为 r_i，进一步地，令 $\boldsymbol{T}=(\boldsymbol{\alpha}_{11},\cdots,\boldsymbol{\alpha}_{1r_1},\cdots,\boldsymbol{\alpha}_{s1},\boldsymbol{\alpha}_{s2},\cdots,\boldsymbol{\alpha}_{sr_s})$，则

$$\begin{aligned}&\boldsymbol{A}(\boldsymbol{\alpha}_{11},\cdots,\boldsymbol{\alpha}_{1r_1},\cdots,\boldsymbol{\alpha}_{s1},\boldsymbol{\alpha}_{s2},\cdots,\boldsymbol{\alpha}_{sr_s})\\ &=(\boldsymbol{\alpha}_{11},\cdots,\boldsymbol{\alpha}_{1r_1},\cdots,\boldsymbol{\alpha}_{s1},\boldsymbol{\alpha}_{s2},\cdots,\boldsymbol{\alpha}_{sr_s})\begin{pmatrix}\lambda_1 & & & & & & & & \\ 1 & \lambda_1 & & & & & & & \\ & \ddots & \ddots & & & & & & \\ & & 1 & \lambda_1 & & & & & \\ & & & & \ddots & & & & \\ & & & & \ddots & \lambda_s & & & \\ & & & & & 1 & \lambda_s & & \\ & & & & & & \ddots & \ddots & \\ & & & & & & & 1 & \lambda_s\end{pmatrix}.\end{aligned}$$

下面以 Jordan 块 $\boldsymbol{J}(\lambda_1)$ 为例讨论 $\boldsymbol{\alpha}_{11},\cdots,\boldsymbol{\alpha}_{1r_1}$ 的求法，其他情况可作类似讨论. 以下不妨用 $\boldsymbol{\alpha}_{11},\cdots,\boldsymbol{\alpha}_{1r_1}$ 表示矩阵 $\boldsymbol{A}$ 所对应的向量 $\boldsymbol{\alpha}_{11},\cdots,\boldsymbol{\alpha}_{1r_1}$，由此可得

$$\begin{aligned}\boldsymbol{A}\boldsymbol{\alpha}_1&=\lambda_1\boldsymbol{\alpha}_1+\boldsymbol{\alpha}_2,\\ \boldsymbol{A}\boldsymbol{\alpha}_2&=\lambda_1\boldsymbol{\alpha}_2+\boldsymbol{\alpha}_3,\\ &\cdots\cdots\\ \boldsymbol{A}\boldsymbol{\alpha}_{r_1-1}&=\lambda_1\boldsymbol{\alpha}_{r_1-1}+\boldsymbol{\alpha}_{r_1},\\ \boldsymbol{A}\boldsymbol{\alpha}_{r_1}&=\boldsymbol{\alpha}_{r_1}.\end{aligned}$$

通过变换可得

$$\begin{aligned}(\boldsymbol{A}-\lambda_1\boldsymbol{E})\boldsymbol{\alpha}_1&=\boldsymbol{\alpha}_2, & &(c-1)\\ (\boldsymbol{A}-\lambda_1\boldsymbol{E})\boldsymbol{\alpha}_2&=\boldsymbol{\alpha}_3, & &(c-2)\\ &\vdots & &\vdots\\ (\boldsymbol{A}-\lambda_1\boldsymbol{E})\boldsymbol{\alpha}_{r_1-1}&=\boldsymbol{\alpha}_{r_1}, & &(c-(r_1-1))\\ (\boldsymbol{A}-\lambda_1\boldsymbol{E})\boldsymbol{\alpha}_{r_1}&=\boldsymbol{0}. & &(c_{r_1})\end{aligned}\tag{8.4}$$

根据式(8.4)可以看出，由式(c_{r_1})可解得 $\boldsymbol{\alpha}_{r_1}$，然后将 $\boldsymbol{\alpha}_{r_1}$ 代入式$\left(c-(r_1-1)\right)$可解得 $m_A(x)\,\big|\,g(x)$，依次类推，通过式$(c-1)$可求出 $\boldsymbol{\alpha}_1$，也就是说，如果要解得 $\boldsymbol{T}$，首先必须解出 $\alpha_1,\alpha_2,\cdots,\alpha_n\cdots,\alpha_n$ 因此，要想求得 Jordan 相似阵 $\boldsymbol{T}$，必须保证每一个 $\boldsymbol{\alpha}_{r_i}$ 都有解.

利用线性方程组理论求解 Jordan 相似阵.

要点　1° 由式(8.4)中式(c_{r_1})，设$(\boldsymbol{A}-\lambda_1\boldsymbol{E})\boldsymbol{\alpha}_{r_1}=\mathbf{0}$的解集为$S_{r_1}$；

2° 在集合S_{r_1}中任选一个元素$\boldsymbol{\alpha}_{r_1}$代入式$\left(c-(r_1-1)\right)$中，可得$(\boldsymbol{A}-\lambda_1\boldsymbol{E})\boldsymbol{\alpha}_{r_1-1}=\boldsymbol{\alpha}_{r_1}$，检验下式

$$r(\boldsymbol{A}-\lambda_1\boldsymbol{E})=r\left(\boldsymbol{A}-\lambda_1\boldsymbol{E}\,\vdots\,\boldsymbol{\alpha}_{r_1}\right)$$

是否成立. 若成立，则可求出$\boldsymbol{\alpha}_{r_1-1}$，否则在集合$\boldsymbol{T}_{r_1}$中另选向量，再检验，直到找到使得式$\left(c-(r_1-1)\right)$有解的向量$\boldsymbol{\alpha}_{r_1-1}$.

3° 依次类推，可逐个求出$\boldsymbol{\alpha}_{r_1},\boldsymbol{\alpha}_{r_1-1},\cdots,\boldsymbol{\alpha}_2,\boldsymbol{\alpha}_1$；

4° 类似地，也可求出其他 Jordan 块中的列向量，进而可得 Jordan 相似阵 $\boldsymbol{T}$.

需要说明的是，在求解过程中，可能会出现前k个向量$\boldsymbol{\alpha}_{r_1},\boldsymbol{\alpha}_{r_1-1},\cdots,\boldsymbol{\alpha}_{r_1-k}$均可求出，但是在求解式(8.4)的第 k 个方程时不能求出$\boldsymbol{\alpha}_{r_1-k-1}$，这就需要退回前一步重新确定$\boldsymbol{\alpha}_{r_1-k}$，甚至有可能退回第一步，即重新求解$\boldsymbol{\alpha}_{r_1-k},\cdots,\boldsymbol{\alpha}_{r_1-1},\boldsymbol{\alpha}_{r_1}$. 但无论如何，Jordan 标准形的存在唯一性保证了可逆阵$\boldsymbol{T}$是存在的，故用此方法最终可以求得$\boldsymbol{T}$，而且这样的$\boldsymbol{T}$可能不唯一.

例 8.4.2　已知矩阵

$$\boldsymbol{A}=\begin{pmatrix}2&-1&1&-1\\2&2&-1&-1\\1&2&-1&2\\0&0&0&3\end{pmatrix},$$

求$\boldsymbol{A}$的 Jordan 相似阵$\boldsymbol{T}$，使得$\boldsymbol{T}^{-1}\boldsymbol{A}\boldsymbol{T}=\boldsymbol{J}$.

解　第一步，首先求出矩阵$\boldsymbol{A}$的 Jordan 标准形

$$\boldsymbol{J}=\begin{pmatrix}1&0&0&0\\1&1&0&0\\0&1&1&0\\0&0&0&3\end{pmatrix}.$$

第二步，求 Jordan 相似阵$\boldsymbol{T}$. 设$\boldsymbol{T}=(\boldsymbol{\alpha}_1,\boldsymbol{\alpha}_2,\boldsymbol{\alpha}_3,\boldsymbol{\alpha}_4)$，即

$$\boldsymbol{A}(\boldsymbol{\alpha}_1,\boldsymbol{\alpha}_2,\boldsymbol{\alpha}_3,\boldsymbol{\alpha}_4)=(\boldsymbol{\alpha}_1,\boldsymbol{\alpha}_2,\boldsymbol{\alpha}_3,\boldsymbol{\alpha}_4)\begin{pmatrix}1&0&0&0\\1&1&0&0\\0&1&1&0\\0&0&0&3\end{pmatrix}.$$

于是

$$(\boldsymbol{A}-\boldsymbol{E})\boldsymbol{\alpha}_1=\boldsymbol{\alpha}_2,\tag{8.5}$$

$$(\boldsymbol{A}-\boldsymbol{E})\boldsymbol{\alpha}_2=\boldsymbol{\alpha}_3, \tag{8.6}$$

$$(\boldsymbol{A}-\boldsymbol{E})\boldsymbol{\alpha}_3=\boldsymbol{0}, \tag{8.7}$$

$$(\boldsymbol{A}-3\boldsymbol{E})\boldsymbol{\alpha}_4=\boldsymbol{0},$$

由于 $\boldsymbol{J}$ 中有两个 Jordan 块，$\boldsymbol{\alpha}_4$ 是一级 Jordan 块中的循环向量，它是 $(\boldsymbol{A}-3\boldsymbol{E})\boldsymbol{x}=\boldsymbol{0}$ 的解，因此在选取时不受任何条件约束(由此可知 $\boldsymbol{T}$ 将不唯一！)，故取

$$\boldsymbol{\alpha}_4=(0,1,0,-1)^{\mathrm{T}}.$$

第三步，由式(8.7) $(\boldsymbol{A}-\boldsymbol{E})\boldsymbol{\alpha}_3=\boldsymbol{0}$ 可得

$$\begin{cases}x_1=0,\\ x_4=0,\\ x_2-x_3+x_4=0,\end{cases}$$

令

$$S_3=\left\{(0,x_3-x_4,x_3,0)^{\mathrm{T}}\,\middle|\,x_3,x_4\in\mathbf{C}\right\},$$

在 S_3 中取 $\boldsymbol{\alpha}_3=(0,1,1,0)^{\mathrm{T}}$. 判断 $r(\boldsymbol{A}-\boldsymbol{E})$ 与 $r\left(\boldsymbol{A}-\boldsymbol{E}\,\vdots\,\boldsymbol{\alpha}_3\right)$，是否相等. 验证可得 $r(\boldsymbol{A}-\boldsymbol{E})=r\left(\boldsymbol{A}-\boldsymbol{E}\,\vdots\,\boldsymbol{\alpha}_3\right)$，故式(8.6)有解. 可取

$$\boldsymbol{\alpha}_2=\left(\frac{1}{3},\frac{1}{3},0,0\right)^{\mathrm{T}}.$$

将 $\boldsymbol{\alpha}_2$ 代入式(8.5)，下面判断 $r(\boldsymbol{A}-\boldsymbol{E})$ 与 $r\left(\boldsymbol{A}-\boldsymbol{E}\,\vdots\,\boldsymbol{\alpha}_2\right)$，是否相等. 由于 $r(\boldsymbol{A}-\boldsymbol{E})=r\left(\boldsymbol{A}-\boldsymbol{E}\,\vdots\,\boldsymbol{\alpha}_2\right)$，即线性方程组系数矩阵的秩等于增广矩阵的秩，故式(8.5)有解，取

$$\boldsymbol{\alpha}_1=\left(\frac{2}{9},\frac{1}{9},0,0\right)^{\mathrm{T}}.$$

第四步，令

$$\boldsymbol{T}=\begin{pmatrix}\frac{2}{9} & \frac{1}{3} & 0 & 0\\ -\frac{1}{9} & \frac{1}{3} & 1 & 1\\ 0 & 0 & 1 & 0\\ 0 & 0 & 0 & -1\end{pmatrix},$$

$\boldsymbol{T}$ 即为所求的 Jordan 相似阵.

练习 8.4

8.4.1 (复旦大学)试求可逆阵 $\boldsymbol{P}$ 及 $\boldsymbol{A}$ 的 Jordan 标准形 $\boldsymbol{J}$，使 $\boldsymbol{P}^{-1}\boldsymbol{A}\boldsymbol{P}=\boldsymbol{J}$，其中

$$A=\begin{pmatrix}-5&1&4\\-12&3&8\\-6&1&5\end{pmatrix}.$$

8.4.2　(2006，陕西师范大学) 求矩阵 $A=\begin{pmatrix}-1&-2&6\\-1&0&3\\-1&-1&4\end{pmatrix}$ 的 Jordan 标准形 J 及相似过渡阵 P，使得 $P^{-1}AP=J$.

8.4.3　(1996，西北工业大学) 求矩阵 A 的 Jordan 标准形 J 及相似过渡阵 P，使得 $P^{-1}AP=J$，其中

$$A=\begin{pmatrix}3&0&8&0\\3&-1&6&0\\-2&0&-5&0\\0&0&0&2\end{pmatrix}.$$

8.4.4　(2004，陕西师范大学) 已知矩阵

$$A=\begin{pmatrix}1&&&\\a&1&&\\2&3&2&\\2&3&c&2\end{pmatrix}.$$

(1) 讨论 a,c 取何值时，A 可对角化；

(2) 当 $a=1$，$c=0$ 时，求 A 的 Jordan 标准形 J 及相似变换矩阵 P，使 $P^{-1}AP=J$.

8.5　最小多项式

由 Hamilton 定理可知，对于 n 级矩阵 A，$f(\lambda)=|\lambda E-A|$ 是 A 的特征多项式，则 $f(A)=A^n-(a_{11}+a_{22}+\cdots+a_{nn})A^{n-1}+\cdots+(-1)^n|A|E=O$，这表明任给数域 P 上的一个 n 级矩阵 A，总可以找到数域 P 上的多项式 $f(x)$，使得 $f(A)=O$. 如果多项式 $f(x)$ 使得 $f(A)=O$，就称 $f(x)$ 为矩阵 A 的零化多项式. 当然 A 的零化多项式是很多的，于是有如下结论.

一、最小多项式及其性质

要点　设 $A\in M_n(P)$，次数最低的首一的 A 的零化多项式称为 A 的最小多项式，记为 $m_A(x)$.

由最小多项式定义可知，任意 n 级方阵 A 的最小多项式是唯一的.

例 8.5.1　设 $A\in M_n(P)$，$g(x)\in P[x]$. 若有 $g(A)=O$，则 $m_A(x)\mid g(x)$.

证明　$g(x)=q(x)m_A(x)+r(x)$，$r(x)=0$ 或 $\partial(r(x))<\partial(m_A(x))$. $g(A)=m_A(A)q(A)+r(A)$，从而 $r(A)=O$，由最小多项式定义必有 $r(x)=0$. 故 $m_A(x)\mid g(x)$.

例 8.5.2　相似矩阵的最小多项式相同.

证明　若 $\boldsymbol{B}=\boldsymbol{P}^{-1}\boldsymbol{A}\boldsymbol{P}$，则 $m_A(\boldsymbol{B})=m_A(\boldsymbol{P}^{-1}\boldsymbol{A}\boldsymbol{P})=\boldsymbol{P}^{-1}m_A(\boldsymbol{A})\boldsymbol{P}=\boldsymbol{O}$，故 $m_B(x)\mid m_A(x)$. 同理可证 $m_A(x)\mid m_B(x)$，即 $m_A(x)=m_B(x)$.

例 8.5.3　$\boldsymbol{A}$ 的最小多项式是 $x\boldsymbol{E}-\boldsymbol{A}$ 的最后一个不变因子，即 $m_A(x)=d_n(x)$ 且 $\dfrac{\Delta_A(x)}{m_A(x)}=D_{n-1}(x)$，$D_{n-1}(x)$ 为 $x\boldsymbol{E}-\boldsymbol{A}$ 的 $n-1$ 级行列式因子.

证明　设 $\boldsymbol{A}$ 的 Jordan 标准形为 $\boldsymbol{J}=\begin{pmatrix}\boldsymbol{J}_{\lambda_1} & & \\ & \ddots & \\ & & \boldsymbol{J}_{\lambda_s}\end{pmatrix}$，$\boldsymbol{J}_{\lambda_i}$ 为 k_i 级 Jordan 块，则

$$\Delta_{\boldsymbol{J}_{\lambda_i}}(\lambda)=\left|\lambda\boldsymbol{E}_{k_i}-\boldsymbol{J}_{\lambda_i}\right|=(\lambda-\lambda_i)^{k_i}.$$

由于

$$m_{\boldsymbol{J}_{\lambda_i}}(\boldsymbol{J}_{\lambda_i})^{t_i}=(\boldsymbol{J}_{\lambda_i}-\lambda_i\boldsymbol{E}_{k_i})^{t_i}=\begin{pmatrix}0 & & & \\ 1 & 0 & & \\ & 1 & \ddots & \\ & & \ddots & 0 \\ & & & 1\end{pmatrix}^{t_i}=\boldsymbol{O},$$

故必有 $t_i=k_i$，即 $\boldsymbol{J}_{\lambda_i}$ 的最小多项式为 $(\lambda-\lambda_i)^{k_i}$. 对任意 $g(x)\in P[x]$，均有

$$g(\boldsymbol{J})=\begin{pmatrix}g(\boldsymbol{J}_{\lambda_1}) & & \\ & \ddots & \\ & & g(\boldsymbol{J}_{\lambda_s})\end{pmatrix},$$

$$g(\boldsymbol{J})=\boldsymbol{O}\Leftrightarrow g(\boldsymbol{J}_{\lambda_i})=\boldsymbol{O},\quad i=1,2,\cdots,s.$$

同样地，$m_J(\boldsymbol{J})=\boldsymbol{O}\Leftrightarrow m_J(\boldsymbol{J}_{\lambda_i})=\boldsymbol{O}$，从而有 $m_{J_{\lambda_i}}(x)\mid m_J(x)$，这说明 $m_J(x)$ 是 $m_{J_{\lambda_i}}(x)$ 的最小公倍式，即全部初等因子的最小公倍式，也就是最后一个不变因子，故

$$m_A(x)=m_J(x)=d_n(x)=\frac{D_n(x)}{D_{n-1}(x)},$$

从而有 $\dfrac{\Delta_A(x)}{m_A(x)}=D_{n-1}(x)$.

评析　由例 8.5.3 可知，当 $\boldsymbol{A}$ 的最小多项式无重根时，即 $\boldsymbol{A}$ 的最后一个不变因子无重根，从而根据 Jordan 标准形定义，这时 $\boldsymbol{A}$ 必可对角化(注意这里是在复数域上讨论的).

二、最小多项式的求法

a. 利用特征多项式(实例)

例 8.5.4 求矩阵

$$A=\begin{pmatrix}2&1&1\\1&2&1\\1&1&2\end{pmatrix}$$

的最小多项式.

解 因为 A 的特征多项式 $f(\lambda)=(\lambda-1)^2(\lambda-4)$，根据例 8.5.3 可知，$A$ 的最小多项式有以下两种可能：

$$(\lambda-1)(\lambda-4),\quad (\lambda-1)^2(\lambda-4).$$

由于

$$(A-E)(A-4E)=\begin{pmatrix}1&1&1\\1&1&1\\1&1&1\end{pmatrix}\begin{pmatrix}-2&1&1\\1&-2&1\\1&1&-2\end{pmatrix}=\begin{pmatrix}0&0&0\\0&0&0\\0&0&0\end{pmatrix}=O,$$

所以，A 的最小多项式为 $(\lambda-1)(\lambda-4)$.

注 $f(\lambda)$ 在分解时比较困难，但由推论 8.1 可知，A 的最小多项式实质包含 A 的特征多项式中的所有不同的一次因式之积，故可先求出 $\dfrac{f(\lambda)}{\left(f(\lambda),f'(\lambda)\right)}$.

例 8.5.5 设 $A=E_n-\alpha\beta^{\mathrm T}$，而 $\alpha^{\mathrm T}\beta=1$，其中 α,β 均为 n 维列向量，试求 A 的特征多项式和最小多项式.

解 由于

$$\left|\lambda E_n-A\right|=\left|(\lambda-1)E_n+\alpha\beta^{\mathrm T}\right|=(\lambda-1)^{n-1}(\lambda-1+\beta^{\mathrm T}\alpha),$$

又 $\beta^{\mathrm T}\alpha=\alpha^{\mathrm T}\beta=1$，故 A 的特征多项式为

$$\left|\lambda E_n-A\right|=\lambda(\lambda-1)^{n-1}.$$

设 A 的最小多项式为 $m_A(\lambda)$，则 $m_A(\lambda)\mid\lambda(\lambda-1)^{n-1}$，我们断定：$m_A(\lambda)=\lambda(\lambda-1)$. 事实上，由

$$(E_n-\alpha\beta^{\mathrm T})(-\alpha\beta^{\mathrm T})=-\alpha\beta^{\mathrm T}+\alpha\beta^{\mathrm T}=O,$$

则 $m_A(\lambda)\neq\lambda$，若不然，则 $E_n-\alpha\beta^{\mathrm T}=O$，故 $E_n=\alpha\beta^{\mathrm T}$，而 $r(E_n)=n>1$，$r(\alpha\beta^{\mathrm T})\leqslant 1$，矛盾. 若 $m_A(\lambda)=\lambda-1$，则 $\alpha\beta^{\mathrm T}=O$，故 $\beta^{\mathrm T}\alpha\beta^{\mathrm T}=0$，由 $\beta^{\mathrm T}\alpha=\alpha^{\mathrm T}\beta=1$，故 $\beta^{\mathrm T}=0$，即 $\beta=0$，故 $\alpha\beta^{\mathrm T}=O$，矛盾. 从而可得 $m_A(\lambda)=\lambda(\lambda-1)$.

b. 利用最小多项式的定义

要点　第一步，试解 $\boldsymbol{A}=\lambda_0\boldsymbol{E}$，若能解出 λ_0，则 $\boldsymbol{A}$ 的最小多项式为

$$\Psi_A(\lambda)=\lambda-\lambda_0;$$

若 $\boldsymbol{A}=\lambda_0\boldsymbol{E}$ 关于 λ_0 无解，则作第二步.

第二步，试解

$$\boldsymbol{A}^2=\lambda_0\boldsymbol{E}+\lambda_1\boldsymbol{A},$$

若能解出 λ_0 与 λ_1，则 $\boldsymbol{A}$ 的最小多项式为

$$\Psi_A(\lambda)=\lambda^2-\lambda_1\lambda-\lambda_0;$$

若不能解出 λ_0 与 λ_1，则作第三步.

第三步，试解

$$\boldsymbol{A}^3=\lambda_0\boldsymbol{E}+\lambda_1\boldsymbol{A}+\lambda_2\boldsymbol{A}^2,$$

若能解出 λ_0，λ_1 与 λ_2，则 $\boldsymbol{A}$ 的最小多项式为

$$\Psi_A(\lambda)=\lambda^3-\lambda_0-\lambda_1\lambda-\lambda_2\lambda^2;$$

若不能解出 λ_0，λ_1 与 λ_2，则作第四步.

第四步，试解

$$\boldsymbol{A}^4=\lambda_0\boldsymbol{E}+\lambda_1\boldsymbol{A}+\lambda_2\boldsymbol{A}^2+\lambda_3\boldsymbol{A}^3,$$

等等，直到求出 $\lambda_i(i=0,1,2,\cdots,m)$，使矩阵方程成立为止(由 Hamilton-Cayley 定理，这样的过程最多只有 n 步即可终止)，这时用 λ 代替 $\boldsymbol{A}$，便得到所求最小多项式 $\Psi_A(\lambda)$.

例 8.5.6　求矩阵

$$\boldsymbol{A}=\begin{pmatrix}1&1&1&-1\\1&1&-1&0\\0&-1&1&1\\-1&0&1&1\end{pmatrix}$$

的最小多项式.

解　(1) 试解 $\boldsymbol{A}=\lambda_0\boldsymbol{E}$，显然关于 λ_0 无解.

(2) 试解 $\boldsymbol{A}^2=\lambda_0\boldsymbol{E}+\lambda_1\boldsymbol{A}$. 写出方程两边的矩阵，并选择某行(某列)来求解代数方程组，依次求 λ_0 和 λ_1.

例如，比较第 1 行 $(3,1,0,-1)$；$\lambda_0\boldsymbol{E}+\lambda_1\boldsymbol{A}$ 的第 1 行为 $(\lambda_0+\lambda_1,\lambda_1,\lambda_1,-\lambda_1)$，从而有方程组

$$\begin{cases}\lambda_0+\lambda_1=3,\\ \lambda_1=1,\\ \lambda_1=0,\\ -\lambda_1=-1.\end{cases}$$

此方程组显然无解.

(3) 试解 $\boldsymbol{A}^3=\lambda_0\boldsymbol{E}+\lambda_1\boldsymbol{A}+\lambda_2\boldsymbol{A}^2$. 写出方程两边的矩阵，并选择第 1 列来求解 λ_0，λ_1 和 λ_2. 可由此比较方程两边第 1 列为 $(5,7,-6,-7)^{\mathrm{T}}$；$\lambda_0\boldsymbol{E}+\lambda_1\boldsymbol{A}+\lambda_2\boldsymbol{A}^2$ 的第 1 列为 $(\lambda_0+\lambda_1+3\lambda_2,\lambda_1+2\lambda_2,-2\lambda_2,-\lambda_1-2\lambda_2)^{\mathrm{T}}$，得关于 λ_0，λ_1 和 λ_2 的方程组

$$\begin{cases}\lambda_0+\lambda_1+3\lambda_2=5,\\ \lambda_1+2\lambda_2=7,\\ -2\lambda_2=-6,\\ -\lambda_1-2\lambda_2=-7.\end{cases}$$

解此方程组得 $\lambda_0=-5,\lambda_1=1,\lambda_2=3$.

因此对于上面解出的 λ_0,λ_1 和 λ_2，矩阵方程

$$\boldsymbol{A}^3=3\boldsymbol{A}^2+\boldsymbol{A}-5\boldsymbol{E}$$

成立. 所以 $\boldsymbol{A}$ 的最小多项式为

$$\Psi_A(\lambda)=\lambda^3-3\lambda^2-\lambda+5.$$

c. 利用 Jordan 标准形

要点　设矩阵 $\boldsymbol{A}\in M_n(\mathbf{C})$，则 $\boldsymbol{A}$ 的最小多项式可以由

$$\Psi_A(\lambda)=(\lambda-\lambda_1)^{d_1}(\lambda-\lambda_2)^{d_2}\cdots(\lambda-\lambda_s)^{d_s}$$

给出，其中 $\lambda_i(i=1,2,\cdots,s)$ 是 $\boldsymbol{A}$ 的相异的特征根，$d_i(i=1,2,\cdots,s)$ 是在 $\boldsymbol{A}$ 的 Jordan 标准形 $\boldsymbol{J}$ 中包含 λ_i 的各分块的最大级数.

例 8.5.7　求矩阵

$$\boldsymbol{A}=\begin{pmatrix}0&0&0&0&0&-1\\2&1&-1&-1&0&-1\\0&0&2&1&0&0\\0&0&0&2&0&0\\0&0&0&0&2&0\\1&0&0&0&0&2\end{pmatrix}$$

的最小多项式.

解　由 $\boldsymbol{A}$ 的特征多项式

$$f(\lambda)=|\lambda\boldsymbol{E}-\boldsymbol{A}|=(\lambda-1)^3(\lambda-2)^3$$

知 $\boldsymbol{A}$ 有两个不同的特征值：$\lambda_1=1$，$\lambda_2=2$（均为三重的）. 容易求得 $r(\boldsymbol{A}-\boldsymbol{E})=5$，所以对应于 $\lambda_1=1$ 的线性无关的特征向量仅有一个，这表示对应的 Jordan 块的数目是 1. 又由于 $r(\boldsymbol{A}-2\boldsymbol{E})=4$，对应于 $\lambda_2=2$ 的线性无关的特征向量有两个，所以对应于 $\lambda_2=2$ 的 Jordan 块共有两个，故 $\boldsymbol{A}$ 的 Jordan 标准形为

$$\begin{pmatrix}1&&&&&\\1&1&&&&\\&1&1&&&\\&&&2&&\\&&&&2&\\&&&&1&2\end{pmatrix}.$$

可见 $\boldsymbol{J}$ 中包含 $\lambda_1=1$ 的块的阶数 $d_1=3$，包含 $\lambda_2=2$ 的 Jordan 块的最大阶数 $d_2=2$，因此 $\boldsymbol{A}$ 的最小多项式为

$$\Psi_A(\lambda)=(\lambda-1)^3(\lambda-2)^2.$$

d. 利用不变因子

要点　由例 8.5.3 可知，n 级方阵 $\boldsymbol{A}$ 的最小多项式恰为 $\lambda\boldsymbol{E}-\boldsymbol{A}$ 的最后一个不变因子，即 $d_n(x)$.

例 8.5.8　求矩阵

$$\boldsymbol{A}(\lambda)=\begin{pmatrix}\lambda&-1&0&0\\0&\lambda&-1&0\\0&0&\lambda&-1\\5&4&3&\lambda+2\end{pmatrix}$$

的最小多项式.

解　$$D_4=\begin{vmatrix}\lambda&-1&0&0\\0&\lambda&-1&0\\0&0&\lambda&-1\\5&4&3&\lambda+2\end{vmatrix}=\lambda^4+2\lambda^3+3\lambda^2+4\lambda+5.$$

因为 $\boldsymbol{A}(\lambda)$ 右上角有一个三级子式

$$\begin{vmatrix}-1&0&0\\\lambda&-1&0\\0&\lambda&-1\end{vmatrix}=-1,$$

所以 $D_1=D_2=D_3=1$. 故 $d_1=1$，$d_2=1$，$d_3=1$，$d_4=\lambda^4+2\lambda^3+3\lambda^2+4\lambda+5$.

所以 $\boldsymbol{A}(\lambda)$ 的不变因子是 1，1，1，$\lambda^4+2\lambda^3+3\lambda^2+4\lambda+5$. 它的最小多项式为

$$\lambda^4+2\lambda^3+3\lambda^2+4\lambda+5.$$

利用最小多项式可以给出矩阵方幂的一个快速求法(见 8.4 节)，有时也可求出一个矩阵的 Jordan 标准形和不变因子等.

三、最小多项式的应用(实例)

要点　利用最小多项式可求出一个矩阵的 Jordan 标准形，还可给出判定矩阵多项式是否可逆，以及给出矩阵方幂的一个快速求法(见 8.7 节)，同时可判定 n 级方阵是否可对角化(见 8.6 节).

例 8.5.9　(2004，华东师范大学)设 $\boldsymbol{\alpha}=(a_1,a_2,\cdots,a_n)$，$\boldsymbol{\beta}=(b_1,b_2,\cdots,b_n)$ 是两个非零的复向量，且 $\sum_{i=1}^{n}a_ib_i=0$，令 $\boldsymbol{A}=\boldsymbol{\alpha}^{\mathrm{T}}\boldsymbol{\beta}$，试求 $\boldsymbol{A}$ 的 Jordan 标准形，以及不变因子.

解　由 $\boldsymbol{A}=\boldsymbol{\alpha}^{\mathrm{T}}\boldsymbol{\beta}$，即

$$\boldsymbol{A}=\begin{pmatrix} a_1b_1 & a_1b_2 & \cdots & a_1b_n \\ a_2b_1 & a_2b_2 & \cdots & a_2b_n \\ \vdots & \vdots & & \vdots \\ a_nb_1 & a_nb_2 & \cdots & a_nb_n \end{pmatrix}.$$

又 $\boldsymbol{\alpha},\boldsymbol{\beta}$ 为非零向量，可知 $r(\boldsymbol{\alpha})=r(\boldsymbol{\beta})=1$，且 $r(\boldsymbol{A})\neq 0$ (否则若 $r(\boldsymbol{A})=0$，即 $\boldsymbol{A}=\boldsymbol{O}$，由 $\boldsymbol{A}$ 的第 i 列为零向量可知 $b_i=0(i=1,2,\cdots,n)$，从而 $\boldsymbol{\beta}=\boldsymbol{0}$，这与 $\boldsymbol{\beta}\neq\boldsymbol{0}$ 矛盾). 又 $r(\boldsymbol{A})\leqslant\min\{r(\boldsymbol{\alpha}),r(\boldsymbol{\beta})\}$，即 $r(\boldsymbol{A})\leqslant 1$，这说明 $r(\boldsymbol{A})=1$，又 $\boldsymbol{A}^2=(\boldsymbol{\alpha}^{\mathrm{T}}\boldsymbol{\beta})(\boldsymbol{\alpha}^{\mathrm{T}}\boldsymbol{\beta})=\boldsymbol{\alpha}^{\mathrm{T}}(\boldsymbol{\beta}\boldsymbol{\alpha}^{\mathrm{T}})\boldsymbol{\beta}=\boldsymbol{O}$，故 $\boldsymbol{A}$ 的最小多项式为 $\boldsymbol{\lambda}^2$.

对于 $\boldsymbol{A}$，存在可逆阵 $\boldsymbol{P}$，使得

$$\boldsymbol{P}^{-1}\boldsymbol{A}\boldsymbol{P}=\begin{pmatrix} \boldsymbol{J}_1 & & & \\ & \boldsymbol{J}_2 & & \\ & & \ddots & \\ & & & \boldsymbol{J}_s \end{pmatrix},$$

其中 $\boldsymbol{J}_s=\begin{pmatrix} 0 & 0 \\ 1 & 0 \end{pmatrix}$，$\boldsymbol{J}_1,\boldsymbol{J}_2,\cdots,\boldsymbol{J}_{s-1}$ 必为一级 Jordan 块，否则有

$$\begin{pmatrix} \boldsymbol{J}_1 & & & \\ & \boldsymbol{J}_2 & & \\ & & \ddots & \\ & & & \boldsymbol{J}_s \end{pmatrix}$$

的秩 $\geqslant 2$，与 $r(\boldsymbol{A})=1$ 矛盾. 故 $\boldsymbol{A}$ 的初等因子为 $\underbrace{\lambda,\lambda,\cdots,\lambda}_{n-2\text{个}},\lambda^2$，且它的 Jordan 标准形为

$$\begin{pmatrix} 0 & & & & & & \\ & 0 & & & & & \\ & & \ddots & & & & \\ & & & 0 & & & \\ & & & & \ddots & & \\ & & & & & 0 & 0 \\ & & & & & 1 & 0 \end{pmatrix}.$$

进一步可知 $\boldsymbol{A}$ 的不变因子为 $1,\underbrace{\lambda,\cdots,\lambda}_{n-2\text{个}},\lambda^2$.

练习 8.5

8.5.1　(1998，天津大学) 设三级方阵 $\boldsymbol{A}=\begin{pmatrix} 3 & 0 & 0 \\ 0 & -1 & 4 \\ -1 & -1 & 3 \end{pmatrix}$.

(1) 求 $\boldsymbol{A}$ 的初等因子；

(2) 求 $\boldsymbol{A}$ 的 Jordan 标准形；

(3) 求 $\boldsymbol{A}$ 的最小多项式.

8.5.2　(1999，北京大学) 设实数域 $\mathbf{R}$ 上的矩阵

$$\boldsymbol{A}=\begin{pmatrix} 1 & 1 & 0 \\ -1 & 0 & 1 \\ -3 & 0 & 0 \end{pmatrix}.$$

(1) 求 $\boldsymbol{A}$ 的特征多项式 $f(\lambda)$;

(2) $f(\lambda)$ 是否为实数域上的不可约多项式；

(3) 求 $\boldsymbol{A}$ 的最小多项式并说明理由；

(4) 实数域上的 $\boldsymbol{A}$ 是否可对角化，并说明理由.

8.5.3　已知 n 级方阵 $\boldsymbol{A}$ 的元素全为 1，求 $\boldsymbol{A}$ 的最小多项式.

8.5.4　设 $\boldsymbol{A}$ 为实数域 $\mathbf{R}$ 上 n 级方阵，且 $\boldsymbol{A}^3+\boldsymbol{A}=\boldsymbol{O}$. 证明：$\mathrm{tr}(\boldsymbol{A})=0$.

8.5.5　(大连理工大学) 求 $\boldsymbol{A}$ 的全体零化多项式集，其中

$$\boldsymbol{A}=\begin{pmatrix} 0 & 1 & 0 & 1 \\ 1 & 0 & 1 & 0 \\ 0 & 1 & 0 & 1 \\ 1 & 0 & 1 & 0 \end{pmatrix}.$$

8.5.6　(福州大学) 设 $\boldsymbol{B}=\begin{pmatrix} \boldsymbol{B}_1 & \boldsymbol{O} \\ \boldsymbol{O} & \boldsymbol{B}_2 \end{pmatrix}$ 为准对角阵，$g_1(\lambda),g_2(\lambda),g(\lambda)$ 分别是 $\boldsymbol{B}_1,\boldsymbol{B}_2,\boldsymbol{B}$ 的最小多项式. 证明：$g(\lambda)=\big(g_1(\lambda),g_2(\lambda)\big)$.

8.5.7　(2000，华中师范大学) 设 $\boldsymbol{A}$ 是数域 P 上 n 级方阵，$m(\lambda), f(\lambda)$ 分别为 $\boldsymbol{A}$ 的最小多项式和特征多项式. 证明：存在正整数 k，使 $f(\lambda) \mid m^k(\lambda)$.

8.5.8　(1995，华中师范大学) 设 σ 是数域 P 上 n 维线性空间 V 上的线性变换，$m(x)$ 是 σ 的最小多项式. 证明：$\forall f(x) \in P[x]$，如果 $\left(f(x), m(x)\right) = d(x)$，则 $r\left(f(\sigma)\right) = r\left(d(\sigma)\right)$.

8.5.9　(1993，华中师范大学) 设 $m(\lambda)$ 是 n 级方阵 $\boldsymbol{A}$ 的最小多项式，$\varphi(\lambda)$ 是次数大于零的多项式. 证明：$\left|\varphi(A)\right| \neq 0$ 的充要条件是 $\left(\varphi(\lambda), m(\lambda)\right) = 1$.

8.6　矩阵的对角化问题(Ⅱ)

在 7.4 节，我们曾讨论过矩阵的对角化问题，本节主要给出利用最小多项式判定一个 n 级方阵是否可对角化的方法，并给出一些常见的可对角化矩阵.

一、利用最小多项式判定矩阵的对角化

要点　由例 8.5.3 的评析可知，当 n 级方阵 $\boldsymbol{A}$ 的最小多项式无重根时，$\boldsymbol{A}$ 可对角化.

例 8.6.1　$\boldsymbol{A}^m = \boldsymbol{E}$，则 $\boldsymbol{A}$ 相似于对角阵(幂幺阵).

证明　设 λ_i 为 $\boldsymbol{A}$ 的特征值，则 $\lambda_i^m = 1$，即 λ_i 为 m 次单位根 $\varepsilon_1, \varepsilon_2, \cdots, \varepsilon_m$. 而令 $g(x) = x^m - 1$，则 $g(\boldsymbol{A}) = \boldsymbol{O}$，且 $m_A(x) \mid g(x)$. 这说明 $m_A(x)$ 无重根，故 $\boldsymbol{A}$ 相似于对角阵.

例 8.6.2　方阵 $\boldsymbol{A}$ 适合条件 $\boldsymbol{A}^3 + 2\boldsymbol{A}^2 - \boldsymbol{A} - 2\boldsymbol{E} = \boldsymbol{O}$，问 $\boldsymbol{A}$ 是否相似于对角阵.

解　因为

$$g(\lambda) = \lambda^3 + 2\lambda^2 - \lambda - 2 = (\lambda - 2)(\lambda - 1)(\lambda + 1)$$

无重根，且 $g(\boldsymbol{A}) = \boldsymbol{O}$，$m_A(\lambda) \mid g(\lambda)$，$m_A(\lambda)$ 无重根，所以 $\boldsymbol{A}$ 相似于对角阵.

例 8.6.3　若 $\boldsymbol{A}^2 = \boldsymbol{A}$，则 $\boldsymbol{A}$ 相似于对角阵.

证明　令 $g(\lambda) = \lambda^2 - \lambda$，则 $g(\boldsymbol{A}) = \boldsymbol{O}$，又 $g(\lambda)$ 无重根，且 $m_A(\lambda) \mid g(\lambda)$，故 $m_A(\lambda)$ 无重根，从而 $\boldsymbol{A}$ 相似于对角阵.

例 8.6.4　$\boldsymbol{A}$ 有 n 个不同的特征根，且 $\boldsymbol{A}$ 与 $\boldsymbol{B}$ 可换，则 $\boldsymbol{B}$ 相似于对角阵.

证明　设 $\boldsymbol{P}^{-1}\boldsymbol{A}\boldsymbol{P} = \begin{pmatrix} \lambda_1 & & \\ & \ddots & \\ & & \lambda_n \end{pmatrix}$，且 λ_i 是互不相同的，$i = 1, 2, \cdots, n$. 由于 $\boldsymbol{P}^{-1}\boldsymbol{A}\boldsymbol{B}\boldsymbol{P} = \boldsymbol{P}^{-1}\boldsymbol{B}\boldsymbol{A}\boldsymbol{P}$，即 $(\boldsymbol{P}^{-1}\boldsymbol{A}\boldsymbol{P})(\boldsymbol{P}^{-1}\boldsymbol{B}\boldsymbol{P}) = (\boldsymbol{P}^{-1}\boldsymbol{B}\boldsymbol{P})(\boldsymbol{P}^{-1}\boldsymbol{A}\boldsymbol{P})$，故 $\boldsymbol{P}^{-1}\boldsymbol{B}\boldsymbol{P}$ 为对角阵，从而 $\boldsymbol{B}$ 相似于对角阵.

评析　若 $\boldsymbol{A}$ 的某一零化多项式无重根，则其最小多项式必无重根，从而 $\boldsymbol{A}$ 可对角化. 反之并不成立.

二、常见的几类可对角化矩阵

要点　1° 幂等阵 ($\boldsymbol{A}^2=\boldsymbol{A}$) 的 Jordan 标准形为 $\boldsymbol{J}=\begin{pmatrix}\boldsymbol{E}_r & \boldsymbol{O}\\ \boldsymbol{O} & \boldsymbol{O}\end{pmatrix}$.

2° 对称阵的 Jordan 标准形为对角形矩阵.

3° 对合阵 ($\boldsymbol{A}^2=\boldsymbol{E}$) 的 Jordan 标准形为对角形矩阵.

4° 周期阵 ($\boldsymbol{A}^m=\boldsymbol{A}$) 的 Jordan 标准形为对角阵，且对角线上的元素为 m 次单位根 (利用最小多项式).

5° 幂零阵 ($\boldsymbol{A}\neq\boldsymbol{O},\boldsymbol{A}^m=\boldsymbol{O}$) 的 Jordan 标准形 $\boldsymbol{J}$ 的 Jordan 块为幂零 Jordan 块，即

$$\boldsymbol{J}_i=\begin{pmatrix}0 & & & \\ 1 & 0 & & \\ & \ddots & \ddots & \\ & & 1 & 0\end{pmatrix}.$$

例 8.6.5　证明幂零阵不能相似于对角阵.

证明　假设 $\boldsymbol{A}$ 为幂零阵且 $\boldsymbol{A}$ 相似于对角阵，易证 $\boldsymbol{A}$ 的特征值全为 0，故 $\boldsymbol{A}$ 与零矩阵相似. 从而 $\boldsymbol{A}=\boldsymbol{O}$，这与 $\boldsymbol{A}\neq\boldsymbol{O}$ 矛盾.

练习 8.6

8.6.1 (中国科技大学) 证明：矩阵 $\boldsymbol{A}=\begin{pmatrix}2 & -1\\ 1 & 4\end{pmatrix}$ 不能用相似变换对角化.

8.6.2 (2005，武汉大学) 已知矩阵

$$\boldsymbol{A}=\begin{pmatrix}1 & 5 & 5\\ 0 & 4 & 3\\ 0 & a & 2\end{pmatrix}.$$

(1) 若 $\boldsymbol{A}$ 有一个二重特征根，试求 $\boldsymbol{A}$ 的最小多项式及 Jordan 标准形；

(2) 确定 $\boldsymbol{A}$ 相似于对角阵的充分必要条件.

8.6.3 (1992，中国人民大学) 设 n 级方阵 $\boldsymbol{A}$ 满足 $\boldsymbol{A}^2-2\boldsymbol{A}-3\boldsymbol{E}=\boldsymbol{O}$. 证明：存在可逆阵 $\boldsymbol{P}$，使得 $\boldsymbol{P}^{-1}\boldsymbol{A}\boldsymbol{P}$ 为对角阵.

8.6.4 设 $\boldsymbol{A},\boldsymbol{B}$ 均为数域 P 上 n 级方阵，且 $\boldsymbol{AB}=\boldsymbol{BA}$. 证明：若 $\boldsymbol{A},\boldsymbol{B}$ 均可对角化，则存在可逆阵 $\boldsymbol{P}$，使得 $\boldsymbol{P}^{-1}\boldsymbol{A}\boldsymbol{P}$ 与 $\boldsymbol{P}^{-1}\boldsymbol{B}\boldsymbol{P}$ 均为对角阵.

8.6.5 (武汉大学) 设 S 是无限个可对角化的 n 级方阵组成的集合，其元素满足矩阵乘法交换律. 试证明：存在 n 级可逆阵 $\boldsymbol{P}$，使 $\forall \boldsymbol{X}\in S$，$\boldsymbol{P}^{-1}\boldsymbol{X}\boldsymbol{P}$ 为对角阵.

8.6.6 (浙江大学) 设 $\boldsymbol{A},\boldsymbol{B}$ 均为复数域上 n 级方阵，且 $\boldsymbol{AB}=\boldsymbol{BA}$，$\boldsymbol{A}^k=\boldsymbol{B}^k=\boldsymbol{E}$ (k 为某一正整数). 证明：存在 n 级可逆阵 $\boldsymbol{P}$，使 $\boldsymbol{P}^{-1}\boldsymbol{A}\boldsymbol{P}$，$\boldsymbol{P}^{-1}\boldsymbol{B}\boldsymbol{P}$ 均为对角线上全为 1 的 k 次方根的对角阵.

8.6.7 （1995，华中师范大学）设 $\boldsymbol{A}$ 为三级方阵，$\boldsymbol{A}^2=\boldsymbol{E}$，但 $\boldsymbol{A}\neq t\boldsymbol{E}$. 证明：$\boldsymbol{A}+\boldsymbol{E}$ 与 $\boldsymbol{A}-\boldsymbol{E}$ 中有一个秩为 1，另一个秩为 2.

8.6.8 （中国科技大学）证明：n 级方阵 $\boldsymbol{A}$ 相似于对角阵的充要条件是，对于任意λ，如果 $(\lambda\boldsymbol{E}-\boldsymbol{A})^2\boldsymbol{x}=\boldsymbol{0}$，则 $(\lambda\boldsymbol{E}-\boldsymbol{A})\boldsymbol{x}=\boldsymbol{0}$，其中 $\boldsymbol{x}$ 为 n 维列向量.

8.6.9 （浙江大学）设 $\boldsymbol{A}$ 是秩为 r 的 n 级方阵.

(1) 证明：$\boldsymbol{A}^2=\boldsymbol{A}$ 的充要条件是存在 $r\times n$ 行满秩矩阵 $\boldsymbol{B}$ 及 $n\times r$ 列满秩矩阵 $\boldsymbol{C}$，使得

$$\boldsymbol{A}=\boldsymbol{CB},\quad \boldsymbol{E}_r=\boldsymbol{BC};$$

(2) 当 $\boldsymbol{A}^2=\boldsymbol{A}$ 时，证明：$|2\boldsymbol{E}-\boldsymbol{A}|=2^{n-r}$，$|\boldsymbol{A}+\boldsymbol{E}|=2^r$.

8.7　矩阵方幂的若干求法

矩阵方幂在高等代数题解、矩阵稳定性讨论及预测、控制等方面有广泛的应用，它的求法原理贯穿于代数教学过程的始终，可以用到矩阵各方面的知识. 其计算量往往较大，但方法适当，可大大简化其计算难度. 本节将给出六种求矩阵方幂的方法.

一、秩为 1 的情况

要点　当 n 级矩阵 $\boldsymbol{A}$ 的秩 $r(\boldsymbol{A})=1$ 时，矩阵 $\boldsymbol{A}$ 可以写成 n 维列向量 $\boldsymbol{p}$ 和 n 维行向量 $\boldsymbol{q}$ 的乘积：$\boldsymbol{A}=\boldsymbol{pq}$. 利用矩阵乘法的结合律有：$\boldsymbol{A}^k=\boldsymbol{p}(\boldsymbol{qp})^{k-1}\boldsymbol{q}$，其中 $\boldsymbol{qp}$ 是 1×1 矩阵，即是一个数，所以有 $\boldsymbol{A}^k=(\boldsymbol{qp})^{k-1}\boldsymbol{pq}=(\boldsymbol{qp})^{k-1}\boldsymbol{A}$.

例 8.7.1　设 $\boldsymbol{A}=\begin{pmatrix}1&2&-1\\3&6&-3\\-2&-4&2\end{pmatrix}$，求 $\boldsymbol{A}^k$ (k 为自然数).

解　先观察 $\boldsymbol{A}$，容易发现矩阵 $\boldsymbol{A}$ 的第 2 列、第 3 列与第 1 列成比例，故而矩阵 $\boldsymbol{A}$ 的秩 $r(\boldsymbol{A})=1$，可以采用上述方法.

$$\boldsymbol{A}=\begin{pmatrix}1&2&-1\\3&6&-3\\-2&-4&2\end{pmatrix}=\begin{pmatrix}1\\3\\-2\end{pmatrix}(1,2,-1),$$

令 $\boldsymbol{p}=\begin{pmatrix}1\\3\\-2\end{pmatrix}$，$\boldsymbol{q}=(1,2,-1)$，$\boldsymbol{pq}=\boldsymbol{A}$，且 $\boldsymbol{qp}=9$ (常数). 于是

$$\boldsymbol{A}^k=(\boldsymbol{qp})^{k-1}\boldsymbol{pq}=(\boldsymbol{qp})^{k-1}\boldsymbol{A}=9^{k-1}\boldsymbol{A}.$$

例 8.7.2　设 $\boldsymbol{A}=\begin{pmatrix}1&\frac{1}{2}&\frac{1}{3}&\frac{1}{4}\\2&1&\frac{2}{3}&\frac{1}{2}\\3&\frac{3}{2}&1&\frac{3}{4}\\4&2&\frac{4}{3}&1\end{pmatrix}$，求 $\boldsymbol{A}^k$.

解　同样易知 $r(\boldsymbol{A})=1$，故可以表示为 $\boldsymbol{A}=\boldsymbol{pq}$，其中 $\boldsymbol{p}=(1,2,3,4)^{\mathrm{T}}$，$\boldsymbol{q}=\left(1,\frac{1}{2},\frac{1}{3},\frac{1}{4}\right)$ 且 $\boldsymbol{qp}=4$. 所以有

$$\boldsymbol{A}^k=(\boldsymbol{qp})^{k-1}\boldsymbol{pq}=(\boldsymbol{qp})^{k-1}\boldsymbol{A}=4^{k-1}\boldsymbol{A}.$$

二、可分解为数量矩阵和幂零矩阵之和的情况

要点　观察推敲矩阵 $\boldsymbol{A}$，看其是否可以分解为一个数量矩阵 $\lambda\boldsymbol{E}$ 与一个幂零矩阵 $\boldsymbol{P}$ 之和，即

$$\boldsymbol{A}=\lambda\boldsymbol{E}+\boldsymbol{P},$$

其中 $\boldsymbol{P}^m\neq\boldsymbol{O}$，但 $\boldsymbol{P}^{m+1}=\boldsymbol{O}$，因为数量矩阵 $\lambda\boldsymbol{E}$ 和 $\boldsymbol{P}$ 可以交换，于是由二项式定理得

$$\begin{aligned}\boldsymbol{A}^n&=(\lambda\boldsymbol{E}+\boldsymbol{P})^n=\sum_{k=0}^{n}\mathrm{C}_n^k(\lambda\boldsymbol{E})^{n-k}\boldsymbol{P}^k=\sum_{k=0}^{n}\mathrm{C}_n^k\lambda^{n-k}\boldsymbol{P}^k\\&=\lambda^n\boldsymbol{E}+n\lambda^{n-1}\boldsymbol{P}+\cdots+\mathrm{C}_n^m\lambda^{n-m}\boldsymbol{P}^m.\end{aligned}$$

例 8.7.3　已知矩阵 $\boldsymbol{A}=\begin{pmatrix}2&4&0&0\\1&2&0&0\\0&0&2&4\\0&0&0&2\end{pmatrix}$，求 $\boldsymbol{A}^n$.

解　观察矩阵 $\boldsymbol{A}$ 的特点，可以先将其分块写成 $\boldsymbol{A}=\begin{pmatrix}\boldsymbol{B}&\boldsymbol{O}\\\boldsymbol{O}&\boldsymbol{C}\end{pmatrix}$，其中 $\boldsymbol{B}=\begin{pmatrix}2&4\\1&2\end{pmatrix}$，$\boldsymbol{C}=\begin{pmatrix}2&4\\0&2\end{pmatrix}$，则 $\boldsymbol{A}^n=\begin{pmatrix}\boldsymbol{B}^n&\boldsymbol{O}\\\boldsymbol{O}&\boldsymbol{C}^n\end{pmatrix}$，下面就先求 $\boldsymbol{B}^n$ 和 $\boldsymbol{C}^n$.

显然，$r(\boldsymbol{B})=1$，即 $\boldsymbol{B}=\boldsymbol{\alpha}^{\mathrm{T}}\boldsymbol{\beta}$，这里 $\boldsymbol{\alpha}=(2,1)$，$\boldsymbol{\beta}=(1,2)$，且 $\boldsymbol{\beta\alpha}^{\mathrm{T}}=4$，所以 $\boldsymbol{B}^n=4^{n-1}\boldsymbol{B}$.

至于 $\boldsymbol{C}=\begin{pmatrix}2&4\\0&2\end{pmatrix}=2\boldsymbol{E}+\begin{pmatrix}0&4\\0&0\end{pmatrix}=2\boldsymbol{E}+\boldsymbol{P}$，$\boldsymbol{P}=\begin{pmatrix}0&4\\0&0\end{pmatrix}$ 满足 $\boldsymbol{P}^2=\boldsymbol{O}$. 代入上述给出的二项式公式得

$$\boldsymbol{C}^n=(2\boldsymbol{E}+\boldsymbol{P})^n=(2\boldsymbol{E})^n+n(2\boldsymbol{E})^{n-1}\boldsymbol{P}=2^n\boldsymbol{E}+2^{n-1}n\boldsymbol{P}=\begin{pmatrix}2^n&4n2^{n-1}\\0&2^n\end{pmatrix}.$$

因此本题得解.

例 8.7.4 设 $A=\begin{pmatrix}3&1&3\\0&3&1\\0&0&3\end{pmatrix}$，求 $A^n(n\geqslant 3)$.

解 同样经过仔细观察矩阵 A，得

$$A=\begin{pmatrix}3&0&0\\0&3&0\\0&0&3\end{pmatrix}+\begin{pmatrix}0&1&3\\0&0&1\\0&0&0\end{pmatrix}=3E+P,$$

且 $P=\begin{pmatrix}0&1&3\\0&0&1\\0&0&0\end{pmatrix}$是幂零矩阵. 因为有 $P^2=\begin{pmatrix}0&0&1\\0&0&0\\0&0&0\end{pmatrix}$，$P^3=O$，$P^k=O$，则当 $k\geqslant 4$ 时，

$$\begin{aligned}A^n&=(3E+P)^n=3^nE+n(3E)^{n-1}P+\frac{n(n-1)}{2}(3E)^{n-2}P^2\\&=\begin{pmatrix}3^n&n3^{n-1}&\frac{n(n-1)}{2}3^{n-2}\\0&3^n&n3^{n-1}\\0&0&3^n\end{pmatrix}.\end{aligned}$$

三、归纳法(实例)

例 8.7.5 已知 $A=\begin{pmatrix}1&\alpha&\beta\\0&1&\alpha\\0&0&1\end{pmatrix}$，求其 n 次幂.

解 先来计算 A 的较低次幂 A^2 和 A^3，由矩阵乘法直接计算得

$$A^2=\begin{pmatrix}1&2\alpha&\alpha^2+2\beta\\0&1&2\alpha\\0&0&1\end{pmatrix},\quad A^3=\begin{pmatrix}1&3\alpha&3\alpha^2+3\beta\\0&1&3\alpha\\0&0&1\end{pmatrix},\quad\cdots,$$

由此猜想

$$A^n=\begin{pmatrix}1&n\alpha&\frac{n(n-1)}{2}\alpha^2+n\beta\\0&1&n\alpha\\0&0&1\end{pmatrix}.\tag{8.8}$$

以下用数学归纳法加以证明.

当 $n=1$ 时成立.

假设结论对 $n=k$ 时亦成立，即

$$A^k=\begin{pmatrix}1 & k\alpha & \dfrac{k(k-1)}{2}\alpha^2+k\beta \\ 0 & 1 & k\alpha \\ 0 & 0 & 1\end{pmatrix}.$$

当 $n=k+1$ 时，$A^{k+1}=A^kA$，而

$$\begin{aligned}A^kA&=\begin{pmatrix}1 & k\alpha & \dfrac{k(k-1)}{2}\alpha^2+k\beta \\ 0 & 1 & k\alpha \\ 0 & 0 & 1\end{pmatrix}\begin{pmatrix}1 & \alpha & \beta \\ 0 & 1 & \alpha \\ 0 & 0 & 1\end{pmatrix}\\ &=\begin{pmatrix}1 & (k+1)\alpha & \dfrac{k(k+1)}{2}\alpha^2+(k+1)\alpha \\ 0 & 1 & (k+1)\alpha \\ 0 & 0 & 1\end{pmatrix},\end{aligned}$$

即当 $n=k+1$ 时式(8.8)成立，从而证明式(8.8)对任意 n 都成立.

四、利用相似变换法

要点　若已知矩阵可以经过相似变换化为对角阵时，即存在可逆矩阵 P，使 $P^{-1}AP=\Lambda$，其中 Λ 为对角阵，其对角线上元素为矩阵 A 的特征值. 由此可得

$$A=P\Lambda P^{-1},\quad A^n=P\Lambda^nP^{-1}.$$

于是求 A 的方幂就转化为求过渡矩阵 P 和对角矩阵 Λ^n，而对于 P 和 Λ^n，我们应用代数知识较易求解，具体如下.

例 8.7.6　已知 $A=\begin{pmatrix}1 & 2 & 2 \\ 2 & 1 & 2 \\ 2 & 2 & 1\end{pmatrix}$，求其 n 次幂.

解　经过计算，矩阵 A 的特征值 $\lambda=-1$ 和 $\lambda=5$，对于特征值 $\lambda=-1$ 有线性无关特征向量 $\boldsymbol{\alpha}_1=(1,0,-1)^{\mathrm{T}}$ 和 $\boldsymbol{\alpha}_2=(0,1,-1)^{\mathrm{T}}$. 对于特征值 $\lambda=5$ 有特征向量 $\boldsymbol{\alpha}_3=(1,1,1)^{\mathrm{T}}$.

令

$$P=(\boldsymbol{\alpha}_1,\boldsymbol{\alpha}_2,\boldsymbol{\alpha}_3)=\begin{pmatrix}1 & 0 & 1 \\ 0 & 1 & 1 \\ -1 & -1 & 1\end{pmatrix},$$

即 P 可逆，且有

$$P^{-1}AP=\Lambda=\begin{pmatrix}-1&&\\&-1&\\&&5\end{pmatrix},\quad \Lambda^n=\begin{pmatrix}(-1)^n&&\\&(-1)^n&\\&&5^n\end{pmatrix},$$

于是 $A=P\Lambda P^{-1}, A^n=P\Lambda^n P^{-1}$. 计算得

$$A^n=\frac{1}{3}\begin{pmatrix}(-1)^n2+5^n & (-1)^{n+1}+5^n & (-1)^{n+1}+5^n\\ (-1)^{n+1}+5^n & (-1)^n2+5^n & (-1)^{n+1}+5^n\\ (-1)^{n+1}+5^n & (-1)^{n+1}+5^n & (-1)^n2+5^n\end{pmatrix}.$$

五、特征多项式法(或最小多项式法)

例 8.7.7　设 $A=\begin{pmatrix}3&-10&-6\\1&-4&-3\\-1&5&4\end{pmatrix}$，试求 A^{100}.

方法 1　利用特征多项式.

A 的特征多项式为 $f_A(\lambda)=\det(\lambda E-A)=(\lambda-1)^3=\lambda^3-3\lambda^2+3\lambda-1$（三次），可令 $\lambda^{100}=q(\lambda)f_A(\lambda)+r(\lambda)$，其中 $r(\lambda)=a\lambda^2+b\lambda+c$（二次），即

$$\lambda^{100}=q(\lambda)f_A(\lambda)+a\lambda^2+b\lambda+c. \tag{8.9}$$

注意到 $f_A(1)=f'(1)=f''(1)=0$，于是在上式中令 $\lambda=1$，并分别求一、二阶导数后再令 $\lambda=1$ 得

$$\begin{aligned}1&=a+b+c,\\100&=2a+b,\\9900&=2a.\end{aligned}$$

解之得 $a=4950$，$b=-9800$，$c=4851$. 所以再将 A 代入式(8.9)得

$$\begin{aligned}A^{100}&=q(A)f_A(A)+4950A^2-9800A+4851E\\&=\begin{pmatrix}201&-1000&-600\\100&-499&-300\\-100&500&301\end{pmatrix}.\end{aligned}$$

方法 2　利用最小多项式法.

容易求得 A 的最小多项式为 $m_A(\lambda)=(\lambda-1)^2=\lambda^2-2\lambda+1$（二次），可令 $\lambda^{100}=q(\lambda)m_A(\lambda)+r(\lambda)$，其中 $r(\lambda)=a\lambda+b$. 注意到 $m_A(1)=0$，于是在上式中令 $\lambda=1$，并求导后再令 $\lambda=1$ 得 $1=a+b$，$100=a$，所以得 $a=100$，$b=-99$. 故

$$
\begin{aligned}
\boldsymbol{A}^{100} &= q(\boldsymbol{A})m_A(\boldsymbol{A}) + a\boldsymbol{A} + bE = \boldsymbol{O} + 100\boldsymbol{A} - 99\boldsymbol{E} \\
&= \begin{pmatrix} 201 & -1000 & -600 \\ 100 & -499 & -300 \\ -100 & 500 & 301 \end{pmatrix}.
\end{aligned}
$$

评析　方法 2 比方法 1 少一个参数.

六、利用 Jordan 标准形(实例)

例 8.7.8　已知 $\boldsymbol{A} = \begin{pmatrix} -1 & -2 & 6 \\ -1 & 0 & 3 \\ -1 & -1 & 4 \end{pmatrix}$，求 $\boldsymbol{A}^k$.

解　第一步，首先求矩阵 $\boldsymbol{A}$ 的 Jordan 标准形. 由

$$
\lambda \boldsymbol{E} - \boldsymbol{A} = \begin{pmatrix} \lambda+1 & 2 & -6 \\ 1 & \lambda & -3 \\ 1 & 1 & \lambda-4 \end{pmatrix} \to \begin{pmatrix} 1 & 0 & 0 \\ 0 & \lambda-1 & 0 \\ 0 & 0 & (\lambda-1)^2 \end{pmatrix},
$$

从而初等因子为 $(\lambda-1),(\lambda-1)^2$，故 $\boldsymbol{A}$ 的 Jordan 标准形

$$
\boldsymbol{J} = \begin{pmatrix} 1 & 0 & 0 \\ 0 & 1 & 0 \\ 0 & 1 & 1 \end{pmatrix}.
$$

第二步，求可逆矩阵 $\boldsymbol{T}$ 使 $\boldsymbol{T}^{-1}\boldsymbol{A}\boldsymbol{T} = \boldsymbol{J}$，即 $\boldsymbol{A}\boldsymbol{T} = \boldsymbol{T}\boldsymbol{J}$. 设 $\boldsymbol{T} = (\boldsymbol{\alpha}_1, \boldsymbol{\alpha}_2, \boldsymbol{\alpha}_3)$，所以有

$$
\boldsymbol{A}(\boldsymbol{\alpha}_1, \boldsymbol{\alpha}_2, \boldsymbol{\alpha}_3) = (\boldsymbol{\alpha}_1, \boldsymbol{\alpha}_2, \boldsymbol{\alpha}_3) \begin{pmatrix} 1 & 0 & 0 \\ 0 & 1 & 0 \\ 0 & 1 & 1 \end{pmatrix},
$$

故 $\boldsymbol{A}\boldsymbol{\alpha}_1 = \boldsymbol{\alpha}_1, \boldsymbol{A}\boldsymbol{\alpha}_2 = \boldsymbol{\alpha}_2 + \boldsymbol{\alpha}_3, \boldsymbol{A}\boldsymbol{\alpha}_3 = \boldsymbol{\alpha}_3$.

由 $\boldsymbol{A}\boldsymbol{\alpha}_2 = \boldsymbol{\alpha}_2 + \boldsymbol{\alpha}_3$ 得 $(\boldsymbol{E} - \boldsymbol{A})\boldsymbol{\alpha}_2 = -\boldsymbol{\alpha}_3$，设 $\boldsymbol{\alpha}_2 = (x_1, x_2, x_3)^{\mathrm{T}}, \boldsymbol{\alpha}_3 = (y_1, y_2, y_3)^{\mathrm{T}}$，则有

$$
\overline{(\boldsymbol{E} - \boldsymbol{A})} = \begin{pmatrix} 2 & 2 & -6 & -y_1 \\ 1 & 1 & -3 & -y_2 \\ 1 & 1 & -3 & -y_3 \end{pmatrix} \to \begin{pmatrix} 2 & 2 & -6 & -y_1 \\ 1 & 1 & -3 & -y_2 \\ 0 & 0 & 0 & y_2 - y_3 \end{pmatrix},
$$

而 $(\boldsymbol{E} - \boldsymbol{A})\boldsymbol{\alpha}_2 = -\boldsymbol{\alpha}_3$ 有解，故 $y_2 = y_3$. 又 $\boldsymbol{A}\boldsymbol{\alpha}_3 = \boldsymbol{\alpha}_3$，从而 $(\boldsymbol{E} - \boldsymbol{A})\boldsymbol{\alpha}_3 = \boldsymbol{0}$，即

$$
\begin{pmatrix} 2 & 2 & -6 \\ 1 & 1 & -3 \\ 1 & 1 & -3 \end{pmatrix} \begin{pmatrix} y_1 \\ y_2 \\ y_3 \end{pmatrix} = \boldsymbol{0},
$$

于是有 $y_1+y_2-3y_3=0$，所以得 $y_1=2y_2$，令 $y_2=y_3=1$，则 $y_1=2$，于是 $\boldsymbol{\alpha}_3=(2,1,1)^{\mathrm{T}}$，再解 $\boldsymbol{\alpha}_2=(-1,0,0)^{\mathrm{T}}$，$\boldsymbol{\alpha}_1=(3,0,1)^{\mathrm{T}}$.

于是求得

$$\boldsymbol{T}=(\boldsymbol{\alpha}_1,\boldsymbol{\alpha}_2,\boldsymbol{\alpha}_3)=\begin{pmatrix}3&-1&2\\0&0&1\\1&0&1\end{pmatrix}.$$

第三步，由第二步得 $\boldsymbol{A}=\boldsymbol{TJT}^{-1}$.

$$\boldsymbol{A}^k=\boldsymbol{TJ}^k\boldsymbol{T}^{-1}=\begin{pmatrix}3&-1&2\\0&0&1\\1&0&1\end{pmatrix}\begin{pmatrix}1&0&0\\0&1&0\\0&k&1\end{pmatrix}\begin{pmatrix}0&-1&1\\-1&-1&3\\0&1&0\end{pmatrix}=\begin{pmatrix}1-2k&-2k&6k\\-k&1-k&3k\\-k&-k&1+3k\end{pmatrix}.$$

练习 8.7

8.7.1 （2004，北京科技大学）设三级方阵 $\boldsymbol{A}=\begin{pmatrix}1&1&1\\1&1&1\\1&1&1\end{pmatrix}$，试计算 $\boldsymbol{A}^n$（n 为正整数）

8.7.2 （2005，陕西师范大学）已知矩阵 $\boldsymbol{A}=\begin{pmatrix}3&0&8\\3&-1&6\\-2&0&-5\end{pmatrix}$，求 $\boldsymbol{A}^{10}$.

8.7.3 （2003，上海交通大学）设 $\boldsymbol{A}=\begin{pmatrix}1&0&0\\2&-1&0\\1&2&1\end{pmatrix}$，求 $\boldsymbol{A}^{100}$.

8.7.4 （2006，清华大学）设 $\boldsymbol{A}=\begin{pmatrix}1&-1&3\\0&-5&6\\0&1&0\end{pmatrix}$，$k$ 是任意正整数，求 $\boldsymbol{A}^k$.

8.7.5 （2004，中南大学）设 $\boldsymbol{A}=\begin{pmatrix}1&0&0\\1&0&1\\0&1&0\end{pmatrix}$. 证明当 $n\geqslant 3$ 时，有 $\boldsymbol{A}^n=\boldsymbol{A}^{n-2}+\boldsymbol{A}^2-\boldsymbol{E}$（$n$ 为正整数），并求 $\boldsymbol{A}^{100}$.

8.7.6 （四川大学）设 $\boldsymbol{A}=\begin{pmatrix}1&0&2\\0&-1&1\\0&1&0\end{pmatrix}$，且 $f(\lambda)=2\lambda^{11}+2\lambda^8-8\lambda^6+3\lambda^5+\lambda^4+11\lambda^2-4$. 求 $\left(f(\boldsymbol{A})\right)^{-1}$.

8.7.7 （2006，中国科学院）设 $a\in\mathbf{R},\boldsymbol{A}=\begin{pmatrix}a&1&&\\&a&\ddots&\\&&\ddots&1\\&&&a\end{pmatrix}\in\mathbf{R}^{100\times100}$，求 $\boldsymbol{A}^{50}$ 第 1 行元素之和.

8.7.8　(北京邮电学院)(1) 设 $\boldsymbol{A}=\begin{pmatrix}0 & 1\\ -1 & 0\end{pmatrix}$，试求 $\boldsymbol{A}^n$ (n 为正整数)；

(2) $\mathrm{e}^{t\boldsymbol{A}}$ 由下面的矩阵级数定义 $\mathrm{e}^{t\boldsymbol{A}}=\boldsymbol{E}+t\boldsymbol{A}+\dfrac{t^2}{2!}\boldsymbol{A}^2+\cdots+\dfrac{t^n}{n!}\boldsymbol{A}^n+\cdots$. 如果 $\boldsymbol{A}=\begin{pmatrix}0 & 1\\ -1 & 0\end{pmatrix}$. 试证

$$\mathrm{e}^{t\boldsymbol{A}}=\begin{pmatrix}\cos t & \sin t\\ -\sin t & \cos t\end{pmatrix}.$$

8.7.9　(2005，中国科学院)(1) 求矩阵

$$\boldsymbol{A}=\begin{pmatrix}0 & 1 & 1 & 1\\ 0 & 0 & 1 & 1\\ 0 & 0 & 0 & 1\\ 0 & 0 & 0 & 0\end{pmatrix}$$

的 Jordan 标准形，并计算 $\mathrm{e}^{\boldsymbol{A}}$ (注：按通常定义 $\mathrm{e}^{\boldsymbol{A}}=\boldsymbol{I}+\boldsymbol{A}+\boldsymbol{A}^2/2!+\boldsymbol{A}^3/3!+\cdots$)；

(2) 设

$$\boldsymbol{B}=\begin{pmatrix}4 & 4.5 & -1\\ -3 & -3.5 & 1\\ -2 & -3 & 1.5\end{pmatrix},$$

求 $\boldsymbol{B}^{2005}$ (精确到小数点后 4 位).

8.7.10　(2001，武汉理工大学) 设 $\begin{cases}x_n=x_{n-1}+2y_{n-1},\\ y_n=4x_{n-1}+3y_{n-1},\end{cases}$ 且 $x_0=2$，$y_0=1$，求 x_{100}.

第 9 章　欧几里得空间

为解决用正交变换将二次型化为标准形的问题(主轴问题)，需在线性空间的基础上引入度量概念，因而建立了欧氏空间.

本章内容包括：欧氏空间及其基本性质，标准正交基，子空间，欧氏空间上的线性变换，矩阵分解.

9.1　欧氏空间及其基本性质

一、欧氏空间的基本概念

a. 内积

要点　设 V 是数域 P(这里 $P=\mathbf{R}$ 或 $\mathbf{C}$)上一线性空间，在 V 上定义了一个二元复函数，称为内积，记作 $(\boldsymbol{\alpha},\boldsymbol{\beta})$，它满足以下条件：

(i) $(\boldsymbol{\alpha},\boldsymbol{\beta})=\overline{(\boldsymbol{\beta},\boldsymbol{\alpha})}$;

(ii) $(k\boldsymbol{\alpha},\boldsymbol{\beta})=k(\boldsymbol{\alpha},\boldsymbol{\beta})$;

(iii) $(\boldsymbol{\alpha}+\boldsymbol{\beta},\boldsymbol{\gamma})=(\boldsymbol{\alpha},\boldsymbol{\gamma})+(\boldsymbol{\beta},\boldsymbol{\gamma})$;

(iv) $(\boldsymbol{\alpha},\boldsymbol{\alpha})\geqslant 0$, 当且仅当 $\boldsymbol{\alpha}=\mathbf{0}$ 时 $(\boldsymbol{\alpha},\boldsymbol{\alpha})=0$.

这里 $\boldsymbol{\alpha},\boldsymbol{\beta},\boldsymbol{\gamma}$ 是 V 中任意的向量，$k\in P$.

b. 欧氏空间

要点　定义了内积的实线性空间，称作欧氏空间.

常见的欧氏空间有：

1°　$\mathbf{R}^n$——对于实向量 $\boldsymbol{\alpha}=(a_1,a_2,\cdots,a_n)$，$\boldsymbol{\beta}=(b_1,b_2,\cdots,b_n)$，内积为

$$(\boldsymbol{\alpha},\boldsymbol{\beta})=a_1b_1+a_2b_2+\cdots+a_nb_n=\boldsymbol{\alpha}\boldsymbol{\beta}^{\mathrm{T}}.$$

2°　$\mathbf{R}^{s\times n}$——对于实矩阵 $\boldsymbol{A}=(a_{ij})_{s\times n}$，$\boldsymbol{B}=(b_{ij})_{s\times n}$，内积为

$$(\boldsymbol{A},\boldsymbol{B})=\sum_{i=1}^{s}\sum_{j=1}^{n}a_{ij}b_{ij}.$$

3°　$\mathbf{R}[x]$——对于实系数多项式 $f(x),g(x)$，内积为

$$\left(f(x),g(x)\right)=\int_0^1 f(t)g(t)\mathrm{d}t \quad 或 \quad \left(f(x),g(x)\right)=\int_{-1}^1 f(t)g(t)\mathrm{d}t.$$

4° $C(a,b)$——对于闭区间$[a,b]$上的连续函数$f(x),g(x)$，内积为

$$\left(f(x),g(x)\right)=\int_a^b f(t)g(t)\mathrm{d}t.$$

评析　这几个欧氏空间的例子要牢牢记住. 因为对初学代数的学生来说，线性空间和欧氏空间均是比较抽象的概念. 如果能记住这些典型的例子，对我们思考欧氏空间的有关问题极为有益.

例 9.1.1　设$\mathbf{R}$是实数域,

$$V=\left\{\begin{pmatrix} a & b & c \\ 0 & a & b \\ 0 & 0 & a \end{pmatrix} \middle| \, a,b,c\in\mathbf{R}\right\}.$$

证明：(1) V关于矩阵加法和数量乘法构成$\mathbf{R}$上线性空间；

(2) 任意

$$\boldsymbol{A}=\begin{pmatrix} a_1 & a_2 & a_3 \\ 0 & a_1 & a_2 \\ 0 & 0 & a_1 \end{pmatrix},\quad \boldsymbol{B}=\begin{pmatrix} b_1 & b_2 & b_3 \\ 0 & b_1 & b_2 \\ 0 & 0 & b_1 \end{pmatrix}\in V,$$

定义二元函数

$$(\boldsymbol{A},\boldsymbol{B})=a_1b_1+a_2b_2+a_3b_3,$$

则V是欧氏空间.

证明　(1) 已知$M_{3\times3}(\mathbf{R})$是$\mathbf{R}$上线性空间，因为$\mathbf{0}\in V$，故V是$M_{3\times3}(\mathbf{R})$的非空子集. 任取

$$\boldsymbol{X}=\begin{pmatrix} x_1 & x_2 & x_3 \\ 0 & x_1 & x_2 \\ 0 & 0 & x_1 \end{pmatrix},\quad \boldsymbol{Y}=\begin{pmatrix} y_1 & y_2 & y_3 \\ 0 & y_1 & y_2 \\ 0 & 0 & y_1 \end{pmatrix}\in V,\quad \forall k\in\mathbf{R},$$

则

$$\boldsymbol{X}+\boldsymbol{Y}=\begin{pmatrix} x_1+y_1 & x_2+y_2 & x_3+y_3 \\ 0 & x_1+y_1 & x_2+y_2 \\ 0 & 0 & x_1+y_1 \end{pmatrix}\in V,\quad 且\ k\boldsymbol{X}\in V.$$

故V是$M_{3\times3}(\mathbf{R})$的子空间，从而V也是$\mathbf{R}$上的线性空间.

(2) 再证(1)是V的内积. 因为

$$(\boldsymbol{X},\boldsymbol{Y})=x_1y_1+x_2y_2+x_3y_3=y_1x_1+y_2x_2+y_3x_3=(\boldsymbol{Y},\boldsymbol{X}),$$

$$(k\boldsymbol{X},\boldsymbol{Y})=kx_1y_1+kx_2y_2+kx_3y_3=k(\boldsymbol{X},\boldsymbol{Y}).$$

再任取

$$\boldsymbol{Z}=\begin{pmatrix} z_1 & z_2 & z_3 \\ 0 & z_1 & z_2 \\ 0 & 0 & z_1 \end{pmatrix}\in V,$$

$$(\boldsymbol{X}+\boldsymbol{Y},\boldsymbol{Z})=(x_1,y_1)z_1+(x_2,y_2)z_2+(x_3,y_3)z_3=(\boldsymbol{X},\boldsymbol{Z})+(\boldsymbol{Y},\boldsymbol{Z}).$$

$$(\boldsymbol{X},\boldsymbol{X})=x_1^2+x_2^2+x_3^2\geqslant 0.$$

$$(\boldsymbol{X},\boldsymbol{X})=0\Leftrightarrow x_1^2+x_2^2+x_3^2=0\Leftrightarrow \boldsymbol{X}=\boldsymbol{O}.$$

此即证$(\boldsymbol{X},\boldsymbol{Y})$是$V$的内积，从而$V$是$\mathbf{R}$的一个欧氏空间.

例 9.1.2 n维欧氏空间V中向量$\boldsymbol{x},\boldsymbol{y}$的内积记为$(\boldsymbol{x},\boldsymbol{y})$，$T$是$V$的线性变换，规定二元函数

$$\langle \boldsymbol{x},\boldsymbol{y}\rangle=(T\boldsymbol{x},T\boldsymbol{y}),$$

问$\langle \boldsymbol{x},\boldsymbol{y}\rangle$是否为内积？

解 不一定. 例如，T取零变换，若$\boldsymbol{x}\neq\boldsymbol{0}$，$\boldsymbol{x}\in V$，则

$$\langle \boldsymbol{x},\boldsymbol{x}\rangle=(T\boldsymbol{x},T\boldsymbol{x})=(\boldsymbol{0},\boldsymbol{0})=0.$$

这与内积定义中的第(iv)条矛盾，所以$\langle \boldsymbol{x},\boldsymbol{y}\rangle$不是内积.

c. 向量的长度

要点 设V是一欧氏空间，对向量$\boldsymbol{\alpha}\in V$，非负实数$\sqrt{(\boldsymbol{\alpha},\boldsymbol{\alpha})}$称为向量$\boldsymbol{\alpha}$的长度，记为$|\boldsymbol{\alpha}|$.

d. 向量间的距离

要点 设$\boldsymbol{\alpha},\boldsymbol{\beta}$是欧氏空间$V$中的向量，$|\boldsymbol{\alpha}-\boldsymbol{\beta}|$称为$\boldsymbol{\alpha}$与$\boldsymbol{\beta}$的距离，记为$d(\boldsymbol{\alpha},\boldsymbol{\beta})$.

评析 两个向量间的距离能反映出这两个向量之间的相似程度，距离越小，其相似程度就越高.

二、不等式

a. Cauchy-Buniakowski(柯西-布涅柯夫斯基)不等式

要点 对于任意的向量$\boldsymbol{\alpha},\boldsymbol{\beta}$，有

$$|(\boldsymbol{\alpha},\boldsymbol{\beta})|\leqslant|\boldsymbol{\alpha}||\boldsymbol{\beta}| \tag{9.1}$$

当且仅当$\boldsymbol{\alpha},\boldsymbol{\beta}$线性相关时，等号成立.

Cauchy-Buniakowski 不等式中的向量$\boldsymbol{\alpha},\boldsymbol{\beta}$是任一欧氏空间$V$中向量，当将这一不等式用于欧氏空间$\mathbf{R}^n$和$C(a,b)$时，分别得到 Cauchy 不等式和 Schwarz 不等式，即

Cauchy 不等式：$\left|\sum_{i=1}^{n} a_i b_i\right| \leqslant \sqrt{\sum_{i=1}^{n} a_i^2}\sqrt{\sum_{i=1}^{n} b_i^2}$，　　(9.2)

Schwarz 不等式：$\left|\int_a^b f(x)g(x)\mathrm{d}x\right| \leqslant \sqrt{\int_a^b f^2(x)\mathrm{d}x \int_a^b g^2(x)\mathrm{d}x}.$　　(9.3)

b. 三角不等式

要点　利用 Cauchy-Buniakowski 不等式可得如下的三角不等式

$$|\boldsymbol{\alpha}|-|\boldsymbol{\beta}| \leqslant |\boldsymbol{\alpha} \pm \boldsymbol{\beta}| \leqslant |\boldsymbol{\alpha}|+|\boldsymbol{\beta}|, \tag{9.4}$$

其中 $\boldsymbol{\alpha},\boldsymbol{\beta} \in V$.

由三角不等式立即可得距离不等式

$$d(\boldsymbol{\alpha},\boldsymbol{\gamma}) \leqslant d(\boldsymbol{\alpha},\boldsymbol{\beta})+d(\boldsymbol{\beta},\boldsymbol{\gamma}). \tag{9.5}$$

评析　明显地，不等式(9.2)至(9.5)均是由 Cauchy-Buniakowski 不等式推出的.

c. 向量间的夹角

要点　欧氏空间 V 中非零向量 $\boldsymbol{\alpha},\boldsymbol{\beta}$ 的夹角定义为

$$\langle\boldsymbol{\alpha},\boldsymbol{\beta}\rangle = \arccos\frac{(\boldsymbol{\alpha},\boldsymbol{\beta})}{|\boldsymbol{\alpha}||\boldsymbol{\beta}|},$$

其中 $0 \leqslant \langle\boldsymbol{\alpha},\boldsymbol{\beta}\rangle \leqslant \pi$. 当 $\boldsymbol{\alpha},\boldsymbol{\beta}$ 中有零向量或 $\langle\boldsymbol{\alpha},\boldsymbol{\beta}\rangle = \frac{\pi}{2}$ 时，称 $\boldsymbol{\alpha}$ 与 $\boldsymbol{\beta}$ 垂直或正交，这时 $(\boldsymbol{\alpha},\boldsymbol{\beta})=0$，记作 $\boldsymbol{\alpha} \perp \boldsymbol{\beta}$.

三、度量矩阵及其性质

a. Gram(格拉姆)矩阵

要点　设 $\boldsymbol{\alpha}_1,\boldsymbol{\alpha}_2,\cdots,\boldsymbol{\alpha}_m$ 是欧氏空间 V 的一组向量，称矩阵

$$\boldsymbol{G}(\boldsymbol{\alpha}_1,\boldsymbol{\alpha}_2,\cdots,\boldsymbol{\alpha}_m)=\begin{pmatrix} (\boldsymbol{\alpha}_1,\boldsymbol{\alpha}_1) & (\boldsymbol{\alpha}_1,\boldsymbol{\alpha}_2) & \cdots & (\boldsymbol{\alpha}_1,\boldsymbol{\alpha}_m) \\ (\boldsymbol{\alpha}_2,\boldsymbol{\alpha}_1) & (\boldsymbol{\alpha}_2,\boldsymbol{\alpha}_2) & \cdots & (\boldsymbol{\alpha}_2,\boldsymbol{\alpha}_m) \\ \vdots & \vdots & & \vdots \\ (\boldsymbol{\alpha}_m,\boldsymbol{\alpha}_1) & (\boldsymbol{\alpha}_m,\boldsymbol{\alpha}_2) & \cdots & (\boldsymbol{\alpha}_m,\boldsymbol{\alpha}_m) \end{pmatrix}$$

为向量组 $\boldsymbol{\alpha}_1,\boldsymbol{\alpha}_2,\cdots,\boldsymbol{\alpha}_m$ 的 Gram 矩阵.

b. 度量矩阵

要点　基底 $\boldsymbol{\varepsilon}_1,\boldsymbol{\varepsilon}_2,\cdots,\boldsymbol{\varepsilon}_n$ 的 Gram 矩阵称为该基底的度量矩阵.

例 9.1.3　设 $\boldsymbol{\alpha}$ 是欧氏空间 V 的一个非零向量，$\boldsymbol{\alpha}_1,\boldsymbol{\alpha}_2,\cdots,\boldsymbol{\alpha}_n \in V$ 满足条件

$$(\boldsymbol{\alpha}_i,\boldsymbol{\alpha})>0 \quad (i=1,2,\cdots,n),$$

$$(\boldsymbol{\alpha}_i,\boldsymbol{\alpha}_j)\leqslant 0\quad (i,j=1,2,\cdots,n;\quad i\neq j).$$

证明：$\boldsymbol{\alpha}_1,\boldsymbol{\alpha}_2,\cdots,\boldsymbol{\alpha}_n$ 线性无关.

证明 设存在实数 $k_1,k_2,\cdots,k_n$，使

$$k_1\boldsymbol{\alpha}_1+k_2\boldsymbol{\alpha}_2+\cdots+k_n\boldsymbol{\alpha}_n=\mathbf{0},$$

且假定

$$k_1,\cdots,k_r\geqslant 0,\quad k_{r+1},\cdots,k_n\leqslant 0\quad (1\leqslant r\leqslant n)$$

(否则可对 $\boldsymbol{\alpha}_i$ 的下角码重新编号，使之成立). 令

$$\boldsymbol{\beta}=k_1\boldsymbol{\alpha}_1+\cdots+k_r\boldsymbol{\alpha}_r=-k_{r+1}\boldsymbol{\alpha}_{r+1}-\cdots-k_n\boldsymbol{\alpha}_n,$$

则

$$(\boldsymbol{\beta},\boldsymbol{\beta})=(k_1\boldsymbol{\alpha}_1+\cdots+k_r\boldsymbol{\alpha}_r,-k_{r+1}\boldsymbol{\alpha}_{r+1}-\cdots-k_n\boldsymbol{\alpha}_n)=\sum_{i=1}^{r}\sum_{j=r+1}^{n}k_i(-k_j)(\boldsymbol{\alpha}_i,\boldsymbol{\alpha}_j).$$

由已知条件和假设条件可知，上式右端即 $(\boldsymbol{\beta},\boldsymbol{\beta})\leqslant 0$，但另一方面，由内积定义可知 $(\boldsymbol{\beta},\boldsymbol{\beta})\geqslant 0$，故 $(\boldsymbol{\beta},\boldsymbol{\beta})=0$，从而 $\boldsymbol{\beta}=\mathbf{0}$，即有

$$k_1\boldsymbol{\alpha}_1+\cdots+k_r\boldsymbol{\alpha}_r=\mathbf{0}\quad 和\quad k_{r+1}\boldsymbol{\alpha}_{r+1}+\cdots+k_n\boldsymbol{\alpha}_n=\mathbf{0}.$$

于是

$$0=(k_1\boldsymbol{\alpha}_1+\cdots+k_r\boldsymbol{\alpha}_r,\boldsymbol{\alpha})=k_1(\boldsymbol{\alpha}_1,\boldsymbol{\alpha})+\cdots+k_r(\boldsymbol{\alpha}_r,\boldsymbol{\alpha}),$$

$$0=(k_{r+1}\boldsymbol{\alpha}_{r+1}+\cdots+k_n\boldsymbol{\alpha}_n,\boldsymbol{\alpha})=k_{r+1}(\boldsymbol{\alpha}_{r+1},\boldsymbol{\alpha})+\cdots+k_n(\boldsymbol{\alpha}_n,\boldsymbol{\alpha}).$$

由已知条件和假设条件知

$$k_i(\boldsymbol{\alpha}_i,\boldsymbol{\alpha})\geqslant 0\,(1\leqslant i\leqslant r),\quad k_j(\boldsymbol{\alpha}_j,\boldsymbol{\alpha})\leqslant 0\,(r+1\leqslant j\leqslant n).$$

综合上面两式得

$$k_i(\boldsymbol{\alpha}_i,\boldsymbol{\alpha})=0\,(1\leqslant i\leqslant r),\quad k_j(\boldsymbol{\alpha}_j,\boldsymbol{\alpha})=0\,(r+1\leqslant j\leqslant n).$$

从而 $k_i=0(i=1,2,\cdots,n)$. 故 $\boldsymbol{\alpha}_1,\boldsymbol{\alpha}_2,\cdots,\boldsymbol{\alpha}_n$ 线性无关.

四、内积的矩阵表示(“3 推 1”公式Ⅳ)

要点 设 $\boldsymbol{\alpha}_1,\boldsymbol{\alpha}_2,\cdots,\boldsymbol{\alpha}_n$ 是 n 维欧氏空间 V 的一组基，$\boldsymbol{\alpha},\boldsymbol{\beta}\in V$，则有如下结论成立：

$$\left.\begin{array}{l}\boldsymbol{A}=((\boldsymbol{\alpha}_i,\boldsymbol{\alpha}_j)),\\ \boldsymbol{\alpha}=(\boldsymbol{\alpha}_1,\boldsymbol{\alpha}_2,\cdots,\boldsymbol{\alpha}_n)\boldsymbol{X},\\ \boldsymbol{\beta}=(\boldsymbol{\alpha}_1,\boldsymbol{\alpha}_2,\cdots,\boldsymbol{\alpha}_n)\boldsymbol{Y}\end{array}\right\}\Rightarrow(\boldsymbol{\alpha},\boldsymbol{\beta})=\boldsymbol{X}^{\mathrm{T}}\boldsymbol{A}\boldsymbol{Y}. \tag{9.6}$$

评析 公式(9.6)是第 4 个“3 推 1 公式”，它给出了两个向量 $\boldsymbol{\alpha},\boldsymbol{\beta}$ 的内积的一种矩阵表示，当然也是求内积的一种方法.

例 9.1.4　证明：度量矩阵是正定矩阵；Gram 矩阵是半正定的；

证明　设 $\boldsymbol{\varepsilon}_1,\boldsymbol{\varepsilon}_2,\cdots,\boldsymbol{\varepsilon}_n$ 为基，若 $x_1,x_2,\cdots,x_n$ 不全为 0，则一定有 $x_1\boldsymbol{\varepsilon}_1+x_2\boldsymbol{\varepsilon}_2+\cdots+x_n\boldsymbol{\varepsilon}_n\neq\boldsymbol{0}$，从而由式(9.6)就有

$$0<\left(\sum_{i=1}^n x_i\boldsymbol{\varepsilon}_i,\sum_{j=1}^n x_j\boldsymbol{\varepsilon}_j\right)=(x_1,x_2,\cdots,x_n)\boldsymbol{G}((\boldsymbol{\varepsilon}_i,\boldsymbol{\varepsilon}_j))\begin{pmatrix}x_1\\x_2\\\vdots\\x_n\end{pmatrix}.$$

故 $\boldsymbol{G}((\boldsymbol{\varepsilon}_i,\boldsymbol{\varepsilon}_j))$ 为正定矩阵. 同理可证 Gram 矩阵为半正定的.

五、不同基的度量矩阵之间的关系（“3 推 1” 公式Ⅴ）

要点　设 $\boldsymbol{\varepsilon}_1,\boldsymbol{\varepsilon}_2,\cdots,\boldsymbol{\varepsilon}_n$ 和 $\boldsymbol{\eta}_1,\boldsymbol{\eta}_2,\cdots,\boldsymbol{\eta}_n$ 分别是欧氏空间 V 的两组基，则有如下结论成立：

$$\left.\begin{array}{l}(\boldsymbol{\eta}_1,\boldsymbol{\eta}_2,\cdots,\boldsymbol{\eta}_n)=(\boldsymbol{\varepsilon}_1,\boldsymbol{\varepsilon}_2,\cdots,\boldsymbol{\varepsilon}_n)\boldsymbol{C},\\ \boldsymbol{A}=((\boldsymbol{\varepsilon}_i,\boldsymbol{\varepsilon}_j)),\\ \boldsymbol{B}=((\boldsymbol{\eta}_i,\boldsymbol{\eta}_j))\end{array}\right\}\Rightarrow\boldsymbol{B}=\boldsymbol{C}^{\mathrm{T}}\boldsymbol{A}\boldsymbol{C}.\tag{9.7}$$

评析　公式(9.7)是第 5 个“3 推 1 公式”，它给出了两组基 $\boldsymbol{\varepsilon}_1,\boldsymbol{\varepsilon}_2,\cdots,\boldsymbol{\varepsilon}_n$ 和 $\boldsymbol{\eta}_1,\boldsymbol{\eta}_2,\cdots,\boldsymbol{\eta}_n$ 的度量阵之间的关系，即它们是合同关系.

下证 $\boldsymbol{B}=\boldsymbol{C}^{\mathrm{T}}\boldsymbol{A}\boldsymbol{C}$（见例 9.1.5）.

例 9.1.5　证明不同基的度量矩阵是合同的.

证明　设 $\boldsymbol{\varepsilon}_1,\boldsymbol{\varepsilon}_2,\cdots,\boldsymbol{\varepsilon}_n$ 和 $\boldsymbol{\eta}_1,\boldsymbol{\eta}_2,\cdots,\boldsymbol{\eta}_n$ 分别是欧氏空间 V 的两组基，且

$$(\boldsymbol{\eta}_1,\boldsymbol{\eta}_2,\cdots,\boldsymbol{\eta}_n)=(\boldsymbol{\varepsilon}_1,\boldsymbol{\varepsilon}_2,\cdots,\boldsymbol{\varepsilon}_n)\boldsymbol{C},\quad \boldsymbol{A}=((\boldsymbol{\varepsilon}_i,\boldsymbol{\varepsilon}_j)),\quad \boldsymbol{B}=((\boldsymbol{\eta}_i,\boldsymbol{\eta}_j)),$$

下证 $\boldsymbol{B}=\boldsymbol{C}^{\mathrm{T}}\boldsymbol{A}\boldsymbol{C}$.

由 $\boldsymbol{\eta}_i=c_{1i}\boldsymbol{\varepsilon}_1+c_{2i}\boldsymbol{\varepsilon}_2+\cdots+c_{ni}\boldsymbol{\varepsilon}_n$，$\boldsymbol{\eta}_j=c_{1j}\boldsymbol{\varepsilon}_1+c_{2j}\boldsymbol{\varepsilon}_2+\cdots+c_{nj}\boldsymbol{\varepsilon}_n$，则由式(9.6)知

$$(\boldsymbol{\eta}_i,\boldsymbol{\eta}_j)=\left(\sum_{k=1}^n c_{ki}\boldsymbol{\varepsilon}_k,\sum_{l=1}^n c_{lj}\boldsymbol{\varepsilon}_l\right)=\sum_{k=1}^n\sum_{l=1}^n c_{ki}c_{lj}a_{kl},$$

这里 $a_{kl}=(\boldsymbol{\varepsilon}_k,\boldsymbol{\varepsilon}_l)$.

$\boldsymbol{C}^{\mathrm{T}}\boldsymbol{A}$ 的第 i 行为 $\left(\sum_{k=1}^n c_{ki}a_{k1},\sum_{k=1}^n c_{ki}a_{k2},\cdots,\sum_{k=1}^n c_{ki}a_{kn}\right)$，$\boldsymbol{C}$ 的第 j 列为 $\begin{pmatrix}c_{1j}\\c_{2j}\\\vdots\\c_{nj}\end{pmatrix}$，故 $\boldsymbol{C}^{\mathrm{T}}\boldsymbol{A}\boldsymbol{C}$ 的第 i 行第 j 列元素为 $\sum_{l=1}^n\sum_{k=1}^n c_{ki}c_{lj}a_{kl}$，即 $\boldsymbol{C}^{\mathrm{T}}\boldsymbol{A}\boldsymbol{C}=\boldsymbol{B}$.

练习 9.1

9.1.1 (1998，西北工业大学) 在 $\mathbf{R}[x]_n$ 中，定义实数：

$$(f(x),g(x))=\sum_{k=0}^{n}f\left(\frac{k}{n}\right)g\left(\frac{k}{n}\right),\quad \forall f(x),\ g(x)\in\mathbf{R}[x]_n.$$

(1) 验证 $(f(x),g(x))$ 是 $\mathbf{R}[x]_n$ 中的内积；

(2) 当 $n=1$ 时，取 $f(x)=x$，$g(x)=x+a$. 问 a 取何值时，$f(x)$ 与 $g(x)$ 正交.

9.1.2 设 $\boldsymbol{A}$ 是实数域 $\mathbf{R}$ 上的 n 级方阵，在 $\mathbf{R}^n$ 上定义实数：

$$(\boldsymbol{\alpha},\boldsymbol{\beta})=\boldsymbol{\alpha}\boldsymbol{A}\boldsymbol{\beta}^{\mathrm{T}},\quad \forall\boldsymbol{\alpha},\boldsymbol{\beta}\in\mathbf{R}^n.$$

证明：$\mathbf{R}^n$ 关于以上运算构成欧氏空间的充要条件是 $\boldsymbol{A}$ 是正定矩阵.

9.1.3 (2005，上海交通大学) 对于实数域 $\mathbf{R}$ 上的 n^2 维线性空间 $V=\mathbf{R}^{n\times n}$，如定义 V 上的二元函数：

$$(\cdot,\cdot):(\boldsymbol{P},\boldsymbol{Q})=\mathrm{tr}(\boldsymbol{P}^{\mathrm{T}}\boldsymbol{Q}),\quad \forall\boldsymbol{P},\boldsymbol{Q}\in\mathbf{R}^{n\times n}.$$

并记 $|\boldsymbol{P}|^2=(\boldsymbol{P},\boldsymbol{P})$. 证明：

(1) V 关于 $(\cdot,\cdot)$ 成为一个欧氏空间；

(2) 对于半正定阵 $\boldsymbol{P},\boldsymbol{Q}$，令 $\boldsymbol{P}+\boldsymbol{Q}=\boldsymbol{R}$，则 $|\boldsymbol{PQ}|\leqslant\frac{1}{\sqrt{2}}|\boldsymbol{R}|^2$.

9.2 标准正交基

一、标准正交基及其性质

要点 1° 设 $\boldsymbol{\alpha}_1,\boldsymbol{\alpha}_2,\cdots,\boldsymbol{\alpha}_n$ 是 n 维欧氏空间 V 的一组基，如果它们两两正交，则称之为 V 的正交基；由单位向量组成的正交基称为标准正交基.

设 $\boldsymbol{\alpha}_1,\boldsymbol{\alpha}_2,\cdots,\boldsymbol{\alpha}_n$ 是 n 维欧氏空间 V 的一组标准正交基，则

2° 标准正交基的度量矩阵是单位矩阵；

3° 设 $\boldsymbol{\alpha},\boldsymbol{\beta}\in V$，且 $\boldsymbol{\alpha},\boldsymbol{\beta}$ 在基 $\boldsymbol{\alpha}_1,\boldsymbol{\alpha}_2,\cdots,\boldsymbol{\alpha}_n$ 下的坐标分别为

$$\boldsymbol{x}=(x_1,x_2,\cdots,x_n)^{\mathrm{T}},\quad \boldsymbol{y}=(y_1,y_2,\cdots,y_n)^{\mathrm{T}},$$

则 $(\boldsymbol{\alpha},\boldsymbol{\beta})=\sum_{i=1}^{n}x_iy_i=\boldsymbol{x}^{\mathrm{T}}\boldsymbol{y}$.

4° V 中任一向量 $\boldsymbol{\alpha}$ 在基 $\boldsymbol{\alpha}_1,\boldsymbol{\alpha}_2,\cdots,\boldsymbol{\alpha}_n$ 下的坐标为

$$((\boldsymbol{\alpha},\boldsymbol{\alpha}_1),(\boldsymbol{\alpha},\boldsymbol{\alpha}_2),\cdots,(\boldsymbol{\alpha},\boldsymbol{\alpha}_n))^{\mathrm{T}}.$$

二、标准正交基的求法

a. 正交基的扩充定理

要点 n 维欧氏空间中任一个正交向量都能扩充成一组正交基.

b. Schmidt 正交化方法

要点　由扩充定理可知，n 维欧氏空间 V 的任一组基 $\boldsymbol{\alpha}_1,\boldsymbol{\alpha}_2,\cdots,\boldsymbol{\alpha}_n$ 都可用 Schmidt 正交化过程化为正交基 $\boldsymbol{\beta}_1,\boldsymbol{\beta}_2,\cdots,\boldsymbol{\beta}_n$. Schmidt 正交化过程如下：

令

$$\boldsymbol{\beta}_1=\boldsymbol{\alpha}_1,$$
$$\boldsymbol{\beta}_2=\boldsymbol{\alpha}_2-\frac{(\boldsymbol{\alpha}_2,\boldsymbol{\beta}_1)}{(\boldsymbol{\beta}_1,\boldsymbol{\beta}_1)}\boldsymbol{\beta}_1,$$
$$\cdots\cdots$$
$$\boldsymbol{\beta}_n=\boldsymbol{\alpha}_n-\frac{(\boldsymbol{\alpha}_n,\boldsymbol{\beta}_1)}{(\boldsymbol{\beta}_1,\boldsymbol{\beta}_1)}\boldsymbol{\beta}_1-\frac{(\boldsymbol{\alpha}_n,\boldsymbol{\beta}_2)}{(\boldsymbol{\beta}_2,\boldsymbol{\beta}_2)}\boldsymbol{\beta}_2-\cdots-\frac{(\boldsymbol{\alpha}_n,\boldsymbol{\beta}_{n-1})}{(\boldsymbol{\beta}_{n-1},\boldsymbol{\beta}_{n-1})}\boldsymbol{\beta}_{n-1}.$$

如果再把每个 $\boldsymbol{\beta}_i$ 单位化，即得到 V 的一组标准正交基.

例 9.2.1　设有 $n+1$ 个列向量 $\boldsymbol{\alpha}_1,\boldsymbol{\alpha}_2,\cdots,\boldsymbol{\alpha}_n,\boldsymbol{\beta}\in\mathbf{R}^n$，$\boldsymbol{A}$ 是一个 n 级正定矩阵，如果满足：

(1) $\boldsymbol{\alpha}_i\neq\mathbf{0}(i=1,2,\cdots,n)$;

(2) $\boldsymbol{\alpha}_i^{\mathrm{T}}\boldsymbol{A}\boldsymbol{\alpha}_j=0(i,j=1,2,\cdots,n$ 且 $i\neq j)$；

(3) $\boldsymbol{\beta}$ 与每一个 $\boldsymbol{\alpha}_i$ 都正交，

证明：$\boldsymbol{\beta}=\mathbf{0}$.

证明　设有实数 $k_1,k_2,\cdots,k_n$，使得

$$k_1\boldsymbol{\alpha}_1+k_2\boldsymbol{\alpha}_2+\cdots+k_n\boldsymbol{\alpha}_n=\mathbf{0},$$

则对任意 $\boldsymbol{\alpha}_i$ 有

$$0=\boldsymbol{\alpha}_i^{\mathrm{T}}\boldsymbol{A}(k_1\boldsymbol{\alpha}_1+k_2\boldsymbol{\alpha}_2+\cdots+k_n\boldsymbol{\alpha}_n)=k_i\boldsymbol{\alpha}_i^{\mathrm{T}}\boldsymbol{A}\boldsymbol{\alpha}_i,$$

由于 $\boldsymbol{\alpha}_i\neq\mathbf{0}$，且 $\boldsymbol{A}$ 是正定矩阵，所以 $\boldsymbol{\alpha}_i^{\mathrm{T}}\boldsymbol{A}\boldsymbol{\alpha}_j>0$，故 $k_i=0(i=1,2,\cdots,n)$，即 $\boldsymbol{\alpha}_1,\boldsymbol{\alpha}_2,\cdots,\boldsymbol{\alpha}_n$ 线性无关，它们构成 $\mathbf{R}^n$ 的一组基. 设 $\boldsymbol{\beta}=l_1\boldsymbol{\alpha}_1+l_2\boldsymbol{\alpha}_2+\cdots+l_n\boldsymbol{\alpha}_n$，则

$$(\boldsymbol{\beta},\boldsymbol{\beta})=(\boldsymbol{\beta},l_1\boldsymbol{\alpha}_1+l_2\boldsymbol{\alpha}_2+\cdots+l_n\boldsymbol{\alpha}_n)=l_1(\boldsymbol{\beta},\boldsymbol{\alpha}_1)+l_2(\boldsymbol{\beta},\boldsymbol{\alpha}_2)+\cdots+l_n(\boldsymbol{\beta},\boldsymbol{\alpha}_n)=0,$$

故 $\boldsymbol{\beta}=\mathbf{0}$.

例 9.2.2　设 $\boldsymbol{\alpha}_1,\boldsymbol{\alpha}_2,\boldsymbol{\alpha}_3$ 是三维欧氏空间 V 的一组基，这组基的度量矩阵是

$$\boldsymbol{A}=\begin{pmatrix}1&-1&1\\-1&2&0\\1&0&4\end{pmatrix},$$

求 V 的一组标准正交基.

解　方法 1　采用正交化方法，因为 $\boldsymbol{A}$ 是基 $\boldsymbol{\alpha}_1,\boldsymbol{\alpha}_2,\boldsymbol{\alpha}_3$ 的度量矩阵，故

$$(\boldsymbol{\alpha}_1,\boldsymbol{\alpha}_1)=1,\quad(\boldsymbol{\alpha}_1,\boldsymbol{\alpha}_2)=-1,\quad(\boldsymbol{\alpha}_1,\boldsymbol{\alpha}_3)=1;$$
$$(\boldsymbol{\alpha}_2,\boldsymbol{\alpha}_2)=2,\quad(\boldsymbol{\alpha}_2,\boldsymbol{\alpha}_3)=0,\quad(\boldsymbol{\alpha}_3,\boldsymbol{\alpha}_3)=4.$$

正交化得

$$\begin{aligned}
\boldsymbol{\beta}_1 &= \boldsymbol{\alpha}_1;\\
\boldsymbol{\beta}_2 &= \boldsymbol{\alpha}_2 - \frac{(\boldsymbol{\alpha}_2,\boldsymbol{\beta}_1)}{(\boldsymbol{\beta}_1,\boldsymbol{\beta}_1)}\boldsymbol{\beta}_1 = \boldsymbol{\alpha}_2 - \frac{(\boldsymbol{\alpha}_2,\boldsymbol{\alpha}_1)}{(\boldsymbol{\alpha}_1,\boldsymbol{\alpha}_1)}\boldsymbol{\alpha}_1 = \boldsymbol{\alpha}_1 + \boldsymbol{\alpha}_2;\\
\boldsymbol{\beta}_3 &= \boldsymbol{\alpha}_3 - \frac{(\boldsymbol{\alpha}_3,\boldsymbol{\beta}_1)}{(\boldsymbol{\beta}_1,\boldsymbol{\beta}_1)}\boldsymbol{\beta}_1 - \frac{(\boldsymbol{\alpha}_3,\boldsymbol{\beta}_2)}{(\boldsymbol{\beta}_2,\boldsymbol{\beta}_2)}\boldsymbol{\beta}_2\\
&= \boldsymbol{\alpha}_3 - \frac{(\boldsymbol{\alpha}_3,\boldsymbol{\alpha}_1)}{(\boldsymbol{\alpha}_1,\boldsymbol{\alpha}_1)}\boldsymbol{\alpha}_1 - \frac{(\boldsymbol{\alpha}_3,\boldsymbol{\alpha}_1+\boldsymbol{\alpha}_2)}{(\boldsymbol{\alpha}_1+\boldsymbol{\alpha}_2,\boldsymbol{\alpha}_1+\boldsymbol{\alpha}_2)}(\boldsymbol{\alpha}_1+\boldsymbol{\alpha}_2)\\
&= -2\boldsymbol{\alpha}_1 - \boldsymbol{\alpha}_2 + \boldsymbol{\alpha}_3.
\end{aligned}$$

再单位化得 V 的标准正交基

$$\begin{aligned}
\boldsymbol{\gamma}_1 &= \frac{1}{|\boldsymbol{\beta}_1|}\boldsymbol{\beta}_1 = \frac{1}{\sqrt{(\boldsymbol{\alpha}_1,\boldsymbol{\alpha}_1)}}\boldsymbol{\alpha}_1;\\
\boldsymbol{\gamma}_2 &= \frac{1}{|\boldsymbol{\beta}_2|}\boldsymbol{\beta}_2 = \frac{1}{\sqrt{(\boldsymbol{\alpha}_1+\boldsymbol{\alpha}_2,\boldsymbol{\alpha}_1+\boldsymbol{\alpha}_2)}}(\boldsymbol{\alpha}_1+\boldsymbol{\alpha}_2) = \boldsymbol{\alpha}_1+\boldsymbol{\alpha}_2;\\
\boldsymbol{\gamma}_3 &= \frac{1}{|\boldsymbol{\beta}_3|}\boldsymbol{\beta}_3 = \frac{1}{\sqrt{(-2\boldsymbol{\alpha}_1-\boldsymbol{\alpha}_2+\boldsymbol{\alpha}_3,-2\boldsymbol{\alpha}_1-\boldsymbol{\alpha}_2+\boldsymbol{\alpha}_3)}}(-2\boldsymbol{\alpha}_1-\boldsymbol{\alpha}_2+\boldsymbol{\alpha}_3)\\
&= \frac{1}{\sqrt{2}}(-2\boldsymbol{\alpha}_1-\boldsymbol{\alpha}_2+\boldsymbol{\alpha}_3).
\end{aligned}$$

方法 2　采用合同变换法(利用例 9.1.5 的结论). 由于

$$\begin{pmatrix}\boldsymbol{A}\\ \boldsymbol{E}_3\end{pmatrix} = \begin{pmatrix}1 & -1 & 1\\ -1 & 2 & 0\\ 1 & 0 & 4\\ \hdashline 1 & 0 & 0\\ 0 & 1 & 0\\ 0 & 0 & 1\end{pmatrix} \xrightarrow[\substack{r_2+r_1\\ r_3-r_1}]{\substack{c_2+c_1\\ c_3-c_1}} \begin{pmatrix}1 & 0 & 0\\ 0 & 1 & 1\\ 0 & 1 & 3\\ \hdashline 1 & 1 & -1\\ 0 & 1 & 0\\ 0 & 0 & 1\end{pmatrix}$$

$$\xrightarrow[r_3-r_2]{c_3-c_2} \begin{pmatrix}1 & 0 & 0\\ 0 & 1 & 0\\ 0 & 0 & 2\\ \hdashline 1 & 1 & -2\\ 0 & 1 & -1\\ 0 & 0 & 1\end{pmatrix} \xrightarrow[r_3\times\frac{1}{\sqrt{2}}]{c_3\times\frac{1}{\sqrt{2}}} \begin{pmatrix}1 & 0 & 0\\ 0 & 1 & 0\\ 0 & 0 & 1\\ \hdashline 1 & 1 & -\sqrt{2}\\ 0 & 0 & -1/\sqrt{2}\\ 0 & 0 & 1/\sqrt{2}\end{pmatrix},$$

令

$$C=\begin{pmatrix}1 & 1 & -\sqrt{2}\\ 0 & 1 & -1/\sqrt{2}\\ 0 & 0 & 1/\sqrt{2}\end{pmatrix},$$

则 $\boldsymbol{C}^{\mathrm{T}}\boldsymbol{A}\boldsymbol{C}=\boldsymbol{E}_3$. 又令 $(\boldsymbol{\gamma}_1,\boldsymbol{\gamma}_2,\boldsymbol{\gamma}_3)=(\boldsymbol{\alpha}_1,\boldsymbol{\alpha}_2,\boldsymbol{\alpha}_3)\boldsymbol{C}$，即

$$\boldsymbol{\gamma}_1=\boldsymbol{\alpha}_1,\quad \boldsymbol{\gamma}_2=\boldsymbol{\alpha}_1+\boldsymbol{\alpha}_2,\quad \boldsymbol{\gamma}_3=\frac{1}{\sqrt{2}}(-2\boldsymbol{\alpha}_1-\boldsymbol{\alpha}_2+\boldsymbol{\alpha}_3),$$

则 $\boldsymbol{\gamma}_1,\boldsymbol{\gamma}_2,\boldsymbol{\gamma}_3$ 是 V 的一组标准正交基.

三、正交矩阵及其性质

a. 正交阵的判定

要点　如果 $\boldsymbol{A}$ 是 n 级实矩阵且满足 $\boldsymbol{A}^{\mathrm{T}}\boldsymbol{A}=\boldsymbol{E}$（或 $\boldsymbol{A}\boldsymbol{A}^{\mathrm{T}}=\boldsymbol{E}$，或 $\boldsymbol{A}^{-1}=\boldsymbol{A}^{\mathrm{T}}$），则称 $\boldsymbol{A}$ 为正交矩阵. 由定义可得 n 级实矩阵 $\boldsymbol{A}$ 是正交矩阵当且仅当 $\boldsymbol{A}$ 的 n 个列(或行)向量是两两正交的单位向量.

b. 正交阵的性质

要点　1° 如果 $\boldsymbol{A}$ 是正交阵，则 $|\boldsymbol{A}|=\pm 1$;

2° 如果 $\boldsymbol{A}$ 是正交阵，则 $\boldsymbol{A}^{\mathrm{T}},\boldsymbol{A}^{-1},\boldsymbol{A}^{*},\boldsymbol{A}^{k}$ 均是正交阵；而 $l\boldsymbol{A}$ 是正交阵的充分必要条件是 $l=\pm 1$;

3° 如果 $\boldsymbol{A},\boldsymbol{B}$ 是 n 级正交阵，则 $\boldsymbol{AB}$ 也是正交阵.

例 9.2.3　设 $\boldsymbol{\alpha}$ 为 n 维非零列向量，证明 $\boldsymbol{A}=\boldsymbol{E}-\dfrac{2}{\boldsymbol{\alpha}^{\mathrm{T}}\boldsymbol{\alpha}}\boldsymbol{\alpha}\boldsymbol{\alpha}^{\mathrm{T}}$ 为正交阵.

证明　由于

$$\begin{aligned}\boldsymbol{A}^{\mathrm{T}}&=\left(\boldsymbol{E}-\frac{2}{\boldsymbol{\alpha}^{\mathrm{T}}\boldsymbol{\alpha}}\boldsymbol{\alpha}\boldsymbol{\alpha}^{\mathrm{T}}\right)^{\mathrm{T}}=\boldsymbol{E}^{\mathrm{T}}-\frac{2}{\boldsymbol{\alpha}^{\mathrm{T}}\boldsymbol{\alpha}}(\boldsymbol{\alpha}\boldsymbol{\alpha}^{\mathrm{T}})\\&=\boldsymbol{E}-\frac{2}{\boldsymbol{\alpha}^{\mathrm{T}}\boldsymbol{\alpha}}\boldsymbol{\alpha}\boldsymbol{\alpha}^{\mathrm{T}}=\boldsymbol{A},\end{aligned}$$

所以

$$\begin{aligned}\boldsymbol{A}^{\mathrm{T}}\boldsymbol{A}&=\left(\boldsymbol{E}-\frac{2}{\boldsymbol{\alpha}^{\mathrm{T}}\boldsymbol{\alpha}}\boldsymbol{\alpha}\boldsymbol{\alpha}^{\mathrm{T}}\right)\left(\boldsymbol{E}-\frac{2}{\boldsymbol{\alpha}^{\mathrm{T}}\boldsymbol{\alpha}}\boldsymbol{\alpha}\boldsymbol{\alpha}^{\mathrm{T}}\right)\\&=\boldsymbol{E}-\frac{2}{\boldsymbol{\alpha}^{\mathrm{T}}\boldsymbol{\alpha}}\boldsymbol{\alpha}\boldsymbol{\alpha}^{\mathrm{T}}-\frac{2}{\boldsymbol{\alpha}^{\mathrm{T}}\boldsymbol{\alpha}}\boldsymbol{\alpha}\boldsymbol{\alpha}^{\mathrm{T}}+\left(\frac{2}{\boldsymbol{\alpha}^{\mathrm{T}}\boldsymbol{\alpha}}\right)^{2}\boldsymbol{\alpha}(\boldsymbol{\alpha}^{\mathrm{T}}\boldsymbol{\alpha})\boldsymbol{\alpha}^{\mathrm{T}}\end{aligned}$$

$$
\begin{aligned}
&= \boldsymbol{E} - \frac{4}{\boldsymbol{\alpha}^{\mathrm{T}}\boldsymbol{\alpha}}\boldsymbol{\alpha}\boldsymbol{\alpha}^{\mathrm{T}} + \frac{4}{(\boldsymbol{\alpha}^{\mathrm{T}}\boldsymbol{\alpha})^2}\boldsymbol{\alpha}(\boldsymbol{\alpha}^{\mathrm{T}}\boldsymbol{\alpha})\boldsymbol{\alpha}^{\mathrm{T}} \\
&= \boldsymbol{E},
\end{aligned}
$$

故 $\boldsymbol{A}$ 是正交阵.

例 9.2.4 设 $\boldsymbol{A}$ 是 n 级实对称矩阵，且满足 $\boldsymbol{A}^2-4\boldsymbol{A}+3\boldsymbol{E}=\boldsymbol{O}$，证明：$\boldsymbol{A}-2\boldsymbol{E}$ 为正交阵.

证明 由 $\boldsymbol{A}$ 满足 $\boldsymbol{A}^{\mathrm{T}}=\boldsymbol{A}$，则有

$$
\begin{aligned}
(\boldsymbol{A}-2\boldsymbol{E})^{\mathrm{T}}(\boldsymbol{A}-2\boldsymbol{E}) &= (\boldsymbol{A}^{\mathrm{T}}-(2\boldsymbol{E})^{\mathrm{T}})(\boldsymbol{A}-2\boldsymbol{E}) = (\boldsymbol{A}-2\boldsymbol{E})(\boldsymbol{A}-2\boldsymbol{E}) \\
&= \boldsymbol{A}^2-4\boldsymbol{A}+4\boldsymbol{E} = (\boldsymbol{A}^2-4\boldsymbol{A}+3\boldsymbol{E})+\boldsymbol{E} \\
&= \boldsymbol{E}.
\end{aligned}
$$

故 $\boldsymbol{A}-2\boldsymbol{E}$ 为正交阵.

例 9.2.5 设 $\boldsymbol{A},\boldsymbol{B}$ 是 n 级正交阵，且 $|\boldsymbol{A}|\neq|\boldsymbol{B}|$. 证明：$\boldsymbol{A}+\boldsymbol{B}$ 为不可逆矩阵.

证明 由 $\boldsymbol{A},\boldsymbol{B}$ 为正交阵，故 $\boldsymbol{A}\boldsymbol{A}^{\mathrm{T}}=\boldsymbol{B}^{\mathrm{T}}\boldsymbol{B}=\boldsymbol{E}$，且 $|\boldsymbol{A}|=\pm1$，$|\boldsymbol{B}|=\pm1$. 由于 $|\boldsymbol{A}|\neq|\boldsymbol{B}|$，所以 $|\boldsymbol{A}|=-|\boldsymbol{B}|$. 故有

$$
\begin{aligned}
|\boldsymbol{A}+\boldsymbol{B}| &= |\boldsymbol{A}\boldsymbol{A}^{\mathrm{T}}||\boldsymbol{A}+\boldsymbol{B}||\boldsymbol{B}^{\mathrm{T}}\boldsymbol{B}| = |\boldsymbol{A}||\boldsymbol{A}^{\mathrm{T}}||\boldsymbol{A}+\boldsymbol{B}||\boldsymbol{B}^{\mathrm{T}}||\boldsymbol{B}| \\
&= -|\boldsymbol{A}|^2|\boldsymbol{A}^{\mathrm{T}}(\boldsymbol{A}+\boldsymbol{B})\boldsymbol{B}^{\mathrm{T}}| = -|\boldsymbol{B}^{\mathrm{T}}+\boldsymbol{A}^{\mathrm{T}}| \\
&= -|(\boldsymbol{A}+\boldsymbol{B})^{\mathrm{T}}| = -|\boldsymbol{A}+\boldsymbol{B}|,
\end{aligned}
$$

即 $2|\boldsymbol{A}+\boldsymbol{B}|=0$，从而 $|\boldsymbol{A}+\boldsymbol{B}|=0$.

练习 9.2

9.2.1 在 $\mathbf{R}[x]_4$ 中定义内积为 $(f,g)=\int_{-1}^{1}f(x)g(x)\mathrm{d}x$. 求 $\mathbf{R}[x]_4$ 的一组标准正交基(由基 $1,x,x^2,x^3$ 出发作正交化).

9.2.2 (2005，中国科学院) 给定两个 4 维向量 $\boldsymbol{\alpha}_1=\left(\frac{1}{3},-\frac{2}{3},0,\frac{2}{3}\right)^{\mathrm{T}}$，$\boldsymbol{\alpha}_2=\left(-\frac{2}{\sqrt{6}},0,\frac{1}{\sqrt{6}},\frac{1}{\sqrt{6}}\right)^{\mathrm{T}}$. 求作一个 4 级正交矩阵 $\boldsymbol{Q}$，以 $\boldsymbol{\alpha}_1,\boldsymbol{\alpha}_2$ 作为它的前两个列向量.

9.2.3 设 $\mathbf{R}^{n\times n}$ 表示全体 n 级实矩阵所构成的线性空间，在 $\mathbf{R}^{n\times n}$ 上定义一个二元函数 $(\cdot,\cdot)$:

$$(\boldsymbol{A},\boldsymbol{B})=\mathrm{tr}(\boldsymbol{A}\boldsymbol{B}^{\mathrm{T}}),\quad \forall \boldsymbol{A},\boldsymbol{B}\in\mathbf{R}^{n\times n},$$

tr 表示方阵的迹.

(1) 证明函数 $(\cdot,\cdot)$ 满足内积条件，从而 $\mathbf{R}^{n\times n}$ 构成一个欧氏空间;

(2) 求这个欧氏空间的一组标准正交基.

9.2.4 (北京邮电学院) 设 $\boldsymbol{\alpha}_1,\boldsymbol{\alpha}_2,\cdots,\boldsymbol{\alpha}_n$ 是欧氏空间 V 的一个线性无关组，$\boldsymbol{\beta}_1,\boldsymbol{\beta}_2,\cdots,\boldsymbol{\beta}_n$ 是由 $\boldsymbol{\alpha}_1,\boldsymbol{\alpha}_2,\cdots,\boldsymbol{\alpha}_n$ 通过 Schmidt 正交化法所得的向量组. 证明：这两个向量组的 Gram 行列式相等.

9.2.5 (1) 设 $\boldsymbol{\alpha}$ 为非零的 n 维列向量，$\boldsymbol{E}$ 为 n 级单位阵，证明矩阵

$$H = E - \frac{2}{\boldsymbol{\alpha}^{\mathrm{T}}\boldsymbol{\alpha}}\boldsymbol{\alpha}\boldsymbol{\alpha}^{\mathrm{T}}$$

为正交矩阵；

(2) 设 A 为 $m\times n$ 的实矩阵，且 $r(A)=n$，证明：$A^{\mathrm{T}}A$ 是正定矩阵.

9.2.6　(2007，大连理工大学) A 是 n 级对合矩阵(即 $A^2=E$). 证明：存在正交阵 T，使

$$T^{-1}AT=\begin{pmatrix} E_r & O \\ O & -E_{n-r} \end{pmatrix}.$$

9.3　子　空　间

一、子空间的正交及其性质

a. 两个子空间的正交

要点　设 W_1,W_2 是欧氏空间 V 的两个子空间，如果 $\boldsymbol{\alpha}\in V$，且对任意 $\boldsymbol{\beta}\in W$，恒有 $(\boldsymbol{\alpha},\boldsymbol{\beta})=0$，则称 $\boldsymbol{\alpha}$ 与子空间 W_1 正交，记为 $\boldsymbol{\alpha}\perp W_1$；如果对任意 $\boldsymbol{\alpha}\in W_1$ 和任意 $\boldsymbol{\beta}\in W_2$，恒有 $(\boldsymbol{\alpha},\boldsymbol{\beta})=0$，则称 W_1 与 W_2 正交，记为 $W_1\perp W_2$.

b. 子空间正交的性质

要点　子空间正交有下列结果：

1°　设 V 是欧氏空间，$\boldsymbol{\alpha},\boldsymbol{\alpha}_i,\boldsymbol{\beta}_j\in V$，$i=1,2,\cdots,s$；$j=1,2,\cdots,t$，则

$$\boldsymbol{\alpha}\perp L(\boldsymbol{\beta}_1,\boldsymbol{\beta}_2,\cdots,\boldsymbol{\beta}_t)\Leftrightarrow \boldsymbol{\alpha}\perp\boldsymbol{\beta}_j, j=1,2,\cdots,t.$$

$$L(\boldsymbol{\alpha}_1,\boldsymbol{\alpha}_2,\cdots,\boldsymbol{\alpha}_s)\perp L(\boldsymbol{\beta}_1,\boldsymbol{\beta}_2,\cdots,\boldsymbol{\beta}_t)\Leftrightarrow \boldsymbol{\alpha}_i\perp\boldsymbol{\beta}_j, i=1,2,\cdots,s; j=1,2,\cdots,t.$$

2°　如果欧氏空间 V 的子空间 $W_1,W_2,\cdots,W_s$ 两两正交，则 $W_1+W_2+\cdots+W_s$ 是直和.

二、正交补

a. 正交补的判定

要点　设 W_1,W_2 是欧氏空间 V 的两个子空间，如果满足

$$V=W_1+W_2,\quad 且 W_1\perp W_2,$$

则称 W_2 为 W_1 的正交补，记为 $W_1^{\perp}$.

b. 正交补的存在唯一性

要点　有限维欧氏空间 V 的每一个子空间 W 都有唯一的正交补，且 $W^{\perp}$ 恰由所有与 W 正交的向量组成，并满足 $\dim V=\dim W+\dim \mathrm{W}^{\perp}$.

评析　注意区分正交补与补子空间这两个概念. 线性空间的一个子空间的补子空间不一定唯一，但欧氏空间的子空间的正交补一定唯一.

例 9.3.1　已知欧氏空间 $M_2(\mathbf{R})$ 的子空间 $W = L(\boldsymbol{A}_1, \boldsymbol{A}_2)$，其中

$$\boldsymbol{A}_1 = \begin{bmatrix} 1 & 1 \\ 0 & 0 \end{bmatrix}, \quad \boldsymbol{A}_2 = \begin{bmatrix} 0 & 1 \\ 1 & 1 \end{bmatrix}.$$

求 $W^{\perp}$ 的一组标准正交基.

解　设 $\boldsymbol{A} = \begin{pmatrix} x_1 & x_2 \\ x_3 & x_4 \end{pmatrix} \in W^{\perp}$，则有

$$\begin{cases} (\boldsymbol{A}, \boldsymbol{A}_1) = x_1 + x_2 = 0, \\ (\boldsymbol{A}, \boldsymbol{A}_2) = x_2 + x_3 + x_4 = 0. \end{cases}$$

解方程组得基础解系为

$$(1,-1,1,0)^{\mathrm{T}}, \quad (1,-1,0,1)^{\mathrm{T}}.$$

从而 $\boldsymbol{B}_1 = \begin{pmatrix} 1 & -1 \\ 1 & 0 \end{pmatrix}, \boldsymbol{B}_2 = \begin{pmatrix} 1 & -1 \\ 0 & 1 \end{pmatrix}$ 是 $W^{\perp}$ 的一组基，正交化得

$$\boldsymbol{C}_1 = \boldsymbol{B}_1 = \begin{bmatrix} 1 & -1 \\ 1 & 0 \end{bmatrix}.$$

$$\boldsymbol{C}_2 = \boldsymbol{B}_2 - \frac{(\boldsymbol{B}_2, \boldsymbol{C}_1)}{(\boldsymbol{C}_1, \boldsymbol{C}_1)} \boldsymbol{C}_1 = \begin{pmatrix} \frac{1}{3} & -\frac{1}{3} \\ -\frac{2}{3} & 1 \end{pmatrix}.$$

再单位化，即得 $W^{\perp}$ 的一组标准正交基

$$\boldsymbol{D}_1 = \frac{1}{\sqrt{3}} \begin{pmatrix} 1 & -1 \\ 1 & 0 \end{pmatrix}, \quad \boldsymbol{D}_2 = \frac{1}{\sqrt{15}} \begin{pmatrix} 1 & -\frac{1}{3} \\ -\frac{2}{3} & 1 \end{pmatrix}.$$

例 9.3.2　在欧氏空间 V 中，

(1) 若向量 $\boldsymbol{\alpha}, \boldsymbol{\beta}$ 等长，证明：$\boldsymbol{\alpha} + \boldsymbol{\beta}$ 与 $\boldsymbol{\alpha} - \boldsymbol{\beta}$ 正交，作出几何解释；

(2) 设 $\dim V = n$，S 是 V 的子空间，$S^{\perp}$ 是 V 中的一切与 S 正交的向量所成的集合，证明：$S^{\perp}$ 是 V 的子空间，且 $\dim S + \dim(S^{\perp}) = n$，$(S^{\perp})^{\perp} = S$.

证明　(1) 由于 $(\boldsymbol{\alpha}, \boldsymbol{\alpha}) = (\boldsymbol{\beta}, \boldsymbol{\beta})$，所以

$$\begin{aligned} (\boldsymbol{\alpha} + \boldsymbol{\beta}, \boldsymbol{\alpha} - \boldsymbol{\beta}) &= (\boldsymbol{\alpha}, \boldsymbol{\alpha}) + (\boldsymbol{\alpha}, -\boldsymbol{\beta}) + (\boldsymbol{\beta}, \boldsymbol{\alpha}) + (\boldsymbol{\beta}, -\boldsymbol{\beta}) \\ &= (\boldsymbol{\alpha}, \boldsymbol{\alpha}) - (\boldsymbol{\beta}, \boldsymbol{\beta}) - (\boldsymbol{\alpha}, \boldsymbol{\beta}) + (\boldsymbol{\beta}, \boldsymbol{\alpha}) = 0. \end{aligned}$$

几何解释：表示菱形两对角线互相垂直.

(2) $S^{\perp}=\{\boldsymbol{\alpha}|(\boldsymbol{\alpha},\boldsymbol{\beta})=0,\forall\boldsymbol{\beta}\in S\}$. $\forall\boldsymbol{\alpha}_1,\boldsymbol{\alpha}_2\in S^{\perp}$，$\forall k\in\mathbf{R}$，$\forall\boldsymbol{\beta}\in S$，则

$$(\boldsymbol{\alpha}_1+\boldsymbol{\alpha}_2,\boldsymbol{\beta})=(\boldsymbol{\alpha}_1,\boldsymbol{\beta})+(\boldsymbol{\alpha}_2,\boldsymbol{\beta})=0,\quad (k\boldsymbol{\alpha}_1,\boldsymbol{\beta})=k(\boldsymbol{\alpha}_1,\boldsymbol{\beta})=0.$$

故 $S^{\perp}$ 是 V 的子空间.

下证 $V=S\oplus S^{\perp}$. 当 $S=\{\mathbf{0}\}$ 时，易知 $S^{\perp}=V$，这时 $V=S\oplus S^{\perp}$. 当 $S=\mathbf{R}^n$ 时，易知 $S^{\perp}=\{\mathbf{0}\}$，这时 $V=S\oplus S^{\perp}$ 仍成立.

现设 $\dim S=t$，$0<t<n$. 这时取 S 的一组正交基 $\boldsymbol{\varepsilon}_1,\cdots,\boldsymbol{\varepsilon}_t$，再扩充为 $\mathbf{R}^n$ 的一组正交基 $\boldsymbol{\varepsilon}_1,\cdots,\boldsymbol{\varepsilon}_t,\boldsymbol{\varepsilon}_{t+1},\cdots,\boldsymbol{\varepsilon}_n$，则 $V=L(\boldsymbol{\varepsilon}_1,\cdots,\boldsymbol{\varepsilon}_n)$，可证 $S^{\perp}=L(\boldsymbol{\varepsilon}_{t+1},\cdots,\boldsymbol{\varepsilon}_n)$.

这是因为: $\forall\boldsymbol{\alpha}\in L(\boldsymbol{\varepsilon}_{t+1},\cdots,\boldsymbol{\varepsilon}_n)$, 则 $\boldsymbol{\alpha}=a_{t+1}\boldsymbol{\varepsilon}_{t+1}+\cdots+a_n\boldsymbol{\varepsilon}_n$，$\forall\boldsymbol{\beta}\in S$, 于是 $\boldsymbol{\beta}=a_1\boldsymbol{\varepsilon}_1+\cdots+a_t\boldsymbol{\varepsilon}_t$. 故

$$(\boldsymbol{\alpha},\boldsymbol{\beta})=(a_{t+1}\boldsymbol{\varepsilon}_{t+1}+\cdots+a_n\boldsymbol{\varepsilon}_n,a_1\boldsymbol{\varepsilon}_1+\cdots+a_t\boldsymbol{\varepsilon}_t)=\sum_{i=t+1}^{n}\sum_{j=1}^{t}a_ia_j(\boldsymbol{\varepsilon}_i,\boldsymbol{\varepsilon}_j)=0.$$

故 $\boldsymbol{\alpha}\in S^{\perp}$，此即 $L(\boldsymbol{\varepsilon}_{t+1},\cdots,\boldsymbol{\varepsilon}_n)\subseteq S^{\perp}$.

反之，$\forall\boldsymbol{\gamma}\in S^{\perp}$，设 $\boldsymbol{\gamma}=c_1\boldsymbol{\varepsilon}_1+\cdots+c_t\boldsymbol{\varepsilon}_t+c_{t+1}\boldsymbol{\varepsilon}_{t+1}+\cdots+c_n\boldsymbol{\varepsilon}_n$，对 $\boldsymbol{\varepsilon}_i\in S(i=1,\cdots,t)$，则 $0=(\boldsymbol{\varepsilon}_i,\boldsymbol{\gamma})=k_i(\boldsymbol{\varepsilon}_i,\boldsymbol{\varepsilon}_i)$，有 $k_i=0$，故 $\boldsymbol{\gamma}=c_{t+1}\boldsymbol{\varepsilon}_{t+1}+\cdots+c_n\boldsymbol{\varepsilon}_n$. 从而 $\boldsymbol{\gamma}\in L(\boldsymbol{\varepsilon}_{t+1},\cdots,\boldsymbol{\varepsilon}_n)$. 又

$$\mathbf{R}^n=L(\boldsymbol{\varepsilon}_1,\cdots,\boldsymbol{\varepsilon}_t,\boldsymbol{\varepsilon}_{t+1},\cdots,\boldsymbol{\varepsilon}_n)=L(\boldsymbol{\varepsilon}_1,\cdots,\boldsymbol{\varepsilon}_t)\oplus L(\boldsymbol{\varepsilon}_{t+1},\cdots,\boldsymbol{\varepsilon}_n),$$

此即 $\mathbf{R}^n=S\oplus S^{\perp}$.

由 $\mathbf{R}^n=S\oplus S^{\perp}$，且 $S\perp S^{\perp}$，故由正交补的定义以及唯一性可知 $(S^{\perp})^{\perp}=S$.

练习 9.3

9.3.1 (2003，南开大学) 设 $\mathbf{R}^4$ 是具有通常内积的欧氏空间，W 是 $\mathbf{R}^4$ 的子空间.

(1) 若 W 是方程组

$$\begin{cases}2x_1+x_2+3x_3-x_4=0,\\3x_1+2x_2-2x_4=0,\\3x_1+x_2+9x_3-x_4=0\end{cases}$$

的解空间，求 W 及 W 在 $\mathbf{R}^4$ 中的正交补 $W^{\perp}$;

(2) 求 W 及 $W^{\perp}$ 的一组标准正交基.

9.3.2 (1996，北京大学) $\mathbf{R}[x]_4$ 为实数域 $\mathbf{R}$ 上次数小于 4 的一元多项式组成的集合，是一个欧氏空间，其上的内积定义为

$$(f,g)=\int_0^1 f(x)g(x)\mathrm{d}x,\quad \forall f,g\in\mathbf{R}[x]_4.$$

设 W 是由零次多项式组成的 $\mathbf{R}[x]_4$ 的子空间，求 $W^{\perp}$ 及它的一组基.

9.3.3 (2002，安徽大学) 设 V 是 n 维欧氏空间，$\boldsymbol{\alpha}$ 为 V 中固定的非零向量.

(1) 证明：$V_1=\{\boldsymbol{\beta}\in V\mid(\boldsymbol{\beta},\boldsymbol{\alpha})=0\}$ 是 V 的子空间;

(2) 求 $\dim V_1$.

9.3.4　(2003，2004，浙江大学) 设 V_1, V_2 是 n 维欧氏空间 V 的子空间，且 V_1 的维数小于 V_2 的维数. 证明：V_2 中必有非零向量正交于 V_1 中的一切向量.

9.3.5　设 σ 是 n 维欧氏空间 V 的一个线性变换，另有 V 上的变换 τ 满足

$$(\sigma(\boldsymbol{\alpha}), \boldsymbol{\beta}) = (\boldsymbol{\alpha}, \tau(\boldsymbol{\beta})), \quad \forall \boldsymbol{\alpha}, \boldsymbol{\beta} \in V.$$

证明：(1) τ 是 V 上的线性变换 (称 τ 为 σ 的共轭变换)；

(2) 若 σ 在 V 的某组标准正交基下的矩阵为 $\boldsymbol{A}$，则 τ 在这组基下的矩阵为 $\boldsymbol{A}^{\mathrm{T}}$；

(3) $\ker(\sigma) = (\tau(V))^{\perp}$.

9.3.6　(2007，北京大学) W 是欧氏空间 V 上的子空间，$\boldsymbol{\alpha}$ 是 V 中已知向量. 试证：$\boldsymbol{\beta}$ 是 $\boldsymbol{\alpha}$ 在 W 上的正交投影的充要条件是，$\forall \boldsymbol{\gamma} \in W$，有 $|\boldsymbol{\alpha} - \boldsymbol{\beta}| \leqslant |\boldsymbol{\alpha} - \boldsymbol{\gamma}|$.

9.3.7　设 V 是数域 $\mathbf{R}$ 上 n 维欧氏空间，W 是 V 的一个非平凡子空间，则 V 中存在向量 $\boldsymbol{x}$，使 $\boldsymbol{x} \notin W$. 试问，是否存在 W 中的向量 $\boldsymbol{x}_0$，使 $\boldsymbol{x} - \boldsymbol{x}_0 \in W^{\perp}$. 若存在，说明理由，否则，试举一反例.

9.3.8　(2003，南开大学) 设 V 是实数域 $\mathbf{R}$ 上的 n 维线性空间，W_1, W_2 是 V 的子空间，且

$$W_1 \cap W_2 = \{\mathbf{0}\}.$$

(1) 若 $(\cdot,\cdot)_1, (\cdot,\cdot)_2$ 分别是 W_1 和 W_2 上的内积，证明：存在 V 上的内积 $(\cdot,\cdot)$ 满足

$$(\cdot,\cdot) \mid W_i = (\cdot,\cdot)_i, \quad i = 1, 2;$$

(2) 满足 (1) 中的内积 $(\cdot,\cdot)$ 是否唯一，为什么？

9.4　欧氏空间上的线性变换

本节主要讨论欧氏空间上的三个重要的线性变换：正交变换，对称变换和反对称变换，并进一步给出 (反) 对称矩阵的有关结论.

一、正交变换

a. 正交变换的判定

要点　设 σ 是欧氏空间 V 的线性变换，如果 σ 保持内积不变，即对任意的 $\boldsymbol{\alpha}, \boldsymbol{\beta} \in V$，都有

$$(\sigma(\boldsymbol{\alpha}), \sigma(\boldsymbol{\beta})) = (\boldsymbol{\alpha}, \boldsymbol{\beta}),$$

则称 σ 是 V 上的正交变换.

σ 是欧氏空间 V 的正交变换，则有如下的等价条件：

1° $|\sigma(\boldsymbol{\alpha})| = |\boldsymbol{\alpha}|$，$\forall \boldsymbol{\alpha} \in V$；

2° 若 $\boldsymbol{\varepsilon}_1, \boldsymbol{\varepsilon}_2, \cdots, \boldsymbol{\varepsilon}_n$ 是 V 的标准正交基，则 $\sigma(\boldsymbol{\varepsilon}_1), \sigma(\boldsymbol{\varepsilon}_2), \cdots, \sigma(\boldsymbol{\varepsilon}_n)$ 也是标准正交基；

3° σ 在 V 的任一标准正交基下的矩阵为正交矩阵.

b. 正交变换的性质(实例)

例 9.4.1　设σ是 n 维欧氏空间 V 上的正交变换，则

(1) σ 是可逆的，且其逆变换也是 V 上的正交变换；

(2) σ 是 V 到 V 上的同构映射；

(3) 设 τ 也是 V 上的正交变换，则 $\sigma\tau$ 是 V 上的正交变换.

证明　设 $\boldsymbol{\varepsilon}_1,\boldsymbol{\varepsilon}_2,\cdots,\boldsymbol{\varepsilon}_n$ 为 V 的一组标准正交基，且设

$$\sigma(\boldsymbol{\varepsilon}_1,\boldsymbol{\varepsilon}_2,\cdots,\boldsymbol{\varepsilon}_n)=(\boldsymbol{\varepsilon}_1,\boldsymbol{\varepsilon}_2,\cdots,\boldsymbol{\varepsilon}_n)\boldsymbol{A}.$$

(1) 由正交变换的判定方法知，$\boldsymbol{A}$ 为正交矩阵，从而 $\boldsymbol{A}$ 为可逆矩阵，在固定基 $\boldsymbol{\varepsilon}_1$, $\boldsymbol{\varepsilon}_2,\cdots,\boldsymbol{\varepsilon}_n$ 下，线性变换与其矩阵是一一对应关系，且当线性变换的矩阵可逆时，对应的线性变换必可逆，故σ是可逆变换.

设 σ^{-1} 是 σ 的逆变换，则易知 σ^{-1} 在 $\boldsymbol{\varepsilon}_1,\boldsymbol{\varepsilon}_2,\cdots,\boldsymbol{\varepsilon}_n$ 下的矩阵为 $\boldsymbol{A}^{-1}$，由 $\boldsymbol{A}$ 是正交矩阵，可知 $\boldsymbol{A}^{-1}$ 也必为正交矩阵. 从而由正交变换的判定方法可知，σ^{-1} 是正交变换.

(2) 由 (1) 可知σ是 V 上的一一对应，由σ是正交变化可知，$\forall\boldsymbol{\alpha},\boldsymbol{\beta}\in V$ 有

$$\big(\sigma(\boldsymbol{\alpha}),\sigma(\boldsymbol{\beta})\big)=(\boldsymbol{\alpha},\boldsymbol{\beta}),$$

故σ 是 V 上的同构映射.

(3) 设 τ 在 $\boldsymbol{\varepsilon}_1,\boldsymbol{\varepsilon}_2,\cdots,\boldsymbol{\varepsilon}_n$ 下的矩阵为 $\boldsymbol{B}$，即

$$\tau(\boldsymbol{\varepsilon}_1,\boldsymbol{\varepsilon}_2,\cdots,\boldsymbol{\varepsilon}_n)=(\boldsymbol{\varepsilon}_1,\boldsymbol{\varepsilon}_2,\cdots,\boldsymbol{\varepsilon}_n)\boldsymbol{B},$$

则 $\sigma\tau$ 在 $\boldsymbol{\varepsilon}_1,\boldsymbol{\varepsilon}_2,\cdots,\boldsymbol{\varepsilon}_n$ 下的矩阵为 $\boldsymbol{AB}$. 由 $\boldsymbol{A},\boldsymbol{B}$ 分别为正交矩阵，易知 $\boldsymbol{AB}$ 为正交矩阵，从而 $\sigma\tau$ 是 V 上的正交变换.

例 9.4.2　设σ是 n 维欧氏空间 V 上的正交变换，则σ 的不变子空间的正交补也是σ的不变子空间.

证明　设 W 是σ 的一个不变子空间，$\boldsymbol{\varepsilon}_1,\boldsymbol{\varepsilon}_2,\cdots,\boldsymbol{\varepsilon}_m$ 为 W 的一组标准正交基，把它扩充成 V 的一组标准正交基 $\boldsymbol{\varepsilon}_1,\boldsymbol{\varepsilon}_2,\cdots,\boldsymbol{\varepsilon}_m,\boldsymbol{\varepsilon}_{m+1},\cdots,\boldsymbol{\varepsilon}_n$，则

$$W=L(\boldsymbol{\varepsilon}_1,\cdots,\boldsymbol{\varepsilon}_m),\quad W^{\perp}=L(\boldsymbol{\varepsilon}_{m+1},\cdots,\boldsymbol{\varepsilon}_m).$$

由σ是正交变换，故 $\sigma(\boldsymbol{\varepsilon}_1),\sigma(\boldsymbol{\varepsilon}_2),\cdots,\sigma(\boldsymbol{\varepsilon}_n)$ 也是标准正交基. 又由于 W 是σ的不变子空间，所以 $\sigma(\boldsymbol{\varepsilon}_1),\cdots,\sigma(\boldsymbol{\varepsilon}_m)$ 是 W 的一组标准正交基，而 $\sigma(\boldsymbol{\varepsilon}_{m+1}),\cdots,\sigma(\boldsymbol{\varepsilon}_n)\in W^{\perp}$. 任取 $\boldsymbol{\alpha}=a_{m+1}\boldsymbol{\varepsilon}_{m+1}+\cdots+a_n\boldsymbol{\varepsilon}_n\in W^{\perp}$，则

$$\boldsymbol{\sigma}(\boldsymbol{\alpha})=a_{m+1}\boldsymbol{\sigma}(\boldsymbol{\varepsilon}_{m+1})+\cdots+a_n\boldsymbol{\sigma}(\boldsymbol{\varepsilon}_n)\in W^{\perp},$$

故 $W^{\perp}$ 是 σ 的不变子空间.

c. 正交变换的分类

要点　正交变换在一组标准正交基下的矩阵为正交阵，正交阵的行列式等于 1 或 –1，行列式等于 1 的正交变换称为旋转(或第一类的)，行列式等于–1 的正交变换称为第二类的.

例 9.4.3 证明：奇数维欧氏空间中的旋转一定以 1 作为它的一个特征值.

证明 设σ是这个欧氏空间中的一个旋转，且它在一组标准正交基下的矩阵为$\boldsymbol{A}$，则$|\boldsymbol{A}|=1$，且

$$|\boldsymbol{E}-\boldsymbol{A}|=|\boldsymbol{A}^{\mathrm{T}}\boldsymbol{A}-\boldsymbol{A}|=|\boldsymbol{A}^{\mathrm{T}}-\boldsymbol{E}|=(-1)^n|\boldsymbol{E}-\boldsymbol{A}^{\mathrm{T}}|=(-1)^n|\boldsymbol{E}-\boldsymbol{A}|,$$

其中n是这个欧氏空间的维数，而n为奇数，从而有$|\boldsymbol{E}-\boldsymbol{A}|=0$，这说明 1 为这个旋转的一个特征值.

例 9.4.4 第二类正交变换一定以-1作为它的一个特征值.

证明 设σ是欧氏空间V上的一个第二类正交变换，且在一组标准正交基下的矩阵为$\boldsymbol{A}$，则$|\boldsymbol{A}|=-1$，由于

$$|-\boldsymbol{E}-\boldsymbol{A}|=(-1)^n|\boldsymbol{E}+\boldsymbol{A}|=(-1)^n|\boldsymbol{A}^{\mathrm{T}}\boldsymbol{A}+\boldsymbol{A}|=(-1)^{n+1}|\boldsymbol{A}^{\mathrm{T}}+\boldsymbol{E}|,$$

故$|\boldsymbol{A}+\boldsymbol{E}|=0$，即有$|(-1)\boldsymbol{E}-\boldsymbol{A}|=0$，从而$-1$为$\sigma$的一个特征值.

二、对称变换

a. 对称变换的判定

要点 设σ是欧氏空间V上的线性变换，若对任意的$\boldsymbol{\alpha},\boldsymbol{\beta}\in V$，有

$$\big(\sigma(\boldsymbol{\alpha}),\boldsymbol{\beta}\big)=\big(\boldsymbol{\alpha},\sigma(\boldsymbol{\beta})\big),$$

则称σ为V上的对称变换.

以下例子给出对称变换的另一判定方法.

例 9.4.5 证明：σ是n维欧氏空间V上的对称变换当且仅当σ在标准正交基下的矩阵为实对称阵.

证明 设$\boldsymbol{\varepsilon}_1,\boldsymbol{\varepsilon}_2,\cdots,\boldsymbol{\varepsilon}_n$为$V$的一组标准正交基，且$\sigma$在此基下的矩阵为$\boldsymbol{A}$，即

$$\sigma(\boldsymbol{\varepsilon}_i)=a_{1i}\boldsymbol{\varepsilon}_1+a_{2i}\boldsymbol{\varepsilon}_2+\cdots+a_{ni}\boldsymbol{\varepsilon}_n,$$

则有

$$\big(\boldsymbol{\varepsilon}_i,\sigma(\boldsymbol{\varepsilon}_j)\big)=a_{ij},\quad \big(\sigma(\boldsymbol{\varepsilon}_i),\boldsymbol{\varepsilon}_j\big)=a_{ji}. \tag{9.8}$$

“$\Rightarrow$”若σ是对称变换，则由$\big(\boldsymbol{\varepsilon}_i,\sigma(\boldsymbol{\varepsilon}_j)\big)=\big(\sigma(\boldsymbol{\varepsilon}_i),\boldsymbol{\varepsilon}_j\big)$及式(9.7)有$a_{ij}=a_{ji}$，故$\boldsymbol{A}$为对称矩阵.

“$\Leftarrow$”若$\boldsymbol{A}$为对称矩阵，则由式(9.7)有

$$\big(\boldsymbol{\varepsilon}_i,\sigma(\boldsymbol{\varepsilon}_j)\big)=a_{ij}=a_{ji}=\big(\sigma(\boldsymbol{\varepsilon}_i),\boldsymbol{\varepsilon}_j\big).$$

$\forall\boldsymbol{\alpha},\boldsymbol{\beta}\in V$，设$\boldsymbol{\alpha}=\sum\limits_{i=1}^{n}x_i\boldsymbol{\varepsilon}_i,\boldsymbol{\beta}=\sum\limits_{j=1}^{n}y_j\boldsymbol{\varepsilon}_j$，则有

$$\begin{aligned}(\sigma(\boldsymbol{\alpha}),\boldsymbol{\beta})&=\left(\sum_{i=1}^{n}x_i\sigma(\boldsymbol{\varepsilon}_i),\sum_{j=1}^{n}y_j\boldsymbol{\varepsilon}_j\right)=\sum_{i,j=1}^{n}x_iy_j\left(\sigma(\boldsymbol{\varepsilon}_i),\boldsymbol{\varepsilon}_j\right)\\&=\sum_{i,j=1}^{n}x_iy_j\left(\boldsymbol{\varepsilon}_i,\sigma(\boldsymbol{\varepsilon}_j)\right)=\left(\sum_{i=1}^{n}x_i\boldsymbol{\varepsilon}_i,\sum_{j=1}^{n}y_j\sigma(\boldsymbol{\varepsilon}_j)\right)\\&=(\boldsymbol{\alpha},\sigma(\boldsymbol{\beta})).\end{aligned}$$

故σ为 V 上的对称变换.

b. 对称变换的性质

要点　设σ为V上的对称变换，$W\leqslant V$，且 $\boldsymbol{W}$ 是σ的一个不变子空间，则$W^{\perp}$也是σ的不变子空间.

三、反对称变换

反对称变换的判定

要点　设σ是欧氏空间 V 上的线性变换，若对任意的$\boldsymbol{\alpha},\boldsymbol{\beta}\in V$有

$$(\sigma(\boldsymbol{\alpha}),\boldsymbol{\beta})=-(\boldsymbol{\alpha},\sigma(\boldsymbol{\beta})),$$

则称σ为 V 上的反对称变换.

以下例子给出反对称变换的另一判定方法.

例 9.4.6　σ是 n 维欧氏空间 V 上的反对称变换,当且仅当σ在标准正交基下的矩阵为实反对称阵.

证明　与例 9.4.5 类似，略.

四、(反)对称矩阵(III)

a. 实对称矩阵的性质

要点　1° 实对称阵的特征值皆为实数.

2° 实对称阵关于 n 维欧氏空间的一组标准正交基对应的线性变换为对称变换.

3° 实对称阵的属于不同特征值的特征向量必正交(提示：利用 2° 取欧氏空间为 $\mathbf{R}^n$ 即可).

4° 实对称阵正交相似于对角阵，其中对角线上的元素为此对称阵的特征值(提示：利用在取定标准正交基下，实对称阵必对应对称变换这一结论，将实对称阵的问题转化为对称变换的问题，再利用归纳法证明).

b. 求实对称阵的标准形

要点　计算步骤：

1° 求实对称阵 $\boldsymbol{A}$ 的特征值和对应的线性无关的特征向量. 设 $\lambda_1,\lambda_2,\cdots,\lambda_s$ 是 $\boldsymbol{A}$ 的

全部互异特征值，其重数分别为 $r_1, r_2, \cdots, r_s$ 且 $r_1 + r_2 + \cdots + r_s = n$. 又设对应特征值 λ_i 的 r_i 个线性无关的特征向量为 $\boldsymbol{\alpha}_{i1}, \boldsymbol{\alpha}_{i2}, \cdots, \boldsymbol{\alpha}_{ir}\ (i = 1, 2, \cdots, s)$.

2° 如果 $r_i > 1$，将对应 $\boldsymbol{\alpha}_i$ 的特征向量 $\boldsymbol{\alpha}_{i1}, \boldsymbol{\alpha}_{i2}, \cdots, \boldsymbol{\alpha}_{ir}$ 用 Schmidt 正交化方法正交化，再单位化得 $\boldsymbol{\beta}_{i1}, \boldsymbol{\beta}_{i2}, \cdots, \boldsymbol{\beta}_{ir_i}$；如果 $r_i = 1$，直接将 $\boldsymbol{\alpha}_{i1}$ 单位化得 $\boldsymbol{\beta}_{i1}$.

3° 构造正交矩阵

$$\boldsymbol{Q} = \left(\boldsymbol{\beta}_{11}, \boldsymbol{\beta}_{12}, \cdots, \boldsymbol{\beta}_{1r_1}, \boldsymbol{\beta}_{21}, \boldsymbol{\beta}_{22}, \cdots, \boldsymbol{\beta}_{2r_2}, \cdots, \boldsymbol{\beta}_{s1}, \boldsymbol{\beta}_{s2}, \cdots, \boldsymbol{\beta}_{sr_s}\right),$$

则

$$\boldsymbol{Q}^{\mathrm{T}}\boldsymbol{A}\boldsymbol{Q} = \boldsymbol{Q}^{-1}\boldsymbol{A}\boldsymbol{Q} = \begin{pmatrix} \lambda_1\boldsymbol{E}_{r1} & & & \\ & \lambda_2\boldsymbol{E}_{r2} & & \\ & & \ddots & \\ & & & \lambda_s\boldsymbol{E}_{rs} \end{pmatrix}.$$

例 9.4.7　设 $\boldsymbol{A}$ 是 n 级实对称矩阵，且满足 $\boldsymbol{A}^3 - 3\boldsymbol{A}^2 + 5\boldsymbol{A} - 3\boldsymbol{E} = \boldsymbol{O}$，证明：$\boldsymbol{A}$ 是正定矩阵.

证明　由正定阵的判定方法，只要证明 $\boldsymbol{A}$ 的特征值全大于 0 即可.

设 $\boldsymbol{A}\boldsymbol{\alpha} = \lambda\boldsymbol{\alpha}$，即 λ 是 $\boldsymbol{A}$ 的特征值，$\boldsymbol{\alpha}$ 是 $\boldsymbol{A}$ 的对应 λ 的特征向量，则有

$$\boldsymbol{0} = (\boldsymbol{A}^3 - 3\boldsymbol{A}^2 + 5\boldsymbol{A} - 3\boldsymbol{E})\boldsymbol{\alpha} = (\lambda^3 - 3\lambda^2 + 5\lambda - 3)\boldsymbol{\alpha},$$

也即 λ 满足

$$\lambda^3 - 3\lambda^2 + 5\lambda - 3 = (\lambda - 1)(\lambda^2 - 2\lambda + 3) = 0.$$

解之得 $\lambda = 1$ 或 $\lambda = 1 \pm \sqrt{2}\mathrm{i}$. 因为 $\boldsymbol{A}$ 是实对称阵，其特征值为实数，故只有 $\lambda = 1$，即 $\boldsymbol{A}$ 的全部特征值就是 $\lambda = 1 > 0$，所以 $\boldsymbol{A}$ 是正定矩阵.

例 9.4.8　设 $\boldsymbol{A}$ 是 n 级实对称阵，且满足 $\boldsymbol{A}^2 + 2\boldsymbol{A} = \boldsymbol{O}$，$r(\boldsymbol{A}) = k$，试求 $|\boldsymbol{A} + 3\boldsymbol{E}|$.

解　设 $\boldsymbol{A}\boldsymbol{\alpha} = \lambda\boldsymbol{\alpha}$，$\boldsymbol{\alpha} \neq \boldsymbol{0}$，则由 $(\boldsymbol{A}^2 + 2\boldsymbol{A})\boldsymbol{\alpha} = (\lambda^2 + 2\lambda)\boldsymbol{\alpha} = \boldsymbol{0}$，得 $\lambda(\lambda + 2) = 0$，即 $\boldsymbol{A}$ 的特征值可能是 0 或−2. 由于 $\boldsymbol{A}$ 是实对称阵，所以 $\boldsymbol{A}$ 正交相交于对角阵 $\boldsymbol{\Lambda}$，且由 $\lambda(\boldsymbol{\Lambda}) = r(\boldsymbol{A}) = k$ 知−2 是 $\boldsymbol{A}$ 的 k 重特征值，即

$$\boldsymbol{P}^{-1}\boldsymbol{A}\boldsymbol{P} = \boldsymbol{\Lambda} = \begin{pmatrix} -2\boldsymbol{E}_k & \boldsymbol{O} \\ \boldsymbol{O} & \boldsymbol{O} \end{pmatrix}.$$

故 $|\boldsymbol{A} + 3\boldsymbol{E}| = |\boldsymbol{P}\boldsymbol{\Lambda}\boldsymbol{P}^{-1} + 3\boldsymbol{E}| = |\boldsymbol{P}(\boldsymbol{\Lambda} + 3\boldsymbol{E})\boldsymbol{P}^{-1}| = |\boldsymbol{\Lambda} + 3\boldsymbol{E}| = \begin{vmatrix} \boldsymbol{E}_k & \boldsymbol{O} \\ \boldsymbol{O} & 3\boldsymbol{E}_{n-k} \end{vmatrix} = 3^{n-k}$.

例 9.4.9　设 $\boldsymbol{A}$ 是 n 级正定矩阵，证明 $|\boldsymbol{A} + \boldsymbol{E}| > 1$.

证明　**方法 1**　因为 $\boldsymbol{A}$ 是正定阵，故存在正交矩阵 $\boldsymbol{Q}$，使得

$$\boldsymbol{Q}^{-1}\boldsymbol{A}\boldsymbol{Q} = \boldsymbol{Q}^{\mathrm{T}}\boldsymbol{A}\boldsymbol{Q} = \mathrm{diag}(\lambda_1, \lambda_2, \cdots, \lambda_n),$$

其中 $\lambda_i > 0$，$i = 1, 2, \cdots, n$，于是

$$\begin{aligned}|A+E|&=\left|Q\mathrm{diag}(\lambda_1,\lambda_2,\cdots,\lambda_n)Q^{-1}+QQ^{-1}\right|\\&=\left|Q\mathrm{diag}(\lambda_1+1,\lambda_2+1,\cdots,\lambda_n+1)Q^{-1}\right|\\&=(\lambda_1+1)(\lambda_2+1)\cdots(\lambda_n+1)>1.\end{aligned}$$

方法 2　设 $\lambda_1,\lambda_2,\cdots,\lambda_n$ 是 A 的特征值，由 A 正定知 $\lambda_i>0$，$i=1,2,\cdots,n$. 又 $A+E$ 的特征值为 $\lambda_1+1,\lambda_2+1,\cdots,\lambda_n+1$，从而

$$|A+E|=(\lambda_1+1)(\lambda_2+1)\cdots(\lambda_n+1)>1.$$

c. 实反对称阵的性质

要点　1° 实反对称阵的特征值为零或纯虚数.

2° 实反对称阵关于 n 维欧氏空间的一组标准正交基对应的线性变换为反对称变换.

例 9.4.10　设 A 为实反对称矩阵，则 $|A+E|\neq 0$.

证明　由于实反对称矩阵的特征值为零或纯虚数，这说明 -1 不是 A 的特征值，故 $|(-1)E-A|\neq 0$，即 $|A+E|\neq 0$.

例 9.4.11　设 A 为实反对称阵，则

(1) $|A|\geqslant 0$，且当 n 为奇数时，$|A|=0$.

(2) 当 A 可逆时，$|A|>0$，且 A^{-1} 也是反对称阵.

证明　(1) 由于 A 的特征多项式为 $|\lambda E-A|$ 是 λ 的 n 次多项式，则 A 的虚特征值成对出现. 设 A 的特征值为 $0,\cdots,0,\pm a_1\mathrm{i},\pm a_2\mathrm{i},\cdots,\pm a_s\mathrm{i}$，则 $|A|\geqslant 0$. 当 n 为奇数时，A 一定有一个特征值为 0，故 $|A|=0$.

(2) 当 A 可逆时，A 不能有特征根 0，故由 (1) 得 $|A|=a_1^2\cdots a_s^2>0$，又 $(A^{-1})^{\mathrm{T}}=(A^{\mathrm{T}})^{-1}=(-A)^{-1}=-A^{-1}$，即 A^{-1} 为反对称阵.

例 9.4.12　设 A 为 n 级反对称方阵. 证明：当 n 为奇数时，A^* 为对称方阵；当 n 为偶数时，A^* 为反对称方阵.

证明　由于 A^* 中每个元素均为 A 的 $n-1$ 阶子式，故对任意 k 有 $(kA)^*=k^{n-1}A^*$. 又因 $A^{\mathrm{T}}=-A$ 可得 $(A^*)^{\mathrm{T}}=(A^{\mathrm{T}})^*=(-A)^*=(-1)^{n-1}A^*$. 当 n 为奇数时，$(A^*)^{\mathrm{T}}=A^*$，即 A^* 为对称阵. 当 n 为偶数时，$(A^*)^{\mathrm{T}}=-A^*$，即 A^* 为反对称矩阵.

练习 9.4

9.4.1　(2003，中国科学院；2006，陕西师范大学) 设 σ 是欧氏空间 $\mathbf{R}^n$ 的一个变换. 试证：如果 σ 保持内积不变，即

$$(\sigma(\boldsymbol{\alpha}),\sigma(\boldsymbol{\beta}))=(\boldsymbol{\alpha},\boldsymbol{\beta}),\quad \forall\boldsymbol{\alpha},\boldsymbol{\beta}\in V.$$

那么，σ 一定是线性变换，而且是正交变换.

9.4.2　(2005，浙江大学) 设σ是n维欧氏空间V的一个线性映射，若σ不改变向量的距离且把零向量变为零向量，试证σ是一个正交变换.

9.4.3　(2006，清华大学) 设$\boldsymbol{\alpha},\boldsymbol{\beta}$为欧氏空间$V$中的两个单位向量. 证明：存在$V$中的正交变换$\sigma$，满足$\sigma(\boldsymbol{\alpha})=\boldsymbol{\beta}$.

9.4.4　(2001，南开大学) 设V是n维欧氏空间，$\boldsymbol{\alpha}_1,\boldsymbol{\alpha}_2$和$\boldsymbol{\beta}_1,\boldsymbol{\beta}_2$分别是$V$中两对向量. 如$|\boldsymbol{\alpha}_i|=|\boldsymbol{\beta}_i|(i=1,2)$且$\langle\boldsymbol{\alpha}_1,\boldsymbol{\alpha}_2\rangle=\langle\boldsymbol{\beta}_1,\boldsymbol{\beta}_2\rangle$. 证明：存在$V$中的正交变换$\sigma$满足$\sigma(\boldsymbol{\alpha}_i)=\boldsymbol{\beta}_i(i=1,2)$.

9.4.5　(2004，上海交通大学) 设$\boldsymbol{\alpha}_1,\boldsymbol{\alpha}_2,\cdots,\boldsymbol{\alpha}_m$与$\boldsymbol{\beta}_1,\boldsymbol{\beta}_2,\cdots,\boldsymbol{\beta}_m$分别为$n$维欧氏空间$V$的两个向量组，且$m\leqslant n$. 证明：存在$V$上的正交变换$\sigma$满足$\sigma(\boldsymbol{\alpha}_i)=\boldsymbol{\beta}_i(i=1,2,\cdots,m)$的充要条件是

$$(\boldsymbol{\alpha}_i,\boldsymbol{\alpha}_j)=(\boldsymbol{\beta}_i,\boldsymbol{\beta}_j)\quad(i,j=1,2,\cdots,m).$$

9.4.6　(1993，华中师范大学) 设σ_1,σ_2是n维欧氏空间V上的两个线性变换，满足

$$\big(\sigma_1(\boldsymbol{\alpha}),\sigma_1(\boldsymbol{\alpha})\big)=\big(\sigma_2(\boldsymbol{\alpha}),\sigma_2(\boldsymbol{\alpha})\big),\quad\forall\boldsymbol{\alpha}\in V.$$

证明：存在V中的正交变换τ，使$\tau\sigma_1=\sigma_2$.

9.4.7　(2001，南开大学) 给定$\mathbf{R}^2$(标准度量)，求出$\mathbf{R}^2$中所有保持下列正方形(其中$\boldsymbol{A}=(1,1)$，$\boldsymbol{B}=(-1,1)$，$\boldsymbol{C}=(-1,-1)$，$\boldsymbol{D}=(1,-1)$)整体不变(即正方形的四条边上的点经过变换后仍落在这四条边上)的正交变换.

9.4.8　(2005，中南大学) 设$\boldsymbol{\eta}$是n维欧氏空间V中的单位向量，定义

$$\sigma(\boldsymbol{\alpha})=\boldsymbol{\alpha}-2(\boldsymbol{\eta},\boldsymbol{\alpha})\boldsymbol{\eta},\quad\forall\boldsymbol{\alpha}\in V.$$

证明：(1) σ是正交变换，这样的正交变换称为镜面反射；

(2) σ是第二类的；

(3) 如果n维欧氏空间V中，正交变换σ以1作为一个特征值，且属于特征值1的特征子空间V_1的维数为$n-1$，那么σ是镜面反射.

9.4.9　(1994，北京大学) 设V是n维欧氏空间，σ是V上的线性变换，如σ既是正交变换又是对称变换，试证σ^2是V上的恒等变换.

9.4.10　(2003，大连理工大学) 设V是一个n维欧氏空间，σ是正交变换，在V的一组标准正交基下的矩阵为$\boldsymbol{A}$. 证明：

(1) 若$u+v\mathrm{i}(u,v\in\mathbf{R})$是$\boldsymbol{A}$的一个虚特征根，则$\exists\boldsymbol{\alpha},\boldsymbol{\beta}\in V$，使

$$\sigma(\boldsymbol{\alpha})=u\boldsymbol{\alpha}+v\boldsymbol{\beta},\quad\sigma(\boldsymbol{\beta})=-v\boldsymbol{\alpha}+u\boldsymbol{\beta};$$

(2) 若$\boldsymbol{A}$的特征值为实数，则V可分解成一些两两正交的一维不变子空间的直和；

(3) 若$\boldsymbol{A}$的特征值是实数，则$\boldsymbol{A}$是对称阵.

9.4.11　(1997，北京大学) 设σ是n维欧氏空间V上的一个线性变换，满足

$$\big(\sigma(\boldsymbol{\alpha}),\boldsymbol{\beta}\big)=-\big(\boldsymbol{\alpha},\sigma(\boldsymbol{\beta})\big),\quad\forall\boldsymbol{\alpha},\boldsymbol{\beta}\in V.$$

(1) 若λ是σ的一个特征值，则$\lambda=0$；

(2) 证明：V中存在一组标准正交基，使σ^2在这组基下的矩阵为对角阵；

(3) 设σ在V的某组基下的矩阵为$\boldsymbol{A}$. 证明：把$\boldsymbol{A}$看作复数域上的n级方阵，其特征值必为0或纯虚数.

9.4.12　设 $\boldsymbol{A},\boldsymbol{B}$ 均为 n 级实对称阵，特别地，$\boldsymbol{A}$ 是正定阵. 证明：存在实逆阵 $\boldsymbol{T}$，使

$$\boldsymbol{T}^{\mathrm{T}}\boldsymbol{A}\boldsymbol{T}=\boldsymbol{E},\quad \boldsymbol{T}^{\mathrm{T}}\boldsymbol{B}\boldsymbol{T}=\begin{pmatrix} b_1 & & & \\ & b_2 & & \\ & & \ddots & \\ & & & b_n \end{pmatrix}.$$

9.4.13　设 $\boldsymbol{A}$ 为数域 $\mathbf{R}$ 上 n 级正定阵. 证明：

(1) (1993，华中师范大学) 如 $\boldsymbol{B}$ 是数域 $\mathbf{R}$ 上 n 级正定阵，则 $|\boldsymbol{A}+\boldsymbol{B}|\geqslant|\boldsymbol{A}|+|\boldsymbol{B}|$；

(2) 如 $\boldsymbol{C}$ 是数域 $\mathbf{R}$ 上 n 级半正定阵，则 $|\boldsymbol{A}+\boldsymbol{C}|\geqslant|\boldsymbol{A}|$ 当且仅当 $\boldsymbol{C}=\boldsymbol{O}$ 时等号成立；

(3) 如 $\boldsymbol{D}$ 是数域 $\mathbf{R}$ 上 n 级反对称阵，则 $|\boldsymbol{A}+\boldsymbol{D}|\geqslant|\boldsymbol{A}|$.

9.5　矩 阵 分 解

本节主要介绍矩阵分解的相关问题及方法. 在高等代数中，可以说从第 4 章矩阵起，至第 9 章欧氏空间结束，每章都涉及与矩阵有关的新的概念、结论与方法. 因此，也只有在学习了第 9 章后，才可以对矩阵的初步理论进行总结. 本节主要从矩阵分解的角度，对其进行较系统的归纳总结.

一般而言，矩阵分解包括加法分解(将一矩阵分解为若干矩阵之和)及乘法分解(将一矩阵分解为若干矩阵之积). 矩阵分解的问题是伴随着求解线性方程组而提出的，许多矩阵的分解被用来求解线性方程组，来达到降低求解线性方程组解的计算复杂度的目的；另外，将矩阵分解为形式比较简单或性质比较熟悉的一些矩阵的和或乘积，这些分解式能够明显反映出原矩阵的有关数值特性，如矩阵的行列式、秩、特征值等.

本节首先介绍一般矩阵的加法分解和乘法分解，其次介绍一系列特殊矩阵的分解.

一、加法分解

a. 秩 1 分解(实例)

例 9.5.1　设 $\boldsymbol{A}\in P^{m\times n}$，$r(\boldsymbol{A})=r$，其中 $0\leqslant r\leqslant\min\{m,n\}$. 证明：存在秩为 1 的矩阵 $\boldsymbol{A}_i\in P^{m\times n}(i=1,2,\cdots,r)$，满足

$$\boldsymbol{A}=\sum_{i=1}^{r}\boldsymbol{A}_i.$$

评析　对于一般的 $m\times n$ 方阵，只能由其等价标准形出发.

证明　由于 $r(\boldsymbol{A})=r$，故存在数域 P 上 m 级可逆阵 $\boldsymbol{Q}$ 及 n 级可逆阵 $\boldsymbol{R}$，使

$$\boldsymbol{A}=\boldsymbol{Q}\begin{pmatrix} \boldsymbol{E}_r & \boldsymbol{O} \\ \boldsymbol{O} & \boldsymbol{O} \end{pmatrix}\boldsymbol{R}.$$

令 $A_i = QE_{ii}R(i=1,2,\cdots,r)$，则 $r(A)=1(i=1,2,\cdots,r)$，且满足 $A=\sum_{i=1}^{r}A_i$.

b. 小秩分解(实例)

例 9.5.2 设 $A\in P^{m\times n}$，$r(A)=r$，其中 $0\leqslant r\leqslant \min\{m,n\}$. 证明：对任意正整数 r_1,r_2，若 $r_1+r_2=r$，则存在 $A_1,A_2\in P^{m\times n}$，满足 $A=A_1+A_2$，且 $r(A_i)=r_i(i=1,2)$.

提示：注意到 $\begin{pmatrix} E_r & O \\ O & O \end{pmatrix}=\begin{pmatrix} E_{r_1} & O & O \\ O & O & O \\ O & O & O \end{pmatrix}+\begin{pmatrix} O & O & O \\ O & E_{r_2} & O \\ O & O & O \end{pmatrix}$.

评析 小秩分解的推广形式是，任一矩阵可分解为若干矩阵之和，使秩之和等于和之秩. 见例 9.5.1.

c. 对称反对称分解(实例)

例 9.5.3 试证明数域 P 上任一 n 级方阵 A 可分解为一对称阵和一反对称阵之和.

提示：$A=\dfrac{A+A^{\mathrm{T}}}{2}+\dfrac{A-A^{\mathrm{T}}}{2}$，其中前一矩阵为对称阵，后一矩阵为反对称阵.

d. 对角幂零分解(实例)

例 9.5.4 设 A 是数域 P 上 n 级方阵. 证明：存在数域 P 上的 n 级可对角化方阵 B 及 n 级幂零阵 C，使 $A=B+C$，且 $BC=CB$.

提示：将方阵 A 转化为 Jordan 标准形，则只需验证 Jordan 块矩阵满足上述要求即可.

证明 设 A 的 Jordan 标准形为 J，过渡阵为 Q，则 $A=QJQ^{-1}$，其中

$$J=\begin{pmatrix} J_1 & & & \\ & J_2 & & \\ & & \ddots & \\ & & & J_s \end{pmatrix},\quad J_i=\begin{pmatrix} \lambda_i & & & \\ 1 & \lambda_i & & \\ & \ddots & \ddots & \\ & & 1 & \lambda_i \end{pmatrix}_{r_i} \quad (i=1,2,\cdots,s)$$

且 $\sum_{i=1}^{s}r_i=n$.

首先把 Jordan 块 J_i 拆为两子矩阵和 $J_i=B_i+C_i$，其中

$$B_i=\begin{pmatrix} \lambda_i & & & \\ & \lambda_i & & \\ & & \ddots & \\ & & & \lambda_i \end{pmatrix}_{r_i},\quad C_i=\begin{pmatrix} 0 & & & \\ 1 & 0 & & \\ & \ddots & \ddots & \\ & & 1 & 0 \end{pmatrix} \quad (i=1,2,\cdots,s).$$

可见 B_i 是对角阵，C_i 是 r_i 级幂零阵，且 $B_iC_i=C_iB_i$. 令

$$\boldsymbol{B}=\boldsymbol{Q}\begin{pmatrix}\boldsymbol{B}_1 & & & \\ & \boldsymbol{B}_2 & & \\ & & \ddots & \\ & & & \boldsymbol{B}_s\end{pmatrix}\boldsymbol{Q}^{-1},\quad \boldsymbol{C}=\boldsymbol{Q}\begin{pmatrix}\boldsymbol{C}_1 & & & \\ & \boldsymbol{C}_2 & & \\ & & \ddots & \\ & & & \boldsymbol{C}_s\end{pmatrix}\boldsymbol{Q}^{-1},$$

则 $\boldsymbol{B}$ 是可对角化矩阵，$\boldsymbol{C}$ 是 r 级幂零阵 $\left(r=\max\{r_1,r_2,\cdots,r_s\}\right)$，且 $\boldsymbol{BC}=\boldsymbol{CB}$.

e. 其他分解

除上述分解外，还有对迹有特殊要求的加法分解(如练习题 9.5.2).

二、乘法分解

a. 等价分解

要点 1° $\boldsymbol{A}_{m\times n}$ 与 $\boldsymbol{B}_{m\times n}$ 等价，则存在 m 级可逆阵 $\boldsymbol{P}$ 及 n 级可逆阵 $\boldsymbol{Q}$，满足

$$\boldsymbol{A}=\boldsymbol{PBQ};$$

2° 秩为 r 的 $m\times n$ 矩阵 $\boldsymbol{A}$，有其等价标准形，即存在 m 级可逆阵 $\boldsymbol{P}$，及 n 级阵 $\boldsymbol{Q}$，满足

$$\boldsymbol{A}=\boldsymbol{P}\begin{pmatrix}\boldsymbol{E}_r & \boldsymbol{O}\\ \boldsymbol{O} & \boldsymbol{O}\end{pmatrix}\boldsymbol{Q}.$$

b. 相似分解

要点 1° n 级方阵 $\boldsymbol{A}$ 与 $\boldsymbol{B}$ 相似，则存在 n 级可逆阵 $\boldsymbol{P}$，满足 $\boldsymbol{A}=\boldsymbol{P}^{-1}\boldsymbol{BP}$;

2° $\boldsymbol{A}$ 有其 Jordan 标准形，即存在 n 级可逆阵 $\boldsymbol{P}$，满足

$$\boldsymbol{A}=\boldsymbol{P}^{-1}\begin{pmatrix}\boldsymbol{J}_1 & & & \\ & \boldsymbol{J}_2 & & \\ & & \ddots & \\ & & & \boldsymbol{J}_s\end{pmatrix}\boldsymbol{P},$$

其中 $\boldsymbol{J}_i=\begin{pmatrix}\lambda_i & & & \\ 1 & \lambda_i & & \\ & \ddots & \ddots & \\ & & 1 & \lambda_i\end{pmatrix}_{r_i}$ $(i=1,2,\cdots,s)$，且 $\sum\limits_{i=1}^{s}r_i=n$.

c. 合同分解

要点 1° n 级对称矩阵 $\boldsymbol{A}$ 与 $\boldsymbol{B}$ 合同，则存在 n 级可逆阵 $\boldsymbol{P}$，满足 $\boldsymbol{A}=\boldsymbol{P}^{\mathrm{T}}\boldsymbol{BP}$;

2° n 级实对称矩阵 $\boldsymbol{A}$ 有其合同标准形，即存在 n 级可逆阵 $\boldsymbol{P}$，满足

$$A = P^{\mathrm{T}} \begin{pmatrix} E_p & & \\ & -E_q & \\ & & O \end{pmatrix} P.$$

评析 1° 需要指出的是，矩阵的等价、相似、合同(仅适于对称矩阵)各自对应矩阵的等价分解、相似分解、合同分解. 而等价变换可将任一矩阵转化为等价标准形；相似变换可将任一方阵转化为 Jordan 标准形；合同变换可将任一对称矩阵转化为合同标准形. 因此，矩阵分解的一般思路是，首先将矩阵转化为适当的标准形，其次对于标准形建立所要求的形式，最后还原为原矩阵(即一般 — 特殊 — 一般). 关键在于：①寻求适当的标准形；②验证分解式对于标准形成立.

2° 以上三种分解的适用条件一定要格外注意，等价分解适用于一切矩阵，相似分解适用于方阵，而合同分解仅适用于对称阵.

d. 满秩分解

例 9.5.5 设 $A \in R_{m\times n}(\mathbf{R})$，且 $r(A)=r$. 证明：存在 $M \in R_{m\times r}(\mathbf{R})$，$N \in M_{r\times n}(\mathbf{R})$，满足 $A = MN$，且 $r(M)=r(N)=r$.

证明 对于一般的 $m\times n$ 矩阵，首先将其转化为等价标准形，再由等价标准形出发验证上述分解. 由 $r(A)=r$，知存在 m 级可逆阵 P 及 n 级可逆阵 Q，满足

$$A = P\begin{pmatrix} E_r & O \\ O & O \end{pmatrix} Q = P\begin{pmatrix} E_r \\ O \end{pmatrix}(E_r, O)Q.$$

令 $M = P\begin{pmatrix} E_r \\ O \end{pmatrix}$，$N = (E_r, O)Q$，则 $A = MN$，且 $r(M)=r(N)=r$.

e. 可逆幂等分解

要点 任一矩阵可分解为一可逆阵与一个幂等阵的乘积，对于一般矩阵，考虑其等价标准形. 见练习题 9.5.3.

f. voss 分解

例 9.5.6 证明任一复方阵可分解为两对称阵之积，且其中一个是可逆阵.

证明 对于方阵，可考虑 Jordan 标准形是否符合以上分解.

(1) (由一般到特殊)设 $A \in M_{n\times n}(\mathbf{C})$，$J$ 为其 Jordan 标准形，则存在 n 级可逆阵 P，使 $A = P^{-1}JP$，其中，

$$J = \begin{bmatrix} J_1 & & & \\ & J_2 & & \\ & & \ddots & \\ & & & J_s \end{bmatrix}, \quad J_i = \begin{bmatrix} \lambda_i & & & \\ 1 & \lambda_i & & \\ & \ddots & \ddots & \\ & & 1 & \lambda_i \end{bmatrix}_{r_i} \quad (i=1,2,\cdots,s),$$

且 $\sum_{i=1}^{s} r_i = n$.

(2)(从特殊入手)我们验证 Jordan 块矩阵 $\boldsymbol{J}_i(i=1,2,\cdots,s)$ 符合题设分解. 令

$$\boldsymbol{S}_i = \begin{bmatrix} & & & 1 \\ & & 1 & \\ & \iddots & & \\ 1 & & & \end{bmatrix}_{r_i}, \quad \boldsymbol{M}_i = \begin{pmatrix} & & 1 & \lambda_i \\ & \iddots & \iddots & \\ 1 & \lambda_i & & \\ \lambda_i & & & \end{pmatrix}_{r_i},$$

则 $\boldsymbol{S}_i^{\mathrm{T}} = \boldsymbol{S}_i$, $\boldsymbol{M}_i^{\mathrm{T}} = \boldsymbol{M}_i$, 且 $|S_i| = \pm 1 (i=1,2,\cdots,s)$ 满足 $\boldsymbol{J}_i = \boldsymbol{S}_i \boldsymbol{M}_i (i=1,2,\cdots,s)$.

(3)(从特殊回到一般)

$$\begin{aligned} \boldsymbol{A} = \boldsymbol{T}^{-1}\boldsymbol{J}\boldsymbol{T} &= \boldsymbol{P}^{-1}\begin{pmatrix} \boldsymbol{S}_1 & & & \\ & \boldsymbol{S}_2 & & \\ & & \ddots & \\ & & & \boldsymbol{S}_s \end{pmatrix}\begin{pmatrix} \boldsymbol{M}_1 & & & \\ & \boldsymbol{M}_2 & & \\ & & \ddots & \\ & & & \boldsymbol{M}_s \end{pmatrix}\boldsymbol{P} \\ &= \boldsymbol{P}^{-1}\begin{pmatrix} \boldsymbol{S}_1 & & & \\ & \boldsymbol{S}_2 & & \\ & & \ddots & \\ & & & \boldsymbol{S}_s \end{pmatrix}(\boldsymbol{P}^{-1})^{\mathrm{T}}\boldsymbol{P}^{\mathrm{T}}\begin{pmatrix} \boldsymbol{M}_1 & & & \\ & \boldsymbol{M}_2 & & \\ & & \ddots & \\ & & & \boldsymbol{M}_s \end{pmatrix}\boldsymbol{P} \\ &= \boldsymbol{B}\boldsymbol{C}, \end{aligned}$$

其中

$$\boldsymbol{B} = \boldsymbol{P}^{-1}\begin{bmatrix} \boldsymbol{S}_1 & & & \\ & \boldsymbol{S}_2 & & \\ & & \ddots & \\ & & & \boldsymbol{S}_s \end{bmatrix}(\boldsymbol{P}^{-1})^{\mathrm{T}}, \quad \boldsymbol{C} = \boldsymbol{P}^{\mathrm{T}}\begin{bmatrix} \boldsymbol{M}_1 & & & \\ & \boldsymbol{M}_2 & & \\ & & \ddots & \\ & & & \boldsymbol{M}_s \end{bmatrix}.$$

三、特殊矩阵的分解

以上讨论了一般矩阵的加法分解和乘法分解. 本段将以可逆阵、对称阵和正定阵为例讨论特殊矩阵的分解.

a. 可逆阵的分解

例 9.5.7 (QR 分解)　证明：任何可逆实方阵都可以分解为正交阵和正线上三角阵(主对角元均为正数).

证明　实方阵的列向量线性无关，由 Schmidt 正交化方法知，它们可以正交化为

一组正交基，而两组基之间的过渡阵恰是一正线上三角阵. 设 $\boldsymbol{A}=(a_{ij})_{n\times n}$ 的列向量为 $\boldsymbol{\alpha}_1,\boldsymbol{\alpha}_2,\cdots,\boldsymbol{\alpha}_n$，由 Schmidt 正交化方法有

$$\boldsymbol{\beta}_1=\boldsymbol{\alpha}_1,$$

$$\boldsymbol{\beta}_2=\boldsymbol{\alpha}_2-\frac{(\boldsymbol{\alpha}_1,\boldsymbol{\beta}_1)}{(\boldsymbol{\beta}_1,\boldsymbol{\beta}_1)}\boldsymbol{\beta}_1,$$

$$\cdots\cdots$$

$$\boldsymbol{\beta}_n=\boldsymbol{\alpha}_n-\frac{(\boldsymbol{\alpha}_n,\boldsymbol{\beta}_1)}{(\boldsymbol{\beta}_1,\boldsymbol{\beta}_1)}\boldsymbol{\beta}_1-\cdots-\frac{(\boldsymbol{\alpha}_n,\boldsymbol{\beta}_{n-1})}{(\boldsymbol{\beta}_{n-1},\boldsymbol{\beta}_{n-1})}\boldsymbol{\beta}_{n-1}.$$

上式可写为

$$\boldsymbol{\alpha}_1=\boldsymbol{\beta}_1,$$

$$\boldsymbol{\alpha}_2=\frac{(\boldsymbol{\beta}_1,\boldsymbol{\alpha}_2)}{(\boldsymbol{\beta}_1,\boldsymbol{\beta}_1)}\boldsymbol{\beta}_1+\boldsymbol{\beta}_2,$$

$$\cdots\cdots$$

$$\boldsymbol{\alpha}_n=\frac{(\boldsymbol{\beta}_1,\boldsymbol{\alpha}_n)}{(\boldsymbol{\beta}_1,\boldsymbol{\beta}_1)}\boldsymbol{\beta}_1+\frac{(\boldsymbol{\beta}_2,\boldsymbol{\alpha}_n)}{(\boldsymbol{\beta}_2,\boldsymbol{\beta}_2)}\boldsymbol{\beta}_2+\cdots+\frac{(\boldsymbol{\beta}_{n-1},\boldsymbol{\alpha}_n)}{(\boldsymbol{\beta}_{n-1},\boldsymbol{\beta}_{n-1})}\boldsymbol{\beta}_{n-1}+\boldsymbol{\beta}_n.$$

将上式写为矩阵形式

$$\begin{aligned}\boldsymbol{A}&=(\boldsymbol{\alpha}_1,\boldsymbol{\alpha}_2,\cdots,\boldsymbol{\alpha}_n)=(\boldsymbol{\beta}_1,\boldsymbol{\beta}_2,\cdots,\boldsymbol{\beta}_n)\begin{pmatrix}1&b_{12}&\cdots&b_{1n}\\0&1&\cdots&b_{2n}\\\vdots&\vdots&&\vdots\\0&0&\cdots&1\end{pmatrix}\\&=\left(\frac{\boldsymbol{\beta}_1}{|\boldsymbol{\beta}_1|},\frac{\boldsymbol{\beta}_2}{|\boldsymbol{\beta}_2|},\cdots,\frac{\boldsymbol{\beta}_n}{|\boldsymbol{\beta}_n|}\right)\begin{pmatrix}|\boldsymbol{\beta}_1|&0&\cdots&0\\&|\boldsymbol{\beta}_2|&\cdots&0\\\vdots&\vdots&&\vdots\\0&0&\cdots&|\boldsymbol{\beta}_n|\end{pmatrix}\begin{pmatrix}1&b_{12}&\cdots&b_{1n}\\0&1&\cdots&b_{2n}\\\vdots&\vdots&&\vdots\\0&0&\cdots&1\end{pmatrix}\\&=\boldsymbol{QR},\end{aligned}$$

其中

$$\boldsymbol{Q}=\left(\frac{\boldsymbol{\beta}_1}{|\boldsymbol{\beta}_1|},\frac{\boldsymbol{\beta}_2}{|\boldsymbol{\beta}_2|},\cdots,\frac{\boldsymbol{\beta}_n}{|\boldsymbol{\beta}_n|}\right),\quad \boldsymbol{R}=\begin{pmatrix}|\boldsymbol{\beta}_1|&*&\cdots&*\\&|\boldsymbol{\beta}_2|&\cdots&*\\\vdots&\vdots&&\vdots\\0&0&\cdots&|\boldsymbol{\beta}_n|\end{pmatrix}.$$

评析　可逆阵的分解特殊性在于其等价标准形是单位阵. 另可依据 $\boldsymbol{AA}^{\mathrm{T}}$ 是正定阵，通过正定阵的分解实现可逆阵的分解(如练习题 9.5.5，练习题 9.5.6).

b. 对称阵的分解

要点　对称阵是较为特殊的一类矩阵，不仅可施行等价分解，相似分解，还可施行合同分解.

例 9.5.8　证明任一对称阵可分解为两个半正定阵之差.

证明　考虑对称阵的合同标准形，由合同标准形出发验证，不难得到本题结论. 设 $\boldsymbol{A}\in M_{n\times n}(P)$，且 $\boldsymbol{A}=\boldsymbol{A}^{\mathrm{T}}$，而存在可逆阵 $\boldsymbol{R}$，使

$$\boldsymbol{A}=\boldsymbol{R}^{\mathrm{T}}\begin{pmatrix}\boldsymbol{E}_p & \boldsymbol{O} & \boldsymbol{O}\\ \boldsymbol{O} & -\boldsymbol{E}_q & \boldsymbol{O}\\ \boldsymbol{O} & \boldsymbol{O} & \boldsymbol{O}\end{pmatrix}\boldsymbol{R}=\boldsymbol{R}^{\mathrm{T}}\begin{pmatrix}\boldsymbol{E}_p & \boldsymbol{O} & \boldsymbol{O}\\ \boldsymbol{O} & \boldsymbol{O} & \boldsymbol{O}\\ \boldsymbol{O} & \boldsymbol{O} & \boldsymbol{O}\end{pmatrix}\boldsymbol{R}-\boldsymbol{R}^{\mathrm{T}}\begin{pmatrix}\boldsymbol{O} & \boldsymbol{O} & \boldsymbol{O}\\ \boldsymbol{O} & \boldsymbol{E}_q & \boldsymbol{O}\\ \boldsymbol{O} & \boldsymbol{O} & \boldsymbol{O}\end{pmatrix}\boldsymbol{R}=\boldsymbol{B}-\boldsymbol{C},$$

其中 $\boldsymbol{B}=\boldsymbol{R}^{\mathrm{T}}\begin{pmatrix}\boldsymbol{E}_p & \boldsymbol{O} & \boldsymbol{O}\\ \boldsymbol{O} & \boldsymbol{O} & \boldsymbol{O}\\ \boldsymbol{O} & \boldsymbol{O} & \boldsymbol{O}\end{pmatrix}\boldsymbol{R}$，$\boldsymbol{C}=\boldsymbol{R}^{\mathrm{T}}\begin{pmatrix}\boldsymbol{O} & \boldsymbol{O} & \boldsymbol{O}\\ \boldsymbol{O} & \boldsymbol{E}_q & \boldsymbol{O}\\ \boldsymbol{O} & \boldsymbol{O} & \boldsymbol{O}\end{pmatrix}\boldsymbol{R}$ 均为半正定阵.

c. 正定阵的分解

要点　正定阵合同于单位阵，正交合同于正线对角阵. 这就使得正定阵的分解相对灵活，但依然需从其最简标准形入手.

例 9.5.9　设 $\boldsymbol{A}$ 是 n 级正定阵，证明：对任意正整数 k，存在唯一的正定阵 $\boldsymbol{B}_k$，使

$$\boldsymbol{A}=(\boldsymbol{B}_k)^k.$$

证明　要将矩阵分解为方幂的形式，只需从正定阵的最简标准形入手，单位阵和正线对角阵都能满足这一分解，但若选用单位阵在还原的过程中会遇到一些困难. 因此，以正线对角阵为切入点.

评析　本节从线性代数的角度，对矩阵的若干分解进行了讨论，它的主要用途在于简化线性方程组的计算，以及便于了解原矩阵的数值特性等. 实质上，在一些应用领域，矩阵的分解也受到广泛关注. 如在密码学中，由于基于非交换代数上的密码体制能抵抗量子计算机的攻击，而矩阵群是非交换群，所以，研究在抗量子密码意义下的矩阵分解对于构造安全的密码体制也有重要意义；而在自然语言处理中，新闻分类乃至各种分类其实是一个聚类问题，这时矩阵的奇异值分解起着关键的作用.

练习 9.5

9.5.1　设 $\boldsymbol{A}$ 是数域 P 上的 $m\times n$ 矩阵，且 $r(\boldsymbol{A})=r$. 证明：存在数域 P 上的 $s(1\leqslant s\leqslant r)$ 个 $m\times n$ 矩阵 $\boldsymbol{A}_i(i=1,2,\cdots,s)$，满足：$\boldsymbol{A}=\sum_{i=1}^{s}\boldsymbol{A}_i$，其中 $r(\boldsymbol{A}_i)=r_i(i=1,2,\cdots,s)$ 且 $\sum_{i=1}^{s}r_i=r$.

9.5.2　设 $\boldsymbol{A}$ 是数域 P 上 n 级方阵. 证明：存在数域 P 上的 n 级数量阵 $\boldsymbol{B}$ 及 n 级方阵 $\boldsymbol{C}$，使 $\boldsymbol{A}=\boldsymbol{B}+\boldsymbol{C}$，且 $\mathrm{tr}(\boldsymbol{A})=\mathrm{tr}(\boldsymbol{B})$，$\mathrm{tr}(\boldsymbol{C})=0$.

9.5.3　设 $\boldsymbol{A}$ 是数域 P 上的 n 级方阵. 证明：存在数域 P 上的 n 级可逆阵 $\boldsymbol{B}$，以及 n 级幂等阵 $\boldsymbol{C}$，使 $\boldsymbol{A}=\boldsymbol{BC}$.

9.5.4　证明：对任一非零 n 级方阵 $\boldsymbol{A}$，存在 n 级可逆阵 $\boldsymbol{P}$，使

$$\boldsymbol{A}=\boldsymbol{P}^{-1}\begin{pmatrix}\boldsymbol{B} & \boldsymbol{O}\\ \boldsymbol{O} & \boldsymbol{C}\end{pmatrix}\boldsymbol{P},$$

其中 $\boldsymbol{B}$ 为 r_1 级可逆阵，$\boldsymbol{C}$ 为 r_2 级幂零阵 $(r_1+r_2=n)$.

9.5.5　(正定正交分解)设 $\boldsymbol{A}$ 是实数域 $\mathbf{R}$ 上 n 级可逆阵. 证明：存在实数域上的 n 级正定阵 $\boldsymbol{P}$ 和 n 级正交阵 $\boldsymbol{Q}$，使 $\boldsymbol{A}=\boldsymbol{PQ}$，并且这一分解式是唯一的.

9.5.6　设 $\boldsymbol{A}$ 是实数域 $\mathbf{R}$ 上 n 级可逆阵. 证明：存在 n 级正交阵 $\boldsymbol{Q}_1,\boldsymbol{Q}_2$，使

$$\boldsymbol{Q}_1\boldsymbol{A}\boldsymbol{Q}_2=\begin{pmatrix}\lambda_1 & & & \\ & \lambda_2 & & \\ & & \ddots & \\ & & & \lambda_n\end{pmatrix},$$

其中 $0\leqslant\lambda_1\leqslant\lambda_2\leqslant\cdots\leqslant\lambda_n$，且 $\lambda_i^2(i=1,2,\cdots,n)$ 是 $\boldsymbol{A}\boldsymbol{A}^{\mathrm{T}}$ 的所有特征根.

9.5.7　设 $\boldsymbol{A}$ 是实数域上秩为 r 的 $n\times m$ 矩阵. 证明：存在 n 级正交阵 $\boldsymbol{Q}_1$ 和 m 级正交阵 $\boldsymbol{Q}_2$，使

$$\boldsymbol{Q}_1\boldsymbol{A}\boldsymbol{Q}_2=\begin{pmatrix}\boldsymbol{A}_1 & \boldsymbol{O}\\ \boldsymbol{O} & \boldsymbol{O}\end{pmatrix},$$

其中 $\boldsymbol{A}_1$ 为 r 级可逆阵.

9.5.8　设 $\boldsymbol{A}$ 是实数域上秩为 r 的 $n\times m$ 矩阵. 证明：存在 n 级正交阵 $\boldsymbol{Q}_1$ 和 m 级正交阵 $\boldsymbol{Q}_2$ 使

$$\boldsymbol{Q}_1\boldsymbol{A}\boldsymbol{Q}_2=\begin{pmatrix}\lambda_1 & & & & & & \\ & \lambda_2 & & & & & \\ & & \ddots & & & & \\ & & & \lambda_r & & & \\ & & & & 0 & & \\ & & & & & \ddots & \\ & & & & & & 0\end{pmatrix},$$

其中 $0\leqslant\lambda_1\leqslant\lambda_2\leqslant\cdots\leqslant\lambda_r$，且0，$\lambda_i^2(i=1,2,\cdots,r)$ 构成 $\boldsymbol{A}\boldsymbol{A}^{\mathrm{T}}$ 的所有特征根.

9.5.9　设 $\boldsymbol{A}$ 是实数域上的幂等阵. 证明：存在对称矩阵 $\boldsymbol{B}$ 及正定矩阵 $\boldsymbol{C}$，使 $\boldsymbol{A}=\boldsymbol{BC}$.

练 习 答 案

练习 1 参考答案

练习 1.1

1.1.1 $g(x)=a(x-2)^2+b(x+1)+c(x^2-x+2)=(a+c)x^2+(b-4a-c)x+(4a+b+2c)$.

另 $f(x)=g(x)$，由多项式相等的定义，有

$$a+c=0,\quad b-4a-c=1,\quad 4a+b+2c=-5,$$

得 $a=-\dfrac{6}{5}$，$b=-\dfrac{13}{5}$，$c=\dfrac{6}{5}$.

练习 1.2

1.2.1
$$\begin{cases}(x^2+1)h(x)+(x-1)f(x)+(x-2)g(x)=0, & (1.13)\\ (x^2+1)h(x)+(x+1)f(x)+(x+2)g(x)=0, & (1.14)\end{cases}$$

(1.14) − (1.13)得

$$2f(x)+4g(x)=0,\quad 即\ f(x)=-2g(x),$$

代入式(1.13)有

$$(x^2+1)h(x)-xg(x)=0,$$

即 $(x^2+1)h(x)=xg(x)$，故 $x^2+1\mid xg(x)$，而 $(x,x^2+1)=1$，因此，$(x^2+1)\mid g(x)$.

同理可得 $x^2+1\mid f(x)$ (由证明过程易见，式(1.14)中 $h(x)$ 替为 $k(x)$ 时，结论亦成立).

1.2.2 (1) 对任意 $u_1(x)f(x)+v_1(x)g(x),u_2(x)f(x)+v_2(x)g(x)\in I$，有

$$\begin{aligned}&(u_1(x)f(x)+v_1(x)g(x))+(u_2(x)f(x)+v_2(x)g(x))\\&=(u_1(x)+u_2(x))f(x)+(v_1(x)+v_2(x))g(x)\in I.\\&(u_1(x)f(x)+v_1(x)g(x))\cdot(u_2(x)f(x)+v_2(x)g(x))\\&=(u_1(x)\cdot u_2(x))f^2(x)+((u_1(x)v_2(x)f(x)+u_2(x)v_1(x)f(x))\\&\quad+u_2(x)v_2(x)g(x))\cdot g(x)\in I,\end{aligned}$$

即 I 对加法和乘法封闭.

另外，对任意 $h(x)=u(x)f(x)+v(x)g(x)\in I$，以及 $k(x)\in P[x]$，有

---

* 练习答案中公式编号接正文中公式编号，余同，不一一说明.

$$h(x)k(x)=(u(x)k(x))f(x)+(v(x)k(x))g(x)\in I.$$

(2) 设 $(f(x),g(x))=d(x)$, 则存在 $u(x),v(x)$ 使

$$d(x)=u(x)f(x)+v(x)g(x)\in I.$$

1.2.3 因 $f_1(a)=0$，故 $x-a\mid f_1(x)$，又 $g_2(a)\neq 0$，故 $x-a\nmid g_2(x)$．另

$$x-a=f_1(x)g_1(x)+f_2(x)g_2(x), \tag{1.15}$$

故 $x-a\mid f_2(x)g_2(x)$，而 $x-a\nmid g_2(x)$，故 $x-a\mid f_2(x)$．又由式(1.15)可知

$$(f_1(x),f_2(x))=x-a.$$

1.2.4 对 n 用数学归纳法.

(1) 当 $n=m$ 时，结论显然成立；

(2) 下面不妨设 $n>m$，若对任意 $n(m<n<k)$ 成立，现证 $n=k$ 时成立.

$$(x^m-1,x^k-1)=(x^m-1,x^k-1-x^{k-m}(x^m-1))=(x^m-1,x^{k-m}-1).$$

由归纳假设 $(x^m-1,x^{k-m}-1)=x^c-1$，其中 $c=(m,k-m)=(m,k)$.

由(1)和(2)知 $(x^m-1,x^n-1)=x^d-1\Leftrightarrow(m,n)=d$.

1.2.5 x^4+x^2+1 的根为 $\dfrac{\pm1+\sqrt{3}\mathrm{i}}{2}$，由于 $x^4+x^2+1\mid f_1(x^3)+x^4f_2(x^3)$，故 $\dfrac{\pm1+\sqrt{3}\mathrm{i}}{2}$ 为 $f_1(x^3)+x^4f_2(x^3)$ 的根，即有

$$\begin{cases} f_1(-1)+\left(\dfrac{1}{2}+\dfrac{\sqrt{3}}{2}\mathrm{i}\right)f_2(-1)=0,\\ f_1(1)+\left(-\dfrac{1}{2}+\dfrac{\sqrt{3}}{2}\mathrm{i}\right)f_2(-1)=0. \end{cases} \tag{1.16}$$

由式(1.16)得 $f_i(\pm1)=0(i=1,2)$．由此知 $(x+1)(x-1)\mid f_i(x)(i=1,2)$，即

$$x^2-1\mid(f_1(x),f_2(x)).$$

设 $(f_1(x),f_2(x))=d(x)$，若 $\partial(d(x))=3$，由 $f_1(x),f_2(x)$ 均为次数不超过 3 的首一多项式，故 $f_1(x)=f_2(x)$，这与 $f_1(x),f_2(x)$ 互异矛盾. 故 $\partial(d(x))=2$，即 $(f_1(x),f_2(x))=x^2-1$.

1.2.6 "$\Leftarrow$" 设 $(f(x),g(x))=d(x)$，且 $\partial(d(x))\geqslant 1$，则存在 $q_1(x),q_2(x)$ 使得

$$f(x)=d(x)q_1(x),\quad g(x)=d(x)q_2(x).$$

取 $h(x)=q_2(x)$，$k(x)=-q_1(x)$，则

$$f(x)h(x)+g(x)k(x)=0,$$

且 $0\leqslant\partial(h(x))<\partial(g(x))$，$0\leqslant\partial(k(x))<\partial(f(x))$.

"$\Rightarrow$" 由于 $f(x)h(x)+g(x)k(x)=0$，即 $f(x)h(x)=-g(x)k(x)$．若 $(f(x),g(x))=1$，则

$f(x)\mid k(x)$，这与 $0\leqslant\partial(k(x))<\partial(f(x))$ 矛盾. 因此 $(f(x),g(x))\neq 1$.

1.2.7 反设 $(f(x),g(x))=d(x)\neq 1$，则存在 $f_1(x),g_1(x)$ 使得

$$f(x)=d(x)f_1(x),\quad g(x)=d(x)g_1(x),$$

其中 $0<\partial(f_1(x))\leqslant\partial(f(x))$，$0<\partial(g_1(x))\leqslant\partial(g(x))$.

现取 $h(x)=d(x)f_1(x)g_2(x)$，则 $f(x)\big|\,h(x)$，$g(x)\big|\,h(x)$. 但 $h(x)$ 不能被 $f(x)g(x)$ 整除，矛盾. 故 $(f(x),g(x))=1$.

1.2.8 由于 $(f(x),g(x))=1$，故

$$\begin{aligned}&(f(x),f(x)+g(x))=(g(x),f(x)+g(x))=1\\ &\Rightarrow(f(x)g(x),f(x)+g(x))=1\\ &\Rightarrow(f(x)g(x),f(x)+f(x)g(x)+g(x))=1.\end{aligned}$$

另 $(f(x)+g(x),f(x)+f(x)g(x)+g(x))=1$，故

$$(f(x)g(x)(f(x)+g(x)),f(x)+f(x)g(x)+g(x))=1.$$

1.2.9 "$\Rightarrow$"若 $f(x)\big|\,g(x)$，则存在 $q(x)$ 使得 $g(x)=f(x)q(x)$. 从而 $g^n(x)=f^n(x)q^n(x)$，即 $f^n(x)\big|\,g^n(x)$.

"$\Leftarrow$" 若 $f(x)=g(x)=0$，则 $f(x)\mid g(x)$. 否则，若 $f(x),g(x)$ 不全为零，记

$$d(x)=(f(x),g(x)),$$

则

$$f(x)=d(x)f_1(x),\quad g(x)=d(x)g_1(x),$$

且 $(f_1(x),g_1(x))=1$. 故

$$f^n(x)=d^n(x)f_1^n(x),\quad g^n(x)=d^n(x)g_1{}^n(x),$$

而 $f^n(x)\big|\,g^n(x)$，即存在 $q(x)$，使得

$$g^n(x)=f^n(x)\cdot q(x),\quad 即\ g_1^n(x)=f_1^n(x)\cdot q(x).$$

故可得 $f_1(x)\big|\,g_1^n(x)$，而 $(f_1(x),g_1(x))=1$，故 $f_1(x)\big|\,g_1^{n-1}(x)$. 这样继续下去，有 $f_1(x)\big|\,g_1(x)$. 但 $(f_1(x),g_1(x))=1$，故 $f_1(x)=c$ (c 为非零常数)，所以

$$f(x)=d(x)f_1(x)=cd(x),$$

易知 $f(x)\big|\,g(x)$.

1.2.10 "$\Leftarrow$" 取 $r_2(x)=r_1(x)+1$，则原式有以下形式

$$q_1(x)f_1(x)-q_2(x)f_2(x)=1,$$

此即 $(f_1(x),f_2(x))=1$.

"$\Rightarrow$" 若 $(f_1(x),f_2(x))=1$，则存在 $u(x),v(x)$ 使得

$$u(x)f_1(x)+v(x)f_2(x)=1.$$

对任意 $r_1(x),r_2(x)$，上式两边同乘以 $r_2(x)-r_1(x)$，则有

$$(r_2(x)-r_1(x))u(x)\cdot f_1(x)+(r_2(x)-r_1(x))v(x)\cdot f_2(x)=r_2(x)-r_1(x),$$

取 $q_1(x)=(r_2(x)-r_1(x))\cdot u(x)$，$q_2(x)=(r_1(x)-r_2(x))\cdot v(x)$，则

$$q_1(x)f_1(x)+r_1(x)=q_2(x)f_2(x)+r_2(x).$$

1.2.11 **方法 1** 设 $f(x)=ax^3+bx^2+cx+d$，则

$$f(x)+1=ax^3+bx^2+cx+d+1,$$
$$f(x)-1=ax^3+bx^2+cx+d-1,$$

所以

$$(f(x)+1)'=(f(x)-1)'=3ax^2+2bx+c.$$

由题意知

$$\begin{cases}a+b+c+d=-1,\\3a+2b+c=0,\\-a+b-c+d=1,\\3a-2b+c=0,\end{cases}$$

可得 $a=\dfrac{1}{2},c=-\dfrac{3}{2},b=d=0$，即 $f(x)=\dfrac{1}{2}x^3-\dfrac{3}{2}x.$

方法 2 由于 $(x-1)^2\mid f(x)+1,(x+1)^2\mid f(x)-1$，故 $x=1$ 为 $f(x)+1$ 的二重根，从而 $x=1$ 为 $(f(x)+1)'$ 的单根. 同理，$x=-1$ 为 $f(x)-1$ 的二重根，$x=-1$ 也是 $(f(x)-1)'$ 的单根，而 $f'(x)=(f(x)-1)'$，因此，

$$(x+1)(x-1)\mid f'(x).$$

另 $\partial(f(x))=3$，故 $\partial(f'(x))=2$，即知 $f'(x)=a(x^2-1)$. 故 $f(x)=\dfrac{a}{3}x^3-ax+b$. 另 $x=\pm1$ 分别为 $f(x)\pm1$ 的根，即 $f(\pm1)\pm1=0$，易得 $a=\dfrac{3}{2},c=0$. 因此，$f(x)=\dfrac{1}{2}x^3-\dfrac{3}{2}x.$

1.2.12 设 $(f(x),g(x))=d(x)$，$(f_1(x),g_1(x))=d_1(x)$，则存在 $u(x),v(x)$ 使得

$$u(x)f(x)+v(x)g(x)=d(x). \tag{1.17}$$

存在 $u_1(x),v_1(x)$ 使得

$$u_1(x)f_1(x)+v_1(x)g_1(x)=d_1(x). \tag{1.18}$$

将 $f_1(x)=af(x)+bg(x)$，$g(x)=cf(x)+dg(x)$ 代入式(1.18)得

$$(au_1(x)+cv_1(x))f(x)+(bu_1(x)+dv_1(x))g(x)=d_1(x).$$

由此知 $d(x)\mid d_1(x)$. 另由 $f_1(x)=af(x)+bg(x)$，$g_1(x)=cf(x)+dg(x)$ 得

$$f(x)=a_1f_1(x)+b_1g_1(x),\quad g(x)=c_1f_1(x)+d_1g_1(x),$$

代入式(1.17)可得$d_1(x)\,\big|\,d(x)$. 又$d(x),d_1(x)$均为首一多项式，故$d(x)=d_1(x)$，即

$$(f(x),g(x))=(f_1(x),g_1(x)).$$

练习 1.3

1.3.1 设$x_1,x_2,\cdots,x_s$是$f(x)=0$的实根，x_i的重数为$r_i(i=1,2,\cdots,s)$，则

$$f(x)=(x-x_1)^{r_1}(x-x_2)^{r_2}\cdots(x-x_s)^{r_s}\cdot\phi(x).$$

由于$f(x)\geqslant 0$恒成立，故$r_i(i=1,2,\cdots,s)$均为偶数，即有$f(x)=f_1^2(x)\cdot\phi(x)$，其中$\phi(x)$无实根，但其虚根成对出现. 因此

$$\phi(x)=(\phi_1(x)+\mathrm{i}\phi_2(x))(\phi_1(x)-\mathrm{i}\phi_2(x))=\phi_1^2(x)+\phi_2^2(x).$$

现令$f(x)=f_1(x)\phi_1(x)$，$h(x)=f_1(x)\phi_2(x)$，则$f(x)=g^2(x)+h^2(x)$.

1.3.2 若$f(x)=0$，则$\forall xf(x)=kx(k=0)$，结论成立.

另若$f(x)\neq 0$. 记$k=f(1)$，$F(x)=f(x)-kx$，则对任一正整数n，有

$$F(n)=f(n)-kn=f(1+n-1)-kn=f(1)+f(n-1)-kn=\cdots=0.$$

从而$F(x)=0$有无穷多个根，故$F(x)\equiv 0$，即$f(x)=kx$.

($f(x+y)=f(x)\cdot f(y)$是一个函数方程，此题中的条件可以弱化为$f(x)$是连续函数，也可以得到同样的结论，类似有$f(x+y)=f(x)-f(y)\Rightarrow f(x)=a^x$，$f(x\cdot y)=f(x)+f(y)\Rightarrow f(x)=\log a^x$，等等)

1.3.3 $g(x)=x^2+x+1=\dfrac{x^3-1}{x-1}$，故$g(x)$的根$w_i(i=1,2)$为三次单位根，且$w_i\neq 1$ $(i=1,2)$，则$w_i^{\ 3}=1$且$w_i^{\ 2}+w_i+1=0(i=1,2)$. 因此

$$f(w_i)=w_i^{3m}+w_i^{3n+1}+w_i^{3p+2}=1+w_i+w_i^2=0\quad(i=1,2).$$

所以$g(x)\,\big|\,f(x)$.

1.3.4 记w_1,w_2,w_3,w_4为非1的五次单位根. 由于

$$x^4+x^3+x^2+x+1\,\Big|\,xf_1(x^{10})+x^2f_2(x^{15})+x^3f_3(x^{20})+x^4f_4(x^{25}),$$

故

$$\begin{cases}w_1f_1(1)+w_1^2f_2(1)+w_1^3f_3(1)+w_1^4f_4(1)=0,\\ w_2f_1(1)+w_2^2f_2(1)+w_2^3f_3(1)+w_2^4f_4(1)=0,\\ w_3f_1(1)+w_3^2f_2(1)+w_3^3f_3(1)+w_3^4f_4(1)=0,\\ w_4f_1(1)+w_4^2f_2(1)+w_4^3f_3(1)+w_4^4f_4(1)=0.\end{cases}$$

以上关于 $f_i(1)(i=1,2,3,4)$ 的齐次线性方程组的系数行列式 $D\neq 0$. 因此 $f_i(1)=0(i=1,2,3,4)$，即 $x-1\mid f_i(x)(i=1,2,3,4)$.

1.3.5　$f(x)=\dfrac{x^{s(n+1)}-1}{x^s-1},g(x)=\dfrac{x^{n+1}-1}{x-1}$，设 α 为 $g(x)$ 的根，则 $\alpha^{n+1}=1$，故

$$f(\alpha)\cdot(\alpha^s-1)=(\alpha^{n+1})^s-1=0,$$

其中 $\alpha^s\neq 1$. 否则，若 $\alpha^s=1$，由于 $(s,n+1)=1$，存在 u,v 使

$$us+v(n+1)=1,$$

故 $\alpha^{us+v(n+1)}=\alpha$，即 $\alpha=1$，矛盾. 另 α 为 $g(x)$ 的单根，故 $f(\alpha)=0$，即有 $g(x)\mid f(x)$.

1.3.6　**证明**　设 α 是 x^2+x+1 的根，即 $\alpha^2+\alpha+1=0$.

$$\begin{aligned}\alpha^{n+2}+(\alpha+1)^{2n+1}&=\alpha^2\cdot\alpha^n+(\alpha+1)^{2n+1}=-(\alpha+1)\alpha^n+(\alpha+1)^{(2n+1)}\\&=(\alpha+1)[(\alpha+1)^{2n}-\alpha^n]=(\alpha+1)[(\alpha^2+2\alpha+1)^n-\alpha^n]\\&=(\alpha+1)[\alpha^n-\alpha^n]=0,\end{aligned}$$

故 α 为 $x^{n+2}+(x+1)^{2n+1}$ 的根，由于 x^2+x+1 无重根，所以 $x^2+x+1\mid x^{n+2}+(x+1)^{2n+1}$.

1.3.7　**证明**　若 $f(x)=x^n+ax^{n-m}+b$ 有不为零的重数大于 2 的根 α，则 α 为 $f'(x)$ 的重根. 由

$$f'(x)=nx^{n-1}+(n-m)ax^{n-m-1}=x^{n-m-1}[nx^m+(n-m)a]$$

可知，

(1) 若 $a=0$，则 0 为 $f'(x)$ 的重根，且 $f'(x)$ 的重根只能为 0，这与 $f'(x)$ 有非零的数 α 为它的重根矛盾.

(2) 若 $a\neq 0$，则由 $f'(x)$ 可知 $nx^m+(n-m)a$ 中不可能有非零数为其重根，故 $f'(x)$ 仍没有非零数作为它的重根. 这与 α 为 $f'(x)$ 的重根矛盾.

1.3.8　**证明**　设 α 为 $f(x)$ 的根，则 $\alpha^n=1$，而 $\alpha\neq 1$，这时

$$(f(\alpha)+\alpha^n)^2-\alpha^n=1-1=0,$$

故 $f(x)$ 的根为 $(f(x)+x^n)^n-x^n$ 的根. 由于 $f(x)$ 无重根，故

$$f(x)\mid(f(x)+x^n)^2-x^n.$$

1.3.9　**证明**　设 $f(x)$ 的根为 α，则有 $f(\alpha)=0$. 由 $f(x)\mid f(x^n)$，故 $f(\alpha^n)=0$，这说明 α^n 也是 $f(x)$ 的根，依次类推，得 $\alpha,\alpha^n,\cdots,\alpha^{n^k},\cdots(k=0,1,2,\cdots)$ 都是 $f(x)$ 的根. 设 $f(x)$ 的次数为 m，则 $f(x)$ 在复数域上至多有 m 个根，故存在 l 使得 $\alpha^{n^k}=\alpha^{n^l}$. 不妨设 $k<l$，则 $\alpha^{n^k}\left(\alpha^{n^l-n^k}-1\right)=0$. 若 $\alpha^{n^k}=0$ 可得 $\alpha=0$；若 $\alpha^{n^l-n^k}-1=0$，则可知 α 为单位根. 故 $f(x)$ 的根只能是零或单位根.

1.3.10　(1) 若 $f(x)\nmid g(x)$. 由于 $f(x)$ 是不可约多项式，有 $(f(x),g(x))=1$. 从而存在 $u(x),v(x)$，使得

$$u(x)f(x)+v(x)g(x)=1.$$

设 $f(x),g(x)$ 的公共复根为α，代入上式有 $0=1$，矛盾. 故 $f(x)\,|\,g(x)$.

(2) 令 $g(x)=\dfrac{1}{a_n}f(x)$，其中 a_n 为 $f(x)$ 的首项系数，则 $f(x)$ 与 $g(x)$ 有相同的根. $g(x)$ 为首一的不可约多项式，不妨设

$$g(x)=x^n+a_{n-1}x^{n-1}+\cdots+a_1x+a_0\quad(a_0\neq 0).$$

由于 $g(b)=g\left(\dfrac{1}{b}\right)=0$，即

$$\begin{cases}b^n+a_{n-1}b^{n-1}+\cdots+a_1b+a_0=0,\\ \dfrac{1}{b^n}+a_{n-1}\dfrac{1}{b^{n-1}}+\cdots+a_1\dfrac{1}{b}+a_0=0,\end{cases}\tag{1.19}$$

由式(1.19)有

$$a_0b^n+a_1b^{n-1}+\cdots+a_{n-1}+1=0,\tag{1.20}$$

故

$$b^n+\frac{a_1}{a_0}b_n^{n-1}+\cdots+\frac{a_{n-1}}{a_0}b+\frac{1}{a_0}=0.\tag{1.21}$$

由于 $g(x)$ 不可约，再由式(1.19)和(1.21)知

$$\frac{1}{a_0}=a_0,\quad \frac{a_i}{a_0}=a_{n-i}\quad(i=1,2,\cdots,n-1).$$

因此

$$a_0=\pm 1,\quad a_i=\pm a_{n-i}\quad(i=1,2,\cdots,n-1).$$

所以若 $f(c)=0$，$g(c)=0$，则 $g\left(\dfrac{1}{c}\right)=0$，从而 $f\left(\dfrac{1}{c}\right)=0$.

1.3.11 反设 $f(x)$ 可约，即存在 $g(x),h(x)$ 使得 $f(x)=g(x)\cdot h(x)$，且 $0<\partial(g(x))<\partial(f(x))$，$0<\partial(h(x))<\partial(f(x))$，且 $\partial(g(x)),\partial(h(x))$ 中有一个不超过$\dfrac{n}{2}$，不妨设

$$\partial(g(x))\leqslant\frac{n}{2}.$$

令 $f(x_i)=\pm1(i=1,2,\cdots,n+1)$，即 $f(x_i)=g(x_i)h(x_i)=\pm1(i=1,2,\cdots,n+1)$. 因此$g(x_i)=\pm1$，$i=1,2,\cdots,n+1$. 故存在 $x_{i_1},x_{i_2},\cdots,x_{i_k}\left(k>\dfrac{n}{2}\right)$，使 $g(x_{i_j})=1$（或-1）$(j=1,2,\cdots,k)$. 而 $\partial(g(x))\leqslant\dfrac{n}{2}$，故 $g(x)=+1$（或 -1）. 这样 $f(x)=h(x)$（或 $-h(x)$）产生矛盾. 因而 $f(x)$ 不可约.

1.3.12 (上题之推论)另证如下：

反设 $g(x)$ 为 $f(x)$ 的因式，则 $\partial(g(x))\leqslant 2m$，$f(x)$ 在 $2m$ 个以上点的值取 ±1，故 $g(x)$ 在这些值处同样取 ±1. 因此，$g(x)=\pm1$，即 $f(x)$ 在有理数域上不可约.

1.3.13 反设 $f(x)=g(x)h(x)$，则 $x=n$ 时，$f(n)=p$ (p 为素数). 于是 $g(n)$ 与 $h(n)$ 中必有一个取 ±1，取遍所有整数 n，则 $g(x)$ 与 $h(x)$ 无限次地取 ±1，因而 $g(x)+1, g(x)-1$, $h(x)+1, h(x)-1$ 中至少有一个有无限多个根，矛盾. 因此 $f(x)$ 在有理数域上不可约.

1.3.14 反设 $f(x)$ 在有理数域上可约，即有 $f(x)=g(x)h(x)$，且 $0<\partial(g(x))<\partial(f(x))$，$0<\partial(h(x))<\partial(f(x))$. 不妨设

$$f(x)=(b_lx^l+\cdots+b_1x+b_0)(c_mx^m+\cdots+c_1x+c_0),$$

则 $a_m=b_lc_m$，$a_0=b_0c_0$ 且 l，$m<n$，$l+m=n$.

因为 $p\mid a_0$，所以 $p\mid b_0$ 或 $p\mid c_0$，又 $p^2\nmid a_0$，所以 p 不能同时整除 b_0 和 c_0. 不妨设 $p\mid b_0$ 但 $p\nmid c_0$，另 $p\nmid a_n$，所以 $p\nmid b_l$. 设 $b_0,b_1,\cdots,b_e$ 中第一个不被 p 整除的是 b_k，则 $f(x)$ 中 x^k 的系数 $a_k=b_kc_0+b_{k-1}c_1+\cdots+b_0c_k, p\mid a_k$，且 $p\mid b_i(i=0,1,\cdots,k-1)$，故 $p\mid c_0b_k$，又 p 为素数故 $p\mid c_0$ 或 $p\mid b_k$，矛盾.

因此 $f(x)$ 是有理数域上的不可约多项式.

评析 求证某一多项式不可约，可先设它可分解，再根据题目信息推出矛盾. 特别地，可以证明它的某个分解因式是零次多项式；或者可以证明其因式或为本身或为常数.

1.3.15 反设 x_0 为 $f(x)$ 的整数根，则存在整系数多项式 $g(x)$，使得

$$f(x)=(x-x_0)g(x).$$

则 $f(a)=(a-x_0)g(a)$ 与 $f(b)=(b-x_0)g(b)$ 均为奇数，故 $a-x_0$ 与 $b-x_0$ 均为奇数，而 a 为偶数，b 为奇数，这是不可能的. 因此，$f(x)$ 没有整数根.

1.3.16 $f(0)=a_n$ 为奇数. $f(1)=1+a_1+\cdots+a_n$ 为奇数(n 为偶数，$a_1,\cdots,a_n$ 均为奇数). 上题中取 $a=0$，$b=1$，则知 $f(x)$ 没有整数根，另 $f(x)$ 若有有理根，由于 f 为首一多项式，必为整数根，矛盾.

1.3.17 "$\Leftarrow$" 若 $f(x)$ 可表示为一整系数多项式的平方，则 $f(x)$ 显然可约.

"$\Rightarrow$" $f(a_i)=1(i=1,2,\cdots,n)$，若 $f(x)=g(x)h(x)$，则 $f(a_i)=g(a_i)h(a_i)=1$. 由于 $g(a_i),h(a_i)$ 均为整数，故 $g(a_i)=h(a_i)=\pm1$. 所以 $g(x)=h(x)$. 因此 $f(x)=g^2(x)$.

1.3.18 设 $g(x)=x^n-2$，则 $\sqrt{2}$ 为 $g(x)$ 的实根，又 $g(x)$ 为有理数域上的不可约多项式，故 $g(x)$ 是 $\mathbf{Q}$ 上次数最小的以 $\sqrt[n]{2}$ 为根的多项式. 因此，对任意 m ($m<n$) 次多项式 $f(x)$，$\sqrt[n]{2}$ 不是 $f(x)$ 的根.

1.3.19 $x^{10}-1=(x-1)(x+1)$

$$\cdot\left(x^2-2\cos\frac{\pi}{5}\cdot x+1\right)\left(x^2-2\cos\frac{2\pi}{5}\cdot x+1\right)$$

$$\cdot\left(x^2-2\cos\frac{3\pi}{5}\cdot x+1\right)\left(x^2-2\cos\frac{4\pi}{5}\cdot x+1\right).$$

1.3.20 令 $g(x)=(x-1)f(x)$，则 $g(x)=x^{n+1}-1$，且

$$g(x)=(x-\varepsilon)(x-\varepsilon^2)\cdots(x-\varepsilon^n)(x-1),$$

其中 $\varepsilon=\cos\frac{2\pi}{n+1}+\mathrm{i}\sin\frac{2\pi}{n+1}$.

(1) $f(x)$ 在复数域上的标准分解式为 $f(x)=(x-\varepsilon)(x-\varepsilon^2)\cdots(x-\varepsilon^n)$.

(2) $f(x)$ 在实数域上的标准分解式有以下两种情形：

1° 当 $n=2k$ 时，

$$f(x)=\left(x^2-2x\cos\frac{2\pi}{n+1}+1\right)\left(x^2-2x\cos\frac{4\pi}{n+1}+1\right)\cdots\left(x^2-2x\cos\frac{2k\pi}{n+1}+1\right).$$

2° 当 $n=2k+1$ 时，

$$f(x)=(x+1)\left(x^2-2x\cos\frac{2\pi}{n+1}+1\right)$$

$$\cdot\left(x^2-2x\cos\frac{4\pi}{n+1}+1\right)\cdots\left(x^2-2x\cos\frac{2k\pi}{n+1}+1\right).$$

1.3.21 (1)与上题中(1)证法类似；

(2)由于 $p(x)$ 是首一的整系数多项式，故 $p(x)$ 为本原多项式，而 $f(x)$ 也是整系数多项式，且 $p(x)\mid f(x)$. 由 Gauss 引理知，存在 $g(x)\in\mathbf{Z}[x]$，使得

$$f(x)=p(x)g(x).$$

1.3.22 将 $x=\sqrt{2}+\sqrt{3}$ 两边平方，有 $x^2=5+2\sqrt{6}$，则 $x^2-5=2\sqrt{6}$，两边再平方，有 $x^4-10x^2+25=24$，即 $x^4-10x^2+1=0$，记 $f(x)=x^4-10x^2+1$. 下面证明 $f(x)$ 在有理数域上不可约.

若 $f(x)$ 存在有理根必为 ±1，而 $f(\pm1)$ 均不为零，因此，$f(x)$ 只能分解两个二次因式之积，即

$$f(x)=x^4-10x^2+1=(x^2+ax+b)(x^2+cx+d),$$

其中 a,b,c,d 均为整数，比较两边系数，有

$$\begin{cases}a+c=0, & (1.22)\\ b+d+ac=-10, & (1.23)\\ ad+bc=0, & (1.24)\\ bd=1. & (1.25)\end{cases}$$

由式(1.25)得 $b=d=1$ 或 $b=d=-1$.

当 $b=d=1$ 时，由式(1.22)知 $a=-c$，再由式(1.23) $ac=-12$ 得 $c^2=12$，与 c 为整数矛盾；

当 $b=d=-1$ 时，由式(1.22)知 $a=-c$，再由式(1.23) $ac=-8$ 得 $c^2=8$，同样矛盾. 故 $f(x)$ 即为所求多项式.

1.3.23 设 $f(x)=a_0+a_1x+a_2x^2+a_3x^3$，其中 $a_i\in\mathbf{C}$，则

$$\begin{cases} f(\alpha)=a_0+a_1\alpha+a_2\alpha^2+a_3\alpha^3=c_1, \\ f(\overline{\alpha})=a_0+a_1\overline{\alpha}+a_2\overline{\alpha}^2+a_3\overline{\alpha}^3=c_2, \\ f(\beta)=a_0+a_1\beta+a_2\beta^2+a_3\beta^3=c_3, \\ f(\overline{\beta})=a_0+a_1\overline{\beta}+a_2\overline{\beta}^2+a_3\overline{\beta}^3=c_4. \end{cases} \tag{1.26}$$

式(1.26)是一个关于 a_0,a_1,a_2,a_3 的非齐次线性方程组，其系数行列式是范德蒙德行列式 $D\neq 0$. 从而只有唯一解. 而 a_0,a_1,a_2,a_3 和 $\overline{a}_0,\overline{a}_1,\overline{a}_2,\overline{a}_3$ 都是式(1.26)的解. 故 $a_i=\overline{a}_i(i=0,1,2,3)$，即 $f(x)$ 为实系数多项式.

练习 2 参考答案

练习 2.1

2.1.1 (1)根据行列式定义，

$$\begin{aligned} D_1&=(-1)^{\tau(123\cdots n)}a_{11}a_{22}\cdots a_{nn}+(-1)^{\tau(23\cdots n1)}a_{12}a_{23}\cdots a_{n-1,n}a_{nn} \\ &=n!+(-1)^{n-1}\cdot n!=\begin{cases} 2\cdot n!, & n\text{ 为奇数}, \\ 0, & n\text{ 为偶数}. \end{cases} \end{aligned}$$

(2)根据行列式定义，

$$\begin{aligned} D_2&=(-1)^{\tau(n\,n-1\cdots 21)}a_{1n}a_{3,n-1}\cdots a_{n1}+(-1)^{\tau(n-1\,n-2\cdots 1n)}a_{1,n-1}a_{2,n-2}\cdots a_{n-1,1}a_{n1} \\ &=(-1)^{\frac{n(n-1)}{2}}x^n+(-1)^{\frac{(n-1)(n-2)}{2}}y^n. \end{aligned}$$

练习 2.2

2.2.1 由题意知 $\boldsymbol{A}$ 的特征值为 1，2 和 3，这样 $4\boldsymbol{E}-\boldsymbol{A}$ 的特征值为 3，2 和 1，从而 $|4\boldsymbol{E}-\boldsymbol{A}|=6$.

2.2.2 B. 因为将原行列式的第 1 列乘 -1 分别加到其他 3 列得

$$f(x)=\begin{vmatrix} x-2 & 1 & 0 & -1 \\ 2x-2 & 1 & 0 & -1 \\ 3x-3 & 1 & x-2 & -2 \\ 4x & -3 & x-7 & -3 \end{vmatrix}=\begin{vmatrix} x-2 & 1 & 0 & 0 \\ 2x-2 & 1 & 0 & 0 \\ 3x-3 & 1 & x-2 & -1 \\ 4x & -3 & x-7 & -6 \end{vmatrix}$$

$$=\begin{vmatrix} x-2 & 1 \\ 2x-2 & 1 \end{vmatrix}\cdot\begin{vmatrix} x-2 & -1 \\ x-7 & -6 \end{vmatrix}=5x(x-1),$$

故 $f(x)$ 有两个根，即 $x_1=0, x_2=1$，故选 B.

2.2.3 **方法 1** D 为 x 的 $n-1$ 次多项式 $f(x)$，又根据行列式的性质知

$$f(1)=f(2)=\cdots=f(n-1)=0,$$

因此 $D=f(x)=(x-1)(x-2)\cdots(x-(n-1))=\prod_{i=1}^{n-1}(x-i)$.

方法 2

$$D=\begin{vmatrix} 1 & 1 & 2 & \cdots & n \\ 0 & 1 & 2 & \cdots & n \\ 0 & 1 & x+1 & \cdots & n \\ \vdots & \vdots & \vdots & & \vdots \\ 0 & 1 & 2 & \cdots & x+1 \end{vmatrix}=\begin{vmatrix} 1 & 1 & 2 & \cdots & n \\ -1 & 0 & 0 & \cdots & 0 \\ -1 & x-1 & 0 & \cdots & 0 \\ \vdots & \vdots & \vdots & & \vdots \\ -1 & 0 & 0 & \cdots & x+1-n \end{vmatrix}$$

$$=(x-1)\cdots(x+1-n)=\prod_{i=1}^{n-1}(x-i).$$

2.2.4 $$D_n=\begin{vmatrix} 1 & 1 & \cdots & 1 & 2-n \\ 1 & 1 & \cdots & 2-n & 1 \\ \vdots & \vdots & & \vdots & \vdots \\ 1 & 2-n & \cdots & 1 & 1 \\ 1 & 1 & \cdots & 1 & 1 \end{vmatrix}=\begin{vmatrix} 1 & 0 & \cdots & 0 & 1-n \\ 1 & 0 & \cdots & 1-n & 0 \\ \vdots & \vdots & & \vdots & \vdots \\ 1 & 1-n & \cdots & 0 & 0 \\ 1 & 0 & \cdots & 0 & 0 \end{vmatrix}$$

$$=(-1)^{n+1}\begin{vmatrix} 0 & \cdots & 0 & 1-n \\ 0 & \cdots & 1-n & 0 \\ \vdots & & \vdots & \vdots \\ 1-n & \cdots & 0 & 0 \end{vmatrix}$$

$$=(-1)^{n+1}(-1)^{\tau(n-1\,n-2\cdots 21)}(1-n)^{n-1}=(-1)^{\frac{(n-2)(n-1)}{2}}(n-1)^{n-1}.$$

2.2.5 $$|\boldsymbol{A}|=\begin{vmatrix} a_1-b_1 & a_1-b_2 & \cdots & a_1-b_n \\ a_2-b_1 & a_2-b_2 & \cdots & a_2-b_n \\ \vdots & \vdots & & \vdots \\ a_n-b_1 & a_n-b_2 & \cdots & a_n-b_n \end{vmatrix}=\begin{vmatrix} a_1-b_1 & a_1-b_2 & \cdots & a_n-b_n \\ a_2-a_1 & a_2-a_1 & \cdots & a_2-a_1 \\ \vdots & \vdots & & \vdots \\ a_n-a_1 & a_n-a_1 & \cdots & a_n-a_1 \end{vmatrix}$$

$$=\begin{cases} a_1-b_1, & n=1, \\ (a_2-a_1)(b_2-b_1), & n=2, \\ 0, & n\geqslant 3. \end{cases}$$

2.2.6　由条件得

$$|\boldsymbol{A}|=\begin{vmatrix}1 & a^{-1} & a^{-2} & \cdots & a^{-(n-1)}\\ a & 1 & a^{-1} & \cdots & a^{-(n-2)}\\ a^2 & a & 1 & \cdots & a^{-(n-3)}\\ \vdots & \vdots & \vdots & & \vdots\\ a^{n-1} & a^{n-2} & a^{n-3} & \cdots & 1\end{vmatrix}$$

$$\xlongequal[\text{每行乘以}-a\text{加到下一行}]{\text{从倒数第2行始}}\begin{vmatrix}1 & a^{-1} & a^{-2} & \cdots & a^{-(n-1)}\\ 0 & 0 & 0 & \cdots & 0\\ 0 & 0 & 0 & \cdots & 0\\ \vdots & \vdots & \vdots & & \vdots\\ 0 & 0 & 0 & \cdots & 0\end{vmatrix}$$

$$=\begin{cases}1, & n=1,\\ 0, & n\geqslant 2.\end{cases}$$

2.2.7　由 $a_{ij}=A_{ij}$ 可知 $\boldsymbol{A}^*=\boldsymbol{A}^{\mathrm{T}}$，又 $\boldsymbol{A}^*\boldsymbol{A}=|\boldsymbol{A}|\boldsymbol{E}$，故有 $|\boldsymbol{A}||\boldsymbol{A}^*|=|\boldsymbol{A}|^3$，又 $|\boldsymbol{A}^*|=|\boldsymbol{A}^{\mathrm{T}}|=|\boldsymbol{A}|$，从而有 $|\boldsymbol{A}|^2=|\boldsymbol{A}|^3$ 得 $|\boldsymbol{A}|=0$ 或 $|\boldsymbol{A}|=1$.

若 $|\boldsymbol{A}|=0$，则 $|\boldsymbol{A}|=a_{31}A_{31}+a_{32}A_{32}+a_{33}A_{33}=a_{31}^2+a_{32}^2+a_{33}^2=0$，而这与 $a_{33}=-1$ 矛盾，故 $|\boldsymbol{A}|=1$.

2.2.8　(1) **方法 1**　若 $\exists a_i=0$，则

$$D_1=(-1)^{1+i+1}(-1)^{i+1}a_1a_2\cdots a_{i-1}a_{i+1}\cdots a_n=-a_1\cdots a_{i-1}a_{i+1}\cdots a_n;$$

另若 $a_i\neq 0(i=1,2,\cdots,n)$，则

$$D_1=\begin{vmatrix}-\dfrac{1}{a_1}-\dfrac{1}{a_2}\cdots-\dfrac{1}{a_n} & 1 & 1 & \cdots & 1\\ 0 & a_1 & 0 & \cdots & 0\\ 0 & 0 & a_2 & \cdots & 0\\ \vdots & \vdots & \vdots & & \vdots\\ 0 & 0 & 0 & \cdots & a_n\end{vmatrix}=-\prod_{i=1}^{n}a_i\cdot\sum_{i=1}^{n}\frac{1}{a_i}.$$

方法 2　若 $\exists a_i=0$，由方法 1 知

$$D_1=-a_1\cdots a_{i-1}a_{i+1}\cdots a_n;$$

另若 $a_i\neq 0(i=1,2,\cdots,n)$，记 $\boldsymbol{A}=(0),\boldsymbol{B}=(1,1,\cdots,1),\boldsymbol{C}=\boldsymbol{B}^{\mathrm{T}}$，

$$D=\begin{pmatrix} a_1 & & & \\ & a_2 & & \\ & & \ddots & \\ & & & a_n \end{pmatrix},$$

则 $\boldsymbol{D}$ 可逆，由降级公式知，去掉行列式符号

$$D_1=\begin{vmatrix} \boldsymbol{A} & \boldsymbol{B} \\ \boldsymbol{C} & \boldsymbol{D} \end{vmatrix}=|\boldsymbol{D}||\boldsymbol{A}-\boldsymbol{B}\boldsymbol{D}^{-1}\boldsymbol{C}|$$

$$=\prod_{i=1}^{n}a_i\left|0-(1,\cdots,1)\begin{pmatrix} \frac{1}{a_1} & & & \\ & \frac{1}{a_2} & & \\ & & \ddots & \\ & & & \frac{1}{a_n} \end{pmatrix}\begin{pmatrix} 1 \\ \vdots \\ 1 \end{pmatrix}\right|$$

$$=-\prod_{i=1}^{n}a_i\cdot\sum_{i=1}^{n}\frac{1}{a_i}.$$

(2) 当 $x=0$ 时，$D_2=0$；另若 $x\neq 0$，则

$$D_2=\begin{vmatrix} 0 & 1 & 1 & \cdots & 1 \\ 1 & -x & 0 & \cdots & 0 \\ 1 & 0 & -x & \cdots & 0 \\ \vdots & \vdots & \vdots & & \vdots \\ 1 & 0 & 0 & \cdots & -x \end{vmatrix},$$

由 (1) 知 $D_2=-(-x)^n\cdot\left(-\frac{n}{x}\right)=(-1)^n\cdot nx^{n-1}$.

2.2.9 当 $n=1$ 时，$D_n=1$；当 $n\geqslant 2$ 时，从倒数第 1 行开始每行减去上一行，至第 2 行停止.

$$D_n=\begin{vmatrix} 1 & 2 & 3 & 4 & \cdots & n-1 & n \\ 1 & -1 & -1 & -1 & \cdots & -1 & -1 \\ 1 & 1 & -1 & -1 & \cdots & -1 & -1 \\ 1 & 1 & 1 & -1 & \cdots & -1 & -1 \\ \vdots & \vdots & \vdots & \vdots & & \vdots & \vdots \\ 1 & 1 & 1 & 1 & \cdots & 1 & -1 \end{vmatrix}\text{第 } n \text{ 行加到第 } i \text{ 行}(i=2,\cdots,n-1)$$

$$=\begin{vmatrix}1&2&3&4&\cdots&n-1&n\\2&0&0&0&\cdots&0&-2\\2&2&0&0&\cdots&0&-2\\2&2&2&0&\cdots&0&-2\\\vdots&\vdots&\vdots&\vdots&&\vdots&\vdots\\1&1&1&1&\cdots&1&-1\end{vmatrix}\left.\begin{matrix}\\ \\ \\ \\ \end{matrix}\right\}\text{提公因式}$$

$$=2^{n-2}\begin{vmatrix}1&2&3&4&\cdots&n-1&n\\1&0&0&0&\cdots&0&-1\\0&1&0&0&\cdots&0&0\\0&0&1&0&\cdots&0&0\\\vdots&\vdots&\vdots&\vdots&&\vdots&\vdots\\0&0&0&0&\cdots&1&0\end{vmatrix}\ n\text{ 行至 2 行逐行相减}$$

$$=2^{n-2}\begin{vmatrix}1&2&3&4&\cdots&n-1&n+1\\1&0&0&0&\cdots&0&0\\0&1&0&0&\cdots&0&0\\0&0&1&0&\cdots&0&0\\\vdots&\vdots&\vdots&\vdots&&\vdots&\vdots\\0&0&0&0&\cdots&1&0\end{vmatrix}\quad\text{第 1 列加到第 } n \text{ 列}$$

$$=(-1)^{n+1}(n+1)2^{n-2}.$$

2.2.10　本题仅仅是把 2.2.9 题中的$1,2,3,\cdots,n$换为$0,1,2,\cdots,n-1$，方法类似. 易得

$$D_n=(-1)^{n+1}(n-1)2^{n-2}.$$

2.2.11　**方法 1**　各行减去第 1 行，有

$$D_n=\begin{vmatrix}2&1&\cdots&1&1\\-1&2&\cdots&0&0\\\vdots&\vdots&&\vdots&\vdots\\-1&0&\cdots&n-1&0\\-1&0&\cdots&0&n\end{vmatrix}=\begin{vmatrix}2+\prod\limits_{i=2}^{n}\dfrac{1}{i}&1&\cdots&1&1\\0&2&\cdots&0&0\\\vdots&\vdots&&\vdots&\vdots\\0&0&\cdots&n-1&0\\0&0&\cdots&0&n\end{vmatrix}=n!\left(1+\sum_{i=1}^{n}\frac{1}{i}\right).$$

方法 2

$$D_n=\begin{vmatrix}2&1&\cdots&1&1\\1&3&\cdots&1&1\\\vdots&\vdots&&\vdots&\vdots\\1&1&\cdots&n&1\\1&1&\cdots&1&1\end{vmatrix}+\begin{vmatrix}2&1&\cdots&1&0\\1&3&\cdots&1&0\\\vdots&\vdots&&\vdots&\vdots\\1&1&\cdots&n&0\\1&1&\cdots&1&n\end{vmatrix}=(n-1)!+nD_{n-1}=\cdots=n!\left(1+\sum_{i=1}^{n}\frac{1}{i}\right).$$

方法 3

$$D_n=\begin{vmatrix}1&1&1&\cdots&1&1\\0&2&1&\cdots&1&1\\0&1&3&\cdots&1&1\\\vdots&\vdots&\vdots&&\vdots&\vdots\\0&1&1&\cdots&n&1\\0&1&1&\cdots&1&1+n\end{vmatrix}=\begin{vmatrix}1&1&1&\cdots&1&1\\-1&1&0&\cdots&0&0\\-1&0&2&\cdots&0&0\\\vdots&\vdots&\vdots&&\vdots&\vdots\\-1&0&0&\cdots&n-1&0\\-1&0&0&\cdots&0&n\end{vmatrix}.$$

取

$$\boldsymbol{A}=(1),\quad \boldsymbol{B}=(1,1,\cdots,1),\quad \boldsymbol{C}=(-1,-1,\cdots,-1)^{\mathrm{T}},$$

$$\boldsymbol{D}=\begin{pmatrix}1&&&\\&2&&\\&&\ddots&\\&&&n\end{pmatrix},$$

则由降级公式知

$$\boldsymbol{D}_n=|\boldsymbol{D}||\boldsymbol{A}-\boldsymbol{B}\boldsymbol{D}^{-1}\boldsymbol{C}|=n!\left(1-(1,1,\cdots,1)\begin{pmatrix}1&&&\\&\frac{1}{2}&&\\&&\ddots&\\&&&\frac{1}{n}\end{pmatrix}\begin{pmatrix}-1\\\vdots\\-1\end{pmatrix}\right)=n!\left(1+\sum_{i=1}^{n}\frac{1}{i}\right).$$

2.2.12 **方法 1**

$$D_n=\begin{vmatrix}1&a_1&a_2&\cdots&a_n\\0&1+2a_1&a_1+a_2&\cdots&a_1+a_n\\0&a_2+a_1&1+2a_2&\cdots&a_2+a_n\\\vdots&\vdots&\vdots&&\vdots\\0&a_n+a_1&a_n+a_2&\cdots&1+2a_n\end{vmatrix}$$

$$=\begin{vmatrix}1&a_1&a_2&\cdots&a_n\\-1&1+a_1&a_1&\cdots&a_1\\-1&a_2&1+a_2&\cdots&a_2\\\vdots&\vdots&\vdots&&\vdots\\-1&a_n&a_n&\cdots&1+a_n\end{vmatrix}$$

$$=\begin{vmatrix} 1 & 0 & 0 & 0 & \cdots & 0 \\ 0 & 1 & a_1 & a_2 & \cdots & a_n \\ a_1 & -1 & 1+a_1 & a_1 & \cdots & a_1 \\ a_2 & -1 & a_2 & 1+a_2 & \cdots & a_2 \\ \vdots & \vdots & \vdots & \vdots & & \vdots \\ a_n & -1 & a_n & a_n & \cdots & 1+a_n \end{vmatrix}$$

$$=\begin{vmatrix} 1 & -1 & -1 & -1 & \cdots & -1 \\ 0 & 1 & a_1 & a_2 & \cdots & a_n \\ a_1 & -1-a_1 & 1 & 0 & \cdots & 0 \\ a_2 & -1-a_2 & 0 & 1 & \cdots & 0 \\ \vdots & \vdots & \vdots & \vdots & & \vdots \\ a_n & -1-a_n & 0 & 0 & \cdots & 1 \end{vmatrix}.$$

取

$$\boldsymbol{A}=\begin{pmatrix} 1 & -1 \\ 0 & 1 \end{pmatrix},\quad \boldsymbol{B}=\begin{pmatrix} -1 & -1 & \cdots & -1 \\ a_1 & a_2 & \cdots & a_n \end{pmatrix},$$

$$\boldsymbol{C}=\begin{pmatrix} a_1 & -1-a_1 \\ a_2 & -1-a_2 \\ \vdots & \vdots \\ a_n & -1-a_n \end{pmatrix},\quad \boldsymbol{D}=\boldsymbol{E}_n,$$

由降级公式知

$$\begin{aligned} D_n &= |\boldsymbol{D}||\boldsymbol{A}-\boldsymbol{B}\boldsymbol{D}^{-1}\boldsymbol{C}| = |\boldsymbol{A}-\boldsymbol{B}\boldsymbol{D}^{-1}\boldsymbol{C}| \\ &= \left|\begin{pmatrix} 1 & -1 \\ 0 & 1 \end{pmatrix}-\begin{pmatrix} -1 & -1 & \cdots & -1 \\ a_1 & a_2 & \cdots & a_n \end{pmatrix}\begin{pmatrix} a_1 & -1-a_1 \\ a_2 & -1-a_2 \\ \vdots & \vdots \\ a_n & -1-a_n \end{pmatrix}\right| \\ &= \left|\begin{pmatrix} 1 & -1 \\ 0 & 1 \end{pmatrix}+\begin{pmatrix} \sum\limits_{i=1}^n a_i & -n-\sum\limits_{i=1}^n a_i \\ \sum\limits_{i=1}^n a_i^2 & -\sum\limits_{i=1}^n a_i(1+a_i) \end{pmatrix}\right| = \left(1+\sum_{i=1}^n a_i\right)^2 - n\left(\sum_{i=1}^n a_i\right)^2. \end{aligned}$$

方法 2

$$D_n=\left|\begin{pmatrix} 1 & & 0 \\ & \ddots & \\ 0 & & 1 \end{pmatrix}+\begin{pmatrix} 2a_1 & a_1+a_2 & \cdots & a_1+a_n \\ a_2+a_1 & 2a_2 & \cdots & a_2+a_n \\ \vdots & \vdots & & \vdots \\ a_n+a_1 & a_n+a_2 & \cdots & 2a_n \end{pmatrix}\right|$$

$$=\left|\boldsymbol{E}+\begin{pmatrix}a_1 & 1\\ a_2 & 1\\ \vdots & \vdots\\ a_n & 1\end{pmatrix}\begin{pmatrix}1 & 1 & \cdots & 1\\ a_1 & a_2 & \cdots & a_n\end{pmatrix}\right|=|\boldsymbol{E}+\boldsymbol{B}_2\boldsymbol{B}_1|.$$

这里$\boldsymbol{B}_1=\begin{pmatrix}1 & 1 & \cdots & 1\\ a_1 & a_2 & \cdots & a_n\end{pmatrix},\boldsymbol{B}_2=\begin{pmatrix}a_1 & 1\\ a_2 & 1\\ \vdots & \vdots\\ a_n & 1\end{pmatrix}$，从而

$$D_n=\begin{vmatrix}1+\sum_{i=1}^n a_i & n\\ \sum_{i=1}^n a_i^2 & 1+\sum_{i=1}^n a_i\end{vmatrix}=\left(1+\sum_{i=1}^n a_i\right)^2-n\sum_{i=1}^n a_i^2.$$

2.2.13 $D_n=\begin{vmatrix}x & a & a & \cdots & a & a\\ -a & x & a & \cdots & a & a\\ \vdots & \vdots & \vdots & & \vdots & \vdots\\ -a & -a & -a & \cdots & x & a\\ -a & -a & -a & \cdots & -a & a\end{vmatrix}+\begin{vmatrix}x & a & a & \cdots & a & 0\\ -a & x & a & \cdots & a & 0\\ \vdots & \vdots & \vdots & & \vdots & \vdots\\ -a & -a & -a & \cdots & x & 0\\ -a & -a & -a & \cdots & -a & x-a\end{vmatrix}$

$$=a(x+a)^{n-1}+(x-a)D_{n-1}. \qquad (2.10)$$

同理，

$$D_n=-a(x-a)^{n-1}+(x+a)D_{n-1}. \qquad (2.11)$$

由式(2.10)和(2.11)可知

$$D_n=\frac{(x-a)^n+(x+a)^n}{2}.$$

2.2.14 **方法 1**

$$D_n=\begin{vmatrix}1 & x & x & x & \cdots & x\\ 0 & x+1 & x & x & \cdots & x\\ 0 & x & x+2 & x & \cdots & x\\ \vdots & \vdots & \vdots & \vdots & & \vdots\\ 0 & x & x & x & \cdots & x+n\end{vmatrix}$$

$$=\begin{vmatrix}1 & x & x & x & \cdots & x\\ -1 & 1 & 0 & 0 & \cdots & 0\\ -1 & 0 & 2 & 0 & \cdots & 0\\ -1 & 0 & 2 & 3 & \cdots & 0\\ \vdots & \vdots & \vdots & \vdots & & \vdots\\ -1 & 0 & 0 & 0 & \cdots & n\end{vmatrix}\begin{vmatrix}1+\sum_{i=1}^n\frac{x}{i} & x & x & \cdots & x\\ 0 & 1 & 0 & \cdots & 0\\ 0 & 0 & 2 & \cdots & 0\\ \vdots & \vdots & \vdots & & \vdots\\ 0 & 0 & 0 & \cdots & n\end{vmatrix}$$

$$=n!\left(1+\sum_{i=1}^{n}\frac{x}{i}\right).$$

方法 2

$$D_n=\begin{vmatrix}x+1 & x & \cdots & x\\ x & x+2 & \cdots & x\\ \vdots & \vdots & & \vdots\\ x & x & \cdots & n\end{vmatrix}+\begin{vmatrix}x+1 & x & \cdots & x\\ x & x+2 & \cdots & x\\ \vdots & \vdots & & \vdots\\ x & x & \cdots & n\end{vmatrix}$$

$$=x(n-1)!+nD_{n-1}=\cdots=n!\left(1+\sum_{i=1}^{n}\frac{x}{i}\right).$$

方法 3　记 $\boldsymbol{A}=(1)$，$\boldsymbol{B}=(x,x,\cdots,x)$，$\boldsymbol{C}=(-1,-1,\cdots,-1)^{\mathrm{T}}$，

$$\boldsymbol{D}=\begin{pmatrix}1 & & & & \\ & 2 & & & \\ & & 3 & & \\ & & & \ddots & \\ & & & & n\end{pmatrix},$$

则

$$D_n=|\boldsymbol{A}||\boldsymbol{D}-\boldsymbol{C}\boldsymbol{A}^{-1}\boldsymbol{B}|=|\boldsymbol{D}||\boldsymbol{A}-\boldsymbol{B}\boldsymbol{D}^{-1}\boldsymbol{C}|$$

$$=n!\left|\left(1-(x,\cdots,x)\begin{pmatrix}1 & & & \\ & \frac{1}{2} & & \\ & & \ddots & \\ & & & \frac{1}{n}\end{pmatrix}\begin{pmatrix}-1\\ \vdots\\ -1\end{pmatrix}\right)\right|=n!\left(1+\sum_{i=1}^{n}\frac{x}{i}\right).$$

2.2.15　(1) $D_5=(-1)^{1+2+3+4}\begin{vmatrix}0 & a & a & a & a\\ b & 0 & a & a & a\\ b & b & 0 & a & a\\ b & b & b & 0 & a\\ b & b & b & b & 0\end{vmatrix}=\begin{vmatrix}0 & a & a & a & a\\ b & 0 & a & a & a\\ b & b & 0 & a & a\\ b & b & b & 0 & a\\ b & b & b & b & 0\end{vmatrix}$

$$=\begin{vmatrix}0 & a & a & a & a\\ b & 0 & a & a & a\\ b & b & 0 & a & a\\ b & b & b & 0 & a\\ b & b & b & b & a\end{vmatrix}+\begin{vmatrix}0 & a & a & a & 0\\ b & 0 & a & a & 0\\ b & b & 0 & a & 0\\ b & b & b & 0 & 0\\ b & b & b & b & -a\end{vmatrix}$$

$$= ab^4 - aD_4 = \cdots = \frac{ab}{a-b}(a^4 - b^4).$$

(2) $\begin{vmatrix} \boldsymbol{O} & \boldsymbol{A} \\ \boldsymbol{B} & \boldsymbol{O} \end{vmatrix} = (-1)^{kl}|\boldsymbol{A}||\boldsymbol{B}|.$

2.2.16 $D_n = \frac{1}{2}(1+(-1)^n) = \begin{cases} 0, & n\text{为奇数}, \\ 1, & n\text{为偶数}. \end{cases}$

2.2.17 **方法 1** (1) 从最后一列开始，每一列乘以 x 加到前一列，得

$$D_1 = a_n + a_{n-1}x + \cdots + a_1 x^{n-1}.$$

(2) 从最后一行开始，每一行乘以 x 加到前一行得

$$D_2 = x^n + a_{n-1}x^{n-1} + \cdots + a_1 x + a_0.$$

方法 2 (1) 取

$$\boldsymbol{A} = \begin{pmatrix} x & -1 & 0 & \cdots & 0 \\ 0 & x & -1 & \cdots & 0 \\ \vdots & \vdots & \vdots & & \vdots \\ 0 & 0 & 0 & \cdots & x \end{pmatrix}, \quad \boldsymbol{B} = \begin{pmatrix} 0 \\ 0 \\ \vdots \\ -1 \end{pmatrix}, \quad \boldsymbol{C} = (a_n, a_{n-1}, \cdots, a_2), \quad \boldsymbol{D} = (a_1),$$

则

$$D_1 = \begin{vmatrix} \boldsymbol{A} & \boldsymbol{B} \\ \boldsymbol{C} & \boldsymbol{D} \end{vmatrix} = |\boldsymbol{A}||\boldsymbol{D} - \boldsymbol{C}\boldsymbol{A}^{-1}\boldsymbol{B}|$$
$$= x^{n-1}\left| a_1 + \frac{a_n}{x^{n-1}} + \frac{a_{n-1}}{x^{n-2}} + \cdots + \frac{a_2}{x} \right| = a_n + a_{n-1}x + \cdots + a_1 x^{n-1}.$$

(2) 取

$$\boldsymbol{A} = \begin{pmatrix} x & 0 & 0 & \cdots & 0 \\ -1 & x & 0 & \cdots & 0 \\ \vdots & \vdots & \vdots & & \vdots \\ 0 & 0 & 0 & \cdots & x \end{pmatrix}, \quad \boldsymbol{B} = \begin{pmatrix} a_0 \\ a_1 \\ \vdots \\ a_{n-2} \end{pmatrix}, \quad \boldsymbol{C} = (0, 0, \cdots, -1), \quad \boldsymbol{D} = (x + a_{n-1}),$$

则

$$D_2 = \begin{vmatrix} \boldsymbol{A} & \boldsymbol{B} \\ \boldsymbol{C} & \boldsymbol{D} \end{vmatrix} = |\boldsymbol{A}||\boldsymbol{D} - \boldsymbol{C}\boldsymbol{A}^{-1}\boldsymbol{B}|$$
$$= x^{n-1}\left(x + a^{n-1} + \frac{a_{n-2}}{x} + \cdots + \frac{a_0}{x^{n-1}} \right)$$
$$= x^n + a_{n-1}x^{n-1} + a_{n-2}x^{n-2} + \cdots + a_1 x + a_0.$$

2.2.18 按第 1 行展开，有 $D_5 = (1-a)D_4 + aD_3$，即

$$D_5 + aD_4 = D_4 + aD_3 = \cdots = D_2 + aD_1$$
$$= (1-a)^2 + a + a(1-a) = 1, \tag{2.12}$$

且

$$D_5 - D_4 = -a(D_4 - D_3) = \cdots = (-a)^3(D_2 - D_1)$$
$$= -a^3((-a)^2 + a - 1 + a) = -a^5, \tag{2.13}$$

由式(2.12)和(2.13)得

$$D_5 = \frac{1-a^6}{a+1} \quad (a \neq -1).$$

另若 $a = 1$，则 $D_5 = -D_3 = D_1 = 2$.

2.2.19 按第 1 行展开，有 $D_n = (\alpha+\beta)D_{n-1} - \alpha\beta D_{n-2}$，则

$$D_n - \alpha D_{n-1} = \beta(D_{n-1} - \alpha D_{n-2}) = \cdots = \beta^{n-2}(D_2 - \alpha D_1), \tag{2.14}$$

$$D_n - \beta D_{n-1} = \alpha(D_{n-1} - \beta D_{n-2}) = \cdots = \alpha^{n-2}(D_2 - \beta D_1), \tag{2.15}$$

由式(2.14)和(2.15)知 $D_n = \dfrac{\alpha^{n+1} - \beta^{n+1}}{\alpha - \beta}(\alpha \neq \beta)$.

另若 $\alpha = \beta$，则

$$D_n - \alpha D_{n-1} = \alpha(D_{n-1} - \alpha D_{n-2}) = \cdots = \alpha^{n-2}(D_2 - \alpha D_1) = \alpha^n,$$

即 $D_n = \alpha D_{n-1} + \alpha^n = \cdots = (n+1)\alpha^n$，故 $D_n = \sum\limits_{i+j=n} \alpha^i \beta^j$.

2.2.20 (1)

$$D_n = \begin{vmatrix} x + \sum\limits_{i=1}^n a_i & a_1 & \cdots & a_n \\ x + \sum\limits_{i=1}^n a_i & x & \cdots & a_n \\ \vdots & \vdots & & \vdots \\ x + \sum\limits_{i=1}^n a_i & a_2 & \cdots & x \end{vmatrix} = \left(x + \sum_{i=1}^n a_i\right) \begin{vmatrix} 1 & 0 & \cdots & 0 \\ 1 & x - a_1 & \cdots & 0 \\ \vdots & \vdots & & \vdots \\ 1 & a_2 - a_1 & \cdots & x - a_n \end{vmatrix}$$

$$= \left(x + \sum_{x=1}^n a_i\right) \prod_{i=1}^n (x - a_i).$$

(2)按第 1 行展开，有 $D_n = 5D_{n-1} - 6D_{n-2}$，得

$$D_n - 3D_{n-1} = 2(D_{n-1} - 3D_{n-2}) = \cdots = 2^{n-2}(D_2 - 3D_1) = 2^n, \tag{2.16}$$

$$D_n - 2D_{n-1} = 3(D_{n-1} - 2D_{n-2}) = \cdots = 3^{n-2}(D_2 - 2D_1) = 3^n, \tag{2.17}$$

由式(2.16)和(2.17)有 $D_n = 3^{n+1} - 2^{n+1}$.

2.2.21 由题意知

$$D=\begin{vmatrix} a+b+c+d & b & c & d \\ a+b+c+d & a & d & c \\ a+b+c+d & d & a & b \\ a+b+c+d & c & b & a \end{vmatrix}$$

$$=(a+b+c+d)\begin{vmatrix} 1 & b & c & d \\ 0 & a-b & d-c & c-d \\ 0 & d-b & a-c & b-d \\ 0 & c-b & b-c & a-d \end{vmatrix}$$

$$=(a+b+c+d)\begin{vmatrix} a-b & d-c & 0 \\ d-b & a-c & a+b-c-d \\ c-b & b-c & a+b-c-d \end{vmatrix}$$

$$=(a+b+c+d)\begin{vmatrix} a-b & d-c & 0 \\ d-c & a-b & 0 \\ c-b & b-c & a+b-c-d \end{vmatrix}$$

$$=((a+b)+(c+d))((a+b)-(c+d))\begin{vmatrix} a-b & d-c \\ d-c & a-b \end{vmatrix}$$

$$=(a+b+c+d)(a+b-c-d)(a-b+d-c)(a-b-d+c).$$

2.2.22 由题意知

$$D_{n+1}=\begin{vmatrix} a_0^n+\mathrm{C}_n^1a_0^{n-1}b_0+\cdots+\mathrm{C}_n^{n-1}a_0b_0^{n-1}+b_0^n & \cdots & a_0^n+\mathrm{C}_n^1a_0^{n-1}b_n+\cdots+\mathrm{C}_n^{n-1}a_0b_n^{n-1}+b_n^n \\ \vdots & & \vdots \\ a_n^n+\mathrm{C}_n^1a_n^{n-1}b_0+\cdots+\mathrm{C}_n^{n-1}a_nb_0^{n-1}+b_0^n & \cdots & a_n^n+\mathrm{C}_n^1a_n^{n-1}b_n+\cdots+\mathrm{C}_n^{n-1}a_1b_n^{n-1}+b_n^n \end{vmatrix}$$

$$=\begin{vmatrix} a_0^n & a_0^{n-1} & \cdots & a_0 & 1 \\ a_1^n & a_1^{n-1} & \cdots & a_1 & 1 \\ \vdots & \vdots & & \vdots & \vdots \\ a_n^n & a_n^{n-1} & \cdots & a_n & 1 \end{vmatrix}\cdot\begin{vmatrix} 1 & 1 & \cdots & 1 \\ \mathrm{C}_n^1b_0 & \mathrm{C}_n^1b_1 & \cdots & \mathrm{C}_n^1b_n \\ \vdots & \vdots & & \vdots \\ \mathrm{C}_n^{n-1}b_0^{n-1} & \mathrm{C}_n^{n-1}b_1^{n-1} & \cdots & \mathrm{C}_n^{n-1}b_n^{n-1} \\ b_0^n & b_1^n & \cdots & b_n^n \end{vmatrix}$$

$$=(-1)^{\frac{(n+1)n}{2}}\cdot\prod_{0\leqslant i<j\leqslant n}(a_i-a_j)\cdot\prod_{i=1}^{n-1}\mathrm{C}_n^i\cdot\prod_{0\leqslant i<j\leqslant n}(b_i-b_j).$$

2.2.23 $$D_{n+1}=(-1)^{\frac{n(n+1)}{2}}\begin{vmatrix} 1 & 1 & \cdots & 1 \\ a & a-1 & \cdots & a-n \\ a^2 & (a-1)^2 & \cdots & (a-n)^2 \\ \vdots & \vdots & & \vdots \\ a^n & (a-1)^n & \cdots & (a-n)^n \end{vmatrix}$$

$$=(-1)^{\frac{n(n+1)}{2}}n!(n-1)!\cdots 2!1!=(-1)^{\frac{n(n+1)}{2}}\cdot\prod_{i=0}^{n-1}(n-i)!.$$

2.2.24　由题意知

$$D_{n+1}=\begin{vmatrix}1 & x_1 & x_1^2 & \cdots & x_1^n\\ 1 & x_2 & x_2^2 & \cdots & x_2^n\\ \vdots & \vdots & \vdots & & \vdots\\ 1 & x_n & x_n^2 & \cdots & x_n^n\\ -2 & -2 & -2 & \cdots & -2\end{vmatrix}+\begin{vmatrix}0 & x_1 & x_1^2 & \cdots & x_1^n\\ 0 & x_2 & x_2^2 & \cdots & x_2^n\\ \vdots & \vdots & \vdots & & \vdots\\ 0 & x_n & x_n^2 & \cdots & x_n^n\\ 2 & -2 & -2 & \cdots & -2\end{vmatrix}$$

$$=-2\begin{vmatrix}1 & x_1 & x_1^2 & \cdots & x_1^n\\ 1 & x_2 & x_2^2 & \cdots & x_2^n\\ \vdots & \vdots & \vdots & & \vdots\\ 1 & x_n & x_n^2 & \cdots & x_n^n\\ 1 & 1 & 1 & \cdots & 1\end{vmatrix}+2\cdot(-1)^n\begin{vmatrix}x_1 & x_1^2 & \cdots & x_1^n\\ x_2 & x_2^2 & \cdots & x_2^n\\ \vdots & \vdots & & \vdots\\ x_n & x_n^2 & \cdots & x_n^n\end{vmatrix}$$

$$=-2\prod_{i=1}^{n}(x_i-1)\prod_{1\leqslant i<j\leqslant n}(x_j-x_i)+(-1)^n 2x_1\cdots x_n\prod_{1\leqslant i<j\leqslant n}(x_j-x_i)$$

$$=2\prod_{1\leqslant i<j\leqslant n}(x_j-x_i)\left((-1)^n\prod_{i=1}^{n}x_i\prod_{i=1}^{n}(x_i-1)\right).$$

2.2.25　记

$$D_{n+1}'=\begin{vmatrix}1 & 1 & \cdots & 1 & 1\\ x_1 & x_2 & \cdots & x_n & y\\ x_1^2 & x_2^2 & \cdots & x_n^2 & y^2\\ \vdots & \vdots & & \vdots & \vdots\\ x_1^{n-1} & x_2^{n-1} & \cdots & x_n^{n-1} & y^{n-1}\\ x_1^n & x_2^n & \cdots & x_n^n & y^n\end{vmatrix},$$

则 $-D_n$ 为 D_{n+1}' 中 y^{n-1} 项的系数，而 $D_{n+1}'=\prod_{i=1}^{n}(x_j-x_i)\prod_{i=1}^{n}(y-x_i)$，故

$$D_n=\sum_{i=1}^{n}x_i\cdot\prod_{1\leqslant i<j\leqslant n}(x_j-x_i).$$

2.2.26　$D_n=\begin{vmatrix}1 & 1 & \cdots & 1\\ a_1 & a_2 & \cdots & a_n\\ \vdots & \vdots & & \vdots\\ a_1^{n-1} & a_2^{n-1} & \cdots & a_n^{n-1}\end{vmatrix}\cdot\begin{vmatrix}1 & a_1 & \cdots & a_1^{n-1}\\ 1 & a_2 & \cdots & a_2^{n-1}\\ \vdots & \vdots & & \vdots\\ 1 & a_n & \cdots & a_n^{n-1}\end{vmatrix}=\prod_{1\leqslant i<j\leqslant n}(x_j-x_i)^2.$

2.2.27　记 $f_i(x)=a_{i,n-1}x^{n-1}+\cdots+a_{i1}x+a_{i0}$，其中 $a_{ij}=0(i<j)$，$a_{ij}=a_i(j=i)$.

方法 1

$$D_n = \begin{vmatrix} a_{00} & a_{00} & \cdots & a_{00} \\ a_{11}b_1 + a_{10} & a_{11}b_2 + a_{10} & \cdots & a_{11}b_n + a_{10} \\ \vdots & \vdots & & \vdots \\ a_{n-1,n-1}b_1^{n-1} + \cdots + a_{n-1,1}b_1 + a_{n-1,0} & a_{n-1,n-1}b_2^{n-1} + \cdots + a_{n-1,1}b_2 + a_{n-1,0} & \cdots & a_{n-1,n-1}b_n^{n-1} + \cdots + a_{n-1,1}b_n + a_{n-1,0} \end{vmatrix},$$

在上式中第1行提取 a_{00}，然后第1行乘以 $-a_{i0}$ 加到第 $i+1$ 行 $(i=1,2,\cdots,n-1)$. 在 D_n 中从第 2 行开始常数项均为零；在新的行列式的第 2 行提取 a_{11}，然后第 2 行乘以 $-a_{i1}$ 加到第 $i+1$ 行 $(i=2,\cdots,n-1)$，则在 D_n 中从第 3 行开始一次项系数为零，依次类推，有

$$D_n = a_{00}a_{11}\cdots a_{n-1,n-1}\begin{vmatrix} 1 & 1 & \cdots & 1 \\ b_1 & b_2 & \cdots & b_n \\ \vdots & \vdots & & \vdots \\ b_1^{n-1} & b_2^{n-1} & \cdots & b_n^{n-1} \end{vmatrix} = \prod_{i=0}^{n-1} a_i \prod_{1\leqslant i<j\leqslant n}(b_j - b_i).$$

方法 2

$$D_n = \begin{vmatrix} a_{00} & 0 & 0 & \cdots & 0 \\ a_{10} & a_{11} & 0 & \cdots & 0 \\ a_{20} & a_{21} & a_{22} & \cdots & 0 \\ \vdots & \vdots & \vdots & & \vdots \\ a_{n-1,0} & a_{n-1,1} & a_{n-1,2} & \cdots & a_{n-1,n-1} \end{vmatrix}\begin{vmatrix} 1 & 1 & 1 & \cdots & 1 \\ b_1 & b_2 & b_3 & \cdots & b_n \\ b_1^2 & b_2^2 & b_3^2 & \cdots & b_n^2 \\ \vdots & \vdots & \vdots & & \vdots \\ b_1^{n-1} & b_2^{n-1} & b_3^{n-1} & \cdots & b_n^{n-1} \end{vmatrix}$$

$$= \prod_{i=0}^{n-1} a_{ii} \prod_{1\leqslant i<j\leqslant n}(b_j - b_i) = \prod_{i=0}^{n-1} a_i \prod_{1\leqslant i<j\leqslant n}(b_j - b_i).$$

练习 2.3

2.3.1 见练习 2.2 相关题目的解答.

2.3.2 记

$$\boldsymbol{A} = \begin{pmatrix} -2a_1 & 0 & \cdots & 0 \\ 0 & -2a_2 & \cdots & 0 \\ \vdots & \vdots & & \vdots \\ 0 & 0 & \cdots & -2a_n \end{pmatrix}, \quad \boldsymbol{B} = \begin{pmatrix} a_1 & -1 \\ a_2 & -1 \\ \vdots & \vdots \\ a_n & -1 \end{pmatrix},$$

$$\boldsymbol{C} = \begin{pmatrix} -1 & -1 & \cdots & -1 \\ a_1 & a_2 & \cdots & a_n \end{pmatrix}, \quad \boldsymbol{D} = \begin{pmatrix} 1 & 0 \\ 0 & 1 \end{pmatrix},$$

则 $D_n = |\boldsymbol{D}||\boldsymbol{A} - \boldsymbol{B}\boldsymbol{D}^{-1}\boldsymbol{C}|$，又 $\boldsymbol{A}$ 可逆，故

$$D_n=|A||D-CA^{-1}B|$$

$$=2^n\prod_{i=1}^n a_i\left|\begin{pmatrix}1&0\\0&1\end{pmatrix}-\begin{pmatrix}-1&-1&\cdots&-1\\a_1&a_2&\cdots&a_n\end{pmatrix}\begin{pmatrix}-\frac{1}{2a_1}&0&\cdots&0\\0&-\frac{1}{2a_2}&\cdots&0\\\vdots&\vdots&&\vdots\\0&0&\cdots&-\frac{1}{2a_n}\end{pmatrix}\begin{pmatrix}a_1&-1\\a_2&-1\\\vdots&\vdots\\a_n&-1\end{pmatrix}\right|$$

$$=(-2)^n\prod_{i=1}^n a_i\begin{vmatrix}1-\frac{n}{2}&\frac{1}{2}\sum_{i=1}^n\frac{1}{a_i}\\\frac{1}{2}\sum_{i=1}^n a_i&1-\frac{n}{2}\end{vmatrix}=(-2)^n\prod_{i=1}^n a_i\left(\left(1-\frac{n}{2}\right)^2-\frac{1}{4}\left(\sum_{i=1}^n a_i\right)\left(\sum_{i=1}^n\frac{1}{a_i}\right)\right).$$

2.3.3　记

$$A=(1),\quad B=(1,a_2,\cdots,a_n),\quad C=(1,a_2,\cdots,a_n)^{\mathrm T},\quad D=\begin{pmatrix}x-2&0&\cdots&0\\0&x-2&\cdots&0\\\vdots&\vdots&&\vdots\\0&0&\cdots&x-2\end{pmatrix},$$

则

$$f(x)=|A||D-CA^{-1}B|.$$

当 $x\neq 2$ 时，D 可逆，

$$f(x)=|D||A-BD^{-1}C|$$

$$=(x-2)^n\left(1-(1,a_2,\cdots,a_n)\cdot\begin{pmatrix}\frac{1}{x-2}&0&\cdots&0\\0&\frac{1}{x-2}&\cdots&0\\\vdots&\vdots&&\vdots\\0&0&\cdots&\frac{1}{x-2}\end{pmatrix}\begin{pmatrix}1\\a_2\\\vdots\\a_n\end{pmatrix}\right)$$

$$=(x-2)^n\left(1-\frac{1}{x-2}-\frac{\sum_{i=2}^n a_i}{x-2}\right)=(x-2)^{n-1}\left(x-3-\sum_{i=2}^n a_i^2\right),$$

故 $x=2$ 为 $f(x)$ 的 $n-1$ 重根，$\left(3+\sum_{i=2}^n a_i^2\right)$ 为 $f(x)$ 的单根.

2.3.4 由题意知

$$D_n=\begin{vmatrix} x & 4-2x & 4-2x & \cdots & 4-2x \\ 1 & x-2 & 0 & \cdots & 0 \\ 1 & 0 & x-2 & \cdots & 0 \\ \vdots & \vdots & \vdots & & \vdots \\ 1 & 0 & 0 & \cdots & x-2 \end{vmatrix},$$

取

$$\boldsymbol{A}=(x),\quad \boldsymbol{B}=(4-2x,4-2x,\cdots,4-2x),$$

$$\boldsymbol{C}=(1,1,\cdots,1)^{\mathrm{T}},\quad \boldsymbol{D}=\begin{pmatrix} x-2 & 0 & \cdots & 0 \\ 0 & x-2 & \cdots & 0 \\ \vdots & \vdots & & \vdots \\ 0 & 0 & \cdots & x-2 \end{pmatrix},$$

则

$$\begin{aligned} D_n&=|\boldsymbol{D}||\boldsymbol{A}-\boldsymbol{B}\boldsymbol{D}^{-1}\boldsymbol{C}_1| \\ &=(x-2)^{n-1}\left(x-(4-2x,4-2x,\cdots,4-2x)\begin{pmatrix} \frac{1}{x-2} & & & \\ & \frac{1}{x-2} & & \\ & & \ddots & \\ & & & \frac{1}{x-2} \end{pmatrix}\begin{pmatrix}1\\1\\ \vdots \\1\end{pmatrix}\right) \\ &=(x-2)^{n-1}(x+2(n-1)). \end{aligned}$$

2.3.5 记

$$\boldsymbol{A}=(1),\quad \boldsymbol{B}=(b,b,\cdots,b),$$

$$\boldsymbol{C}=(-1,-1,\cdots,-1)^{\mathrm{T}},\quad \boldsymbol{D}=\begin{pmatrix} a_{11} & a_{12} & \cdots & a_{1n} \\ a_{21} & a_{22} & \cdots & a_{2n} \\ \vdots & \vdots & & \vdots \\ a_{n1} & a_{n2} & \cdots & a_{nn} \end{pmatrix},$$

则 $D_n=|\boldsymbol{D}||\boldsymbol{D}-\boldsymbol{C}\boldsymbol{A}^{-1}\boldsymbol{B}|$. 又 $|\boldsymbol{A}|=1\neq 0$，故 $\boldsymbol{D}$ 可逆，而 $\boldsymbol{D}\cdot\boldsymbol{D}^*=|\boldsymbol{D}|\boldsymbol{E}$，故 $\boldsymbol{D}^{-1}=\boldsymbol{D}^*$，因此，

$$D_n=|\boldsymbol{D}||\boldsymbol{A}-\boldsymbol{B}\boldsymbol{D}^{-1}\boldsymbol{C}|=1\cdot\left(1-(b,b,\cdots,b)\boldsymbol{D}^*\begin{pmatrix}-1\\-1\\ \vdots \\-1\end{pmatrix}\right)=1+b\sum_{i,j=1}^{n}A_{ij}.$$

又由于 $a_{ij}=-a_{ji}$，即 $\boldsymbol{D}$ 为反对称阵，从而 $\boldsymbol{D}^*$ 也是反对称阵，故 $\sum\limits_{i,j=1}^{n}A_{ij}=0$，即知 $D_n=1$.

练习 2.4

2.4.1　设

$$\boldsymbol{A}=\begin{pmatrix} a_{11} & \cdots & x_1 & \cdots & a_{1n} \\ a_{21} & \cdots & x_2 & \cdots & a_{2n} \\ \vdots & & \vdots & & \vdots \\ a_{n1} & \cdots & x_n & \cdots & a_{nn} \end{pmatrix},\quad \boldsymbol{B}=\begin{pmatrix} a_{11} & \cdots & y_1 & \cdots & a_{1n} \\ a_{21} & \cdots & y_2 & \cdots & a_{2n} \\ \vdots & & \vdots & & \vdots \\ a_{n1} & \cdots & y_n & \cdots & a_{nn} \end{pmatrix},$$

$$\boldsymbol{A}+\boldsymbol{B}=\begin{pmatrix} 2a_{11} & \cdots & x_1+y_1 & \cdots & 2a_{1n} \\ 2a_{21} & \cdots & x_2+y_2 & \cdots & 2a_{2n} \\ \vdots & & \vdots & & \vdots \\ 2a_{n1} & \cdots & x_n+y_n & \cdots & 2a_{nn} \end{pmatrix},$$

$$|\boldsymbol{A}+\boldsymbol{B}|=\begin{vmatrix} 2a_{11} & \cdots & x_1+y_1 & \cdots & 2a_{1n} \\ 2a_{21} & \cdots & x_2+y_2 & \cdots & 2a_{2n} \\ \vdots & & \vdots & & \vdots \\ 2a_{n1} & \cdots & x_n+y_n & \cdots & 2a_{nn} \end{vmatrix}$$

$$=2^{n-1}\begin{vmatrix} a_{11} & \cdots & x_1+y_1 & \cdots & a_{1n} \\ a_{21} & \cdots & x_2+y_2 & \cdots & a_{2n} \\ \vdots & & \vdots & & \vdots \\ a_{n1} & \cdots & x_n+y_n & \cdots & a_{nn} \end{vmatrix}=2^{n-1}\left(|\boldsymbol{A}|+|\boldsymbol{B}|\right),$$

故

$$2^{n-1}\left(|\boldsymbol{A}|+|\boldsymbol{B}|\right)=|\boldsymbol{A}|+|\boldsymbol{B}|.$$

2.4.2　(1) 若 $a_i=a_j(\exists i,j)$，则原式显然成立.

(2) 另若任意 a_i 与 $a_j(i\neq j)$ 都不相等. 令

$$F(x)=\begin{vmatrix} f_1(x) & f_2(x) & \cdots & f_n(x) \\ f_1(a_2) & f_2(a_2) & \cdots & f_n(a_2) \\ \vdots & \vdots & & \vdots \\ f_1(a_n) & f_2(a_n) & \cdots & f_n(a_n) \end{vmatrix}.$$

现证 $F(x)\equiv 0$，否则，$F(x)$ 是次数不超过 $n-2$ 的多项式，至少有 $n-2$ 个不同的根，但 $F(a_i)=0(i=2,3,\cdots,n)$，矛盾. 因此 $F(x)\equiv 0$. 特别地，$F(a_i)=0$.

举例：取 $n=3$，$f_1(x)=1$，$f_2(x)=x+1$，$f_3(x)=x^2+1$，$a_1=-1$，$a_2=0$，$a_3=1$，则

$$\begin{vmatrix} f_1(a_1) & f_2(a_1) & f_3(a_1) \\ f_1(a_2) & f_2(a_2) & f_3(a_2) \\ f_1(a_3) & f_2(a_3) & f_3(a_3) \end{vmatrix} = \begin{vmatrix} 1 & 0 & 2 \\ 1 & 1 & 1 \\ 1 & 2 & 2 \end{vmatrix} = 1 \neq 0.$$

2.4.3 令 $\boldsymbol{A}=\boldsymbol{E}$，$\boldsymbol{B}=a\boldsymbol{x}$，$\boldsymbol{C}=\boldsymbol{y}$，$\boldsymbol{D}=(1)$，则

$$\begin{vmatrix} \boldsymbol{A} & \boldsymbol{B} \\ \boldsymbol{C} & \boldsymbol{D} \end{vmatrix} = |\boldsymbol{D}||\boldsymbol{A}-\boldsymbol{B}\boldsymbol{D}^{-1}\boldsymbol{C}| = |\boldsymbol{E}-a\boldsymbol{x}\boldsymbol{y}|.$$

同时

$$\begin{vmatrix} \boldsymbol{A} & \boldsymbol{B} \\ \boldsymbol{C} & \boldsymbol{D} \end{vmatrix} = |\boldsymbol{A}||\boldsymbol{D}-\boldsymbol{C}\boldsymbol{A}^{-1}\boldsymbol{B}| = |\boldsymbol{E}||1-\boldsymbol{y}\boldsymbol{E}\cdot a\boldsymbol{x}| = 1-a\boldsymbol{y}\boldsymbol{x}.$$

因此，$\det(\boldsymbol{E}-a\boldsymbol{x}\boldsymbol{y}) = 1-a\boldsymbol{y}\boldsymbol{x}$.

2.4.4 记

$$D_n = \begin{vmatrix} 2 & \frac{1}{2} & 0 & \cdots & 0 & 0 \\ \frac{1}{2} & 2 & \frac{1}{2} & \cdots & 0 & 0 \\ 0 & \frac{1}{2} & 2 & \cdots & 0 & 0 \\ \vdots & \vdots & \vdots & & \vdots & \vdots \\ 0 & 0 & 0 & \cdots & 2 & \frac{1}{2} \\ 0 & 0 & 0 & \cdots & \frac{1}{2} & 2 \end{vmatrix},$$

则

$$D_n = \frac{4\sqrt{3}+7}{4\sqrt{3}}\left(\frac{2+\sqrt{3}}{2}\right)^{n-1} + \frac{4\sqrt{3}-7}{4\sqrt{3}}\left(\frac{2-\sqrt{3}}{2}\right)^{n-1}.$$

另 $|\boldsymbol{A}| = 2D_{n-1} - \frac{x}{2}D_{n-2}$. 当 $x<4$ 时,

$$\begin{aligned} |\boldsymbol{A}| &> 2(D_{n-1}-D_{n-2}) \\ &= \frac{4\sqrt{3}+7}{2\sqrt{3}}\left(\frac{2+\sqrt{3}}{2}\right)^{n-3}\left(\frac{2+\sqrt{3}}{2}-1\right) + \frac{4\sqrt{3}-7}{2\sqrt{3}}\left(\frac{2-\sqrt{3}}{2}\right)^{n-3}\left(\frac{2-\sqrt{3}}{2}-1\right) \\ &= \frac{4\sqrt{3}+7}{2\sqrt{3}}\left(\frac{2+\sqrt{3}}{2}\right)^{n-3}\frac{\sqrt{3}}{2} + \frac{7-4\sqrt{3}}{2\sqrt{3}}\left(\frac{2-\sqrt{3}}{2}\right)^{n-3}\frac{\sqrt{3}}{2} > 0. \end{aligned}$$

因此 $\boldsymbol{A}$ 可逆.

2.4.5 设

$$D=\begin{vmatrix} a_{11} & a_{12} & \cdots & a_{1n} \\ a_{21} & a_{22} & \cdots & a_{2n} \\ \vdots & \vdots & & \vdots \\ a_{n1} & a_{n2} & \cdots & a_{nn} \end{vmatrix},\quad P=\begin{vmatrix} a_{11}+x_1 & a_{12}+x_2 & \cdots & a_{1n}+x_n \\ a_{21}+x_1 & a_{22}+x_2 & \cdots & a_{2n}+x_n \\ \vdots & \vdots & & \vdots \\ a_{n1}+x_1 & a_{n2}+x_2 & \cdots & a_{nn}+x_n \end{vmatrix},$$

由于 $P=D+\sum_{j=1}^{n}\left(x_j\sum_{i=1}^{n}A_{ij}\right)$. 上式中取 $x_i=1(i=1,2,\cdots,n)$, 则

$$\sum_{i,j=1}^{n}A_{ij}=\begin{vmatrix} a_{11}+1 & a_{12}+1 & \cdots & a_{1n}+1 \\ a_{21}+1 & a_{22}+1 & \cdots & a_{2n}+1 \\ \vdots & \vdots & & \vdots \\ a_{n1}+1 & a_{n2}+1 & \cdots & a_{nn}+1 \end{vmatrix}-\begin{vmatrix} a_{11} & a_{12} & \cdots & a_{1n} \\ a_{21} & a_{22} & \cdots & a_{2n} \\ \vdots & \vdots & & \vdots \\ a_{n1} & a_{n2} & \cdots & a_{nn} \end{vmatrix}$$

$$=\begin{vmatrix} a_{11}-a_{12} & a_{12}-a_{13} & \cdots & a_{1,n-1}-a_{1n} & a_{1n}+1 \\ a_{21}-a_{22} & a_{22}-a_{23} & \cdots & a_{2,n-1}-a_{2n} & a_{2n}+1 \\ \vdots & \vdots & & \vdots & \vdots \\ a_{n1}-a_{n2} & a_{n2}-a_{n3} & \cdots & a_{n,n-1}-a_{nn} & a_{nn}+1 \end{vmatrix}$$

$$-\begin{vmatrix} a_{11}-a_{12} & a_{12}-a_{13} & \cdots & a_{1,n-1}-a_{1n} & a_{1n} \\ a_{21}-a_{22} & a_{22}-a_{23} & \cdots & a_{2,n-1}-a_{2n} & a_{2n} \\ \vdots & \vdots & & \vdots & \vdots \\ a_{n1}-a_{n2} & a_{n2}-a_{n3} & \cdots & a_{n,n-1}-a_{nn} & a_{nn} \end{vmatrix}$$

$$=\begin{vmatrix} a_{11}-a_{12} & a_{12}-a_{13} & \cdots & a_{1,n-1}-a_{1n} & 1 \\ a_{21}-a_{22} & a_{22}-a_{23} & \cdots & a_{2,n-1}-a_{2n} & 1 \\ \vdots & \vdots & & \vdots & \vdots \\ a_{n1}-a_{n2} & a_{n2}-a_{n3} & \cdots & a_{n,n-1}-a_{nn} & 1 \end{vmatrix},$$

即

$$\sum_{i,j=1}^{n}A_{ij}=\begin{vmatrix} a_{11}-a_{12} & a_{12}-a_{13} & \cdots & a_{1,n-1}-a_{1n} & 1 \\ a_{21}-a_{22} & a_{22}-a_{23} & \cdots & a_{2,n-1}-a_{2n} & 1 \\ \vdots & \vdots & & \vdots & \vdots \\ a_{n1}-a_{n2} & a_{n2}-a_{n3} & \cdots & a_{n,n-1}-a_{nn} & 1 \end{vmatrix}. \tag{2.18}$$

P 中取 $x_i=x(i=1,2,\cdots,n)$, 则 P 变为

$$B=\begin{vmatrix} a_{11}+x & a_{12}+x & \cdots & a_{1n}+x \\ a_{21}+x & a_{22}+x & \cdots & a_{2n}+x \\ \vdots & \vdots & & \vdots \\ a_{n1}+x & a_{n2}+x & \cdots & a_{nn}+x \end{vmatrix}.$$

记 B_{ij} 为 B 的行列式中 (i, j) 元的代数余子式，则由式(2.18)知

$$\sum_{i,j=1}^{n} B_{ij} = \begin{vmatrix} (a_{11}+x)-(a_{12}+x) & (a_{12}+x)-(a_{13}+x) & \cdots & (a_{1,n-1}+x)-(a_{1n}+x) & 1 \\ (a_{21}+x)-(a_{22}+x) & (a_{22}+x)-(a_{23}+x) & \cdots & (a_{2,n-1}+x)-(a_{2n}+x) & 1 \\ \vdots & \vdots & & \vdots & \vdots \\ (a_{n1}+x)-(a_{n2}+x) & (a_{n2}+x)-(a_{n3}+x) & \cdots & (a_{n,n-1}+x)-(a_{nn}+x) & 1 \end{vmatrix}$$

$$= \begin{vmatrix} a_{11}-a_{12} & a_{12}-a_{13} & \cdots & a_{1,n-1}-a_{1n} & 1 \\ a_{21}-a_{22} & a_{22}-a_{23} & \cdots & a_{2,n-1}-a_{2n} & 1 \\ \vdots & \vdots & & \vdots & \vdots \\ a_{n1}-a_{n2} & a_{n2}-a_{n3} & \cdots & a_{n,n-1}-a_{nn} & 1 \end{vmatrix} = \sum_{i,j=1}^{n} A_{ij}.$$

原命题可证.

2.4.6 (1) 由行列式各元素加同一个数，其代数余子式之和不变. 现给每个元素加 "1"，则 A 与 $\begin{pmatrix} 2 & 0 & 0 & 0 \\ 0 & 2 & 0 & 0 \\ 0 & 0 & 2 & 0 \\ 0 & 0 & 0 & 2 \end{pmatrix}$ 的代数余子式之和相等. 因此，$\sum_{i,j=1}^{n} A_{ij} = 32$.

(2) $$D = \begin{vmatrix} 127 & 91 & 35 & 69 \\ 77 & 133 & 251 & 17 \\ 51 & 43 & 25 & 99 \\ 13 & 155 & 87 & 71 \end{vmatrix} = \begin{vmatrix} 127 & -36 & -92 & -58 \\ 77 & 56 & 174 & -60 \\ 51 & -8 & -26 & 48 \\ 13 & 142 & 74 & 58 \end{vmatrix}$$

$$= 8\begin{vmatrix} 127 & -18 & -46 & -29 \\ 77 & 28 & 87 & -30 \\ 51 & -4 & -13 & 24 \\ 13 & 71 & 37 & 29 \end{vmatrix} = 8D,$$

由于 D 是一个整数，故 D 可被 8 整除.

练习 3 参考答案

练习 3.1

3.1.1 D.

3.1.2 A.

3.1.3 $t_i \neq t_j (i \neq j)$.

3.1.4 线性相关，因 $\boldsymbol{\beta}_{r+1} = \dfrac{1}{r-1}(\boldsymbol{\beta}_1 + \boldsymbol{\beta}_2 + \cdots + \boldsymbol{\beta}_r)$.

3.1.5　令 $A=\begin{pmatrix}\boldsymbol{\alpha}_1\\ \boldsymbol{\alpha}_2\\ \vdots\\ \boldsymbol{\alpha}_{n+1}\end{pmatrix}$，则易得 $|A|=(1-a_{11}b)(1-a_{22}b)\cdots(1-a_{nn}b)$. 当 $a_{ii}\neq\frac{1}{b}(i=1,2,\cdots,n)$ 时，$\boldsymbol{\alpha}_1,\boldsymbol{\alpha}_2,\cdots,\boldsymbol{\alpha}_{n+1}$ 线性无关，当 a_{ii} 中有一个为 $\frac{1}{b}$ 时，$\boldsymbol{\alpha}_1,\boldsymbol{\alpha}_2,\cdots,\boldsymbol{\alpha}_{n+1}$ 线性相关.

3.1.6　$r(\{\boldsymbol{\alpha}_i+\boldsymbol{\beta}_j,1\leqslant i\leqslant s,1\leqslant j\leqslant t\})\leqslant n$，显然成立. 由于 $\{\boldsymbol{\alpha}_i+\boldsymbol{\beta}_j,1\leqslant i\leqslant s,1\leqslant j\leqslant t\}$ 的任一极大线性无关组可由 $\boldsymbol{\alpha}_1,\cdots,\boldsymbol{\alpha}_s$ 及 $\boldsymbol{\beta}_1,\cdots,\boldsymbol{\beta}_t$ 的极大线性无关组表示，而这两个向量组的极大线性无关组合并形成的向量组所含向量的个数为 r_1+r_2，故 $r(\{\boldsymbol{\alpha}_i+\boldsymbol{\beta}_j,1\leqslant i\leqslant s,1\leqslant j\leqslant t\})\leqslant r_1+r_2$.

3.1.7　因 $(\boldsymbol{\beta}_1,\boldsymbol{\beta}_2,\cdots,\boldsymbol{\beta}_n)=(\boldsymbol{\alpha}_1,\boldsymbol{\alpha}_2,\cdots,\boldsymbol{\alpha}_n)A$，其中

$$A=\begin{pmatrix}n&0&0&\cdots&0&n\\1&n-1&0&\cdots&0&0\\0&2&n-2&\cdots&0&0\\\vdots&\vdots&\vdots&&\vdots&\vdots\\0&0&0&\cdots&2&0\\0&0&0&\cdots&n-1&1\end{pmatrix}.$$

由 $\boldsymbol{\alpha}_1,\boldsymbol{\alpha}_2,\cdots,\boldsymbol{\alpha}_n$ 线性无关知，$r(\boldsymbol{\beta}_1,\boldsymbol{\beta}_2,\cdots,\boldsymbol{\beta}_n)=r(A)$. 而

$$|A|n!+(-1)^{n-1}n!=\begin{cases}2n!, & n\text{为奇数},\\0, & n\text{为偶数}.\end{cases}$$

因此，当 n 为奇数时，$\boldsymbol{\beta}_1,\boldsymbol{\beta}_2,\cdots,\boldsymbol{\beta}_n$ 线性无关；否则，当 n 为偶数时，$\boldsymbol{\beta}_1,\boldsymbol{\beta}_2,\cdots,\boldsymbol{\beta}_n$ 线性相关.

3.1.8　设 $\boldsymbol{\beta}_1,\boldsymbol{\beta}_2,\cdots,\boldsymbol{\beta}_n$ 为 V 的一组基. 令 $\boldsymbol{\alpha}_t=t\boldsymbol{\beta}_1+t^2\boldsymbol{\beta}_2+\cdots+t^n\boldsymbol{\beta}_n$，$t=1,2,\cdots$，则 $\{\boldsymbol{\alpha}_i\}_{i=1}^{\infty}$ 满足本题要求.

3.1.9　(1) 由假设知存在不全为 0 的一组数 $k_1,\cdots,k_m,k$，使

$$k_1\boldsymbol{\alpha}_1+\cdots+k_m\boldsymbol{\alpha}_m+k\boldsymbol{\beta}=\mathbf{0}. \tag{3.9}$$

由于 $\boldsymbol{\alpha}_1,\cdots,\boldsymbol{\alpha}_m$ 线性无关，所以 $k\neq0$，再由式 (3.9) 知 $\boldsymbol{\beta}=\frac{1}{k}(k_1\boldsymbol{\alpha}_1+\cdots+k_m\boldsymbol{\alpha}_m)$.

(2) 用反证法. 若 $\boldsymbol{\alpha}_1,\cdots,\boldsymbol{\alpha}_m,\boldsymbol{\beta}$ 线性相关，而 $\boldsymbol{\alpha}_1,\cdots,\boldsymbol{\alpha}_m$ 线性无关，由式 (3.9) 知 $\boldsymbol{\beta}$ 可由 $\boldsymbol{\alpha}_1,\cdots,\boldsymbol{\alpha}_m$ 线性表出，矛盾. 所以 $\boldsymbol{\alpha}_1,\cdots,\boldsymbol{\alpha}_m,\boldsymbol{\beta}$ 线性无关.

3.1.10　(1) 如果 $k_1,k_2,\cdots,k_m$ 全为零，则命题已证；如果 $k_1,k_2,\cdots,k_m$ 中有一个不为 0, 不妨设 $k_1\neq0$，下证 $k_2,\cdots,k_m$ 全不为零, 否则, 若至少有一个为 0, 将导致 $\boldsymbol{\alpha}_1,\boldsymbol{\alpha}_2,\cdots,\boldsymbol{\alpha}_m$ 中有 $m-1$ 个向量线性相关.

(2) 若 $\sum_{i=1}^{n}a_i\boldsymbol{\alpha}_i=\mathbf{0}$，$\sum_{i=1}^{n}b_i\boldsymbol{\alpha}_i=\mathbf{0}$，且 $b_1\neq0$，则分以下两种情况讨论：

若 $a_1=0$，则由(1)有 $a_2=\cdots=a_m=0$，以及 $b_i\neq 0(i=2,\cdots,n)$，从而有

$$\frac{a_1}{b_1}=\frac{a_2}{b_2}=\cdots=\frac{a_m}{b_m}$$

成立.

若 $a_1\neq 0$，不妨设 $\frac{a_1}{b_1}=k$，下证 $\frac{a_2}{b_2}=\cdots=\frac{a_m}{b_m}=k$. 否则，若有一个不为 k，不妨设 $\frac{a_2}{b_2}=k_2\neq k$，则可以证明 $\boldsymbol{\alpha}_2,\cdots,\boldsymbol{\alpha}_m$ 线性相关，与已知矛盾.

3.1.11 (1)"⇐" 若存在 $\boldsymbol{\alpha}_i(k_i\leqslant s)$ 可被 $\boldsymbol{\alpha}_1,\boldsymbol{\alpha}_2,\cdots,\boldsymbol{\alpha}_{i-1}$ 线性表示，则 $\boldsymbol{\alpha}_1,\boldsymbol{\alpha}_2,\cdots,\boldsymbol{\alpha}_i$ 线性相关，从而 $\boldsymbol{\alpha}_1,\boldsymbol{\alpha}_2,\cdots,\boldsymbol{\alpha}_s$ 也线性相关；

"⇒" 若 $\boldsymbol{\alpha}_1,\boldsymbol{\alpha}_2,\cdots,\boldsymbol{\alpha}_s$ 线性相关，则存在不全为零的数 $k_i(i=1,2,\cdots,s)$，使得

$$k_1\boldsymbol{\alpha}_1+k_2\boldsymbol{\alpha}_2+\cdots+k_s\boldsymbol{\alpha}_s=\mathbf{0}. \tag{3.10}$$

记 k_i 为 $k_1,k_2,\cdots,k_s$ 中最后一个不为零的数，即 $k_j(j>i)$ 均为零，则式(3.10)可表示为

$$k_1\boldsymbol{\alpha}_1+k_2\boldsymbol{\alpha}_2+\cdots+k_i\boldsymbol{\alpha}_i=\mathbf{0},$$

而 $k_i\neq 0$. 故 $\boldsymbol{\alpha}_i=-\frac{k_1}{k_i}\boldsymbol{\alpha}_1-\frac{k_2}{k_i}\boldsymbol{\alpha}_2-\cdots-\frac{k_{i-1}}{k_i}\boldsymbol{\alpha}_{i-1}$，此即 $\boldsymbol{\alpha}_i$ 可被 $\boldsymbol{\alpha}_1,\cdots,\boldsymbol{\alpha}_{i-1}$ 线性表示.

(2)略.

练习 3.2

3.2.1 **证明** 设 M_k 与 M_k^- 分别为 $\boldsymbol{A}+\mathrm{i}\boldsymbol{E}_n$ 与 $\boldsymbol{A}-\mathrm{i}\boldsymbol{E}_n$ 的 k 级子式，则

$$M_k=a_k+\mathrm{i}b_k=0\Leftrightarrow a_k=b_k=0\Leftrightarrow M_k'=a_k-\mathrm{i}b_k=0.$$

练习 3.3

3.3.1 $\boldsymbol{\eta}_1=(2,-3,0,0,0)^{\mathrm{T}}$，$\boldsymbol{\eta}_2=(8,0,-9,0,3)^{\mathrm{T}}$，$\boldsymbol{\eta}_3=(-2,0,0,3,0)^{\mathrm{T}}$，通解为

$$\boldsymbol{x}=k_1\boldsymbol{\eta}_1+k_2\boldsymbol{\eta}_2+k_3\boldsymbol{\eta}_3.$$

3.3.2 记系数矩阵为 $\boldsymbol{A}$，则 $\det(\boldsymbol{A})=n!(n-1)!\cdots 2!1!\neq 0$，故原方程组只有零解.

3.3.3 方程组的系数矩阵记为 $\boldsymbol{A}$，则 $r(\boldsymbol{A})=2$，对 $\boldsymbol{A}$ 进行初等行变换，有

$$\boldsymbol{A}=\begin{pmatrix}0&1&a&b\\-1&0&c&d\\a&c&0&-e\\b&d&-e&0\end{pmatrix}\to\begin{pmatrix}0&1&a&b\\-1&0&c&d\\0&0&0&ad-e-bc\\0&0&bc-e-ad&0\end{pmatrix}.$$

(1)由以上知，$ad-bc-e=e-bc-ad=0$，得 $e=0$ 且 $ad=bc$；

(2) $\boldsymbol{\eta}_1=(c,-a,1,0)^{\mathrm{T}}$，$\boldsymbol{\eta}_2=(a,-b,0,1)^{\mathrm{T}}$.

3.3.4　记 $\boldsymbol{Ax}=\boldsymbol{0}$ 的基础解系为 $\boldsymbol{\eta}_1,\boldsymbol{\eta}_2,\cdots,\boldsymbol{\eta}_{n-r}$，$\boldsymbol{B}=(\boldsymbol{\eta}_1,\boldsymbol{\eta}_2,\boldsymbol{\eta}_{n-r},\boldsymbol{0},\cdots,\boldsymbol{0})$，则

$$r(\boldsymbol{B})=n-r,\quad 且\ \boldsymbol{AB}=\boldsymbol{O}.$$

3.3.5　$r(\boldsymbol{A})=n$，即 $|\boldsymbol{A}|\neq 0$，故 $r(\boldsymbol{B})=r$. 因此 $\boldsymbol{Bx}=\boldsymbol{0}$ 的基础解系所含向量个数为 $n-r$. 由 $r(\boldsymbol{A})=n$，可得 $r(\boldsymbol{A}^*)=n$，令

$$\begin{cases}\boldsymbol{\eta}_{r+1}=(A_{r+1,1},A_{r+1,2},\cdots,A_{r+1,n}),\\ \qquad\cdots\cdots\\ \boldsymbol{\eta}_n=(A_{n1},A_{n2},\cdots,A_{nn}).\end{cases}$$

由于 $r(\boldsymbol{A}^*)=n$，故 $r\left(\{\boldsymbol{\eta}_{r+1},\cdots,\boldsymbol{\eta}_n\}\right)=n-r$. 而

$$\boldsymbol{B}=\begin{pmatrix}a_{11}&\cdots&a_{1n}\\ \vdots&&\vdots\\ a_{r1}&\cdots&a_{rn}\end{pmatrix},$$

故 $\boldsymbol{B\eta}_i=\boldsymbol{0}(i=r+1,\cdots,n)$，即 $\boldsymbol{\eta}_{r+1},\cdots,\boldsymbol{\eta}_n$ 都是 $\boldsymbol{Bx}=\boldsymbol{0}$ 的解，从而 $\boldsymbol{\eta}_{r+1},\cdots,\boldsymbol{\eta}_n$ 是 $\boldsymbol{Bx}=\boldsymbol{0}$ 的一个基础解系.

3.3.6　由于 $r(\boldsymbol{A})=m$，故 $\boldsymbol{Ax}=\boldsymbol{0}$ 的基础解系含 $n-m$ 个列向量. 另设 $\boldsymbol{\eta}_1,\boldsymbol{\eta}_2,\cdots,\boldsymbol{\eta}_{n-m}$ 为 $\boldsymbol{B}$ 的列向量，现证它是 $\boldsymbol{Ax}=\boldsymbol{0}$ 的一组基础解系.

因 $\boldsymbol{AB}=\boldsymbol{0}$，故 $\boldsymbol{A\eta}_i=\boldsymbol{0}(i=1,2,\cdots,n-m)$，又由 $r(\boldsymbol{B})=n-m$ 知 $\boldsymbol{\eta}_1,\cdots,\boldsymbol{\eta}_{n-m}$ 线性无关，从而 $\boldsymbol{\eta}_1,\boldsymbol{\eta}_2,\cdots,\boldsymbol{\eta}_{n-m}$ 是 $\boldsymbol{Ax}=\boldsymbol{0}$ 的基础解系，即对 $\boldsymbol{Ax}=\boldsymbol{0}$ 的任一解 $\boldsymbol{\eta}$，存在唯一的数列 $k_1,k_2,\cdots,k_{n-m}$，使得 $\boldsymbol{\eta}=k_1\boldsymbol{\eta}_1+k_2\boldsymbol{\eta}_2+\cdots+k_{n-m}\boldsymbol{\eta}_{n-m}$.

记 $\boldsymbol{\xi}=(k_1,k_2,\cdots,k_{n-m})^{\mathrm{T}}$，则有 $\boldsymbol{\eta}=\boldsymbol{B\xi}$.

3.3.7　记 $\boldsymbol{A}=(\boldsymbol{\alpha}_1^{\mathrm{T}},\boldsymbol{\alpha}_2^{\mathrm{T}},\cdots,\boldsymbol{\alpha}_s^{\mathrm{T}})^{\mathrm{T}}$，则 $\boldsymbol{A}$ 是秩为 s 的 $s\times n$ 矩阵，从而 $\boldsymbol{Ax}=\boldsymbol{0}$ 的基础解系中含有 $n-s$ 个解向量. 不妨设为 $\boldsymbol{\eta}_1,\boldsymbol{\eta}_2,\cdots,\boldsymbol{\eta}_{n-s}$，则 $\boldsymbol{A}(\boldsymbol{\eta}_1,\boldsymbol{\eta}_2,\cdots,\boldsymbol{\eta}_{n-s})=\boldsymbol{O}$. 现记 $\boldsymbol{B}=(\boldsymbol{\eta}_1,\boldsymbol{\eta}_2,\cdots,\boldsymbol{\eta}_{n-s})^{\mathrm{T}}$，由于 $\boldsymbol{AB}^{\mathrm{T}}=\boldsymbol{O}$，故 $\boldsymbol{BA}^{\mathrm{T}}=\boldsymbol{O}$，即 $\boldsymbol{B}(\boldsymbol{\alpha}_1,\cdots,\boldsymbol{\alpha}_s)=\boldsymbol{O}$，知 $\boldsymbol{\alpha}_1,\boldsymbol{\alpha}_2,\cdots,\boldsymbol{\alpha}_s$ 是 $\boldsymbol{Bx}=\boldsymbol{0}$ 的解，又 $r(\boldsymbol{B})=n-s$ 且 $\boldsymbol{\alpha}_1,\cdots,\boldsymbol{\alpha}_s$ 线性无关，所以 $\{\boldsymbol{\alpha}_1,\boldsymbol{\alpha}_2,\cdots,\boldsymbol{\alpha}_s\}$ 是 $\boldsymbol{Bx}=\boldsymbol{0}$ 的一个基础解系.

3.3.8　(1) 线性方程组（Ⅰ）的基础解系为 $\boldsymbol{\eta}_1=(-1,0,1,0)$，$\boldsymbol{\eta}_2=(0,1,0,1)$.

(2) 设 $\boldsymbol{\alpha}=x_1(-1,0,1,0)+x_2(0,1,0,1)=y_1(0,1,1,0)+y_2(-1,2,2,1)$，解此方程可得 $\boldsymbol{\alpha}=(-1,1,1,1)$. 故线性方程组（Ⅰ）和（Ⅱ）有公共非零解，且所有公共非零解为 $k\boldsymbol{\alpha}$，k 为数域 P 中的任意非零数.

3.3.9　记 $\boldsymbol{B}$ 为 $\boldsymbol{A}$ 的前 s 列所形成的矩阵，则 $|\boldsymbol{B}|=\prod\limits_{0\leqslant i<j\leqslant s-1}(\omega^{b+j}-\omega^{b+i})$. 又 ω 是 $\mathbf{C}$ 上的 n 次本原单位根，故 $\omega^{b+j}\neq\omega^{b+i}(i\neq j)$，所以 $|\boldsymbol{B}|\neq 0$，即知 $r(\boldsymbol{A})\geqslant r(\boldsymbol{B})=s$. 另 $r(\boldsymbol{A},\boldsymbol{\beta})=s$，此即有 $r(\boldsymbol{A})=r(\boldsymbol{A},\boldsymbol{\beta})=s<n$. 故 $\boldsymbol{Ax}=\boldsymbol{\beta}$ 有解且有无穷多解.

3.3.10 $\begin{pmatrix} a & 3 & 3 & 3 \\ 1 & 4 & 1 & 1 \\ 2 & 2 & b & 2 \end{pmatrix} \to \begin{pmatrix} 1 & 4 & 1 & 1 \\ 0 & -6 & b-2 & 0 \\ 0 & 3-4a & 3-a & 3-a \end{pmatrix}$

$$\to \begin{pmatrix} 1 & 4 & 1 & 1 \\ 0 & 1 & \dfrac{2-b}{6} & 0 \\ 0 & 0 & (3-a)-\dfrac{(2-b)}{6}(3-4a) & 3-a \end{pmatrix}.$$

(1) 当 $(3-a)+\dfrac{(b-2)}{6}(3-4a) \neq 0$ 时，原方程组有唯一解

$$\begin{cases} x_1 = 1 - \dfrac{(4b-2)(3-a)}{6(3-a)+(b-2)(3-4a)}, \\ x_2 = \dfrac{(b-2)(3-a)}{6(3-a)+(b-2)(3-4a)}, \\ x_3 = \dfrac{(3-a)}{(3-a)+\dfrac{(b-2)}{6}(3-4a)}; \end{cases}$$

(2) 当 $(3-a)+\dfrac{(b-2)}{6}(3-4a) = 0$ 且 $a \neq 3$ 时，原方程组无解；

(3) 当 $(3-a)+\dfrac{(b-2)}{6}(3-4a) = 3-a = 0$，即 $a=3$，$b=2$ 时，原方程组同解于

$$\begin{cases} x_1 + 4x_2 + x_3 = 1, \\ x_2 = 0, \end{cases}$$

通解为 $\boldsymbol{x} = (1,0,0)^{\mathrm{T}} + k(1,0,-1)^{\mathrm{T}}$.

3.3.11 增广矩阵

$$\overline{\boldsymbol{A}} = \left(\begin{array}{cccc|c} 1 & 0 & 2 & 4 & 2c \\ 2 & 2 & 4 & 8 & 2a+b \\ -1 & -2 & 1 & 2 & -a-b+c \\ 2 & 0 & 7 & 14 & 3a+b+2c-d \end{array}\right)$$

$$\xrightarrow{\text{行初等变换}} \left(\begin{array}{cccc|c} 1 & 0 & 2 & 4 & 2c \\ 0 & 2 & 0 & 0 & 2a+b-4c \\ 0 & 0 & 3 & 6 & a-c \\ 0 & 0 & 0 & 0 & a+b-c-d \end{array}\right).$$

又 $r(\boldsymbol{A})=3$，要使方程组有解 $\Leftrightarrow r(\overline{\boldsymbol{A}}) = r(\boldsymbol{A}) = 3 \Leftrightarrow a+b-c-d=0$.

3.3.12 $\begin{pmatrix} \lambda & 1 & 1 & 1 \\ 1 & \lambda & 1 & \lambda \\ 2 & 1+\lambda & 1+\lambda & \lambda+\lambda^2 \end{pmatrix} \to \begin{pmatrix} \lambda & 1 & 1 & 1 \\ 1-\lambda & \lambda-1 & 0 & \lambda-1 \\ 2-\lambda(\lambda+1) & 0 & 0 & \lambda^2-1 \end{pmatrix}$.

(1) 当 $\lambda(\lambda+1)\neq 2$，即 $\lambda\neq 1$ 且 $\lambda\neq -2$ 时，原方程组有唯一解

$$\begin{cases} x_1 = \dfrac{\lambda^2-1}{2-\lambda(\lambda+1)}, \\ x_2 = 1+\dfrac{\lambda^2-1}{2-\lambda(\lambda+1)}, \\ x_3 = \dfrac{\lambda^3+\lambda^2-\lambda-1}{\lambda(\lambda+1)-2}; \end{cases}$$

(2) 当 $\lambda(\lambda+1)=2$ 但 $\lambda^2-1\neq 0$，即 $\lambda=-2$ 时，原方程组无解；

(3) 当 $\lambda=1$ 时，原方程组同解于

$$x_1+x_2+x_3=1,$$

故其通解为 $\boldsymbol{x}=(1,0,0)^{\mathrm{T}}+k_1(1,-1,0)^{\mathrm{T}}+k_2(1,0,-1)^{\mathrm{T}}$.

3.3.13 $\begin{pmatrix} 1 & -1 & 0 & 0 & 0 & a_1 \\ 0 & 1 & -1 & 0 & 0 & a_2 \\ 0 & 0 & 1 & -1 & 0 & a_3 \\ 0 & 0 & 0 & 1 & -1 & a_4 \\ -1 & 0 & 0 & 0 & 1 & a_5 \end{pmatrix} \to \begin{pmatrix} 1 & -1 & 0 & 0 & 0 & a_1 \\ 0 & 1 & -1 & 0 & 0 & a_2 \\ 0 & 0 & 1 & -1 & 0 & a_3 \\ 0 & 0 & 0 & 1 & -1 & a_4 \\ 0 & 0 & 0 & 0 & 0 & \sum\limits_{i=1}^{5} a_i \end{pmatrix}$.

当且仅当 $\sum\limits_{i=1}^{5} a_i=0$ 时，系数矩阵与增广矩阵的秩相同，即原方程组有解. 另外，$(a_1+a_2+a_3+a_4, a_2+a_3+a_4, a_3+a_4, a_4, 0)^{\mathrm{T}}$ 为原方程组的一个特解，$(1,1,1,1,1)^{\mathrm{T}}$ 为对应导出组的基础解系，故方程组的通解为

$$\boldsymbol{x}=(a_1+a_2+a_3+a_4+k, a_2+a_3+a_4+k, a_3+a_4+k, a_4+k, k)^{\mathrm{T}}.$$

3.3.14 记原方程组为 $\boldsymbol{Ax}=\boldsymbol{b}$，则 $|\boldsymbol{A}|=(a+(n-1))(a-1)^{n-1}$.

(1) 当 $a\neq 1-n$ 且 $a\neq 1$ 时，原方程组有唯一解

$$x_i=\frac{a_i}{a-1}-\frac{\sum\limits_{i=1}^{n} a_i}{(a-1)(a+n-1)} \quad (i=1,2,\cdots,n);$$

(2) 当 $a=1-n$ 且 $\sum\limits_{i=1}^{n} a_i\neq 0$ 或 $a=1$ 且 $a_i\neq a_1\,(i\neq 1)$ 时，方程组无解；

(3) 当 $a=1-n$ 且 $\sum\limits_{i=1}^{n} a_i=0$ 时，方程组的通解为

$$x=\left(k-\frac{a_1}{n},k-\frac{a_2}{n},\cdots,k-\frac{a_n}{n}\right)^{\mathrm T};$$

当 $a=1$ 且 $a_i=a_1(i\neq 1)$ 时，方程组的通解为

$$x=k_1(1,-1,0,\cdots,0)^{\mathrm T}+k_2(1,0,-1,\cdots,0)^{\mathrm T}+\cdots+k_{n-1}(1,0,\cdots,-1)^{\mathrm T}+(a_1,0,\cdots,0)^{\mathrm T}.$$

3.3.15 设系数矩阵为 $\boldsymbol{A}$，则 $\det(\boldsymbol{A})=(b-a)(c-a)(c-b)\neq 0$. 从而原方程组有唯一解，且 $x_i=\dfrac{|\boldsymbol{A}_i|}{|\boldsymbol{A}|}$. 而

$$|\boldsymbol{A}_1|=\begin{vmatrix}a^3 & a & a^2\\ b^3 & b & b^2\\ c^3 & c & c^2\end{vmatrix}=abc\begin{vmatrix}a^2 & 1 & a\\ b^2 & 1 & b\\ c^2 & 1 & c\end{vmatrix}=abc|\boldsymbol{A}|,$$

$$|\boldsymbol{A}_2|=\begin{vmatrix}1 & a^3 & a^2\\ 1 & b^3 & b^2\\ 1 & c^3 & c^2\end{vmatrix}=\begin{vmatrix}1 & a^3 & a^2\\ 0 & b^3-a^3 & b^2-a^2\\ 0 & c^3-a^3 & c^2-a^2\end{vmatrix}$$

$$=(b^3-a^3)(c^2-a^2)-(c^3-a^3)(b^2-a^2),$$

$$|\boldsymbol{A}_3|=\begin{vmatrix}1 & a & a^3\\ 1 & b & b^3\\ 1 & c & c^3\end{vmatrix}=\begin{vmatrix}1 & a & a^3\\ 0 & b-a & b^3-a^3\\ 0 & c-a & c^3-a^3\end{vmatrix}$$

$$=(b-a)(c^3-a^3)-(b^3-a^3)(c-a),$$

故知 $x_1=abc$，$x_2=-(ab+ac+bc)$，$x_3=a+b+c$.

3.3.16 (1) 易验证当 a_1,a_2,a_3,a_4 两两不等时，该方程组系数矩阵的秩为 3，而增广矩阵秩为 4，故该方程组无解.

(2) 对方程组

$$\begin{cases}x_1+kx_2+k^2x_3=k^3,\\ x_1-kx_2+k^2x_3=-k^3,\end{cases}$$

由系数矩阵的秩等于增广矩阵的秩，且均为 2，可知基础解系的秩为 1，故方程组的通解为 $x=c(\boldsymbol{\beta}_1-\boldsymbol{\beta}_2)+\boldsymbol{\beta}_1$，其中 c 为常数.

3.3.17 设系数行列式为 D，则

$$D=(-1)^{\frac{n(n-1)}{2}}\cdot\prod_{1\leqslant i<j\leqslant n}(a_j-a_i)\neq 0,$$

因此原方程组有唯一解，且由克拉默法则知 $x_i=\dfrac{D_i}{D}$，其中 D_i 表示 D 中第 i 列由 $(-a_1^n,-a_2^n,\cdots,-a_n^n)^{\mathrm T}$ 替换而得的行列式，由第 2 章行列式知识知 D_i 是

$$(-1)^{\frac{n(n-1)}{2}}\cdot(-1)^i\cdot\prod_{j=1}^{n}(y-a_j)\prod_{1\leqslant i<j\leqslant n}(a_j-a_i)$$

中 y^i 项的系数. 从而原方程的解 x_i 是 $(-1)^i\cdot\prod\limits_{j=1}^{n}(y-a_j)$ 中 y^i 项的系数.

3.3.18　记原方程组为 $\boldsymbol{A}\boldsymbol{x}=\boldsymbol{b}$, 为证原方程组有解，只需证 $r(\boldsymbol{A})=r(\boldsymbol{A},\boldsymbol{b})$. 而题中已知

$$r(\boldsymbol{A})=r\begin{pmatrix}\boldsymbol{A} & \boldsymbol{b}\\ \boldsymbol{b}^{\mathrm{T}} & 0\end{pmatrix}.$$

因 $r(\boldsymbol{A})=r(\boldsymbol{A},\boldsymbol{b})\leqslant r\begin{pmatrix}\boldsymbol{A} & \boldsymbol{b}\\ \boldsymbol{b}^{\mathrm{T}} & 0\end{pmatrix}=r(\boldsymbol{A})$，即 $r(\boldsymbol{A})=r(\boldsymbol{A},\boldsymbol{b})$，得证.

3.3.19　由于线性方程组系数矩阵的秩为 1，故其导出组的基础解系含两个向量，而 $\boldsymbol{\eta}_1-\boldsymbol{\eta}_3=(1,3,2)^{\mathrm{T}}$，$\boldsymbol{\eta}_2-\boldsymbol{\eta}_3=(0,2,4)^{\mathrm{T}}$ 均为导出组的解，且线性无关，故它们是导出组的基础解系. 另 $\dfrac{\boldsymbol{\eta}_1+\boldsymbol{\eta}_3}{2}=\left(\dfrac{1}{2},0,-\dfrac{1}{2}\right)^{\mathrm{T}}$ 为方程组一特解，因此方程组的通解为

$$\boldsymbol{x}=k_1(1,3,2)^{\mathrm{T}}+k_2(0,2,4)^{\mathrm{T}}+\left(\frac{1}{2},0,-\frac{1}{2}\right)^{\mathrm{T}}.$$

3.3.20　要使 $\boldsymbol{A}\boldsymbol{X}=\boldsymbol{B}$ 有解，则有 $r(\boldsymbol{A})=r(\boldsymbol{A},\boldsymbol{B})$，但 $r(\boldsymbol{A})=2$，故必须使 $r(\boldsymbol{A},\boldsymbol{B})=2$. 可令

$$D_1=\begin{vmatrix}1 & 1 & 0\\ a & 1 & b\\ a+1 & a & a\end{vmatrix}=0,\quad D_2=\begin{vmatrix}1 & 1 & b\\ a & 1 & 0\\ a+1 & a & a\end{vmatrix}=0,$$

解得 $a(a-1)-b=0$，以及 $(1-a)a-b(-a^2+a+1)=0$，将两式联立消去 b，得

$$a(a-1)(a-2)(a+1)=0.$$

由 $a\neq b$ 可得如下结果：

当 $a=1$，$b=0$ 或者当 $a=-1$，$b=2$ 时，矩阵方程 $\boldsymbol{A}\boldsymbol{X}=\boldsymbol{B}$ 有解；

当 $a=1$，$b=0$ 时，得 $\boldsymbol{X}=\begin{pmatrix}1 & 1\\ -1 & -1\end{pmatrix}$；

当 $a=-1$，$b=2$ 时，得 $\boldsymbol{X}=\begin{pmatrix}-1 & 1\\ 1 & 1\end{pmatrix}$.

3.3.21　设有一组数 $k_0,k_1,\cdots,k_s$，使得 $k_0\boldsymbol{\eta}+k_1(\boldsymbol{\eta}+\boldsymbol{\zeta}_1)+\cdots+k_s(\boldsymbol{\eta}+\boldsymbol{\zeta}_s)=\boldsymbol{0}$，即

$$(k_0+k_1+\cdots+k_s)\boldsymbol{\eta}+k_1\boldsymbol{\zeta}_1+\cdots+k_s\boldsymbol{\zeta}_s=\boldsymbol{0},\tag{3.11}$$

则式(3.11)中 $k_0+k_1+\cdots+k_s=0$. 否则，若 $\sum\limits_{i=0}^{s}k_i\neq 0$，则

$$\boldsymbol{\eta}=-\frac{k_i}{\sum\limits_{i=0}^{n}k_i}\boldsymbol{\zeta}_1-\cdots-\frac{k_s}{\sum\limits_{i=0}^{n}k_i}\boldsymbol{\zeta}_s,$$

故$\boldsymbol{A\eta}=\mathbf{0}$，这与$\boldsymbol{A\eta}=\boldsymbol{b}$矛盾，从而式(3.11)为$k_1\boldsymbol{\zeta}_1+\cdots+k_s\boldsymbol{\zeta}_s=\mathbf{0}$.

由于$\boldsymbol{\zeta}_1,\cdots,\boldsymbol{\zeta}_s$为$\boldsymbol{Ax}=\mathbf{0}$的基础解系，故有$k_1=\cdots=k_s=0$，从而$k_i=0(i=0,1,\cdots,s)$，即知$\boldsymbol{\eta},\boldsymbol{\eta}+\boldsymbol{\zeta}_1,\cdots,\eta+\boldsymbol{\zeta}_s$线性无关. 另$\boldsymbol{Ax}=\boldsymbol{b}$的任一解$\boldsymbol{x}$，存在$k_1,k_2,\cdots,k_s$，使

$$\begin{aligned}\boldsymbol{x}&=\boldsymbol{\eta}+k_1\boldsymbol{\zeta}_1+k_2\boldsymbol{\zeta}_2+\cdots+k_s\boldsymbol{\zeta}_s\\&=(1-k_1-k_2-\cdots-k_s)\boldsymbol{\eta}+k_1(\boldsymbol{\eta}+\boldsymbol{\zeta}_1)+\cdots+k_s(\boldsymbol{\eta}+\boldsymbol{\zeta}_s),\end{aligned}$$

即$\boldsymbol{x}$可由$\boldsymbol{\eta},\boldsymbol{\eta}+\boldsymbol{\zeta}_1,\cdots,\boldsymbol{\eta}+\boldsymbol{\zeta}_s$线性表出，故原命题得证.

3.3.22 由上题证明过程易见.

3.3.23 (1)先证$\boldsymbol{A}^{\mathrm{T}}\boldsymbol{Ax}=\mathbf{0}$与$\boldsymbol{Ax}=\mathbf{0}$同解.

首先，若$\boldsymbol{x}_1$是$\boldsymbol{Ax}=\mathbf{0}$的解，则$\boldsymbol{A}^{\mathrm{T}}\boldsymbol{Ax}_1=\boldsymbol{A}^{\mathrm{T}}(\boldsymbol{Ax}_1)=\mathbf{0}$，即$\boldsymbol{x}_1$也是$\boldsymbol{A}^{\mathrm{T}}\boldsymbol{Ax}=\mathbf{0}$的解；

其次，若$\boldsymbol{x}_2$是$\boldsymbol{A}^{\mathrm{T}}\boldsymbol{Ax}=\mathbf{0}$的解，则$\boldsymbol{x}_2^{\mathrm{T}}\boldsymbol{A}^{\mathrm{T}}\boldsymbol{Ax}_2=0$，即$(\boldsymbol{Ax}_2,\boldsymbol{Ax}_2)=0$，从而$\boldsymbol{Ax}_2=\mathbf{0}$，即$\boldsymbol{x}_2$为$\boldsymbol{Ax}=\mathbf{0}$的解.

因此，$\boldsymbol{A}^{\mathrm{T}}\boldsymbol{Ax}=\mathbf{0}$与$\boldsymbol{Ax}=\mathbf{0}$同解，故$r(\boldsymbol{A}^{\mathrm{T}}\boldsymbol{A})=r(\boldsymbol{A})=r(\boldsymbol{A}^{\mathrm{T}})$；

(2)为证$\boldsymbol{A}^{\mathrm{T}}\boldsymbol{Ax}=\boldsymbol{A}^{\mathrm{T}}\boldsymbol{b}$有解，只需验证$r(\boldsymbol{A}^{\mathrm{T}}\boldsymbol{A})=r(\boldsymbol{A}^{\mathrm{T}}\boldsymbol{A},\boldsymbol{A}^{\mathrm{T}}\boldsymbol{b})$.

由(1)知$r(\boldsymbol{A}^{\mathrm{T}}\boldsymbol{A})=r(\boldsymbol{A})$. 另

$$r(\boldsymbol{A}^{\mathrm{T}}\boldsymbol{A},\boldsymbol{A}^{\mathrm{T}}\boldsymbol{b})=r(\boldsymbol{A}^{\mathrm{T}}(\boldsymbol{A},\boldsymbol{b}))\leqslant r(\boldsymbol{A}^{\mathrm{T}})=r(\boldsymbol{A})=r(\boldsymbol{A}^{\mathrm{T}}\boldsymbol{A}).$$

而$r(\boldsymbol{A}^{\mathrm{T}}\boldsymbol{A},\boldsymbol{A}^{\mathrm{T}}\boldsymbol{b})\geqslant r(\boldsymbol{A}^{\mathrm{T}}\boldsymbol{A})$是显然的，因此，$r(\boldsymbol{A}^{\mathrm{T}}\boldsymbol{A})=r(\boldsymbol{A}^{\mathrm{T}}\boldsymbol{A},\boldsymbol{A}^{\mathrm{T}}\boldsymbol{b})$.

3.3.24 $\boldsymbol{Ax}=\boldsymbol{b}$有解$\Leftrightarrow r(\boldsymbol{A})=r(\boldsymbol{A},\boldsymbol{b})\Leftrightarrow r(\boldsymbol{A}^{\mathrm{T}})=r\begin{pmatrix}\boldsymbol{A}^{\mathrm{T}}\\\boldsymbol{b}^{\mathrm{T}}\end{pmatrix}\Leftrightarrow \boldsymbol{A}^{\mathrm{T}}\boldsymbol{x}=\mathbf{0}$与$\begin{pmatrix}\boldsymbol{A}^{\mathrm{T}}\\\boldsymbol{b}^{\mathrm{T}}\end{pmatrix}\boldsymbol{x}=\mathbf{0}$同解$\Leftrightarrow \boldsymbol{A}^{\mathrm{T}}\boldsymbol{x}=\mathbf{0}$，则$\boldsymbol{b}^{\mathrm{T}}\boldsymbol{x}=0\Leftrightarrow \boldsymbol{A}^{\mathrm{T}}\boldsymbol{x}=\mathbf{0}$，则$\boldsymbol{x}^{\mathrm{T}}\boldsymbol{b}=0$.

3.3.25 (1)据题意有$r(\boldsymbol{A})\leqslant n-l$，$r(\boldsymbol{B})\leqslant n-m$，从而

$$r(\boldsymbol{AB})\leqslant\min(r(\boldsymbol{A}),r(\boldsymbol{B}))\leqslant\min(n-l,n-m)=n-\max(l,m),$$

故$\boldsymbol{ABx}=\mathbf{0}$的基础解系至少含$\max(l,m)$个向量.

(2) $r(\boldsymbol{A}+\boldsymbol{B})\leqslant r(\boldsymbol{A})+r(\boldsymbol{B})\leqslant n-l+n-m=2n-l-m$. 又$l+m>n$，故$r(\boldsymbol{A}+\boldsymbol{B})<n$，因而，$(\boldsymbol{A}+\boldsymbol{B})\boldsymbol{x}=\mathbf{0}$有非零解.

3.3.26 由于$f(x),g(x)$互素，故存在$u(x),v(x)\in P[x]$，使得

$$u(x)f(x)+v(x)g(x)=1,$$

即知$u(c)\boldsymbol{A}+v(c)\boldsymbol{B}=\boldsymbol{E}$. 对于$\boldsymbol{ABx}=\mathbf{0}$的任一解 $\boldsymbol{x}$，则有$\boldsymbol{x}=u(c)\boldsymbol{Ax}+v(c)\boldsymbol{Bx}$. 记$\boldsymbol{y}=u(c)\boldsymbol{Ax}$，$\boldsymbol{z}=v(c)\boldsymbol{Bx}$，则$\boldsymbol{x}=\boldsymbol{y}+\boldsymbol{z}$，且有

$$\boldsymbol{By}=\boldsymbol{B}u(c)\boldsymbol{Ax}=u(c)\boldsymbol{ABx}=\mathbf{0},\quad \boldsymbol{Az}=\boldsymbol{A}v(c)\boldsymbol{Bx}=v(c)\boldsymbol{ABx}=\mathbf{0}.$$

原命题得证.

3.3.27 只要证明存在秩为 $\min\{s-r,n\}$ 的 $s\times n$ 矩阵 $\boldsymbol{D}$ 使得 $\boldsymbol{ADQ}=\boldsymbol{0}$. 若 $s-r\geqslant n$, 则在方程 $\boldsymbol{Ax}=\boldsymbol{0}$ 的一个基础解系中含 $s-r$ 个线性无关的解,选取其中 n 个作为矩阵 $\boldsymbol{D}$ 的列向量,$\boldsymbol{D}$ 可求.

若 $s-r<n$, 则在方程 $\boldsymbol{Ax}=\boldsymbol{0}$ 的一个基础解系中含 $s-r$ 线性无关的解,令 $\boldsymbol{D}$ 的前 $s-r$ 个列向量为此方程组的线性无关的解向量,后 $n-(s-r)$ 个列向量均为零向量,则 $\boldsymbol{D}$ 可求.

3.3.28 记 $n+1$ 个人为 $P_1,P_2,\cdots,P_{n+1}$, n 种册子为 $B_1,B_2,\cdots,B_n$. 现用 $\boldsymbol{\alpha}_i=(a_{i1},a_{i2},\cdots,a_{in})$ 表示 P_i 读过的各种册子,其中

$$a_{ij}=\begin{cases}1, & P_i\text{ 读过册子}B_j,\\ 0, & P_i\text{ 未读过册子}B_j,\end{cases}$$

则 $\boldsymbol{\alpha}_1,\boldsymbol{\alpha}_2,\cdots,\boldsymbol{\alpha}_{n+1}$ 这 $n+1$ 维向量线性相关,即存在不全为零的数 $k_1,k_2,\cdots,k_{n+1}$ 使

$$k_1\boldsymbol{\alpha}_1+k_2\boldsymbol{\alpha}_2+\cdots+k_{n+1}\boldsymbol{\alpha}_{n+1}=\boldsymbol{0}.$$

由于 a_{ij} 为 0 或 1 是非负数,从而 $k_i(i=1,2,\cdots,n+1)$ 中有正数也有负数,现保留 k_i 为正数部分,将 k_i 为负数部分移到方程右边,则有

$$\boldsymbol{\alpha}=k_{i1}\boldsymbol{\alpha}_{i1}+\cdots+k_{is}\boldsymbol{\alpha}_{is}=-k_{j1}\boldsymbol{\alpha}_{j1}-\cdots-k_{jt}\boldsymbol{\alpha}_{jt}.$$

现称第 $i_1,i_2,\cdots,i_s$ 人为甲组人,第 $j_1,j_2,\cdots,j_t$ 人为乙组人,则它们两组人读的册子种类相同.

3.3.29 以出发位置为坐标原点,建立坐标系,马只有 8 种跳法,反设马经奇数步 $(2n+1)$ 后才跳回原处 O,其间走 S_i 型步伐 x_i 次,则有

$$\begin{cases}2x_1+x_2-x_3-2x_4-2x_5-x_6+x_7+2x_8=0,\\ x_1+2x_2+2x_3+x_4-x_5-2x_6-2x_7-x_8=0,\\ x_1+x_2+x_3+x_4+x_5+x_6+x_7+x_8=2n+1.\end{cases}$$

现对以上方程组的增广矩阵进行初等行变换,有

$$\begin{pmatrix}2&1&-1&-2&-2&-1&1&2&0\\1&2&2&1&-1&-2&-2&-1&0\\1&1&1&1&1&1&1&1&2n+1\end{pmatrix}$$

$$\to\begin{pmatrix}1&2&2&1&-1&-2&-2&-1&0\\0&-3&-5&-4&0&3&5&4&0\\0&-1&-1&0&2&3&3&2&2n+1\end{pmatrix}$$

$$\to\begin{pmatrix}1&2&2&1&-1&-2&-2&-1&0\\0&-3&-5&-4&0&3&5&4&0\\0&-4&-6&-4&2&6&8&6&2n+1\end{pmatrix},$$

其中第 3 行即要求 $-4x_2-6x_3-4x_4+2x_5+6x_6+8x_7+6x_8=2n+1$. 而 $x_i(i=1,2,\cdots,n)$ 均为整数，上式中等式左边为偶数，右边为奇数，产生矛盾. 因此 $\sum_{i=1}^{n}x_i$ 只能为偶数.

练习 4 参考答案

练习 4.1

4.1.1 由 $\boldsymbol{A}^2=-4\boldsymbol{A}$，则 $\boldsymbol{A}^4=16\boldsymbol{A}^2=-64\boldsymbol{A}$，$\boldsymbol{A}^6=-1024\boldsymbol{A}$.

注 用数学归纳法可证 $\boldsymbol{A}^k=(-4)^{k-1}\boldsymbol{A}$，$k\in\mathbf{N}$.

4.1.2 由于

$$\boldsymbol{A}^2=\begin{pmatrix}1&2\alpha&\alpha^2+2\beta\\0&1&2\alpha\\0&0&1\end{pmatrix},\quad \boldsymbol{A}^3=\begin{pmatrix}1&3\alpha&3\alpha^2+3\beta\\0&1&3\alpha\\0&0&1\end{pmatrix},$$

故猜想 $\boldsymbol{A}^n=\begin{pmatrix}1&n\alpha&\dfrac{n(n-1)}{2}\alpha^2+n\beta\\0&1&n\alpha\\0&0&1\end{pmatrix}$. 易归纳验证，此处从略.

4.1.3 因为

$$\boldsymbol{A}^{50}=\begin{pmatrix}a^{50}&\mathrm{C}_{50}^{1}a^{49}&\mathrm{C}_{50}^{2}a^{48}&\cdots&\mathrm{C}_{50}^{50}&\cdots&0\\0&a^{50}&\mathrm{C}_{50}^{1}a^{49}&\cdots&\mathrm{C}_{50}^{49}a&\cdots&0\\0&0&a^{50}&\cdots&\mathrm{C}_{50}^{48}a^2&\cdots&0\\\vdots&\vdots&\vdots&&\vdots&&\vdots\\0&0&0&\cdots&0&\cdots&a^{50}\end{pmatrix},$$

从而第 1 行元素之和为 $\sum_{i=0}^{50}\mathrm{C}_{50}^{i}a^{50-i}=(a+1)^{50}$.

4.1.4 $\boldsymbol{A}=\begin{pmatrix}a_1&a_2&a_3&\cdots&a_n\\0&a_1&a_2&\cdots&a_{n-1}\\0&0&a_1&\cdots&a_{n-2}\\\vdots&\vdots&\vdots&&\vdots\\0&0&0&\cdots&a_1\end{pmatrix}$.

4.1.5 设 $\boldsymbol{A}=(a_{ij})_{n\times n}$. 由于 $\boldsymbol{A}^{\mathrm{T}}=\boldsymbol{A}$，则 $a_{ij}=a_{ji}$，由矩阵乘法的定义可知 $\boldsymbol{A}^2$ 的 (i,j) 元素为 $\sum_{k=1}^{n}a_{ik}a_{kj}$，特别地，$(i,i)$ 元素为

$$\sum_{k=1}^{n} a_{ik}a_{ki} = \sum_{k=1}^{n} a_{ik}^2 \quad (i=1,2,\cdots,n).$$

另外，$A^2=O$，从而 (i,i) 元素全为零，即 $\sum\limits_{k=1}^{n} a_{ik}^2=0$，$i=1,2,\cdots,n$. 因此

$$a_{ij}=0 \quad (i=1,2,\cdots,n;\quad j=1,2,\cdots,n),$$

即 $A=O$.

4.1.6　设 A,B,C 均为 n 阶实方阵，且 $A^{\mathrm{T}}=A$，$B^{\mathrm{T}}=B$，$C^{\mathrm{T}}=-C$. A^2 的 (i,i) 元素为 $\sum\limits_{j=i=1}^{n} a_{ij}^2$，$B^2$ 的 (i,i) 元素为 $\sum\limits_{j=i=1}^{n} b_{ij}^2$，类似 C^2 的 (i,i) 元素为 $-\sum\limits_{j\neq i} c_{ij}^2$. 从而由 $A^2+B^2=C^2$ 有

$$\sum_{j=i}^{n}(a_{ij}^2+b_{ij}^2)=-\sum_{j\neq i} c_{ij}^2,$$

于是

$$\sum_{j=i}^{n} a_{ij}^2+\sum_{j=i}^{n} b_{ij}^2+\sum_{j\neq i} c_{ij}^2=0. \tag{4.19}$$

由于 $a_{ij},b_{ij},c_{ij}\in\mathbf{R}$，从而由式(4.19)有

$$\begin{aligned} &a_{ij}=b_{ij}=0 \quad (i,j=1,2,\cdots,n),\\ &c_{ij}=0 \quad (j\neq i). \end{aligned} \tag{4.20}$$

由式(4.20)即证 $A=B=C=O$.

4.1.7　因 $M=r(E)=r(AB)\leqslant r(B)\leqslant M$，故 $r(B)=M$，即 B 的列向量组线性无关.

4.1.8　“$\Rightarrow$”首先 $r(AB)\leqslant r(A)$. 其次，$r(A)=r(ABC)\leqslant r(AB)$，因此，$r(A)=r(AB)$.

“$\Leftarrow$”由矩阵乘积的定义知 AB 的列向量可由 A 的列向量线性表出. 又 $r(AB)=r(A)$，此即 AB 与 A 的列向量组等价. 记 $A=(\boldsymbol{\alpha}_1,\boldsymbol{\alpha}_2,\cdots,\boldsymbol{\alpha}_n)$，则 $r(AB)=r(AB,\boldsymbol{\alpha}_i)$，从而 $ABX=\boldsymbol{\alpha}_i$ 有解 $\boldsymbol{\gamma}_i(i=1,2,\cdots,n)$. 记 $C=(\boldsymbol{\gamma}_1,\boldsymbol{\gamma}_2,\cdots,\boldsymbol{\gamma}_n)$，则 $ABC=A$.

4.1.9　(1) 先证 M 中元素满足交换律. $\forall z,y\in M$，

$$\begin{aligned} yz&=(zy)^3=(zy)(zy)^2=[(zy)^2(zy)]^3=(zy)^9,\\ zy&=(yz)^3=[(zy)^3]^3=(zy)^9, \end{aligned}$$

即证 $zy=yz$.

由于 M 的元素关于乘法具有交换律，从而由二项式定理知，可用数学归纳法证明. 命题(1)成立.

(2) $A=AE=(EA)^3=A^3$，两边取行列式得 $|A|=|A|^3$，即 $|A|\left(|A|^2-1\right)=0$，故

$$|A|=0 \quad 或 \quad |A|=\pm 1.$$

练习 4.2

4.2.1 $A^2+AB=-B^2$，即 $A(A+B)=-B^2$，由于 B 可逆，两边取行列式，有

$$\det(A)\det(A+B)=\det(-B^2)=(-1)^n(\det(B))^2\neq 0.$$

因此 A 与 $A+B$ 均为可逆矩阵，于是 $(A+B)^{-1}=-(B^{-1})^2A$.

4.2.2 要想证明两个矩阵互逆，只需验证它们的乘积是单位阵.

$$\begin{aligned}&(A+B)[A^{-1}-A^{-1}(A^{-1}+B^{-1})^{-1}A^{-1}]\\&=(E+BA^{-1})AA^{-1}[E-(A^{-1}+B^{-1})^{-1}A^{-1}]\\&=B(B^{-1}+A^{-1})[E-(A^{-1}+B^{-1})^{-1}A^{-1}]\\&=B(A^{-1}+B^{-1})-B(A^{-1}+B^{-1})(A^{-1}+B^{-1})^{-1}A^{-1}\\&=BA^{-1}+BB^{-1}-BA^{-1}=E.\end{aligned}$$

4.2.3 与上题类似.

$$\begin{aligned}(A^{-1}+B^{-1})A(A+B)^{-1}B&=(E+B^{-1}A)A^{-1}A(A+B)^{-1}B\\&=B^{-1}(B+A)(A+B)^{-1}B=E;\\(A^{-1}+B^{-1})B(A+B)^{-1}A&=(A^{-1}B+E)B^{-1}B(A+B)^{-1}A\\&=A^{-1}(B+A)(A+B)^{-1}A=E.\end{aligned}$$

命题得证.

4.2.4 (1)
$$\begin{aligned}[E+f(A)](E+A)&=[E+(E-A)(E+A)^{-1}](E+A)\\&=E+A+E-A=2E;\end{aligned}$$

(2) 因为

$$f[f(A)]=[E-f(A)][E+f(A)]^{-1},$$

又由(1)知 $E+f(A)=\frac{1}{2}(E+A)^{-1}$，所以 $(E+f(A))^{-1}=\frac{1}{2}(E+A)$，代入上式有

$$\begin{aligned}f[f(A)]&=[E-f(A)]\frac{1}{2}(E+A)\\&=\frac{1}{2}(E-(E-A)(E+A)^{-1}(E+A))\\&=\frac{1}{2}(E+A-E+A)=A.\end{aligned}$$

4.2.5 由于 $A^k=O$，故有 $E-A^k=E$. 而

$$E-A^k=(E-A)(E+A+A^2+\cdots+A^k),$$

因此 $(E-A)^{-1}=E+A+A^2+\cdots+A^k$.

4.2.6　由 $\boldsymbol{AB}=\boldsymbol{A}+2\boldsymbol{B}$ 知 $(\boldsymbol{A}-2\boldsymbol{E})(\boldsymbol{B}-\boldsymbol{E})=2\boldsymbol{E}$. 因此 $\boldsymbol{B}-\boldsymbol{E}=2(\boldsymbol{A}-2\boldsymbol{E})^{-1}$，于是

$$\boldsymbol{B}=2(\boldsymbol{A}-2\boldsymbol{E})^{-1}+\boldsymbol{E}=\begin{pmatrix}3&-8&-6\\2&-9&-6\\-2&12&9\end{pmatrix}.$$

4.2.7　由于 $\boldsymbol{A}^2=\boldsymbol{A}$，故 $\boldsymbol{A}^2-\boldsymbol{A}-2\boldsymbol{E}=-2\boldsymbol{E}$，即 $(\boldsymbol{A}+\boldsymbol{E})(\boldsymbol{A}-2\boldsymbol{E})=-2\boldsymbol{E}$. 因此，$(\boldsymbol{A}+\boldsymbol{E})$ 可逆，且

$$(\boldsymbol{A}+\boldsymbol{E})^{-1}=-\frac{1}{2}(\boldsymbol{A}-2\boldsymbol{E}).$$

4.2.8　记 $f(x)=x^3-6x^2+11x-6$，则 $f(x)=(x-1)(x-2)(x-3)$.

记 $g(x)=x+k$. 故当 $(f(x),g(x))=1$ 时，$k\boldsymbol{E}+\boldsymbol{A}$ 可逆，即 $k\neq-1,-2,-3$ 时，$k\boldsymbol{E}+\boldsymbol{A}$ 可逆.

4.2.9　记 $f(x)=x^3-2$，$g(x)=x^2-2x+2$，则 $(f(x),g(x))=1$. 由辗转相除法，有

$$u(x)f(x)+v(x)g(x)=1,$$

其中

$$u(x)=-\frac{1}{10}x-\frac{1}{10},\quad v(x)=\frac{1}{10}x^2+\frac{3}{10}x+\frac{2}{5}.$$

由于 $\boldsymbol{f}(\boldsymbol{A})=\boldsymbol{A}^3-2\boldsymbol{E}=\boldsymbol{O}$，所以 $\boldsymbol{B}^{-1}=[g(\boldsymbol{A})]^{-1}=v(\boldsymbol{A})=\frac{1}{10}\boldsymbol{A}^2+\frac{3}{10}\boldsymbol{A}+\frac{2}{5}\boldsymbol{E}$.

4.2.10　(1) 记 $f(x)=x^2+2x+3$，则 $f(x)$ 无实根，从而对于任一实数 a，都有 $(f(x),x+a)=1$. 因此 $\boldsymbol{A}+a\boldsymbol{E}$ 可逆；

(2) 由于 $\boldsymbol{A}^2+2\boldsymbol{A}+3\boldsymbol{E}=\boldsymbol{O}$，所以 $(\boldsymbol{A}+4\boldsymbol{E})(\boldsymbol{A}-2\boldsymbol{E})=-11\boldsymbol{E}$. 故

$$(\boldsymbol{A}+4\boldsymbol{E})^{-1}=-\frac{1}{11}(\boldsymbol{A}-2\boldsymbol{E}).$$

练习 4.3

4.3.1　一方面，

$$\begin{vmatrix}\boldsymbol{E}_m&\boldsymbol{B}\\\boldsymbol{A}&\boldsymbol{E}_n\end{vmatrix}=\begin{vmatrix}\boldsymbol{E}_m&\boldsymbol{B}\\\boldsymbol{A}&\boldsymbol{E}_n\end{vmatrix}\begin{vmatrix}\boldsymbol{E}_m&-\boldsymbol{B}\\\boldsymbol{O}&\boldsymbol{E}_n\end{vmatrix}=\begin{vmatrix}\boldsymbol{E}_m&\boldsymbol{O}\\\boldsymbol{A}&\boldsymbol{E}_n-\boldsymbol{AB}\end{vmatrix}=|\boldsymbol{E}_n-\boldsymbol{AB}|;$$

另一方面，

$$\begin{vmatrix}\boldsymbol{E}_m&\boldsymbol{B}\\\boldsymbol{A}&\boldsymbol{E}_n\end{vmatrix}=\begin{vmatrix}\boldsymbol{E}_m&\boldsymbol{B}\\\boldsymbol{A}&\boldsymbol{E}_n\end{vmatrix}\begin{vmatrix}\boldsymbol{E}_m&\boldsymbol{O}\\-\boldsymbol{A}&\boldsymbol{E}_n\end{vmatrix}=\begin{vmatrix}\boldsymbol{E}_m-\boldsymbol{BA}&\boldsymbol{B}\\\boldsymbol{O}&\boldsymbol{E}_n\end{vmatrix}=|\boldsymbol{E}_m-\boldsymbol{BA}|.$$

因此，$\begin{vmatrix}\boldsymbol{E}_m&\boldsymbol{B}\\\boldsymbol{A}&\boldsymbol{E}_n\end{vmatrix}=|\boldsymbol{E}_n-\boldsymbol{AB}|=|\boldsymbol{E}_m-\boldsymbol{BA}|$.

4.3.2 记

$$B=\begin{pmatrix}E_s & A\\ A^{\mathrm{T}} & E_n\end{pmatrix},\quad M=B\begin{pmatrix}E_s & O\\ -A^{\mathrm{T}} & E_n\end{pmatrix}=\begin{pmatrix}E_s-AA^{\mathrm{T}} & A\\ O & E_n\end{pmatrix},$$

$$N=B\begin{pmatrix}E_s & -A\\ O & E_n\end{pmatrix}=\begin{pmatrix}E_s & O\\ A^{\mathrm{T}} & E_n-A^{\mathrm{T}}A\end{pmatrix}.$$

易见，$r(M)=r(N)$. 另外，

$$r(M)=r(E_s-AA^{\mathrm{T}})+r(E_n),\quad r(N)=r(E_n-A^{\mathrm{T}}A)+r(E_s).$$

由此可得 $r(E_n-A^{\mathrm{T}}A)+s=r(E_s-AA^{\mathrm{T}})+n.$

4.3.3 由于

$$\begin{pmatrix}A & A\\ C-B & C\end{pmatrix}\begin{pmatrix}E & O\\ -E & E\end{pmatrix}\begin{pmatrix}O & -E\\ E & O\end{pmatrix}=\begin{pmatrix}A & O\\ C & B\end{pmatrix},$$

将上式简写成 $MP_1P_2=N$，则

$$M^{-1}=P_1P_2N^{-1}=\begin{pmatrix}E & O\\ -E & E\end{pmatrix}\begin{pmatrix}O & -E\\ E & O\end{pmatrix}\begin{pmatrix}A^{-1} & O\\ -B^{-1}CA^{-1} & B^{-1}\end{pmatrix}$$

$$=\begin{pmatrix}B^{-1}CA^{-1} & -B^{-1}\\ A^{-1}-B^{-1}CA^{-1} & B^{-1}\end{pmatrix}.$$

4.3.4 令 $D=\begin{pmatrix}A & B\\ B & A\end{pmatrix}$，由假设知 $|A+B|\neq 0$，$|A-B|\neq 0$，那么

$$|D|=\begin{vmatrix}A & B\\ B & A\end{vmatrix}=\begin{vmatrix}A+B & B\\ B+A & A\end{vmatrix}=\begin{vmatrix}A+B & B\\ O & A-B\end{vmatrix}=|A+B|\cdot|A-B|\neq 0,$$

即 D 可逆. 再令

$$D^{-1}=\begin{pmatrix}D_1 & D_2\\ D_3 & D_4\end{pmatrix},$$

由 $DD^{-1}=E$，即

$$\begin{pmatrix}A & B\\ B & A\end{pmatrix}\begin{pmatrix}D_1 & D_2\\ D_3 & D_4\end{pmatrix}=\begin{pmatrix}E & 0\\ 0 & E\end{pmatrix},$$

可得

$$\begin{cases}AD_1+BD_3=E, & (4.21)\\ BD_1+AD_3=O, & (4.22)\\ AD_2+BD_4=O, & (4.23)\\ BD_2+AD_4=E. & (4.24)\end{cases}$$

由式(4.21)+(4.22)和式(4.21)−(4.22)可解得

$$D_1 + D_3 = (A+B)^{-1}, \tag{4.25}$$

$$D_1 - D_3 = (A-B)^{-1}, \tag{4.26}$$

由式(4.25)和(4.26)解得

$$D_1 = \frac{1}{2}\left[(A+B)^{-1} + (A-B)^{-1}\right], \quad D_3 = \frac{1}{2}\left[(A+B)^{-1} - (A-B)^{-1}\right],$$

类似由式(4.23)和(4.24)可解得 $D_2 = D_3, D_4 = D_1$，故

$$\begin{pmatrix} A & B \\ B & A \end{pmatrix}^{-1} = \frac{1}{2}\begin{pmatrix} (A+B)^{-1} + (A-B)^{-1} & (A+B)^{-1} - (A-B)^{-1} \\ (A+B)^{-1} - (A-B)^{-1} & (A+B)^{-1} + (A-B)^{-1} \end{pmatrix}.$$

4.3.5　“$\Leftarrow$” 由于 $\begin{pmatrix} C \\ D \end{pmatrix}$ 为 $(m+s)\times t$ 矩阵，故 $r\begin{pmatrix} C \\ D \end{pmatrix} \leqslant t$.

另若 $r(C)=t$，则 $r\begin{pmatrix} C \\ D \end{pmatrix} \geqslant r(C) = t$. 因而 $r\begin{pmatrix} C \\ D \end{pmatrix} = t$.

“$\Rightarrow$” 若 $r\begin{pmatrix} C \\ D \end{pmatrix} = t$，现反设 $r(C)<t$，则 $Cx=0$ 有非零解 x_0.

另外，$\begin{pmatrix} C \\ D \end{pmatrix}x = 0$ 只有零解，因此 $\begin{pmatrix} C \\ D \end{pmatrix}x_0 \neq 0$，从而 $Dx_0 \neq 0$. 另由于 $r(B)=s$，所以 $Bx=0$ 只有零解.

而 $0 = 0x_0 = (AC+BD)x_0 = ACx_0 + BDx_0 = BDx_0$，即 Dx_0 为 $Bx=0$ 的非零解，矛盾. 因此 $r(C)=t$.

4.3.6　由于 $|M| = (-1)^{pq}|C||B|$，而 M 可逆，即知 $|C||B| \neq 0$，因此 C,B 均可逆. 现用求数字矩阵的逆矩阵的办法求 M^{-1}：

$$\left(\begin{array}{cc|cc} A & B & E_p & O \\ C & O & O & E_q \end{array}\right) \to \left(\begin{array}{cc|cc} A & B & E_p & O \\ E_q & O & O & C^{-1} \end{array}\right) \to \left(\begin{array}{cc|cc} O & B & E_p & -AC^{-1} \\ E_q & O & O & C^{-1} \end{array}\right)$$

$$\to \left(\begin{array}{cc|cc} O & E_p & B^{-1} & -B^{-1}AC^{-1} \\ E_q & O & O & C^{-1} \end{array}\right) \to \left(\begin{array}{cc|cc} E_q & O & O & C^{-1} \\ O & E_p & B^{-1} & -B^{-1}AC^{-1} \end{array}\right).$$

由此，$M^{-1} = \begin{pmatrix} O & C^{-1} \\ B^{-1} & -B^{-1}AC^{-1} \end{pmatrix}$.

练习 4.4

4.4.1　(1) $A^{-1} = \dfrac{1}{2}\begin{pmatrix} 2 & -1 & 1 \\ 2 & -1 & -1 \\ -4 & 3 & -1 \end{pmatrix}$，$BA^{-1} = \dfrac{1}{2}\begin{pmatrix} 2 & -1 & 1 \\ -6 & 5 & -3 \\ 0 & 2 & 0 \end{pmatrix}$；

(2) $\begin{pmatrix}2&3\\3&5\end{pmatrix}=\begin{pmatrix}1&\frac{1}{3}\\0&1\end{pmatrix}\begin{pmatrix}1&0\\3&1\end{pmatrix}\begin{pmatrix}1&\frac{4}{3}\\0&1\end{pmatrix}=\begin{pmatrix}1&0\\1&1\end{pmatrix}\begin{pmatrix}1&1\\0&1\end{pmatrix}\begin{pmatrix}1&0\\1&1\end{pmatrix}\begin{pmatrix}1&1\\0&1\end{pmatrix}.$

4.4.2 (1) $\begin{pmatrix}a&0\\0&a^{-1}\end{pmatrix}=\begin{pmatrix}1&0\\1&1\end{pmatrix}\begin{pmatrix}1&a^{-1}-1\\0&1\end{pmatrix}\begin{pmatrix}1&0\\-a&1\end{pmatrix}\begin{pmatrix}1&a^{-1}(1-a^{-1})\\0&1\end{pmatrix}$;

(2) 由于

$$\begin{pmatrix}1&0\\-ca^{-1}&1\end{pmatrix}\begin{pmatrix}a&b\\c&d\end{pmatrix}\begin{pmatrix}1&-a^{-1}b\\0&1\end{pmatrix}=\begin{pmatrix}a&0\\0&d-ca^{-1}b\end{pmatrix},$$

另$|\boldsymbol{A}|=1$，即$d-ca^{-1}b=a^{-1}$，再利用(1)的结论，即可得证.

4.4.3 由于$r(\boldsymbol{A})=r$，故$\boldsymbol{A}$可经过一系列初等行和列变换成为$\begin{pmatrix}\boldsymbol{E}_r&\boldsymbol{O}\\\boldsymbol{O}&\boldsymbol{O}\end{pmatrix}$，即存在初等矩阵$\boldsymbol{P}_i(i=1,2,\cdots,s)$，$\boldsymbol{Q}_i(i=1,2,\cdots,t)$使得

$$\boldsymbol{P}_1\boldsymbol{P}_2\cdots\boldsymbol{P}_s\boldsymbol{A}\boldsymbol{Q}_1\boldsymbol{Q}_2\cdots\boldsymbol{Q}_t=\begin{pmatrix}\boldsymbol{E}_r&\boldsymbol{O}\\\boldsymbol{O}&\boldsymbol{O}\end{pmatrix}.$$

记$\boldsymbol{P}=\boldsymbol{P}_1\boldsymbol{P}_2\cdots\boldsymbol{P}_s$，$\boldsymbol{Q}=\boldsymbol{Q}_1\boldsymbol{Q}_2\cdots\boldsymbol{Q}_t$，则$\boldsymbol{P},\boldsymbol{Q}$可逆，且$\boldsymbol{PAQ}=\begin{pmatrix}\boldsymbol{E}_r&\boldsymbol{O}\\\boldsymbol{O}&\boldsymbol{O}\end{pmatrix}$. 因此

$$\boldsymbol{PAP}^{-1}=\begin{pmatrix}\boldsymbol{E}_r&\boldsymbol{O}\\\boldsymbol{O}&\boldsymbol{O}\end{pmatrix}\boldsymbol{Q}^{-1}\boldsymbol{P}^{-1}=\begin{pmatrix}\boldsymbol{E}_r&\boldsymbol{O}\\\boldsymbol{O}&\boldsymbol{O}\end{pmatrix}\begin{pmatrix}\boldsymbol{D}_1\\\boldsymbol{D}_1\end{pmatrix}=\begin{pmatrix}\boldsymbol{D}_1\\\boldsymbol{O}\end{pmatrix},$$

其中$\boldsymbol{D}$为$\boldsymbol{Q}^{-1}\boldsymbol{P}^{-1}$的前$r$行. 命题得证.

4.4.4 若$\boldsymbol{A},\boldsymbol{B}$中有一个为可逆矩阵，则由$r(\boldsymbol{A})+r(\boldsymbol{B})\leqslant n$可知，另一个必为零矩阵，故这时任取一个可逆矩阵作为$\boldsymbol{M}$即可.

若$\boldsymbol{A},\boldsymbol{B}$均不可逆，令$r(\boldsymbol{A})=r_1$，$r(\boldsymbol{B})=r_2$，则$0<r_i<n$，$i=1,2$且$r_1+r_2\leqslant n$.

设$\boldsymbol{A}$的列向量分别为$\boldsymbol{A}_1,\boldsymbol{A}_2,\cdots,\boldsymbol{A}_n$，$\boldsymbol{B}$的行向量分别为$\boldsymbol{B}_1,\boldsymbol{B}_2,\cdots,\boldsymbol{B}_n$，则$\boldsymbol{A}_1,\boldsymbol{A}_2,\cdots,\boldsymbol{A}_n$的列向量组的极大线性无关组含$r_1$个向量；$\boldsymbol{B}_1,\boldsymbol{B}_2,\cdots,\boldsymbol{B}_n$的行向量组的极大线性无关组含$r_2$个向量. 故分别存在可逆阵$\boldsymbol{P},\boldsymbol{Q}$，使得

$$\boldsymbol{AP}=(\boldsymbol{A}_1,\cdots,\boldsymbol{A}_n)\boldsymbol{P}=(\boldsymbol{A}_{i_1},\cdots,\boldsymbol{A}_{i_{r_1}},\boldsymbol{O},\cdots,\boldsymbol{O}),\quad \boldsymbol{QB}=\boldsymbol{Q}\begin{pmatrix}\boldsymbol{B}_1\\\vdots\\\boldsymbol{B}_n\end{pmatrix}=\begin{pmatrix}\boldsymbol{O}\\\vdots\\\boldsymbol{O}\\\boldsymbol{B}_{j_1}\\\vdots\\\boldsymbol{B}_{j_{r_2}}\end{pmatrix}.$$

从而有

$$APQB=(A_{i_1},\cdots,A_{i_{r_1}},O,\cdots,O)\begin{pmatrix}O\\ \vdots\\ O\\ B_{j_1}\\ \vdots\\ B_{j_{r_2}}\end{pmatrix}=O,$$

其中 $A_{i_1},\cdots,A_{i_{r_1}}$ 为 $A_1,\cdots,A_n$ 的极大线性无关组，$B_{j_1},\cdots,B_{j_{r_2}}$ 为 $B_1,B_2,\cdots,B_n$ 的极大线性无关组. 令 $M=PQ$，故命题得证.

4.4.5　(1) 由于 $A_{m\times n}$ 为行满秩矩阵，故 A 可通过一系列的列变换化为 (E_m,O)，即存在初等矩阵 $Q_1,Q_2,\cdots,Q_s$，使得

$$AQ_1Q_2\cdots Q_s=(E_m,O),$$

记 $Q^{-1}=Q_1Q_2\cdots Q_s$，则 $AQ^{-1}=(E_m,O)$，从而 $A=(E_m,O)Q$.

(2) 现将 Q^{-1} 分块，记 Q^{-1} 的前 m 列为 B，后 m 列为 C，即 $Q^{-1}=(B,C)$，从而 $AQ^{-1}=A(B,C)=(E_m,O)$，知 $AB=E_m$.

4.4.6　首先容易证明 $r(A)=r(B)$（因 $r(A)=r(PB)\leqslant r(B)=r(QA)\leqslant r(A)$），不妨设 $r(A)=r(B)=r$. 要证明 A,B 可以相互经过一系列初等行变换而得，只需验证存在可逆阵 T_1,T_2，使得 $B=T_1A$，$A=T_2B$. 这样 T 可以分解为一系列初等阵的乘积，需要证明的问题也就解决了. 下面不妨以寻求 $B=T_1A$ 中的 T_1 为例来说明（$A=T_2B$ 中 T_2 的探索留给读者完成).

由于 $r(A)=r(B)=r$，故存在可逆阵 U,V，使得

$$UA=\begin{pmatrix}A_1\\ O\end{pmatrix},\quad VB=\begin{pmatrix}B_1\\ O\end{pmatrix},$$

其中 A_1,B_1 均为 $r\times n$ 的行满秩矩阵. 现对 U,V^{-1} 进行如下分块，

$$U=\begin{pmatrix}U_1\\ U_2\end{pmatrix},\quad V^{-1}=(V_1,V_2),$$

其中 U_1 是 $r\times n$ 矩阵，V_1 是 $n\times r$ 矩阵.

这样就有 $A_1=U_1A$，$B=V_1B_1$，另 $A=PB$，$B=QA$. 因此，$A_1=U_1A=U_1PB=U_1PV_1B_1$. 为方便起见，记 $U_1PV_1=W_1$，则 W_1 是 $r\times r$ 矩阵，另 $r=r(A_1)\leqslant r(W_1)$.

因而 $r(W_1)=r$，即 W_1 是一个 r 级可逆矩阵. 故而

$$B=V^{-1}\begin{pmatrix}B_1\\O\end{pmatrix}=V^{-1}\begin{pmatrix}W_1^{-1}A_1\\O\end{pmatrix}$$
$$=V^{-1}\begin{pmatrix}W_1^{-1}&O\\O&E_{n-r}\end{pmatrix}\begin{pmatrix}A_1\\O\end{pmatrix}=V^{-1}\begin{pmatrix}W_1^{-1}&O\\O&E_{n-r}\end{pmatrix}UA.$$

现在就找到了可逆矩阵 $T_1=V^{-1}\begin{pmatrix}W_1^{-1}&O\\O&E_{n-r}\end{pmatrix}U$，满足 $B=T_1A$，问题得证.

练习 4.5

4.5.1　记 $A=(A_1,A_2,\cdots,A_n)$，$B=(B_1,B_2,\cdots,B_n)$，其中 $A_i,B_i\,(i=1,2,\cdots,n)$ 均为 s 维列向量，则

$$A+B=(A_1+B_1,A_2+B_2,\cdots,A_n+B_n).$$

设 $r(A)=r_1$，$r(B)=r_2$. 不妨设 $A_1,A_2,\cdots,A_{r_1}$ 线性无关，$B_1,B_2,\cdots,B_{r_2}$ 线性无关，则 A_1+B_1，$A_2+B_2,\cdots,A_n+B_n$ 均可由 $A_1,A_2,\cdots,A_{r_1}$，$B_1,B_2,\cdots,B_{r_2}$ 线性表出. 因此，

$$r(A_1+B_1,A_2+B_2,\cdots,A_n+B_n)\leqslant r_1+r_2,$$

即 $r(A+B)\leqslant r(A)+r(B)$.

4.5.2　由于 $A+B=AB$，所以 $A(E-B)=-B$，因此 $r(A)\geqslant r(B)$，又 $A=(A-E)B$，故 $r(A)\leqslant r(B)$，从而 $r(A)=r(B)$.

4.5.3　由于 $r(A)+r(B)-n\leqslant r(AB)$，另 $r(AB)\leqslant r(A),r(AB)\leqslant r(B)$，所以

$$r(A)+r(B)-n\leqslant \min\{r(A),r(B)\}.$$

4.5.4　(1) 当 A 可逆时，由降级公式知

$$|G|=|A||D-CA^{-1}B|=|AD-ACA^{-1}B|.$$

而 $AC=CA$，因此，$|G|=|AD-CB|$.

另若 A 不可逆时，记 $G(x)=\begin{vmatrix}A-xE&B\\C&D\end{vmatrix}$，则 $A-xE$ 只在有限个点处不可逆，当 $A-xE$ 可逆时，$G(x)=|(A-xE)D-CB|$.

由于 $G(x)$ 在无限多个点处都等于 $|(A-xE)D-CB|$，所以，对于任意 x 都有 $G(x)=|(A-xE)D-CB|$. 特别地，取 $x=0$ 时，$|G|=G(0)=|AD-CB|$.

评析　本题提供了一种在代数中极其典型的证明方法，我们的做法是先从特殊入手，然后将一般情形转化为特殊情形. 当得到一般结论时，进一步将结论再次特殊化，我们将在后面的章节中进一步体会这种“特殊 — 一般 — 特殊”的思想.

(2) 由于 $\boldsymbol{A}$ 可逆，所以 $r(\boldsymbol{G})\geqslant r(\boldsymbol{A})=n$. 另 $|\boldsymbol{G}|=|\boldsymbol{AD}-\boldsymbol{CB}|=0$. 因此，$r(\boldsymbol{G})<2n$，即有 $n\leqslant r(\boldsymbol{G})<2n$.

4.5.5　设 $r(\boldsymbol{A})=r_1$，则存在可逆阵 $\boldsymbol{P}_1,\boldsymbol{Q}_1$ 使得 $\boldsymbol{P}_1\boldsymbol{A}\boldsymbol{Q}_1=\begin{pmatrix}\boldsymbol{E}_{r_1} & \boldsymbol{O}\\ \boldsymbol{O} & \boldsymbol{O}\end{pmatrix}$，于是

$$\begin{pmatrix}\boldsymbol{P}_1 & \boldsymbol{O}\\ \boldsymbol{O} & \boldsymbol{E}_n\end{pmatrix}\begin{pmatrix}\boldsymbol{A} & \boldsymbol{O}\\ \boldsymbol{B} & \boldsymbol{C}\end{pmatrix}\begin{pmatrix}\boldsymbol{Q}_1 & \boldsymbol{O}\\ \boldsymbol{O} & \boldsymbol{E}_n\end{pmatrix}=\begin{pmatrix}\begin{pmatrix}\boldsymbol{E}_{r_1} & \boldsymbol{O}\\ \boldsymbol{O} & \boldsymbol{O}\end{pmatrix} & \boldsymbol{O}\\ \boldsymbol{B} & \boldsymbol{C}\end{pmatrix}.$$

因此，$r\begin{pmatrix}\boldsymbol{A} & \boldsymbol{O}\\ \boldsymbol{B} & \boldsymbol{C}\end{pmatrix}=r(\boldsymbol{A})+r(\boldsymbol{B},\boldsymbol{C})\geqslant r(\boldsymbol{A})+r(\boldsymbol{C})$.

4.5.6　由 $r(\boldsymbol{A})+r(\boldsymbol{B})-n\leqslant r(\boldsymbol{AB})$，而 $\boldsymbol{AB}=\boldsymbol{O}$. 易得.

另外，可视 $\boldsymbol{B}$ 的列向量为 $\boldsymbol{Ax}=\boldsymbol{0}$ 的解，由线性方程组基础解系知识也可以得出题目中的结论

4.5.7　在 $r(\boldsymbol{AB})+r(\boldsymbol{BC})-r(\boldsymbol{B})\leqslant r(\boldsymbol{ABC})$ 中，令 $\boldsymbol{A}$ 为 $\boldsymbol{A}^k$，$\boldsymbol{B}$ 为 $\boldsymbol{A}^m$，$\boldsymbol{C}$ 为 $\boldsymbol{A}^k$，则有

$$r(\boldsymbol{A}^{m+k})+r(\boldsymbol{A}^{m+k})-r(\boldsymbol{A}^m)\leqslant r(\boldsymbol{A}^{m+2k}),$$

即 $r(\boldsymbol{A}^m)+r(\boldsymbol{A}^{m+2k})\geqslant 2r(\boldsymbol{A}^{m+k})$.

4.5.8　首先 $r(\boldsymbol{A}^3)\leqslant r(\boldsymbol{A})$. 另外 $r(\boldsymbol{A}^3)=r(\boldsymbol{AAA})\geqslant r(\boldsymbol{A}^2)+r(\boldsymbol{A}^2)-r(\boldsymbol{A})=r(\boldsymbol{A})$（因 $r(\boldsymbol{A})=r(\boldsymbol{A}^2)$）. 因此，$r(\boldsymbol{A}^3)=r(\boldsymbol{A})$.

4.5.9　数学归纳法.

(1) 当 $k=3$ 时，练习题 4.5.8 已证.

(2) 若对任意 $n\leqslant k-1$，有 $r(\boldsymbol{A}^n)=r(\boldsymbol{A})$.

首先，$r(\boldsymbol{A}^n)=r(\boldsymbol{A}\boldsymbol{A}^{n-1})\leqslant r(\boldsymbol{A})$.

其次，$r(\boldsymbol{A}^n)=r(\boldsymbol{A}\boldsymbol{A}^{n-2}\boldsymbol{A})\geqslant r(\boldsymbol{A}^{n-1})+r(\boldsymbol{A}^{n-1})-r(\boldsymbol{A}^{n-2})=r(\boldsymbol{A})+r(\boldsymbol{A})-r(\boldsymbol{A})=r(\boldsymbol{A})$.

即知 $r(\boldsymbol{A}^n)=r(\boldsymbol{A})$. 由 (1),(2) 可知，对任意自然数 k，有 $r(\boldsymbol{A}^k)=r(\boldsymbol{A})$.

4.5.10

$$\begin{aligned}\boldsymbol{E}_n-\boldsymbol{A}&=\boldsymbol{E}_n-\boldsymbol{B}_1\boldsymbol{B}_2\cdots\boldsymbol{B}_k\\&=\boldsymbol{E}_n-\boldsymbol{B}_1+\boldsymbol{B}_1-\boldsymbol{B}_1\boldsymbol{B}_2+\boldsymbol{B}_1\boldsymbol{B}_2-\boldsymbol{B}_1\boldsymbol{B}_2\boldsymbol{B}_3+\cdots\\&\quad+\boldsymbol{B}_1\boldsymbol{B}_2\cdots\boldsymbol{B}_{k-1}-\boldsymbol{B}_1\boldsymbol{B}_2\cdots\boldsymbol{B}_k.\end{aligned}$$

另由于 $\boldsymbol{B}_i^2=\boldsymbol{B}_i$，故而 $r(\boldsymbol{E}_n-\boldsymbol{B}_i)=n-r(\boldsymbol{B}_i)(i=1,2,\cdots,k)$. 因此，

$$\begin{aligned}&r(\boldsymbol{E}_n-\boldsymbol{A})\\&\leqslant r(\boldsymbol{E}_n-\boldsymbol{B}_1)+r(\boldsymbol{B}_1(\boldsymbol{E}_n-\boldsymbol{B}_2))+\cdots+r(\boldsymbol{B}_1\boldsymbol{B}_2\cdots\boldsymbol{B}_{k-1}(\boldsymbol{E}_n-\boldsymbol{B}_k))\\&\leqslant r(\boldsymbol{E}_n-\boldsymbol{B}_1)+r(\boldsymbol{E}_n-\boldsymbol{B}_2)+\cdots+r(\boldsymbol{E}_n-\boldsymbol{B}_k)\\&=n-r(\boldsymbol{B}_1)+n-r(\boldsymbol{B}_2)+\cdots+n-r(\boldsymbol{B}_k)\\&=kn-[r(\boldsymbol{B}_1)+r(\boldsymbol{B}_2)+\cdots+r(\boldsymbol{B}_k)]\\&\leqslant kn-[r(\boldsymbol{A})+r(\boldsymbol{A})+\cdots+r(\boldsymbol{A})]=k(n-r(\boldsymbol{A})).\end{aligned}$$

4.5.11　首先$r(\boldsymbol{AB})\geqslant r(\boldsymbol{A})+r(\boldsymbol{B})-n$. 由Sylvester不等式知$r(\boldsymbol{AB})\geqslant r(\boldsymbol{A})+r(\boldsymbol{B})-n$, 下面只说明$r(\boldsymbol{AB})\leqslant r(\boldsymbol{A})+r(\boldsymbol{B})-n$. 由于

$$\begin{pmatrix}\boldsymbol{E}&\boldsymbol{O}\\\boldsymbol{E}&\boldsymbol{E}\end{pmatrix}\begin{pmatrix}\boldsymbol{A}&\boldsymbol{O}\\\boldsymbol{O}&\boldsymbol{B}\end{pmatrix}\begin{pmatrix}\boldsymbol{E}&\boldsymbol{E}\\\boldsymbol{O}&\boldsymbol{E}\end{pmatrix}\begin{pmatrix}\boldsymbol{A}+\boldsymbol{B}&\boldsymbol{C}-\boldsymbol{D}\\-\boldsymbol{A}&\boldsymbol{D}\end{pmatrix}$$
$$=\begin{pmatrix}\boldsymbol{AB}&\boldsymbol{AC}\\\boldsymbol{O}&\boldsymbol{AC}+\boldsymbol{BD}\end{pmatrix}=\begin{pmatrix}\boldsymbol{AB}&\boldsymbol{AC}\\\boldsymbol{O}&\boldsymbol{E}_n\end{pmatrix},$$

故

$$r\begin{pmatrix}\boldsymbol{A}&\boldsymbol{O}\\\boldsymbol{O}&\boldsymbol{B}\end{pmatrix}\geqslant r\begin{pmatrix}\boldsymbol{AB}&\boldsymbol{AC}\\\boldsymbol{O}&\boldsymbol{E}_n\end{pmatrix},$$

即$r(\boldsymbol{A})+r(\boldsymbol{B})\geqslant r(\boldsymbol{AB})+n$, 得证.

4.5.12　由于

$$\begin{pmatrix}\boldsymbol{E}&\boldsymbol{O}\\\boldsymbol{E}&\boldsymbol{E}\end{pmatrix}\begin{pmatrix}\boldsymbol{A}&\boldsymbol{O}\\\boldsymbol{O}&\boldsymbol{B}\end{pmatrix}\begin{pmatrix}\boldsymbol{E}&\boldsymbol{E}\\\boldsymbol{O}&\boldsymbol{E}\end{pmatrix}\begin{pmatrix}\boldsymbol{A}+\boldsymbol{B}&\boldsymbol{O}\\-\boldsymbol{A}&\boldsymbol{E}\end{pmatrix}=\begin{pmatrix}\boldsymbol{AB}&\boldsymbol{A}\\\boldsymbol{O}&\boldsymbol{A}+\boldsymbol{B}\end{pmatrix},$$

故

$$r\begin{pmatrix}\boldsymbol{A}&\boldsymbol{O}\\\boldsymbol{O}&\boldsymbol{B}\end{pmatrix}\geqslant r\begin{pmatrix}\boldsymbol{AB}&\boldsymbol{A}\\\boldsymbol{O}&\boldsymbol{A}+\boldsymbol{B}\end{pmatrix},$$

即$r(\boldsymbol{A})+r(\boldsymbol{B})\geqslant r(\boldsymbol{AB})+r(\boldsymbol{A}+\boldsymbol{B})$, 得证.

练习 5 参考答案

练习 5.1

5.1.1　$$\boldsymbol{A}_n=\begin{pmatrix}\frac{1}{n}-\frac{1}{n^2}&-\frac{1}{n^2}&\cdots&-\frac{1}{n^2}\\-\frac{1}{n^2}&\frac{1}{n}-\frac{1}{n^2}&\cdots&-\frac{1}{n^2}\\\vdots&\vdots&&\vdots\\-\frac{1}{n^2}&-\frac{1}{n^2}&\cdots&\frac{1}{n}-\frac{1}{n^2}\end{pmatrix}.$$

5.1.2　**方法 1**

$$f(x_1,x_2,\cdots,x_n)$$
$$=-x_1\begin{vmatrix}-x_1&a_{12}&\cdots&a_{1n}\\-x_2&a_{22}&\cdots&a_{2n}\\\vdots&\vdots&&\vdots\\-x_n&a_{n2}&\cdots&a_{nn}\end{vmatrix}+\cdots+(-1)^{n+1}x_n\begin{vmatrix}-x_1&a_{11}&\cdots&a_{1,n-1}\\-x_2&a_{21}&\cdots&a_{2,n-1}\\\vdots&\vdots&&\vdots\\-x_n&a_{n1}&\cdots&a_{n,n-1}\end{vmatrix}$$

$$
\begin{aligned}
&= (A_{11}x_1^2 + \cdots + A_{n1}x_n x_1) + \cdots + (A_{1n}x_1 x_n + \cdots + A_{nn}x_n^2) \\
&= \boldsymbol{x}^{\mathrm{T}} \boldsymbol{A}^* \boldsymbol{x}.
\end{aligned}
$$

设 $f(\boldsymbol{x}^{\mathrm{T}}) = \boldsymbol{x}^{\mathrm{T}}\boldsymbol{B}\boldsymbol{x}$，其中 $\boldsymbol{B}$ 为 f 的矩阵，则 $b_{ij} = \dfrac{A_{ij} + A_{ji}}{2}$，$i, j = 1, 2, \cdots, n$.

方法 2 若 $\boldsymbol{A}$ 可逆，则

$$
f = \begin{vmatrix} \boldsymbol{O} & \boldsymbol{X}^{\mathrm{T}} \\ -\boldsymbol{X} & \boldsymbol{A} \end{vmatrix} = |\boldsymbol{A}||\boldsymbol{O} - \boldsymbol{X}^{\mathrm{T}}\boldsymbol{A}^{-1}(-\boldsymbol{X})| = \boldsymbol{X}^{\mathrm{T}}|\boldsymbol{A}|\boldsymbol{A}^{-1}\boldsymbol{X} = \boldsymbol{X}^{\mathrm{T}}\boldsymbol{A}^{\mathrm{T}}\boldsymbol{X}.
$$

若 $\boldsymbol{A}$ 不可逆，则使 $\det(\boldsymbol{A} - \lambda\boldsymbol{E}) = 0$ 的 λ 最多有限个，即有无穷多处满足 $\boldsymbol{A} - \lambda\boldsymbol{E}$ 可逆. 从而

$$
\begin{vmatrix} \boldsymbol{O} & \boldsymbol{X}^{\mathrm{T}} \\ -\boldsymbol{X} & \boldsymbol{A} - \lambda\boldsymbol{E} \end{vmatrix} = \boldsymbol{X}^{\mathrm{T}}(\boldsymbol{A} - \lambda\boldsymbol{E})^*\boldsymbol{X}
$$

在无穷多个点处成立，特别地，$\lambda = 0$ 时，仍然成立，即 $f = \boldsymbol{X}^{\mathrm{T}}\boldsymbol{A}^*\boldsymbol{X}$ 恒成立.

5.1.3 $f = \sum\limits_{i=1}^{n}(a_{i1}x_1 + a_{i2}x_2 + \cdots + a_{in}x_n)^2$

$$
\begin{aligned}
&= \sum_{i=1}^{n}(x_1, x_2, \cdots, x_n)\begin{pmatrix} a_{i1} \\ a_{i2} \\ \vdots \\ a_{in} \end{pmatrix}(a_{i1}, a_{i2}, \cdots, a_{in})\begin{pmatrix} x_1 \\ x_2 \\ \vdots \\ x_n \end{pmatrix} \\
&= (x_1, x_2, \cdots, x_n) \cdot \sum_{i=1}^{n}\begin{pmatrix} a_{i1} \\ a_{i2} \\ \vdots \\ a_{in} \end{pmatrix}(a_{i1}, a_{i2}, \cdots, a_{in}) \cdot \begin{pmatrix} x_1 \\ x_2 \\ \vdots \\ x_n \end{pmatrix} \\
&= (x_1, x_2, \cdots, x_n)(\boldsymbol{A}^{\mathrm{T}}\boldsymbol{A})\begin{pmatrix} x_1 \\ x_2 \\ \vdots \\ x_n \end{pmatrix},
\end{aligned}
$$

即 f 的矩阵为 $\boldsymbol{A}^{\mathrm{T}}\boldsymbol{A}$，而 $r(\boldsymbol{A}^{\mathrm{T}}\boldsymbol{A}) = r(\boldsymbol{A})$. 从而得证.

练习 5.2

5.2.1 取 $\boldsymbol{x} = \boldsymbol{C}\boldsymbol{y}$，得 f 在实数域上的规范形：$f = y_1^2 + y_2^2 - y_3^2 - y_4^2$；取 $\boldsymbol{x} = \boldsymbol{Q}\boldsymbol{z}$，得 f 在复数域上的规范形：$f = z_1^2 + z_2^2 + z_3^2 + z_4^2$，其中

$$C=\begin{pmatrix}\frac{1}{\sqrt{2}} & \frac{1}{\sqrt{2}} & -\frac{1}{\sqrt{2}} & -\frac{1}{\sqrt{2}}\\ \frac{1}{\sqrt{2}} & -\frac{1}{\sqrt{2}} & -\frac{1}{\sqrt{2}} & \frac{1}{\sqrt{2}}\\ 0 & -\frac{1}{\sqrt{2}} & \frac{1}{\sqrt{2}} & 0\\ 0 & \frac{1}{\sqrt{2}} & 0 & 0\end{pmatrix},\quad Q=\begin{pmatrix}\frac{1}{\sqrt{2}} & \frac{1}{\sqrt{2}} & -\frac{\mathrm{i}}{\sqrt{2}} & -\frac{\mathrm{i}}{\sqrt{2}}\\ \frac{1}{\sqrt{2}} & -\frac{1}{\sqrt{2}} & -\frac{\mathrm{i}}{\sqrt{2}} & \frac{\mathrm{i}}{\sqrt{2}}\\ 0 & -\frac{1}{\sqrt{2}} & \frac{\mathrm{i}}{\sqrt{2}} & 0\\ 0 & \frac{1}{\sqrt{2}} & 0 & 0\end{pmatrix}.$$

5.2.2 **方法 1** 设 f 的正、负惯性指数分别为 p_1,q_1；g 的正、负惯性指数分别为 p_2,q_2.

另外，由于 $r(f)=r(g)$，故 $p_1+q_1=p_2+q_2$. 欲证 f,g 有相同的规范形，只需说明 $p_1=p_2$，$q_1=q_2$.

令 $\boldsymbol{x}=\boldsymbol{C}\boldsymbol{y}$，则 $f=\boldsymbol{x}^{\mathrm{T}}\boldsymbol{A}\boldsymbol{x}=\boldsymbol{y}^{\mathrm{T}}\boldsymbol{B}\boldsymbol{y}=g$，由例 5.2.5 知 $p_1\leqslant p_2$，$q_1\leqslant q_2$；同理，令 $\boldsymbol{y}=\boldsymbol{D}\boldsymbol{x}$，则 $g=\boldsymbol{y}^{\mathrm{T}}\boldsymbol{B}\boldsymbol{y}=\boldsymbol{x}^{\mathrm{T}}\boldsymbol{A}\boldsymbol{x}$，知 $p_2\leqslant p_1$，$q_2\leqslant q_1$，因此 $p_1=p_2$，$q_1=q_2$.

方法 2 首先，$r(\boldsymbol{A})=r(\boldsymbol{D}^{\mathrm{T}}\boldsymbol{B}\boldsymbol{D})\leqslant r(\boldsymbol{B})$. 同理 $r(\boldsymbol{B})\leqslant r(\boldsymbol{A})$，即知 $r(\boldsymbol{A})=r(\boldsymbol{B})$. 因此，存在可逆阵 $\boldsymbol{P},\boldsymbol{Q}$，使得

$$\boldsymbol{A}=\boldsymbol{P}^{\mathrm{T}}\begin{pmatrix}\boldsymbol{A}_1 & \boldsymbol{O}\\ \boldsymbol{O} & \boldsymbol{O}\end{pmatrix}\boldsymbol{P},\quad \boldsymbol{B}=\boldsymbol{Q}^{\mathrm{T}}\begin{pmatrix}\boldsymbol{B}_1 & \boldsymbol{O}\\ \boldsymbol{O} & \boldsymbol{O}\end{pmatrix}\boldsymbol{Q},$$

其中 $\boldsymbol{A}_1,\boldsymbol{B}_1$ 均为 r 级可逆阵.

记 $\boldsymbol{P}=\begin{pmatrix}\boldsymbol{P}_1\\ \boldsymbol{P}_2\end{pmatrix}$，其中 $\boldsymbol{P}_1$ 为 $r\times n$ 行满秩矩阵. $\boldsymbol{Q}^{-1}=(\boldsymbol{Q}_1,\boldsymbol{Q}_2)$，其中 $\boldsymbol{Q}_1$ 为 $n\times r$ 列满秩矩阵，则有

$$\boldsymbol{A}=\boldsymbol{P}_1^{\mathrm{T}}\boldsymbol{A}_1\boldsymbol{P}_1,\quad \boldsymbol{B}_1=\boldsymbol{Q}_1^{\mathrm{T}}\boldsymbol{B}\boldsymbol{Q}_1.$$

特别地，$\boldsymbol{B}_1=\boldsymbol{Q}_1^{\mathrm{T}}\boldsymbol{B}\boldsymbol{Q}_1=\boldsymbol{Q}_1^{\mathrm{T}}\boldsymbol{C}^{\mathrm{T}}\boldsymbol{A}\boldsymbol{C}\boldsymbol{Q}_1=\boldsymbol{Q}_1^{\mathrm{T}}\boldsymbol{C}^{\mathrm{T}}\boldsymbol{P}_1^{\mathrm{T}}\boldsymbol{A}_1\boldsymbol{P}_1\boldsymbol{C}\boldsymbol{Q}_1=\boldsymbol{W}_1^{\mathrm{T}}\boldsymbol{A}_1\boldsymbol{W}_1$，其中 $\boldsymbol{W}_1=\boldsymbol{P}_1\boldsymbol{C}\boldsymbol{Q}_1$ 为 r 级矩阵，且 $r=r(\boldsymbol{B}_1)=r(\boldsymbol{W}_1^{\mathrm{T}}\boldsymbol{A}_1\boldsymbol{W}_1)\leqslant r(\boldsymbol{W}_1)\leqslant r$，即知 $\boldsymbol{W}_1$ 是 r 级可逆阵，从而 $\boldsymbol{A}_1=(\boldsymbol{W}_1^{-1})^{\mathrm{T}}\boldsymbol{B}_1\boldsymbol{W}_1^{-1}$，这样就有

$$\begin{aligned}\boldsymbol{A}&=\boldsymbol{P}^{\mathrm{T}}\begin{pmatrix}\boldsymbol{A}_1 & \boldsymbol{O}\\ \boldsymbol{O} & \boldsymbol{O}\end{pmatrix}\boldsymbol{P}=\boldsymbol{P}^{\mathrm{T}}\begin{pmatrix}(\boldsymbol{W}_1^{-1})^{\mathrm{T}}\boldsymbol{B}_1\boldsymbol{W}_1^{-1} & \boldsymbol{O}\\ \boldsymbol{O} & \boldsymbol{O}\end{pmatrix}\boldsymbol{P}\\ &=\boldsymbol{P}^{\mathrm{T}}\begin{pmatrix}(\boldsymbol{W}_1^{-1})^{\mathrm{T}} & \boldsymbol{O}\\ \boldsymbol{O} & \boldsymbol{E}_{n-r}\end{pmatrix}\begin{pmatrix}\boldsymbol{B}_1 & \boldsymbol{O}\\ \boldsymbol{O} & \boldsymbol{O}\end{pmatrix}\begin{pmatrix}\boldsymbol{W}_1^{-1} & \boldsymbol{O}\\ \boldsymbol{O} & \boldsymbol{O}\end{pmatrix}\boldsymbol{P}\\ &=\boldsymbol{P}^{\mathrm{T}}\begin{pmatrix}(\boldsymbol{W}_1^{-1})^{\mathrm{T}} & \boldsymbol{O}\\ \boldsymbol{O} & \boldsymbol{E}_{n-r}\end{pmatrix}(\boldsymbol{Q}^{-1})^{\mathrm{T}}\boldsymbol{B}\boldsymbol{Q}^{-1}\begin{pmatrix}\boldsymbol{W}_1^{-1} & \boldsymbol{O}\\ \boldsymbol{O} & \boldsymbol{E}_{n-r}\end{pmatrix}\boldsymbol{P}.\end{aligned}$$

设 $\boldsymbol{R}=\boldsymbol{Q}^{-1}\begin{pmatrix}\boldsymbol{W}_1^{-1} & \boldsymbol{O}\\ \boldsymbol{O} & \boldsymbol{E}_{n-r}\end{pmatrix}\boldsymbol{P}$，则 $\boldsymbol{R}$ 是 n 级可逆阵且 $\boldsymbol{A}=\boldsymbol{R}^{\mathrm{T}}\boldsymbol{B}\boldsymbol{R}$，即 $\boldsymbol{A},\boldsymbol{B}$ 为合同矩阵，从而 f 与 g 有相同的规范形.

5.2.3 因 $|\boldsymbol{A}|\neq 0$，即 $r(\boldsymbol{A})=n$. 从而存在非退化线性替换 $\boldsymbol{x}=\boldsymbol{C}\boldsymbol{y}$，使

$$f=y_1^2+\cdots+y_p^2-y_{p+1}^2\cdots-y_n^2.$$

易见 $t=p-(n-p)=2p-n$. 要证 $|t|\leqslant n-2k$，只需说明 $k\leqslant p\leqslant n-k$.

首先证明 $k\leqslant p$. 若不然，考虑关于 $x_1,x_2,\cdots,x_n$ 的齐次线性方程组

$$\begin{cases}y_1=0,\\ \quad\cdots\cdots\\ y_p=0,\\ x_{k+1}=0,\\ \quad\cdots\cdots\\ x_n=0,\end{cases}$$

方程个数为 $p+n-k<n$，从而有非零解 $\boldsymbol{x}_0$，其中 $\boldsymbol{x}_0=(a_1,a_2,\cdots,a_k,0,0,\cdots,0)^{\mathrm{T}}$，由题设知 $f(\boldsymbol{x}_0^{\mathrm{T}})=0$.

另 $\boldsymbol{x}_0=\boldsymbol{C}\boldsymbol{y}_0$，由 $\boldsymbol{C}$ 可逆知 $\boldsymbol{y}_0=\boldsymbol{C}^{-1}x_0$ 非零，不妨设 $\boldsymbol{y}_0=(0,\cdots,0,b_{p+1},\cdots,b_n)$，则 $f(\boldsymbol{y}_0^{\mathrm{T}})=-b_{p+1}^2-\cdots-b_n^2<0$，与 $f(\boldsymbol{x}_0^{\mathrm{T}})=f(\boldsymbol{y}_0^{\mathrm{T}})$ 矛盾，从而 $k\leqslant p$. 同理，考虑方程组

$$\begin{cases}y_{p+1}=0,\\ \quad\cdots\cdots\\ y_n=0,\\ x_{k+1}=0,\\ \quad\cdots\cdots\\ x_n=0,\end{cases}$$

可得 $p\leqslant n-k$，原命题得证.

5.2.4 由题意知，存在可逆阵，使得

$$\boldsymbol{A}=\boldsymbol{P}\begin{pmatrix}\boldsymbol{E}_p & \boldsymbol{O} & \boldsymbol{O}\\ \boldsymbol{O} & -\boldsymbol{E}_q & \boldsymbol{O}\\ \boldsymbol{O} & \boldsymbol{O} & \boldsymbol{O}\end{pmatrix}\boldsymbol{P}^{\mathrm{T}}.$$

记 $\boldsymbol{B}=\begin{pmatrix}\boldsymbol{E}_p & \boldsymbol{O}\\ \boldsymbol{O} & -\boldsymbol{E}_q\end{pmatrix}$，$\boldsymbol{C}=\boldsymbol{P}\begin{pmatrix}\boldsymbol{E}_r\\ \boldsymbol{O}\end{pmatrix}$，其中 $r=p+q$，则 $\boldsymbol{A}=\boldsymbol{C}\boldsymbol{B}\boldsymbol{C}^{\mathrm{T}}$，且 $\boldsymbol{B}$ 为 r 级可逆阵，$\boldsymbol{C}$ 为 $n\times r$ 列满秩矩阵.

5.2.5　对任一n维列向量$\boldsymbol{x}$，有$\boldsymbol{x}^{\mathrm{T}}\sum_{i=1}^{m}\boldsymbol{A}_i^2\boldsymbol{x}=0$，即$\sum_{i=1}^{m}\boldsymbol{x}^{\mathrm{T}}\boldsymbol{A}_i^2\boldsymbol{x}=0$. 而$\boldsymbol{x}^{\mathrm{T}}\boldsymbol{A}_i^2\boldsymbol{x}=\boldsymbol{x}^{\mathrm{T}}\boldsymbol{A}_i^{\mathrm{T}}\boldsymbol{A}_i\boldsymbol{x}=(\boldsymbol{A}_i\boldsymbol{x},\boldsymbol{A}_i\boldsymbol{x})\geqslant 0$，故$\boldsymbol{x}^{\mathrm{T}}\boldsymbol{A}_i^2\boldsymbol{x}=0$. 由$\boldsymbol{x}$的任意性知$\boldsymbol{A}_i^2=\boldsymbol{O}(i=1,2,\cdots,m)$. 因此，

$$\boldsymbol{A}_i=\boldsymbol{O}\quad(i=1,2,\cdots,m).$$

5.2.6　用数学归纳法，对$\boldsymbol{A}$进行合同变换即得.

5.2.7　由练习 5.2.5 知存在可逆阵$\boldsymbol{C}$，使得$\boldsymbol{A}=\boldsymbol{C}^{\mathrm{T}}\boldsymbol{B}\boldsymbol{C}$，其中

$$\boldsymbol{B}=\begin{pmatrix}0&1&&&&&&\\-1&0&&&&&&\\&&\ddots&&&&&\\&&&0&1&&&\\&&&-1&0&&&\\&&&&&0&&\\&&&&&&\ddots&\\&&&&&&&0\end{pmatrix}.$$

(1) 当n为奇数时，$\boldsymbol{B}$中必有零行，从而$|\boldsymbol{A}|=|\boldsymbol{C}|^2|\boldsymbol{B}|=0$;

当n为偶数时，$|\boldsymbol{A}|=|\boldsymbol{C}|^2|\boldsymbol{B}|=|\boldsymbol{C}|^2\begin{vmatrix}0&1\\-1&0\end{vmatrix}^{\frac{n}{2}}=|\boldsymbol{C}|^2$或$|\boldsymbol{A}|=0$.

(2) $$r(\boldsymbol{A})=r(\boldsymbol{C}^{\mathrm{T}}\boldsymbol{B}\boldsymbol{C})=r(\boldsymbol{B})=r\left(\begin{pmatrix}0&1&&&\\-1&0&&&\\&&\ddots&&\\&&&0&1\\&&&-1&0\end{pmatrix}\right)=2m.$$

练习 5.3

5.3.1　$-2<t<1$.

5.3.2　f的矩阵为

$$\boldsymbol{A}=\begin{pmatrix}1&a&a&0\\a&1&a&0\\a&a&1&0\\0&0&0&3\end{pmatrix}.$$

(1) 要使f是正定的，即$\boldsymbol{A}$的一切顺序主子式都大于零，从而有

$$|1|>0,\quad\begin{vmatrix}1&a\\a&1\end{vmatrix}=1-a^2>0,\quad\begin{vmatrix}1&a&a\\a&1&a\\a&a&1\end{vmatrix}=(1-a)^2(1+2a)>0,$$

$$\begin{vmatrix} 1 & a & a & 0 \\ a & 1 & a & 0 \\ a & a & 1 & 0 \\ 0 & 0 & 0 & 3 \end{vmatrix} = 3(1-a)^2(1+2a) > 0,$$

即有 $-\dfrac{1}{2} < a < 1$ 时，f 是正定的.

(2) 要使 f 是半正定的，即 $\boldsymbol{A}$ 的一切主子式都大于或等于零. 由于

$$\boldsymbol{A}_k = \begin{pmatrix} a_{i_1 i_1} & a_{i_1 i_2} & \cdots & a_{i_1 i_k} \\ a_{i_2 i_1} & a_{i_2 i_2} & \cdots & a_{i_2 i_k} \\ \vdots & \vdots & & \vdots \\ a_{i_k i_1} & a_{i_k i_2} & \cdots & a_{i_k i_k} \end{pmatrix}, \quad 1 \leqslant i_1 < \cdots < i_k \leqslant n$$

为 $\boldsymbol{A}$ 的任一个 k 级主子式所对应的 k 级实对称矩阵，显然一级主子式全大于零，对于二级主子式(重复的按一个计算)，

$$\begin{vmatrix} 1 & a \\ a & 1 \end{vmatrix} = 1 - a^2 \geqslant 0, \quad \begin{vmatrix} 1 & 0 \\ 0 & 3 \end{vmatrix} = 3 > 0.$$

对于三级主子式，

$$\begin{vmatrix} 1 & a & a \\ a & 1 & a \\ a & a & 1 \end{vmatrix} = (1-a)^2(1+2a) \geqslant 0, \quad \begin{vmatrix} 1 & a & 0 \\ a & 1 & 0 \\ 0 & 0 & 3 \end{vmatrix} = 3(1-a)^2 > 0,$$

即当 $-\dfrac{1}{2} \leqslant a \leqslant 1$ 时，f 是半正定的.

(3) 要使 f 是不定二次型，必须知道 a 为何值时，f 为半负定. 令

$$\boldsymbol{B} = \begin{pmatrix} -1 & -a & -a & 0 \\ -a & -1 & -a & 0 \\ -a & -a & -1 & 0 \\ 0 & 0 & 0 & -3 \end{pmatrix}.$$

考察 $\boldsymbol{B}$ 可知，当 a 取任何值时，$-f$ 都不是半正定的，即 f 都不是半负定的. 故 f 为不定二次型时，f 既不半正定也不半负定，从而当 $a < -\dfrac{1}{2}$ 或 $a > 1$ 时，f 为不定二次型.

5.3.3　当 $n = 2k+1$ 时，f 的矩阵

$$\boldsymbol{A}=\begin{bmatrix} a & & & & & & b \\ & \ddots & & & & \iddots & \\ & & a & & b & & \\ & & & a+b & & & \\ & & b & & a & & \\ & \iddots & & & & \ddots & \\ a & & & & & & a \end{bmatrix}.$$

$\boldsymbol{A}$ 的各级顺序主子式

$$\Delta_i = a^i\ (1 \leqslant i \leqslant k),\quad \Delta_{k+1}=(a+b)a^k,$$
$$\Delta_{k+1+j}=(a+b)a^{k-j}(a^2-b^2)^j,\quad j=1,2,\cdots,k,$$

故当 $a>0, a+b>0, a-b>0$ 时，f 正定.

当 $n=2k$ 时，

$$\boldsymbol{A}=\begin{pmatrix} a & & & & & b \\ & \ddots & & & \iddots & \\ & & a & b & & \\ & & b & a & & \\ & \iddots & & & \ddots & \\ b & & & & & a \end{pmatrix}.$$

$\boldsymbol{A}$ 的各级顺序主子式

$$\Delta_i = a^i\ (1 \leqslant i \leqslant k),\quad \Delta_{k+j}=a^{k-j}(a^2-b^2)^j\ (j=1,2,\cdots,k),$$

故当 $a>0$ 且 $a^2-b^2>0$ 时，f 正定.

5.3.4 二次型矩阵为

$$\boldsymbol{A}=\begin{pmatrix} 1 & \frac{1}{2} & \frac{1}{2} & \cdots & \frac{1}{2} \\ \frac{1}{2} & 1 & \frac{1}{2} & \cdots & \frac{1}{2} \\ \frac{1}{2} & \frac{1}{2} & 1 & \cdots & \frac{1}{2} \\ \vdots & \vdots & \vdots & & \vdots \\ \frac{1}{2} & \frac{1}{2} & \frac{1}{2} & \cdots & 1 \end{pmatrix},$$

其 k 级顺序主子式 $\Delta_k=\dfrac{k+1}{2^k}>0(k=1,2,\cdots,n)$，从而 $\boldsymbol{A}$ 正定.

5.3.5　令 $\boldsymbol{y}=\boldsymbol{C}\boldsymbol{x}$，其中

$$\boldsymbol{C}=\begin{pmatrix} 1 & a_1 & 0 & \cdots & 0 & 0 \\ 0 & 1 & a_2 & \cdots & 0 & 0 \\ 0 & 0 & 1 & \cdots & 0 & 0 \\ \vdots & \vdots & \vdots & & \vdots & \vdots \\ 0 & 0 & 0 & \cdots & 1 & a_{n-1} \\ a_n & 0 & 0 & \cdots & 0 & 1 \end{pmatrix},$$

则 $f(\boldsymbol{x}^{\mathrm{T}})=y_1^2+y_2^2+\cdots+y_n^2$，从而使 f 正定，只需 $\boldsymbol{C}$ 可逆，即 $|\boldsymbol{C}|=1+(-1)^{n-1}\prod_{i=1}^{n}a_i\neq 0$.

5.3.6　令 $\boldsymbol{P}=\mathrm{diag}(b_1,b_2,\cdots,b_n)$，则 $\boldsymbol{P}$ 实可逆，且 $\boldsymbol{B}=\boldsymbol{P}^{\mathrm{T}}\boldsymbol{A}\boldsymbol{P}$，故 $\boldsymbol{B}$ 是正定的.

5.3.7　"$\Rightarrow$" $\forall \boldsymbol{x}\in\mathbf{R}^n$，$\boldsymbol{x}\neq\boldsymbol{0}$，$\boldsymbol{x}^{\mathrm{T}}(\boldsymbol{B}^{\mathrm{T}}\boldsymbol{A}\boldsymbol{B})\boldsymbol{x}>0$ 有 $\boldsymbol{B}\boldsymbol{x}\neq\boldsymbol{0}$，即 $\boldsymbol{B}\boldsymbol{x}=\boldsymbol{0}$ 仅有零解，故 $r(\boldsymbol{B})=n$. "$\Leftarrow$" 若 $r(\boldsymbol{B})=n$，则 $\boldsymbol{B}\boldsymbol{x}=\boldsymbol{0}$ 仅有零解. 故 $\forall\boldsymbol{x}\in\mathbf{R}^n$，$\boldsymbol{x}\neq\boldsymbol{0}$ 有 $\boldsymbol{B}\boldsymbol{x}\neq\boldsymbol{0}$，从而 $\boldsymbol{x}^{\mathrm{T}}(\boldsymbol{B}^{\mathrm{T}}\boldsymbol{A}\boldsymbol{B})\boldsymbol{x}>0$，所以 $\boldsymbol{B}^{\mathrm{T}}\boldsymbol{A}\boldsymbol{B}$ 正定.

5.3.8　记 $\boldsymbol{Q}_1=\begin{pmatrix}\boldsymbol{E}_n & \boldsymbol{B}^{-1}\boldsymbol{C}\\ \boldsymbol{O} & \boldsymbol{E}_m\end{pmatrix}$，则

$$\boldsymbol{Q}^{\mathrm{T}}\boldsymbol{A}\boldsymbol{Q}_1=\begin{pmatrix}\boldsymbol{B} & \boldsymbol{O}\\ \boldsymbol{O} & -\boldsymbol{C}^{\mathrm{T}}\boldsymbol{B}^{-1}\boldsymbol{C}\end{pmatrix}.$$

由于 $\boldsymbol{B}$ 正定，存在 n 级可逆阵 $\boldsymbol{Q}_{21}$，使得 $\boldsymbol{Q}_{21}^{\mathrm{T}}\boldsymbol{B}\boldsymbol{Q}_{21}=\boldsymbol{E}_n$. 另 $\boldsymbol{B}^{-1}$ 正定，且 $\boldsymbol{C}$ 为列满秩矩阵，故 $\boldsymbol{C}\boldsymbol{x}=\boldsymbol{0}$ 当且仅当 $\boldsymbol{x}=\boldsymbol{0}$. 因此，若 $\boldsymbol{x}\neq\boldsymbol{0}$，则 $\boldsymbol{x}^{\mathrm{T}}\boldsymbol{C}^{\mathrm{T}}\boldsymbol{B}^{-1}\boldsymbol{C}\boldsymbol{x}>0$，即 $\boldsymbol{C}^{\mathrm{T}}\boldsymbol{B}^{-1}\boldsymbol{C}$ 也是一个 m 级正定阵. 故存在 m 级可逆阵 $\boldsymbol{Q}_{22}$，使得 $\boldsymbol{Q}_{22}^{\mathrm{T}}(\boldsymbol{C}^{\mathrm{T}}\boldsymbol{B}^{-1}\boldsymbol{C})\boldsymbol{Q}_{22}=\boldsymbol{E}_m$.

令 $\boldsymbol{Q}=\boldsymbol{Q}_1\begin{pmatrix}\boldsymbol{Q}_{21} & \\ & \boldsymbol{Q}_{22}\end{pmatrix}$，则

$$\boldsymbol{Q}^{\mathrm{T}}\boldsymbol{A}\boldsymbol{Q}=\begin{pmatrix}\boldsymbol{E}_n & \boldsymbol{O}\\ \boldsymbol{O} & -\boldsymbol{E}_m\end{pmatrix},$$

原命题得证.

5.3.9　"$\Rightarrow$" 取 $\boldsymbol{B}=\boldsymbol{A}^{-1}$，则 $\boldsymbol{A}\boldsymbol{B}+\boldsymbol{B}^{\mathrm{T}}\boldsymbol{A}=2\boldsymbol{E}$，命题成立；

"$\Leftarrow$" 若 $\boldsymbol{A}\boldsymbol{B}+\boldsymbol{B}^{\mathrm{T}}\boldsymbol{A}$ 正定，则对任意 $\boldsymbol{x}$，

$$\boldsymbol{x}^{\mathrm{T}}(\boldsymbol{A}\boldsymbol{B}+\boldsymbol{B}^{\mathrm{T}}\boldsymbol{A})\boldsymbol{x}=\boldsymbol{x}^{\mathrm{T}}\boldsymbol{A}\boldsymbol{B}\boldsymbol{x}+\boldsymbol{x}^{\mathrm{T}}\boldsymbol{B}^{\mathrm{T}}\boldsymbol{A}\boldsymbol{x}=\boldsymbol{x}^{\mathrm{T}}\boldsymbol{A}^{\mathrm{T}}\boldsymbol{B}\boldsymbol{x}+\boldsymbol{x}^{\mathrm{T}}\boldsymbol{B}^{\mathrm{T}}\boldsymbol{A}\boldsymbol{x}=(\boldsymbol{A}\boldsymbol{x},\boldsymbol{B}\boldsymbol{x})\geqslant 0.$$

因此 $\boldsymbol{A}\boldsymbol{x}=\boldsymbol{0}$ 只有零解，故 $r(\boldsymbol{A})=n$.

5.3.10　取 $\boldsymbol{Q}=\begin{pmatrix}\boldsymbol{E}_n & -\boldsymbol{B}^{-1}\boldsymbol{C}\\ \boldsymbol{O} & \boldsymbol{E}_m\end{pmatrix}$，则

$$Q^{\mathrm{T}}AQ=\begin{pmatrix} B & O \\ O & D-C^{\mathrm{T}}B^{-1}C \end{pmatrix}.$$

由于 A 正定，故其 n 级主子式 B 及 m 级主子式 D 正定. 另 $Q^{\mathrm{T}}AQ$ 正定，故其 m 级主子式 $D-C^{\mathrm{T}}B^{-1}C$ 正定.

5.3.11 (1) "$\Leftarrow$" 若 A 合同于单位阵，则存在可逆阵 C，使 $A=C^{\mathrm{T}}C$. 因此对任意 $x\neq 0, x^{\mathrm{T}}Ax=x^{\mathrm{T}}C^{\mathrm{T}}Cx=(Cx,Cx)>0$ (因 $Cx\neq 0$)，即知 A 是正定阵.

"$\Rightarrow$" 若 A 正定，记 $f(x^{\mathrm{T}})=x^{\mathrm{T}}Ax$. 由惯性定理，存在非退化线性替换 $x=Cy$，使 $f=y_1^2+y_2^2+\cdots+y_n^2=y^{\mathrm{T}}y$，此即有 $A=C^{\mathrm{T}}C$. 原命题得证.

(2) 由于 A 正定，故 A 可逆，且 A^{-1} 也正定，另 $|A|>0$. 而 $A^*=|A|A^{-1}$ 自然也正定.

5.3.12 首先，由于 A 正定，故 A_{11} 正定，自然可逆. 同样 B_{22} 正定，即可逆. 其次，由 $AB=E$ 知

$$\begin{cases} A_{11}B_{11}+A_{12}B_{21}=E_{m_1}, & (5.6)\\ A_{11}B_{11}+A_{12}B_{22}=O, & (5.7)\end{cases}$$

由式(5.7)有 $A_{12}=-A_{11}B_{12}B_{22}^{-1}$，代入式(5.6)有

$$A_{11}B_{11}-A_{11}B_{12}B_{22}^{-1}B_{21}=E_{m_1},$$

即 $A_{11}(B_{11}-B_{12}B_{22}^{-1}B_{21})=E_{m_1}$，因此，$A_{11}^{-1}=B_{11}-B_{12}B_{22}^{-1}B_{21}$.

5.3.13 (1) 由于 A 正定，故 A 的一切主子式全大于零，特别地，任意二级主子式大于零，即

$$\begin{vmatrix} a_{ii} & a_{ij} \\ a_{ij} & a_{jj} \end{vmatrix}>0 \quad (\text{对任意 } i\neq j \text{ 成立}).$$

也就是，$|a_{ij}|<(a_{ii}a_{jj})^{\frac{1}{2}}(\forall i\neq j)$;

(2) 设 A 的主对角线上的最大元为 a_{kk} (a_{kk} 必定大于零). 由 (1) 知 $|a_{ij}|<(a_{ii}a_{jj})^{\frac{1}{2}}\leqslant (a_{kk}a_{kk})^{\frac{1}{2}}=a_{kk}$. 原命题得证.

5.3.14 令 $B=\dfrac{A+A^{\mathrm{T}}}{2}, C=\dfrac{A-A^{\mathrm{T}}}{2}$，则 B 为对称阵，C 为反对称阵，且 $A=B+C$，而

$$x^{\mathrm{T}}Bx=\frac{x^{\mathrm{T}}Ax+x^{\mathrm{T}}A^{\mathrm{T}}x}{2}=\frac{x^{\mathrm{T}}Ax+(x^{\mathrm{T}}Ax)^{\mathrm{T}}}{2}=\frac{x^{\mathrm{T}}Ax+x^{\mathrm{T}}Ax}{2}=x^{\mathrm{T}}Ax,$$

$$x^{\mathrm{T}}Cx=\frac{x^{\mathrm{T}}Ax-x^{\mathrm{T}}A^{\mathrm{T}}x}{2}=\frac{x^{\mathrm{T}}Ax-(x^{\mathrm{T}}Ax)^{\mathrm{T}}}{2}=\frac{x^{\mathrm{T}}Ax-x^{\mathrm{T}}Ax}{2}=0.$$

5.3.15 因 A 半正定，故存在 C，使 $A=C^{\mathrm{T}}C$. 特别地，A 正定时，C 可逆.

(1) $(\boldsymbol{x}^{\mathrm T}\boldsymbol{A}\boldsymbol{y})^2=(\boldsymbol{x}^{\mathrm T}\boldsymbol{C}^{\mathrm T}\boldsymbol{C}\boldsymbol{y})^2=(\boldsymbol{C}\boldsymbol{x},\boldsymbol{C}\boldsymbol{y})^{\mathrm T}$

$$\leqslant|\boldsymbol{C}\boldsymbol{x}|^2|\boldsymbol{C}\boldsymbol{y}|^2=(\boldsymbol{x}^{\mathrm T}\boldsymbol{C}^{\mathrm T}\boldsymbol{C}\boldsymbol{x})(\boldsymbol{y}^{\mathrm T}\boldsymbol{C}^{\mathrm T}\boldsymbol{C}\boldsymbol{y})$$
$$=\boldsymbol{x}^{\mathrm T}\boldsymbol{A}\boldsymbol{x}\boldsymbol{y}^{\mathrm T}\boldsymbol{A}\boldsymbol{y};$$

(2) $(\boldsymbol{x}^{\mathrm T}\boldsymbol{A}\boldsymbol{x})(\boldsymbol{y}^{\mathrm T}\boldsymbol{A}^{-1}\boldsymbol{y})=(\boldsymbol{x}^{\mathrm T}\boldsymbol{C}^{\mathrm T}\boldsymbol{C}\boldsymbol{x})(\boldsymbol{y}^{\mathrm T}\boldsymbol{C}^{-1}(\boldsymbol{C}^{\mathrm T})^{-1}\boldsymbol{y})$

$$=|\boldsymbol{C}\boldsymbol{x}|^2|(\boldsymbol{C}^{\mathrm T})^{-1}\boldsymbol{y}|^2\geqslant(\boldsymbol{C}\boldsymbol{x},(\boldsymbol{C}^{\mathrm T})^{-1}\boldsymbol{y})^2$$
$$=(\boldsymbol{x}^{\mathrm T}\boldsymbol{C}^{\mathrm T}(\boldsymbol{C}^{\mathrm T})^{-1}\boldsymbol{y})^2=(\boldsymbol{x}^{\mathrm T}\boldsymbol{y})^2.$$

评析　本题多次用到 Cauchy 不等式：$(\boldsymbol{x},\boldsymbol{y})^2\leqslant|\boldsymbol{x}|^2|\boldsymbol{y}|^2$.

5.3.16　因 $\boldsymbol{x}^{\mathrm T}(\boldsymbol{Q}+\boldsymbol{x}\boldsymbol{x}^{\mathrm T})\boldsymbol{x}=\boldsymbol{x}^{\mathrm T}\boldsymbol{Q}\boldsymbol{x}+\boldsymbol{x}^{\mathrm T}\boldsymbol{x}\boldsymbol{x}^{\mathrm T}\boldsymbol{x}\geqslant0$（“=”成立当且仅当 $\boldsymbol{x}=\boldsymbol{0}$），故 $\boldsymbol{Q}+\boldsymbol{x}\boldsymbol{x}^{\mathrm T}$ 正定，从而 $(\boldsymbol{Q}+\boldsymbol{x}\boldsymbol{x}^{\mathrm T})^{-1}$ 正定，即 $\boldsymbol{x}^{\mathrm T}(\boldsymbol{Q}+\boldsymbol{x}\boldsymbol{x}^{\mathrm T})^{-1}\boldsymbol{x}\geqslant0$. 另对任意 $\boldsymbol{x}\neq\boldsymbol{0}$,

$$\boldsymbol{x}^{\mathrm T}\left(\frac{\boldsymbol{Q}+\boldsymbol{x}\boldsymbol{x}^{\mathrm T}}{\boldsymbol{x}^{\mathrm T}\boldsymbol{x}}-\boldsymbol{E}\right)\boldsymbol{x}=\frac{\boldsymbol{x}^{\mathrm T}\boldsymbol{Q}\boldsymbol{x}}{\boldsymbol{x}^{\mathrm T}\boldsymbol{x}}>0,$$

故 $\dfrac{\boldsymbol{Q}+\boldsymbol{x}\boldsymbol{x}^{\mathrm T}}{\boldsymbol{x}^{\mathrm T}\boldsymbol{x}}-\boldsymbol{E}$ 正定. 因此,

$$(\boldsymbol{Q}+\boldsymbol{x}\boldsymbol{x}^{\mathrm T})^{-1}\left(\frac{\boldsymbol{Q}+\boldsymbol{x}\boldsymbol{x}^{\mathrm T}}{\boldsymbol{x}^{\mathrm T}\boldsymbol{x}}-\boldsymbol{E}\right)=\frac{\boldsymbol{I}}{\boldsymbol{x}^{\mathrm T}\boldsymbol{x}}-(\boldsymbol{Q}+\boldsymbol{x}\boldsymbol{x}^{\mathrm T})^{-1}$$

正定. 故 $\boldsymbol{x}\neq\boldsymbol{0}$ 时,

$$\boldsymbol{x}^{\mathrm T}\left(\frac{\boldsymbol{I}}{\boldsymbol{x}^{\mathrm T}\boldsymbol{x}}-(\boldsymbol{Q}+\boldsymbol{x}\boldsymbol{x}^{\mathrm T})^{-1}\right)\boldsymbol{x}>0,$$

即 $\boldsymbol{x}^{\mathrm T}(\boldsymbol{Q}+\boldsymbol{x}\boldsymbol{x}^{\mathrm T})^{-1}\boldsymbol{x}<1$, 原命题得证.

5.3.17　由于 $\boldsymbol{A}=\dfrac{\boldsymbol{A}}{n}+\dfrac{\boldsymbol{A}}{n}+\cdots+\dfrac{\boldsymbol{A}}{n}$, 故

$$\boldsymbol{A}=\boldsymbol{Q}^{\mathrm T}\begin{pmatrix}\pi_1&&&\\&\pi_2&&\\&&\ddots&\\&&&\pi_n\end{pmatrix}\boldsymbol{Q}\quad(\pi_i>0;\quad i=1,2,\cdots,n)$$
$$=\boldsymbol{Q}^{\mathrm T}\begin{pmatrix}\pi_1&&&\\&0&&\\&&\ddots&\\&&&0\end{pmatrix}\boldsymbol{Q}+\boldsymbol{Q}^{\mathrm T}\begin{pmatrix}0&&&\\&\pi_2&&\\&&\ddots&\\&&&0\end{pmatrix}\boldsymbol{Q}+\cdots$$
$$+\boldsymbol{Q}^{\mathrm T}\begin{pmatrix}0&&&&\\&0&&&\\&&\ddots&&\\&&&0&\\&&&&\pi_n\end{pmatrix}\boldsymbol{Q}=\boldsymbol{A}_1+\boldsymbol{A}_2+\cdots+\boldsymbol{A}_n.$$

显然 $\boldsymbol{A}_i\,(i=1,2,\cdots,n)$ 为半正定阵，故命题得证.

5.3.18 设 $\boldsymbol{A}$ 半正定，则 $\boldsymbol{A}$ 的特征值为 $\lambda_1 \geqslant \lambda_2 \geqslant \cdots \geqslant \lambda_n \geqslant 0$，则 $\mu\boldsymbol{E}_n+\boldsymbol{A}$ 的特征值为 $\mu+\lambda_1 \geqslant \mu+\lambda_2 \geqslant \cdots \geqslant \mu+\lambda_n > 0$，所以 $\mu\boldsymbol{E}_n+\boldsymbol{A}$ 正定. 反之，设 $\boldsymbol{A}$ 有特征值 $\lambda_i<0$，则取 $\mu=-\dfrac{\lambda_i}{2}>0$，$\mu\boldsymbol{E}_n+\boldsymbol{A}$ 有特征值 $\dfrac{\lambda_i}{2}<0$，与 $\mu\boldsymbol{E}_n+\boldsymbol{A}$ 正定矛盾.

5.3.19 设 $\boldsymbol{\alpha}+\mathrm{i}\boldsymbol{\beta}$ 是 $(\boldsymbol{A}+\mathrm{i}\boldsymbol{B})\boldsymbol{x}=\boldsymbol{0}$ 的解，其中 $\boldsymbol{\alpha},\boldsymbol{\beta}$ 为实数，则

$$(\boldsymbol{\alpha}-\mathrm{i}\boldsymbol{\beta})^{\mathrm{T}}(\boldsymbol{A}+\mathrm{i}\boldsymbol{B})(\boldsymbol{\alpha}+\mathrm{i}\boldsymbol{\beta})=0,$$

即

$$(\boldsymbol{\alpha}^{\mathrm{T}}\boldsymbol{A}\boldsymbol{\alpha}+\boldsymbol{\beta}^{\mathrm{T}}\boldsymbol{B}\boldsymbol{\alpha}-\boldsymbol{\alpha}^{\mathrm{T}}\boldsymbol{B}\boldsymbol{\beta}+\boldsymbol{\beta}^{\mathrm{T}}\boldsymbol{A}\boldsymbol{\beta})+\mathrm{i}(\boldsymbol{\alpha}^{\mathrm{T}}\boldsymbol{B}\boldsymbol{\alpha}-\boldsymbol{\beta}^{\mathrm{T}}\boldsymbol{A}\boldsymbol{\alpha}+\boldsymbol{\alpha}^{\mathrm{T}}\boldsymbol{A}\boldsymbol{\beta}+\boldsymbol{\beta}^{\mathrm{T}}\boldsymbol{B}\boldsymbol{\beta})=0.$$

另

$$\boldsymbol{\beta}^{\mathrm{T}}\boldsymbol{B}\boldsymbol{\alpha}=(\boldsymbol{\beta}^{\mathrm{T}}\boldsymbol{B}\boldsymbol{\alpha})^{\mathrm{T}}=\boldsymbol{\alpha}^{\mathrm{T}}\boldsymbol{B}\boldsymbol{\beta},\quad \boldsymbol{\beta}^{\mathrm{T}}\boldsymbol{A}\boldsymbol{\alpha}=(\boldsymbol{\beta}^{\mathrm{T}}\boldsymbol{A}\boldsymbol{\alpha})^{\mathrm{T}}=\boldsymbol{\alpha}^{\mathrm{T}}\boldsymbol{A}\boldsymbol{\beta}.$$

因此，

$$\boldsymbol{\alpha}^{\mathrm{T}}\boldsymbol{A}\boldsymbol{\alpha}+\boldsymbol{\beta}^{\mathrm{T}}\boldsymbol{A}\boldsymbol{\beta}=0,\quad \boldsymbol{\alpha}^{\mathrm{T}}\boldsymbol{B}\boldsymbol{\alpha}+\boldsymbol{\beta}^{\mathrm{T}}\boldsymbol{B}\boldsymbol{\beta}=0.$$

而 $\boldsymbol{B}$ 正定，故 $\boldsymbol{\alpha}^{\mathrm{T}}\boldsymbol{B}\boldsymbol{\alpha}\geqslant 0$，$\boldsymbol{\beta}^{\mathrm{T}}\boldsymbol{B}\boldsymbol{\beta}\geqslant 0$，从而 $\boldsymbol{\alpha}^{\mathrm{T}}\boldsymbol{B}\boldsymbol{\alpha}=\boldsymbol{\beta}^{\mathrm{T}}\boldsymbol{B}\boldsymbol{\beta}=0$. 因此，$\boldsymbol{B}\boldsymbol{\alpha}=\boldsymbol{B}\boldsymbol{\beta}=\boldsymbol{0}$.

另 $(\boldsymbol{A}+\mathrm{i}\boldsymbol{B})(\boldsymbol{\alpha}+\mathrm{i}\boldsymbol{\beta})=0$，即 $(\boldsymbol{A}\boldsymbol{\alpha}-\boldsymbol{B}\boldsymbol{\beta})+\mathrm{i}(\boldsymbol{B}\boldsymbol{\alpha}+\boldsymbol{A}\boldsymbol{\beta})=\boldsymbol{0}$. 所以 $\boldsymbol{A}\boldsymbol{\alpha}=\boldsymbol{A}\boldsymbol{\beta}=\boldsymbol{0}$. 因此，$(\boldsymbol{A}+\mathrm{i}\boldsymbol{B})\boldsymbol{\alpha}=(\boldsymbol{A}+\mathrm{i}\boldsymbol{B})\boldsymbol{\beta}=\boldsymbol{0}$，得证.

5.3.20 因 $\boldsymbol{A}\boldsymbol{A}^{\mathrm{T}}$ 是半正定阵，且

$$\boldsymbol{A}\boldsymbol{A}^{T}=\begin{pmatrix} \sum\limits_{j=1}^{n}a_{1j}^2 & * & \cdots & * \\ * & \sum\limits_{j=1}^{n}a_{2j}^2 & \cdots & * \\ \vdots & \vdots & & \vdots \\ * & * & \cdots & \sum\limits_{j=1}^{n}a_{nj}^2 \end{pmatrix},$$

而 $|\boldsymbol{A}|^2=|\boldsymbol{A}\boldsymbol{A}^{\mathrm{T}}|\leqslant\prod\limits_{i=1}^{n}\left(\sum\limits_{j=1}^{n}a_{ij}^2\right)\leqslant(nk^2)^n$. 故 $\det|\boldsymbol{A}|\leqslant k^n n^{\frac{n}{2}}$.

5.3.21 (1) 记 $f(x_1,x_2)=\sum\limits_{i=1}^{n}(a_ix_1+b_ix_2)^2$，则 f 是半正定的. 另外，由

$$f=\sum_{i=1}^{n}a_i^2x_1^2+2\sum_{i=1}^{n}a_ib_ix_1x_2+\sum_{i=1}^{n}b_i^2x_2^2$$

知 f 的矩阵

$$\boldsymbol{A}_2=\begin{pmatrix} \sum\limits_{i=1}^{n}a_i^2 & \sum\limits_{i=1}^{n}a_ib_i \\ \sum\limits_{i=1}^{n}a_ib_i & \sum\limits_{i=1}^{n}b_i^2 \end{pmatrix}.$$

由 f 半正定知 $\boldsymbol{A}_2$ 半正定，故 $|\boldsymbol{A}_2|\geqslant 0$，即 $\sum_{i=1}^{n}a_i^2\sum_{i=1}^{n}b_i^2\geqslant\left(\sum_{i=1}^{n}a_ib_i\right)^2$；

(2) 记 $f(x_1,x_2,\cdots,x_n)=\sum_{i=1}^{m}(a_{i1}x_1+a_{i2}x_2+\cdots+a_{in}x_n)^2$，则 f 为半正定二次型，而 f 的矩阵为

$$\boldsymbol{A}_n=\begin{pmatrix}\sum_{i=1}^{m}a_{i1}^2 & \sum_{i=1}^{m}a_{i1}a_{i2} & \cdots & \sum_{i=1}^{m}a_{i1}a_{in}\\ \sum_{i=1}^{m}a_{i2}a_{i1} & \sum_{i=1}^{m}a_{i2}^2 & \cdots & \sum_{i=1}^{m}a_{i2}a_{in}\\ \vdots & \vdots & & \vdots\\ \sum_{i=1}^{m}a_{in}a_{i1} & \sum_{i=1}^{m}a_{in}a_{i2} & \cdots & \sum_{i=1}^{m}a_{in}^2\end{pmatrix},$$

故 $\boldsymbol{A}_n$ 半正定，从而 $\det\boldsymbol{A}_n\geqslant 0$.

5.3.22　存在可逆阵 $\boldsymbol{Q}$，使得

$$\boldsymbol{Q}^{\mathrm{T}}\boldsymbol{A}\boldsymbol{Q}=\begin{pmatrix}\pi_1 & & & \\ & \pi_2 & & \\ & & \ddots & \\ & & & \pi_n\end{pmatrix}.$$

由于 $|\boldsymbol{A}|<0$，故存在 $\lambda_i<0$ $\left(否则 |\boldsymbol{A}|=\prod_{i=1}^{n}\lambda_i\Big/|\boldsymbol{Q}|^2\geqslant 0，矛盾\right)$. 不妨设 $\lambda_k<0\ (1\leqslant k\leqslant n)$. 记 $\boldsymbol{x}_0=\boldsymbol{Q}(0,\cdots,0,1,0,\cdots,0)^{\mathrm{T}}$（其中除第 k 分量为 1 外其余全为 0)，则 $\boldsymbol{x}_0^{\mathrm{T}}\boldsymbol{A}\boldsymbol{x}_0=\lambda_k<0$. 原命题得证.

5.3.23　必存在非退化线性替换 $\boldsymbol{x}=\boldsymbol{C}\boldsymbol{y}$，使得

$$f(\boldsymbol{x}^{\mathrm{T}})=y_1^2+\cdots+y_p^2-y_{p+1}^2-\cdots-y_{p+q}^2.$$

由题意知 $p>0$ 且 $q>0$. 记 $\boldsymbol{y}_0^{\mathrm{T}}=(0,\cdots,0,1,1,0,\cdots,0)$（除第 p 和 $p+1$ 分量为 1 外其余为 0)，则 $f(\boldsymbol{x}_0^{\mathrm{T}})=0$，其中 $\boldsymbol{x}_0=\boldsymbol{C}\boldsymbol{y}_0$.

5.3.24　考虑关于 λ 的二次方程

$$f(\boldsymbol{\alpha}^{\mathrm{T}})\lambda^2+2\lambda\boldsymbol{\beta}^{\mathrm{T}}\boldsymbol{A}\boldsymbol{\alpha}+f(\boldsymbol{\beta}^{\mathrm{T}})=0,$$

其判别式 $\Delta=(\boldsymbol{\beta}^{\mathrm{T}}\boldsymbol{A}\boldsymbol{\alpha})^2-4f(\boldsymbol{\alpha}^{\mathrm{T}})f(\boldsymbol{\beta}^{\mathrm{T}})>0$. 故方程有两个互不相等的实根 λ_1 和 λ_2.

现令 $\boldsymbol{u}=\lambda_1\boldsymbol{\alpha}+\boldsymbol{\beta},\boldsymbol{v}=\lambda_2\boldsymbol{\alpha}+\boldsymbol{\beta}$，则

$$f(\boldsymbol{u}^{\mathrm{T}})=(\lambda_1\boldsymbol{\alpha}+\boldsymbol{\beta})^{\mathrm{T}}\boldsymbol{A}(\lambda_1\boldsymbol{\alpha}+\boldsymbol{\beta})=\boldsymbol{\alpha}^{\mathrm{T}}\boldsymbol{A}\boldsymbol{\alpha}\lambda_1^2+2\lambda_1\boldsymbol{\beta}^{\mathrm{T}}\boldsymbol{A}\boldsymbol{\alpha}+\boldsymbol{\beta}^{\mathrm{T}}\boldsymbol{A}\boldsymbol{\beta}=0.$$

同理可得 $f(\boldsymbol{v}^{\mathrm{T}})=0$. 下证 $\boldsymbol{u}$ 与 $\boldsymbol{v}$ 线性相关，设存在 k_1,k_2 使得

$$k_1\boldsymbol{u}+k_2\boldsymbol{v}=\boldsymbol{0}.$$

若 k_1,k_2 不全为零，则由

$$k_1(\lambda_1\boldsymbol{\alpha}+\boldsymbol{\beta})+k_2(\lambda_2\boldsymbol{\alpha}+\boldsymbol{\beta})=\mathbf{0}$$

知 $\boldsymbol{\beta}=-\dfrac{\lambda_1k_1+\lambda_2k_2}{k_1+k_2}\boldsymbol{\alpha}=t\boldsymbol{\alpha}.$

这样，$f(\boldsymbol{\beta})=\boldsymbol{\beta}^{\mathrm{T}}\boldsymbol{A}\boldsymbol{\beta}=(t\boldsymbol{\alpha})^{\mathrm{T}}\boldsymbol{A}(t\boldsymbol{\alpha})=t^2\boldsymbol{\alpha}^{\mathrm{T}}\boldsymbol{A}\boldsymbol{\alpha}=t^2f(\boldsymbol{\alpha})$，即知 $f(\boldsymbol{\beta})$ 与 $f(\boldsymbol{\alpha})$ 同号，这与 $f(\boldsymbol{\alpha})>0$，$f(\boldsymbol{\beta})<0$ 矛盾，因此，$k_1=k_2=0$，即 $\boldsymbol{u},\boldsymbol{v}$ 线性无关.

5.3.25 (1) 设 $\boldsymbol{A}=(a_1,a_2,\cdots,a_n)^{\mathrm{T}}$，则 $\boldsymbol{P}=\boldsymbol{A}\boldsymbol{A}^{\mathrm{T}}$ 是实对称矩阵，对于任意 n 维实列向量 $\boldsymbol{x}=(x_1,x_2,\cdots,x_n)^{\mathrm{T}}$，则 $\boldsymbol{A}^{\mathrm{T}}\boldsymbol{x}=\sum\limits_{i=1}^{n}a_ix_i$ 为实数，且

$$\boldsymbol{x}^{\mathrm{T}}\boldsymbol{P}\boldsymbol{x}=(\boldsymbol{A}^{\mathrm{T}}\boldsymbol{x})^{\mathrm{T}}(\boldsymbol{A}^{\mathrm{T}}\boldsymbol{x})=\left(\sum_{i=1}^{n}a_ix_i\right)^2\geqslant 0,$$

所以，$\boldsymbol{P}$ 是非负定矩阵.

(2) “$\Rightarrow$” 设 $\boldsymbol{\alpha}=(u_1,u_2,\cdots,u_n)^{\mathrm{T}}$，$\boldsymbol{\beta}=(v_1,v_2,\cdots,v_n)^{\mathrm{T}}$，则 $\boldsymbol{\alpha}\neq\mathbf{0}$，$\boldsymbol{\beta}\neq\mathbf{0}$，且 $f=\boldsymbol{x}^{\mathrm{T}}\boldsymbol{A}\boldsymbol{x}$ 的矩阵为 $\boldsymbol{A}=\dfrac{1}{2}(\boldsymbol{\alpha}\boldsymbol{\beta}^{\mathrm{T}}+\boldsymbol{\beta}\boldsymbol{\alpha}^{\mathrm{T}})$. 显然 $1\leqslant r(\boldsymbol{A})\leqslant 2$.

若 $\boldsymbol{\alpha}$ 与 $\boldsymbol{\beta}$ 线性相关，则 $\boldsymbol{\alpha}=k\boldsymbol{\beta}$，$k\neq 0$，所以 $\boldsymbol{A}=k\boldsymbol{\beta}\boldsymbol{\beta}^{\mathrm{T}}$，$r(\boldsymbol{A})=1$，因为二次型 f 的秩为 1；若 $\boldsymbol{\alpha}$ 与 $\boldsymbol{\beta}$ 线性无关，不妨设 $u_1v_2\neq u_2v_1$，则经非退化的线性变换

$$\begin{aligned}&y_1=u_1x_1+u_2x_2+\cdots+u_nx_n,\\&y_2=v_1x_1+v_2x_2+\cdots+v_nx_n,\\&y_i=x_i\quad(i=3,\cdots,n),\end{aligned}$$

可得 $f=y_1y_2$.

再作非退化的线性变换：

$$\begin{aligned}&y_1=z_1+z_2,\\&y_2=z_1-z_2,\\&y_i=z_i\quad(i=3,\cdots,n),\end{aligned}$$

则 $f=z_1^2-z_2^2$，因此 f 的秩为 2 且符号差为 0.

“$\Leftarrow$” 若 $f=\boldsymbol{x}^{\mathrm{T}}\boldsymbol{B}\boldsymbol{x}$ 的秩为 1，即 $r(\boldsymbol{B})=1$，则存在 n 维实列向量 $\boldsymbol{\alpha}=(u_1,u_2,\cdots,u_n)^{\mathrm{T}}\neq\mathbf{0}$，$\boldsymbol{\beta}=(v_1,v_2,\cdots,v_n)^{\mathrm{T}}\neq\mathbf{0}$，使 $\boldsymbol{B}=\boldsymbol{\alpha}\boldsymbol{\beta}^{\mathrm{T}}$，于是有

$$f=\boldsymbol{x}^{\mathrm{T}}\boldsymbol{B}\boldsymbol{x}=(u_1x_1+u_2x_2+\cdots+u_nx_n)(v_1x_1+v_2x_2+\cdots+v_nx_n).$$

若 f 的秩为 2 且符号差为 0，则存在实非退化线性替换 $\boldsymbol{x}=\boldsymbol{C}\boldsymbol{y}$ 或 $\boldsymbol{y}=\boldsymbol{C}^{-1}\boldsymbol{x}$ 使 $f=y_1^2-y_2^2$.

令 $\boldsymbol{C}^{-1}=(c_{ij})$ 及 $u_i=c_{1i}+c_{2i}$，$v_i=c_{1i}-c_{2i}\,(i=1,2,\cdots,n)$，则

$$f=(y_1+y_2)(y_1-y_2)=(u_1x_1+u_2x_2+\cdots+u_nx_n)(v_1x_1+v_2x_2+\cdots+v_nx_n).$$

练习 6 参考答案

练习 6.1

6.1.1　略.

6.1.2　提示：$(a_1,b_1)\oplus\left[(a_2,b_2)\oplus(a_3,b_3)\right]$

$$=(a_1+a_2+a_3+b_1b_2+b_1b_3+b_2b_3,b_1+b_2+b_3)$$
$$=\left[(a_1,b_1)\oplus(a_2,b_2)\right]\oplus(a_3,b_3);$$

$$(k+l)\circ(a_1,b_1)=\left((k+l)a_1+\frac{(k+l)(k+l-1)}{2}b^2,(k+l)b_1\right)$$
$$=k\circ(a_1,b_1)\oplus l\circ(a_1,b_1);$$

$$k\circ\left[(a_1b_1)\oplus(a_2,b_2)\right]=\left(k(a_1+a_2+b_1b_2)+\frac{k(k-1)}{2}(b_1+b_2)^2,k(b_1+b_2)\right)$$
$$=k\circ(a_1,b_1)\oplus k\circ(a_2,b_2).$$

6.1.3　$\boldsymbol{W}=\left\{\boldsymbol{x}\in P^n\,\middle|\,\boldsymbol{x}^{\mathrm{T}}\boldsymbol{A}\boldsymbol{x}=0\right\}$是线性空间当且仅当$f=\boldsymbol{x}^{\mathrm{T}}\boldsymbol{A}\boldsymbol{x}$是半正定或半负定二次型.

“$\Leftarrow$”读者验证，当f为半正定或半负定二次型时，

$$\boldsymbol{W}=\left\{\boldsymbol{x}\in P^n\,\middle|\,\boldsymbol{x}^{\mathrm{T}}\boldsymbol{A}\boldsymbol{x}=0\right\}=\left\{\boldsymbol{x}\in P^n\,\middle|\,\boldsymbol{A}\boldsymbol{x}=\boldsymbol{0}\right\};$$

“$\Rightarrow$”如果 W 是一线性空间，且$f=\boldsymbol{x}^{\mathrm{T}}\boldsymbol{A}\boldsymbol{x}$是不定二次型，则存在可逆线性替换$\boldsymbol{x}=\boldsymbol{C}\boldsymbol{y}$，使$f=y_1^2+\cdots+y_p^2-y_{p+1}^2-\cdots-y_r^2(0<p<r\leqslant n)$.

接下来取$\boldsymbol{\alpha}_i=c(\boldsymbol{\varepsilon}_i+\boldsymbol{\varepsilon}_{p+1})$，$i=1,2,\cdots,p$；$\boldsymbol{\alpha}_j=c(\boldsymbol{\varepsilon}_j+\boldsymbol{\varepsilon}_1)$，$j=p+1,\cdots,r$；$\boldsymbol{\alpha}_k=\boldsymbol{\varepsilon}_k$，$k=r+1,\cdots,n$，其中$\boldsymbol{\varepsilon}_i$表示除第 i 分量为 1 其余分量均为 0 的列向量，则$f(\boldsymbol{\alpha}_i)=0(i=1,2,\cdots,n)$，而$\boldsymbol{\alpha}_1$，$\boldsymbol{\alpha}_2,\cdots,\boldsymbol{\alpha}_n$线性无关. 因此，$\forall\boldsymbol{x}\in P^n$，$\boldsymbol{x}=k_1\boldsymbol{\alpha}_1+k_2\boldsymbol{\alpha}_2+\cdots+k_n\boldsymbol{\alpha}_n$，由$\boldsymbol{\alpha}_i\in W$知$\boldsymbol{x}\in W$，即$f(\boldsymbol{x})=0$，这与$f$是不定二次型矛盾，因此$f$只能是半正定或半负定二次型.

6.1.4　提示：设$\sum\limits_{i=0}^{4}k_if_i(x)=0$，分别取$x_0=0$，$x_1=\frac{\pi}{4}$，$x_2=\frac{\pi}{3}$，$x_3=\frac{\pi}{2}$，$x_4=\pi$. 解关于$k_i(i=0,1,2,3,4)$的齐次线性方程组得$k_i=0(i=0,1,2,3,4)$. 因此，$f_i(x)(i=0,1,2,3,4)$是线性无关的.

6.1.5　提示：令$\sqrt{b}=\alpha$，假设$1,\alpha,\alpha^2,\cdots,\alpha^{n-1}$在$\mathbf{R}$上线性相关，则可以找到整系数的本原多项式$f(x)=a_0+a_1x+\cdots+a_{n-1}x^{n-1}$，使得$f(\alpha)=0$. 对$f(\alpha)=0$反复模素数$p$可得$p\,|\,a_i$，$i=0,1,\cdots,n-1$与$f(x)$本原矛盾.

练习 6.2

6.2.1 (1) 由于 $\boldsymbol{x}\boldsymbol{A}\boldsymbol{x}^{\mathrm{T}}=\boldsymbol{x}\boldsymbol{A}^2\boldsymbol{x}^{\mathrm{T}}=\boldsymbol{x}\boldsymbol{A}\boldsymbol{A}^{\mathrm{T}}\boldsymbol{x}^{\mathrm{T}}$，读者可证明 V 是 $\boldsymbol{A}\boldsymbol{x}^{\mathrm{T}}=\boldsymbol{0}$ 的解空间；

(2) $\dim W=n-r(\boldsymbol{A})$. $\boldsymbol{A}\boldsymbol{x}^{\mathrm{T}}=\boldsymbol{0}$ 的基础解系 $\boldsymbol{\eta}_1,\boldsymbol{\eta}_2,\cdots,\boldsymbol{\eta}_{n-r(\boldsymbol{A})}$ 就是 W 的一组基.

6.2.2 略.

6.2.3 (1) 设 $\sum_{i=1}^{n}k_if_i(x)=0$，其中令 $x=a_i$，则有

$$k_i(a_i-a_1)\cdots(a_i-a_{i-1})(a_i-a_{i+1})\cdots(a_i-a_n)=0,$$

又 $a_i\neq a_j(i\neq j)$，故而 $k_i=0(i=1,2,\cdots,n)$. 因此，$f_1(x),f_2(x),\cdots,f_n(x)$ 线性无关，而 $\dim P[x]_n=n$，故知它们就是 $P[x]_n$ 的一组基；

$$(2)\quad\begin{pmatrix} (-1)^{n-1}\prod_{i=2}^{n}a_i & (-1)^{n-2}\sum_{i,j}\prod_{i\neq j\ i,j\neq 2}a_ia_j & \cdots & 1\\ (-1)^{n-1}\prod_{i=1,i\neq 2}^{n}a_i & (-1)^{n-2}\sum_{i,j}\prod_{i\neq j\ i,j\neq 2}a_ia_j & \cdots & 1\\ \vdots & \vdots & & \vdots\\ (-1)^{n-1}\prod_{i=1}^{n-1}a_i & (-1)^{n-2}\sum_{i,j}\prod_{i\neq j\ i,j\neq n}a_ia_j & \cdots & 1\end{pmatrix}.$$

6.2.4 设 $k_1,k_2,k_3,k_4\in P$ 且 $k_1\boldsymbol{A}_1+k_2\boldsymbol{A}_2+k_3\boldsymbol{A}_3+k_4\boldsymbol{A}_4=\boldsymbol{O}$. 将 $\boldsymbol{A}_i(i=0,1,2,3,4)$ 代入得

$$\begin{cases}k_1+k_2+k_3+k_4=0,\\ k_1a_1+k_2a_2+k_3a_3+k_4a_4=0,\\ k_1a_1^2+k_2a_2^2+k_3a_3^2+k_4a_4^2=0,\\ k_1a_1^4+k_2a_2^4+k_3a_3^4+k_4a_4^4=0.\end{cases}$$

将它们看成是关于 $k_i(i=1,2,3,4)$ 的方程组，此方程组的系数矩阵设为 $\boldsymbol{A}$，则

$$\begin{aligned}|\boldsymbol{A}|&=\begin{vmatrix}1&1&1&1\\a_1&a_2&a_3&a_4\\a_1^2&a_2^2&a_3^2&a_4^2\\a_1^4&a_2^4&a_3^4&a_4^4\end{vmatrix}\\ &=-a_1^4\begin{vmatrix}1&1&1\\a_2&a_3&a_4\\a_2^2&a_3^2&a_4^2\end{vmatrix}+a_2^4\begin{vmatrix}1&1&1\\a_1&a_3&a_4\\a_1^2&a_3^2&a_4^2\end{vmatrix}-a_3^4\begin{vmatrix}1&1&1\\a_1&a_2&a_4\\a_1^2&a_2^2&a_4^2\end{vmatrix}+a_4^4\begin{vmatrix}1&1&1\\a_1&a_2&a_3\\a_1^2&a_2^2&a_3^2\end{vmatrix}\\ &=-a_1^4(a_4-a_3)(a_4-a_2)(a_3-a_2)+a_2^4(a_4-a_3)(a_4-a_1)(a_3-a_1)\\ &\quad-a_3^4(a_4-a_1)(a_4-a_2)(a_2-a_1)+a_4^4(a_3-a_1)(a_3-a_2)(a_2-a_1)\\ &=\sum_{i=1}^{4}a_i\prod_{1\leqslant i<j\leqslant 4}(a_j-a_i).\end{aligned}$$

因为 a_1,a_2,a_3,a_4 两两互异，从而 $a_j-a_i\neq 0(i\neq j)$. 又 $\sum_{i=1}^{4}a_i\neq 0$，故 $|\boldsymbol{A}|\neq 0$. 从而方程组只有零解，即 $k_j=0(i=1,2,3,4)$，则 $\boldsymbol{A}_1,\boldsymbol{A}_2,\boldsymbol{A}_3,\boldsymbol{A}_4$ 线性无关，它是 $P^{2\times 2}$ 的一组基.

6.2.5　$\dim W=3$，它的一组基为

$$\boldsymbol{B}_1=\begin{pmatrix}1&0&0\\0&1&0\\0&0&1\end{pmatrix},\quad \boldsymbol{B}_2=\begin{pmatrix}0&0&\frac{1}{2}\\0&0&\frac{1}{2}\\0&1&\frac{1}{2}\end{pmatrix},\quad \boldsymbol{B}_3=\begin{pmatrix}-1&1&0\\0&0&0\\0&0&0\end{pmatrix}.$$

由于

$$\boldsymbol{A}=\boldsymbol{E}_3+\begin{pmatrix}0&0&1\\0&0&1\\0&2&1\end{pmatrix}=\boldsymbol{E}_3+\boldsymbol{A}_1,$$

计算与 $\boldsymbol{A}_1$ 可交换的矩阵可减少运算量.

练习 6.3

6.3.1　(1) 提示：参考二次型规范形的存在性证明；

(2) 由练习题 6.1.3 结论知，当且仅当 $s=0$ 或 $s=r(\boldsymbol{A})$ 时，W 是 $\mathbf{R}^n$ 的子空间.

6.3.2　只要证 $\dim W=n-r(\boldsymbol{A})$. 若 $\boldsymbol{y}\in W$，则令 $\boldsymbol{x}^{\mathrm{T}}=(1,0,\cdots,0),\cdots,(0,0,\cdots,1)$，可得 $\boldsymbol{y}$ 为 $\boldsymbol{A}\boldsymbol{y}=\boldsymbol{0}$ 的解. 反之，$\boldsymbol{A}\boldsymbol{y}=\boldsymbol{0}$ 的解为 $\boldsymbol{x}^{\mathrm{T}}\boldsymbol{A}\boldsymbol{y}=0$ 的解. 故两解空间相等，即

$$\dim W=n-r(\boldsymbol{A}).$$

6.3.3　(1) 略；

(2) $\dim\big(S(\boldsymbol{A})\big)=n(n-r)$，$S(\boldsymbol{A})$ 的一组基为

$$\boldsymbol{B}_{11}=(\boldsymbol{\eta}_1,0,0,\cdots,0),\quad \boldsymbol{B}_{12}=(0,\boldsymbol{\eta}_1,0,\cdots,0),\quad \cdots,\quad \boldsymbol{B}_{1n}=(0,0,0,\cdots,\boldsymbol{\eta}_1),$$

$$\boldsymbol{B}_{21}=(\boldsymbol{\eta}_2,0,0,\cdots,0),\quad \boldsymbol{B}_{22}=(0,\boldsymbol{\eta}_2,0,\cdots,0),\quad \cdots,\quad \boldsymbol{B}_{2n}=(0,0,0,\cdots,\boldsymbol{\eta}_2),$$

$$\cdots\cdots$$

$$\boldsymbol{B}_{n-r,1}=(\boldsymbol{\eta}_{n-r},0,0,\cdots,0),\quad \boldsymbol{B}_{n-r,2}=(0,\boldsymbol{\eta}_{n-r},0,\cdots,0),\quad \cdots,\quad \boldsymbol{B}_{n-r,n}=(0,0,0,\cdots,\boldsymbol{\eta}_{n-r}),$$

其中 $\boldsymbol{\eta}_1,\boldsymbol{\eta}_2,\cdots,\boldsymbol{\eta}_{n-r}$ 为 $\boldsymbol{A}\boldsymbol{x}=\boldsymbol{0}$ 的一组基础解系.

6.3.4　(1) 设 $f(x)=\sum_{i=0}^{n-1}a_ix^i$，$g(x)=\sum_{i=0}^{n-1}b_ix^i\in W$，以及 $k\in\mathbf{R}$，则由 $f(1)=g(1)=0$，知 $\sum_{i=0}^{n-1}a_i=\sum_{i=0}^{n-1}b_i=0$，从而

$$\sum_{i=0}^{n-1}(a_i+b_i)=\sum_{i=0}^{n-1}ka_i=0,$$

因此$(f+g)(1)=0$，$(kf)(1)=0$，即 $f(x)+g(x)\in W$ 且 $kf(x)\in W$. 故 W 是 $\mathbf{R}[x]_n$ 的子空间；

(2) 记 $f_i(x)=x^i-1(i=1,2,\cdots,n-1)$，现证 $f_1(x),f_2(x),\cdots,f_{n-1}(x)$ 是 W 的一组基.

$\forall g(x)=\sum_{i=0}^{n-1}b_ix^i\in W$，有 $\sum_{i=0}^{n-1}b_i=0$，从而

$$\begin{aligned}g(x)&=b_{n-1}x^{n-1}+b_{n-2}x^{n-2}+\cdots+b_1x+b_0\\&=b_{n-1}(x^{n-1}-1)+b_{n-2}(x^{n-2}-1)+\cdots+b_1(x-1)+b_0+b_1+\cdots+b_{n-1}\\&=b_{n-1}f_{n-1}(x)+b_{n-2}f_{n-2}(x)+\cdots+b_1f_1(x);\end{aligned}$$

另外，由练习题 6.2.2 知 $f_1(x),f_2(x),\cdots,f_{n-1}(x)$ 线性无关，因此 $\dim W=n-1$，且它的一组基为 $x-1,x^2-1,\cdots,x^{n-1}-1$.

6.3.5 (1) 线性相关；

(2) $\dim W=3$，$\boldsymbol{\alpha}_1+\boldsymbol{\alpha}_2,\boldsymbol{\alpha}_2+\boldsymbol{\alpha}_3,\boldsymbol{\alpha}_3+\boldsymbol{\alpha}_4$ 是 W 的一组基.

6.3.6 由于 $\dim W=r$，故 $\boldsymbol{\varepsilon}_1,\boldsymbol{\varepsilon}_2,\cdots,\boldsymbol{\varepsilon}_n$ 中至多有 r 个包含于 W 中(否则, $\dim(W)>r$)，也就是说 $\boldsymbol{\varepsilon}_1,\boldsymbol{\varepsilon}_2,\cdots,\boldsymbol{\varepsilon}_n$ 中至少有 $n-r$ 个向量不在 W 中. 从其中任取 $n-r$ 个：$\boldsymbol{\varepsilon}_{i_1},\boldsymbol{\varepsilon}_{i_2},\cdots,\boldsymbol{\varepsilon}_{i_{n-r}}$，现证 $\boldsymbol{\alpha}_1,\boldsymbol{\alpha}_2,\cdots,\boldsymbol{\alpha}_r,\boldsymbol{\varepsilon}_{i_1},\boldsymbol{\varepsilon}_{i_2},\cdots,\boldsymbol{\varepsilon}_{i_{n-r}}$ 是 V 的一组基，实则只需说明 n 个向量线性无关即可，现设存在不全为零的 k_i 及 $l_j(i=1,2,\cdots,r;\ j=1,2,\cdots,n+r)$，

$$k_1\boldsymbol{\alpha}_1+k_2\boldsymbol{\alpha}_2+\cdots+k_r\boldsymbol{\alpha}_r+l_1\boldsymbol{\varepsilon}_{i_1}+l_2\boldsymbol{\varepsilon}_{i_2}+\cdots+l_{n-r}\boldsymbol{\varepsilon}_{i_{n-r}}=\mathbf{0}.$$

记 $\boldsymbol{\zeta}=k_1\boldsymbol{\alpha}_1+k_2\boldsymbol{\alpha}_2+\cdots+k_r\boldsymbol{\alpha}_r=-l_1\boldsymbol{\varepsilon}_{i_1}-l_2\boldsymbol{\varepsilon}_{i_2}-\cdots-l_{n-r}\boldsymbol{\varepsilon}_{i_{n-r}}$，由 $\boldsymbol{\zeta}=k_1\boldsymbol{\alpha}_1+k_2\boldsymbol{\alpha}_2+\cdots+k_r\boldsymbol{\alpha}_r$ 知 $\boldsymbol{\zeta}\in W$.

另因 $\boldsymbol{\varepsilon}_{i_j}\notin W(j=1,2,\cdots,m-r)$，故 $\boldsymbol{\zeta}=-(l_1\boldsymbol{\varepsilon}_{i_1}+l_2\boldsymbol{\varepsilon}_{i_2}+\cdots+l_{n-r}\boldsymbol{\varepsilon}_{i_{n-r}})\notin W$ 矛盾. 从而 $\boldsymbol{\alpha}_1,\boldsymbol{\alpha}_2,\cdots,\boldsymbol{\alpha}_r,\boldsymbol{\varepsilon}_{i_1},\boldsymbol{\varepsilon}_{i_2},\cdots,\boldsymbol{\varepsilon}_{i_{n-r}}$ 线性无关，是 V 的一组基.

6.3.7 仿上题可证.

6.3.8 由于 $\cos 2x=1-2\sin^2 x,\cos^2 x=1-\sin^2 x$，故 $V_2\subset V_1$.

(1) $\dim V_1=3$，基为：1，x，$\sin^2 x$;

(2) $\dim V_2=2$，基为：$\cos 2x$，$\cos^2 x$;

$\dim(V_1+V_2)=3$，基为：1，x，$\sin^2 x$;

$\dim(V_1\cap V_2)=2$，基为：$\cos 2x$，$\cos^2 x$.

6.3.9 由 $\dim(V_1\cap V_2)\leqslant\dim V_1\leqslant\dim(V_1+V_2)=\dim(V_1\cap V_2)+1$ 知

$$\dim V_1=\dim(V_1\cap V_2)\quad 或\quad \dim V_1=\dim(V_1+V_2).$$

若 $\dim V_1=\dim(V_1\cup V_2)$，则 $V_1=V_1\cup V_2,V_2=V_1+V_2$，即 $V_1\subset V_2$;

另若 $\dim V_1 = \dim(V_1+V_2)$，则 $V_1 = V_1+V_2, V_2 = V_1 \cap V_2$，即 $V_2 \subset V_1$.

6.3.10　一般情况下，$V_1 \cup V_2 \subseteq V_1+V_2$，而在 $V_1 \cup V_2$ 是一个子空间时，我们可证明 $V_1 \cup V_2 = V_1+V_2$．$\forall \boldsymbol{\alpha} \in V_1+V_2$，有 $\boldsymbol{\alpha} = \boldsymbol{\alpha}_1+\boldsymbol{\alpha}_2$，其中 $\boldsymbol{\alpha}_1 \in V_1$，$\boldsymbol{\alpha}_2 \in V_2$，故 $\boldsymbol{\alpha}_i \in V_1 \cup V_2$ $(i=1,2)$. 又 $V_1 \cup V_2$ 是 V 的子空间，故 $\boldsymbol{\alpha}_1+\boldsymbol{\alpha}_2 \in V_1 \cup V_2$，即 $\boldsymbol{\alpha} \in V_1 \cup V_2$，这样 $V_1+V_2 \subseteq V_1 \cup V_2$，至此，我们已证得 $V_1+V_2 = V_1 \cup V_2$，现反设存在 $\boldsymbol{\beta}_1, \boldsymbol{\beta}_2 \in V$，使得

$$\boldsymbol{\beta}_1 \in V_1,\ \boldsymbol{\beta}_1 \notin V_2 \quad 且 \quad \boldsymbol{\beta}_2 \in V_2,\ \boldsymbol{\beta}_2 \notin V_1,$$

则 $\boldsymbol{\beta}_1+\boldsymbol{\beta}_2 \in V_1+V_2 = V_1 \cup V_2$.

若 $\boldsymbol{\beta}_1+\boldsymbol{\beta}_2 \in V_1$，则 $\boldsymbol{\beta}_2 \in V_1$ 与 $\boldsymbol{\beta}_2 \notin V_1$ 矛盾. 另若 $\boldsymbol{\beta}_1+\boldsymbol{\beta}_2 \in V_2$，则 $\boldsymbol{\beta}_1 \in V_2$ 与 $\boldsymbol{\beta}_1 \notin V_2$ 矛盾. 因此 $V_1 \subseteq V_2$ 或 $V_2 \subseteq V_1$.

6.3.11　首先，$\boldsymbol{\delta}_i = \boldsymbol{\alpha}_1 d_{1i}+\boldsymbol{\alpha}_2 d_{2i}+\cdots\boldsymbol{\alpha}_n d_{ni}(i=1,2,\cdots,t)$，其中 d_{ij} 为 D 的 (i,j) 元. 故 $\boldsymbol{\delta}_i \in L(\boldsymbol{\alpha}_1,\boldsymbol{\alpha}_2,\cdots,\boldsymbol{\alpha}_n)(i=1,2,\cdots,t)$；另外，由于 $(\boldsymbol{\delta}_1,\cdots,\boldsymbol{\delta}_t) = \boldsymbol{BD}$，所以 $\boldsymbol{\delta}_i = \boldsymbol{BD}_i$，故 $\boldsymbol{A\delta}_i = \boldsymbol{ABD}_i = \mathbf{0}$，即 $\boldsymbol{\delta}_i \in L(\boldsymbol{\beta}_1,\boldsymbol{\beta}_2,\cdots,\boldsymbol{\beta}_r)(i=1,2,\cdots,t)$. 因此

$$\boldsymbol{\delta}_i \in L(\boldsymbol{\alpha}_1,\boldsymbol{\alpha}_2,\cdots,\boldsymbol{\alpha}_n) \cap L(\boldsymbol{\beta}_1,\boldsymbol{\beta}_2,\cdots,\boldsymbol{\beta}_r)(i=1,2,\cdots,t),$$

即

$$L(\boldsymbol{\delta}_i,\boldsymbol{\delta}_2,\cdots,\boldsymbol{\delta}_t) \subseteq L(\boldsymbol{\alpha}_1,\boldsymbol{\alpha}_2,\cdots,\boldsymbol{\alpha}_n) \cap L(\boldsymbol{\beta}_1,\boldsymbol{\beta}_2,\cdots,\boldsymbol{\beta}_r);$$

其次，$\forall \boldsymbol{\alpha} \in L(\boldsymbol{\alpha}_1,\boldsymbol{\alpha}_2,\cdots,\boldsymbol{\alpha}_n) \cap L(\boldsymbol{\beta}_1,\boldsymbol{\beta}_2,\cdots,\boldsymbol{\beta}_r)$. 一方面，

$$\boldsymbol{\alpha} = k_1\boldsymbol{\alpha}_1+k_2\boldsymbol{\alpha}_2+\cdots+k_n\boldsymbol{\alpha}_n = (\boldsymbol{\alpha}_1,\boldsymbol{\alpha}_2,\cdots,\boldsymbol{\alpha}_n)\begin{pmatrix} k_1 \\ k_2 \\ \vdots \\ k_n \end{pmatrix} = \boldsymbol{B}\begin{pmatrix} k_1 \\ k_2 \\ \vdots \\ k_n \end{pmatrix}.$$

另一方面 $\boldsymbol{A\alpha} = \mathbf{0}$，即 $\boldsymbol{AB}\begin{pmatrix} k_1 \\ k_2 \\ \vdots \\ k_n \end{pmatrix} = \mathbf{0}$，故 $\begin{pmatrix} k_1 \\ k_2 \\ \vdots \\ k_n \end{pmatrix} = l_1\boldsymbol{\gamma}_1+l_2\boldsymbol{\gamma}_2+\cdots+l_t\boldsymbol{\gamma}_t$. 从而

$$\boldsymbol{\alpha} = \boldsymbol{B}\begin{pmatrix} k_1 \\ k_2 \\ \vdots \\ k_t \end{pmatrix} = \boldsymbol{B}(\boldsymbol{\gamma}_1,\boldsymbol{\gamma}_2,\cdots,\boldsymbol{\gamma}_t)\begin{pmatrix} l_1 \\ l_2 \\ \vdots \\ l_t \end{pmatrix} = \boldsymbol{BD}\begin{pmatrix} l_1 \\ l_2 \\ \vdots \\ l_t \end{pmatrix} = l_1\boldsymbol{\delta}_1+l_2\boldsymbol{\delta}_2+\cdots+l_t\boldsymbol{\delta}_t.$$

由此，$\boldsymbol{\alpha} \in L(\boldsymbol{\delta}_1,\boldsymbol{\delta}_2,\cdots,\boldsymbol{\delta}_t)$，故而 $L(\boldsymbol{\alpha}_1,\boldsymbol{\alpha}_2,\cdots,\boldsymbol{\alpha}_n) \cap L(\boldsymbol{\beta}_1,\boldsymbol{\beta}_2,\cdots,\boldsymbol{\beta}_r) \subseteq L(\boldsymbol{\delta}_1,\boldsymbol{\delta}_2,\cdots,\boldsymbol{\delta}_t)$.

综上可知，$L(\boldsymbol{\alpha}_1,\boldsymbol{\alpha}_2,\cdots,\boldsymbol{\alpha}_n) \cap L(\boldsymbol{\beta}_1,\boldsymbol{\beta}_2,\cdots,\boldsymbol{\beta}_r) = L(\boldsymbol{\delta}_1,\boldsymbol{\delta}_2,\cdots,\boldsymbol{\delta}_t)$.

6.3.12　令 $W = \{\boldsymbol{x} \mid \boldsymbol{xAB} = \mathbf{0}\}$，则 $\dim W = n - r(\boldsymbol{AB})$，$W_0 = \{\boldsymbol{x} \mid \boldsymbol{xA} = \mathbf{0}\}$，$\dim W_0 = n - r(\boldsymbol{A})$，且 $W \supseteq W_0$，设 $\boldsymbol{x}_1,\cdots,\boldsymbol{x}_{n-r(\boldsymbol{A})}$ 为 W_0 的基，然后扩充成 W 的基为

$$\boldsymbol{x}_1,\cdots,\boldsymbol{x}_{n-r(\boldsymbol{A})},\boldsymbol{x}_{n-r(\boldsymbol{A})+1},\cdots,\boldsymbol{x}_{n-r(\boldsymbol{AB})},$$

$\forall \boldsymbol{y}\in V$，则

$$\boldsymbol{y}=k_1\boldsymbol{x}_1+\cdots+k_{n-r(\boldsymbol{AB})}\boldsymbol{x}_{n-r(\boldsymbol{AB})},$$

所以

$$\boldsymbol{yA}=k_{n-r(\boldsymbol{A})+1}\boldsymbol{x}_{n-r(\boldsymbol{A})+1}\boldsymbol{A}+\cdots+k_{n-r(\boldsymbol{AB})}\boldsymbol{x}_{n-r(\boldsymbol{AB})}\boldsymbol{A},$$

故

$$V=L\left(\boldsymbol{x}_{n-r(\boldsymbol{A})+1}\boldsymbol{A},\cdots,\boldsymbol{x}_{n-r(\boldsymbol{AB})}\boldsymbol{A}\right).$$

我们断定 $\boldsymbol{x}_{n-r(\boldsymbol{A})+1}\boldsymbol{A},\cdots,\boldsymbol{x}_{n-r(\boldsymbol{AB})}\boldsymbol{A}$ 线性无关，事实上，考察

$$l_{n-r(\boldsymbol{A})+1}\boldsymbol{x}_{n-r(\boldsymbol{A})+1}\boldsymbol{A}+\cdots+l_{n-r(\boldsymbol{AB})}\boldsymbol{x}_{n-r(\boldsymbol{AB})}\boldsymbol{A}=\boldsymbol{0},$$

所以

$$\left(l_{n-r(\boldsymbol{A})+1}\boldsymbol{x}_{n-r(\boldsymbol{A})+1}+\cdots+l_{n-r(\boldsymbol{AB})}\boldsymbol{x}_{n-r(\boldsymbol{AB})}\right)\boldsymbol{A}=\boldsymbol{0},$$

因此

$$l_{n-r(\boldsymbol{A})+1}\boldsymbol{x}_{n-r(\boldsymbol{A})+1}+\cdots+l_{n-r(\boldsymbol{AB})}\boldsymbol{x}_{n-r(\boldsymbol{AB})}=l_1\boldsymbol{x}_1+\cdots+l_{n-r(\boldsymbol{A})}\boldsymbol{x}_{n-r(\boldsymbol{A})},$$

从而 $l_{n-r(\boldsymbol{A})+1}=\cdots=l_{n-r(\boldsymbol{AB})}=0$，故

$$\dim V=\left(n-r(\boldsymbol{AB})\right)-\left(n-r(\boldsymbol{A})\right)=r(\boldsymbol{A})-r(\boldsymbol{AB}).$$

6.3.13 (1) 略；

(2) 由于 $\dim V_1=1$，$\dim V_2=n-1$（V_2 的基为 $\boldsymbol{\alpha}_1-\boldsymbol{\alpha}_2,\boldsymbol{\alpha}_2-\boldsymbol{\alpha}_3,\cdots,\boldsymbol{\alpha}_n-\boldsymbol{\alpha}_1$）. 现证 $V_1\cap V_2=\{\boldsymbol{0}\}$ 即可. $\forall\boldsymbol{\alpha}\in V_1\cap V_2$，由 $\boldsymbol{\alpha}\in V_1$ 知

$$\boldsymbol{\alpha}=\sum_{i=1}^{n}l\boldsymbol{\alpha}_i.$$

由 $\boldsymbol{\alpha}\in V_2$ 知

$$\boldsymbol{\alpha}=\sum_{i=1}^{n}k_i\boldsymbol{\alpha}_i,$$

且 $\sum\limits_{i=1}^{n}k_i=0$. 上两式相减得 $\sum\limits_{i=1}^{n}(l-k_i)\boldsymbol{\alpha}_i=\boldsymbol{0}$，从而 $l=k_i\,(i=1,2,\cdots,n)$，故 $\boldsymbol{\alpha}=\boldsymbol{0}$，得证.

6.3.14 由齐次线性方程组解的理论知: $\dim V_1=n-1$，$\dim V_2=1$. 要证 $P^n=V_1\oplus V_2$，只需验证 $V_1\cap V_2=\{\boldsymbol{0}\}$，留给读者完成.

6.3.15 根据对称阵和反对称阵的性质分别易得 V_1 和 V_2 均为 V 的子空间.

现证 $V=V_1\oplus V_2$，$\forall\boldsymbol{A}\in V$，取 $\boldsymbol{A}_1=\dfrac{\boldsymbol{A}+\boldsymbol{A}^{\mathrm{T}}}{2}$，$\boldsymbol{A}_2=\dfrac{\boldsymbol{A}-\boldsymbol{A}^{\mathrm{T}}}{2}$，则 $\boldsymbol{A}=\boldsymbol{A}_1+\boldsymbol{A}_2$，且 $\boldsymbol{A}_1\in V_1$，$\boldsymbol{A}_2\in V_2$，从而 $V=V_1+V_2$. 另外，$\forall\boldsymbol{B}\in V_1\cap V_2,\boldsymbol{B}=\boldsymbol{B}^{\mathrm{T}}=-\boldsymbol{B}^{\mathrm{T}}$ 得 $\boldsymbol{B}=\boldsymbol{O}$，即 $V_1\cap V_2=\{\boldsymbol{0}\}$. 因此 $V=V_1\oplus V_2$.

6.3.16 首先证明$W=W_1+W_2\cap W$，因$W_1\subseteq W$，$W_2\cap W\subseteq W$，故$W_1+W_2\cap W\subseteq W$. 另$\forall\boldsymbol{\alpha}\in W$，有$\boldsymbol{\alpha}=\boldsymbol{\alpha}_1+\boldsymbol{\alpha}_2$，其中$\boldsymbol{\alpha}_1\in W_1$，$\boldsymbol{\alpha}_2\in W_2$（因$V=W_1\oplus W_2$）. 因$\boldsymbol{\alpha}_2=\boldsymbol{\alpha}-\boldsymbol{\alpha}_1\in W$，故$\boldsymbol{\alpha}_2\in W\cap W_2$，即$W\subseteq W_1+W_2\cap W$. 因此$W=W_1+W_2\cap W$.

其次，$W_1\cap(W_2\cap W)=(W_1\cap W_2)\cap W=\{\mathbf{0}\}$，故知$W=W_1\oplus(W_2\cap W)$.

6.3.17 “$\Leftarrow$” $\begin{pmatrix}\boldsymbol{A}\\ \boldsymbol{B}\end{pmatrix}\in P^{n\times n}$，若$\begin{pmatrix}\boldsymbol{A}\\ \boldsymbol{B}\end{pmatrix}\boldsymbol{x}=\mathbf{0}$只有零解，所以

$$\begin{vmatrix}\boldsymbol{A}\\ \boldsymbol{B}\end{vmatrix}\neq 0,\quad r(\boldsymbol{A})=m,\quad r(\boldsymbol{B})=n-m.$$

$\forall\boldsymbol{x}_0\in V_1\cap V_2$，则$\begin{cases}\boldsymbol{A}\boldsymbol{x}_0=\mathbf{0},\\ \boldsymbol{B}\boldsymbol{x}_0=\mathbf{0},\end{cases}$ 于是$\begin{pmatrix}\boldsymbol{A}\\ \boldsymbol{B}\end{pmatrix}\boldsymbol{x}_0=\mathbf{0}$，从而$\boldsymbol{x}_0=\mathbf{0}$，即证$V_1\cap V_2=\{\mathbf{0}\}$.

又$V_1+V_2\subseteq P^n$，故

$$\begin{aligned}\dim(V_1+V_2)&=\dim V_1+\dim V_2=\big(n-r(\boldsymbol{A})\big)+\big(n-r(\boldsymbol{B})\big)\\ &=(n-m)+m=n=\dim P^n.\end{aligned}$$

从而有$P^n=V_1\oplus V_2$.

“$\Rightarrow$”设$P^n=V_1\oplus V_2$，用反证法. 如果$\begin{pmatrix}\boldsymbol{A}\\ \boldsymbol{B}\end{pmatrix}\boldsymbol{x}=\mathbf{0}$有非零解$\boldsymbol{x}_1$，那么$\begin{cases}\boldsymbol{A}\boldsymbol{x}_1=\mathbf{0},\\ \boldsymbol{B}\boldsymbol{x}_1=\mathbf{0},\end{cases}$ 所以$\boldsymbol{x}_1\in V_1\cap V_2$，这与$P^n=V_1\oplus V_2$矛盾. 从而$\begin{pmatrix}\boldsymbol{A}\\ \boldsymbol{B}\end{pmatrix}\boldsymbol{x}=\mathbf{0}$只有零解.

6.3.18 (1)记

$$W_1=\left\{\boldsymbol{x}\mid \boldsymbol{A}\boldsymbol{x}=\mathbf{0},\boldsymbol{x}\in P^n\right\},\quad W_2=\left\{\boldsymbol{x}\mid \boldsymbol{B}\boldsymbol{x}=\mathbf{0},\boldsymbol{x}\in P^n\right\},\quad W_3=\left\{\boldsymbol{x}\mid \boldsymbol{A}\boldsymbol{B}\boldsymbol{x}=\mathbf{0},\boldsymbol{x}\in P^n\right\},$$

则$\dim W_1\geqslant l$，$\dim W_2\geqslant m$，而$\dim W_1=n-r(\boldsymbol{A})$，$\dim W_2=n-r(\boldsymbol{B})$，因此，

$$\begin{aligned}\dim(W_3)&=n-r(\boldsymbol{A}\boldsymbol{B})\geqslant n-\min\left\{r(\boldsymbol{A}),r(\boldsymbol{B})\right\}\\ &=\max\left\{n-r(\boldsymbol{A}),n-r(\boldsymbol{B})\right\}\\ &=\max\left\{\dim W_1,\dim W_2\right\}\geqslant\max(l,m).\end{aligned}$$

原命题得证；

(2) $\boldsymbol{A}\boldsymbol{x}=\mathbf{0}$与$\boldsymbol{B}\boldsymbol{x}=\mathbf{0}$无公共非零解，即$\begin{pmatrix}\boldsymbol{A}\\ \boldsymbol{B}\end{pmatrix}\boldsymbol{x}=\mathbf{0}$只有零解，仿练习题 6.3.17 可得.

6.3.19 由于$(f(x),g(x))=1$，故存在$u(x),v(x)\in P[x]$，得

$$u(x)f(x)+v(x)g(x)=1.$$

从而$\forall\boldsymbol{x}\in W$，记$\boldsymbol{x}_1=v(M)g(M)\boldsymbol{x}$，$\boldsymbol{x}_2=u(M)f(M)\boldsymbol{x}$，则由上式知$\boldsymbol{x}=\boldsymbol{x}_1+\boldsymbol{x}_2$，且

$$Ax_1 = Av(M)g(M)x = v(M)ABx = 0,$$

$$Bx_2 = Bu(M)f(M)x = u(M)ABx = 0,$$

即 $x_1 \in W_1$，$x_2 \in W_2$，故 $W = W_1 + W_2$.

另 $\forall x \in W_1 \cap W_2$，有 $Ax = Bx = 0$，从而 $x = u(M)f(M)x + v(M)g(M)x = 0$，知 $W_1 \cap W_2 = \{0\}$，综上所述 $W = W_1 \oplus W_2$.

6.3.20 由于 V_1, V_2 为非平凡子空间，故存在 $\alpha_1 \notin V_1$ 及 $\alpha_2 \notin V_2$. 若 $\alpha_1 \notin V_2$ 或 $\alpha_2 \notin V_1$，则原结论成立. 否则，若 $\alpha_1 \notin V_2$ 且 $\alpha_2 \in V_1$，则取 $\alpha = \alpha_1 + \alpha_2$，可证 $\alpha \notin V_1$ 且 $\alpha \notin V_2$.

否则，若 $\alpha \in V_1$ 与 $\alpha_1 \notin V_1$ 矛盾，同理，若 $\alpha \in V_2$ 可得 $\alpha_2 \in V_1$，矛盾.

这样总能找到 V 中既不在 V_1 中又不在 V_2 中的向量.

6.3.21 对 s 进行归纳证明：(1) 当 $s = 2$ 时，上题已证得；

(2) 假设 $s = n-1$ 时成立，即存在 $\alpha \in V$ 与 $\alpha \notin V_i$，$i = 1, 2, \cdots, n-1$，则当 $s = n$ 时，必存在 $\beta \in V$ 但 $\beta \notin V_n$，若 $\beta \notin V_i$，$i = 1, 2, \cdots, n-1$ 或 $\alpha \notin V_n$，则结论已证.

否则，若 $\beta \in V_1 \cup V_2 \cup \cdots \cup V_{n-1}$ 且 $\alpha \in V_n$，考虑向量组

$$\alpha + \beta,\ \alpha + 2\beta,\ \cdots,\ \alpha + n\beta.$$

必有 $\alpha + i\beta (1 \leqslant i \leqslant n)$ 不在 $V_i (i = 1, 2, \cdots, n-1)$ 中. 否则，$\alpha + j\beta$ 与 $\alpha + k\beta$ 同属于 V_k 中 $(k \leqslant n-1)$，从而 $(j-k)\beta \in V_k$，矛盾. 另 $\alpha + i\beta \notin V_n$ (否则 $\beta \in V_n$).

因此 $\alpha + i\beta \notin V_i (i = 1, 2, \cdots, n-1, n)$，原命题得证.

6.3.22 设 $\dim V = n$，由上题结论知，存在 $\varepsilon_1 \in V$ 且 $\varepsilon_1 \notin V_i (i = 1, 2, \cdots, r)$. 记 $V_{r+1} = L(\varepsilon_1)$，同理，存在 $\varepsilon_1 \in V$ 且 $\varepsilon_1 \notin V_i (i = 1, 2, \cdots, r+1)$. 记 $V_{r+2} = L(\varepsilon_2)$，依次找到 $\varepsilon_3, \varepsilon_4, \cdots, \varepsilon_n$，则 $\varepsilon_1, \varepsilon_2, \cdots, \varepsilon_n$ 线性无关. 因此 $\varepsilon_1, \varepsilon_2, \cdots, \varepsilon_n$ 是 V 的一组基，且 $\varepsilon_1, \varepsilon_2, \cdots, \varepsilon_n$ 均不在 V_i 中 $(i = 1, 2, \cdots, r)$.

6.3.23 设 V_1 的一组基为 $\varepsilon_1, \varepsilon_2, \cdots, \varepsilon_r$，将其扩充为 $\varepsilon_1, \varepsilon_2, \cdots, \varepsilon_r$，$\varepsilon_{r+1}, \cdots, \varepsilon_n$. 令 $W_1 = L(\varepsilon_{r+1}, \varepsilon_{r+2}, \cdots, \varepsilon_n)$，则 $V = V_1 \oplus W_1$.

另 $W_2 = L(\varepsilon_1 + \varepsilon_{r+1}, \varepsilon_{r+2}, \cdots, \varepsilon_n)$，则 $V = V_1 \oplus W_2$，且 $W_1 \neq W_2$ (因 $\varepsilon_1, \varepsilon_{r+1} \in W_2$，但 $\varepsilon_1 + \varepsilon_{r+1} \notin W_1$).

6.3.24 **方法 1** 用反证法. 若 $V_1 \neq V$，设 $\dim V_1 = m$，$\dim V = n$，则

$$0 < \dim V_1 = m < n = \dim V.$$

取 V_1 的一组基 $\alpha_1, \cdots, \alpha_m$，并扩充为 V 的一组基 $\alpha_1, \cdots, \alpha_m, \alpha_{m+1}, \cdots, \alpha_n$，则 $V_1 = L(\alpha_1, \cdots, \alpha_m)$. 令 $V_2 = L(\alpha_{m+1}, \cdots, \alpha_n)$，则

$$V = V_1 \oplus V_2. \tag{6.14}$$

再令 $V_3 = L(\alpha_1 + \alpha_{m+1}, \alpha_{m+2} \cdots, \alpha_n)$. 由于

$$(\boldsymbol{\alpha}_1,\cdots,\boldsymbol{\alpha}_m,\boldsymbol{\alpha}_1+\boldsymbol{\alpha}_{m+1},\boldsymbol{\alpha}_{m+2},\cdots,\boldsymbol{\alpha}_n)=(\boldsymbol{\alpha}_1,\cdots,\boldsymbol{\alpha}_n)\begin{pmatrix}1&0&\cdots&1&\cdots&0\\0&1&\cdots&0&\cdots&0\\\vdots&\vdots&&\vdots&&\vdots\\0&0&&1&\cdots&0\\\vdots&\vdots&&\vdots&&\vdots\\0&0&\cdots&0&\cdots&1\end{pmatrix}. \tag{6.15}$$

而式(6.15)右端的矩阵行列式值为 1，可知$\boldsymbol{\alpha}_1,\cdots,\boldsymbol{\alpha}_m,\boldsymbol{\alpha}_1+\boldsymbol{\alpha}_{m+1},\boldsymbol{\alpha}_{m+2},\cdots,\boldsymbol{\alpha}_n$线性无关，从而也是 V 的一组基. 故$V=V_1\oplus V_3$.

下证$V_2\neq V_3$.

用反证法，若$V_2=V_3$，那么有$\boldsymbol{\alpha}_{m+1}\in V_2$，$\boldsymbol{\alpha}_1+\boldsymbol{\alpha}_{m+1}\in V_2$，于是$\boldsymbol{\alpha}_1\in V_2$，这是不可能的. 因为$\boldsymbol{\alpha}_1\in V_1$，则$\boldsymbol{\alpha}_1\in V_1\cap V_2$，由式(6.14)知$\boldsymbol{\alpha}_1=\mathbf{0}$但$\boldsymbol{\alpha}_1\neq\mathbf{0}$，矛盾. 故$V_1=V$.

方法 2　反设$V_1\neq V_2$，即V_1为 V 的真子空间，则V_1至少有两个不同的补子空间，矛盾产生，因此$V_1=V$.

6.3.25　由练习题 6.3.23 知，V_1至少在 V 中有两个补子空间W_1和W_2. 现设

$$\dim(V_1)=r.$$

下面我们说明，对任意正整数 n，若$W_i(i=1,2,\cdots,n)$均为V_1在 V 中的补子空间，还能找到 V 的子空间W_{n+1}，使得$W_{n+1}\oplus V_1=V$且W_{n+1}异于$W_i(i=1,2,\cdots,n)$. 实则由练习题 6.3.21 知，存在$\boldsymbol{\varepsilon}_1\notin W_i(i=1,2,\cdots,n)$且$\boldsymbol{\varepsilon}_1\notin V_1$，记$V_2=L(\boldsymbol{\varepsilon}_1)$，则存在 V 中的$\boldsymbol{\varepsilon}_2\notin V_i$ $(i=1,2,\cdots,n)$且$\boldsymbol{\varepsilon}_2\notin W_i(i=1,2)$，依次可找到$\boldsymbol{\varepsilon}_1,\boldsymbol{\varepsilon}_2,\cdots,\boldsymbol{\varepsilon}_{n-r}$均不在$W_i\left(i=1,2,\cdots,n\right)$和$V_1$中，记$W_{n+1}=L(\boldsymbol{\varepsilon}_1,\boldsymbol{\varepsilon}_2,\cdots,\boldsymbol{\varepsilon}_{n-r})$，则$V=W_{n+1}\oplus V_1$，且$W_{n+1}\neq W_i(i=1,2,\cdots,n)$，原命题得证.

6.3.26　(1) 设$W_i=L(\varepsilon_{i_1},\varepsilon_{i_2},\cdots,\varepsilon_{i_{r_i}})(i=1,2,\cdots,s)$. 将$\boldsymbol{\varepsilon}_{i_1},\boldsymbol{\varepsilon}_{i_2},\cdots,\boldsymbol{\varepsilon}_{i_{r_i}}$扩充为 V 的一组基

$$\boldsymbol{\varepsilon}_{i_1},\boldsymbol{\varepsilon}_{i_2},\cdots,\boldsymbol{\varepsilon}_{i_{r_i}},\boldsymbol{\varepsilon}_{i_{r_i+1}},\cdots,\boldsymbol{\varepsilon}_{i_n}.$$

记 $V_{i_1}=L(\boldsymbol{\varepsilon}_{i_1},\boldsymbol{\varepsilon}_{i_2},\cdots,\boldsymbol{\varepsilon}_{i_{r_i}},\boldsymbol{\varepsilon}_{i_{r_i+1}},\cdots,\boldsymbol{\varepsilon}_{i_n})$，$V_{i_2}=L(\boldsymbol{\varepsilon}_{i_1},\boldsymbol{\varepsilon}_{i_2},\cdots,\boldsymbol{\varepsilon}_{i_{r_i}},\boldsymbol{\varepsilon}_{i_{r_i}+3},\cdots,\boldsymbol{\varepsilon}_{i_n})$，$V_{i_{n-r_i}}=L(\boldsymbol{\varepsilon}_{i_1},\boldsymbol{\varepsilon}_{i_2},\cdots,\boldsymbol{\varepsilon}_{i_{r_i}},\boldsymbol{\varepsilon}_{i_{r_i+1}},\cdots,\boldsymbol{\varepsilon}_{i_n-1})$，则

$$W_i=V_{i_1}\cap V_{i_2}\cap\cdots\cap V_{i_{n-r_i}},$$

且$\dim V_{i_j}=n-1(i=1,2,\cdots,n-r_i;\ i=1,2,\cdots,s)$;

(2) 由练习题 6.3.21 知，存在$\boldsymbol{\alpha}\in V$，且$\boldsymbol{\alpha}\notin W_1\cup W_2\cup\cdots\cup W_s$，即知

$$W_1\cup W_2\cup\cdots\cup W_s\neq V,$$

即$W_1\cup W_2\cup\cdots\cup W_s$仅仅是 V 的一个真子集.

6.3.27 (1) 由练习题 6.3.21 易得;

(2) 由练习题 6.3.22 知，$V_1,V_2,\cdots,V_s$ 外存在 $\boldsymbol{\varepsilon}_1,\boldsymbol{\varepsilon}_2,\cdots,\boldsymbol{\varepsilon}_n$，从而

$$\{\boldsymbol{\varepsilon}_1,\boldsymbol{\varepsilon}_2,\cdots,\boldsymbol{\varepsilon}_n,\}\cap\left(V_1\cup V_2\cup\cdots\cup V_s\right)=\varnothing.$$

练习 6.4

6.4.1 记

$$W_1=\left\{\boldsymbol{x}\mid \boldsymbol{A}\boldsymbol{x}=\boldsymbol{0}\right\},\quad W_2=\left\{\boldsymbol{B}\boldsymbol{x}\mid \boldsymbol{A}\boldsymbol{B}\boldsymbol{x}=\boldsymbol{0}\right\},$$

则 W_2 是 W_1 的子空间. 从而 $\dim W_2\leqslant\dim W_1$，而 $\dim W_1=n-r(\boldsymbol{A})$，另由练习题 6.3.12 知

$$\dim W_2=r(\boldsymbol{B})-r(\boldsymbol{A}).$$

因此 $r(\boldsymbol{B})-r(\boldsymbol{A}\boldsymbol{B})\leqslant n-r(\boldsymbol{A})$，即 $r(\boldsymbol{A})+r(\boldsymbol{B})-n\leqslant r(\boldsymbol{A}\boldsymbol{B})$.

6.4.2 记

$$W_1=\left\{\boldsymbol{B}\boldsymbol{x}\mid \boldsymbol{A}\boldsymbol{B}\boldsymbol{x}=0\right\},\quad W_2=\left\{\boldsymbol{B}\boldsymbol{C}\boldsymbol{x}\mid \boldsymbol{A}\boldsymbol{B}\boldsymbol{C}\boldsymbol{x}=0\right\},$$

则 W_2 是 W_1 的子空间. 从而 $\dim W_2\leqslant\dim W_1$，即 $r(\boldsymbol{B}\boldsymbol{C})-r(\boldsymbol{A}\boldsymbol{B}\boldsymbol{C})\leqslant r(\boldsymbol{B})-r(\boldsymbol{A}\boldsymbol{B})$，得证.

评析 本题令 $\boldsymbol{B}=\boldsymbol{E}_n$，即为练习题 6.4.1 的情形.

6.4.3 由维数公式知 $\dim(W_1+W_2)=\dim W_1+\dim W_2-\dim(W_1\cap W_2)$. 另 W_1+W_2 是 V 的子空间，因此，$\dim(W_1+W_2)\leqslant\dim(V)$. 这样就有

$$\dim(W_1\cap W_2)\geqslant\dim(W_1)+\dim(W_2)-\dim(V).$$

6.4.4 由练习题 6.4.1 知，$r(\boldsymbol{A}\boldsymbol{B})\geqslant r(\boldsymbol{A})+r(\boldsymbol{B})-n$. 下证 $r(\boldsymbol{A}\boldsymbol{B})\leqslant r(\boldsymbol{A})+r(\boldsymbol{B})-n$.

记 $\boldsymbol{A}=(\boldsymbol{\alpha}_1,\boldsymbol{\alpha}_2,\cdots,\boldsymbol{\alpha}_n)=(a_{ij})_{n\times n}$，$\boldsymbol{B}=(\boldsymbol{\beta}_1,\boldsymbol{\beta}_2,\cdots,\boldsymbol{\beta}_n)=(b_{ij})_{n\times n}$，$\boldsymbol{C}=(c_{ij})_{n\times n}$，$\boldsymbol{D}=(d_{ij})_{n\times n}$. $W_1=L(\boldsymbol{\alpha}_1,\boldsymbol{\alpha}_2,\cdots,\boldsymbol{\alpha}_n)$，$W_2=L(\boldsymbol{\beta}_1,\boldsymbol{\beta}_2,\cdots,\boldsymbol{\beta}_n)$，则

$$\dim W_1=r(\boldsymbol{A}),\quad \dim W_2=r(\boldsymbol{B}).$$

记 $W_3=L(\boldsymbol{\delta}_1,\boldsymbol{\delta}_2,\cdots,\boldsymbol{\delta}_n)$，其中 $\boldsymbol{\delta}_i$ 为 $\boldsymbol{A}\boldsymbol{B}$ 的第 i 列向量 $(i=1,2,\cdots,n)$，由 $\boldsymbol{A}\boldsymbol{B}=\boldsymbol{B}\boldsymbol{A}$ 知

$$\boldsymbol{\delta}_i=\boldsymbol{\alpha}_1b_{1i}+\boldsymbol{\alpha}_2b_{2i}+\cdots+\boldsymbol{\alpha}_nb_{ni}=\boldsymbol{\beta}_1a_{1i}+\boldsymbol{\beta}_2a_{2i}+\cdots+\boldsymbol{\beta}_na_{ni}\quad(i=1,2,\cdots,n).$$

由此知 $W_3\subseteq W_1\cap W_2$，故有

$$\dim(W_3)\leqslant\dim(W_1\cap W_2).$$

另记 $W_4=L(\boldsymbol{\zeta}_1,\boldsymbol{\zeta}_2,\cdots,\boldsymbol{\zeta}_n)$，$W_5=L(\boldsymbol{\eta}_1,\boldsymbol{\eta}_2,\cdots,\boldsymbol{\eta}_n)$，其中 $\boldsymbol{\zeta}_i,\boldsymbol{\eta}_j$ 分别为 $\boldsymbol{A}\boldsymbol{C},\boldsymbol{B}\boldsymbol{D}$ 的第 i 列向量 $(i=1,2,\cdots,n)$，则

$$\begin{aligned}\boldsymbol{\zeta}_i&=\boldsymbol{\alpha}_1c_{1i}+\boldsymbol{\alpha}_2c_{2i}+\cdots+\boldsymbol{\alpha}_nc_{ni},\\ \boldsymbol{\eta}_i&=\boldsymbol{\beta}_1d_{1i}+\boldsymbol{\beta}_2d_{2i}+\cdots+\boldsymbol{\beta}_nd_{ni}\quad(i=1,2,\cdots,n).\end{aligned}$$

可见 $W_4\subseteq W_1,W_5\subseteq W_2$，另 $\boldsymbol{A}\boldsymbol{C}+\boldsymbol{B}\boldsymbol{D}=\boldsymbol{E}_n$，故

$$L(\boldsymbol{\zeta}_1+\boldsymbol{\eta}_1,\boldsymbol{\zeta}_2+\boldsymbol{\eta}_2,\cdots,\boldsymbol{\zeta}_n+\boldsymbol{\eta}_n)\subseteq W_4+W_5\subseteq W_1+W_2,$$

则 $L(\boldsymbol{\zeta}_1+\boldsymbol{\eta}_1,\cdots,\boldsymbol{\zeta}_n+\boldsymbol{\eta}_n)=P^n$，故 $W_1+W_2=P^n$，由维数公式，得

$$\begin{aligned}n&=\dim(W_1+W_2)=\dim(W_1)+\dim(W_2)-\dim(W_1\cap W_2)\\&\geqslant r(\boldsymbol{A})+r(\boldsymbol{B})-r(\boldsymbol{AB}),\end{aligned}$$

因此，$r(\boldsymbol{AB})=r(\boldsymbol{A})+r(\boldsymbol{B})-n$.

练习 7 参考答案

练习 7.1

7.1.1　用数学归纳法证明，详细过程此处从略.

7.1.2　略.

7.1.3　(1) 验证 $\sigma(\boldsymbol{\alpha}+\boldsymbol{\beta})=\sigma(\boldsymbol{\alpha})+\sigma(\boldsymbol{\beta})$，$\sigma(k\boldsymbol{\alpha})=k\sigma(\boldsymbol{\alpha})$ 即可；

(2) $\forall\boldsymbol{\alpha}\in W$，$v=\boldsymbol{\omega}_1+\boldsymbol{\omega}_2+\cdots+\boldsymbol{\omega}_s$，则 $\sigma(v)=\boldsymbol{\omega}_k=\sigma^2(v)$.

7.1.4　设 $V_{ij}=\{\boldsymbol{\alpha}|\boldsymbol{\alpha}\in V，\sigma_i(\boldsymbol{\alpha})=\sigma_j(\boldsymbol{\alpha})\}$，$i,j=1,2,\cdots,s$，$i\neq j$. 由于 $\sigma_i(\mathbf{0})=\sigma_j(\mathbf{0})=\mathbf{0}$，即 $\mathbf{0}\in V_{ij}$，故 $V_{ij}\neq\varnothing$. 因为 $\sigma_1,\cdots,\sigma_s$ 两两不同，所以对于任意两个 $\sigma_i,\sigma_j(i\neq j)$，总存在一个向量 $\boldsymbol{\beta}$ 使得 $\sigma_i(\boldsymbol{\beta})\neq\sigma_j(\boldsymbol{\beta})$. 否则，若对任一 $\boldsymbol{\beta}\in V$，都有 $\sigma_i(\boldsymbol{\beta})=\sigma_j(\boldsymbol{\beta})$，则有 $\sigma_i=\sigma_j$，这与题设矛盾. 从而 V_{ij} 是 V 的真子集，进一步易证 V_{ij} 是 V 的真子空间，$i,j=1,2,\cdots,s$，$i\neq j$，则在 V 中一定存在一个向量 $\boldsymbol{\alpha}$，使得 $\boldsymbol{\alpha}\notin V_{ij}$，$i,j=1,2,\cdots,s$，$i<j$. 故命题已证.

7.1.5　设 $k_1\boldsymbol{\alpha}_1+k_2\boldsymbol{\alpha}_2+\cdots+k_n\boldsymbol{\alpha}_n=\mathbf{0}$，则

$$(\sigma-\lambda I)^{n-1}(k_1\boldsymbol{\alpha}_1+k_2\boldsymbol{\alpha}_2+\cdots+k_n\boldsymbol{\alpha}_n)=k_n\boldsymbol{\alpha}_1=\mathbf{0},$$

知 $k_n=0$. 再由

$$(\sigma-\lambda I)^{n-2}(k_1\boldsymbol{\alpha}_1+k_2\boldsymbol{\alpha}_2+\cdots+k_{n-1}\boldsymbol{\alpha}_{n-1})=k_{n-1}\boldsymbol{\alpha}_1=\mathbf{0}$$

知 $k_{n-1}=0$，依次可得 $k_i=0(i=1,2,\cdots,n)$.

7.1.6　反证法. 设 $f_i(x)\not\equiv 0$，即 $\exists x_1,x_2\in V$，分别有 $f_1(x_1)\neq 0$，$f_2(x_2)\neq 0$，又由 $\psi(x_2)=0$ 知 $f_1(x_2)=0$，$f_2(x_1)=0$. 这样，

$$\psi(x_1+x_2)=f_1(x_1+x_2)f_2(x_1+x_2)=f_1(x_1)f_2(x_2)\neq 0,$$

矛盾. 因此，$f_1(x)\equiv 0$ 或 $f_2(x)\equiv 0$.

7.1.7　(1) 略.

(2) “$\Rightarrow$” 若 σ 可逆，则存在 V 的线性变换 σ^{-1}，使 $\forall\boldsymbol{x}\in V$，$\sigma\left(\sigma^{-1}(\boldsymbol{x})\right)=\boldsymbol{x}$，特别地，取 $\boldsymbol{x}=\boldsymbol{E}_n$，则 $\sigma\left(\sigma^{-1}(\boldsymbol{E}_n)\right)=\boldsymbol{A}\sigma^{-1}(\boldsymbol{E})\boldsymbol{B}=\boldsymbol{E}_n$，两边同取行列式易知 $|\boldsymbol{AB}|\neq 0$.

“$\Rightarrow$” 若 $|\boldsymbol{AB}|\neq 0$，记 $\sigma^{-1}(\boldsymbol{x})=\boldsymbol{A}^{-1}\boldsymbol{x}\boldsymbol{B}^{-1}$，则 $\forall x\in V$，$\sigma\left(\sigma^{-1}(\boldsymbol{x})\right)=\sigma^{-1}\left(\sigma(\boldsymbol{x})\right)=\boldsymbol{x}$.

7.1.8　只需用归纳法证明，对任意自然数 n，$\sigma(\boldsymbol{x}^n)=n\boldsymbol{x}^{n-1}$，再利用性质(1)即可知

$$\sigma(f)=f'.$$

7.1.9　因为 $(\lambda,\lambda^3-2)=(\lambda^2-2\lambda+2,\lambda^3-2)=1$，故知 σ,τ 可逆.

7.1.10　首先需要指出的是，n 维线性空间 V 的全体变换组成的线性空间 $L_n(V)$ 的维数是 n^2.

(1) 由于 $\dim\left(L_n(V)\right)=n^2$ 知，$I,\sigma,\sigma^2,\cdots,\sigma^{n^2-1},\sigma^{n^2}$ 必线性相关，即 P 上存在不全为零的 n^2+1 个数 $k_i(i=0,1,\cdots,n^2)$，使得

$$k_0I+k_1\sigma+k_2\sigma^2+\cdots+k_{n^2}\sigma^{n^2}=0;$$

(2) 由 $d(x)=\left(f(x),g(x)\right)$ 知，$\exists u(x),v(x)\in P[x]$，使得

$$d(x)=u(x)f(x)+v(x)g(x).$$

这样 $\forall\boldsymbol{\alpha}\in V$，$d(\sigma)\boldsymbol{\alpha}=\left(u(\sigma)f(\sigma)+v(\sigma)g(\sigma)\right)(\boldsymbol{\alpha})=\boldsymbol{0}$，从而 $d(\sigma)=0$.

(3)“$\Rightarrow$”若 σ 可逆，取 $f(x)$ 为 σ 的特征多项式；

“$\Leftarrow$”若 $f(\sigma)=0$ 且 $f(x)=a_mx^m+\cdots+a_1x+a_0$，$a_0\neq 0$，则由 $a_mD^m+\cdots+a_1D+a_0I=0$ 推知

$$\sigma\left(-\frac{a_m}{a_0}\sigma^{m-1}-\frac{a_{m-1}}{a_0}\sigma^{m-2}-\cdots-\frac{a_1}{a_0}I\right)=I,$$

因此，σ 可逆.

练习 7.2

7.2.1　$\begin{pmatrix} a & b & 1 & 0 & 0 & 0\\ -b & a & 0 & 1 & 0 & 0\\ 0 & 0 & a & b & 1 & 0\\ 0 & 0 & -b & a & 0 & 1\\ 0 & 0 & 0 & 0 & a & b\\ 0 & 0 & 0 & 0 & -b & a \end{pmatrix}$.

7.2.2　(1) $\boldsymbol{A}=\begin{pmatrix} -\dfrac{1}{3} & -\dfrac{5}{3}\\ \dfrac{2}{3} & \dfrac{1}{3} \end{pmatrix}$;

(2) $|\boldsymbol{A}-c\boldsymbol{E}|=\begin{vmatrix} -\dfrac{1}{3}-c & -\dfrac{5}{3}\\ \dfrac{2}{3} & \dfrac{1}{3}-c \end{vmatrix}=c^2+1\geqslant 1>0$，由 $\boldsymbol{A}-c\boldsymbol{E}$ 可逆，知 $\sigma-cI$ 可逆；

(3) 若 $a_{12}a_{21}=0$，则 $|\boldsymbol{A}-a_{11}\boldsymbol{E}|=\begin{vmatrix} 0 & a_{12} \\ a_{21} & a_{22}-a_{11} \end{vmatrix}=0$ 与 (2) 矛盾.

7.2.3　(1) σ 在 $\boldsymbol{\varepsilon}_1,\boldsymbol{\varepsilon}_2,\boldsymbol{\varepsilon}_3$ 下的矩阵 $\boldsymbol{A}=\begin{pmatrix} 1 & 1 & 1 \\ 0 & 1 & 1 \\ 0 & 0 & 1 \end{pmatrix}$. $\boldsymbol{A}$ 可逆，从而 σ 可逆；

(2) τ 在 $\boldsymbol{\varepsilon}_1,\boldsymbol{\varepsilon}_2,\boldsymbol{\varepsilon}_3$ 下的矩阵

$$\boldsymbol{B}=2\boldsymbol{A}-\boldsymbol{A}^{-1}=\begin{pmatrix} 1 & 3 & 2 \\ 0 & 1 & 3 \\ 0 & 0 & 1 \end{pmatrix}.$$

7.2.4　(1) $\begin{pmatrix} 8 & 9 \\ \dfrac{4}{3} & 3 \end{pmatrix}$；(2) $\begin{pmatrix} 7 & 8 \\ 13 & 14 \end{pmatrix}$；(3) (3，5)；(4) (9，6).

7.2.5　记 $\boldsymbol{A}=(\boldsymbol{\alpha}_1^{\mathrm{T}},\boldsymbol{\alpha}_2^{\mathrm{T}},\boldsymbol{\alpha}_3^{\mathrm{T}},\boldsymbol{\alpha}_4^{\mathrm{T}})$，$\boldsymbol{B}=(\boldsymbol{\beta}_1^{\mathrm{T}},\boldsymbol{\beta}_2^{\mathrm{T}},\boldsymbol{\beta}_3^{\mathrm{T}},\boldsymbol{\beta}_4^{\mathrm{T}})$，则原问题等价于矩阵方程 $\boldsymbol{AX}=\boldsymbol{B}$ 是否有解问题，只需判断 $r(\boldsymbol{A})$ 与 $r(\boldsymbol{A},\boldsymbol{B})$ 的关系，$r(\boldsymbol{A})=3<4=r(\boldsymbol{A},\boldsymbol{B})$，因此 $\boldsymbol{AX}=\boldsymbol{B}$ 无解，也无满足题设条件的线性变换.

7.2.6　转换为矩阵问题，即是否存在 n 级矩阵 $\boldsymbol{A}$ 满足 $\boldsymbol{A}^2+\boldsymbol{E}=\boldsymbol{O}$. 若存在，需有 $\boldsymbol{A}^2=-\boldsymbol{E}$，从而 $|\boldsymbol{A}|^2=(-1)^n$，可见 n 为奇数时，不存在满足题设条件的线性变换；但 n 为偶数时，若 σ 在某组基下的矩阵是

$$\boldsymbol{A}=\begin{pmatrix} 0 & k_{\frac{n}{2}} \\ -k_{\frac{n}{2}} & 0 \end{pmatrix},\quad \text{其中 } k_{\frac{n}{2}}=\begin{pmatrix} 0 & 0 & \cdots & 0 & 1 \\ 0 & 0 & \cdots & 1 & 0 \\ \vdots & \vdots & & \vdots & \vdots \\ 0 & 1 & \cdots & 0 & 0 \\ 1 & 0 & \cdots & 0 & 0 \end{pmatrix}_{\frac{n}{2}\times\frac{n}{2}},$$

就满足题设条件 $\sigma^2+I=0$.

7.2.7　设 σ 在 $\boldsymbol{\varepsilon}_1,\boldsymbol{\varepsilon}_2,\cdots,\boldsymbol{\varepsilon}_n$ 下的矩阵分别为 $\boldsymbol{A}$，则本题等价于：$r(\boldsymbol{A})=r$，则存在可逆阵 $\boldsymbol{P}$，使得 $\boldsymbol{PA}=\begin{pmatrix} \boldsymbol{A}_1 \\ \boldsymbol{O} \end{pmatrix}$，其中 $\boldsymbol{A}_1$ 为 $r\times n$ 行满秩矩阵.

注意：$(\sigma\tau)(\boldsymbol{\alpha})=\tau(\sigma(\boldsymbol{\alpha}))$.

7.2.8　此题等价于 $\boldsymbol{A}$ 与 $\boldsymbol{B}$ 相似的充要条件是，存在可逆阵 $\boldsymbol{P}$ 使 $\boldsymbol{PB}=\boldsymbol{AP}$，其中 $\boldsymbol{A},\boldsymbol{B},\boldsymbol{P}$ 分别是 σ_1,σ_2,τ 的矩阵，简单的证明过程读者自己写出.

7.2.9　由题设知 $\boldsymbol{A},\boldsymbol{B}$ 相似，从而存在可逆阵 $\boldsymbol{Q}$，使 $\boldsymbol{B}=\boldsymbol{Q}^{-1}\boldsymbol{AQ}$. 令 $\boldsymbol{P}=\boldsymbol{Q}^{-1}\boldsymbol{A}$，则 $\boldsymbol{Q}$ 可逆，且有 $\boldsymbol{A}=\boldsymbol{QP}$，$\boldsymbol{B}=\boldsymbol{PQ}$.

7.2.10 设$\boldsymbol{\varepsilon}_1,\cdots,\boldsymbol{\varepsilon}_n$为$V$的基，令

$$\sigma(\boldsymbol{\varepsilon}_1,\boldsymbol{\varepsilon}_2,\cdots,\boldsymbol{\varepsilon}_n)=(\boldsymbol{\varepsilon}_1,\boldsymbol{\varepsilon}_2,\cdots,\boldsymbol{\varepsilon}_n)\boldsymbol{A},\quad \tau(\boldsymbol{\varepsilon}_1,\boldsymbol{\varepsilon}_2,\cdots,\boldsymbol{\varepsilon}_n)=(\boldsymbol{\varepsilon}_1,\boldsymbol{\varepsilon}_2,\cdots,\boldsymbol{\varepsilon}_n)\boldsymbol{B},$$

则

$$\dim\sigma(V)=r(\boldsymbol{A}),\quad \dim\tau(V)=r(\boldsymbol{B}),$$

由条件可知$r(\boldsymbol{A})+r(\boldsymbol{B})<n$，而

$$r\begin{pmatrix}\boldsymbol{A}\\ \boldsymbol{B}\end{pmatrix}\leqslant r(\boldsymbol{A})+r(\boldsymbol{B})<n,$$

因而线性方程组$\begin{pmatrix}\boldsymbol{A}\\ \boldsymbol{B}\end{pmatrix}\boldsymbol{x}=\boldsymbol{0}$有非零解，设为$\boldsymbol{x}_0$，故

$$\begin{pmatrix}\boldsymbol{A}\\ \boldsymbol{B}\end{pmatrix}\boldsymbol{x}_0=\boldsymbol{0},\quad \boldsymbol{A}\boldsymbol{x}_0=\boldsymbol{0},\quad \boldsymbol{B}\boldsymbol{x}_0=\boldsymbol{0},$$

$$(\boldsymbol{\varepsilon}_1,\cdots,\boldsymbol{\varepsilon}_n)\boldsymbol{A}\boldsymbol{x}_0=\boldsymbol{0},\quad (\boldsymbol{\varepsilon}_1,\cdots,\boldsymbol{\varepsilon}_n)\boldsymbol{B}\boldsymbol{x}_0=\boldsymbol{0},$$

$$\sigma(\boldsymbol{\varepsilon}_1,\cdots,\boldsymbol{\varepsilon}_n)\boldsymbol{x}_0=\boldsymbol{0},\quad \tau(\boldsymbol{\varepsilon}_1,\cdots,\boldsymbol{\varepsilon}_n)\boldsymbol{x}_0=\boldsymbol{0},$$

令$\boldsymbol{\alpha}=(\boldsymbol{\varepsilon}_1,\cdots,\boldsymbol{\varepsilon}_n)\boldsymbol{x}_0$，则$\boldsymbol{\alpha}\neq\boldsymbol{0}$，且

$$\sigma(\boldsymbol{\alpha})=\boldsymbol{0}=0\cdot\boldsymbol{\alpha},\quad \tau(\boldsymbol{\alpha})=\boldsymbol{0}=0\cdot\boldsymbol{\alpha},$$

因而$\boldsymbol{\alpha}$为σ,τ公共的特征向量，对应的特征值为 0.

练习 7.3

7.3.1 (1) 略；

(2) $\begin{pmatrix}\boldsymbol{O} & \boldsymbol{E}_3\\ \boldsymbol{O} & \boldsymbol{O}\end{pmatrix}$；

(3) $\lambda=0$ (6 重)，$\boldsymbol{\zeta}_i=\boldsymbol{E}_{1i}\,(i=1,2,3)$是$\lambda=0$对应的特征向量.

7.3.2 (1) 略；

(2) $\boldsymbol{A}=\begin{pmatrix}0 & -c & b & 0\\ -b & a-d & 0 & b\\ c & 0 & d-a & -c\\ 0 & 0 & -b & 0\end{pmatrix}$；

(3) $|\lambda\boldsymbol{E}-\boldsymbol{A}|=\lambda^2\left(\lambda^2-(a-d)^2-4bc\right)$. 故$(a-d)^2+4bc=0$时，$\lambda=0$为四重根，否则二重根.

7.3.3 (1) 略；(2) 略；

(3) V的一组基为$\boldsymbol{E}_{11},\boldsymbol{E}_{13},\boldsymbol{E}_{22},\boldsymbol{E}_{31},\boldsymbol{E}_{33}$，矩阵为

$$\begin{pmatrix} 0 & 0 & 0 & 1 & 0 \\ 0 & 0 & 0 & 0 & 1 \\ 0 & 0 & 1 & 0 & 0 \\ 1 & 0 & 0 & 0 & 0 \\ 0 & 1 & 0 & 0 & 0 \end{pmatrix};$$

(4) $\lambda=1$ (三重)，对应特征向量

$$\boldsymbol{\zeta}_1=\begin{pmatrix} 1 & 0 & 0 \\ 0 & 0 & 0 \\ 1 & 0 & 0 \end{pmatrix},\quad \boldsymbol{\zeta}_2=\begin{pmatrix} 0 & 0 & 0 \\ 0 & 1 & 0 \\ 0 & 0 & 0 \end{pmatrix},\quad \boldsymbol{\zeta}_3=\begin{pmatrix} 0 & 0 & 1 \\ 0 & 0 & 0 \\ 0 & 0 & 1 \end{pmatrix},$$

$\lambda=-1$ (二重)，对应特征向量

$$\boldsymbol{\zeta}_4=\begin{pmatrix} 1 & 0 & 0 \\ 0 & 0 & 0 \\ -1 & 0 & 0 \end{pmatrix},\quad \boldsymbol{\zeta}_5=\begin{pmatrix} 0 & 0 & 1 \\ 0 & 0 & 0 \\ 0 & 0 & -1 \end{pmatrix};$$

(5) $\boldsymbol{\sigma}$ 在 $\boldsymbol{\zeta}_1,\boldsymbol{\zeta}_2,\boldsymbol{\zeta}_3,\boldsymbol{\zeta}_4,\boldsymbol{\zeta}_5$ 下的矩阵为 $\begin{pmatrix} \boldsymbol{E}_3 & \boldsymbol{O} \\ \boldsymbol{O} & -\boldsymbol{E}_2 \end{pmatrix}$ 是对角阵.

7.3.4　原矩阵的特征多项式

$$f(\lambda)=\begin{vmatrix} \lambda\boldsymbol{E}_n & -\boldsymbol{H}_n \\ -\boldsymbol{H}_n & \lambda\boldsymbol{E}_n \end{vmatrix}=\lambda^{2n-2}(\lambda^2-n^2).$$

特征值为 $\lambda_1=0(2n-2\text{重})$，$\lambda_2=n$，$\lambda_3=-n$.

$\lambda_1=0$ 对应的特征向量为

$$\boldsymbol{\zeta}_1=(1,-1,0,\cdots,0,0,0,0,\cdots,0)^{\mathrm{T}},\quad \boldsymbol{\zeta}_n=(0,0,0,\cdots,0,1,-1,0,\cdots,0)^{\mathrm{T}},$$

$$\boldsymbol{\zeta}_2=(1,0,-1,\cdots,0,0,0,0,\cdots,0)^{\mathrm{T}},\quad \boldsymbol{\zeta}_{n+1}=(0,0,0,\cdots,0,1,0,-1,\cdots,0)^{\mathrm{T}},$$

$$\boldsymbol{\zeta}_{n-1}=(1,0,0,\cdots,-1,0,0,0,\cdots,0)^{\mathrm{T}},\quad \boldsymbol{\zeta}_{2n-1}=(0,0,0,\cdots,1,0,0,0,\cdots,-1)^{\mathrm{T}};$$

$\lambda_2=n$ 对应的特征向量为 $\boldsymbol{\zeta}_{2n-1}=(1,1,\cdots,1,1,1,\cdots,1)^{\mathrm{T}}$；

$\lambda_3=-n$ 对应的特征向量为 $\boldsymbol{\zeta}_{2n}=(1,1,\cdots,1,-1,-1,\cdots,-1)^{\mathrm{T}}$.

7.3.5　若 $\boldsymbol{P}^{-1}\boldsymbol{A}\boldsymbol{P}=\boldsymbol{C}=\mathrm{diag}(\lambda_1,\lambda_2,\cdots,\lambda_n)$，即

$$\boldsymbol{A}\boldsymbol{P}=\boldsymbol{P}\begin{pmatrix} \lambda_1 & & & \\ & \lambda_2 & & \\ & & \ddots & \\ & & & \lambda_n \end{pmatrix}.$$

记 $\boldsymbol{P}=(\boldsymbol{\alpha}_1,\boldsymbol{\alpha}_2,\cdots,\boldsymbol{\alpha}_n)$，则 $\boldsymbol{A}\boldsymbol{\alpha}_i=\lambda_i\boldsymbol{\alpha}_i\,(i=1,2,\cdots,n)$.

7.3.6 (1) 验证 $\boldsymbol{A}(1,1,\cdots,1)^{\mathrm{T}}=a(1,1,\cdots,1)^{\mathrm{T}}$;

(2) 验证 $\boldsymbol{A}^m(1,1,\cdots,1)^{\mathrm{T}}=a^m(1,1,\cdots,1)^{\mathrm{T}}$.

7.3.7 设σ的特征值为$\lambda_1,\lambda_2,\cdots,\lambda_n$, 则$\sigma^2$的特征值为$\lambda_1^2,\lambda_2^2,\cdots,\lambda_n^2$, 从而

$$f(\lambda)=(\lambda-\lambda_1)(\lambda-\lambda_2)\cdots(\lambda-\lambda_n)=\lambda^n+a_{n-1}\lambda^{n-1}+a_{n-2}\lambda^{n-2}+\cdots+a_1\lambda+a_0,$$

即a_{n-2}是$(\lambda-\lambda_1)(\lambda-\lambda_2)\cdots(\lambda-\lambda_n)$展开式中$\lambda^{n-2}$项的系数, 故

$$a_{n-2}=\sum_{1\leqslant i\leqslant j\leqslant n}\lambda_i\lambda_j=\frac{1}{2}\left[\left(\sum_{i=1}^n\lambda_i\right)^2-\sum_{i=1}^n\lambda_i^2\right]=\frac{1}{2}\left[\left(\mathrm{tr}(\boldsymbol{A})\right)^2-\mathrm{tr}(\boldsymbol{A}^2)\right].$$

7.3.8 提示: $\sum_{i=1}^n\lambda_i^2=\mathrm{tr}(\boldsymbol{A}^2)=\sum_{i,k=1}^n a_{ik}a_{ki}$.

7.3.9 充分性比较简单, 请读者写出, 这里只证明必要性, 记σ,τ在某组基下的矩阵分别为$\boldsymbol{A},\boldsymbol{B}$, 由$\sigma\tau=\tau\sigma$知$\boldsymbol{AB}=\boldsymbol{BA}$. 记$\sigma$的特征值为$\lambda_1,\lambda_2,\cdots,\lambda_n$且$\lambda_i\neq\lambda_j\,(i\neq j)$, 对应的特征向量分别为$\boldsymbol{\alpha}_1,\boldsymbol{\alpha}_2,\cdots,\boldsymbol{\alpha}_n$. 令$\boldsymbol{P}=(\boldsymbol{\alpha}_1,\boldsymbol{\alpha}_2,\cdots,\boldsymbol{\alpha}_n)$, 则$\boldsymbol{P}^{-1}\boldsymbol{AP}=\mathrm{diag}(\lambda_1,\lambda_2,\cdots,\lambda_n)$. 由$\boldsymbol{AB}=\boldsymbol{BA}$可知$\boldsymbol{P}^{-1}\boldsymbol{AP}$与$\boldsymbol{P}^{-1}\boldsymbol{BP}$可交换, 所以$\boldsymbol{P}^{-1}\boldsymbol{BP}$也是对角阵, 不妨设$\boldsymbol{P}^{-1}\boldsymbol{BP}=\mathrm{diag}(\mu_1,\mu_2,\cdots,\mu_n)$. 由于$\lambda_1,\lambda_2,\cdots,\lambda_n$两两互异, 故必存在一个$n-1$次多项式$f(x)$, 使$f(\lambda_i)=\mu_i\,(i=1,2,\cdots,n)$. 这样就有$f(\boldsymbol{A})=\boldsymbol{B}$, 从而$f(\sigma)=\tau$. 命题得证.

7.3.10 设$\boldsymbol{A}$的特征值为$\lambda_1,\lambda_2,\cdots,\lambda_n$. 记$|\lambda_0|$为$|\lambda_i|\,(i=1,2,\cdots,n)$中除去零外的最小值, 则$\forall\varepsilon\in\left(0,|\lambda_i|\right)$, $-\varepsilon$不是$\boldsymbol{A}$的特征值, 因此$|\boldsymbol{A}+\varepsilon\boldsymbol{E}|\neq 0$.

7.3.11 设$\boldsymbol{\alpha}=(x_1,x_2,\cdots,x_n)^{\mathrm{T}}$为$\boldsymbol{A}$对应的$\lambda_0$的特征向量, 则$\boldsymbol{A\alpha}=\lambda_0\boldsymbol{\alpha}$, 即

$$\lambda_0x_i=\sum_{j=1}^n a_{ij}x_j\quad(i=1,2,\cdots,n).$$

由于$\boldsymbol{\alpha}\neq\boldsymbol{0}$, 故$|x_k|=\max\limits_{1\leqslant i\leqslant n}\{|x_i|\}\neq 0$, 这样上式中第$k$个等式可写为

$$\lambda_0x_k-a_{kk}x_k=\sum_{j\neq k}^n a_{kj}x_j,$$

即$|\lambda_0-a_{kk}||x_k|\leqslant\sum_{j\neq k}^n|a_{kj}||x_j|$. 两边同除以$x_k$, 有

$$|\lambda_0-a_{kk}|\leqslant\sum_{j\neq k}^n|a_{kj}|,\quad\frac{|x_j|}{|x_k|}\leqslant\sum_{j\neq k}^n|a_{kj}|.$$

7.3.12 (1) 若$\boldsymbol{A},\boldsymbol{B}$均为可逆阵, 则

$$(\boldsymbol{AB})^*=|\boldsymbol{AB}|(\boldsymbol{AB})^{-1}=|\boldsymbol{A}||\boldsymbol{B}|\boldsymbol{B}^{-1}\boldsymbol{A}^{-1}=\boldsymbol{B}^*\boldsymbol{A}^*;$$

(2) 若$\boldsymbol{A},B$为一般的n级矩阵, 记$\boldsymbol{A}_1=\boldsymbol{A}-\lambda\boldsymbol{E}$, $\boldsymbol{B}_1=\boldsymbol{B}-\lambda\boldsymbol{E}$, 则$\boldsymbol{A},B$至多在$\lambda$取有限个值处不可逆, 而在其余无限多点处由(1)知$(\boldsymbol{A}_1\boldsymbol{B}_1)^*=\boldsymbol{B}_1^*\boldsymbol{A}_1^*$, 即

$$[(A-\lambda E)]^*=(B-\lambda E)^*(A-\lambda E)^*,$$

因此，

$$\left[(A-\lambda E)(B-\lambda E)\right]^*=(B-\lambda E)^*(A-\lambda E)^*$$

恒成立. 特别地，取 $\lambda=0$，即有 $(AB)^*=B^*A^*$.

7.3.13　记 AB 与 BA 的特征多项式分别为 $f_{AB}(\lambda)$ 与 $f_{BA}(\lambda)$.

(1) 若 A 可逆，则

$$f_{AB}(\lambda)=\left|\lambda E-AB\right|=\left|A\right|\left|\lambda E-BA\right|\left|A^{-1}\right|=\left|A\right|\left|A^{-1}\right|f_{BA}(\lambda)=f_{BA}(\lambda);$$

(2) 若 A 为一般矩阵，则 $A-xE$ 在至多有限点处不可逆，而在无限多点处均有

$$f_{(A-xE)B}(\lambda)=f_{B(A-xE)}(\lambda).$$

因此，上式恒成立. 特别地，取 $x=0$，即有 $f_{AB}(\lambda)=f_{BA}(\lambda)$.

7.3.14　(1) 反证法. 若 A 不可逆，设 $A=(\alpha_1,\alpha_2,\cdots,\alpha_n)$，其中 $\alpha_i(i=1,2,\cdots,n)$ 是 A 的列向量，则 $\alpha_1,\alpha_2,\cdots,\alpha_n$ 线性相关，即存在不全为零的 $k_i(i=1,2,\cdots,n)$，使

$$k_1\alpha_1+k_2\alpha_2+\cdots+k_n\alpha_n=0.$$

记 $|k_0|=\max\{|k_1|,|k_2|,\cdots,|k_n|\}$，则 $|k_0|>0$，不妨设 $|k_0|=|k_i|$，则

$$\alpha_i=-\sum_{j\neq i}\frac{k_j}{k_i}\alpha_j,$$

因此

$$a_{ii}=-\sum_{j\neq i}\frac{k_j}{k_i}a_{ij},\quad a_{ii}\leqslant\sum_{j\neq i}\left|\frac{k_j}{k_i}\right|\left|a_{ij}\right|\leqslant\sum_{j\neq i}\left|a_{ij}\right|$$

与已知条件矛盾，因此 A 必可逆；

(2) 设 $t\in\{0,1\}$，构造新行列式

$$G(t)=\begin{vmatrix}a_{11} & a_{12}t & a_{13}t & \cdots & a_{1n}t\\ a_{21}t & a_{22} & a_{23}t & \cdots & a_{2n}t\\ a_{31}t & a_{32}t & a_{33} & \cdots & a_{3n}t\\ \vdots & \vdots & \vdots & & \vdots\\ a_{n1}t & a_{n2}t & a_{n3}t & \cdots & a_{nn}\end{vmatrix},$$

由 (1) 知，$\forall t\in\{0,1\}$，$G(t)\neq 0$.

另外，$G(t)$ 展开后是关于 t 的多项式，必然连续，而 $G(0)=\prod_{i=1}^n a_{ii}>0$，若 $G(1)<0$，由连续函数介值性定理知，$\exists t\in(0,1)$，使 $G(t)=0$，矛盾. 因此 $G(1)>0$，即 $|A|>0$.

练习 7.4

7.4.1 由于$|\lambda E-A|=(\lambda-1)^2(\lambda-2)^2$，所以，当$\lambda=1$和$\lambda=2$分别对应两个线性无关的特征向量时$A$可对角化，这就需要求$r(E-A)=r(2E-A)=2$. 易得$a=c=0$.

7.4.2 (1) $\begin{pmatrix}-2&0&-1\\5&2&8\\-1&-1&-3\end{pmatrix}$;

(2) $\lambda=-1$（三重）对应特征向量$\boldsymbol{\zeta}_1=(1,0,-1)^{\mathrm T}$，$\boldsymbol{\zeta}_2=(0,1,-1)^{\mathrm T}$；

(3) 不可对角化，因只有两个线性无关的特征向量.

7.4.3 (1) $\boldsymbol{\zeta}_1=(8,3,-1)^{\mathrm T}$，$\boldsymbol{\zeta}_2=(2,1,0)^{\mathrm T}$，$\boldsymbol{\zeta}_3=(0,1,2)^{\mathrm T}$；

(2) $T=(\boldsymbol{\zeta}_1,\boldsymbol{\zeta}_2,\boldsymbol{\zeta}_3)$，则$T^{-1}AT=\mathrm{diag}(1,-1,-1)$.

7.4.4 (1) 略；

(2) $\begin{pmatrix}A&O\\O&A\end{pmatrix}$;

(3) 记$B=\begin{pmatrix}A&O\\O&A\end{pmatrix}$，若$A$可对角化，即若$P^{-1}AP=C$，其中$C$为对角阵，令$Q=\begin{pmatrix}P&O\\O&P\end{pmatrix}$，则$Q^{-1}BQ=\begin{pmatrix}C&O\\O&C\end{pmatrix}$也是对角阵，即$B$也可对角化；反之，若$B$可对角化，即存在可逆阵$Q$，使得$Q^{-1}BQ=D$为对角阵，将$Q$按$B$的形式分块为$\begin{pmatrix}Q_{11}&Q_{12}\\Q_{21}&Q_{22}\end{pmatrix}$，则$Q_{22}^{-1}AQ_{11}$也是对角阵，即$A$也可以对角化，原命题得证.

7.4.5 读者可以验证$A^2=E$，从而A可对角化. 另外，

$$|\lambda E-A|=\begin{cases}(\lambda+1)^{\frac{n}{2}}(\lambda-1)^{\frac{n}{2}}, & n\text{为偶数},\\ (\lambda+1)^{\frac{n-1}{2}}(\lambda-1)^{\frac{n+1}{2}}, & n\text{为奇数}.\end{cases}$$

(1) 当n为偶数时，$\lambda=1$对应的特征向量为

$$\boldsymbol{\zeta}_1=(1,0,\cdots,0,1)^{\mathrm T},\quad \boldsymbol{\zeta}_2=(0,1,\cdots,1,0)^{\mathrm T},\quad \cdots,$$
$$\boldsymbol{\zeta}_{\frac{n}{2}}=(0,\cdots,1,1,\cdots,0)^{\mathrm T};$$

$\lambda=-1$对应的特征向量为

$$\boldsymbol{\zeta}_{\frac{n}{2}+1}=(1,0,\cdots,0,-1)^{\mathrm T},\quad \boldsymbol{\zeta}_{\frac{n}{2}+2}=(0,1,\cdots,-1,0)^{\mathrm T},\quad \cdots,$$
$$\boldsymbol{\zeta}_n=(0,\cdots,1,-1,\cdots,0)^{\mathrm T}.$$

令 $\boldsymbol{P}=(\boldsymbol{\zeta}_1,\boldsymbol{\zeta}_2,\cdots,\boldsymbol{\zeta}_n)$，则 $\boldsymbol{P}^{-1}\boldsymbol{A}\boldsymbol{P}=\begin{pmatrix}\boldsymbol{E}_{\frac{n}{2}} & \boldsymbol{O}\\ \boldsymbol{O} & -\boldsymbol{E}_{\frac{n}{2}}\end{pmatrix}$；

(2) 当 n 为奇数时，$\lambda=1$ 对应的特征向量为

$$\boldsymbol{\zeta}_1'=(1,0,\cdots,0,1)^{\mathrm{T}},\quad \boldsymbol{\zeta}_2'=(0,1,\cdots,1,0)^{\mathrm{T}},\quad \cdots,$$

$$\boldsymbol{\zeta}'_{\frac{n+1}{2}-1}=(0,\cdots,1,0,1,\cdots,0)^{\mathrm{T}},\quad \boldsymbol{\zeta}'_{\frac{n+1}{2}}=(0,\cdots,0,1,0,\cdots,0)^{\mathrm{T}},$$

$\lambda=-1$ 对应的特征向量为

$$\boldsymbol{\zeta}'_{\frac{n+1}{2}+1}=(1,0,\cdots,0,-1)^{\mathrm{T}},\quad \boldsymbol{\zeta}'_{\frac{n+1}{2}+2}=(0,1,\cdots,-1,0)^{\mathrm{T}},\quad \cdots,$$
$$\boldsymbol{\zeta}_n'=(0,\cdots,1,0,-1,\cdots,0)^{\mathrm{T}}.$$

令 $\boldsymbol{P}'=(\boldsymbol{\zeta}_1',\boldsymbol{\zeta}_2',\cdots,\boldsymbol{\zeta}_n')$，则 $(\boldsymbol{P}')^{-1}\boldsymbol{A}\boldsymbol{P}'=\begin{pmatrix}\boldsymbol{E}_{\frac{n+1}{2}} & \boldsymbol{O}\\ \boldsymbol{O} & -\boldsymbol{E}_{\frac{n-1}{2}}\end{pmatrix}$.

7.4.6　(1) $\boldsymbol{A}^k=\boldsymbol{\alpha}\boldsymbol{\alpha}^{\mathrm{T}}\boldsymbol{\alpha}\boldsymbol{\alpha}^{\mathrm{T}}\cdots\boldsymbol{\alpha}\boldsymbol{\alpha}^{\mathrm{T}}=\boldsymbol{\alpha}(\boldsymbol{\alpha}^{\mathrm{T}}\boldsymbol{\alpha})\cdots(\boldsymbol{\alpha}^{\mathrm{T}}\boldsymbol{\alpha})^{k-1}\boldsymbol{\alpha}\boldsymbol{\alpha}^{\mathrm{T}}=(\boldsymbol{\alpha}^{\mathrm{T}}\boldsymbol{\alpha})^{k-1}\boldsymbol{A}$，故

$$l=(\boldsymbol{\alpha}^{\mathrm{T}}\boldsymbol{\alpha})^{k-1};$$

(2) $|\lambda\boldsymbol{E}-\boldsymbol{A}|=|\lambda\boldsymbol{E}-\boldsymbol{\alpha}\boldsymbol{\alpha}^{\mathrm{T}}|=\lambda^{n-1}|\lambda-\boldsymbol{\alpha}^{\mathrm{T}}\boldsymbol{\alpha}|$. $\lambda=\boldsymbol{\alpha}^{\mathrm{T}}\boldsymbol{\alpha}$ 对应的特征向量

$$\boldsymbol{\zeta}_1=(a_1,a_2,\cdots,a_n)^{\mathrm{T}}.$$

$\lambda=0(n-1$ 重) 对应的特征向量

$$\boldsymbol{\zeta}_2=(a_2,-a_1,0,\cdots,0)^{\mathrm{T}},\quad \boldsymbol{\zeta}_3=(a_3,0,-a_1,\cdots,0)^{\mathrm{T}},\quad \cdots,$$
$$\boldsymbol{\zeta}_n=(a_n,0,0,\cdots,-a_1)^{\mathrm{T}}.$$

令 $\boldsymbol{T}=(\boldsymbol{\zeta}_1,\boldsymbol{\zeta}_2,\cdots,\boldsymbol{\zeta}_n)$，则 $\boldsymbol{T}^{-1}\boldsymbol{A}\boldsymbol{T}=\begin{pmatrix}\sum\limits_{i=1}^n a_i^2 & \boldsymbol{0}\\ \boldsymbol{0} & \boldsymbol{O}_{(n-1)\times(n+1)}\end{pmatrix}_{n\times n}$.

7.4.7　(1) 由于 λ 是 $\boldsymbol{A}$ 的特征值，故 $|\lambda\boldsymbol{E}-\boldsymbol{A}|=\lambda^n+a_{n-1}\lambda^{n-1}+\cdots+a_1\lambda+a_0=0$. 这样

$$\boldsymbol{A}\begin{pmatrix}1\\ \lambda\\ \lambda^2\\ \vdots\\ \lambda^{n-1}\end{pmatrix}=\begin{pmatrix}\lambda\\ \lambda^2\\ \lambda^3\\ \vdots\\ -a_0-a_1\lambda-a_{n+1}\lambda^{n-1}\end{pmatrix}=\begin{pmatrix}\lambda\\ \lambda^2\\ \vdots\\ \lambda^n\end{pmatrix}=\lambda\begin{pmatrix}1\\ \lambda\\ \vdots\\ \lambda^{n-1}\end{pmatrix};$$

(2) 记 $\boldsymbol{\alpha}_i=(1,\lambda_i,\cdots,\lambda_i^{n-1})^{\mathrm{T}}(i=1,2,\cdots,n)$. 令 $\boldsymbol{P}=(\boldsymbol{\alpha}_1,\boldsymbol{\alpha}_2,\cdots,\boldsymbol{\alpha}_n)$，则 $\boldsymbol{P}$ 是范得蒙德行

列式，由 $\lambda_i \neq \lambda_j (i \neq j)$ 可知 $\boldsymbol{P}$ 可逆，且 $\boldsymbol{P}^{-1}\boldsymbol{AP} = \mathrm{diag}(\lambda_1, \lambda_2, \cdots, \lambda_n)$.

7.4.8 "$\Leftarrow$" 由 $\boldsymbol{A}$ 可对角化，故存在可逆矩阵 $\boldsymbol{P}$，使

$$\boldsymbol{P}^{-1}\boldsymbol{AP} = \mathrm{diag}(\lambda_1, \lambda_2, \cdots, \lambda_n).$$

由于 $(\lambda_0 \boldsymbol{E} - \boldsymbol{A})^2 \boldsymbol{x} = \boldsymbol{0}$，所以

$$\boldsymbol{P}^{-1}(\lambda_0 \boldsymbol{E} - \boldsymbol{A})^2 \boldsymbol{P}\boldsymbol{P}^{-1}\boldsymbol{x} = \boldsymbol{0},$$

即

$$\boldsymbol{P}^{-1}(\lambda_0 \boldsymbol{E} - \boldsymbol{A})\boldsymbol{P} \cdot \boldsymbol{P}^{-1}(\lambda_0 \boldsymbol{E} - \boldsymbol{A})\boldsymbol{P} \cdot \boldsymbol{P}^{-1}\boldsymbol{x} = \boldsymbol{0},$$

故

$$\begin{pmatrix} (\lambda_0 - \lambda_1)^2 & & 0 \\ & \ddots & \\ 0 & & (\lambda_0 - \lambda_n)^2 \end{pmatrix} \boldsymbol{P}^{-1}\boldsymbol{x} = \boldsymbol{0}.$$

令

$$\boldsymbol{P}^{-1}\boldsymbol{x} = \begin{pmatrix} y_1 \\ \vdots \\ y_n \end{pmatrix},$$

得到

$$(\lambda_0 - \lambda_i)^2 y_i = 0, \quad i = 1, \cdots, n.$$

若 $y_i = 0$，则 $(\lambda - \lambda_i)y_i = 0$；若 $y_i \neq 0$，则 $(\lambda - \lambda_i) = 0$. 总之，$(\lambda_0 - \lambda_i)y_i = 0$，因而

$$\begin{pmatrix} (\lambda_0 - \lambda_1) & & \\ & \ddots & \\ & & (\lambda_0 - \lambda_n) \end{pmatrix} \begin{pmatrix} y_1 \\ \vdots \\ y_n \end{pmatrix} = \begin{pmatrix} 0 \\ \vdots \\ 0 \end{pmatrix},$$

所以

$$\boldsymbol{P}\left(\lambda_0 \boldsymbol{E} - \begin{pmatrix} \lambda_1 & & 0 \\ & \ddots & \\ 0 & & \lambda_n \end{pmatrix}\right) \boldsymbol{P}^{-1}\boldsymbol{x} = \boldsymbol{0}, \quad 即 (\lambda_0 \boldsymbol{E} - \boldsymbol{A})\boldsymbol{x} = \boldsymbol{0}.$$

"$\Rightarrow$" 反证法. 设 $\boldsymbol{A}$ 不相似于对角矩阵，即存在可逆矩阵 $\boldsymbol{P}$，使

$$\boldsymbol{P}^{-1}\boldsymbol{AP} = \begin{pmatrix} \boldsymbol{J}_1(\lambda_1, n_1) & & 0 \\ & \ddots & \\ 0 & & \boldsymbol{J}_s(\lambda_s, n_s) \end{pmatrix}.$$

不妨设 $n_1 > 1$，则

$$P^{-1}(\lambda_1 E - A)^2 P\begin{pmatrix}0\\1\\0\\\vdots\\0\end{pmatrix} = (\lambda_1 E - P^{-1}AP)^2\begin{pmatrix}0\\1\\0\\\vdots\\0\end{pmatrix}$$

$$=\begin{pmatrix}\left(\lambda_1 E_1 - J_1(\lambda_1,n_1)\right)^2 & & 0\\ & \ddots & \\ 0 & & \left(\lambda_1 E_s - J_s(\lambda_s,n_s)\right)^2\end{pmatrix}\begin{pmatrix}0\\1\\0\\\vdots\\0\end{pmatrix}=\begin{pmatrix}0\\0\\0\\\vdots\\0\end{pmatrix}.$$

令 $x = P\begin{pmatrix}0\\1\\0\\\vdots\\0\end{pmatrix}$，则 $(\lambda_1 E - A)^2 x = \mathbf{0}$，而 $(\lambda E - A)x \neq \mathbf{0}$，此为矛盾，因而 A 相似于对角矩阵.

7.4.9　“$\Rightarrow$”若 A 可对角化，则存在可逆阵 P_1 使得

$$A = P^{-1}\begin{pmatrix}\lambda_1 E_{i_1} & 0 & \cdots & 0\\ 0 & \lambda_2 E_{i_2} & \cdots & 0\\ \vdots & \vdots & & \vdots\\ 0 & 0 & \cdots & \lambda_k E_{i_k}\end{pmatrix}P,$$

其中 $E_{i_j}\ (j=1,2,\cdots,k)$ 为 i_j 级单位阵.

记 $A_j = P^{-1}\begin{pmatrix}0 & \cdots & 0 & \cdots & 0\\ \vdots & & \vdots & & \vdots\\ 0 & \cdots & E_{i_j} & \cdots & 0\\ \vdots & & \vdots & & \vdots\\ 0 & \cdots & 0 & \cdots & 0\end{pmatrix}P(j=1,2,\cdots,k)$，则 $A_1,A_2,\cdots,A_k$ 满足(1)，(2)，(3).

“$\Leftarrow$”由(1)知 $A_1,A_2,\cdots,A_k$ 为两两可换的幂等阵，故存在可逆阵 P，使

$$A_j = P^{-1}\begin{pmatrix}0 & \cdots & 0 & \cdots & 0\\ \vdots & & \vdots & & \vdots\\ 0 & \cdots & E_{i_j} & \cdots & 0\\ \vdots & & \vdots & & \vdots\\ 0 & \cdots & 0 & \cdots & 0\end{pmatrix}P\quad (j=1,2,\cdots,k).$$

再由(2)，(3)可知

$$A = P^{-1}\begin{pmatrix} \lambda_1 E_{i_1} & 0 & \cdots & 0 \\ 0 & \lambda_2 E_{i_2} & \cdots & 0 \\ \vdots & \vdots & & \vdots \\ 0 & 0 & \cdots & \lambda_k E_{i_k} \end{pmatrix} P.$$

从而 $\boldsymbol{A}$ 可对角化.

练习 7.5

7.5.1 若 σ 是数乘变换，则 V 的任一子空间均为 σ 的不变子空间，V 的任意一维子空间自然是 σ 的不变子空间. 反之，若 σ 不是数乘变换，记 λ_1,λ_2 为 σ 的两个互异特征值，且 $\sigma(\boldsymbol{\alpha}_i)=\lambda_i\boldsymbol{\alpha}_i(i=1,2)$，则 $L(\boldsymbol{\alpha}_1+\boldsymbol{\alpha}_2)$ 不是 σ 的不变子空间，矛盾. 因此原命题成立.

7.5.2 (1) 由 $\sigma(\boldsymbol{\varepsilon}_1,\cdots,\boldsymbol{\varepsilon}_r,\boldsymbol{\varepsilon}_{r+1},\cdots,\boldsymbol{\varepsilon}_n)=(\boldsymbol{\varepsilon}_1,\cdots,\boldsymbol{\varepsilon}_r,\boldsymbol{\varepsilon}_{r+1},\cdots,\boldsymbol{\varepsilon}_n)\begin{pmatrix}\boldsymbol{A}_{r\times r} & \boldsymbol{B}\\ \boldsymbol{O} & \boldsymbol{C}\end{pmatrix}$，可知 $\sigma(\boldsymbol{\varepsilon}_i)\in V_1$，$i=1,\cdots,r$，故 V_1 是 σ 的不变子空间.

(2) V_2 是 σ 的不变子空间，$\boldsymbol{B}=\boldsymbol{O}$. 证明过程比较简单，留给读者.

7.5.3 (1) 若 W 是 σ 的不变子空间，且 $\boldsymbol{\varepsilon}_1\in W$，则 $\sigma(\boldsymbol{\varepsilon}_1)\in W$，即 $\lambda\boldsymbol{\varepsilon}_1+\boldsymbol{\varepsilon}_2\in W$，这样 $\boldsymbol{\varepsilon}_2\in W$. 依次类推，可得 $\boldsymbol{\varepsilon}_i\in W(i=1,2,\cdots,n)$，因此 $W=V$;

(2) 设 W 是一个非零 σ- 子空间，则 $\boldsymbol{\alpha}_1\in W$，且 $\boldsymbol{\alpha}_1\neq 0$，设

$$\boldsymbol{\alpha}_1=k_1\boldsymbol{\varepsilon}_1+k_2\boldsymbol{\varepsilon}_2+\cdots+k_n\boldsymbol{\varepsilon}_n.$$

不妨设 k_s 为 $k_1,k_2,\cdots,k_n$ 中第一个非零数 $(1\leqslant s\leqslant n)$，则

$$\sigma(\boldsymbol{\alpha}_1)=\lambda\boldsymbol{\alpha}_1+k_1\boldsymbol{\varepsilon}_2+k_2\boldsymbol{\varepsilon}_3+\cdots+k_{n-1}\boldsymbol{\varepsilon}_n.$$

记 $\boldsymbol{\alpha}_2=k_1\boldsymbol{\varepsilon}_2+k_2\boldsymbol{\varepsilon}_3+\cdots+k_{n-1}\boldsymbol{\varepsilon}_n$，则由 $\boldsymbol{\alpha}_1\in W$ 知 $\sigma(\boldsymbol{\alpha}_1)\in W$，故 $\boldsymbol{\alpha}_2\in W$. 同理，

$$\sigma(\boldsymbol{\alpha}_2)=\lambda\boldsymbol{\alpha}_2+k_1\boldsymbol{\varepsilon}_3+k_2\boldsymbol{\varepsilon}_4+\cdots+k_{n-2}\boldsymbol{\varepsilon}_n.$$

记 $\boldsymbol{\alpha}_3=k_1\boldsymbol{\varepsilon}_3+k_2\boldsymbol{\varepsilon}_4+\cdots+k_{n-2}\boldsymbol{\varepsilon}_n$，则 $\boldsymbol{\alpha}_3\in W$，重复上述过程可得

$$\sigma(\boldsymbol{\alpha}_{n-1})=\lambda\boldsymbol{\varepsilon}_{n-1}+k_1\boldsymbol{\varepsilon}_n,$$

其中 $\boldsymbol{\alpha}_{n-1}\in W$，故 $k_1\boldsymbol{\varepsilon}_n\in W$，即 $\boldsymbol{\varepsilon}_n\in W$.

评析 在此指出一种易误推的证明，即设 W 是 σ 的非零不变子空间，则 $\exists\boldsymbol{\varepsilon}_i\in W$ $(1\leqslant i\leqslant n)$，类似于(1)的推导过程可知 $\boldsymbol{\varepsilon}_i,\boldsymbol{\varepsilon}_{i+1},\cdots,\boldsymbol{\varepsilon}_n\in W$，因此 $\boldsymbol{\varepsilon}_n\in W$. 这一证明过程有漏洞，因 $W\cap\{\boldsymbol{\varepsilon}_i,\boldsymbol{\varepsilon}_{i+1},\cdots,\boldsymbol{\varepsilon}_n\}$ 可能是空集;

(3) $W_0=\{\mathbf{0}\}$，$W_1=L(\boldsymbol{\varepsilon}_n)$，$W_2=L(\boldsymbol{\varepsilon}_{n-1},\boldsymbol{\varepsilon}_n)$，$\cdots$，$W_n=L(\boldsymbol{\varepsilon}_1,\boldsymbol{\varepsilon}_2,\cdots,\boldsymbol{\varepsilon}_n)$. 因此共计 $n+1$ 个.

7.5.4 (1) $\sigma|w=I$ (注意区分 σ 与 $\sigma|w$;σ 是 V 上的线性变换，对 V 中每个元素均

有象；$\sigma|_W$是W上的线性变换，只对W中的元素有意义. 特别地，$\forall \boldsymbol{\alpha}\in W$，有$\sigma(\boldsymbol{\alpha})=\sigma|_W(\boldsymbol{\alpha})$）；

(2) 必要性易于验证，此处从略. 下面说明充分性.

设σ在某组基下的矩阵为$\boldsymbol{A}$，则$\boldsymbol{A}^2=\boldsymbol{A}$，存在可逆阵$\boldsymbol{P}$，使$\boldsymbol{P}^{-1}\boldsymbol{A}\boldsymbol{P}=\begin{pmatrix}\boldsymbol{E}_r & \boldsymbol{O}\\ \boldsymbol{O} & \boldsymbol{O}\end{pmatrix}$. 现记$\boldsymbol{P}=(\boldsymbol{\varepsilon}_1,\boldsymbol{\varepsilon}_2,\cdots,\boldsymbol{\varepsilon}_n)$，则

$$\sigma(\boldsymbol{\varepsilon}_i)=\begin{cases}\boldsymbol{\varepsilon}_i, & 1\leqslant i\leqslant r,\\ \boldsymbol{0}, & r+1\leqslant i\leqslant n.\end{cases}$$

令$W=L(\boldsymbol{\varepsilon}_1,\boldsymbol{\varepsilon}_2,\cdots,\boldsymbol{\varepsilon}_n)$，则$\sigma$是$V$到$W$上的投影变换.

7.5.5　(1) $|\lambda\boldsymbol{E}-\boldsymbol{A}|=(\lambda-3)(\lambda^2+3\lambda+4)$为$\sigma$的特征多项式，可见$\sigma$在$\mathbf{R}$上只有一个一重特征值$\lambda=3$，其对应的特征向量是$\boldsymbol{\zeta}=(8,15,12)^{\mathrm{T}}$；

(2) 由于τ与σ可换，故σ的特征子空间$W=\{\boldsymbol{\alpha}\in V|\sigma(\boldsymbol{\alpha})=3\boldsymbol{\alpha}\}$是$\tau$的一个不变子空间.

7.5.6　(1) $\lambda_1=n$（一重），对应特征向量

$$\boldsymbol{\zeta}_1=(1,1,1,\cdots,1)^{\mathrm{T}}.$$

$\lambda_2=0(n-1$重)，对应特征向量

$$\boldsymbol{\zeta}_2=(1,-1,0,\cdots,0)^{\mathrm{T}},\quad \boldsymbol{\zeta}_3=(1,0,-1,\cdots,0)^{\mathrm{T}},\quad \cdots,\quad \boldsymbol{\zeta}_n=(1,0,0,\cdots,-1)^{\mathrm{T}}.$$

(2) $V_{\lambda_1}=L(\boldsymbol{\zeta}_1)$，$V_{\lambda_2}=L(\boldsymbol{\zeta}_2,\boldsymbol{\zeta}_3,\cdots,\boldsymbol{\zeta}_n)$.

(3) $\boldsymbol{A}$可以对角化. 取$\boldsymbol{P}=(\boldsymbol{\zeta}_1,\boldsymbol{\zeta}_2,\cdots,\boldsymbol{\zeta}_n)$，则$\boldsymbol{P}^{-1}\boldsymbol{A}\boldsymbol{P}=\begin{pmatrix}n & \boldsymbol{0}\\ \boldsymbol{0} & \boldsymbol{O}\end{pmatrix}_{n\times n}$.

7.5.7　反证法. 若τ不是数乘变换，则τ必存在一个特征子空间V_λ，且V_λ是V的一个非平凡子空间. 另外，τ与M中任一元素σ可换，故V_λ是σ的不变子空间，这与M中元素无公共非平凡不变子空间矛盾. 因此τ必为数乘变换.

7.5.8　(1) 设$\boldsymbol{\xi}\in V_\lambda^{\boldsymbol{BA}}$，则有$(\boldsymbol{BA})(\boldsymbol{\xi})=\lambda\boldsymbol{\xi}$. 由$\boldsymbol{\xi}\neq 0$易知$\boldsymbol{A}\boldsymbol{\xi}\neq\boldsymbol{0}$. 又

$$(\boldsymbol{AB})(\boldsymbol{A}\boldsymbol{\xi})=\boldsymbol{A}\big((\boldsymbol{BA})(\boldsymbol{\xi})\big)=\boldsymbol{A}(\lambda\boldsymbol{\xi})=\lambda(\boldsymbol{A}\boldsymbol{\xi}).$$

故λ也是$\boldsymbol{AB}$的特征值，$\boldsymbol{A}\boldsymbol{\xi}$为对应的特征向量.

(2) 设$r_1=\dim\left(V_\lambda^{\boldsymbol{AB}}\right)$，$r_2=\dim\left(V_\lambda^{\boldsymbol{BA}}\right)$. 由 (1) 知，$\forall\boldsymbol{\xi}\in V_\lambda^{\boldsymbol{BA}}$，存在$\boldsymbol{A}\boldsymbol{\xi}\in V_\lambda^{\boldsymbol{AB}}$，且$\boldsymbol{\xi}_1\neq\boldsymbol{\xi}_2$，$\boldsymbol{\xi}_i\in V_\lambda^{\boldsymbol{BA}}$，则$\boldsymbol{A}\boldsymbol{\xi}_1\neq\boldsymbol{A}\boldsymbol{\xi}_2$. 从而$r_1\leqslant r_2$. 同理可证$r_2\leqslant r_1$，故$r_1=r_2$.

7.5.9　(1) 由于$\lambda_i\neq\lambda_j(i\neq j)$，故$\left((\lambda-\lambda_i)^{r_i},(\lambda-\lambda_j)^{r_j}\right)=1$，即存在$u(\lambda)$，$v(\lambda)$，使

$$1=u(\lambda)(\lambda-\lambda_i)^{r_i}+v(\lambda)(\lambda-\lambda_j)^{r_j}.$$

$\forall\boldsymbol{\alpha}\in\ker(\sigma-\lambda_iI)^{r_i}\cap\ker(\sigma-\lambda_iI)^{r_j}$，有

$$\boldsymbol{\alpha}=u(\sigma)(\sigma-\lambda_i I)^{r_j}\boldsymbol{\alpha}+v(\sigma)(\sigma-\lambda_j I)^{r_j}\boldsymbol{\alpha}=\mathbf{0};$$

(2) 设 $\lambda_1,\lambda_2,\cdots,\lambda_s$ 分别对应的特征向量为 $\boldsymbol{\alpha}_1,\boldsymbol{\alpha}_2,\cdots,\boldsymbol{\alpha}_s$，则由 (1) 知

$$(\sigma-\lambda_i I)^{r_i}\boldsymbol{\alpha}_j=\mathbf{0},\quad i=j,$$

$$(\sigma-\lambda_i I)^{r_i}\boldsymbol{\alpha}_j\neq\mathbf{0},\quad i\neq j.$$

设 $f_i(\lambda)=\dfrac{f(\lambda)}{(\lambda-\lambda_i)^{r_i}}(i=1,2,\cdots,s)$，$k_1\boldsymbol{\alpha}_1+k_2\boldsymbol{\alpha}_2+\cdots+k_s\boldsymbol{\alpha}_s=\mathbf{0}$，则

$$f_i(\sigma)(k_1\boldsymbol{\alpha}_1+\cdots+k_s\boldsymbol{\alpha}_s)=\mathbf{0},$$

而

$$f_i(\sigma)(k_1\boldsymbol{\alpha}_1+k_2\boldsymbol{\alpha}_2+\cdots+k_s\boldsymbol{\alpha}_s)=k_i f_i(\sigma)\boldsymbol{\alpha}_i,$$

知 $k_i f_i(\sigma)\boldsymbol{\alpha}_i=\mathbf{0}$，即 $k_i=0(i=1,2,\cdots,s)$. 因此，$\boldsymbol{\alpha}_1,\boldsymbol{\alpha}_2,\cdots,\boldsymbol{\alpha}_s$ 线性无关.

7.5.10　由于 W 是 σ- 子空间，且 $\boldsymbol{\beta}_1=\boldsymbol{\alpha}_1+\boldsymbol{\alpha}_2+\cdots+\boldsymbol{\alpha}_k\in W$，故

$$\boldsymbol{\sigma}(\boldsymbol{\beta}_1)=\lambda_1\boldsymbol{\alpha}_1+\lambda_2\boldsymbol{\alpha}_2+\cdots+\lambda_k\boldsymbol{\alpha}_k\in W,$$

且

$$\lambda_k\boldsymbol{\beta}_1=\lambda_k\boldsymbol{\alpha}_1+\lambda_k\boldsymbol{\alpha}_2+\cdots+\lambda_k\boldsymbol{\alpha}_k\in W,$$

因此，

$$\boldsymbol{\beta}_2=(\lambda_1-\lambda_k)\boldsymbol{\alpha}_1+(\lambda_2-\lambda_k)\boldsymbol{\alpha}_2+\cdots+(\lambda_{k-1}-\lambda_k)\boldsymbol{\alpha}_{k-1}\in W.$$

同样地，

$$\sigma(\boldsymbol{\beta}_2)=\lambda_1(\lambda_1-\lambda_k)\boldsymbol{\alpha}_1+\lambda_2(\lambda_2-\lambda_k)\boldsymbol{\alpha}_2+\cdots+\lambda_{k-1}(\lambda_{k-1}-\lambda_k)\boldsymbol{\alpha}_{k-1}\in W_1,$$

且

$$\lambda_{k-1}\boldsymbol{\beta}_2=\lambda_{k-1}(\lambda_1-\lambda_k)\boldsymbol{\alpha}_1+\lambda_{k-1}(\lambda_2-\lambda_k)\boldsymbol{\alpha}_2+\cdots+\lambda_{k-1}(\lambda_{k-1}-\lambda_k)\boldsymbol{\alpha}_{k-1}\in W,$$

因此，

$$\boldsymbol{\beta}_3=(\lambda_1-\lambda_{k-1})(\lambda_1-\lambda_k)\boldsymbol{\alpha}_1+\cdots+(\lambda_{k-2}-\lambda_{k-1})(\lambda_{k-2}-\lambda_k)\boldsymbol{\alpha}_{k-2}\in W,$$

依次类推，

$$(\lambda_1-\lambda_2)(\lambda_1-\lambda_3)\cdots(\lambda_1-\lambda_k)\boldsymbol{\alpha}_1\in W,$$

即 $\boldsymbol{\alpha}_1\in W$. 故知 $\boldsymbol{\alpha}_2+\boldsymbol{\alpha}_3+\cdots+\boldsymbol{\alpha}_k\in W$. 依照上面的方法，依次可得 $\boldsymbol{\alpha}_i\in W$，$i=1,2,\cdots,k$. 又 $\boldsymbol{\alpha}_1,\boldsymbol{\alpha}_2,\cdots,\boldsymbol{\alpha}_k$ 线性无关，故有 $\dim(W)\geqslant k$.

7.5.11　(1) 略；

(2) 本题中的线性变换 σ 满足 $\sigma^2=I$，这样 σ 的特征值为 ±1，且

$$V_1=\left\{\boldsymbol{A}\in V\,\middle|\,\boldsymbol{A}^{\mathrm{T}}=\boldsymbol{A}\right\},\quad V_{-1}=\left\{\boldsymbol{A}\in V\,\middle|\,\boldsymbol{A}^{\mathrm{T}}=-\boldsymbol{A}\right\}.$$

(3) 由于 $\dim V_1=\dfrac{n(n-1)}{2}$，$\dim V_{-1}=\dfrac{n(n+1)}{2}$，且 $V_1\cap V_{-1}=\{\mathbf{0}\}$，故 $V=V_1\oplus V_{-1}$，因此

取 V_1 的一组基 $\boldsymbol{\varepsilon}_1,\boldsymbol{\varepsilon}_2,\cdots,\boldsymbol{\varepsilon}_{\frac{n(n+1)}{2}}$ 及 V_2 的一组基 $\boldsymbol{\eta}_1,\boldsymbol{\eta}_2,\cdots,\boldsymbol{\eta}_{\frac{n(n-1)}{2}}$，则 σ 在 $\boldsymbol{\varepsilon}_1,\cdots,\boldsymbol{\varepsilon}_{\frac{n(n+1)}{2}},\boldsymbol{\eta}_1,\cdots,\boldsymbol{\eta}_{\frac{n(n-1)}{2}}$ 下的矩阵为对角阵：

$$\begin{pmatrix} \boldsymbol{E}_{\frac{n(n+1)}{2}} & \boldsymbol{O} \\ \boldsymbol{O} & \boldsymbol{E}_{\frac{n(n-1)}{2}} \end{pmatrix}.$$

7.5.12　(1) 略；

(2) σ 在基 $\boldsymbol{E}_{11},\boldsymbol{E}_{21},\boldsymbol{E}_{12},\boldsymbol{E}_{22}$ 下的矩阵为 $\begin{pmatrix} \boldsymbol{A} & \boldsymbol{O} \\ \boldsymbol{O} & \boldsymbol{A} \end{pmatrix}$；

(3) $\ker\sigma = L\sigma\left(\begin{pmatrix} 2 & 0 \\ -1 & 0 \end{pmatrix},\begin{pmatrix} 0 & 2 \\ 0 & -1 \end{pmatrix}\right)$，$\sigma(V) = L\left(\begin{pmatrix} 1 & 0 \\ -2 & 0 \end{pmatrix},\begin{pmatrix} 0 & 1 \\ 0 & -2 \end{pmatrix}\right)$.

7.5.13　$\dim(\ker\sigma) = 2$，$\begin{pmatrix} 1 & 0 \\ 0 & 1 \end{pmatrix}$ 及 $\begin{pmatrix} 0 & 1 \\ 0 & 1 \end{pmatrix}$ 为 $\ker(\sigma)$ 的一组基.

7.5.14　(1) 略；

(2) $\dim(\ker(\sigma)) = 1$，$\boldsymbol{e} = (0,0,\cdots,0,1)^{\mathrm{T}}$ 为 $\ker(\sigma)$ 的一组基.

7.5.15　(1) $\ker(\sigma) = L(x)$，$\sigma(V) = L(1,x^2,\cdots,x^n)$；

(2) 略.

7.5.16　由于 $\sigma_i(i=1,2,\cdots,k)$ 均为 V 上的非零变换，知 $\ker(\sigma_i)(i=1,2,\cdots,k)$ 是 V 的真子空间，知存在 V 的一组基 $\boldsymbol{\varepsilon}_1,\boldsymbol{\varepsilon}_2,\cdots,\boldsymbol{\varepsilon}_n$ 满足

$$\{\boldsymbol{\varepsilon}_1,\boldsymbol{\varepsilon}_2,\cdots,\boldsymbol{\varepsilon}_n\} \cap \left(\bigcap_{i=1}^{k} \ker(\sigma_i)\right) = \varnothing,$$

即有 $\boldsymbol{\varepsilon}_j \notin \ker(\sigma_i)(i=1,2,\cdots,n)$，即 $\sigma_i(\boldsymbol{\varepsilon}_j) \neq \boldsymbol{0}(i=1,2,\cdots,n)$.

7.5.17　(1) 由于 $\boldsymbol{\alpha},\sigma(\boldsymbol{\alpha}),\cdots,\sigma^n(\boldsymbol{\alpha})$ 线性相关，故存在整数 $k(1\leqslant k\leqslant n)$，使 $\sigma^{(k)}\boldsymbol{\alpha}$ 可由 $\boldsymbol{\alpha},\sigma(\boldsymbol{\alpha}),\cdots,\sigma^{(k-1)}(\boldsymbol{\alpha})$ 线性表出，且 $\boldsymbol{\alpha},\sigma(\boldsymbol{\alpha}),\cdots,\sigma^{(k-1)}(\boldsymbol{\alpha})$ 线性无关，不妨设

$$\sigma^k(\boldsymbol{\alpha}) = l_0\boldsymbol{\alpha}_1 + l_1\sigma(\boldsymbol{\alpha}) + \cdots + l_{k-1}(\boldsymbol{\alpha}).$$

易于验证 $\sigma\left(\sigma^i(\boldsymbol{\alpha})\right) \in W(i=0,1,\cdots,k-1)$，即有 W 是 σ 的不变子空间.

$\sigma|w$ 在 $\boldsymbol{\alpha},\sigma(\boldsymbol{\alpha}),\cdots,\sigma^{(k-1)}(\boldsymbol{\alpha})$ 下的矩阵为

$$\begin{pmatrix} 0 & 0 & \cdots & 0 & l_0 \\ 1 & 0 & \cdots & 0 & l_1 \\ 0 & 1 & \cdots & 0 & l_2 \\ \vdots & \vdots & & \vdots & \vdots \\ 0 & 0 & \cdots & 0 & l_{k-1} \end{pmatrix}_{k\times k};$$

(2) 设 $\boldsymbol{A},\boldsymbol{B}$ 分别为 σ,τ 对应的矩阵，考虑

$$n-r(\boldsymbol{A})-r(\boldsymbol{B})\leqslant r(\boldsymbol{AB})\leqslant \min\{r(\boldsymbol{A}),r(\boldsymbol{B})\}.$$

7.5.18 (1)$\Rightarrow$(2). σ 是一一变换，即是双射，自然是满射；

(2)$\Rightarrow$(3). σ 是满射，则 $\sigma(V)=V$，从而 $\dim(\ker(\sigma))=\dim V-\dim\sigma(V)=0$，从而 $\ker(\sigma)=\{\boldsymbol{0}\}$，即 $\forall\boldsymbol{\alpha}\in V$，$\sigma(\boldsymbol{\alpha})=\boldsymbol{0}$ 当且仅当 $\boldsymbol{\alpha}=\boldsymbol{0}$；

(3)$\Rightarrow$(1). 由 $\sigma(\boldsymbol{\alpha})=\boldsymbol{0}$ 当且仅当 $\boldsymbol{\alpha}=\boldsymbol{0}$ 知 $\ker(\sigma)=\{\boldsymbol{0}\}$，即 σ 是单射；另外，$\dim\sigma(V)=\dim V-\dim\ker(\sigma)=\dim V$，得 $\sigma(V)=V$，即 σ 是满射，从而 σ 是双射，即一一变换.

7.5.19 “$\Leftarrow$” 若 $\sigma^2=0$，则 $\forall\boldsymbol{\beta}\in\sigma(V)$，$\exists\boldsymbol{\alpha}\in V$，使得 $\boldsymbol{\beta}=\sigma(\boldsymbol{\alpha})$，因此 $\sigma(\boldsymbol{\beta})=\sigma^2(\boldsymbol{\alpha})=\boldsymbol{0}$，即 $\boldsymbol{\beta}\in\ker(\sigma)$. 因此，$\sigma(V)\subseteq\ker(\sigma)$；

“$\Rightarrow$” 若 $\sigma(V)\subseteq\ker(\sigma)$，则 $\forall\boldsymbol{\alpha}\in V$，$\sigma(\boldsymbol{\alpha})\in\sigma(V)\subseteq\ker(\sigma)$，故 $\sigma^2(\boldsymbol{\alpha})=\boldsymbol{0}$，即 $\sigma^2=0$.

7.5.20 (1) “$\Leftarrow$” 若存在 τ 使 $\sigma_2=\sigma_1\tau$，则对 $\forall\sigma_2(\boldsymbol{\alpha})\in\sigma_2(V)$，有 $\sigma_2(\boldsymbol{\alpha})\in\sigma_1\tau(\boldsymbol{\alpha})=\sigma_1(\tau(\boldsymbol{\alpha}))\in\sigma_1(V)$，因此，$\sigma_2(V)\subseteq\sigma_1(V)$.

“$\Rightarrow$” 设 V 的一组基为 $\boldsymbol{\varepsilon}_1,\boldsymbol{\varepsilon}_2,\cdots,\boldsymbol{\varepsilon}_n$，则 $\sigma_1(V)=L\left(\sigma_1(\boldsymbol{\varepsilon}_1),\sigma_1(\boldsymbol{\varepsilon}_2),\cdots,\sigma_1(\boldsymbol{\varepsilon}_n)\right)$，$\sigma_2(V)=L\left(\sigma_2(\boldsymbol{\varepsilon}_1),\sigma_2(\boldsymbol{\varepsilon}_2),\cdots,\sigma_2(\boldsymbol{\varepsilon}_n)\right)$. 由 $\sigma_2(V)\subseteq\sigma_1(V)$ 知，$\sigma_2(\boldsymbol{\varepsilon}_i)(i=1,2,\cdots,n)$ 可由 $\sigma_1(\boldsymbol{\varepsilon}_1),\sigma_1(\boldsymbol{\varepsilon}_2),\cdots,\sigma_1(\boldsymbol{\varepsilon}_n)$ 线性表出，即存在 n 级方阵 $\boldsymbol{C}$，使得 $\left(\sigma_2(\boldsymbol{\varepsilon}_1),\sigma_2(\boldsymbol{\varepsilon}_2),\cdots,\sigma_2(\boldsymbol{\varepsilon}_n)\right)=\left(\sigma_1(\boldsymbol{\varepsilon}_1),\sigma_1(\boldsymbol{\varepsilon}_2),\cdots,\sigma_1(\boldsymbol{\varepsilon}_n)\right)\boldsymbol{C}$. 记 τ 为在 $\boldsymbol{\varepsilon}_1,\boldsymbol{\varepsilon}_2,\cdots,\boldsymbol{\varepsilon}_n$ 下对应的矩阵为 $\boldsymbol{C}$ 的线性变换，则易于验证 $\sigma_2=\sigma_1\tau$.

(2) 充分性易于验证，下面只说明必要性. 设 σ_1,σ_2 在基 $\boldsymbol{\varepsilon}_1,\boldsymbol{\varepsilon}_2,\cdots,\boldsymbol{\varepsilon}_n$ 下的矩阵分别为 $\boldsymbol{A},\boldsymbol{B}$，则 $\ker(\sigma_1)=\{\boldsymbol{x}\in V\mid \boldsymbol{Ax}=\boldsymbol{0}\}$，$\ker(\sigma_2)=\{\boldsymbol{x}\in V\mid \boldsymbol{Bx}=\boldsymbol{0}\}$. 由 $\ker(\sigma_2)\subseteq\ker(\sigma_1)$ 知 $\boldsymbol{Bx}=\boldsymbol{0}$ 的解全是 $\boldsymbol{Ax}=\boldsymbol{0}$ 的解. 因此 $\boldsymbol{Bx}=\boldsymbol{0}$ 与 $\begin{pmatrix}\boldsymbol{A}\\ \boldsymbol{B}\end{pmatrix}\boldsymbol{x}=\boldsymbol{0}$ 同解，即 $\boldsymbol{A}$ 的行向量可由 $\boldsymbol{B}$ 的行向量线性表出，故存在 n 级方阵 $\boldsymbol{D}$，使 $\boldsymbol{A}=\boldsymbol{DB}$. 记 φ 为 $\boldsymbol{D}$ 所对应的线性变换，则 $\sigma_1=\varphi\sigma_2$.

7.5.21 充分性与练习题 7.5.20 的充分性验证过程类似，此处从略.

(1) 必要性. 由于 σ,τ 均为幂等变换，故 $V=\sigma(V)\oplus\ker(\sigma)=\tau(V)\oplus\ker(\tau)$. $\forall\boldsymbol{\alpha}\in V$，有 $\boldsymbol{\alpha}=\boldsymbol{\alpha}_1+\boldsymbol{\alpha}_2$，其中 $\boldsymbol{\alpha}_1\in\sigma(V)=\tau(V)$，$\boldsymbol{\alpha}_2\in\ker(\tau)$，则 $\exists\boldsymbol{\beta},\boldsymbol{\gamma}\in V$，使 $\boldsymbol{\alpha}_1=\sigma(\boldsymbol{\beta})=\tau(\boldsymbol{\gamma})$，故

$$\tau(\boldsymbol{\alpha})=\tau(\boldsymbol{\alpha}_1+\boldsymbol{\alpha}_2)=\tau(\boldsymbol{\alpha}_1)=\tau\left(\tau(\boldsymbol{v})\right)=\tau^2(\boldsymbol{\gamma})=\tau(\boldsymbol{\gamma})=\boldsymbol{\alpha}_1,$$

$$\sigma\tau(\boldsymbol{\alpha})=\sigma(\tau(\boldsymbol{\alpha}_1))=\sigma(\boldsymbol{\alpha}_2)=\sigma^2(\boldsymbol{\beta})=\sigma(\boldsymbol{\beta})=\boldsymbol{\alpha}_1.$$

因此 $\sigma\tau=\tau$，至于 $\tau\sigma=\sigma$ 类似可证，请读者写出详细过程；

(2) 必要性. $\forall\boldsymbol{\alpha}\in V$，同样有 $\boldsymbol{\alpha}=\boldsymbol{\alpha}_1+\boldsymbol{\alpha}_2$，其中 $\boldsymbol{\alpha}_1\in\sigma(V),\boldsymbol{\alpha}_2\in\ker(\sigma)=\ker(\tau)$，则 $\exists\boldsymbol{\beta}\in V$，使得 $\boldsymbol{\alpha}_1=\sigma(\boldsymbol{\beta})$. 故

$$\tau(\boldsymbol{\alpha})=\tau(\boldsymbol{\alpha}_1+\boldsymbol{\alpha}_2)=\tau(\boldsymbol{\alpha}_1),$$

$$\tau\sigma(\boldsymbol{\alpha})=\tau\sigma(\boldsymbol{\alpha}_1+\boldsymbol{\alpha}_2)=\tau\left(\sigma(\boldsymbol{\alpha}_1)\right)=\tau\left(\sigma^2(\boldsymbol{\beta})\right)=\tau\left(\sigma(\boldsymbol{\beta})\right)=\tau(\boldsymbol{\alpha}_1),$$

因此$\tau\sigma=\tau$. $\sigma\tau=\sigma$的证明留给读者.

注　请读者思考下述证明的错误之处:

由$V=\sigma(V)\oplus\ker(\sigma)=\tau(V)\oplus\ker(\tau)$，以及(1)或(2)中任一条件($\sigma(V)=\tau(V)$, $\ker(\sigma)=\ker(\tau)$)知$\sigma(V)=\tau(V)$，$\ker(\sigma)=\ker(\tau)$. 从而$\forall\boldsymbol{\alpha}\in V$，有$\boldsymbol{\alpha}=\boldsymbol{\alpha}_1+\boldsymbol{\alpha}_2$，$\boldsymbol{\alpha}_1\in\sigma(V)=\tau(V)$，$\sigma_2\in\ker(\tau)$. 故$\exists\boldsymbol{\beta},\boldsymbol{\gamma}\in V$，使$\boldsymbol{\alpha}_1=\sigma(\boldsymbol{\beta})=\tau(\boldsymbol{\gamma})$，从而

$$\tau(\boldsymbol{\alpha})=\tau(\boldsymbol{\alpha}_1+\boldsymbol{\alpha}_2)=\tau(\boldsymbol{\alpha}_1)=\tau\sigma(\boldsymbol{\beta}_1)=\tau\left(\sigma^2(\boldsymbol{\beta})\right)=\tau\left(\sigma(\boldsymbol{\alpha}_1)\right)=\tau\sigma(\boldsymbol{\alpha}),$$

$$\begin{aligned}\tau(\boldsymbol{\alpha})&=\tau(\boldsymbol{\alpha}_1+\boldsymbol{\alpha}_2)=\tau(\boldsymbol{\alpha}_1)=\tau^2(\boldsymbol{\gamma})=\tau(\boldsymbol{\gamma})=\sigma(\boldsymbol{\beta})=\sigma^2(\boldsymbol{\beta})\\&=\sigma(\boldsymbol{\alpha}_1)=\sigma\left(\tau(\boldsymbol{\alpha}_1)\right)=\sigma\tau(\boldsymbol{\alpha}).\end{aligned}$$

7.5.22　(1)记$W=\left\{\boldsymbol{\zeta}-\sigma(\boldsymbol{\zeta})\,\middle|\,\boldsymbol{\zeta}\in V\right\}$，则$\forall\boldsymbol{\alpha}=\boldsymbol{\zeta}-\sigma(\boldsymbol{\zeta})\in W$，$\sigma(\boldsymbol{\alpha})=\sigma(\boldsymbol{\zeta})-\sigma^2(\boldsymbol{\zeta})=\mathbf{0}$，即$\boldsymbol{\alpha}\in\ker(\sigma)$. 故$W\subseteq\ker(\sigma)$; 另$\forall\boldsymbol{\beta}\in\ker(\sigma)$，有$\sigma(\boldsymbol{\beta})=\mathbf{0}$. 从而$\boldsymbol{\beta}=\boldsymbol{\beta}-\sigma(\boldsymbol{\beta})\in W$，即$\ker(\sigma)\subseteq W$. 因此$\ker(\sigma)=W$;

(2)充分性易于验证，下面只证其必要性.

由于σ是V上的幂等变换，故知$V=\sigma(V)\oplus\ker(\sigma)$. $\forall\boldsymbol{\alpha}\in V$，有$\boldsymbol{\alpha}=\boldsymbol{\alpha}_1+\boldsymbol{\alpha}_2$，其中$\boldsymbol{\alpha}_1\in\sigma(V)$，$\boldsymbol{\alpha}_2\in\ker(\sigma)$. 另$\exists\boldsymbol{\gamma}\in V$，使得$\tau(\boldsymbol{\alpha}_1)=\sigma(\boldsymbol{\gamma})$，$\sigma\tau(\boldsymbol{\alpha}_2)=\mathbf{0}$. 因此，

$$\sigma\tau(\boldsymbol{\alpha})=\sigma\tau(\boldsymbol{\alpha}_1+\boldsymbol{\alpha}_2)=\sigma\tau(\boldsymbol{\alpha}_1)=\sigma^2(\boldsymbol{\gamma})=\sigma(\boldsymbol{\gamma}),$$

$$\tau\sigma(\boldsymbol{\alpha})=\tau\sigma(\boldsymbol{\alpha}_1+\boldsymbol{\alpha}_2)=\tau\sigma\left(\boldsymbol{\alpha}_1\right)=\tau\sigma^2(\boldsymbol{\beta})=\tau\sigma(\boldsymbol{\beta})=\tau(\boldsymbol{\alpha}_1)=\sigma(\boldsymbol{\gamma})=\sigma\tau(\boldsymbol{\alpha}).$$

原命题得证.

7.5.23　记V为P^n空间，$\boldsymbol{\varepsilon}_1,\boldsymbol{\varepsilon}_2,\cdots,\boldsymbol{\varepsilon}_n$为$V$的一组基，$\boldsymbol{A}$对应的线性变换为$\sigma,\boldsymbol{A}_i$对应的线性变换为$\sigma_i(i=1,2,\cdots,k)$，则

$$\sigma(V)=(\sigma_1+\sigma_2+\cdots+\sigma_k)(V)\subseteq\sigma_1(V)+\sigma_2(V)+\cdots+\sigma_k(V).$$

$$\dim\left(\sigma(V)\right)=r(\boldsymbol{A})=\sum_{i=1}^{k}r(\boldsymbol{A}_i)=\sum_{i=1}^{k}\dim\left(\sigma_i(V)\right).$$

由此可见

$$\sigma(V)=\sigma_1(V)\oplus\sigma_2(V)\oplus\cdots\oplus\sigma_k(V).$$

另外，$\sigma_i(\boldsymbol{\varepsilon}_j)\in\ker\sigma\subset\sigma(V)(i=1,2,\cdots,k;\ j=1,2,\cdots,n)$且

$$\begin{aligned}\sigma_i(\boldsymbol{\varepsilon}_j)=\sigma(\boldsymbol{\varepsilon}_j)=\sigma^2(\boldsymbol{\varepsilon}_j)&=(\sigma_1+\sigma_2+\cdots+\sigma_k)\sigma(\boldsymbol{\varepsilon}_j)\\&=(\sigma_1+\sigma_2+\cdots+\sigma_k)\sigma_i(\boldsymbol{\varepsilon}_j)\\&=\sigma_1\sigma_i(\boldsymbol{\varepsilon}_j)+\sigma_2\sigma_i(\boldsymbol{\varepsilon}_j)+\cdots+\sigma_k\sigma_i(\boldsymbol{\varepsilon}_j).\end{aligned}$$

因此，$0=\sigma_1\sigma_i(\boldsymbol{\varepsilon}_j)+\cdots+(\sigma_i^2)(\boldsymbol{\varepsilon}_j)+\cdots+\sigma_k\sigma_i(\boldsymbol{\varepsilon}_j)(i=1,2,\cdots,k;j=1,2,\cdots,n)$.

由于"0"的分解具有唯一性(直和)，因此

$$\sigma_i\sigma_j=\begin{cases}\sigma_i, & i=j,\\ 0, & i\neq j.\end{cases}$$

对应地，矩阵有相应的结论

$$\boldsymbol{A}_i\boldsymbol{A}_j=\begin{cases}\boldsymbol{A}_i, & i=j,\\ \boldsymbol{O}, & i\neq j.\end{cases}$$

7.5.24 (1) 取 V_2 的一组基 $\boldsymbol{\varepsilon}_1,\boldsymbol{\varepsilon}_2,\cdots,\boldsymbol{\varepsilon}_r$，将其扩充为 V 的基，$\boldsymbol{\varepsilon}_1,\boldsymbol{\varepsilon}_2,\cdots,\boldsymbol{\varepsilon}_r,\boldsymbol{\varepsilon}_{r+1},\cdots,\boldsymbol{\varepsilon}_n$. 设 V_1 的一组基为 $\boldsymbol{\alpha}_{r+1},\boldsymbol{\alpha}_{r+2},\cdots,\boldsymbol{\alpha}_n$. 定义 V 上的线性变换 σ，满足

$$\sigma(\boldsymbol{\varepsilon}_i)=\begin{cases}\boldsymbol{0}, & 1\leqslant i\leqslant r,\\ \boldsymbol{\alpha}_i, & r+1\leqslant i\leqslant n,\end{cases}$$

则 $\sigma(V)=L\big(\sigma(\boldsymbol{\varepsilon}_1),\sigma(\boldsymbol{\varepsilon}_2),\cdots,\sigma(\boldsymbol{\varepsilon}_n)\big)=L(\boldsymbol{\alpha}_{r+1},\boldsymbol{\alpha}_{r+2},\cdots,\boldsymbol{\alpha}_n)=V_1$，$\ker(\sigma)=V_2$.

(2) 若 $V=V_1\oplus V_2$，取 V_1 的一组基 $\boldsymbol{\eta}_1,\boldsymbol{\eta}_2,\cdots,\boldsymbol{\eta}_r$，$V_2$ 的一组基 $\boldsymbol{\eta}_{r+1},\boldsymbol{\eta}_{r+2},\cdots,\boldsymbol{\eta}_n$，则 $\boldsymbol{\eta}_1,\boldsymbol{\eta}_2,\cdots,\boldsymbol{\eta}_n$ 是 V 的一组基. 定义 V 上的线性变换 τ，

$$\tau(\boldsymbol{\eta}_i)=\begin{cases}\boldsymbol{\eta}_i, & 1\leqslant i\leqslant r,\\ \boldsymbol{0}, & r+1\leqslant i\leqslant n,\end{cases}$$

则 $\tau(V)=V_1$，$\ker(\sigma)=V_2$，易于验证 $\tau^2=\tau$.

7.5.25 (1) $\forall\boldsymbol{\alpha}\in V$，$\sigma^2\boldsymbol{\alpha}=\sigma\big(\sigma(\boldsymbol{\alpha})\big)=\sigma(\boldsymbol{\alpha}_1)=\sigma(\boldsymbol{\alpha})$;

(2) $\forall\boldsymbol{\alpha}\in\ker(\sigma)\subset V$，有 $\boldsymbol{\alpha}=\boldsymbol{\alpha}_1+\boldsymbol{\alpha}_2$，其中 $\boldsymbol{\alpha}_1\in U$，$\boldsymbol{\alpha}_2\in W$，则 $\sigma(\boldsymbol{\alpha})=\boldsymbol{\alpha}_1=\boldsymbol{0}$，因此，$\boldsymbol{\alpha}\in W$，故 $\ker(\sigma)\subseteq W$. 另 $\forall\boldsymbol{\alpha}\in W$ 显然有 $\sigma(\boldsymbol{\alpha})=\boldsymbol{0}$，即 $\boldsymbol{\alpha}\in\ker(\sigma)$，故 $\ker(\sigma)=W$. 同理可证 $\sigma(V)=U$;

(3) 取 U 的一组基 $\boldsymbol{\varepsilon}_1,\boldsymbol{\varepsilon}_2,\cdots,\boldsymbol{\varepsilon}_r$，$W$ 的一组基 $\boldsymbol{\varepsilon}_{r+1},\boldsymbol{\varepsilon}_{r+2},\cdots,\boldsymbol{\varepsilon}_n$，则 σ 在 $\boldsymbol{\varepsilon}_1,\boldsymbol{\varepsilon}_2,\cdots,\boldsymbol{\varepsilon}_n$ 下的矩阵为 $\begin{pmatrix}\boldsymbol{I}_r & \boldsymbol{O}\\ \boldsymbol{O} & \boldsymbol{O}\end{pmatrix}_{n\times n}$，其中 $r=\dim(U)=\dim(\sigma(V))$ 表示 σ 的秩.

练习 7.6

7.6.1 (1) 略;

(2) 若 $\exists W_2$，使得 $\mathbf{R}^2=W_1\oplus W_2$，则 $\dim W_2=1$. 不妨设 $W_2=L(\boldsymbol{\alpha})$，则 σ 在 $\boldsymbol{\varepsilon}_1,\boldsymbol{\alpha}$ 下的矩阵为 $\begin{pmatrix}2 & 0\\ 0 & k\end{pmatrix}$，而 $\begin{pmatrix}2 & 0\\ 0 & k\end{pmatrix}$ 不可能与 $\begin{pmatrix}2 & 1\\ 0 & 2\end{pmatrix}$ 相似.

7.6.2 (1) $\forall\boldsymbol{\alpha}\in\ker\big(f(\sigma)\big)+\ker\big(g(\sigma)\big)$，有 $\boldsymbol{\alpha}=\boldsymbol{\alpha}_1+\boldsymbol{\alpha}_2$，其中 $\boldsymbol{\alpha}_1\in\ker\big(f(\sigma)\big)$，$\boldsymbol{\alpha}_2\in\ker\big(g(\sigma)\big)$，从而

$$h(\sigma)(\boldsymbol{\alpha})=h(\sigma)(\boldsymbol{\alpha}_1+\boldsymbol{\alpha}_2)=g(\sigma)f(\sigma)(\boldsymbol{\alpha}_1)+f(\sigma)g(\sigma)(\boldsymbol{\alpha}_2)=\boldsymbol{0},$$

即 $\boldsymbol{\alpha}\in\ker\big(h(\sigma)\big)$. 因此有

$$\ker\big(f(\sigma)\big)+\ker\big(g(\sigma)\big)\subseteq\ker\big(h(\sigma)\big);$$

(2) 若 $\big(f(x),g(x)\big)=1$, 则 $\exists u(x),v(x)\in P\{x\}$, 使得 $1=u(x)f(x)+v(x)g(x)$, 因此 $\forall\boldsymbol{\alpha}\in\ker\big(h(\sigma)\big)$, $\boldsymbol{\alpha}=\big(u(\sigma)f(\sigma)+v(\sigma)g(\sigma)\big)(\boldsymbol{\alpha})$, 而 $u(\sigma)f(\sigma)(\boldsymbol{\alpha})\in\ker(g(\sigma)),v(\sigma)g(\sigma)(\boldsymbol{\alpha})\in\ker(f(\sigma))$, 即

$$\ker(h(\sigma))\subseteq\ker(f(\sigma))+\ker(g(\sigma)),$$

再由 (1) 知

$$\ker(h(\sigma))=\ker(f(\sigma))\oplus\ker(g(\sigma)).$$

7.6.3 在练习题 7.6.2 中取 $h(x)=0$, 即得证.

7.6.4 记 $V_1=\left\{\boldsymbol{\alpha}\in V\,\middle|\,(I-\sigma)\boldsymbol{\alpha}=\mathbf{0}\right\}$, $V_2=\left\{\boldsymbol{\alpha}\in V\,\middle|\,(I+\sigma+\sigma^2)\boldsymbol{\alpha}=\mathbf{0}\right\}$.

"$\Rightarrow$"设 $f_1(x)=1-x$, $f_2(x)=1+x+x^2$, 则 $(f_1(x),f_2(x))=1$, 即 $\exists u(x),v(x)\in\mathbf{R}\{x\}$, 使

$$1=u(x)f_1(x)+v(x)f_2(x).$$

因此, $\forall\boldsymbol{\alpha}\in V$, 有

$$\boldsymbol{\alpha}=u(\sigma)f_1(\sigma)(\boldsymbol{\alpha})+v(\sigma)f_2(\sigma)\boldsymbol{\alpha},$$

而 $u(\sigma)f_2(\sigma)(\boldsymbol{\alpha})\in V_2$, $v(\sigma)f_2(\sigma)(\boldsymbol{\alpha})\in V_1$, 即知 $V=V_1+V_2$. 另易于验证 $V_1\cap V_2=\{\mathbf{0}\}$, 从而 $V=V_1\oplus V_2$. 故有

$$n=\dim(V)=\dim(V_1)+\dim(V_2)=n-r(I-\sigma)+n-r(I+\sigma+\sigma^2),$$

因此, $r(I-\sigma)+r(I+\sigma+\sigma^2)=n.$

"$\Leftarrow$" 若 $r(I+\sigma)+r(I+\sigma+\sigma^2)=n$, 则 $V=V_1\oplus V_2$. 因此 $\forall\boldsymbol{\alpha}\in V$, 有 $\boldsymbol{\alpha}=\boldsymbol{\alpha}_1+\boldsymbol{\alpha}_2$, 其中 $\boldsymbol{\alpha}_i\in V_i(i=1,2)$.

$$(\sigma^3-I)(\boldsymbol{\alpha})=(\sigma^3-I)(\boldsymbol{\alpha}_1+\boldsymbol{\alpha}_2)=(\sigma^3-I)(\boldsymbol{\alpha}_1)+(\sigma^3-I)(\boldsymbol{\alpha}_2)=\mathbf{0},$$

即有 $\sigma^3=I$.

7.6.5 由于 $\ker(\sigma)$ 与 W 都是 V 的子空间, 所以 $\ker(\sigma)\cap W$ 也是 V 的子空间. 设 $\ker(\sigma)\cap W$ 的维数为 s, W 的维数为 m. 取 $\ker(\sigma)\cap W$ 的一组基 $\boldsymbol{\varepsilon}_1,\boldsymbol{\varepsilon}_2,\cdots,\boldsymbol{\varepsilon}_s$ 扩充为 W 的一组基 $\boldsymbol{\varepsilon}_1,\cdots,\boldsymbol{\varepsilon}_s,\boldsymbol{\varepsilon}_{s+1},\cdots,\boldsymbol{\varepsilon}_m$. 因为 $\boldsymbol{\varepsilon}_1,\cdots,\boldsymbol{\varepsilon}_s\in\ker(\sigma)$, 所以 $\sigma(W)=L(\sigma(\boldsymbol{\varepsilon}_{s+1}),\cdots\sigma(\boldsymbol{\varepsilon}_m))$, 易证 $\sigma(\boldsymbol{\varepsilon}_{s+1}),\cdots,\sigma(\boldsymbol{\varepsilon}_m)$ 线性无关, 故有

$$\dim\big(\sigma(W)\big)+\dim\big(\sigma^{-1}(\mathbf{0})\cap W\big)=\dim W.$$

评析 涉及维数之间的运算, 一般方法是: 先找出子空间之间的包含关系并设出其维数; 取最小子空间的一个基, 再扩充为较高维数的子空间的基, 进而利用各子空间的特性, 讨论它们维数之间的关系.

7.6.6 首先, 由 $V_1=\sigma(V_2)\subseteq V_2$ 知, $\dim(V_i)\leqslant\dim(v_2)$, 即 $r\leqslant q$. 其次, 由练习题 7.6.5

知，$\dim(V_2)=\dim\sigma(V_2)+\dim\big(V_2\cap\ker(\sigma)\big)$，而 $0\leqslant\dim\big(V_2\cap\ker(\sigma)\big)\leqslant\dim\big(\ker(\sigma)\big)=p$. 故有 $\dim(V_2)\leqslant\dim(V_1)+\dim\big(\ker(\sigma)\big)$，即 $q\leqslant r+p$. 因此，$r\leqslant q\leqslant r+p$.

7.6.7 (1)不一定成立，如定义二维线性空间上的线性变换σ，即

$$\sigma(\boldsymbol{\varepsilon}_1,\boldsymbol{\varepsilon}_2)=(\boldsymbol{\varepsilon}_1,\boldsymbol{\varepsilon}_2)\begin{pmatrix}0&0\\1&0\end{pmatrix},$$

则 $\sigma(V)=\ker\sigma=L(\boldsymbol{\varepsilon}_2)$;

(2)先证 $\boldsymbol{\beta}_1,\boldsymbol{\beta}_2,\cdots,\boldsymbol{\beta}_s$ 线性无关，设

$$k_1\boldsymbol{\beta}_1+k_2\boldsymbol{\beta}_2+\cdots+k_s\boldsymbol{\beta}_s=\mathbf{0},$$

则

$$\boldsymbol{\sigma}(k_1\boldsymbol{\beta}_1+k_2\boldsymbol{\beta}_2+\cdots+k_s\boldsymbol{\beta}_s)=k_1\boldsymbol{\alpha}_1+k_2\boldsymbol{\alpha}_2+\cdots+k_s\boldsymbol{\alpha}_s=\mathbf{0}.$$

而 $\boldsymbol{\alpha}_1,\boldsymbol{\alpha}_2,\cdots,\boldsymbol{\alpha}_s$ 无关，因此 $k_i=0(i=1,2,\cdots,s)$. 记 $\boldsymbol{\delta}_{s+1},\boldsymbol{\delta}_{s+2},\cdots,\boldsymbol{\delta}_n$ 为 $\ker\sigma$ 的一组基(因 $\dim\ker(\sigma)=\dim(V)-\dim\sigma(V)$). 下证 $\boldsymbol{\beta}_1,\boldsymbol{\beta}_2,\cdots,\boldsymbol{\beta}_s,\boldsymbol{\delta}_{s+1},\boldsymbol{\delta}_{s+2},\cdots,\boldsymbol{\delta}_n$ 线性无关. 设

$$\mathbf{0}=l_1\boldsymbol{\beta}_1+l_2\boldsymbol{\beta}_2+\cdots+l_s\boldsymbol{\beta}_s+l_{s+1}\boldsymbol{\delta}_{s+1}+\cdots+l_n\boldsymbol{\delta}_n,$$

则

$$\mathbf{0}=\sigma(l_1\boldsymbol{\beta}_1+\cdots+l_s\boldsymbol{\beta}_s+l_{s+1}\boldsymbol{\delta}_{s+1}+\cdots+l_n\boldsymbol{\delta}_n)=l_1\boldsymbol{\alpha}_1+l_2\boldsymbol{\alpha}_2+\cdots+l_s\boldsymbol{\alpha}_s,$$

从而有 $l_i=0(i=1,2,\cdots,s)$，不难得到 $l_i=0(i=1,2,\cdots,n)$.

由此知 $\boldsymbol{\beta}_1,\cdots,\boldsymbol{\beta}_s,\boldsymbol{\delta}_{s+1},\cdots,\boldsymbol{\delta}_n$ 为 V 的一组基，因此

$$V=L(\boldsymbol{\beta}_1,\boldsymbol{\beta}_2\cdots,\boldsymbol{\beta}_s)\oplus\ker(\sigma).$$

7.6.8 (1)充分性. 若 $r(\sigma)=r(\sigma^2)$，则

$$n=\dim\big(\sigma(V)\big)+\dim\big(\ker(\sigma)\big)=\dim\big(\sigma^2(V)\big)+\dim\big(\ker(\sigma^2)\big).$$

又 $\ker(\sigma)\subseteq\ker(\sigma^2)$，而

$$\dim\big(\ker(\sigma)\big)=n-r(\sigma)=n-r(\sigma^2)=\dim\big(\ker(\sigma^2)\big),$$

知 $\ker(\sigma)=\ker(\sigma^2)$. 只需证明 $\sigma(V)\cap\ker(\sigma)=\{\mathbf{0}\}$，即可得 $V=\sigma(V)\oplus\ker(\sigma)$.

而 $\forall\boldsymbol{\alpha}\in\sigma(V)\cap\ker(\sigma)$，$\exists\boldsymbol{\gamma}\in V$，使得 $\sigma(\boldsymbol{\gamma})=\boldsymbol{\alpha}$，且 $\sigma(\boldsymbol{\alpha})=\mathbf{0}$，即有 $\sigma^2(\boldsymbol{\gamma})=\mathbf{0}$，即由 $\ker(\sigma)=\ker(\sigma^2)$ 知 $\sigma(\boldsymbol{\gamma})=\mathbf{0}$，即 $\boldsymbol{\alpha}=\mathbf{0}$，由此可证.

必要性. 若 $V=\sigma(V)\oplus\ker\sigma$，则 $\sigma(V)=\sigma\big(\sigma(V)\big)\oplus\ker(\sigma)\sigma\subseteq\sigma^2(V)$. 另 $\sigma^2(V)\subseteq\sigma(V)$，故 $\sigma(V)=\sigma^2(V)$，从而 $r(\sigma)=r(\sigma^2)$;

(2)若 $\sigma^k=\sigma$，则 $r(\sigma)=r(\sigma^2)$，由(1)的充分性可知 $V=\sigma(V)\oplus\ker(\sigma)$.

7.6.9 记 $\sigma=\sigma_1+\sigma_2+\cdots+\sigma_s$，$W=\bigcap\limits_{k=1}^{s}\ker(\sigma_k)$，则 $\forall\boldsymbol{\alpha}\in V$,

$$\boldsymbol{\alpha}=\sigma(\boldsymbol{\alpha})+(I-\sigma)(\boldsymbol{\alpha})=\sigma_1(\boldsymbol{\alpha})+\sigma_2(\boldsymbol{\alpha})+\cdots+\sigma_s(\boldsymbol{\alpha})+(I-\sigma)(\boldsymbol{\alpha}).$$

上式中，$\sigma_i(\boldsymbol{\alpha})\in\sigma_i(V)(i=1,2,\cdots,s)$，$(I-\sigma)(\boldsymbol{\alpha})\in W$. 因此

$$V=\sigma_1(V)+\sigma_2(V)+\cdots+\sigma_s(V)+W.$$

下证$\sigma_1(V)\cap\sigma_2(V)\cap\cdots\cap\sigma_s(V)\cap W=\{\mathbf{0}\}$，分两步进行.

首先，$\forall\boldsymbol{\alpha}\in\big(\sigma_1(V)+\sigma_2(V)+\cdots+\sigma_s(V)\big)\cap W$，有

$$\boldsymbol{\alpha}=\sigma_1(\boldsymbol{\alpha}_1)+\sigma_2(\boldsymbol{\alpha}_2)+\cdots+\sigma_s(\boldsymbol{\alpha}_s)\in W,$$

因此，由

$$\sigma_i(\boldsymbol{\alpha})=\sigma_i\big(\sigma_1(\boldsymbol{\alpha}_1)+\sigma_2(\boldsymbol{\alpha}_2)+\cdots+\sigma_s(\boldsymbol{\alpha}_s)\big)=\sigma_i(\boldsymbol{\alpha}_i)=\mathbf{0}\quad(i=1,2,\cdots,s)$$

知$\boldsymbol{\alpha}=\mathbf{0}$，即$\big(\sigma_1(V)+\sigma_2(V)+\cdots+\sigma_s(V)\big)\cap W=\{\mathbf{0}\}$；

其次，$\forall\boldsymbol{\beta}\in\big(\sigma_1(V)+\sigma_2(V)+\sigma_{i-1}(V)+\sigma_{i+1}(V)+\cdots+\sigma_s(V)+W\big)\cap\sigma_i(V)(i=1,2,\cdots,s)$，有

$$\boldsymbol{\beta}=\sigma_1(\boldsymbol{\beta}_1)+\cdots+\sigma_{i-1}(\boldsymbol{\beta}_{i-1})+\sigma_{i+1}(\boldsymbol{\beta}_{i+1})+\cdots+\sigma_s(\boldsymbol{\beta}_s)+\boldsymbol{\beta}_0\in\sigma_i(V).$$

得知

$$\begin{aligned}\boldsymbol{\beta}&=\sigma_i(\boldsymbol{\beta}_i)=\sigma_i^2(\boldsymbol{\beta}_i)=\sigma_i\big(\sigma_i(\boldsymbol{\beta}_i)\big)\sigma_i(\boldsymbol{\beta})\\&=\sigma_i\sigma_1(\boldsymbol{\beta}_1)+\cdots+\sigma_i\sigma_{i-1}(\boldsymbol{\beta}_{i-1})+\sigma_i\sigma_{i+1}(\boldsymbol{\beta}_{i+1})+\cdots\\&\quad+\sigma_i\sigma_s(\boldsymbol{\beta}_s)+\sigma_i(\boldsymbol{\beta}_0)=\mathbf{0},\end{aligned}$$

即$\big(\sigma_1(V)+\cdots+\sigma_{i-1}(V)+\sigma_{i+1}(V)+\cdots+\sigma_s(V)\big)(W)\cap\sigma_i(V)=\mathbf{0}$对任意$i(1\leqslant i\leqslant s)$成立，因此

$$V=\sigma_1(V)\oplus\sigma_2(V)\oplus\cdots\oplus\sigma_s(V)\oplus\prod_{k=1}^{n}\ker\sigma_k(\mathbf{0}).$$

练习 8 参考答案

练习 8.1

8.1.1　(1)×　(2)×　(3)√　(4)×　(5)√　(6)×　(7)×　(8)√
(9)√　(10)×　(11)√　(12)√　(13)×　(14)√　(15)√

8.1.2　(1) 略；

(2) 易于验证$\boldsymbol{A}(x),\boldsymbol{B}(x)$的行列式因子均为

$$D_1(x)=d_1(x)d_2(x),\quad D_2(x)=f_1(x)f_2(x)g_1(x)g_2(x).$$

练习 8.2

8.2.1　$\boldsymbol{A}$与$\boldsymbol{B}$相似，因$\boldsymbol{A},\boldsymbol{B}$的行列式因子均为

$$D_1(\lambda)=D_2(\lambda)=D_3(\lambda)=1,\quad D_4(\lambda)=\lambda^2(\lambda^2-1).$$

8.2.2 (1) $\lambda\boldsymbol{E}-\boldsymbol{A}=\begin{pmatrix}\lambda-b & -c & -a\\ -c & \lambda-a & -b\\ -a & -b & \lambda-c\end{pmatrix}\to\begin{pmatrix}-a & -b & \lambda-c\\ \lambda-b & -c & -a\\ -c & \lambda-a & -b\end{pmatrix}$

$$\to\begin{pmatrix}\lambda-c & -a & -b\\ -a & \lambda-b & -c\\ -b & -c & \lambda-a\end{pmatrix}=\lambda\boldsymbol{E}-\boldsymbol{B}.$$

由此可见 $\boldsymbol{A},\boldsymbol{B}$ 相似，同理可证 $\boldsymbol{B},\boldsymbol{C}$ 相似，从而 $\boldsymbol{A},\boldsymbol{B},\boldsymbol{C}$ 彼此相似.

(2) 若 $\boldsymbol{BC}=\boldsymbol{CB}$，则 $a^2+b^2+c^2=ab+bc+ca$，即 $(a-b)^2+(b-c)^2+(c-a)^2=0$，知 $a=b=c$，从而

$$|\lambda\boldsymbol{E}-\boldsymbol{A}|=\begin{vmatrix}\lambda-a & -a & -a\\ -a & \lambda-a & -a\\ -a & -a & \lambda-a\end{vmatrix}=\lambda^2(\lambda-3a).$$

8.2.3 记 $\boldsymbol{B}=\begin{pmatrix}0 & 1\\ -1 & 0\end{pmatrix}$，则 $\boldsymbol{A},\boldsymbol{B}$ 有相同的不变因子 1，λ^2+1.

8.2.4 设 σ 在 V 的一组基下的矩阵为 $\boldsymbol{A}$，$f(\lambda),m(\lambda)$ 分别为 σ 的特征多项式和最小多项式，则

$$f(\lambda)=m(\lambda)=\lambda^n+a_{n-1}\lambda^{n-1}+\cdots+a_1\lambda+a_0.$$

另外，对于 $\lambda\boldsymbol{E}-\boldsymbol{A}$，由于 $m(\lambda)=d_n(\lambda)$，$f(\lambda)=D_n(\lambda)$，可知 $D_1(\lambda)=D_2(\lambda)=\cdots=D_{n-1}(\lambda)=1$，因此 $\lambda\boldsymbol{E}-\boldsymbol{A}$ 等价于

$$\boldsymbol{J}(\lambda)=\begin{pmatrix}1 & & & & \\ & 1 & & & \\ & & \ddots & & \\ & & & 1 & \\ & & & & f(\lambda)\end{pmatrix}.$$

记

$$\boldsymbol{B}=\begin{pmatrix}0 & 0 & 0 & \cdots & 0 & -a_0\\ 1 & 0 & 0 & \cdots & 0 & -a_1\\ 0 & 1 & 0 & \cdots & 0 & -a_2\\ \vdots & \vdots & \vdots & & \vdots & \vdots\\ 0 & 0 & 0 & \cdots & 0 & -a_{n-2}\\ 0 & 0 & 0 & \cdots & 1 & -a_{n-1}\end{pmatrix}.$$

易于验证 $\lambda\boldsymbol{E}-\boldsymbol{B}$ 也等价于 $\boldsymbol{J}(\lambda)$，从而等价于 $\lambda\boldsymbol{E}-\boldsymbol{A}$，故而 $\boldsymbol{A}$ 与 $\boldsymbol{B}$ 相似. $\boldsymbol{B}$ 也是 σ 在 V 中某组基 $\boldsymbol{\alpha}_1,\boldsymbol{\alpha}_2,\cdots,\boldsymbol{\alpha}_n$ 下的矩阵. 取 $\boldsymbol{\alpha}=\boldsymbol{\alpha}_1$，则 $\sigma^i(\boldsymbol{\alpha})=\boldsymbol{\alpha}_{i+1}(i=0,1,\cdots,n-1)$. 原命题得证.

8.2.5　(1) 设 $\boldsymbol{A}=(a_{ij})_{n\times n},\boldsymbol{B}=(b_{ij})_{n\times n}$，则

$$\sigma(\boldsymbol{AB})=\sigma\left(\left(\sum_{k=1}^{n}a_{ik}b_{kj}\right)_{n\times n}\right)=\sum_{k=1}^{n}a_{jk}b_{kj}=\sigma(\boldsymbol{A})\boldsymbol{B};$$

(2) $\sigma(\boldsymbol{A})$ 与 $\boldsymbol{A}$ 可能相似，也可能不相似，如取 $\boldsymbol{A}=\begin{pmatrix}-1&1&0\\0&-1&1\\1&0&-1\end{pmatrix}$，则 $\boldsymbol{A}$ 与 $\sigma(\boldsymbol{A})$ 相似.

另取 $\boldsymbol{A}=\begin{pmatrix}0&1\\-1&0\end{pmatrix}$，则 $\boldsymbol{A}$ 与 $\sigma(\boldsymbol{A})$ 不相似.

练习 8.3

8.3.1
$$\lambda\boldsymbol{E}-\boldsymbol{C}=\begin{pmatrix}\lambda-1&-2&-3&-4\\0&\lambda-1&-2&-3\\0&0&\lambda-1&-2\\0&0&0&\lambda-1\end{pmatrix},\tag{8.10}$$

由于式(8.10)的右上角有一个三级子式

$$\varDelta_1=\begin{vmatrix}-2&-3&-4\\\lambda-1&-2&-3\\0&\lambda-1&-2\end{vmatrix}=-4\lambda(\lambda+1).$$

再有

$$\varDelta_2=\begin{vmatrix}\lambda-1&-2&-3\\0&\lambda-1&-2\\0&0&\lambda-1\end{vmatrix}=(\lambda-1)^3.$$

又由于 $(\varDelta_1,\varDelta_2)=1$，所以 $D_3(\lambda)=1$，$d_1(\lambda)=d_2(\lambda)=d_3(\lambda)=1$，$d_4(\lambda)=|\lambda\boldsymbol{E}-\boldsymbol{C}|=(\lambda-1)^4$，即 $\boldsymbol{A}$ 的初等因子为 $(\lambda-1)^4$，故 $\boldsymbol{A}$ 的 Jordan 标准形为

$$\begin{pmatrix}1&1&0&0\\0&1&1&0\\0&0&1&1\\0&0&0&1\end{pmatrix}.$$

8.3.2 不变因子：$1,1,1,1,1,\left((\lambda-a)^2+b^2\right)^3$；

初等因子：$(\lambda-a-b\mathrm{i})^3,(\lambda-a+b\mathrm{i})^3$；

Jordan 标准形

$$J=\begin{pmatrix} a+b\mathrm{i} & & & & & \\ 1 & a+b\mathrm{i} & & & & \\ & 1 & a+b\mathrm{i} & & & \\ & & & a-b\mathrm{i} & & \\ & & & 1 & a-b\mathrm{i} & \\ & & & & 1 & a-b\mathrm{i} \end{pmatrix}.$$

8.3.3 (1) 不变因子：$1,1,\cdots,1,\lambda^n-1$；

初等因子：$\lambda-\varepsilon_k(k=1,2,\cdots,n),\varepsilon_k=\cos\dfrac{2k\pi}{n}+\mathrm{i}\sin\dfrac{2k\pi}{n}(k=1,2,\cdots,n)$;

Jordan 标准形

$$J=\begin{pmatrix} \varepsilon_1 & & & \\ & \varepsilon_2 & & \\ & & \ddots & \\ & & & \varepsilon_n \end{pmatrix};$$

(2) $B=A^n+2A^{n-1}+\cdots+(n-1)A^2+nA$，因此 B 的特征值为 $f(\varepsilon_i)(i=1,2,\cdots,n)$，其中 $f(\lambda)=\lambda^n+2\lambda^{n-1}+\cdots+(n-1)\lambda+n\lambda$.

8.3.4 (1) 设线性变换 σ 在某一组基下矩阵为 A，$A\in M_{6\times 6}(P)$.

$$d_6(\lambda)=m(\lambda)=(\lambda+1)^2(\lambda-2)(\lambda+3),$$

$$D_5(\lambda)=\frac{D_6(\lambda)}{d_6(\lambda)}=\frac{f(\lambda)}{d_6(\lambda)}=(\lambda+1)(\lambda-2).$$

从而 $d_5(\lambda)=(\lambda+1)(\lambda-2),d_4(\lambda)=d_3(\lambda)=d_2(\lambda)=d_1(\lambda)=1$. 即 A 的所有不变因子为 $1,1,1,1,(\lambda+1)(\lambda-2),(\lambda+1)^2(\lambda-2)(\lambda+3)$.

(2) A 的初等因子为 $(\lambda+1),(\lambda+1)^2,\lambda-2,(\lambda-2),(\lambda+3)$. 于是 A 的 Jordan 标准形为(不计 Jordan 块次序)

$$\begin{pmatrix} -1 & & & & & \\ & -1 & & & & \\ & 1 & -1 & & & \\ & & & -3 & & \\ & & & & 2 & \\ & & & & & 2 \end{pmatrix}.$$

8.3.5　答案共 10 种.

(1) $\begin{pmatrix} 2 &&&&&& \\ 1 & 2 &&&&& \\ & 1 & 2 &&&& \\ && 1 & 2 &&& \\ &&&& -1 && \\ &&&& 1 & -1 & \\ &&&&&& 3 \end{pmatrix}$;　(2) $\begin{pmatrix} 2 &&&&&& \\ 1 & 2 &&&&& \\ && 2 &&&& \\ && 1 & 2 &&& \\ &&&& -1 && \\ &&&&& -1 & \\ &&&&&& 3 \end{pmatrix}$;

(3) $\begin{pmatrix} 2 &&&&&& \\ 1 & 2 &&&&& \\ & 1 & 2 &&&& \\ &&& 2 &&& \\ &&&& -1 && \\ &&&& 1 & -1 & \\ &&&&&& 3 \end{pmatrix}$;　(4) $\begin{pmatrix} 2 &&&&&& \\ 1 & 2 &&&&& \\ && 2 &&&& \\ &&& 2 &&& \\ &&&& -1 && \\ &&&& 1 & -1 & \\ &&&&&& 3 \end{pmatrix}$;

(5) $\begin{pmatrix} 2 &&&&&& \\ & 2 &&&&& \\ && 2 &&&& \\ &&& 2 &&& \\ &&&& -1 && \\ &&&& 1 & -1 & \\ &&&&&& 3 \end{pmatrix}$;　(6) $\begin{pmatrix} 2 &&&&&& \\ 1 & 2 &&&&& \\ & 1 & 2 &&&& \\ && 1 & 2 &&& \\ &&&& -1 && \\ &&&&& -1 & \\ &&&&&& 3 \end{pmatrix}$;

(7) $\begin{pmatrix} 2 &&&&&& \\ 1 & 2 &&&&& \\ && 2 &&&& \\ && 1 & 2 &&& \\ &&&& -1 && \\ &&&&& -1 & \\ &&&&&& 3 \end{pmatrix}$;　(8) $\begin{pmatrix} 2 &&&&&& \\ 1 & 2 &&&&& \\ & 1 & 2 &&&& \\ &&& 2 &&& \\ &&&& -1 && \\ &&&&& -1 & \\ &&&&&& 3 \end{pmatrix}$;

(9) $\begin{pmatrix} 2 & & & & & & \\ 1 & 2 & & & & & \\ & & 2 & & & & \\ & & & 2 & & & \\ & & & & -1 & & \\ & & & & & -1 & \\ & & & & & & 3 \end{pmatrix}$；(10) $\begin{pmatrix} 2 & & & & & & \\ & 2 & & & & & \\ & & 2 & & & & \\ & & & 2 & & & \\ & & & & -1 & & \\ & & & & & -1 & \\ & & & & & & 3 \end{pmatrix}$.

8.3.6　由于 $A^2=\boldsymbol{\alpha}^{\mathrm{T}}\boldsymbol{\beta}\boldsymbol{\alpha}^{\mathrm{T}}\boldsymbol{\beta}=(\boldsymbol{\beta}\boldsymbol{\alpha}^{\mathrm{T}})(\boldsymbol{\alpha}^{\mathrm{T}}\boldsymbol{\beta})=\boldsymbol{O}$，而 $A\neq\boldsymbol{O}$，另由 $|\lambda\boldsymbol{E}-\boldsymbol{A}|=\lambda^{n-1}(\lambda-\boldsymbol{\beta}\boldsymbol{\alpha}^{\mathrm{T}})=\lambda^n$ 知 $d_n(\lambda)=\lambda^2$. 因此，$d_1(\lambda)=1,d_2(\lambda)=\cdots=d_{n-1}(\lambda)=\lambda$. Jordan 标准形为

$$\begin{pmatrix} 0 & 0 & 0 & \cdots & 0 \\ 1 & 0 & 0 & \cdots & 0 \\ 0 & 0 & 0 & \cdots & 0 \\ \vdots & \vdots & \vdots & & \vdots \\ 0 & 0 & 0 & \cdots & 0 \end{pmatrix}.$$

8.3.7　由于 $\varphi^2(\boldsymbol{A})=\varphi(\varphi(\boldsymbol{A}))=\boldsymbol{A}$，故 φ 为对合变换，其特征值为 1, −1.

φ 的属于特征值 1 的特征向量是对称阵，φ 的属于特征值−1 的特征向量是反对称阵，存在 $M_n(P)$ 的基底 $\boldsymbol{\alpha}_1,\boldsymbol{\alpha}_2,\cdots,\boldsymbol{\alpha}_n$ 使得 φ 的 Jordan 标准形为

$$\boldsymbol{J}=\begin{pmatrix} \boldsymbol{E}_{\frac{n(n+1)}{2}} & \\ & -\boldsymbol{E}_{\frac{n(n-1)}{2}} \end{pmatrix}_{n^2\times n^2}.$$

令 $\varphi_i(\boldsymbol{\alpha}_1,\boldsymbol{\alpha}_2,\cdots,\boldsymbol{\alpha}_n)=(\boldsymbol{\alpha}_1,\boldsymbol{\alpha}_2,\cdots,\boldsymbol{\alpha}_n)\boldsymbol{E}_{ij}$，其中 $\boldsymbol{E}_{ij}$ 为 i 行 j 列元素为 1 而其余元素为 0 的 n^2 级方阵，则易验证

$$\varphi=\varphi_1+\varphi_2+\cdots+\varphi_{\frac{n(n+1)}{2}}-\varphi_{\frac{n(n+1)}{2}+1}-\cdots-\varphi_{n^2},$$

由于 $\boldsymbol{E}_{ii}^2=\boldsymbol{E}_{ii},\boldsymbol{E}_{ii}\boldsymbol{E}_{jj}=\boldsymbol{O}$（$i\neq j$ 时），故 $\varphi_i^2=\varphi_i,\varphi_i\varphi_j=0$.

8.3.8　由于 $\boldsymbol{A}$ 为幂零阵，故 $\boldsymbol{A}$ 的特征值为 0，且有可逆阵 $\boldsymbol{P}$ 使 $\boldsymbol{P}^{-1}\boldsymbol{A}\boldsymbol{P}=\boldsymbol{J}$，其中

$$\boldsymbol{J}=\begin{pmatrix} \boldsymbol{J}_1 & & & \\ & \boldsymbol{J}_2 & & \\ & & \ddots & \\ & & & \boldsymbol{J}_s \end{pmatrix},\quad \boldsymbol{J}_i=\begin{pmatrix} 0 & & & \\ 1 & 0 & & \\ & \ddots & \ddots & \\ & & 1 & 0 \end{pmatrix}_{r_i}\quad (i=1,2,\cdots,n),\quad \sum_{i=1}^{s} r_i=2006.$$

而 $r(\boldsymbol{A})=r(\boldsymbol{J})=\sum_{i=1}^{s}r(\boldsymbol{J}_i)=\sum_{i=1}^{s}(r_i-1)$，从而 $1\leqslant r(\boldsymbol{A})\leqslant 2005$，易知 $\boldsymbol{Ax}=\boldsymbol{0}$ 的非零线性无关解最多为 2005 个，最少 1 个.

8.3.9 反证法. 否则，若 $\boldsymbol{A}$ 有 $s(s>k)$ 次零特征值，则存在可逆阵 $\boldsymbol{P}$ 使 $\boldsymbol{P}^{-1}\boldsymbol{A}\boldsymbol{P}=\boldsymbol{J}$，

$$\boldsymbol{J}=\begin{pmatrix}\boldsymbol{J}_1 & & & \\ & \boldsymbol{J}_2 & & \\ & & \ddots & \\ & & & \boldsymbol{J}_r\end{pmatrix},\quad 其中\ \boldsymbol{J}_1=\begin{pmatrix}0 & & & \\ 1 & 0 & & \\ & \ddots & \ddots & \\ & & 1 & 0\end{pmatrix}_s,$$

则 $r(\boldsymbol{J}_1^{k+1})<r(\boldsymbol{J}_1^k)$，从而 $r(\boldsymbol{A}^{k+1})<r(\boldsymbol{A}^k)$，产生矛盾.

8.3.10 (1) 略；

(2) 由题意不难得出 $\boldsymbol{A}$ 既有零特征值，又有非零特征值，所以存在可逆阵 $\boldsymbol{P}$，使 $\boldsymbol{P}^{-1}\boldsymbol{A}\boldsymbol{P}=\boldsymbol{J}$，其中

$$\boldsymbol{J}=\begin{pmatrix}\boldsymbol{J}_1 & & & \\ & \boldsymbol{J}_2 & & \\ & & \ddots & \\ & & & \boldsymbol{J}_s\end{pmatrix},\quad \boldsymbol{J}_i=\begin{pmatrix}\lambda_i & & & \\ 1 & \lambda_i & & \\ & \ddots & \ddots & \\ & & 1 & \lambda_i\end{pmatrix}_{r_i}\quad (i=1,\cdots,n),$$

$\sum\limits_{i=1}^{s}r_i=n$，且 $\lambda_i=0(i=1,2,\cdots,k)$，$\lambda_j\neq 0(j=k+1,k+2,\cdots,n)$.

$$令\ \boldsymbol{B}=\begin{pmatrix}\boldsymbol{J}_1 & & & \\ & \boldsymbol{J}_2 & & \\ & & \ddots & \\ & & & \boldsymbol{J}_k\end{pmatrix},\quad \boldsymbol{C}=\begin{pmatrix}\boldsymbol{J}_{k+1} & & & \\ & \boldsymbol{J}_{k+2} & & \\ & & \ddots & \\ & & & \boldsymbol{J}_n\end{pmatrix}\ 即可.$$

8.3.11 (1) 任取 V 中一组基，设 σ 在这组基下的矩阵为 $\boldsymbol{B}$，则 $\boldsymbol{B}^n=\boldsymbol{O}$ 而 $\boldsymbol{B}^{n-1}\neq\boldsymbol{O}$. 必存在可逆阵 $\boldsymbol{P}$，使 $\boldsymbol{P}^{-1}\boldsymbol{B}\boldsymbol{P}=\boldsymbol{J}$，其中

$$\boldsymbol{J}=\begin{pmatrix}\boldsymbol{J}_1 & & & \\ & \boldsymbol{J}_2 & & \\ & & \ddots & \\ & & & \boldsymbol{J}_s\end{pmatrix},\quad \boldsymbol{J}_i=\begin{pmatrix}0 & & & \\ 1 & 0 & & \\ & \ddots & \ddots & \\ & & 1 & 0\end{pmatrix}_{r_i}\quad (i=1,\cdots,n),\quad \sum_{i=1}^{s}r_i=s.$$

下证 $s=1$，否则若 $s\geqslant 2$，记 $k=\max\{r_1,r_2,\cdots,r_s\}$，则 $k\leqslant n-1$. 这样 $\boldsymbol{J}^k=\boldsymbol{O}$，从而 $\boldsymbol{J}^n=\boldsymbol{J}^{n-1}=\boldsymbol{O}$，这与 $\boldsymbol{A}^n=\boldsymbol{O}$ 而 $\boldsymbol{A}^{n-1}\neq\boldsymbol{O}$ 矛盾. 因此 $s=1$，此时 $\boldsymbol{J}=\boldsymbol{A}$.

(2) 由 (1) 知 $\boldsymbol{M},\boldsymbol{N}$ 均相似于 $\boldsymbol{A}$，从而它们彼此相似.

8.3.12 (1) 提示：用数学归纳法验证 Jordan 标准形的存在性；

(2) 设 $\boldsymbol{A}$ 的特征多项式

$$f(\lambda)=|\lambda\boldsymbol{E}-\boldsymbol{A}|=(\lambda-\lambda_1)^{r_1}(\lambda-\lambda_2)^{r_2}\cdots(\lambda-\lambda_s)^{r_s},\quad \lambda_i\neq\lambda_j\quad (i\neq j),$$

且 $\sum\limits_{i=1}^{s}r_i=n$，则存在可逆阵 $\boldsymbol{P}$，使 $\boldsymbol{P}^{-1}\boldsymbol{A}\boldsymbol{P}=\boldsymbol{J}$，其中

$$\boldsymbol{J}=\begin{pmatrix}\boldsymbol{J}_1 & & & \\ & \boldsymbol{J}_2 & & \\ & & \ddots & \\ & & & \boldsymbol{J}_k\end{pmatrix},\quad \boldsymbol{J}_i=\begin{pmatrix}\lambda_i & & & \\ 1 & \lambda_i & & \\ & \ddots & \ddots & \\ & & 1 & \lambda_i\end{pmatrix}_{m_i}\quad (i=1,2,\cdots,k),\quad \sum_{i=1}^{k} m_i = n.$$

现将$\boldsymbol{J}_1,\boldsymbol{J}_2,\cdots,\boldsymbol{J}_k$进行重排，使

$$\boldsymbol{B}=\begin{pmatrix}\boldsymbol{B}_1 & & & \\ & \boldsymbol{B}_2 & & \\ & & \ddots & \\ & & & \boldsymbol{B}_s\end{pmatrix},$$

其中$\boldsymbol{B}_i(i=1,2,\cdots,s)$分别以$\lambda_i$为对角元素，此即存在可逆阵 $\boldsymbol{Q}$ 使$\boldsymbol{Q}^{-1}\boldsymbol{J}\boldsymbol{Q}=\boldsymbol{B}$，令 $\boldsymbol{T}=\boldsymbol{P}\boldsymbol{Q}$，则

$$f(\boldsymbol{A})=\boldsymbol{T}(\boldsymbol{B}-\lambda_1\boldsymbol{E})^{r_1}(\boldsymbol{B}-\lambda_2\boldsymbol{E})^{r_2}\cdots(\boldsymbol{B}-\lambda_s\boldsymbol{E})^{r_s}\boldsymbol{T}^{-1}.$$

由于$\boldsymbol{B}_i(i=1,2,\cdots,s)$是以$\lambda_i$为对角元素的 Jordan 块形成的准对角阵，因此$B_i-\lambda_i\boldsymbol{E}_{r_i}$ $(i=1,2,\cdots,s)$是一个$r_i\times r_i$的幂零阵，从而$(\boldsymbol{B}_i-\lambda_i\boldsymbol{E}_{r_i})^{r_i}=\boldsymbol{O}(i=1,2,\cdots,s)$. 这样

$$f(\boldsymbol{A})=\boldsymbol{T}\begin{pmatrix}\boldsymbol{O} & & & \\ & \left(\boldsymbol{B}_2-\lambda_1\boldsymbol{E}_{r_2}\right)^{r_1} & & \\ & & \ddots & \\ & & & \left(\boldsymbol{B}_s-\lambda_1\boldsymbol{E}_{r_s}\right)^{r_1}\end{pmatrix}$$

$$\cdot\begin{pmatrix}\left(\boldsymbol{B}_1-\lambda_2\boldsymbol{E}_{r_1}\right)^{r_2} & & & \\ & \boldsymbol{O} & & \\ & & \ddots & \\ & & & \left(\boldsymbol{B}_s-\lambda_2\boldsymbol{E}_{r_s}\right)^{r_s}\end{pmatrix}\cdots$$

$$\cdot\begin{pmatrix}\left(\boldsymbol{B}_1-\lambda_s\boldsymbol{E}_{r_1}\right)^{r_s} & & & \\ & \left(\boldsymbol{B}_2-\lambda_s\boldsymbol{E}_{r_2}\right)^{r_s} & & \\ & & \ddots & \\ & & & \boldsymbol{O}\end{pmatrix}\boldsymbol{T}^{-1}$$

$$=\boldsymbol{O}.$$

8.3.13 存在可逆阵$\boldsymbol{P}$，使$\boldsymbol{P}^{-1}\boldsymbol{A}\boldsymbol{P}=\boldsymbol{J}$，但$r(\boldsymbol{A}-\lambda_0\boldsymbol{E})=1$，因此

$$J=\begin{pmatrix}\lambda_0&0&0\\0&\lambda_0&0\\0&1&\lambda_0\end{pmatrix},$$

从而 $(A-\lambda_0E)^2=PJ^2P^{-1}=O$. 设 $A-\lambda_0E=(\alpha_1,\alpha_2,\alpha_3)$，$\alpha_i(i=1,2,3)$ 为列向量，则有

$$(A-\lambda_0E)\alpha_i=0.$$

故 $A\alpha_i=\lambda\alpha_i(i=1,2,3)$. 原命题得证.

8.3.14　由于 $A^2=A$ 且 $r(A)=r$，故有可逆阵 P，使

$$P^{-1}AP=\begin{pmatrix}E_r&O\\O&O\end{pmatrix}.$$

记

$$B=P\begin{pmatrix}O&O\\O&J_s\end{pmatrix}P^{-1},\quad 其中\ J_s=\begin{pmatrix}0&&&\\1&0&&\\&\ddots&\ddots&\\&&1&0\end{pmatrix}_s$$

$(1\leqslant s\leqslant n-r)$，则 $AB=BA$，且有

$$(A+B)^k=P\begin{pmatrix}E_r&O&O\\O&O&O\\O&O&J_s\end{pmatrix}^kP^{-1},$$

由于 $J^k=O(k\geqslant s)$，$J^k\neq O(k<s)$，所以，

$$(A+B)^{s+1}=(A+B)^s\neq(A+B)^{s-1}.$$

8.3.15　(1) 按定义验证；

(2) 由于

$$\varphi(\alpha_{i_1})=\lambda_i\alpha_{i_1}+\alpha_{i_2},\quad \varphi(\alpha_{i_2})=\lambda_i\alpha_{i_2}+\alpha_{i_3},$$

$$\cdots\cdots$$

$$\varphi(\alpha_{i_{r_i-1}})=\lambda_i\alpha_{i_{r_i-1}}+\alpha_{i_{r_i}},\quad \varphi(\alpha_{i_{r_i}})=\lambda_i\alpha_{i_{r_i}},$$

故

$$(\varphi-\lambda_iE)\alpha_{i_1}=\alpha_{i_2},\quad (\varphi-\lambda_iE)\alpha_{i_2}=\alpha_{i_3},$$

$$\cdots\cdots$$

$$(\varphi-\lambda_iE)\alpha_{i_{r_i-1}}=\alpha_{i_{r_i}},\quad (\varphi-\lambda_iE)\alpha_{i_{r_i}}=0,$$

从而

$$(\varphi-\lambda_i \boldsymbol{E})\boldsymbol{\alpha}_{i_1}=\boldsymbol{\alpha}_{i_2},\ (\varphi-\lambda_i \boldsymbol{E})^2\boldsymbol{\alpha}_{i_1}=\boldsymbol{\alpha}_{i_3},$$

$$\cdots\cdots$$

$$(\varphi-\lambda_i \boldsymbol{E})^{r_i-1}\boldsymbol{\alpha}_{i_1}=\boldsymbol{\alpha}_{i_{r_i}},\ (\varphi-\lambda_i \boldsymbol{E})^{r_i}\boldsymbol{\alpha}_{i_1}=\boldsymbol{0},$$

这样 $V_i=L(\boldsymbol{\alpha}_{i_1},\boldsymbol{\alpha}_{i_2},\cdots,\boldsymbol{\alpha}_{i_{r_i}})=L\left(\boldsymbol{\alpha}_{i_1},(\varphi-\lambda_i\boldsymbol{E})\boldsymbol{\alpha}_{i_1},\cdots,(\varphi-\lambda_i\boldsymbol{E})^{r_i-1}\boldsymbol{\alpha}_{i_1}\right)$，$V_i$ 就为线性变换 $(\varphi-\lambda_i\boldsymbol{E})$ 的循环不变子空间.

练习 8.4

8.4.1 $\boldsymbol{P}=\begin{pmatrix}0&1&0\\1&2&4\\0&1&-1\end{pmatrix}$; $\boldsymbol{J}=\begin{pmatrix}1&0&0\\1&1&0\\0&0&1\end{pmatrix}$.

8.4.2 $\boldsymbol{P}=\begin{pmatrix}0&6&0\\0&3&3\\1&3&1\end{pmatrix}$; $\boldsymbol{J}=\begin{pmatrix}1&0&0\\1&1&0\\0&0&1\end{pmatrix}$.

8.4.3 $\boldsymbol{P}=\begin{pmatrix}1&4&0&0\\0&3&1&0\\0&-2&0&0\\0&0&0&1\end{pmatrix}$; $\boldsymbol{J}=\begin{pmatrix}-1&0&0&0\\1&-1&0&0\\0&0&-1&0\\0&0&0&2\end{pmatrix}$.

8.4.4 (1) $|\lambda\boldsymbol{E}-\boldsymbol{A}|=(\lambda-1)^2(\lambda-2)^2$，因此，当且仅当 $r(\boldsymbol{E}-\boldsymbol{A})=r(2\boldsymbol{E}-\boldsymbol{A})=2$ 时，$\boldsymbol{A}$ 可对角化，即 $a=c=0$ 时. $\boldsymbol{A}$ 可对角化；

(2) $\boldsymbol{P}=\begin{pmatrix}1&0&0&0\\-1&1&0&0\\-2&-3&1&0\\-2&-3&0&1\end{pmatrix}$，$\boldsymbol{J}=\begin{pmatrix}1&0&0&0\\1&1&0&0\\0&0&2&0\\0&0&0&2\end{pmatrix}$.

练习 8.5

8.5.1 (1)$\boldsymbol{A}$ 的初等因子：$(\lambda-3),(\lambda-1)^2$；

(2)$\boldsymbol{A}$ 的 Jordan 标准形

$$\boldsymbol{J}=\begin{pmatrix}3&0&0\\0&1&0\\0&1&1\end{pmatrix};$$

(3)$\boldsymbol{A}$ 的最小多项式 $m(\lambda)=(\lambda-3)(\lambda-1)^2$.

8.5.2 (1) $f(\lambda)=\lambda^3-\lambda^2+\lambda+3$;

(2) 可约，因实数域上只有一次或二次不可约多项式；

(3) $\boldsymbol{A}$ 的最小多项式 $m(\lambda)$ 等于其特征多项式 $f(\lambda)$.

(4) 因 $f(\lambda)$ 仅有一个一重实特征根，故 $\boldsymbol{A}$ 不可能在 $\mathbf{R}$ 上对角化.

8.5.3　记 $\boldsymbol{\alpha}=(1,1,\cdots,1)\in\mathbf{R}^n$，则 $\boldsymbol{A}^2=\boldsymbol{\alpha}^{\mathrm{T}}\boldsymbol{\alpha}\boldsymbol{\alpha}^{\mathrm{T}}\boldsymbol{\alpha}=n\boldsymbol{A}$，从而 $\boldsymbol{A}^2-n\boldsymbol{A}=\boldsymbol{O}$，另 $\boldsymbol{A}\neq\boldsymbol{O}$ 且 $\boldsymbol{A}-n\boldsymbol{E}\neq\boldsymbol{O}$，因此 $m(\lambda)=\lambda^2-n\lambda$ 即是 $\boldsymbol{A}$ 的最小多项式.

8.5.4　由于 $\boldsymbol{A}^3+\boldsymbol{A}=\boldsymbol{O}$，故 $\boldsymbol{A}$ 的最小多项式只能是 λ,λ^2+1 或 $\lambda^3+\lambda$.

(1) 若 $m(\lambda)=\lambda$，则 $\boldsymbol{A}=\boldsymbol{O}$，从而 $\operatorname{tr}(\boldsymbol{A})=0$；

(2) 若 $m(\lambda)=\lambda^2+1$，则题设中 n 为偶数，且存在可逆阵 $\boldsymbol{P}$，使

$$\boldsymbol{P}^{-1}\boldsymbol{A}\boldsymbol{P}=\begin{pmatrix}0&1&&&&&\\-1&0&&&&&\\&&0&1&&&\\&&-1&0&&&\\&&&&\ddots&&\\&&&&&0&1\\&&&&&-1&0\end{pmatrix},\quad \operatorname{tr}(\boldsymbol{A})=\operatorname{tr}(\boldsymbol{P}^{-1}\boldsymbol{A}\boldsymbol{P})=0.$$

(3) 若 $m(\lambda)=\lambda^3+\lambda$，则存在可逆阵 $\boldsymbol{Q}$，使

$$\boldsymbol{Q}^{-1}\boldsymbol{A}\boldsymbol{Q}=\begin{pmatrix}0&&&&&&&\\&\ddots&&&&&&\\&&0&&&&&\\&&&0&1&&&\\&&&-1&0&&&\\&&&&&\ddots&&\\&&&&&&0&1\\&&&&&&-1&0\end{pmatrix},\quad \operatorname{tr}(\boldsymbol{A})=\operatorname{tr}(\boldsymbol{Q}^{-1}\boldsymbol{A}\boldsymbol{Q})=0.$$

8.5.5　$M=\left\{f(x)\,\middle|\,f(x)=p(x)(x^3-4x),p(x)\in\mathbf{R}[x]\right\}$.

8.5.6　首先，$g(\boldsymbol{B})=0$，知 $g(\boldsymbol{B}_1)=g(\boldsymbol{B}_2)=0$，从而 $g_i(\lambda)\mid g(\lambda)(i=1,2)$，此即 $g(\lambda)$ 是 $g_1(\lambda)$ 与 $g_2(\lambda)$ 的公倍式. 下证 $g(\lambda)$ 恰是 $g_1(\lambda)$ 与 $g_2(\lambda)$ 的最小公倍式.

$\forall h(\lambda)$，若 $g_i(\lambda)\mid h(\lambda)(i=1,2)$，则

$$h(\boldsymbol{B})=\begin{pmatrix}h(\boldsymbol{B}_1)&\boldsymbol{O}\\\boldsymbol{O}&h(\boldsymbol{B}_2)\end{pmatrix}=\boldsymbol{O},$$

即 $h(\lambda)$ 是 $\boldsymbol{B}$ 的零化多项式，从而 $g(\lambda)\mid h(\lambda)$. 因此，$g(\lambda)=\left[g_1(\lambda),g_2(\lambda)\right]$.

注 本题中 $\boldsymbol{B}$ 是二级准对角阵，$\boldsymbol{B}$ 也可推广为 s 级准对角阵，即

$$\boldsymbol{B}=\begin{pmatrix}\boldsymbol{B}_1 & & & \\ & \boldsymbol{B}_2 & & \\ & & \ddots & \\ & & & \boldsymbol{B}_s\end{pmatrix},$$

且 $g(\lambda),g_1(\lambda),\cdots,g_s(\lambda)$ 分别为 $\boldsymbol{B}_1,\boldsymbol{B}_2,\cdots,\boldsymbol{B}_s$ 的最小多项式，则 $\boldsymbol{B}$ 的最小多项式

$$g(\lambda)=\left[g_1(\lambda),g_2(\lambda),\cdots,g_s(\lambda)\right].$$

证明过程留给读者完成.

8.5.7 记 $\boldsymbol{A}$ 的不变因子依次为 $d_1(\lambda),d_2(\lambda),\cdots,d_m(\lambda)$，则

$$m(\lambda)=d_n(\lambda),\quad f(\lambda)=d_1(\lambda)d_2(\lambda)\cdots d_m(\lambda).$$

另外，$d_i(\lambda)\mid d_m(\lambda)(i=1,2,\cdots,n)$，从而 $f(\lambda)\mid m^n(\lambda)$，原命题得证.

8.5.8 首先，由 $\left(f(x),m(x)\right)=d(x)$ 知，存在 $f_1(x)$，使得 $f(x)=d(x)f_1(x)$，从而

$$r\left(f(\sigma)\right)=r\left(d(\sigma)f_1(\sigma)\right)\leqslant r\left(d(\sigma)\right).$$

其次，由 $\left(f(x),m(x)\right)=d(x)$ 知，存在 $u(x),v(x)$，使得

$$d(x)=u(x)f(x)+v(x)m(x).$$

从而 $d(\sigma)=u(\sigma)f(\sigma)$，故 $r\left(d(\sigma)\right)=r\left(u(\sigma)f(\sigma)\right)\leqslant r\left(f(\sigma)\right)$.

综上可得 $r\left(f(\sigma)\right)=r\left(d(\sigma)\right)$.

8.5.9 "$\Leftarrow$" 若 $\left(\psi(\lambda),m(\lambda)\right)=1$，则存在 $u(\lambda),v(\lambda)$，使

$$u(\lambda)\psi(\lambda)+v(\lambda)m(\lambda)=1.$$

从而 $u(\boldsymbol{A})\psi(\boldsymbol{A})=\boldsymbol{E},\psi(\boldsymbol{A})$ 可逆，即 $\left|\psi(\boldsymbol{A})\right|\neq 0$.

"$\Rightarrow$" 设 $\psi(\lambda)=a(\lambda-\lambda_1)^{r_1}(\lambda-\lambda_2)^{r_2}\cdots(\lambda-\lambda_s)^{r_s}$，由 $\left|\psi(\boldsymbol{A})\right|\neq 0$ 知

$$\left|\boldsymbol{A}-\lambda_i\boldsymbol{E}\right|^{r_i}\neq 0\quad(i=1,2,\cdots,s),$$

即 $\boldsymbol{A}$ 不以 $\lambda_i(i=1,2,\cdots,s)$ 为特征根，从而 $\lambda_i(i=1,2,\cdots,s)$ 不是 $m(\lambda)$ 的根，$\psi(\lambda)$ 与 $m(\lambda)$ 无公共根，即 $\left(\psi(\lambda),m(\lambda)\right)=1$.

练习 8.6

8.6.1 $\lambda\boldsymbol{E}-\boldsymbol{A}=\begin{pmatrix}\lambda-2 & 1\\ -1 & \lambda-4\end{pmatrix}$. 由于有一个一级子式为非零常数，故

$$d_1(\lambda)=1,\quad d_2(\lambda)=\left|\lambda\boldsymbol{E}-\boldsymbol{A}\right|=(\lambda-3)^2,$$

即 $\boldsymbol{A}$ 的最小多项式为 $(\lambda-3)^2$，它有重根，所以 $\boldsymbol{A}$ 不能对角化.

8.6.2　(1) $|\lambda E - A| = (\lambda-1)(\lambda^2-6\lambda+8-3a)$. 若有一个二重根，则 $a=1$ 或 $a=-\dfrac{1}{3}$.

当 $a=1$ 时，最小多项式 $m(\lambda)=(\lambda-1)(\lambda-5)$，Jordan 标准形为

$$J=\begin{pmatrix}1&0&0\\0&1&0\\0&0&5\end{pmatrix}.$$

当 $a=-\dfrac{1}{3}$ 时，最小多项式 $m(\lambda)=(\lambda-1)(\lambda-3)^2$，Jordan 标准形为

$$J=\begin{pmatrix}1&0&0\\0&3&0\\0&1&3\end{pmatrix};$$

(2) 当且仅当 $a\neq-\dfrac{1}{3}$ 时 A 可对角化.

8.6.3　记 $f(\lambda)=\lambda^2-2\lambda-3=(\lambda-3)(\lambda+1)$，则 $f(\lambda)$ 是 A 的零化多项式，从而 $m(\lambda)\mid f(\lambda)$ (其中 $m(\lambda)$ 表示 A 的最小多项式)，由 $f(\lambda)$ 无重根知 $m(\lambda)$ 无重根，故有 A 可对角化.

8.6.4　由于 A 可对角化，故存在可逆阵 Q_1，使

$$A_1=Q_1^{-1}AQ_1=\begin{pmatrix}\lambda_1E_{r_1}&&&\\&\lambda_2E_{r_2}&&\\&&\ddots&\\&&&\lambda_sE_{r_s}\end{pmatrix},\quad \sum_{i=1}^{s}r_i=n.$$

记 $B_1=Q_1^{-1}BQ_1$，由 $AB=BA$ 知 $A_1B_1=B_1A_1$，从而 B_1 是与 A_1 对应的准对角阵.

$$B_1=\begin{pmatrix}B_{11}&&&\\&B_{12}&&\\&&\ddots&\\&&&B_{1s}\end{pmatrix},$$

B_{1i} 为 r_i 级方阵 $(i=1,2,\cdots,s)$. 由于 B 可对角化，故 $B_{1i}(i=1,2,\cdots,s)$ 也可对角化，即存在可逆阵 $Q_{2i}(i=1,2,\cdots,s)$ 使

$$Q_{2i}^{-1}B_{1i}Q_{2i}=\begin{pmatrix}u_{i_1}E_{i_1}&&&\\&u_{i_2}E_{i_2}&&\\&&\ddots&\\&&&u_{i_{s_i}}E_{i_{s_i}},\end{pmatrix},\quad \sum_{i=1}^{s_i}=r_i\quad(i=1,2,\cdots,s).$$

记 $\boldsymbol{P}=\boldsymbol{Q}_1\begin{pmatrix}\boldsymbol{Q}_{21} & & & \\ & \boldsymbol{Q}_{22} & & \\ & & \ddots & \\ & & & \boldsymbol{Q}_{2s}\end{pmatrix}$，则 $\boldsymbol{P}^{-1}\boldsymbol{AP}$，$\boldsymbol{P}^{-1}\boldsymbol{BP}$ 均为对角阵.

8.6.5 由于 S 中至多有 n^2 个线性无关的元素组成 S 的一组基，所以只需验证存在可逆阵 $\boldsymbol{P}$，使 $\boldsymbol{P}^{-1}\boldsymbol{X}_i\boldsymbol{P}(i=1,2,\cdots,n^2)$ 均为对角阵. 读者只需将练习题 8.6.4 的证法推广即可.

8.6.6 $\boldsymbol{P}$ 的存在性由练习题 8.6.4 可得. 另由 $\boldsymbol{A},\boldsymbol{B}$ 均为 k 级幂幺阵知，$\boldsymbol{A},\boldsymbol{B}$ 的特征值均是 1 的 k 次方根. 进一步有，它们对角化后对角元素自然均是 1 的 k 次方根.

8.6.7 由于 $\boldsymbol{A}^2=\boldsymbol{E}$，而 $\boldsymbol{A}=\pm\boldsymbol{E}$，故存在可逆阵 $\boldsymbol{P}$，使 $\boldsymbol{P}^{-1}\boldsymbol{AP}=\boldsymbol{J}$，其中

$$\boldsymbol{J}=\begin{pmatrix}1&0&0\\0&-1&0\\0&0&-1\end{pmatrix}\quad\text{或}\quad\boldsymbol{J}=\begin{pmatrix}1&0&0\\0&1&0\\0&0&-1\end{pmatrix}.$$

读者可以验证，无论上述那种情形，$r(\boldsymbol{J}+\boldsymbol{E})$ 与 $r(\boldsymbol{J}-\boldsymbol{E})$ 一个为 1，另一个为 2，从而 $\boldsymbol{A}+\boldsymbol{E}$ 与 $\boldsymbol{A}-\boldsymbol{E}$ 中有一个秩为 1，另一个秩为 2.

8.6.8 首先，需要指出的是 $(\lambda\boldsymbol{E}-\boldsymbol{A})\boldsymbol{x}=\boldsymbol{0}$ 的解全是 $(\lambda\boldsymbol{E}-\boldsymbol{A})^2\boldsymbol{x}=\boldsymbol{0}$ 的解，而它们同解的充要条件是 $r(\lambda\boldsymbol{E}-\boldsymbol{A})=r\left((\lambda\boldsymbol{E}-\boldsymbol{A})^2\right)$. 本题的结论由此等价于：

n 级方阵 $\boldsymbol{A}$ 相似于对角阵的充要条件是，对任意 λ，$r(\lambda\boldsymbol{E}-\boldsymbol{A})=r\left((\lambda\boldsymbol{E}-\boldsymbol{A})^2\right)$.

下面讨论等价命题的正确性.

“$\Rightarrow$”若 $\boldsymbol{A}$ 相似于对角阵，则存在 n 级可逆方阵 $\boldsymbol{P}$，使

$$\boldsymbol{J}=\boldsymbol{P}^{-1}\boldsymbol{AP}=\begin{pmatrix}\lambda_1\boldsymbol{E}_{r_1}&&&\\&\lambda_2\boldsymbol{E}_{r_2}&&\\&&\ddots&\\&&&\lambda_s\boldsymbol{E}_{r_s}\end{pmatrix},\quad\sum_{i=1}^{s}r_i=n.$$

对任意 λ，若 $\lambda=\lambda_i(i=1,2,\cdots,s)$，则

$$r(\lambda\boldsymbol{E}-\boldsymbol{A})=r(\lambda\boldsymbol{E}-\boldsymbol{J})=n-r_i=r\left((\lambda\boldsymbol{E}-\boldsymbol{A})^2\right);$$

另若 $\lambda\neq\lambda_i(i=1,2,\cdots,s)$，则

$$r(\lambda\boldsymbol{E}-\boldsymbol{A})=n=r\left((\lambda\boldsymbol{E}-\boldsymbol{A})^2\right).$$

总之，$r(\lambda\boldsymbol{E}-\boldsymbol{A})=r\left((\lambda\boldsymbol{E}-\boldsymbol{A})^2\right)$.

“$\Leftarrow$”反设 $\boldsymbol{A}$ 不相似于对角阵，则存在 n 级可逆阵 $\boldsymbol{P}$，使 $\boldsymbol{J}=\boldsymbol{P}^{-1}\boldsymbol{AP}$，其中

$$J=\begin{pmatrix} J_1 & & & \\ & J_2 & & \\ & & \ddots & \\ & & & J_s \end{pmatrix},\quad J_i=\begin{pmatrix} \lambda_i & & & \\ 1 & \lambda_i & & \\ & \ddots & \ddots & \\ & & 1 & \lambda_i \end{pmatrix}_{r_i},\quad \sum_{i=1}^{s} r_i = n.$$

需要说明的是：上述r_i至少有一个大于 1(否则 J 就是对角阵)，不妨设$r_i>1(1\leqslant i\leqslant s)$，则$r(\lambda_i E-A)=n-1\neq n-2=r\left((\lambda_i E-A)^2\right)$. 这与$r(\lambda E-A)=r\left((\lambda E-A)^2\right)$对任意$\lambda$成立相矛盾，因此$r_i=1(i=1,2,\cdots,s)$，即$A$可对角化. 原命题得证.

8.6.9 (1) 由$A^2=A,r(A)=r$知存在n级可逆阵P，使

$$J=P^{-1}AP=\begin{pmatrix} E_r & O \\ O & O \end{pmatrix}.$$

记$B=(E_r,O)P^{-1}$，$C=P\begin{pmatrix} E_r \\ O \end{pmatrix}$，则$r(B)=r(C)=r$，且$A=CB$，$E_r=BC$；

(2)
$$|2E-A|=|2E-J|=\begin{vmatrix} E_r & O \\ O & 2E_{n-r} \end{vmatrix}=2^{n-r},$$

$$|A+E|=|J+E|=\begin{vmatrix} 2E_r & O \\ O & E_{n-r} \end{vmatrix}=2^r.$$

练习 8.7

8.7.1 记$\boldsymbol{\alpha}=(1,1,1)$，则$A(\boldsymbol{\alpha}^{\mathrm{T}}\boldsymbol{\alpha})^n=(\boldsymbol{\alpha}\boldsymbol{\alpha}^{\mathrm{T}})^{n-1}A=3^{n-1}A$.

8.7.2 A的最小多项式$m(\lambda)=(\lambda+1)^2$. 由带余除法知

$$A^{10}=-10A-9E=\begin{pmatrix} -39 & 0 & -80 \\ -30 & 1 & -60 \\ 20 & 0 & 41 \end{pmatrix}.$$

8.7.3 $f(\lambda)=|\lambda E-A|=(\lambda-1)^2(\lambda+1)$，由带余除法知

$$A^{100}=50A^2-49E=\begin{pmatrix} 1 & 0 & 0 \\ 0 & 1 & 0 \\ 300 & 0 & 1 \end{pmatrix}.$$

8.7.4 由 8.4 节知识可求得可逆阵P及A的 Jordan 标准形J，使$P^{-1}AP=J$，其中

$$P=\begin{pmatrix} 8 & 0 & 1 \\ 42 & 1 & 0 \\ -7 & 1 & 0 \end{pmatrix},\quad J=\begin{pmatrix} -6 & 0 & 0 \\ 0 & 1 & 0 \\ 0 & 1 & 1 \end{pmatrix}.$$

从而

$$A^k = PJ^kP^{-1} = \begin{pmatrix} 1 & \dfrac{8(-6)^k + 7k - 8}{49} & \dfrac{8(-6)^k + 42k + 8}{49} \\ 0 & \dfrac{6(-6)^k + 1}{7} & \dfrac{-6(-6)^k + 6}{7} \\ 0 & \dfrac{-(-6)^k + 1}{7} & \dfrac{(-6)^k + 6}{7} \end{pmatrix}.$$

8.7.5 用数学归纳法验证 $A^n = A^{n-2} + A^2 - E(n \geqslant 3)$.

(1) 当 $n = 3$ 时，易得 $A^3 = A^2 + A - E$;

(2) 假设 $n \leqslant k$ 时，$A^k = A^{k-2} + A^2 - E$，则

$$\begin{aligned} A^{k+1} &= AA^k = A(A^{k-2} + A^2 - E) = A^{k-1} + A^3 - A \\ &= A^{k-1} + A^2 + A - E - A = A^{(k+1)-2} + A^2 - E. \end{aligned}$$

因此，当 $n \geqslant 3$ 时，$A^n = A^{n-2} + A^2 - E$.

$$\begin{aligned} A^{100} &= A^{98} + A^2 - E = A^{96} + 2(A^2 - E) = \cdots \\ &= 50A^2 - 49E = \begin{pmatrix} 1 & 0 & 0 \\ 50 & 1 & 0 \\ 50 & 0 & 1 \end{pmatrix}. \end{aligned}$$

8.7.6 $|\lambda E - A| = (\lambda + 1)(\lambda^2 + \lambda - 1)$. 由带余除法，有

$$f(A) = -6A^2 + 27A - 14E = \begin{pmatrix} 7 & -12 & 42 \\ 0 & -53 & 33 \\ 0 & 33 & -20 \end{pmatrix}.$$

从而 $(f(A))^{-1} = \begin{pmatrix} \dfrac{1}{7} & -\dfrac{1146}{203} & -\dfrac{1830}{203} \\ 0 & \dfrac{20}{29} & \dfrac{23}{29} \\ 0 & \dfrac{33}{29} & \dfrac{53}{29} \end{pmatrix}$.

8.7.7 $A^{50} = \begin{pmatrix} a^{50} & C_{50}^1 a^{49} & C_{50}^2 a^{48} & \cdots & 1 & \cdots & 0 \\ \vdots & \vdots & \vdots & & \vdots & & \vdots \\ 0 & a^{50} & C_{50}^1 a^{49} & \cdots & 0 & \cdots & 10 \\ 0 & 0 & a^{50} & \cdots & 0 & \cdots & 0 \\ \vdots & \vdots & \vdots & & \vdots & & \vdots \\ 0 & 0 & 0 & \cdots & a^{50} & \cdots & 0 \\ 0 & 0 & 0 & \cdots & 0 & \cdots & a^{50} \end{pmatrix}$,

第 1 行元素依次为 $a^{50},C_{50}^{1}a^{49},\cdots,C_{50}^{49}a,1,0,0,\cdots,0$. 因此，它们的和为 $(a+1)^{50}$.

8.7.8 (1) $\boldsymbol{A}=\begin{pmatrix}0&1\\-1&0\end{pmatrix},\boldsymbol{A}^2=\begin{pmatrix}-1&0\\0&-1\end{pmatrix},\boldsymbol{A}^3=\begin{pmatrix}0&-1\\1&0\end{pmatrix},\boldsymbol{A}^4=\begin{pmatrix}1&0\\0&1\end{pmatrix}$.

由此可见 $\boldsymbol{A}^{k+4}=\boldsymbol{A}^k(k=1,2,\cdots)$，故 $\boldsymbol{A}^{4k+i}=\boldsymbol{A}^i(i=1,2,3,4;k=1,2,\cdots)$.

(2) $\mathrm{e}^{tA}=\boldsymbol{E}+t\boldsymbol{A}+\dfrac{t^2}{2!}\boldsymbol{A}^2+\cdots+\dfrac{t^n}{n!}\boldsymbol{A}^n$

$$=\begin{pmatrix}1-\dfrac{t^2}{2!}+\dfrac{t^4}{4!}+\cdots+(-1)^n\dfrac{t^{2n}}{(2n)!}+\cdots & t-\dfrac{t^3}{3!}+\dfrac{t^5}{5!}+\cdots+(-1)^{n-1}\dfrac{t^{2n-1}}{(2n-1)!}+\cdots\\ -t-\dfrac{t^3}{3!}-\dfrac{t^5}{5!}+\cdots+(-1)^n\dfrac{t^{2n-1}}{(2n-1)!}+\cdots & 1-\dfrac{t^2}{2!}+\dfrac{t^4}{4!}+\cdots+(-1)^n\dfrac{t^{2n}}{(2n-1)!}+\cdots\end{pmatrix}$$

$$\overset{*}{=\!=}\begin{pmatrix}\cos t&\sin t\\-\sin t&\cos t\end{pmatrix}.$$

注 *处运用了 $\sin t,\cos t$ 在 $t=0$ 处的 Taylor 展开式.

8.7.9 (1) 先求 $\boldsymbol{A}$ 的 Jordan 标准形. 因为 $\boldsymbol{A}$ 的行列式因子 $D_4(\lambda)=|\lambda\boldsymbol{E}-\boldsymbol{A}|=\lambda^4$，$\lambda\boldsymbol{E}-\boldsymbol{A}$ 的左上角的一个三级子式为 λ^3，右上角的一个三级子式为 $-(\lambda+1)^2$，所以 $D_3(\lambda)=1$ 的不变因子组为

$$d_1(\lambda)=d_2(\lambda)=d_3(\lambda)=1,\quad d_4(\lambda)=\lambda^4.$$

由此可知，$\boldsymbol{A}$ 的初等因子为 λ^4. 于是 $\boldsymbol{A}$ 的 Jordan 标准形为

$$\boldsymbol{J}=\begin{pmatrix}0&1&0&0\\0&0&1&0\\0&0&0&1\\0&0&0&0\end{pmatrix}.$$

再计算 e^A，因 $\boldsymbol{A}$ 的特征多项式为 $f(\lambda)=|\lambda\boldsymbol{E}-\boldsymbol{A}|=\lambda^4$，故由 Cayley 定理，$f(\boldsymbol{A})=\boldsymbol{A}^4=\boldsymbol{O}$.

$$\mathrm{e}^A=\boldsymbol{E}+\boldsymbol{A}+\frac{\boldsymbol{A}^2}{2!}+\frac{\boldsymbol{A}^3}{3!}=\begin{pmatrix}1&1&\frac{3}{2}&\frac{13}{6}\\0&1&1&\frac{3}{2}\\0&0&1&1\\0&0&0&1\end{pmatrix}.$$

(2) 易知，$\boldsymbol{B}$ 的特征多项式为 $f(\lambda)=|\lambda\boldsymbol{E}-\boldsymbol{B}|=(\lambda-1)\left(\lambda-\dfrac{1}{2}\right)^2$. 根据 Cayley 定理，$f(\boldsymbol{B})=\boldsymbol{O}$. 若设 $\varphi(\lambda)=\lambda^{2005}$，则根据带余除法，有

$$\varphi(\lambda)=f(\lambda)q(\lambda)+r(\lambda),$$

其中 $\deg r(\lambda)<\deg f(\lambda)=3$，于是 $f(\lambda)\,\big|\,[\varphi(\lambda)-r(\lambda)]$，且 $\lambda=1$ 是 $\varphi(\lambda)-r(\lambda)$ 的单根，$\lambda=\dfrac{1}{2}$ 是 $\varphi(\lambda)-r(\lambda)$ 的重根.

令 $r(\lambda)=a\lambda^2+b\lambda+c$，其中 a,b,c 是待定系数，则

$$\begin{cases}\varphi(1)-r(1)=0,\\ \varphi\left(\dfrac{1}{2}\right)-r\left(\dfrac{1}{2}\right)=0,\\ \varphi'\left(\dfrac{1}{2}\right)-r'\left(\dfrac{1}{2}\right)=0,\end{cases}\quad \text{即}\quad \begin{cases}a+b+c=1,\\ \dfrac{a}{4}+\dfrac{b}{2}+c=\dfrac{1}{2^{2005}},\\ a+b=\dfrac{2005}{2^{2004}}.\end{cases}$$

解得 a,b,c 的近似值(精确到小数点 4 位) $a=4$，$b=-4$，$c=1$. 于是有

$$\boldsymbol{B}^{2005}=\varphi(\boldsymbol{B})=f(\boldsymbol{B})q(\boldsymbol{B})+r(\boldsymbol{B})=4\boldsymbol{B}^2-4\boldsymbol{B}+\boldsymbol{E}=\begin{pmatrix}3&3&0\\-2&-2&0\\0&0&0\end{pmatrix}.$$

8.7.10 记原方程组中的两个方程分别为(8.11)和(8.12).

方法 1 由(8.11)+(8.12)得

$$x_n+y_n=5(x_{n-1}+y_{n-1})=5^n(x_0+y_0)=3.5^n.$$

由式(8.11)、(8.12)得

$$2x_n-y_n=-2x_{n-1}+y_{n-1}=-(2x_{n-1}-y_{n-1})=(-1)^n(2x_0-y_0)=3(-1)^n.$$

由以上两式得 $x_n=5^n+(-1)^n$，故 $x_{100}=5^{100}+1$.

方法 2 由式(8.11)和(8.12)有

$$\begin{pmatrix}x_n\\y_n\end{pmatrix}=\begin{pmatrix}1&2\\4&3\end{pmatrix}\begin{pmatrix}x_{n-1}\\y_{n-1}\end{pmatrix},\quad \text{进一步有}\begin{pmatrix}x_n\\y_n\end{pmatrix}=\begin{pmatrix}1&2\\4&3\end{pmatrix}^n\begin{pmatrix}x_0\\y_0\end{pmatrix}.$$

而 $|\lambda\boldsymbol{E}-\boldsymbol{A}|=(\lambda+1)(\lambda-5)$，这里 $\boldsymbol{A}=\begin{pmatrix}1&2\\4&3\end{pmatrix}$. 故 $\boldsymbol{A}$ 相似于矩阵 $\boldsymbol{B}$，即 $\boldsymbol{T}+\boldsymbol{AT}=\boldsymbol{B}$，其中

$$\boldsymbol{T}=\begin{pmatrix}1&1\\-1&2\end{pmatrix},\quad \boldsymbol{T}^{-1}=\begin{pmatrix}\dfrac{2}{3}&-\dfrac{1}{3}\\ \dfrac{1}{3}&\dfrac{1}{3}\end{pmatrix},\quad \boldsymbol{B}=\begin{pmatrix}-1&0\\0&5\end{pmatrix}.$$

从而

$$\boldsymbol{A}^{100}=\boldsymbol{TBT}^{-1}=\begin{pmatrix}1&1\\-1&2\end{pmatrix}\begin{pmatrix}(-1)^{100}&0\\0&5^{100}\end{pmatrix}\begin{pmatrix}\dfrac{2}{3}&-\dfrac{1}{3}\\ \dfrac{1}{3}&\dfrac{1}{3}\end{pmatrix}$$

$$=\begin{pmatrix} \dfrac{2}{3}+\dfrac{1}{3}\times 5^{100} & -\dfrac{1}{3}+\dfrac{1}{3}\times 5^{100} \\ -\dfrac{2}{3}+\dfrac{2}{3}\times 5^{100} & \dfrac{1}{3}+\dfrac{2}{3}\times 5^{100} \end{pmatrix},$$

这样 $x_{100}=1+5^{100}$.

练习 9 参考答案

练习 9.1

9.1.1 (1) 略；

(2) $a=-1$.

9.1.2 本题关键在于说明 $(\boldsymbol{\alpha},\boldsymbol{\beta})=\boldsymbol{\alpha A\beta}^{\mathrm{T}}$ 构成 $\mathbf{R}^n$ 上的内积的充要条件是 $\boldsymbol{A}$ 为正定阵. 若 $\boldsymbol{A}$ 是正定阵，则 $(\boldsymbol{\alpha},\boldsymbol{\beta})=\boldsymbol{\alpha A\beta}^{\mathrm{T}}=(\boldsymbol{\alpha A\beta}^{\mathrm{T}})^{\mathrm{T}}=\boldsymbol{\beta A\alpha}^{\mathrm{T}}=(\boldsymbol{\beta},\boldsymbol{\alpha})$，且 $\forall\boldsymbol{\alpha}\in V$，$(\boldsymbol{\alpha},\boldsymbol{\alpha})\geqslant 0$，“=” 成立当且仅当 $\boldsymbol{\alpha}=0$；$(k\boldsymbol{\alpha}+l\boldsymbol{\beta},\boldsymbol{\gamma})=k(\boldsymbol{\alpha},\boldsymbol{\gamma})+l(\boldsymbol{\beta},\boldsymbol{\gamma})$ 也易于验证. 反之，若 $(\boldsymbol{\alpha},\boldsymbol{\beta})=\boldsymbol{\alpha A\beta}^{\mathrm{T}}$ 构成内积，由 $(\boldsymbol{\alpha},\boldsymbol{\beta})=(\boldsymbol{\beta},\boldsymbol{\alpha})$ 知 $\boldsymbol{A}=\boldsymbol{A}^{\mathrm{T}}$，另由 $(\boldsymbol{\alpha},\boldsymbol{\alpha})\geqslant 0$ 可知 $\boldsymbol{A}$ 为正定阵.

9.1.3 略.

练习 9.2

9.2.1 $\dfrac{\sqrt{2}}{2},\dfrac{\sqrt{6}}{2}x,\dfrac{\sqrt{10}}{4}(3x^2-1),\dfrac{\sqrt{14}}{4}(5x^3-3x)$.

9.2.2 设正交矩阵 $\boldsymbol{Q}=(\boldsymbol{\alpha}_1,\boldsymbol{\alpha}_2,\boldsymbol{\alpha}_3,\boldsymbol{\alpha}_4)$，则 $\boldsymbol{\alpha}_3,\boldsymbol{\alpha}_4$ 是齐次线性方程组

$$\begin{pmatrix}\boldsymbol{\alpha}_1^{\mathrm{T}}\\ \boldsymbol{\alpha}_2^{\mathrm{T}}\end{pmatrix}\boldsymbol{x}=\boldsymbol{0},\quad 即\begin{cases}x_1-2x_2+2x_4=0,\\ -2x_1+x_3+x_4=0\end{cases}$$

的解空间 S 的一个标准正交基. 容易求得上述方程组的一个基础解系为

$$\boldsymbol{\eta}_1=(2,1,4,0)^{\mathrm{T}},\quad \boldsymbol{\eta}_2=(-2,0,-5,1)^{\mathrm{T}}.$$

利用 Schmidt 正交化方法，由 $\boldsymbol{\eta}_1,\boldsymbol{\eta}_2$ 可得 S 的一个标准正交基为

$$\boldsymbol{\alpha}_3=\frac{1}{\sqrt{21}}(2,1,4,0)^{\mathrm{T}},\quad \boldsymbol{\alpha}_4=\frac{1}{3\sqrt{14}}(2,8,-3,7)^{\mathrm{T}}.$$

注 因为方程组的基础解系不唯一，所以 $\boldsymbol{\alpha}_3,\boldsymbol{\alpha}_4$ 不唯一. 因而 $\boldsymbol{Q}$ 的解也不唯一.

9.2.3 (1) $(\boldsymbol{A},\boldsymbol{B})=\mathrm{tr}(\boldsymbol{AB}^{\mathrm{T}})=\sum\limits_{j=1}^{n}\sum\limits_{i=1}^{n}a_{ij}b_{ij}=\sum\limits_{j=1}^{n}\sum\limits_{i=1}^{n}b_{ij}a_{ij}=\mathrm{tr}(\boldsymbol{B}^{\mathrm{T}}\boldsymbol{A})=(\boldsymbol{B},\boldsymbol{A})$.

$$(kA,B)=\mathrm{tr}(kAB^{\mathrm{T}})=\sum_{j=1}^{n}\sum_{i=1}^{n}ka_{ij}b_{ij}=k\sum_{j=1}^{n}\sum_{i=1}^{n}a_{ij}b_{ij}=k\mathrm{tr}(A,B)=k(A,B).$$

$$\begin{aligned}(A+B,C)=\mathrm{tr}\left((AB)C^{\mathrm{T}}\right)&=\sum_{j=1}^{n}\sum_{i=1}^{n}(a_{ij}+b_{ij})=c_{ij}\\&=\sum_{j=1}^{n}\sum_{i=1}^{n}(a_{ij}c_{ij}+b_{ij}c_{ij})=(A,C)+(B,C).\end{aligned}$$

$(A,A)=\mathrm{tr}(AA^{\mathrm{T}})=\sum_{j=1}^{n}\sum_{i=1}^{n}a_{ij}^{2}\geqslant 0$ 当且仅当 $A=O$ 时，$(A,A)=0$.

由以上可知，$(\cdot,\cdot)$ 满足内积条件，从而 $\mathbf{R}^{n\times n}$ 关于此内积构成一个欧氏空间.

(2) 由于 $(E_{ij},E_{ij})=\mathrm{tr}(E_{ij}E_{ij}^{\mathrm{T}})=1$，而且当 $i,j\neq e,m$ 时，有 $(E_{ij},E_{em})=\mathrm{tr}(E_{ij}E_{em}^{\mathrm{T}})=0$，得证.

9.2.4 首先，由于 $\beta_1,\beta_2,\cdots,\beta_n$ 是正交向量组，

$$\det\left[G(\beta_1,\beta_2,\cdots,\beta_n)\right]=\begin{vmatrix}(\beta_1,\beta_2)&0&\cdots&0\\0&(\beta_2,\beta_2)&\cdots&0\\\vdots&\vdots&&\vdots\\0&0&\cdots&(\beta_n,\beta_n)\end{vmatrix}=\prod_{i=1}^{n}(\beta_i,\beta_i).$$

其次，由 Schmidt 正交化法知

$$\alpha_1=\beta_1,$$

$$\alpha_2=\frac{(\alpha_2,\beta_1)}{(\beta_1,\beta_1)}\beta_1+\beta_2,$$

$$\cdots\cdots$$

$$\alpha_n=\frac{(\alpha_n,\beta_1)}{(\beta_1,\beta_1)}\beta_1+\cdots+\frac{(\alpha_n,\beta_{n-1})}{(\beta_{n-1},\beta_{n-1})}\beta_{n-1}+\beta_n.$$

记 $t_{ij}=\dfrac{(\alpha_i,\beta_j)}{(\beta_j,\beta_j)}(i=1,2,\cdots,n;j=1,2,\cdots,i-1)$，则

$$\alpha_i=\sum_{j=1}^{i-1}t_{ij}\beta_j+\beta_i\quad(i=1,2,\cdots,n).$$

因此，

$$(\alpha_i,\alpha_j)=\left(\sum_{k=1}^{i-1}t_{ik}\beta_k+\beta_i,\sum_{k=1}^{j-1}t_{ik}\beta_k+\beta_j\right)$$

$$=(t_{i1},t_{i2},\cdots,t_{i,i-1},1,0,\cdots,0)\begin{pmatrix}(\boldsymbol{\beta}_1,\boldsymbol{\beta}_1) & 0 & \cdots & 0\\ 0 & (\boldsymbol{\beta}_2,\boldsymbol{\beta}_2) & \cdots & 0\\ \vdots & \vdots & & \vdots\\ 0 & 0 & \cdots & (\boldsymbol{\beta}_n,\boldsymbol{\beta}_n)\end{pmatrix}\begin{pmatrix}t_{j1}\\ t_{j2}\\ \vdots\\ t_{j,j-1}\\ 1\\ 0\\ \vdots\\ 0\end{pmatrix}.$$

记

$$\boldsymbol{T}=\begin{pmatrix}1 & 0 & 0 & \cdots & 0\\ t_{21} & 1 & 0 & \cdots & 0\\ t_{31} & t_{32} & 1 & \cdots & 0\\ \vdots & \vdots & \vdots & & \vdots\\ t_{n1} & t_{n2} & t_{n3} & \cdots & 1\end{pmatrix},$$

则 $\boldsymbol{G}(\boldsymbol{\alpha}_1,\boldsymbol{\alpha}_2,\cdots,\boldsymbol{\alpha}_n)=\boldsymbol{T}\boldsymbol{G}(\boldsymbol{\beta}_1,\boldsymbol{\beta}_2,\cdots,\boldsymbol{\beta}_n)\boldsymbol{T}^{\mathrm{T}}$，由此可见

$$\det\left[\boldsymbol{G}(\boldsymbol{\alpha}_1,\boldsymbol{\alpha}_2,\cdots,\boldsymbol{\alpha}_n)\right]=\det\left[\boldsymbol{G}(\boldsymbol{\beta}_1,\boldsymbol{\beta}_2,\cdots,\boldsymbol{\beta}_n)\right]=\prod_{i=1}^{n}(\boldsymbol{\beta}_i,\boldsymbol{\beta}_i).$$

9.2.5　(1) 易证 $\boldsymbol{H}^{\mathrm{T}}=\boldsymbol{H}$，从而

$$\begin{aligned}\boldsymbol{H}\boldsymbol{H}^{\mathrm{T}}&=\left(\boldsymbol{E}-\frac{2}{\boldsymbol{\alpha}^{\mathrm{T}}\boldsymbol{\alpha}}\boldsymbol{\alpha}\boldsymbol{\alpha}^{\mathrm{T}}\right)\left(\boldsymbol{E}-\frac{2}{\boldsymbol{\alpha}^{\mathrm{T}}\boldsymbol{\alpha}}\boldsymbol{\alpha}\boldsymbol{\alpha}^{\mathrm{T}}\right)\\&=\boldsymbol{E}-\frac{4}{\boldsymbol{\alpha}^{\mathrm{T}}\boldsymbol{\alpha}}\boldsymbol{\alpha}\boldsymbol{\alpha}^{\mathrm{T}}+\frac{4}{(\boldsymbol{\alpha}^{\mathrm{T}}\boldsymbol{\alpha})^2}\boldsymbol{\alpha}\boldsymbol{\alpha}^{\mathrm{T}}\boldsymbol{\alpha}\boldsymbol{\alpha}^{\mathrm{T}}=\boldsymbol{E},\end{aligned}$$

故 $\boldsymbol{H}$ 为正交矩阵.

(2) 由于 $(\boldsymbol{A}^{\mathrm{T}}\boldsymbol{A})^{\mathrm{T}}=\boldsymbol{A}^{\mathrm{T}}\boldsymbol{A}$，故 $\boldsymbol{A}^{\mathrm{T}}\boldsymbol{A}$ 为实对称矩阵. 由于 $r(\boldsymbol{A}_{m\times n})=n$，设 $\boldsymbol{A}$ 的前 n 行线性无关，则有 $A=\begin{pmatrix}\boldsymbol{A}_{m\times n}\\ \boldsymbol{A}_{(m-n)\times n}\end{pmatrix}$. 对于方程组 $\boldsymbol{A}\boldsymbol{x}=\boldsymbol{0}$，若有解，则其解 $\boldsymbol{x}$ 为 $\boldsymbol{A}_{n\times n}\boldsymbol{x}=\boldsymbol{0}$ 的解. 实质上，两方程组同解. 由 $\left|\boldsymbol{A}_{n\times n}\right|\neq 0$ 知 $\boldsymbol{A}_{n\times n}\boldsymbol{x}=\boldsymbol{0}$ 只有零解，故 $\boldsymbol{A}\boldsymbol{x}=\boldsymbol{0}$ 只有零解. 此时对任意 $\boldsymbol{x}=(x_1,\cdots,x_n)^{\mathrm{T}}\neq\boldsymbol{0}$，有 $\boldsymbol{A}\boldsymbol{x}\neq\boldsymbol{0}$，故 $\boldsymbol{x}^{\mathrm{T}}(\boldsymbol{A}^{\mathrm{T}}\boldsymbol{A})\boldsymbol{x}=(\boldsymbol{A}\boldsymbol{x})^{\mathrm{T}}(\boldsymbol{A}\boldsymbol{x})>0$.

由定义知 $\boldsymbol{A}^{\mathrm{T}}\boldsymbol{A}$ 为正定矩阵.

9.2.6　记 $V_1=\left\{\boldsymbol{\alpha}\,\middle|\,(A-\boldsymbol{E})\boldsymbol{\alpha}=\boldsymbol{0},\ \boldsymbol{\alpha}\in P^n\right\}$，$V_2=\left\{\boldsymbol{\alpha}\,\middle|\,(A+\boldsymbol{E})\boldsymbol{\alpha}=\boldsymbol{0},\ \boldsymbol{\alpha}\in P^n\right\}$. 读者可验证 $P^n=V_1\oplus V_2$. 取 V_1 中的一组标准正交基 $\boldsymbol{\varepsilon}_1,\boldsymbol{\varepsilon}_2,\cdots,\boldsymbol{\varepsilon}_r$，$V_2$ 中的一组标准正交基 $\boldsymbol{\varepsilon}_{r+1},\boldsymbol{\varepsilon}_{r+2},\cdots,\boldsymbol{\varepsilon}_n$，则 $\boldsymbol{\varepsilon}_1,\boldsymbol{\varepsilon}_2,\cdots,\boldsymbol{\varepsilon}_n$ 是 V 的一组标准正交基，且有

$$A(\boldsymbol{\varepsilon}_1,\boldsymbol{\varepsilon}_2,\cdots,\boldsymbol{\varepsilon}_r)=(\boldsymbol{\varepsilon}_1,\boldsymbol{\varepsilon}_2,\cdots,\boldsymbol{\varepsilon}_r)\begin{pmatrix}\boldsymbol{E}_r & \boldsymbol{O}\\ \boldsymbol{O} & -\boldsymbol{E}_{n-r}\end{pmatrix}.$$

记$\boldsymbol{T}=(\boldsymbol{\varepsilon}_1,\boldsymbol{\varepsilon}_2,\cdots,\boldsymbol{\varepsilon}_n)$，即有

$$\boldsymbol{T}^{-1}\boldsymbol{A}\boldsymbol{T}=\begin{pmatrix}\boldsymbol{E}_r & \boldsymbol{O}\\ \boldsymbol{O} & -\boldsymbol{E}_{n-r}\end{pmatrix}.$$

练习 9.3

9.3.1　(1) $W=L(\boldsymbol{\alpha}_1,\boldsymbol{\alpha}_2)$，$W^{\perp}=L(\boldsymbol{\alpha}_3,\boldsymbol{\alpha}_4)$，其中，

$$\boldsymbol{\alpha}_1=(0,1,0,1)^{\mathrm{T}},\quad \boldsymbol{\alpha}_2=(-6,9,1,0)^{\mathrm{T}},$$
$$\boldsymbol{\alpha}_3=(1,0,6,0)^{\mathrm{T}},\quad \boldsymbol{\alpha}_4=(0,1,-9,-1)^{\mathrm{T}};$$

(2) W的标准正交基$\boldsymbol{\varepsilon}_1=\dfrac{1}{\sqrt{2}}(0,1,3,1)^{\mathrm{T}}$，$\boldsymbol{\varepsilon}_2=\dfrac{1}{\sqrt{310}}(-12,9,2,-9)^{\mathrm{T}}$；

$W^{\perp}$的标准正交基$\boldsymbol{\varepsilon}_3=\dfrac{1}{\sqrt{37}}(1,0,6,0)^{\mathrm{T}}$，$\boldsymbol{\varepsilon}_4=\dfrac{1}{\sqrt{5735}}(54,37,-9,-37)^{\mathrm{T}}$.

9.3.2　$W^{\perp}=L(f_1,f_2,f_3)$，其中$f_1=2x-1$，$f_2=3x^2-1$，$f_3=4x^3-1$.

9.3.3　(1) $\mathbf{0}\in V_1$，$V_1\neq\varnothing$，$\forall\boldsymbol{\beta}_1,\boldsymbol{\beta}_2\in V_1$，$k_1,k_2\in\mathbf{R}$有

$$(k_1\boldsymbol{\beta}_1+k_2\boldsymbol{\beta}_2,\boldsymbol{\alpha})=k_1(\boldsymbol{\beta}_1,\boldsymbol{\alpha})+k_2(\boldsymbol{\beta}_2,\boldsymbol{\alpha})=0,$$

故$k_1\boldsymbol{\beta}_1+k_2\boldsymbol{\beta}_2\in V_1$，所以$V_1$是$V$的子空间.

(2) 将$\boldsymbol{\alpha}=\boldsymbol{\alpha}_1$扩充成$V$的正交基$\boldsymbol{\alpha}_1,\boldsymbol{\alpha}_2,\cdots,\boldsymbol{\alpha}_n$，则$V_1=L(\boldsymbol{\alpha}_2,\cdots,\boldsymbol{\alpha}_n)$，故$\dim V_1=n-1$.

9.3.4　由于

$$\begin{aligned}\dim(V_1^{\perp}\cap V_2)&=\dim V_1^{\perp}+\dim V_2-\dim(V_1^{\perp}+V_2)\\&=n-\dim V_1+\dim V_2-\dim(V_1^{\perp}+V_2)\\&\geqslant\dim V_2-\dim V_1>0,\end{aligned}$$

知存在$\boldsymbol{\alpha}\in V_1^{\perp}\cap V_2$，$\boldsymbol{\alpha}\neq\mathbf{0}$，使$\forall\boldsymbol{\beta}\in V_1$，$(\boldsymbol{\alpha},\boldsymbol{\beta})=0$.

9.3.5　(1) 为证明τ是V上的线性变换，只需验证

$$\big(\tau(k\boldsymbol{\alpha}+l\boldsymbol{\beta})-k\tau(\boldsymbol{\alpha})-l\tau(\boldsymbol{\beta}),\tau(k\boldsymbol{\alpha}+l\boldsymbol{\beta})-k\tau(\boldsymbol{\alpha})-l\tau(\boldsymbol{\beta})\big)=0.$$

为此首先证明，$\forall\boldsymbol{\gamma}\in V$，有

$$\big(\boldsymbol{\gamma},\tau(k\boldsymbol{\alpha}+l\boldsymbol{\beta})-k\tau(\boldsymbol{\alpha})-l\tau(\boldsymbol{\beta})\big)=0,$$

$$\begin{aligned}&\big(\boldsymbol{\gamma},\tau(k\boldsymbol{\alpha}+l\boldsymbol{\beta})-k\tau(\boldsymbol{\alpha})-l\tau(\boldsymbol{\beta})\big)\\&=\big(\boldsymbol{\gamma},\tau(k\boldsymbol{\alpha}+l\boldsymbol{\beta})\big)-\big(\boldsymbol{\gamma},k\tau(\boldsymbol{\alpha})\big)-\big(\boldsymbol{\gamma},l\tau(\boldsymbol{\beta})\big)\\&=\big(\tau(\boldsymbol{\gamma}),k\boldsymbol{\alpha}+l\boldsymbol{\beta}\big)-k(\tau(\boldsymbol{\gamma}),\boldsymbol{\alpha})-l\big(\tau(\boldsymbol{\gamma}),\boldsymbol{\beta}\big)=0,\end{aligned}$$

这样，取$\boldsymbol{\gamma}=\tau(k\boldsymbol{\alpha}+l\boldsymbol{\beta})-k\tau(\boldsymbol{\alpha})-l\tau(\boldsymbol{\beta})$，即有$(\boldsymbol{\gamma},\boldsymbol{\gamma})=0$，从而

$$\tau(k\boldsymbol{\alpha}+l\boldsymbol{\beta})=k\tau(\boldsymbol{\alpha})+l\tau(\boldsymbol{\beta}).$$

因此τ是线性变换；

(2) 设σ在V上的标准正交基$\boldsymbol{\varepsilon}_1,\boldsymbol{\varepsilon}_2,\cdots,\boldsymbol{\varepsilon}_n$下的矩阵为$\boldsymbol{A}=(a_{ij})_{n\times n}$，$\tau$在$\boldsymbol{\varepsilon}_1,\boldsymbol{\varepsilon}_2,\cdots,\boldsymbol{\varepsilon}_n$下的矩阵为$\boldsymbol{B}=(b_{ij})_{n\times n}$，下证$a_{ij}=b_{ji}(i,j=1,2,\cdots,n)$.

因$\sigma(\boldsymbol{\varepsilon}_1,\boldsymbol{\varepsilon}_2,\cdots,\boldsymbol{\varepsilon}_n)=(\boldsymbol{\varepsilon}_1,\boldsymbol{\varepsilon}_2,\cdots,\boldsymbol{\varepsilon}_n)\boldsymbol{A},\tau(\boldsymbol{\varepsilon}_1,\boldsymbol{\varepsilon}_2,\cdots,\boldsymbol{\varepsilon}_n)=(\boldsymbol{\varepsilon}_1,\boldsymbol{\varepsilon}_2,\cdots,\boldsymbol{\varepsilon}_n)\boldsymbol{B}$，故

$$\begin{aligned}a_{ij}&=(\boldsymbol{\varepsilon}_1a_{1j}+\boldsymbol{\varepsilon}_2a_{2j}+\cdots+\boldsymbol{\varepsilon}_na_{nj},\boldsymbol{\varepsilon}_i)\\&=\left(\sigma(\boldsymbol{\varepsilon}_j),\boldsymbol{\varepsilon}_i\right)=\left(\boldsymbol{\varepsilon}_j,\tau(\boldsymbol{\varepsilon}_i)\right)\\&=(\boldsymbol{\varepsilon}_j,\boldsymbol{\varepsilon}_1b_{1i}+\boldsymbol{\varepsilon}_2b_{2i}+\cdots+\boldsymbol{\varepsilon}_nb_{ni})=b_{ji}.\end{aligned}$$

因此，$\boldsymbol{B}=\boldsymbol{A}^{\mathrm{T}}$.

(3) 首先，$\forall\boldsymbol{\alpha}\in\ker(\sigma)$有$\sigma(\boldsymbol{\alpha})=0$，另$\forall\boldsymbol{\beta}\in\tau(V)$，有$\boldsymbol{\gamma}\in V$，使$\boldsymbol{\beta}=\tau(\boldsymbol{\gamma})$. 因此，

$$(\boldsymbol{\alpha},\boldsymbol{\beta})=\left(\boldsymbol{\alpha},\tau(\boldsymbol{\gamma})\right)=\left(\sigma(\boldsymbol{\alpha}),\boldsymbol{\gamma}\right)=(\boldsymbol{0},\boldsymbol{\gamma})=0,$$

即$\boldsymbol{\alpha}\in\left(\tau(V)\right)^{\perp}$，从而$\ker(\sigma)\subseteq\left(\tau(V)\right)^{\perp}$.

其次，$\forall\boldsymbol{\alpha}\in\left(\tau(V)\right)^{\perp}$，有$\left(\sigma(\boldsymbol{\alpha}),\sigma(\boldsymbol{\alpha})\right)=\left(\boldsymbol{\alpha},\tau\left(\sigma(\boldsymbol{\alpha})\right)\right)=0$，故$\sigma(\boldsymbol{\alpha})=0$，即$\boldsymbol{\alpha}\in\ker(\sigma)$. 因此$\left(\tau(V)\right)^{\perp}\subseteq\ker(\sigma)$.

综上知，$\ker(\sigma)=\left(\tau(V)\right)^{\perp}$.

9.3.6　首先需要指出的是，若把V看作三维向量空间，把W看作坐标平面，本题就是我们熟知的，平面外一点到平面上任一点的最短距离是点到平面的距离. 有了这样一个实际模型，本题的证明就比较简单了.

"$\Rightarrow$"若$\boldsymbol{\beta}$是$\boldsymbol{\alpha}$在W上的正交投影，而$\boldsymbol{\alpha}-\boldsymbol{\beta}\in W^{\perp}$，故$\forall\boldsymbol{\gamma}\in W$，有

$$(\boldsymbol{\alpha}-\boldsymbol{\beta},\boldsymbol{\beta}-\boldsymbol{\gamma})=0.$$

由勾股定理，有

$$|\boldsymbol{\alpha}-\boldsymbol{\beta}|^2+|\boldsymbol{\beta}-\boldsymbol{\gamma}|^2=|\boldsymbol{\alpha}-\boldsymbol{\gamma}|^2.$$

因此，$|\boldsymbol{\alpha}-\boldsymbol{\beta}|\leqslant|\boldsymbol{\alpha}-\boldsymbol{\gamma}|$.

"$\Leftarrow$"若$\boldsymbol{\beta}\in W$不是$\boldsymbol{\alpha}$在W上的正交投影，则$\boldsymbol{\alpha}-\boldsymbol{\beta}\notin W^{\perp}$. 设$\boldsymbol{\zeta}$为$\boldsymbol{\alpha}-\boldsymbol{\beta}$在$W$上的正交投影，则由必要性的证明过程知

$$|\boldsymbol{\alpha}-\boldsymbol{\beta}-\boldsymbol{\zeta}|\leqslant|\boldsymbol{\alpha}-\boldsymbol{\beta}|,$$

即有$\boldsymbol{\gamma}=\boldsymbol{\beta}+\boldsymbol{\zeta}\in W$，使$|\boldsymbol{\alpha}-\boldsymbol{\gamma}|\leqslant|\boldsymbol{\alpha}-\boldsymbol{\beta}|$，与原条件矛盾，因此$\boldsymbol{\beta}$是$\boldsymbol{\alpha}$的正交投影.

9.3.7　设$\boldsymbol{\varepsilon}_1,\boldsymbol{\varepsilon}_2,\cdots,\boldsymbol{\varepsilon}_r$是$W$的一组标准正交基，将其扩充为$V$的标准正交基$\boldsymbol{\varepsilon}_1,\boldsymbol{\varepsilon}_2,\cdots,\boldsymbol{\varepsilon}_n$，则

$$W = L(\boldsymbol{\varepsilon}_1, \boldsymbol{\varepsilon}_2, \cdots, \boldsymbol{\varepsilon}_r), \quad W^{\perp} = L(\boldsymbol{\varepsilon}_{r+1}, \boldsymbol{\varepsilon}_{r+2}, \cdots, \boldsymbol{\varepsilon}_n).$$

设 $\boldsymbol{x} = k_1\boldsymbol{\varepsilon}_1 + k_2\boldsymbol{\varepsilon}_2 + \cdots + k_n\boldsymbol{\varepsilon}_n \in V$，记 $\boldsymbol{x}_0 = l_1\boldsymbol{\varepsilon}_1 + l_2\boldsymbol{\varepsilon}_2 + \cdots + l_r\boldsymbol{\varepsilon}_r \in W$.

若 $\boldsymbol{x} - \boldsymbol{x}_0 \in W^{\perp}$，则有

$$(\boldsymbol{x} - \boldsymbol{x}_0, \boldsymbol{\varepsilon}_i) = 0 \quad (i = 1, 2, \cdots, r).$$

而

$$(\boldsymbol{x} - \boldsymbol{x}_0, \boldsymbol{\varepsilon}_i) = \begin{cases} k_i - l_i, & i = 1, 2, \cdots, r, \\ k_i, & i = r+1, \cdots, n. \end{cases}$$

因此，$l_i = k_i (i = 1, 2, \cdots, r)$. 可见满足题设条件的 $\boldsymbol{x}_0$ 不但存在，而且由 $\boldsymbol{x}$ 唯一确定.

9.3.8 (1) 由于 $W_1 \cap W_2 = \{\boldsymbol{0}\}$，知 $W_1 + W_2 = W_1 \oplus W_2$，记 $W_3 = (W_1 + W_2)^{\perp}$，则 $V = W_1 \oplus W_2 \oplus W_3$. 现定义 V 上的二元函数 $(\cdot, \cdot)$：

$$(\boldsymbol{\alpha}, \boldsymbol{\beta}) = (\boldsymbol{\alpha}_1, \boldsymbol{\beta}_1)_1 + (\boldsymbol{\alpha}_2, \boldsymbol{\beta}_2)_2 + (\boldsymbol{\alpha}_3, \boldsymbol{\beta}_3)_3,$$

其中 $\boldsymbol{\alpha}, \boldsymbol{\beta} \in V$，$\boldsymbol{\alpha}_i \in W_i$，$\boldsymbol{\beta}_i \in W_i (i = 1, 2, 3)$，$(\cdot, \cdot)_3$ 表示 W_3 上的内积.

下证 $(\cdot, \cdot)$ 是 V 上的内积.

$$\begin{aligned} (\boldsymbol{\alpha}, \boldsymbol{\beta}) &= (\boldsymbol{\alpha}_1, \boldsymbol{\beta}_1)_1 + (\boldsymbol{\alpha}_2, \boldsymbol{\beta}_2)_2 + (\boldsymbol{\alpha}_3, \boldsymbol{\beta}_3)_3 \\ &= (\boldsymbol{\beta}_1, \boldsymbol{\alpha}_1) + (\boldsymbol{\beta}_2, \boldsymbol{\alpha}_2)_2 + (\boldsymbol{\beta}_3, \boldsymbol{\alpha}_3)_3 = (\boldsymbol{\beta}, \boldsymbol{\alpha}); \\ (k\boldsymbol{\alpha} + l\boldsymbol{\beta}, \boldsymbol{\gamma}) &= (k\boldsymbol{\alpha}_1 + l\boldsymbol{\beta}_1, \boldsymbol{\gamma}_1)_1 + (k\boldsymbol{\alpha}_2 + l\boldsymbol{\beta}_2, \boldsymbol{\gamma}_2)_2 + (k\boldsymbol{\alpha}_3 + l\boldsymbol{\beta}_3, \boldsymbol{\gamma}_3)_3 \\ &= (\boldsymbol{\gamma}, k\boldsymbol{\alpha} + l\boldsymbol{\beta}); \\ (\boldsymbol{\alpha}, \boldsymbol{\alpha}) &= (\boldsymbol{\alpha}_1, \boldsymbol{\alpha}_1)_1 + (\boldsymbol{\alpha}_2, \boldsymbol{\alpha}_2)_2 + (\boldsymbol{\alpha}_3, \boldsymbol{\alpha}_3)_3 \geqslant 0 \end{aligned}$$

(因 $(\cdot\,, \cdot)_i (i = 1, 2, 3)$ 上的内积). 另若 $\boldsymbol{\alpha} = \boldsymbol{0}$，则 $\boldsymbol{\alpha}_i = \boldsymbol{0} (i = 1, 2, 3)$，从而 $(\boldsymbol{\alpha}, \boldsymbol{\alpha}) = 0$. 反之，若 $(\boldsymbol{\alpha}, \boldsymbol{\alpha}) = 0$，则 $(\boldsymbol{\alpha}_i, \boldsymbol{\alpha}_i)_i = 0 (i = 1, 2, 3)$，从而 $\boldsymbol{\alpha}_i = \boldsymbol{0} (i = 1, 2, 3)$，故 $\boldsymbol{\alpha} = \boldsymbol{\alpha}_1 + \boldsymbol{\alpha}_2 + \boldsymbol{\alpha}_3 = \boldsymbol{0}$. 由此可知 $(\cdot\,, \cdot)$ 是 V 上的内积.

另若，$\boldsymbol{\alpha}, \boldsymbol{\beta} \in W_1$，则 $\boldsymbol{\alpha}_i = \boldsymbol{\beta}_i = \boldsymbol{0} (i = 1, 2, 3)$，从而 $(\boldsymbol{\alpha}, \boldsymbol{\beta}) = (\boldsymbol{\alpha}, \boldsymbol{\beta})_1$，即 $(\cdot\,, \cdot) \big| W_1 = (\cdot\,, \cdot)_1$，同理，可得 $(\cdot\,, \cdot) \big| W_2 = (\cdot\,, \cdot)_2$.

(2) 由 (1) 的证明过程知，只要保证 $(\cdot\,, \cdot)_3$ 是 W_3 上的内积，则 (1) 中定义的 $(\cdot\,, \cdot)$ 构成 V 上的内积. 因此，取 W_3 上的不同的内积，也必将得到满足 (1) 的不同的内积.

练习 9.4

9.4.1 如练习题 9.3.5，只需验证

$$\big(\sigma(k\boldsymbol{\alpha} + l\boldsymbol{\beta}) - k\sigma(\boldsymbol{\alpha}) - l\sigma(\boldsymbol{\beta}), \sigma(k\boldsymbol{\alpha} + l\boldsymbol{\beta}) - k\sigma(\boldsymbol{\alpha}) - l\sigma(\boldsymbol{\beta})\big) = 0.$$

9.4.2 σ 不改变向量的距离，即

$$|\boldsymbol{\alpha} - \boldsymbol{\beta}| = |\sigma(\boldsymbol{\alpha}) - \sigma(\boldsymbol{\beta})|, \quad \forall \boldsymbol{\alpha}, \boldsymbol{\beta} \in V.$$

特别地，取 $\boldsymbol{\beta} = \boldsymbol{0}$，则

$$|\boldsymbol{\alpha}|=|\sigma(\boldsymbol{\alpha})|,\quad \forall\boldsymbol{\alpha}\in V,$$

此即 σ 不改变 V 中向量的长度. 因此，$\forall\boldsymbol{\alpha},\boldsymbol{\beta}\in V$,

$$\big(\sigma(\boldsymbol{\alpha}-\boldsymbol{\beta}),\sigma(\boldsymbol{\alpha}-\boldsymbol{\beta})\big)=(\boldsymbol{\alpha}-\boldsymbol{\beta},\boldsymbol{\alpha}-\boldsymbol{\beta}).$$

而

$$\big(\sigma(\boldsymbol{\alpha}-\boldsymbol{\beta}),\sigma(\boldsymbol{\alpha}-\boldsymbol{\beta})\big)=\big(\sigma(\boldsymbol{\alpha}),\sigma(\boldsymbol{\alpha})\big)-2\big(\sigma(\boldsymbol{\alpha}),\sigma(\boldsymbol{\beta})\big)+\big(\sigma(\boldsymbol{\beta}),\sigma(\boldsymbol{\beta})\big),$$

$$(\boldsymbol{\alpha}-\boldsymbol{\beta},\boldsymbol{\alpha}-\boldsymbol{\beta})=(\boldsymbol{\alpha},\boldsymbol{\alpha})-2(\boldsymbol{\alpha},\boldsymbol{\beta})+(\boldsymbol{\beta},\boldsymbol{\beta}),$$

因此

$$\big(\sigma(\boldsymbol{\alpha}),\sigma(\boldsymbol{\beta})\big)=(\boldsymbol{\alpha},\boldsymbol{\beta}),\quad \forall\boldsymbol{\alpha},\boldsymbol{\beta}\in V.$$

此即说明 σ 是 V 上的正交变换.

9.4.3 将 $\boldsymbol{\alpha}$ 扩充为 V 的一组标准正交基 $\boldsymbol{\varepsilon}_1,\boldsymbol{\varepsilon}_2,\cdots,\boldsymbol{\varepsilon}_n$，其中 $\boldsymbol{\alpha}=\boldsymbol{\varepsilon}_n$；同样地，将 $\boldsymbol{\beta}$ 也扩充为 V 的一组标准正交基 $\boldsymbol{\eta}_1,\boldsymbol{\eta}_2,\cdots,\boldsymbol{\eta}_n$，其中 $\boldsymbol{\beta}=\boldsymbol{\eta}_1$，定义变换

$$\sigma:V\to V,\sigma(\boldsymbol{\varepsilon}_i)=\boldsymbol{\eta}_i\quad(i=1,2,\cdots,n),$$

则 σ 是正交变换，且 $\sigma(\boldsymbol{\alpha})=\boldsymbol{\beta}$.

9.4.4 如果 $\boldsymbol{\alpha}_1,\boldsymbol{\alpha}_2$ 及 $\boldsymbol{\beta}_1,\boldsymbol{\beta}_2$ 分别标准正交，我们依旧可以利用练习题 9.4.3 的方法把它们扩充为 V 的基，相应地构造正交变换. 因此，只需想办法使 $\boldsymbol{\alpha}_1,\boldsymbol{\alpha}_2$ 及 $\boldsymbol{\beta}_1,\boldsymbol{\beta}_2$ 转化为标准正交关系即可，而 Schmidt 正交化法恰能做到这一点.

分别将 $\boldsymbol{\alpha}_1,\boldsymbol{\alpha}_2$ 及 $\boldsymbol{\beta}_1,\boldsymbol{\beta}_2$ 进行 Schmidt 正交化，有

$$\boldsymbol{\varepsilon}_1=\frac{\boldsymbol{\alpha}_1}{|\boldsymbol{\alpha}_1|},\quad \boldsymbol{\varepsilon}_2=\frac{\boldsymbol{\alpha}_2-\dfrac{(\boldsymbol{\alpha}_2,\boldsymbol{\alpha}_1)}{(\boldsymbol{\alpha}_1,\boldsymbol{\alpha}_1)}\boldsymbol{\alpha}_1}{\left|\boldsymbol{\alpha}_2-\dfrac{(\boldsymbol{\alpha}_2,\boldsymbol{\alpha}_1)}{(\boldsymbol{\alpha}_1,\boldsymbol{\alpha}_1)}\boldsymbol{\alpha}_1\right|};$$

$$\boldsymbol{\eta}_1=\frac{\boldsymbol{\beta}_1}{|\boldsymbol{\beta}_1|},\quad \boldsymbol{\eta}_2=\frac{\boldsymbol{\beta}_2-\dfrac{(\boldsymbol{\beta}_2,\boldsymbol{\beta}_1)}{(\boldsymbol{\beta}_1,\boldsymbol{\beta}_1)}\boldsymbol{\beta}_1}{\left|\boldsymbol{\beta}_2-\dfrac{(\boldsymbol{\beta}_2,\boldsymbol{\beta}_1)}{(\boldsymbol{\beta}_1,\boldsymbol{\beta}_1)}\boldsymbol{\beta}_1\right|}.$$

由于 $|\boldsymbol{\alpha}_i|=|\boldsymbol{\beta}_i|(i=1,2)$，且 $\langle\boldsymbol{\alpha}_1,\boldsymbol{\alpha}_2\rangle=\langle\boldsymbol{\beta}_1,\boldsymbol{\beta}_2\rangle$，知 $(\boldsymbol{\alpha}_1,\boldsymbol{\alpha}_2)=(\boldsymbol{\beta}_1,\boldsymbol{\beta}_2)$. 因此上式可写为

$$\begin{cases}\boldsymbol{\varepsilon}_1=a\boldsymbol{\alpha}_1,\\ \boldsymbol{\varepsilon}_2=b\boldsymbol{\alpha}_1+c\boldsymbol{\alpha}_2,\end{cases}\qquad \begin{cases}\boldsymbol{\eta}_1=a\boldsymbol{\beta}_1,\\ \boldsymbol{\eta}_2=b\boldsymbol{\beta}_1+c\boldsymbol{\beta}_2,\end{cases}$$

其中 $a,c\neq 0$.

这样，可分别将 $\boldsymbol{\varepsilon}_1,\boldsymbol{\varepsilon}_2$ 及 $\boldsymbol{\eta}_1,\boldsymbol{\eta}_2$ 扩充为 V 的标准正交基 $\boldsymbol{\varepsilon}_1,\boldsymbol{\varepsilon}_2,\cdots,\boldsymbol{\varepsilon}_n$ 及 $\boldsymbol{\eta}_1,\boldsymbol{\eta}_2,\cdots,\boldsymbol{\eta}_n$，定义

$$\sigma:V\to V,\ \sigma(\boldsymbol{\varepsilon}_i)=\boldsymbol{\eta}_i\ (i=1,2,\cdots,n),$$

则 σ 是 V 上的正交变换，且有 $\sigma(\boldsymbol{\alpha}_i)=\boldsymbol{\beta}_i(i=1,2)$.

9.4.5 必要性的证明比较简单，因 σ 是正交变换，故

$$(\boldsymbol{\beta}_i,\boldsymbol{\beta}_j)=\big(\sigma(\boldsymbol{\alpha}_i),\sigma(\boldsymbol{\alpha}_j)\big)=(\boldsymbol{\alpha}_i,\boldsymbol{\alpha}_j)\quad(i,j=1,2,\cdots,n).$$

充分性的证明与练习题 9.4.4 的证明过程类似，唯一不同在于练习题 9.4.4 中是两个向量，此处却是 m 个向量. 请读者写出详细的证明过程.

9.4.6 首先，需要指出的是，题目条件的意思是 σ_1 和 σ_2 将同一向量变换为长度相同的两个向量，特别地，

$$\big(\sigma_1(\boldsymbol{\alpha}+\boldsymbol{\beta}),\sigma_1(\boldsymbol{\alpha}+\boldsymbol{\beta})\big)=\big(\sigma_2(\boldsymbol{\alpha}+\boldsymbol{\beta}),\sigma_2(\boldsymbol{\alpha}+\boldsymbol{\beta})\big),\quad\forall\boldsymbol{\alpha},\boldsymbol{\beta}\in V.$$

而

$$\big(\sigma_1(\boldsymbol{\alpha}+\boldsymbol{\beta}),\sigma_1(\boldsymbol{\alpha}+\boldsymbol{\beta})\big)=\big(\sigma_1(\boldsymbol{\alpha}),\sigma_1(\boldsymbol{\alpha})\big)+2\big(\sigma_1(\boldsymbol{\alpha}),\sigma_1(\boldsymbol{\beta})\big)+\big(\sigma_1(\boldsymbol{\beta}),\sigma_1(\boldsymbol{\beta})\big),$$

$$(\sigma_2(\boldsymbol{\alpha}+\boldsymbol{\beta}),\sigma_2(\boldsymbol{\alpha}+\boldsymbol{\beta}))=\big(\sigma_2(\boldsymbol{\alpha}),\sigma_2(\boldsymbol{\alpha})\big)+2\big(\sigma_2(\boldsymbol{\alpha}),\sigma_2(\boldsymbol{\beta})\big)+\big(\sigma_2(\boldsymbol{\beta}),\sigma_2(\boldsymbol{\beta})\big).$$

因此

$$\big(\sigma_1(\boldsymbol{\alpha}),\sigma_1(\boldsymbol{\beta})\big)=\big(\sigma_2(\boldsymbol{\alpha}),\sigma_2(\boldsymbol{\beta})\big),\quad\forall\boldsymbol{\alpha},\boldsymbol{\beta}\in V.$$

取 V 中一组基 $\boldsymbol{\alpha}_1,\boldsymbol{\alpha}_2,\cdots,\boldsymbol{\alpha}_n$，则

$$\big(\sigma_1(\boldsymbol{\alpha}_i),\sigma_1(\boldsymbol{\alpha}_j)\big)=\big(\sigma_2(\boldsymbol{\alpha}_i),\sigma_2(\boldsymbol{\alpha}_j)\big)\quad(i,j=1,2,\cdots,n).$$

由练习题 9.4.5 的结论可知，存在 V 上的正交变换 τ，满足

$$\tau\sigma_1(\boldsymbol{\alpha}_i)=\tau_2(\boldsymbol{\alpha}_i)\quad(i,j=1,2,\cdots,n),$$

此即 $\tau\sigma_1=\sigma_2$.

9.4.7 取 $\mathbf{R}^2$ 上的一组标准正交基 $\boldsymbol{\varepsilon}_1=(1,0)$，$\boldsymbol{\varepsilon}_2=(0,1)$. 设 $\mathbf{R}^2$ 上的变换 σ 在 $\boldsymbol{\varepsilon}_1,\boldsymbol{\varepsilon}_2$ 下的矩阵为 $\boldsymbol{A}$. 根据题意得 σ 不仅是正交变换，而且 $\sigma(\boldsymbol{\varepsilon}_1)=\pm\boldsymbol{\varepsilon}_1$ 或 $\sigma(\boldsymbol{\varepsilon}_1)=\pm\boldsymbol{\varepsilon}_2$，同样地，$\sigma(\boldsymbol{\varepsilon}_2)$ 也只能是 $\pm\boldsymbol{\varepsilon}_1$ 或 $\pm\boldsymbol{\varepsilon}_2$，满足这样的条件的 $\mathbf{R}^2$ 上的线性变换 σ_i 对应的矩阵 $\boldsymbol{A}_i$ 可分别取

$$\boldsymbol{A}_1=\begin{pmatrix}1&0\\0&1\end{pmatrix},\ \boldsymbol{A}_2=\begin{pmatrix}0&-1\\1&0\end{pmatrix},\ \boldsymbol{A}_3=\begin{pmatrix}-1&0\\0&-1\end{pmatrix},\ \boldsymbol{A}_4=\begin{pmatrix}0&1\\-1&0\end{pmatrix},$$

$$\boldsymbol{A}_5=\begin{pmatrix}1&0\\0&-1\end{pmatrix},\ \boldsymbol{A}_6=\begin{pmatrix}-1&0\\0&1\end{pmatrix},\ \boldsymbol{A}_7=\begin{pmatrix}0&1\\1&0\end{pmatrix},\ \boldsymbol{A}_8=\begin{pmatrix}0&-1\\-1&0\end{pmatrix}.$$

它们分别对应的几何意义是 σ_i 表示逆时针以坐标原点旋转 $\dfrac{\pi(i-1)}{2}(i=1,2,3,4)$，$\sigma_5$ 表示关于 x 轴的对称变换，σ_6 表示关于 y 轴的对称变换，σ_7 表示关于 $y=x$ 的对称变换，σ_8 表示关于 $y=-x$ 的对称变换.

9.4.8 (1) $\forall \boldsymbol{\alpha},\boldsymbol{\beta}\in V$，有

$$\begin{aligned}\big(\sigma(\boldsymbol{\alpha}),\sigma(\boldsymbol{\beta})\big)&=\big(\boldsymbol{\alpha}-2(\boldsymbol{\eta},\boldsymbol{\alpha})\boldsymbol{\alpha},\boldsymbol{\beta}-2(\boldsymbol{\eta},\boldsymbol{\beta})\boldsymbol{\eta}\big)\\&=(\boldsymbol{\alpha},\boldsymbol{\beta})-4(\boldsymbol{\eta},\boldsymbol{\alpha})(\boldsymbol{\eta},\boldsymbol{\beta})+4(\boldsymbol{\eta},\boldsymbol{\alpha})(\boldsymbol{\eta},\boldsymbol{\beta})(\boldsymbol{\eta},\boldsymbol{\eta})\\&=(\boldsymbol{\alpha},\boldsymbol{\beta}),\end{aligned}$$

此即σ是V上的正交变换；

(2)将$\boldsymbol{\eta}$扩充为V的一组标准正交基$\boldsymbol{\eta}_1,\boldsymbol{\eta}_2,\cdots,\boldsymbol{\eta}_n$，其中$\boldsymbol{\eta}_1=\boldsymbol{\eta}$，并记$\sigma$在$\boldsymbol{\eta}_1,\boldsymbol{\eta}_2,\cdots,\boldsymbol{\eta}_n$下的矩阵为$\boldsymbol{A}$. 由于

$$\sigma(\boldsymbol{\eta}_i)=\begin{cases}-\boldsymbol{\eta}_i, & i=1,\\ \boldsymbol{\eta}_i, & i=2,3,\cdots,n,\end{cases}$$

故知

$$\boldsymbol{A}=\begin{pmatrix}-1 & \boldsymbol{0}\\ \boldsymbol{0} & \boldsymbol{E}_{n-1}\end{pmatrix},$$

可见$|\boldsymbol{A}|=-1$，因此σ是第二类的.

(3)设$\boldsymbol{\varepsilon}_1,\boldsymbol{\varepsilon}_2,\cdots,\boldsymbol{\varepsilon}_{n-1}$是$V_1$的一组标准正交基，将其扩充为$V$的标准正交基

$$\boldsymbol{\varepsilon}_1,\boldsymbol{\varepsilon}_2,\cdots,\boldsymbol{\varepsilon}_n,$$

设$\sigma(\boldsymbol{\varepsilon}_n)=k_1\boldsymbol{\varepsilon}_1+k_2\boldsymbol{\varepsilon}_2+\cdots+k_n\boldsymbol{\varepsilon}_n$，由$\sigma$是正变交换知

$$k_i=\big(\sigma(\boldsymbol{\varepsilon}_i),\sigma(\boldsymbol{\varepsilon}_n)\big)=(\boldsymbol{\varepsilon}_i,\boldsymbol{\varepsilon}_n)=0\quad(i=1,2,\cdots,n-1).$$

因此$\sigma(\boldsymbol{\varepsilon}_n)=k_n\boldsymbol{\varepsilon}_n$，即$\boldsymbol{\varepsilon}_n$是$\sigma$属于$k_n$的特征向量,而$\sigma$只有$\pm1$作为其特征值. 另$\boldsymbol{\varepsilon}_n\notin V_1$，故知$k_n=-1$. 易于验证

$$\sigma(\boldsymbol{\varepsilon}_i)=\boldsymbol{\varepsilon}_i-2(\boldsymbol{\varepsilon}_i,\boldsymbol{\varepsilon}_n)\boldsymbol{\varepsilon}_n\quad(i=1,2,\cdots,n),$$

从而

$$\sigma(\boldsymbol{\alpha})=\boldsymbol{\alpha}-2(\boldsymbol{\alpha},\boldsymbol{\varepsilon}_n)\boldsymbol{\varepsilon}_n,\quad\forall\boldsymbol{\alpha}\in V,$$

即σ是V上的镜面反射.

9.4.9 若V上的对称变换σ在标准正交基的矩阵$\boldsymbol{A}$是对称阵成立,则本题中$\boldsymbol{A}$满足：$\boldsymbol{A}^{\mathrm{T}}=\boldsymbol{A}$，且$\boldsymbol{A}\boldsymbol{A}^{\mathrm{T}}=\boldsymbol{E}$，从而$\boldsymbol{A}^2=\boldsymbol{A}\boldsymbol{A}^{\mathrm{T}}=\boldsymbol{E}$. 下面证明命题：$V$上的变换$\sigma$是对称变换的充分必要条件是,$\sigma$在$V$的一组标准正交基$\boldsymbol{\varepsilon}_1,\boldsymbol{\varepsilon}_2,\cdots,\boldsymbol{\varepsilon}_n$下的矩阵$\boldsymbol{A}$是对称矩阵,即$\boldsymbol{A}=\boldsymbol{A}^{\mathrm{T}}$. 记$A=(a_{ij})_{n\times n}$.

"$\Rightarrow$"如σ是对称变换，则

$$\big(\sigma(\boldsymbol{\varepsilon}_i),\boldsymbol{\varepsilon}_j\big)=\big(\boldsymbol{\varepsilon}_i,\sigma(\boldsymbol{\varepsilon}_j)\big),\quad i,j=1,2,\cdots,n.$$

而

$$\left(\sigma(\boldsymbol{\varepsilon}_i),\boldsymbol{\varepsilon}_j\right)=(a_{1i}\boldsymbol{\varepsilon}_1+a_{2i}\boldsymbol{\varepsilon}_2+a_{ni}\boldsymbol{\varepsilon}_n,\boldsymbol{\varepsilon}_j)=a_{ji},$$

$$\left(\boldsymbol{\varepsilon}_i,\sigma(\boldsymbol{\varepsilon}_j)\right)=(\boldsymbol{\varepsilon}_i,a_{1j}\boldsymbol{\varepsilon}_1+a_{2j}\boldsymbol{\varepsilon}_2+a_{nj}\boldsymbol{\varepsilon}_n)=a_{ij}\quad(i,j=1,2,\cdots,n).$$

因此，$a_{ij}=a_{ji}(i,j=1,2,\cdots,n)$，即 $\boldsymbol{A}=\boldsymbol{A}^{\mathrm{T}}$.

“$\Leftarrow$”若 $a_{ij}=a_{ji}(i,j=1,2,\cdots,n)$，则

$$\left(\sigma(\boldsymbol{\varepsilon}_i),\boldsymbol{\varepsilon}_j\right)=\left(\boldsymbol{\varepsilon}_i,\sigma(\boldsymbol{\varepsilon}_j)\right)\quad(i,j=1,2,\cdots,n).$$

$\forall\boldsymbol{\alpha},\boldsymbol{\beta}\in V$，设 $\boldsymbol{\alpha}=\sum_{i=1}^{n}k_i\boldsymbol{\varepsilon}_i$，$\boldsymbol{\beta}=\sum_{i=1}^{n}l_i\boldsymbol{\varepsilon}_i$，则

$$\begin{aligned}(\sigma(\boldsymbol{\alpha}),\boldsymbol{\beta})&=\left(\sigma\left(\sum_{i=1}^{n}k_i\boldsymbol{\varepsilon}_i\right),\sum_{j=1}^{n}l_j\boldsymbol{\varepsilon}_j\right)=\sum_{i=1}^{n}\sum_{j=1}^{n}\left(\sigma(\boldsymbol{\varepsilon}_i),\boldsymbol{\varepsilon}_j\right)\\&=\sum_{i=1}^{n}\sum_{j=1}^{n}\left(\boldsymbol{\varepsilon}_i,\sigma(\boldsymbol{\varepsilon}_j)\right)=\left(\boldsymbol{\alpha},\sigma(\boldsymbol{\beta})\right),\end{aligned}$$

即 σ 是 V 上的对称变换，原命题得证.

9.4.10 (1) 由于虚特征根成对出现，故 $u\pm\mathrm{i}v$ 均为 $\boldsymbol{A}$ 的特征根，设

$$\sigma(\boldsymbol{\zeta})=(u+\mathrm{i}v)\boldsymbol{\zeta},\quad\sigma(\boldsymbol{\eta})=(u-\mathrm{i}v)\boldsymbol{\eta}.$$

记 $\boldsymbol{\alpha}=-\frac{1}{2}(\boldsymbol{\zeta}+\boldsymbol{\eta})$，$\boldsymbol{\beta}=\frac{1}{2}(\boldsymbol{\zeta}-\boldsymbol{\eta})$，则

$$\sigma(\boldsymbol{\alpha})=u\boldsymbol{\alpha}+v\boldsymbol{\beta},\quad\sigma(\boldsymbol{\beta})=-v\boldsymbol{\alpha}+u\boldsymbol{\beta}.$$

(2) 若 $\boldsymbol{A}$ 的特征值皆为实数，由 σ 正交，即 σ 在某组标准正交基 $\boldsymbol{\varepsilon}_1,\boldsymbol{\varepsilon}_2,\cdots,\boldsymbol{\varepsilon}_n$ 下的矩阵为

$$\begin{pmatrix}\lambda_1&0&0&\cdots&0\\0&\lambda_2&0&\cdots&0\\0&0&\lambda_3&\cdots&0\\\vdots&\vdots&\vdots&&\vdots\\0&0&0&\cdots&\lambda_n\end{pmatrix},$$

其中 $\lambda_i=\pm1(i=1,2,\cdots,n)$. 记 $V_i=L(\boldsymbol{\varepsilon}_i)(i=1,2,\cdots,n)$，则

$$V=V_1\oplus V_2\oplus\cdots\oplus V_n,$$

且 $\dim(V_i)=1(i=1,2,\cdots,n)$，而且两两正交.

(3) 令 $\boldsymbol{B}=\boldsymbol{A}-\boldsymbol{A}^{\mathrm{T}}$，要证 $\boldsymbol{A}=\boldsymbol{A}^{\mathrm{T}}$，只需验证 $\boldsymbol{B}=\boldsymbol{O}$，而 $\boldsymbol{B}$ 是一个反对称阵，另设 $\boldsymbol{A}$ 的 Jondan 标准形

$$A^{-1}TA = J = \begin{pmatrix} J_1 & & & \\ & J_2 & & \\ & & \ddots & \\ & & & J_s \end{pmatrix}, \quad J_i = \begin{pmatrix} \lambda_i & & & & \\ 1 & \lambda_i & & & \\ & 1 & \ddots & & \\ & & \ddots & \lambda_i & \\ & & & 1 & \lambda_i \end{pmatrix}$$

$(i=1,2,\cdots,s)$ 且 $\lambda_i = \pm 1 (i=1,2,\cdots,s), \sum_{i=1}^{s} r_i = n$，则

$$B^2 = B(-B^{\mathrm{T}}) = -BB^{\mathrm{T}} = -(A-A^{\mathrm{T}})(A^{\mathrm{T}}-A) = A^2 + (A^{\mathrm{T}})^2 - AA^{\mathrm{T}} - A^{\mathrm{T}}A.$$

另由于 σ 对角线上元素为 ± 1，故 J^2 对角线上元素全为 1，$(J^{-1})^2$ 对角线上元素同样全为 1，另 $AA^{\mathrm{T}} = E$（A 正交)，则 $A^{\mathrm{T}} = A^{-1}$，而

$$B^2 = T(\sigma^2 + (\sigma^{-1})^2 - 2E)T^{-1},$$

故 B^2 对角线上元素全为零，即知 BB^{T} 对角线上元素全为零，即有 $B = O$. 原命题得证.

9.4.11　(1) 记 α 是 σ 属于 λ 的特征向量，则

$$\big(\sigma(\alpha),\alpha\big) = (\lambda\alpha,\alpha) = \lambda(\alpha,\alpha).$$

另由题设，有

$$\big(\sigma(\alpha),\alpha\big) = -\big(\alpha,\sigma(\alpha)\big) = -\lambda(\alpha,\alpha),$$

由此知 $\lambda = 0$.

(2) 设 σ 在某组标准正交基下的矩阵为 A，则 $A = -A^{\mathrm{T}}$，且 σ^2 在此基下的矩阵为 $A^2 = -AA^{\mathrm{T}}$. 而 AA^{T} 是一实对称阵，存在一可逆阵 T 使 $T^{-1}AA^{\mathrm{T}}T$ 为对角阵，因此 $T^{-1}A^2T$ 也是对角阵. 这就说明 V 中必有一组基，使 σ^2 的矩阵为对角阵.

(3) 设 $A\alpha = \lambda\alpha$，则

$$\overline{\alpha^{\mathrm{T}}}A\alpha = \overline{\alpha^{\mathrm{T}}A}\alpha = -\overline{\alpha^{\mathrm{T}}A^{\mathrm{T}}}\alpha = -\overline{(A\alpha)}^{\mathrm{T}}\alpha = -\bar{\lambda}\alpha^{\mathrm{T}}\alpha,$$

另 $\overline{\alpha^{\mathrm{T}}}A\alpha = \lambda\overline{\alpha^{\mathrm{T}}}\alpha$. 从而 $(\lambda+\bar{\lambda})\alpha^{\mathrm{T}}\alpha = 0$，知 $\lambda + \bar{\lambda} = 0$，即 λ 为 0 或纯虚数.

9.4.12　由 A 正定知存在 n 级可逆阵 P，使 $P^{\mathrm{T}}AP = E$，而 $P^{\mathrm{T}}BP$ 为对称阵，故存在 n 级正交阵 Q，使

$$Q^{\mathrm{T}}P^{\mathrm{T}}BPQ = \begin{pmatrix} b_1 & & & \\ & b_2 & & \\ & & \ddots & \\ & & & b_n \end{pmatrix}, \quad 且\ Q^{\mathrm{T}}P^{\mathrm{T}}APQ = E.$$

记 $T = PQ$，则原命题成立.

9.4.13　(1) 由练习题 9.4.12 知，存在数域 P 上可逆阵 T，使

$$T^{\mathrm{T}}AT=E,\quad T^{\mathrm{T}}BT=\begin{pmatrix} b_1 & & & \\ & b_2 & & \\ & & \ddots & \\ & & & b_n \end{pmatrix},\quad b_i>0(i=1,2,\cdots,n).$$

因此，

$$\left|T^{\mathrm{T}}(A+B)T\right|=(1+b_1)(1+b_2)\cdots(1+b_n)\geqslant(1+b_1b_2\cdots b_n)=\left|T^{\mathrm{T}}AT\right|+\left|T^{\mathrm{T}}BT\right|.$$

从而有

$$|A+B|\geqslant|A|+|B|.$$

(2) 与 (1) 类似，有

$$T^{\mathrm{T}}AT=E,\quad T^{\mathrm{T}}CT=\begin{pmatrix} c_1 & & & \\ & c_2 & & \\ & & \ddots & \\ & & & c_n \end{pmatrix},\quad c_i\geqslant 0(i=1,2,\cdots,n).$$

而 $(1+c_1)(1+c_2)\cdots(1+c_n)\geqslant 1$，即知

$$|A+C|\geqslant|A|.$$

(3) 读者可以验证存在 n 级可逆阵 T，使

$$T^{\mathrm{T}}AT=E,\quad T^{\mathrm{T}}DT=\begin{pmatrix} \lambda_1\mathrm{i} & & & & & & & \\ & -\lambda_1\mathrm{i} & & & & & & \\ & & \ddots & & & & & \\ & & & \lambda_r\mathrm{i} & & & & \\ & & & & -\lambda_r\mathrm{i} & & & \\ & & & & & 0 & & \\ & & & & & & \ddots & \\ & & & & & & & 0 \end{pmatrix},$$

$\lambda_j\in\mathbf{R}$，$j=1,2,\cdots,r$，且 $r\leqslant\dfrac{n}{2}$，而 $\prod\limits_{j=1}^{r}(1+\lambda_j\mathrm{i})(1-\lambda_j\mathrm{i})=\prod\limits_{j=1}^{r}(1+\lambda_j^2)\geqslant 1$. 故有

$$|A+D|\geqslant|A|.$$

练习 9.5

9.5.1 对于涉及矩阵秩的问题，一般可以从等价分解的角度入手.

对于数域 P 上秩为 r 的 $m\times n$ 矩阵，存在 m 级可逆阵 Q_1，以及 n 级可逆阵 Q_2，使

$$A=Q_1\begin{pmatrix}E_r & O\\ O & O\end{pmatrix}Q_2.$$

而 E_r 可写成 s 个矩阵的和的形式

$$E_r=\begin{pmatrix}E_{r_1} & 0 & \cdots & 0\\ 0 & 0 & \cdots & 0\\ \vdots & \vdots & & \vdots\\ 0 & 0 & \cdots & 0\end{pmatrix}+\begin{pmatrix}0 & 0 & \cdots & 0\\ 0 & E_{r_2} & \cdots & 0\\ \vdots & \vdots & & \vdots\\ 0 & 0 & \cdots & 0\end{pmatrix}+\cdots+\begin{pmatrix}0 & & & & & & \\ & 0 & & & & & \\ & & \ddots & & & & \\ & & & E_{r_s} & & & \\ & & & & 0 & & \\ & & & & & \ddots & \\ & & & & & & 0\end{pmatrix},$$

其中 E_{r_i} 表示 r_i 级单位阵，$\sum\limits_{i=1}^{s}r_i=r, i=1,2,\cdots,s$. 现令

$$A_i=Q_1\begin{pmatrix}0 & & & & \\ & \ddots & & & \\ & & E_{r_i} & & \\ & & & 0 & \\ & & & & \ddots \\ & & & & & 0\end{pmatrix}Q_2\quad(i=1,2,\cdots,s),$$

则

$$A=\sum_{i=1}^{s}A_i,\quad 且\, r(A_i)=r_i\quad(i=1,2,\cdots,s),\quad \sum_{i=1}^{s}r_i=r.$$

9.5.2 记 $A=(a_{ij})_{n\times n}$，则

$$\mathrm{tr}(A)=\sum_{i=1}^{n}a_{ii}.$$

取 $B=\dfrac{\mathrm{tr}(A)}{n}E_n$，$C=(c_{ij})_{n\times n}$，其中

$$c_{ij}=\begin{cases}a_{ij}-\dfrac{\mathrm{tr}(A)}{n}, & i=j\\ a_{ij}, & i\neq j,\end{cases}\quad(i,j=1,2,\cdots,n).$$

读者可以验证 $A=B+C$，且 $\mathrm{tr}(A)=\mathrm{tr}(B)$，$\mathrm{tr}(C)=0$.

9.5.3 设 $r(A)=r$，则有 n 级可逆阵 Q_1,Q_2，使

$$A=Q_1\begin{pmatrix}E_r & O\\ O & O\end{pmatrix}Q_2=Q_1Q_2Q_2^{-1}\begin{pmatrix}E_r & O\\ O & O\end{pmatrix}Q_2.$$

令$\boldsymbol{B}=\boldsymbol{Q}_1\boldsymbol{Q}_2$，$\boldsymbol{C}=\boldsymbol{Q}_2^{-1}\begin{pmatrix}\boldsymbol{E}_r & \boldsymbol{O}\\ \boldsymbol{O} & \boldsymbol{O}\end{pmatrix}\boldsymbol{Q}_2$，则$\boldsymbol{B}$可逆且$\boldsymbol{C}^2=\boldsymbol{C}$，满足$\boldsymbol{A}=\boldsymbol{B}\boldsymbol{C}$.

9.5.4　设$\boldsymbol{A}$的Jordan标准形为$\boldsymbol{J}$，过渡阵为$\boldsymbol{P}_1$，则

$$\boldsymbol{P}_1^{-1}\boldsymbol{A}\boldsymbol{P}_1=\boldsymbol{J}=\begin{pmatrix}\boldsymbol{J}_1 & & & \\ & \boldsymbol{J}_2 & & \\ & & \ddots & \\ & & & \boldsymbol{J}_s\end{pmatrix}，\quad 其中\boldsymbol{J}_i=\begin{pmatrix}\lambda_i & & & \\ 1 & \lambda_i & & \\ & \ddots & \ddots & \\ & & 1 & \lambda_i\end{pmatrix}_{r_i}，$$

且$\sum\limits_{i=1}^{s}r_i=n$.

至此，$\boldsymbol{J}_i$为可逆阵，或为幂零阵($\lambda_i=0$时，$\boldsymbol{J}_i$为幂零阵，否则$\boldsymbol{J}_i$为可逆阵). 我们可以通过相似变换，将所有的可逆块移至左上角，幂零块自然就位于右下角. 即有可逆阵$\boldsymbol{P}_2$，使

$$\boldsymbol{P}_2^{-1}\boldsymbol{J}\boldsymbol{P}_2=\begin{pmatrix}\boldsymbol{J}_{k_1} & & & & \\ & \ddots & & & \\ & & \boldsymbol{J}_{k_l} & & \\ & & & \ddots & \\ & & & & \boldsymbol{J}_{k_s}\end{pmatrix},$$

其中$\lambda_{k_i}\neq 0$，$i=1,2,\cdots,l$；$\lambda_{k_i}=0$，$i=l+1,\cdots,n$. 现令

$$\boldsymbol{P}=\boldsymbol{P}_2\boldsymbol{P}_1,\quad \boldsymbol{B}=\begin{pmatrix}\boldsymbol{J}_{k_1} & & \\ & \ddots & \\ & & \boldsymbol{J}_{k_l}\end{pmatrix}_{r_1},\quad \boldsymbol{C}=\begin{pmatrix}\boldsymbol{J}_{k_{l+1}} & & \\ & \ddots & \\ & & \boldsymbol{J}_{k_s}\end{pmatrix}_{r_2},$$

则$\boldsymbol{B}$是r_1级可逆阵，$\boldsymbol{C}$是r_2级幂零阵，且

$$\boldsymbol{A}=\boldsymbol{P}^{-1}\begin{pmatrix}\boldsymbol{B} & \boldsymbol{O}\\ \boldsymbol{O} & \boldsymbol{C}\end{pmatrix}\boldsymbol{P}.$$

9.5.5　由于$\boldsymbol{A}$可逆，故$\boldsymbol{A}\boldsymbol{A}^{\mathrm{T}}$是正定阵，因此存在正定阵$\boldsymbol{P}$，使$\boldsymbol{A}\boldsymbol{A}^{\mathrm{T}}=\boldsymbol{P}^2$，从而$\boldsymbol{A}=\boldsymbol{P}\boldsymbol{P}(\boldsymbol{A}^{\mathrm{T}})^{-1}$，令$\boldsymbol{Q}=\boldsymbol{P}(\boldsymbol{A}^{\mathrm{T}})^{-1}$，只需验证$\boldsymbol{Q}$是正交阵即可. 而

$$\boldsymbol{Q}^{\mathrm{T}}\boldsymbol{Q}=\boldsymbol{A}^{-1}\boldsymbol{P}^{\mathrm{T}}\boldsymbol{P}(\boldsymbol{A}^{\mathrm{T}})^{-1}=\boldsymbol{A}^{-1}\boldsymbol{P}^2(\boldsymbol{A}^{\mathrm{T}})^{-1}=\boldsymbol{A}^{-1}\boldsymbol{A}\boldsymbol{A}^{\mathrm{T}}(\boldsymbol{A}^{\mathrm{T}})^{-1}=\boldsymbol{E}.$$

下面证明可逆阵的正定正交分解是唯一的.

另若存在正定阵$\boldsymbol{P}$及正交阵$\boldsymbol{Q}_1$，使$\boldsymbol{A}=\boldsymbol{P}_1\boldsymbol{Q}_1$，则

$$\boldsymbol{A}\boldsymbol{A}^{\mathrm{T}}=\boldsymbol{P}_1\boldsymbol{Q}_1\boldsymbol{Q}_1^{\mathrm{T}}\boldsymbol{P}_1^{\mathrm{T}}=\boldsymbol{P}_1\boldsymbol{P}_1^{\mathrm{T}}=\boldsymbol{P}_1^2,$$

由于$\boldsymbol{A}\boldsymbol{A}^{\mathrm{T}}$分解为正定阵的平方是唯一的，故$\boldsymbol{P}_1=\boldsymbol{P}$，从而$\boldsymbol{Q}_1=\boldsymbol{A}\boldsymbol{P}_1^{-1}=\boldsymbol{A}\boldsymbol{P}^{-1}=\boldsymbol{Q}$. 此即分解式是唯一的.

9.5.6　由练习题 9.5.5 知，存在正定阵 $\boldsymbol{P}$ 及正交阵 $\boldsymbol{Q}$，使

$$\boldsymbol{A}=\boldsymbol{P}\boldsymbol{Q} \quad 且 \quad \boldsymbol{P}^2=\boldsymbol{A}\boldsymbol{A}^{\mathrm{T}}.$$

因 $\boldsymbol{P}$ 是正定阵，故存在正交阵 $\boldsymbol{Q}_1$，使

$$\boldsymbol{Q}_1\boldsymbol{P}\boldsymbol{Q}_1^{-1}=\begin{pmatrix}\lambda_1 & & & \\ & \lambda_2 & & \\ & & \ddots & \\ & & & \lambda_n\end{pmatrix},$$

其中 $\lambda_i(i=1,2,\cdots,n)$ 是 $\boldsymbol{P}$ 的特征根. 相应地，$\lambda_i^2(i=1,2,\cdots,n)$ 是 $\boldsymbol{A}\boldsymbol{A}^{\mathrm{T}}$ 的特征根. 不妨设 $0\leqslant\lambda_1\leqslant\lambda_2\leqslant\cdots\leqslant\lambda_n$ (否则，可经过正交变换调整其顺序).

令 $\boldsymbol{Q}_2=\boldsymbol{Q}^{-1}\boldsymbol{Q}_1^{-1}$，则 $\boldsymbol{Q}_1,\boldsymbol{Q}_2$ 均为正交阵，且

$$\boldsymbol{Q}_1\boldsymbol{A}\boldsymbol{Q}_2=\begin{pmatrix}\lambda_1 & & & \\ & \lambda_2 & & \\ & & \ddots & \\ & & & \lambda_n\end{pmatrix}.$$

9.5.7　因 $r(\boldsymbol{A})=r$，故有 n 级可逆阵 $\boldsymbol{P}_1$ 及 m 级可逆阵 $\boldsymbol{P}_2$，使

$$\boldsymbol{P}_1\boldsymbol{A}\boldsymbol{P}_2=\begin{pmatrix}\boldsymbol{E}_r & \boldsymbol{O}\\ \boldsymbol{O} & \boldsymbol{O}\end{pmatrix}.$$

由 QR 分解知，存在 n 级正交阵 $\boldsymbol{Q}_1$，m 级正交阵 $\boldsymbol{Q}_2$，n 级上三角阵 $\boldsymbol{R}_1$，m 级下三角阵 $\boldsymbol{R}_2$，使

$$\boldsymbol{P}_1^{-1}=\boldsymbol{Q}_1^{-1}\boldsymbol{R}_1,\quad \boldsymbol{P}_2^{-1}=\boldsymbol{R}_2\boldsymbol{Q}_2^{-1}.$$

因此，

$$\boldsymbol{P}_1\boldsymbol{A}\boldsymbol{P}_2=(\boldsymbol{Q}_1^{-1}\boldsymbol{R}_1)^{-1}\boldsymbol{A}(\boldsymbol{R}_2\boldsymbol{Q}_1^{-1})^{-1}=\boldsymbol{R}_1^{-1}\boldsymbol{Q}_1\boldsymbol{A}\boldsymbol{Q}_2\boldsymbol{R}_2^{-1}=\begin{pmatrix}\boldsymbol{E}_r & \boldsymbol{O}\\ \boldsymbol{O} & \boldsymbol{O}\end{pmatrix},$$

所以

$$\boldsymbol{Q}_1\boldsymbol{A}\boldsymbol{Q}_2=\boldsymbol{R}_1\begin{pmatrix}\boldsymbol{E}_r & \boldsymbol{O}\\ \boldsymbol{O} & \boldsymbol{O}\end{pmatrix}\boldsymbol{R}_2.$$

记

$$\boldsymbol{R}_1=\begin{pmatrix}\boldsymbol{R}_{11} & \boldsymbol{R}_{12}\\ \boldsymbol{O} & \boldsymbol{R}_{13}\end{pmatrix},\quad \boldsymbol{R}_2=\begin{pmatrix}\boldsymbol{R}_{21} & \boldsymbol{O}\\ \boldsymbol{R}_{22} & \boldsymbol{R}_{23}\end{pmatrix}\quad (\boldsymbol{R}_{11},\boldsymbol{R}_{21}\text{ 均为 } r \text{ 级方阵}),$$

则

$$\boldsymbol{Q}_1\boldsymbol{A}\boldsymbol{Q}_2=\begin{pmatrix}\boldsymbol{R}_{11} & \boldsymbol{R}_{12}\\ \boldsymbol{O} & \boldsymbol{R}_{13}\end{pmatrix}\begin{pmatrix}\boldsymbol{E}_r & \boldsymbol{O}\\ \boldsymbol{O} & \boldsymbol{O}\end{pmatrix}\begin{pmatrix}\boldsymbol{R}_{21} & \boldsymbol{O}\\ \boldsymbol{R}_{22} & \boldsymbol{R}_{23}\end{pmatrix}=\begin{pmatrix}\boldsymbol{A}_1 & \boldsymbol{O}\\ \boldsymbol{O} & \boldsymbol{O}\end{pmatrix},$$

其中 $\boldsymbol{A}_1=\boldsymbol{R}_{11}\boldsymbol{R}_{21}$，因 $\boldsymbol{R}_{11}$ 是上三角可逆阵，$\boldsymbol{R}_{21}$ 是下三角可逆阵，故 $\boldsymbol{A}_1$ 是 r 级可逆阵.

9.5.8　由练习题 9.5.7 知，存在 n 级正交阵 $\boldsymbol{Q}_{11},\boldsymbol{Q}_{12}$，使

$$\boldsymbol{Q}_{11}\boldsymbol{A}\boldsymbol{Q}_{12}=\begin{pmatrix}\boldsymbol{A}_1 & \boldsymbol{O}\\ \boldsymbol{O} & \boldsymbol{O}\end{pmatrix},$$

其中 $\boldsymbol{A}_1$ 为 r 级可逆阵，由练习题 9.5.6 知，存在 r 级正交阵 $\boldsymbol{Q}_{21},\boldsymbol{Q}_{22}$，使

$$\boldsymbol{Q}_{21}\boldsymbol{A}_1\boldsymbol{Q}_{22}=\begin{pmatrix}\lambda_1 & & & \\ & \lambda_1 & & \\ & & \ddots & \\ & & & \lambda_r\end{pmatrix},$$

其中 $0<\lambda_1\leqslant\lambda_2\leqslant\cdots\leqslant\lambda_r$，且 $\lambda_i^2\,(i=1,2,\cdots,r)$ 为 $\boldsymbol{A}_1\boldsymbol{A}_1^{\mathrm{T}}$ 的特征根. 令

$$\boldsymbol{Q}_1=\begin{pmatrix}\boldsymbol{Q}_{21} & \boldsymbol{O}\\ \boldsymbol{O} & \boldsymbol{E}_{n-r}\end{pmatrix}\boldsymbol{Q}_{11},\quad \boldsymbol{Q}_2=\boldsymbol{Q}_{12}\begin{pmatrix}\boldsymbol{Q}_{22} & \boldsymbol{O}\\ \boldsymbol{O} & \boldsymbol{E}_{n-r}\end{pmatrix},$$

则 $\boldsymbol{Q}_1,\boldsymbol{Q}_2$ 为 n 级正交阵，且

$$\boldsymbol{Q}_1\boldsymbol{A}\boldsymbol{Q}_2=\begin{pmatrix}\lambda_1 & & & & & & \\ & \lambda_2 & & & & & \\ & & \ddots & & & & \\ & & & \lambda_r & & & \\ & & & & 0 & & \\ & & & & & \ddots & \\ & & & & & & 0\end{pmatrix},$$

且 $0<\lambda_1\leqslant\lambda_2\leqslant\cdots\leqslant\lambda_r$，$\boldsymbol{A}\boldsymbol{A}^{\mathrm{T}}$ 的特征根为 $\lambda_i^2\,(i=1,2,\cdots,r)$ 或 0.

9.5.9　设 $r(\boldsymbol{A})=r$，则存在可逆阵 $\boldsymbol{P}$，使

$$\boldsymbol{A}=\boldsymbol{P}^{-1}\begin{pmatrix}\boldsymbol{E}_r & \boldsymbol{O}\\ \boldsymbol{O} & \boldsymbol{O}\end{pmatrix}\boldsymbol{P}=\boldsymbol{P}^{-1}\begin{pmatrix}\boldsymbol{E}_r & \boldsymbol{O}\\ \boldsymbol{O} & \boldsymbol{O}\end{pmatrix}(\boldsymbol{P}^{-1})^{\mathrm{T}}\boldsymbol{P}^{\mathrm{T}}\boldsymbol{P},$$

记

$$\boldsymbol{B}=\boldsymbol{P}^{-1}\begin{pmatrix}\boldsymbol{E}_r & \boldsymbol{O}\\ \boldsymbol{O} & \boldsymbol{O}\end{pmatrix}(\boldsymbol{P}^{-1})^{\mathrm{T}},\quad \boldsymbol{C}=\boldsymbol{P}^{\mathrm{T}}\boldsymbol{P},$$

则 $\boldsymbol{B}$ 是对称阵，$\boldsymbol{C}$ 是正定阵，且满足 $\boldsymbol{A}=\boldsymbol{B}\boldsymbol{C}$.